Hendrik Radatz
Wilhelm Schipper

Handbuch für den Mathematikunterricht an Grundschulen

Schroedel Schulbuchverlag

Autoren:
Dr. Hendrik Radatz, Professor für Didaktik der Mathematik an der Georg-August-Universität, Göttingen
Dr. Wilhelm Schipper, Dezernent beim Nieders. Landesinstitut für Lehrerfortbildung, Hildesheim

CIP-Kurztitelaufnahme der Deutschen Bibliothek

Radatz, Hendrik:
Handbuch für den Mathematikunterricht an Grundschulen / Hendrik Radatz; Wilhelm Schipper. – Hannover: Schroedel Schulbuchverlag, 1983.
ISBN 3-507-34036-4

NE: Schipper, Wilhelm:

ISBN 3-507-34036-4

Zeichnungen: Günter Markgräfe
Herstellung: Konkordia Druck GmbH, Bühl/Baden
902

Inhaltsverzeichnis

Für A. und B.

sowie ________________________________

(schreiben Sie bitte Ihren Namen hierhin!)

Vorbemerkung

Das Handbuch für den Mathematikunterricht an Grundschulen wendet sich an Lehrerinnen und Lehrer, es ist zunächst wohl kein Buch für Mathematikdidaktiker oder Erziehungswissenschaftler. Erkennbar wird das bei der Auswahl der besprochenen Themen, der Schwerpunktsetzung auf unterrichtspraktische Aspekte und der Gestaltung. Es ging uns nicht um einen rein akademischen und praxisfernen Diskurs der Grundschulmathematik; vielfältige Anregungen und mögliche Hilfen für die tägliche Unterrichtspraxis sollten beschrieben werden. So darf man den Titel des Buches wirklich wörtlich nehmen.

Die *Inhalte des Handbuches* gliedern sich in drei Hauptabschnitte. Nach einigen Anregungen und Unterrichtsbeispielen werden im ersten Teil die allgemeinen Ziele und Prinzipien des Mathematikunterrichts bewußt knapp diskutiert. Diese werden in den meisten „Mathematikdidaktiken" sehr breit besprochen, so daß die Leserin/der Leser sich an anderer Stelle zusätzlich informieren kann. Sehr wichtig scheint uns jedoch ein Überblick über die Geschichte der Grundschulmathematik und ihre fachdidaktische Entwicklung zu sein. Veränderungen in der Lehrerausbildung und die Faszination durch die neuen Inhalte im Laufe der letzten Reformwelle zum Mathematikunterricht haben an vielen Stellen zu einem Bruch mit der mathematikdidaktischen Tradition geführt. Wir glauben, daß die Kenntnis geschichtlicher Entwicklungen des Mathematikunterrichts für die Lehrerin/den Lehrer wichtig und hilfreich sein kann, um das eigene aktuelle Handeln besser einzuordnen, um sich anregen zu lassen aus der geschichtlichen Ideenvielfalt und Praxiserfahrung und um sich reflektiert und vielleicht auch gelassener mit möglichen neuen Reformwellen auseinandersetzen zu können.

Der zweite Handbuchabschnitt wird im wesentlichen bestimmt durch die inhaltlichen Ziele des Mathematikunterrichts in der Grundschule. Bei einem Mathematikunterricht, der sich zur Aufgabe macht, den Schülern bei der Umwelterschließung zu helfen, Anwendungen zu erproben oder fachübergreifende Beziehungen aufzuzeigen, wird das Curriculum wesentlich geprägt werden durch die Arithmetik, durch Themen der Geometrie sowie durch die verschiedenen Anwendungsmöglichkeiten mathematischer Begriffe und Verfahren. Mathematische Strukturen (Mengen, Relationen, Gruppen) sind sicher zentrale Leitbegriffe und Hilfsmittel der Fachwissenschaft Mathematik, sie können nicht explizite Unterrichtsinhalte der Grundschulmathematik sein. Hier muß u. a. die Frage gestellt werden nach den Vorerfahrungen der Kinder, ihren aktuellen Bedürfnissen und zukünftigen Perspektiven.

Im dritten Teil des Handbuches werden Anregungen gegeben zu den inhaltsübergreifenden, eher den eigentlichen Unterrichtsprozeß bestimmenden Aspekten, wie Spielen, Üben, Differenzieren, Lernschwierigkeiten oder Fördern im Mathematikunterricht.

Wir können uns nicht vorstellen, daß man das vorliegende Buch in einem Zug durchliest: Es sollte ein *Handbuch zum Nachschlagen und Anregen* sein. Praktische Hilfen für die tägliche Unterrichtspraxis und das Aufzeigen von Möglichkeiten für einen interessanten Mathematikunterricht sind die Hauptanliegen des Handbuchs. Es spiegelt auch keinen kompletten Lehrgang oder Rahmenplan wider, beschrieben und diskutiert werden punktuelle Ideen, die an vielen Stellen durch die Schulbücher und die eigenen Erfahrungen der Lehrerin/des Lehrers aufgefüllt werden müssen. Zum anderen ist nicht alles in seiner Gesamtheit realisierbar, man sollte eine Auswahl treffen bei den Unterrichtsinhalten (z. B. aus dem Kapitel „Geometrie") und bei den methodischen Anregungen (z. B. aus dem Kapitel „Spielen").

Nach wissenschaftlichen Kriterien sind wir in einigen Abschnitten vielleicht zu hemdsärmelig mit den Literaturverweisen umgegangen, zugunsten der Lesbarkeit. Im Anschluß an die alphabetische Literaturliste findet die Leserin/der Leser aber eine zusätzliche Zusammenstellung hilfreicher Literatur und Materialien zu den einzelnen Inhalten und Themen. Nicht nur mit der besseren Lesbarkeit wollen wir das sparsame Zitieren gegenüber unseren Kollegen begründen: Die intensiven Analysen in der Geschichte der Mathematikdidaktik haben uns in sehr vielen Fällen immer unsicherer gemacht, wer eigentlich der Vater einer Idee oder einer Theorie ist.

Vielleicht war es immer noch zu früh, dieses Handbuch bereits jetzt zu schreiben. Die Erkenntnisse aus der letzten Reform scheinen aber ausreichend deutlich und konsolidiert. Man kann heute recht klar Fragen beantworten, ob dem traditionellen Rechenunterricht an Grundschulen die neuen Inhalte, die didaktischen Prinzipien, die präzisen Lernzielformulierungen, die bunten Ikonisierungen oder die vielen Materialien gefehlt haben. Wir wissen auch wieder, daß man die zahlreichen Themen und Modelle in der Schule nur exemplarisch erarbeiten kann. Die Stoffülle im Mathematikunterricht hat oft dazu geführt, daß vieles nur angespielt und nicht vertieft werden konnte. Oft lernten die Schüler Mathematik kennen wie sie die Besonderheiten eines fremden Landes aus dem Fenster eines schnell fahrenden D-Zuges erfahren. Wir glauben, daß Lehrer und Schüler mehr Zeit und Ruhe für einzelne Themen brauchen, um die Beziehungshaltigkeit von Mathematik zu erfahren, soll die Sache nicht gänzlich gleichgültig sein. Noch sind die Rahmenrichtlinien und Schulbücher übervoll, oft von Bundesland zu Bundesland mit bemerkenswerten Unterschieden. Es spricht nichts dagegen, daß sich die Mathematiklehrerin/der Mathematiklehrer die Freiheit nimmt, auszuwählen und Schwerpunkte zu setzen. Dabei hoffen wir auf eine hilfreiche und anregende Funktion des Handbuchs.

Wodurch sind wir beeinflußt worden? – Bewußt sind uns die Anregungen aus den letzten 150 Jahren Mathematikdidaktik, die fruchtbaren Diskussionen mit Praktikumslehrern und Studenten, die oft verblüffenden Leistungen von Schulkindern im Unterricht und in Einzelgesprächen, die Anregungen der holländischen und englischen Mathematikdidaktiker, die Mitarbeit in den Lehrgängen „alef“ bzw. „Mach mit“ u. a. Nicht zuletzt muß erwähnt werden, daß uns oft die eigenen Ehefrauen als Lehrerinnen schmerzlich in die Unterrichtswirklichkeit zurückgeholt haben.

H. R. & W. Sch.
Sommer 1983

Vorwort zur sechsten Auflage

Nach der „Mengenlehrereform“ und zu einer Zeit bildungspolitischen Stillstands – wenn nicht gar Rückschritts – erschien es uns vor sechs Jahren sehr gewagt, mit einem neuen Handbuch für den Mathematikunterricht an Grundschulen an die Öffentlichkeit zu treten. Inzwischen haben sich diese bildungspolitischen Tendenzen verfestigt: Lehrerausbildungskapazitäten sind abgebaut worden, Lehrer werden kaum noch eingestellt, und die Mittel für Lehrerfort- und -weiterbildung werden drastisch gekürzt.

Lehrerinnen und Lehrer bemühen sich dennoch weiterhin um die Verbesserung ihres Unterrichts. So ist das „HaBuRaSchi“ zu unserer Freude auf überaus großes Interesse gestoßen. Es wird von vielen Grundschullehrerinnen und -lehrern sowie Lehramtsanwärtern als eine hilfreiche und anregende Ergänzung angesehen.

Eine grundsätzliche Umarbeitung der Inhalte erscheint uns zur Zeit nicht notwendig. Die Ziele des Mathematikunterrichts in der Grundschule haben sich konsolidiert; grundlegende Änderungen der Rahmenrichtlinien und der Curricula sind nicht absehbar, auch nicht durch die sog. Neuen Technologien.

Wir hoffen, daß auch in den nächsten Jahren dieses Handbuch viele Freunde gewinnt.

H. R. & W. Sch.
Herbst 1988

0. Anregungen, Beispiele, Arbeitsblätter

0.1. Rätselhaftes und Trickreiches mit Zahlen

(1) Rund um den Kalender

Geburtstagsraten

Vertretungsstunde in einer 4. Klasse. Die Lehrerin kennt die Schüler kaum, sie kann aber „erraten", wann sie Geburtstag haben.

– Verdopple die Monatszahl (1 Januar, 2 Februar, . . .) Deines Geburtstages, addiere 5 und multipliziere die Summe mit 50. Addiere die Tageszahl und subtrahiere 250. Wie lautet das Ergebnis? – 726 – Du hast am 26. Juli Geburtstag!

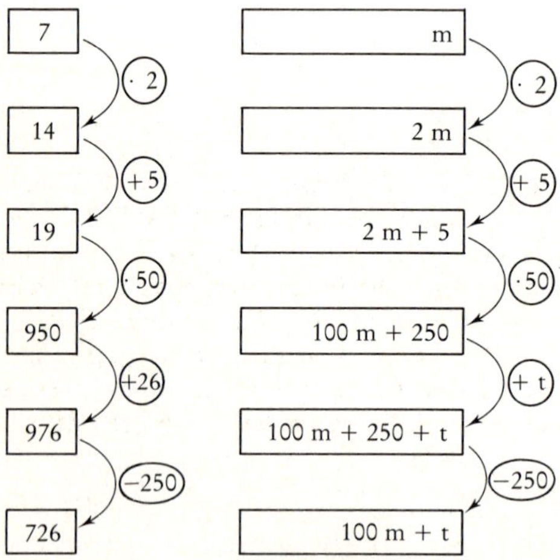

m: Monatszahl
t: Tageszahl

Das heutige Datum

Heute ist der 5. 9. 1984. Zu den Ziffern dieses Datums suchen wir Rechnungen. Wer findet die meisten? Wer findet sogar welche, bei denen alle Ziffern gebraucht werden oder gar alle Ziffern in dieser Reihenfolge vorkommen?

$9 : 1 = 9$

$5 \cdot 8 = 4 \cdot (9 + 1)$

$5 \cdot 8 = (9 - 1) \cdot (9 - 4)$

$9 \cdot 8 = (9 - 1) \cdot (5 + 4)$

$9 + 8 = 9 + 5 + 4 - 1$

$(4 + 5) \cdot 8 = (9 - 1) \cdot 9$

$(9 - 8) : 1 = 9 : (4 + 5)$

$5 + 9 = 1 + 9 + 8 - 4$

Kalenderrechnungen

An der Tafel (oder mit wasserfestem Stift auf Folie) steht ein Auszug aus einem Kalender.

MAI					
Mo		7	14	21	28
Di	1	8	15	22	29
Mi	2	9	16	23	30
Do	3	10	17	24	31
Fr	4	11	18	25	
Sa	5	12	19	26	
So	6	13	20	27	

– Ein Schüler umkreist 3 untereinanderstehende Zahlen, ohne daß die Lehrerin sie sieht. Er berechnet die Summe: 72. Die Lehrerin kann sofort die 3 Zahlen „erraten": 23, 24, 25.
(Die Summe wird durch 3 geteilt, das Ergebnis ist die mittlere Zahl n (hier 24). Darüber steht n − 1, darunter n + 1, also 23 und 25.)

– Nun 3 Zahlen nebeneinander. Die Summe ist 33. Die Zahlen heißen 4, 11 und 18.
(Ein Drittel der Summe ist wieder die mittlere Zahl n (hier 11). Links daneben steht n − 7 = 4, rechts daneben n + 7 = 18.)

– 3 Zahlen in einer Diagonalen von links unten nach rechts oben. Die Summe ist 48. Die Zahlen heißen 10, 16 und 22.
(Der dritte Teil der Summe ist die mittlere Zahl n. Schräg links darunter steht n − 6, schräg rechts darüber n + 6.)

– Nun 3 Zahlen in einer Diagonalen von links oben nach rechts unten.
(n, n − 8, n + 8)

– Vier Zahlen im Quadrat. Die Summe ist 60. Die Zahlen heißen 11, 12, 18 und 19.
(In einem Vierer-Quadrat stehen die Zahlen n, n + 1, n + 7 und n + 8, wenn die obere linke Zahl mit n bezeichnet wird. Subtrahiert man von der Summe die Zahl 16 und dividiert das Ergebnis durch 4, dann hat man n. Nun kann man leicht n + 1, n + 7 und n + 8 bestimmen.)

– Wie ist es mit 9 Zahlen im Quadrat?

– Die Schüler umfahren 9 Zahlen im Quadrat und nennen die kleinste Zahl (z. B. 11). Der Lehrer weiß sehr schnell die Summe aller 9 Zahlen (hier: 171).
(Statt zu addieren, rechnet er (11 + 8) · 9. Finden Sie eine Erklärung für diese Rechnung?)

(2) Zahlenrätsel und -tricks

Die geheimnisvolle Zahl im Briefumschlag

Die Lehrerin legt einen verschlossenen Briefumschlag aufs Pult. Iris kommt zur Tafel und darf rechnen.

– Schreibe irgendeine Zahl zwischen 50 und 100 auf.	83
– Addiere 76.	+ 76
– Streiche die Hunderterstelle und addiere sie zur verbleibenden zweistelligen Zahl.	159 ~~1~~59 59 + 1 = 60
– Subtrahiere das Ergebnis von der ursprünglichen Zahl.	83 – 60 = 23

– Schau im Briefumschlag nach. Tatsächlich, da steht die 23!

Ein anderer Briefumschlag. Torsten darf rechnen.

– Schreibe irgendeine Zahl zwischen 50 und 100 auf.	64
– Addiere 71.	+ 71
– Streiche die Hunderterstelle und addiere sie zur verbleibenden zweistelligen Zahl.	135 ~~1~~35 35 + 1 = 36
– Subtrahiere das Ergebnis von der ursprünglichen Zahl.	64 – 36 = 28

– Im Briefumschlag steht die 28!

Welche Zahl soll jetzt herauskommen? – 18 – Schreibe irgendeine Zahl zwischen 50 und 100 auf. Addiere 81, . . .

(Die im Briefumschlag versteckte Zahl und der Summand im 1. Rechenschritt – „Addiere x" – ergänzen sich zu 99.)

Konstante Ergebnisse

– Jeder denkt sich eine Zahl.	n
– Verdopple sie.	2n
– Addiere 7.	2n + 7
– Subtrahiere 1.	2n + 6
– Teile durch 2.	n + 3
– Subtrahiere die gedachte Zahl.	3

Welches Ergebnis hast Du, Sven? Eine 3, Du auch und Du auch?

Jeder hat eine 3! Merkwürdig. Noch einmal!

– Jeder denkt sich eine Zahl.	n
– Verdreifache sie.	3n
– Addiere 12.	3n + 12
– Addiere die gedachte Zahl.	4n + 12
– Dividiere durch 4.	n + 3
– Subtrahiere die gedachte Zahl.	3

SCHON WIEDER!

Ein neuer Versuch.

– Denke Dir eine Zahl.	n
– Verzehnfache sie.	10n
– Addiere 15.	10n + 15
– Teile das Ergebnis durch 5.	2n + 3
– Subtrahiere 3.	2n
– Halbiere die Zahl.	n

Endlich hat jeder eine andere Zahl. Du hast die Zahl herausbekommen, die Du Dir gedacht hast? Du auch und Du auch? Jeder hat seine gedachte Zahl bekommen! Wie kommt denn das?

Viel Lärm um nichts

Wir sind jetzt im 4. Schuljahr und können auch schon schwere Aufgaben rechnen. Wer kann diese Aufgabe lösen?

$1 \cdot 2 \cdot 3 \cdot 4 \cdot 5 \cdot 6 \cdot 7 \cdot 8 \cdot 9 \cdot 0$

Wer das Ergebnis hat, schreibt es auf einen Zettel und bringt ihn mir. Nichts verraten!

(3) Fingerrechnen

Multiplikation mit 9

Natürlich könnt Ihr alle das kleine 1 × 1 der Neun auswendig. Wißt Ihr aber auch, daß man es an den Fingern rechnen kann? Beide Hände werden mit ausgestreckten Fingern flach auf den Tisch gelegt. Die Finger werden von links nach rechts fortlaufend mit 1, 2, . . . 10 numeriert.

Um $3 \cdot 9$ zu lösen, wird der dritte Finger eingeknickt. Links bleiben 2 Finger stehen; das sind die Zehner: 20. Rechts bleiben 7 Finger; das sind die Einer: 7.

2 Zehner + 7 Einer = 27 $3 \cdot 9 = 27$

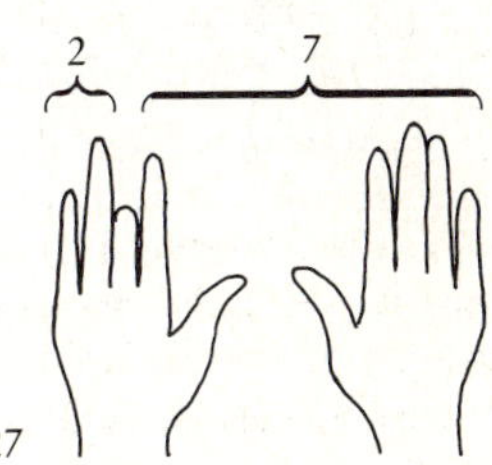

$3 \cdot 9 = 27$

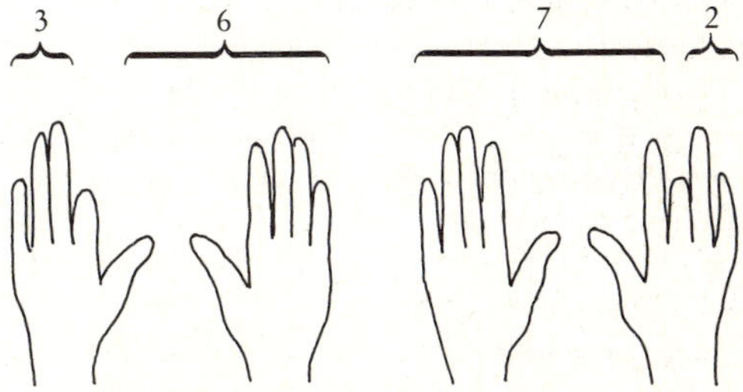

$4 \cdot 9 = 36$ $8 \cdot 9 = 72$

Milchmädchen-Rechnung

Zu der Zeit, als die Milch noch vom Pferdewagen aus verkauft wurde, gab es in Berlin ein Milchmädchen, das das kleine Einmaleins nur bis zur Fünf beherrschte. Die Kunden nutzten das weidlich aus; das Mädchen hatte ständig Fehlbeträge.

Eines Tages überraschte das Mädchen seine Kunden damit, daß es auch größere Multiplikationen mit Hilfe der Finger richtig rechnen konnte.

Die beiden Faktoren werden mit den beiden Händen dargestellt. Null ist die geschlossene Faust, 1 ein gestreckter Finger usw. bis hin zu fünf gestreckten Fingern für die 5. Ab 6 werden die Finger wieder eingeknickt: Bei 6 ein eingeknickter, 4 gespreizte Finger, bei 7 zwei eingeknickte, drei gespreizte Finger usw.

Das folgende Bild zeigt die Darstellung der Aufgabe 8 · 6. An der linken Hand ist die 8 dargestellt (3 eingeknickte, 2 gespreizte Finger), an der rechten Hand die Zahl 6.

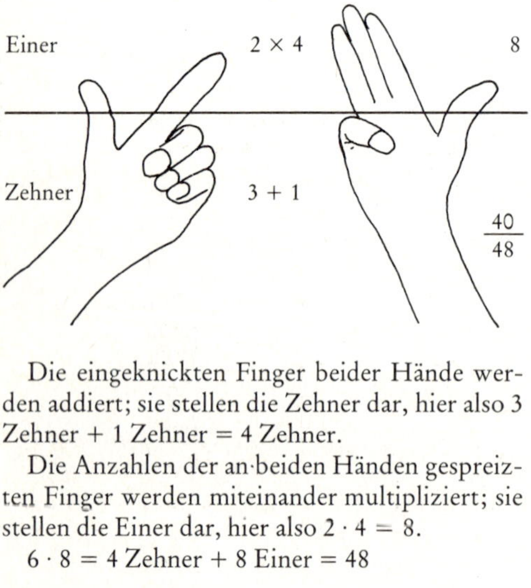

Die eingeknickten Finger beider Hände werden addiert; sie stellen die Zehner dar, hier also 3 Zehner + 1 Zehner = 4 Zehner.

Die Anzahlen der an beiden Händen gespreizten Finger werden miteinander multipliziert; sie stellen die Einer dar, hier also $2 \cdot 4 = 8$.

$6 \cdot 8$ = 4 Zehner + 8 Einer = 48

(4) Detektivgeschichten mit Zahlen

Die Detektivgeschichten mit Zahlen gehen auf eine Anregung von Papy (1977) zurück. In deutscher Sprache berichtet Floer (1979) von diesen Detektivgeschichten. Er erweitert den von Papy auf vier Arten von Informationen (Taschenrechner, Pfeildiagramm, Mini-Computer und Venn-Diagramm) begrenzten Ansatz und macht vielfältige Vorschläge für den Unterrichtseinsatz in verschiedenen Schuljahren.

Die Grundidee der „Detektivgeschichten mit Zahlen" ist einfach: Eine Zahl wird versteckt. Ähnlich wie ein Detektiv auf der Suche nach dem Täter verschiedene Spuren verfolgt, verfolgen die Schüler hier verschiedene „Spuren" der gesuchten Zahl.

1. Spur: Die gesuchte Zahl liegt zwischen 30 und 60.
2. Spur: Die gesuchte Zahl ist durch 7 teilbar.
3. Spur: Die beiden Ziffern der gesuchten Zahl unterscheiden sich um 1.

Nun bleibt nur noch eine Lösung, die 56.

Die Herstellung solcher Detektivgeschichten, das Spurenlegen so, daß nur noch eine Zahl als Lösung bleibt, ist sicher aufwendiger als das Aufschreiben von Rechenpäckchen. Die Begeisterung der Kinder, mit der sie sich als Detektive betätigen und dabei Rechenaufgaben lösen, zu denen man sie sonst nur mühsam veranlassen kann, rechtfertigen diesen Aufwand aber bestimmt.

„Auch die drei Wohlfahrtsgesetze, insbesondere das Gesetz über die Alters- und Invaliditätsversicherung müssen in der Volksschule vorkommen, damit durch den ziffernmäßigen Nachweis der wohlthätigen Wirkungen dieser Gesetze die Fürsorge unserer Fürsten für die arbeitenden Klassen recht klar erkannt werde."

Steinweller, L.: Kurzer Abriß der Geschichte des Rechenunterrichts. Leipzig 1894

„Immer aber, wenn man von der Bedeutung des Rechnens spricht und von den Vorteilen einer besseren Lebensstellung, die einzelne Menschen sich durch das Rechnen errungen haben, vergißt man zu sagen, wie unendlich viel Elend durch den Rechenunterricht über einen großen Teil der Schüler gebracht wird, wieviel Jugend dadurch verödet, vergällt wird."

Gerlach, A.: Schöne Rechenstunden. Leipzig 1914

„Es ist ein Irrtum, den manche Schule begeht, anzunehmen, daß das Kind die Grundbegriffe des Zählens erst im ersten Rechenunterricht kennen lernt."

Lietzmann, W.: Stoff und Methode des Rechenunterrichts in Deutschland. Leipzig 1912

„Es gibt übrigens auch Naturvölker, die, unbeeinflußt von Pestalozzi und Herbart, von sich aus methodischen Rechenunterricht erteilen."

Fettweis, E.: Das Rechnen der Naturvölker. Leipzig 1927

Wie heißt die Zahl?

1	2	3	4	5	6	7	8	9	10
11	12	13	14	15	16	17	18	19	20
21	22	23	24	25	26	27	28	29	30
31	32	33	34	35	36	37	38	39	40
41	42	43	44	45	46	47	48	49	50
51	52	53	54	55	56	57	58	59	60
61	62	63	64	65	66	67	68	69	70
71	72	73	74	75	76	77	78	79	80
81	82	83	84	85	86	87	88	89	90
91	92	93	94	95	96	97	98	99	100

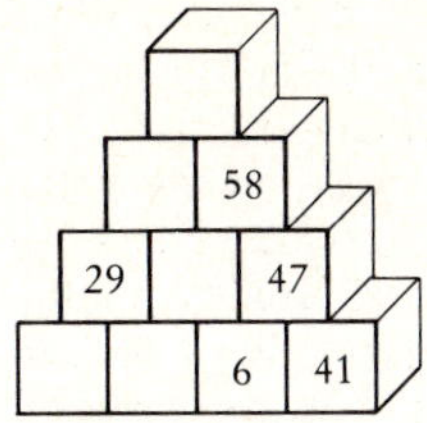

In dieser Mauer
kannst Du sie finden.

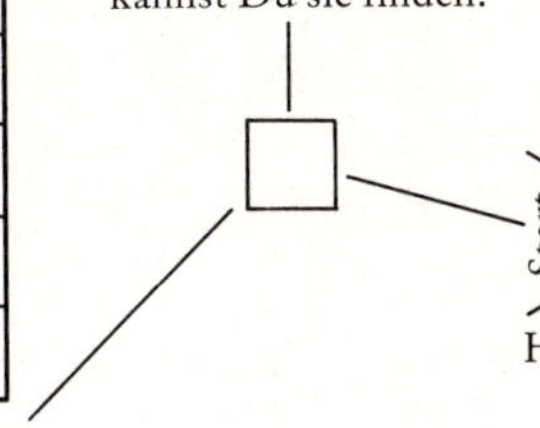

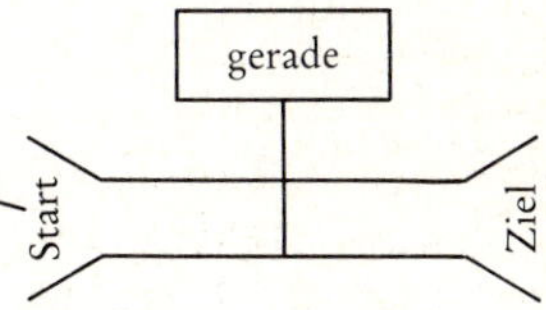

Hier kommt sie ans Ziel.

Im grauen Feld
versteckt sie sich.

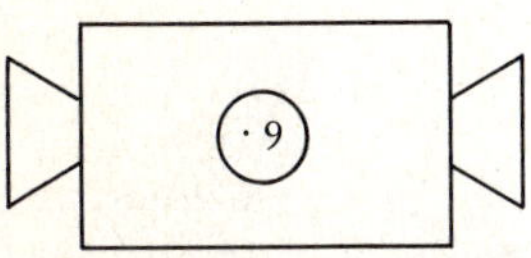

Bei dieser Maschine erhält
man sie einmal als Ausgabe.

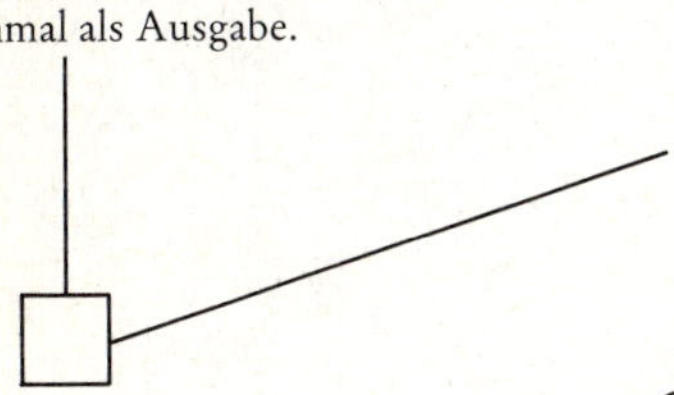

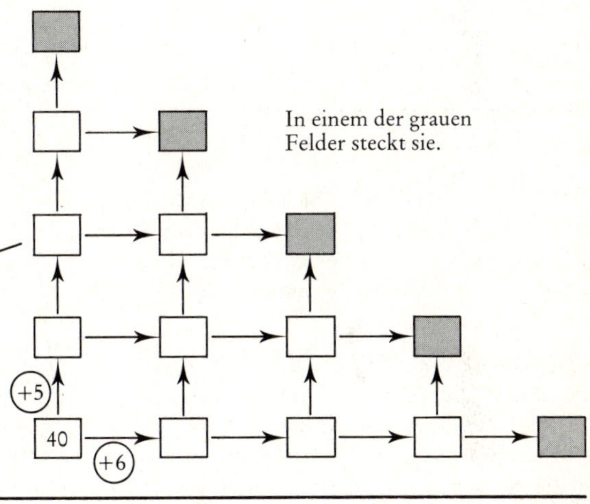

In einem der grauen
Felder steckt sie.

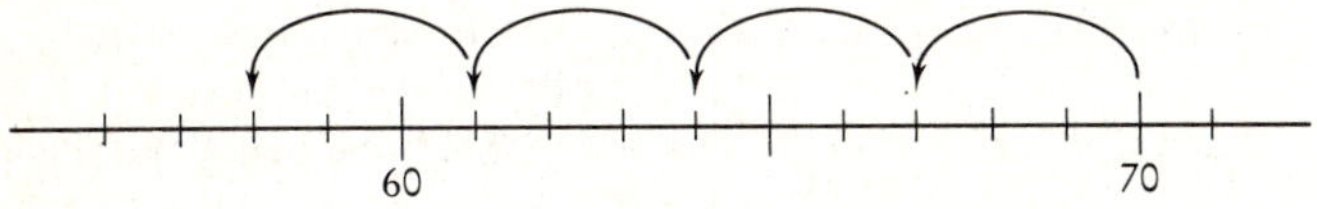

Bei diesen Sprüngen trifft man
einmal auf die Zahl.

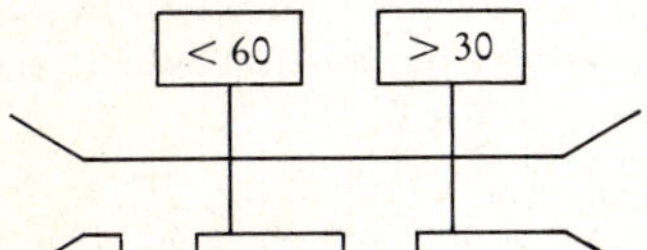

Hier kommt sie ans Ziel.

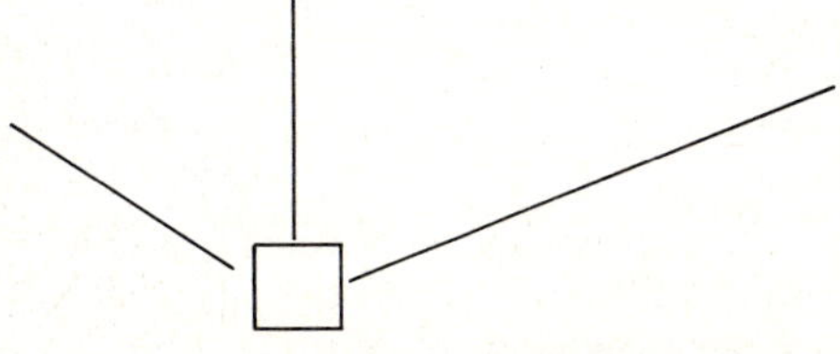

Die Zahl
ist eine
Quadratzahl.

(vgl. Floer u. a., 1978 f.)

0.2. Sachrechnen*)

(1) Ferien

Die Kultusminister haben die großen Schulferien bis 1986 festgelegt:

Land	1983	1984	1985	1986
Baden-Württemberg	21. 7.–31. 8.	26. 7.– 5. 9.	25. 7.– 4. 9.	10. 7.–20. 8.
Bayern	28. 7.–12. 9.	1. 8.–17. 9.	1. 8.–16. 9.	31. 7.–15. 9.
Berlin	16. 6.–30. 7.	19. 7.– 1. 9.	18. 7.–31. 8.	3. 7.–16. 8.
Bremen	16. 6.–30. 7.	19. 7.– 1. 9.	18. 7.–31. 8.	3. 7.–16. 8.
Hamburg	27. 6.– 6. 8.	25. 6.– 4. 8.	15. 7.–24. 8.	30. 6.– 9. 8.
Hessen	23. 6.– 3. 8.	21. 6.– 1. 8.	11. 7.–21. 8.	26. 6.– 6. 8.
Niedersachsen	16. 6.–30. 7.	19. 7.–29. 8.	17. 7.–28. 8.	3. 7.–13. 8.
Nordrhein-Westfalen	7. 7.–20. 8.	28. 6.–11. 8.	20. 6.– 3. 8.	24. 7.– 6. 9.
Rheinland-Pfalz	14. 7.–24. 8.	12. 7.–22. 8.	4. 7.–14. 8.	19. 6.–31. 7.
Saarland	18. 7.–31. 8.	19. 7.–29. 8.	4. 7.–17. 8.	19. 6.– 2. 8.
Schleswig-Holstein	23. 6.– 3. 8.	21. 6.– 1. 8.	11. 7.–21. 8.	22. 6.– 6. 8.

- Sind alle großen Ferien in diesem Jahr gleich lang? Welches Bundesland hat die längsten Ferien? Warum beginnen die Ferien in den einzelnen Ländern so unterschiedlich?
- Für die nächsten großen Ferien in allen Bundesländern zeichnen wir ein Schaubild. – Mit welchem Datum muß der Zahlenstrahl beginnen (enden)? Für jedes Bundesland zeichnen wir darüber eine Strecke, jeweils in einer anderen Farbe.
- Gibt es Tage, an denen alle Kinder in der Bundesrepublik Ferien haben?

(2) Bankraub

- Geldscheine sind numeriert. Was bedeuten diese Zahlen?
- In Geismar ist die Bank überfallen worden. Die Räuber erbeuteten 100,– DM-Scheine mit den Nummern von 1726725 bis 1727711 und 10,– DM-Scheine mit den Nummern von 2440827 bis 2441078.
- Die Räuber sind inzwischen gefaßt worden.

(3) Der Fahrplan

- Was kann ich aus dem Fahrplan alles ablesen? – Was bedeuten die einzelnen Zeichen?
- Welcher Zug fährt am schnellsten zwischen Göttingen und Bodenfelde? – Welche Verbindung dauert am längsten?
- Wieviel km sind es von Göttingen bis Bodenfelde? – Wie teuer kommt eine einfache Fahrt (Hin- und Rückfahrt)?
- Bauer Riess fährt am Samstag von Offensen nach Göttingen, um auf dem Markt Kartoffeln zu verkaufen. Wann kann er frühestens in Göttingen sein? – Der Markt wird um 13.00 geschlossen. Wann fährt für Bauer Riess der nächste Zug nach Hause? Vom Markt bis zum Bahnhof braucht man ca. 20 Minuten. – Wie teuer kommt die Hin- und Rückfahrt in der 2. Klasse?
- Von Bielefeld nach Göttingen muß man in Hannover umsteigen. Von Bielefeld bis Hannover sind es 116 km und von Hannover bis Göttingen noch 119 km. Wie teuer kommt eine Hin- und Rückfahrt?
- Was bedeutet IC-Zuschlag? . . .

*) Wir haben uns anregen lassen durch das WISKOBAS-Bulletin

246 * Bodenfelde – Göttingen und zurück

🚌 Holzminden – Göttingen 2642

km	BD Hannover	Zug											
	Ottbergen 245	ab	…	…	⚒ *5.42*	…	*8.12*	**10.06**	…	⚒ *12.40*	..	…	⚒**16.05**
	Bodenfelde 245	an	…	…	⚒ *6.15*	…	*8.41*	**10.30**	…	⚒ *13.08*	…	…	⚒**16.30**
				6951 ■	6953		6957 ●1)	E 3513 ●2)		6965	🚌 ■		E 3525
					❶			🚃					🚃
0	**Bodenfelde 245** ③	ab	…	a 5.03	⚒ 6.21	..	8.47	**10.40**	..	⚒ 13.14	von Uslar (ab 14.14)	…	⚒**16.40**
4	Vernawahlshausen		…	5.08	6.26	…	8.52		…	13.19		…	
8	Verliehausen		…	5.13	6.31	…	8.57		…	13.24	a ▲14.23	…	
12	Offensen (Kr Northeim)		…	5.18	6.36	…	9.02		…	13.29	▲14.26	…	
19	Adelebsen		…	5.27	6.50	…	9.11	**11.01**	…	13.42	▲14.36	…	**17.00**
22	Lödingsen		…	5.32	6.55	…	9.16		…	13.46	▲14.40	…	
25	Emmenhausen		…		6.59	…			…		▲14.47	…	
28	Lenglern		…	5.39	7.03	…	9.23		…	13.53	▲14.52	…	
37	**Göttingen** 250 ④	an	…	a 5.48	⚒ 7.14	…	9.33	**11.21**	…	⚒ 14.02	a 15.10	…	⚒**17.20**

km	BD Hannover	Zug										
				6950 🧳	E 2740 ●1)		6962	E 3512		6968	6970 ■	
				■				🚃				
0	**Göttingen** 250 ④	ab	…	a 6.27	**7.47**	…	⚒13.18	⚒**14.20**	…	⚒ 16.34	a 17.57	…
8	Lenglern		…	6.37	nach Köln	…	13.29		…	16.44	18.07	…
11	Emmenhausen		…			…	13.33		…			…
14	Lödingsen		…	6.44		…	13.37		…	16.52	18.15	…
18	Adelebsen		…	6.49	**8.07**	…	13.42	**14.40**	…	17.01	18.24	…
25	Offensen (Kr Northeim)		…	6.58		…	13.51		…	17.09	18.32	…
28	Verliehausen		…	7.02		…	13.56		…	17.14	18.37	…
32	Vernawahlshausen		…	7.08		…	14.01		…	17.19	18.42	…
37	**Bodenfelde 245** ③	an	…	a 7.13	**8.28**	…	⚒14.07	⚒**15.00**	…	⚒ 17.24	a 18.47	…
	Bodenfelde 245	ab	…	⚒ *7.21*	**8.30**	…	⚒*14.13*	⚒**15.10**	…	b *18.05*■1)	***19.38***	…
	Ottbergen 245	an	…	⚒ *7.51*	**8.56**	…	⚒*14.44*	⚒**15.37**	…	b *18.36*■1)	***20.03***	…

a = ⚒ außer ⑥
b = täglich außer ⑥
c = ⑥ und ✝
f = täglich außer Nächte ⑥/⑦ und von ✝ auf den folgenden Tag

Mit Gepäck- und Fahrradbeförderung:
🧳3) = an ⚒

❶ = lokbespannter Zug

■ = nicht 24. und 31. XII.
■1) = nicht 24., 31. XII. und 10. IV.
■2) = nicht 24./25. XII. und 31. XII./1. I.
■3) = auch 26. XII. und 1. V., nicht 24., 25. und 31. XII.
■4) = nicht 24. und 25. XII.
●1) = nicht 25. XII., 1. I. und 11. IV.
●2) = nicht 25. und 26. XII.

Gewöhnliche Fahrpreise für einfache Fahrt

Tarifstand: September 1983

km	2. Klasse DM	1. Klasse DM	km	2. Klasse DM	1. Klasse DM
1— 5	1,80	2,80	**261—280**	48,00	72,00
6— 10	2,40	3,60	**281—300**	52,00	78,00
11— 15	3,20	4,80	**301—320**	55,00	83,00
16— 20	3,60	5,40	**321—340**	59,00	89,00
21— 30	4,80	7,20	**341—360**	62,00	93,00
31— 40	6,60	10,00	**361—380**	66,00	99,00
41— 50	8,40	12,60	**381—400**	70,00	105,00
51— 60	10,00	15,00	**401—430**	74,00	111,00
61— 70	12,00	18,00	**431—460**	79,00	119,00
71— 80	14,00	21,00	**461—490**	84,00	126,00
81— 90	16,00	24,00	**491—520**	89,00	134,00
91—100	17,00	26,00	**521—550**	94,00	141,00
101—110	19,00	29,00	**551—580**	100,00	150,00
111—120	21,00	32,00	**581—610**	105,00	158,00
121—130	23,00	35,00	**611—640**	110,00	165,00
131—140	24,00	36,00	**641—670**	115,00	173,00
141—150	26,00	39,00	**671—700**	120,00	180,00
151—160	28,00	42,00	**701—730**	124,00	186,00
161—170	30,00	45,00	**731—760**	129,00	194,00
171—180	32,00	48,00	**761—790**	134,00	201,00
181—190	33,00	50,00	**791—820**	139,00	209,00
191—200	35,00	53,00	**821—850**	144,00	216,00
201—220	38,00	57,00	**851—880**	149,00	224,00
221—240	41,00	62,00	**881—910**	154,00	231,00
241—260	45,00	68,00	**911—940**	159,00	239,00

(4) Vertreterreise

Herr Kugel ist Vertreter für Schulbücher. Er wohnt in unserem Ort. Nächste Woche muß er die Schulen in Hankensbüttel und Wittingen besuchen. Der Hotelführer gibt ihm einige Informationen über beide Orte.

Wittingen

⊠ 3120 ☎ 0 58 31 – Niedersachsen – Kreis Gifhorn – 80 m – 12 000 Ew – Stadtverwaltung, Bahnhofstr. 35, ☎ 2 61 10 – Uelzen 31, Gifhorn 33 km
altes Landstädtchen am Ostrand der Lüneburger Heide
Sehenswert: Stephanskirche

⌂⌂ Nöhre
Bahnhofstr. 2, ☎ 10 15;
10 Ez zu 30–48, 21 Dz zu 60–85, etwa die Hälfte der Zi mit 🛁, teils ☎ **P** ⇔ 120; Kegeln; ✕

⌂ Rühlings Hotel
Bahnhofstr. 51, ☎ 4 11; geschl. in den Sommerferien;
11 Ez zu 25–30, 3 Dz zu 50–60, einige Zi mit 🛁, **P**; Kegeln;
✕ geschl. So (im Sommer)

✕✕ Stadthalle
Schützenstr. 21, am Nordrand der Stadt, im Wald, ☎ 3 46; geschl. Mi; **P**; Terrasse

Hankensbüttel

⊠ 3122 ☎ 0 58 32 – Niedersachsen – Kreis Gifhorn – 110 m – 3600 Ew – Gemeindeverwaltung, Bahnhofstr. 29, ☎ 10 51 – Wittingen 10, Uelzen 36, Celle 39 km – Luftkurort
Sehenswert: Kirche (Deckengemälde), Kloster Isenhagen (Damenstift; 2 km SO)

⌂ Deutsches Haus
Hindenburgstr. 1, ☎ 17 01; geschl. vom 2. bis 30. Juli;
30 🛏, Ez zu 23–30, Dz zu 43–52, etwa die Hälfte der Zi mit 🛁 und WC, **P** ⇔ 500; Terrasse Kegeln; ✕

(Aus: VARTA-Führer 1983/84)

– Was weiß Herr Kugel nun über die beiden Orte?
– Bis Uelzen sind es von hier 387 km. Wie weit ist es bis Hankensbüttel (Wittingen)? – Herr Kugel hat sich um 9.00 Uhr mit dem Rektor der Grundschule Wittingen verabredet und um 11.30 Uhr mit dem Rektor in Hankensbüttel. Kann er das alles an einem Tag von zu Hause aus schaffen oder sollte er einmal in einem Hotel übernachten?
– Der Schulbuchverlag erstattet Herrn Kugel bis zu 27,– DM für eine Übernachtung. Welche Hotels kämen in Frage? – Wo würdest du am liebsten übernachten?
– Kann man aus den Angaben des Hotelführers bestimmen, wie weit es von Hankensbüttel bis Wittingen ist?

(5) Hartgeld

- Kannst Du den Betrag schätzen? – Versuche es!
- Nenne den Betrag genau! – Wie zählt man am geschicktesten zusammen?
- Wie kann man den Betrag mit möglichst wenigen Münzen legen?
  (a) Du darfst nur benutzen 1 DM-Stücke, 10 Pf-Stücke und 1 Pf-Stücke
  (b) Du darfst in alle Münzsorten umtauschen. Lege jetzt den Betrag mit möglichst wenig Stücken.
- Wieviel wiegen 100 DM (1000 DM) in 1 Pf-Stücken bzw. in 1 DM-Stücken? Wie kann man das errechnen, wenn du zu Hause eine Briefwaage hast?

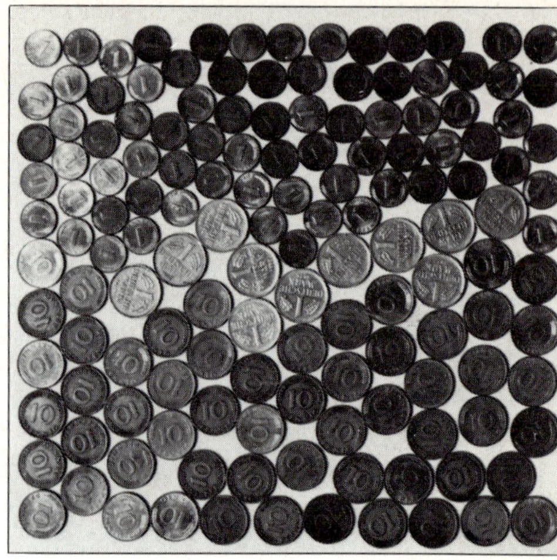

(6) Geldwechsel

- 150 DM – Wieviel Holländische Gulden ungefähr? genau?
- Was bedeutet Ankauf (Ank.) und Verkauf (Verk.)?
- Herr Kahle plant einen Urlaub in Dänemark. Er rechnet mit Ausgaben von ca. 6000 Dänischen Kronen. Wieviel DM sollte er umtauschen?
- Bei welchen fremden Währungen fällt das Umrechnen in DM besonders schwer? – Bei welchen besonders leicht? – Warum?

Devisenkurse am 19. 5.

Währung	Ank.	Verk.
USA (1 $)	2.42	2.52
England (1 £)	3.78	3.93
Canada (1 c$)	1.96	2.06
Holland (100 hfl)	88.00	90.00
Schweiz (100 sfr)	118.75	121.75
Belgien (100 bfr)	4.85	5.10
Frankreich (100 FF)	32.25	34.25
Dänemark (100 dkr)	27.00	29.00
Norwegen (100 nkr)	33.75	35.50
Schweden (100 skr)	32.00	33.75
Italien (1000 Lire)	1.63	1.74
Österreich (100 öS)	14.10	14.34
Spanien (100 Ptas)	1.75	1.89
Portugal (100 Esc)	2.10	3.10
Japan (100 Yen)	1.01	1.07
Jugosl. (100 Din)	2.40	3.40
Griechenl. (100 Dr.)	2.30	3.30
Türkei (100 Ltq)	–,80	1.55
Finnland (100 Fmk)	44.00	46.00
Irland (1 Ir. £)	3.10	3.25

100 Ostmark = Westm.
Ankauf 20.50 Verkauf 24.50

(7) Quittungen

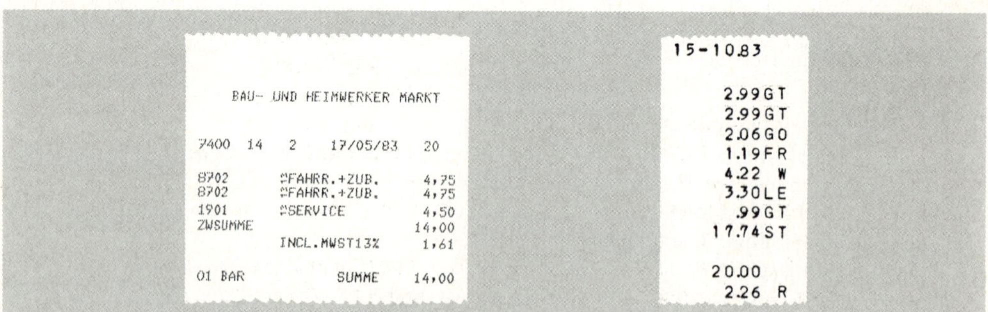

BAU- UND HEIMWERKER MARKT

7400 14 2 17/05/83 20

8702	*FAHRR.+ZUB.	4,75
8702	*FAHRR.+ZUB.	4,75
1901	*SERVICE	4,50
ZWSUMME		14,00
	INCL.MWST13%	1,61
01 BAR	SUMME	14,00

15-10.83

2.99 GT
2.99 GT
2.06 GO
1.19 FR
4.22 W
3.30 LE
.99 GT
17.74 ST

20.00
2.26 R

- Was läßt sich aus den Quittungen alles ablesen?

MONTAG

1. PROGRAMM

10.00 **A la Carte.** Die Küche der Vereinigten Staaten
10.45 **Der stumme Diener.** Puppenspiel
11.15 **Kaffee oder Tee?** Unterhaltungssendung für junge Zuschauer
12.00 **Internationaler Frühschoppen:** Kultur – der Kitt Europas?
12.45 **Tagesschau**
13.15 **Magazin der Woche**
13.55 **Schau ins Land.** Spielserie mit Alltagsabenteuern
14.25 ARD-Sport extra – aus Berlin: **Internationale Deutsche Damen-Tennis-Meisterschaften** (Einzel-Finale)
16.10 **Collin.** 2. Teil des Fernsehfilms (Wh)
17.40 **Mit der Kamera dabei:** Im Auge des Orkans
18.25 **Johannes.** Letzte Folge der Fernsehserie
19.15 **Die Sportschau**
20.00 **Tagesschau**
20.15 **Tatort.** Peggy hat Angst. Krimi
21.50 **Tagesschau**
21.55 **Selbst ist die Frau.** 2. Folge: Der Traummann
22.40 **Montezuma.** Fernsehfilm
0.40 **Tagesschau**

2. PROGRAMM

10.00 Das Ensemble der Peking-Oper in: **Die weiße Schlange**
11.00 **Zünd' uns ein Licht an im Verstand.** Ev. Gottesdienst
12.00 **•• Melodie einer Stadt – Heidelberg**
13.00 heute
13.05 **Stadtgeschichten: Kurs Bremen.** Wie ein Kapitän die Hansestadt sieht
13.35 **Banjo, die kleine Katze.** Zeichentrickfilm
14.00 **Französischunterricht.** Russ. Kinderfilm
15.20 **Zirkus, Zirkus**
16.50 **heute**
16.55 **•• Funny Lady.** Amerik. Musical mit Barbra Streisand, Omar Sharif
19.00 **heute**
19.15 **Traum von der einen Welt.** Von der Freiheit der Unterdrückten
19.30 **•• Ich lade gern mir Gäste ein . . .** Mit René Kollo
21.10 **heute**
21.15 **Der große Blonde mit dem schwarzen Schuh.** Franz. Spielfilm von 1972
22.40 **Soll die Bundesrepublik sich feiern?** Diskussion
23.25 **heute**

3. PROGRAMM

17.30 **Tele-Trichter.** Vogelkunde
18.00 **Sesamstraße**
18.30 **Ausländer – Inländer** 7.: Woran wir glauben . . .
19.00 **Antiquitäten in Serie** 8.: Darmstädter Jugendstil auf Porzellan
19.15 **Die Sprechstunde.** Arbeitsplatz Krankenhaus – bleibt noch Zeit für die Menschlichkeit?
20.00 **Tagesschau**
20.15 Die Gesprächsrunde: **Unterm Funkturm.** Der ARD-Korrespondent in Rom, Eberhard Piltz, zu Gast in Berlin mit seinen Gästen Prof. Dr. Uta Ranke-Heinemann (Theologin), Prof. Karl Schiller (Wirtschaftswissenschaftler), Kurienbischof Alois Wagner u. a.
21.45 **Hollywood in Bologna (1)** Ital. Filmkomödie in fünf Teilen
22.40 **Parkett Mitte.** Aktuelle Theateraufführungen
22.55 **Papua-Neuguinea.** Fotofilm von Axel Benzmann
23.25 **Letzte Nachrichten**

- Wieviel Stunden Fernsehprogramm werden am Montag im 1. (2., 3.) Programm angeboten? Kannst du das auf die Minute genau bestimmen?
- Wie lang dauert die Sendung „Zirkus, Zirkus“ (ARD – Sport extra)?
- Welche Sendung ist am Montag am längsten? Welche dauert am kürzesten?
- Die Gesprächsrunde „Unterm Funkturm“ im 3. Programm dauerte 16 Minuten länger. Wann begannen die nachfolgenden Sendungen?

(9) Telefonieren

- Wieviel kostet ein 3-Minuten-Gespräch am Montag vormittag von Hannover nach Hildesheim (Zone 1) / von Frankfurt nach München (Zone 3)?
- Ein Telefongespräch von Bielefeld nach Münster (75 km) hat am Freitag 3,45 DM gekostet. Das Gespräch fand um 16 Uhr statt.
- Ist die Gebührenübersicht vollständig?
- Wann sind Telefongespräche besonders preiswert?

Telefon-Gesprächsgebühren

Gebühreneinheit **0,23** DM

Gesprächsgebühren in Ortsnetzen mit Zeittakt	Zone[1]	**Dauer einer Gebühreneinheit** Montag – Freitag 8 – 18 Uhr (Normaltarif)	18 – 8 Uhr[2] (Billigtarif)	**Beispiel Gebühr für ein 4-Min-Gespräch** Montag – Freitag 8 – 18 Uhr	18 – 8 Uhr[2]
Orts- und Nahgespräche	O N	**8** Min	**12** Min	DM 0,23	DM 0,23
Ferngespräche bei einer Tarifentfernung bis 50 km	1	**45** s	**67** ½ s	1,38	0,92
bis 100 km	2	**20** s	**38** 4/7 s	2,99	1,61
über 100 km	3	**12** s	**38** 4/7 s	4,83	1,61

(10) Der Klassenausflug

Die Klasse 3b plant einen Tagesausflug in den Harz, Hauptziel ist der Ort St. Andreasberg.
Was kann man alles unternehmen:

∗ Besichtigung des Bergwerkmuseums
  Öffnungszeiten: 9.30–12.30; 14.30–17.30
  Führungen beginnen alle halbe Stunde; Dauer einer Führung: 1 h
  Eintritt pro Schüler 1,– DM
∗ Super Rutschbahn
  Bergfahrt mit Sessellift/Talfahrt mit Rutsche.
  Eine Fahrt kostet 1,50 DM
∗ Waldschwimmbad
  Eintritt pro Schüler 1,25 DM
∗ Wanderung
  Die Klasse will aber auch eine Wanderung mit Picknick machen. Der Wanderführer empfiehlt zwei Wege:
  (a) St. Andreasberg – Silberhütte – Jordanshöhe – St. Andreasberg.
      Länge ca. 11 km; Dauer ca. 3 h 30 min.
  (b) St. Andreasberg – Dreibodestein – Sprungschanze – St. Andreasberg.
      Länge ca. 8 km; Dauer ca. 2 h 30 min.
∗ Die Fahrt dauert vom Schulhof bis St. Andreasberg mit dem Bus etwa 2 Stunden. Fahrtkosten pro Schüler 5,50 DM.

Treffe eine Auswahl und entwirf einen Tagesplan.
Wie teuer kommt der Tagesausflug für jeden Schüler?

(11) Weitere Sachrechenthemen

Sommerschlußverkauf – Aus dem Buch der Rekorde – Ein Bundesligaspieltag – Testergebnisse – Skipaß oder Punktekarte? – Parkgebührenvergleich – Leichtathletikweltrekorde in den letzten 50 Jahren – Ein Jahrmarktsausflug – Wir backen Waffeln/Kuchen und bestimmen die Zutaten – Briefmarken – Torsten richtet sein Zimmer neu ein – Preisvergleiche – Wir bepflanzen einen Schulgarten – Packungsinhalt/Packungspreis – Vergleich von Pkw's – und viele andere mehr.

0.3. Seltsame Tiere

∗ *Eine mögliche Einführung*
Im fernen Land Quadratien gibt es seltsame Tiere. Die *Einjährigen* sehen alle gleich aus.

Diese seltsamen Tiere sind springlebendig. Sie können krabbeln, sich um die eigene Achse drehen und Purzelbäume schlagen.
Die *Zweijährigen* sehen so aus.

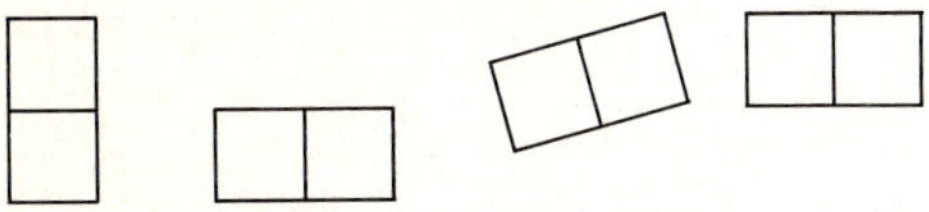

Auch sie können krabbeln, sich drehen, in die Luft springen und auf den Bauch fallen.
In jedem Jahr wächst den Tieren ein neues Quadrat an. Die Verbindung muß immer mit einer ganzen Seite geschehen. Solche Tiere gibt es nicht:

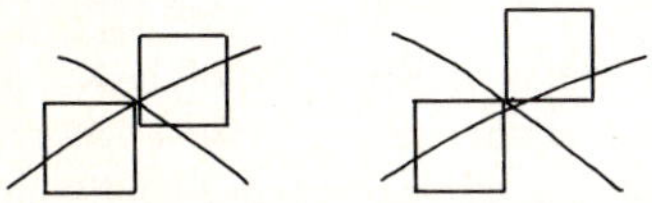

Wie sehen wohl die *Dreijährigen* aus?

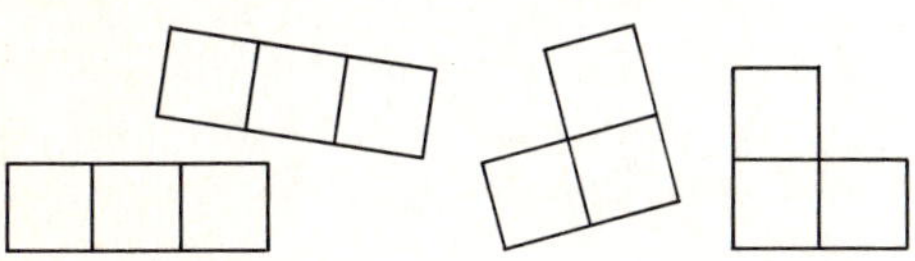

Richtig, bei den Dreijährigen gibt es zwei *Sorten*,
diese und diese 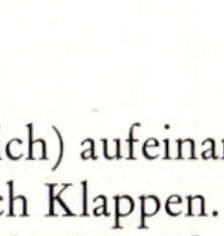

Wer kann zeigen, daß diese beiden Tiere von der gleichen Sorte sind?

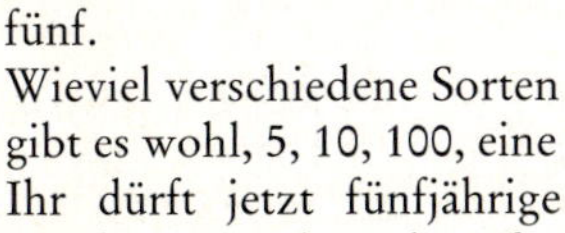

Man kann beide (deckungsgleich) aufeinander legen, durch Drehen oder durch Klappen.
Die Tiere werden immer älter, die *Vierjährigen* haben schon vier Quadrate, die *Fünfjährigen* fünf.
Wieviel verschiedene Sorten von Fünfjährigen gibt es wohl, 5, 10, 100, eine Million?
Ihr dürft jetzt fünfjährige Tiere herstellen (zeichnen). Achtet darauf, daß Ihr von jeder Sorte nur ein Tier baut.

Kinder im 1. oder 2. Schuljahr dürfen die „Tiere“ mit Plättchen legen (z. B. mit den Quadraten aus dem Formenspiel, Schroedel: Hannover) oder besser noch zusammenstecken (z. B. mit Constri-Plättchen oder den Plättchen aus dem Bündelungsspiel, Schroedel: Hannover). Weitaus anspruchsvoller und daher nur für die schon älteren Kinder im 3. und 4. Schuljahr ist die Aufgabe, alle Fünflinge auf Karopapier zu zeichnen.

Versuchen Sie es einmal selbst, bevor Sie weiterlesen. Wie viele verschiedene Fünfjährige finden Sie? Wie ist es mit den Sechs-, den Siebenjährigen? Ändert sich wohl etwas bei der Anzahl der Sorten, wenn die Tiere in der Grundform gleichseitige Dreiecke (regelmäßige Sechsecke) sind?

Polyominos, so heißen diese „seltsamen Tiere“, sind zusammenhängende Anordnungen aus einer bestimmten Anzahl kongruenter Figuren. Anordnungen mit genau zwei (drei, vier, fünf, sechs) Figuren werden Dominos (Trominos, Tetrominos, Pentominos, Hexominos) genannt. Von den Quadrat-Trominos gibt es zwei Typen, von den Tetrominos schon fünf, zwölf Pentominos und 35 Hexominos.

Trominos

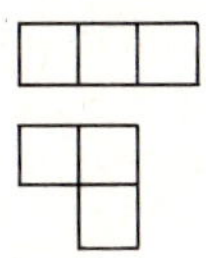

Tetrominos

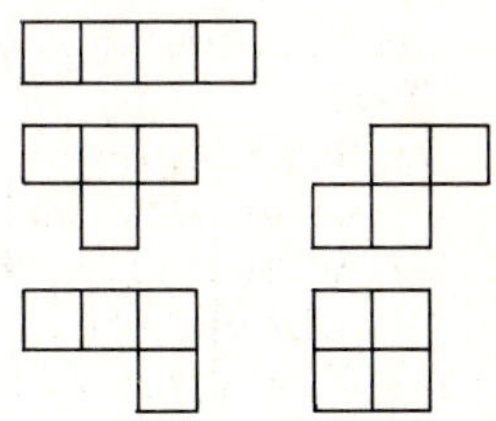

Pentominos

* Einige Pentominos werden von den Kindern (und von Erwachsenen!) recht häufig doppelt gezeichnet, ohne daß es sofort bemerkt wird; bei anderen Pentominos kommen solche Fehler kaum vor. Woran liegt das? Wir untersuchen genauer, in wie vielen unterscheidbaren Lagen die Pentominos auf Karopapier gezeichnet werden können. Wovon ist die Anzahl der unterscheidbaren Lagen abhängig?
* Welche der 12 Pentominos kann man zu einer offenen Dose auffalten? Welche Fläche ist dann der Boden der Dose? Wir überlegen zuerst und prüfen dann an Modellen nach.

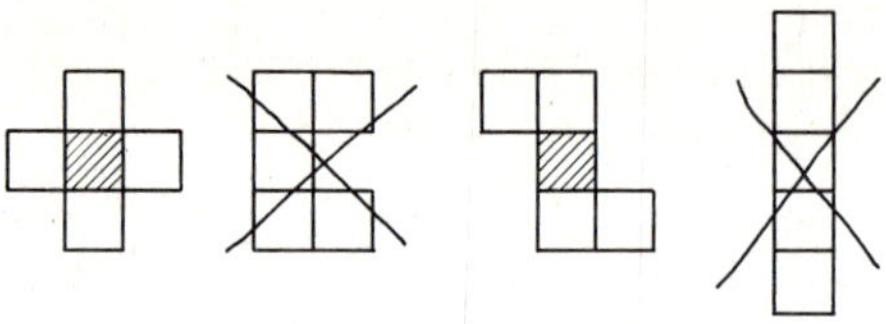

Wie ist es mit den anderen?
* Die Pentominos werden zu Hexominos erweitert. Welche davon sind Würfelnetze? Es wird festgelegt, welche Fläche des Würfelnetzes die untere Würfelfläche sein soll. Wo ist dann oben, vorn, hinten, rechts, links?

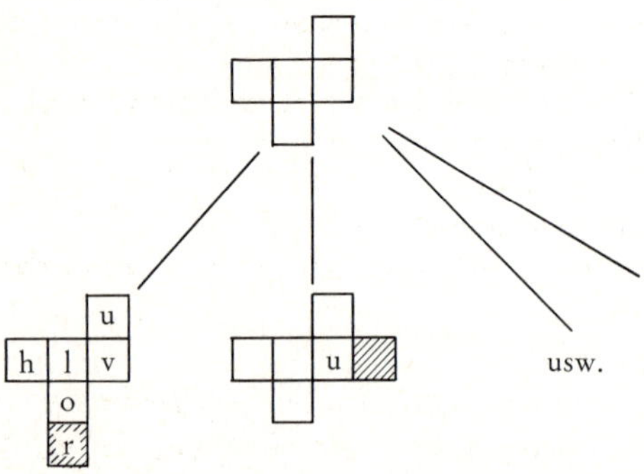

Wie viele verschiedene Hexominos bekommt man allein aus diesem Pentominos, wie viele aus den anderen?
* Wieviel *verschiedene* Würfelnetze gibt es überhaupt? Was heißt „verschieden"? Sind diese beiden „verschieden"?

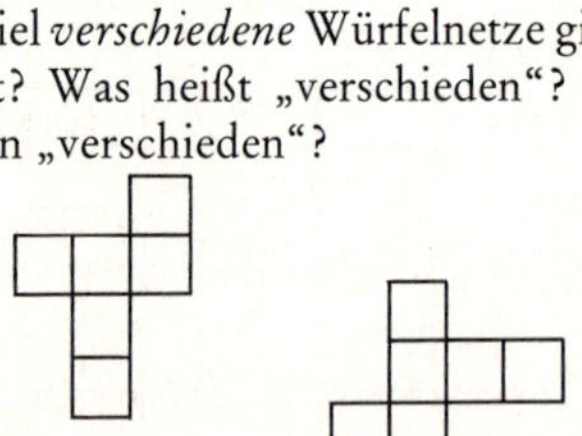

Man kann sie nicht durch Drehen oder Verschieben miteinander zur Deckung bringen, wohl aber durch Drehen und Spiegeln (Umklappen). Es sind zwei Bilder des *gleichen* Würfelnetzes.

Lösungshinweise
* Unterschiedliche Lagen von Pentominos
1 unterscheidbare Lage

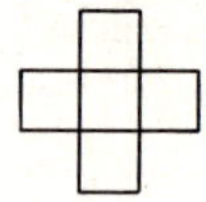

2 unterscheidbare Lagen

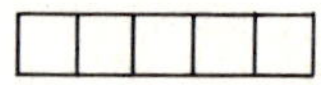

4 unterscheidbare Lagen

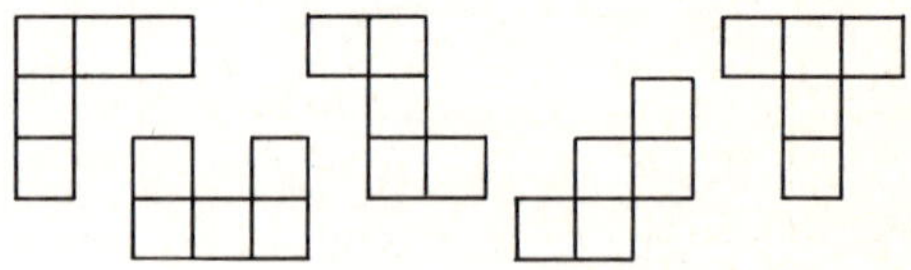

8 unterscheidbare Lagen

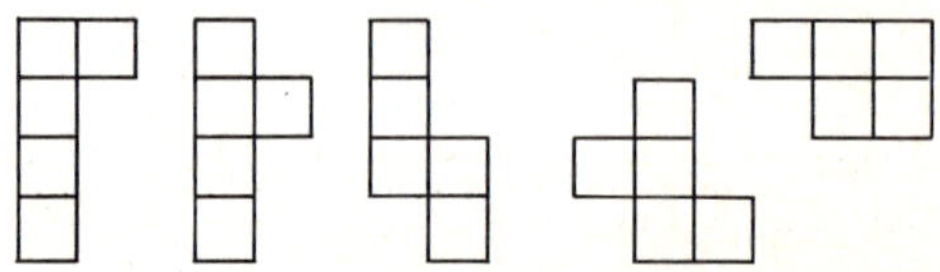

Die nichtsymmetrischen Pentominos kann man auf 8 verschiedene Arten auf Karopapier zeichnen. Bei Figuren mit genau einer Symmetrieachse oder einem Drehzentrum sind 4 Lagen möglich. Hat die Figur 2 Symmetrieachsen, dann gibt es nur noch 2 Möglichkeiten, und das Kreuz mit 4 Symmetrieachsen kann man nur auf eine Weise auf Karopapier zeichnen.
* Würfelnetze
Es gibt 11 verschiedene Würfelnetze.

0.4. Untersuchungen mit dem Taschenrechner

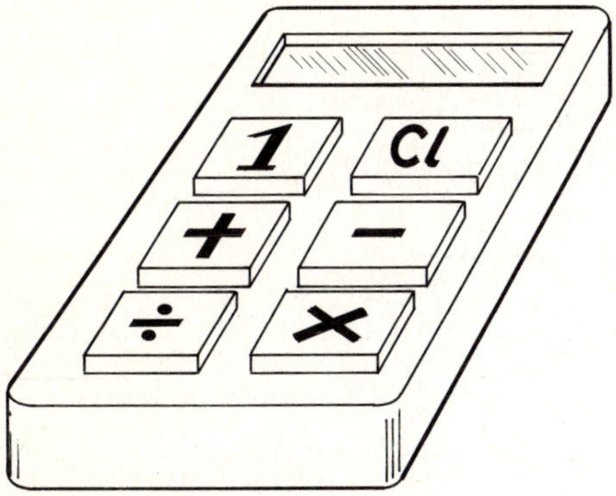

(Die jüngste Entwicklung aus Japan)

Die meisten Grundschüler haben Vorerfahrungen zum Umgang mit dem Taschenrechner, sehr viele besitzen bereits einen eigenen Taschenrechner oder sie haben einen entsprechenden Zugang zu Hause. Es geht nicht darum, das Kopfrechnen oder die schriftlichen Rechenverfahren im Mathematikunterricht der Grundschule durch das Arbeiten an einem Taschenrechner zu ersetzen, der Taschenrechner soll aber auch über viele Schuljahre hin kein Tabu sein. Mit dem Taschenrechner kann man kleine Untersuchungen durchführen, die eigenen Rechnungen kontrollieren, und man kann „zaubern". Untersuchungen mit dem Taschenrechner sollen in der Grundschule keinen Lehrgangscharakter haben, sie eignen sich vielmehr für besondere Unterrichtsstunden (letzte Stunde vor den Ferien, Vertretungsstunden u. a.). Voraussetzung ist daher, daß die Schule einen Klassensatz Taschenrechner besitzt. Diese sollten relativ einfach und billig sein – möglichst aber mit Konstantenautomatik –, außerdem nicht zu klein, damit die Tastatur gut zu bedienen ist.

Ein Schul-Klassensatz hat wesentliche Vorteile:

* alle Schüler können an der gleichen Tastatur arbeiten,
* es gibt keine sozialen Konflikte, alle Schüler haben den gleichen Rechner,
* der Satz ist ad hoc verfügbar.

(1) Zählen und Zahlenfolgen – erste Untersuchungen

[1] [+] [1] [=] [=] [=] [=] ...
[2] [+] [2] [=] [=] [=] [=] ...

entsprechend mit 5, 10, 200

[2] [+] [5] [=] [=] [=] [=] ...
[2] [+] [1] [0] [=] [=] [=] [=] ...
[1] [7] [+] [1] [0] [0] [=] [=] [=] [=] ...

[9] [7] [−] [1] [0] [=] [=] [=] [=] ...
[1] [0] [0] [7] [−] [1] [0] [0] [=] [=] [=] [=] ...

[1] [2] [8] [÷] [2] [=] [=] [=] [=] ...
[1] [2] [0] [÷] [2] [=] [=] [=] [=] ...

[2] [×] [5] [=] [=] [=] [=] ...
[1] [0] [×] [7] [=] [=] [=] [=] ...

(2) Wie arbeitet der Taschenrechner?

Wir drücken nacheinander ein:

[6] [+] [÷] [2] [=]	[3] [+] [−] [3] [=]
[6] [÷] [+] [2] [=]	[3] [−] [×] [3] [=]
[8] [×] [+] [3] [=]	[3] [−] [+] [3] [=]
[8] [+] [×] [3] [=]	[1] [2] [÷] [−] [6] [=]
[1] [0] [÷] [×] [5] [=]	[1] [0] [−] [÷] [3] [=]
[1] [0] [×] [÷] [5] [=]	[6] [×] [−] [3] [=]
[3] [−] [+] [3] [=]	[7] [−] [×] [5] [=]

(3) Wettrechnen zwischen Kopfrechnern und Taschenrechnern.
Wer ist schneller/besser bei einfachen Aufgaben/ bei schweren Aufgaben?

(4) NIM-Spiele

Immer zwei Schüler arbeiten an einem Taschenrechner.

Regel 1:

* Abwechselnd drücken die Schüler die Taste für eine der drei Ziffern [1], [2] oder [3] und für das Pluszeichen.
* Gewonnen hat, wer nach Drücken von [+] genau 21 erreicht.

Schwierige Varianten:

* 67 erreichen mit allen Ziffern (ohne Null!) und [+];
* 39 erreichen mit allen Ziffern und [+] oder [−].

Regel 2:

* Eine Zahl wird eingegeben (z. B. 13). Abwechselnd drücken die Schüler die Taste [−], eine der drei Ziffern [1], [2] oder [3] und dann noch [=].
* Verloren hat, wer nach Drücken von [=] die Null (oder eine negative Zahl) erreicht.

(5) Ziffern löschen

Jeder Schüler hat einen Taschenrechner. Der Lehrer nennt eine Zahl mit unterschiedlichen Ziffern, die von allen Schülern in den Taschenrechner gegeben wird, z. B. [5] [8] [4] [7] [3].

Aufgabe:

Lösche die 8 (zur 0), alle anderen Ziffern der Zahl müssen bleiben.

Tastenfolge zum Beispiel: [−] [8] [0] [0] [0] [=]

(6) Zielzahl

Jeder Schüler arbeitet mit einem Taschenrechner.

Beispiel:

Wir wollen alle die Zahl 24 erreichen. Nur diese Tasten dürfen gedrückt werden: [2], [+], [−], [×], [÷], [=].

Mögliche Lösungen:

[2] [+] [2] [+] . . . bis 24 im Sichtfeld;

[2] [×] [2] [×] [2] [×] [2] [+] [2] [+] [2] [+] [2] [+] [2] [=]

[2] [2] [+] [2] [=]

Variante:

Erreicht werden soll 17. Erlaubt ist: [5], [+], [−], [×], [÷], [=].

Eine mögliche Lösung:

[5] [+] [5] [=] [÷] [5] [+] [5] [+] [5] [+] [5] [=]

Variante:

Erreicht werden soll 26. Erlaubt ist: [5], [+], [−], [×], [÷], [=].

(7) Merkwürdiges (Prüfen Sie bitte selbst!)

[3] [×] [3] [7] [=] [1] [1] [1]
[6] [×] [3] [7] [=] [2] [2] [2]
[9] [×] [3] [7] [=]

[3] [7] [0] [3] [7] [×] [3] [=] [1] [1] [1] [1] [1] [1]
[3] [7] [0] [3] [7] [×] [6] [=] [2] [2] [2] [2] [2] [2]
[3] [7] [0] [3] [7] [×] [9] [=]

[9] [9] [9] [×] [1] [=] [9] [9] [9]
[9] [9] [9] [×] [2] [=] [1] [9] [9] [8]
[9] [9] [9] [×] [3] [=]

[1] [1] [×] [1] [1] [=]
[1] [1] [1] [×] [1] [1] [1] [=]
[1] [1] [1] [1] [×] [1] [1] [1] [1] [=]

[1] [0] [1] [×] [1] [=]
[1] [0] [1] [×] [1] [1] [=]
[1] [0] [1] [×] [1] [1] [1] [=]

[1] [×] [8] [+] [1] [=]
[1] [2] [×] [8] [+] [2] [=]
[1] [2] [3] [×] [8] [+] [3] [=]

(8) Zahlen verändern

(Start) 5 8 2 0 7 → 3 3 3 3 (Ziel)

Notiere deine Arbeitsschritte am Taschenrechner:

[−] [5] [0] [0] [0]
5 8 2 0 7 → 5 3 2 0 7
[+] [3] [0]
5 3 2 0 7 → 5 3 2 3 7 usw.

Beim Verändern von Zahlen sind sehr individuelle Lösungen im Hinblick auf eine Differenzierung des Unterrichts möglich.

(9) Kontrolle

	Du denkst:	der Rechner sagt:	
START	9 9 9 9 = 9 9 9 9	[9] [9] [9] [9]	r
−	1 = 9 9 9 8	[9] [9] [9] [8]	r
−	1 0 = 9 9 8 8	[9] [9] [8] [8]	r
−	1 0 0 = 9 7 8 8	[9] [8] [8] [8]	f
−	1 0 0 0 = 9 8 8 8	. . .	
+	1 0 = ·		
+	1 0 0 0 =		
−	1 0 0 1 =		
−	9 0 0 =		
−	9 0 =		
−	8 0 0 0 =		

(10) Überschlag und Rechnung

Aufgabe	Überschlagsrechnung	Rechner
76 · 9	80 · 10 = 800 75 · 10 = 750	[6] [8] [4]
229 · 301	230 · 300 = 69000	[6] [8] [9] [2] [9]
181 · 85	·	·
899 · 801	·	·
399 : 21		
10528 : 94		
5185 : 61		

Aus: J. und M. GRELL, 1979

1. Einige allgemeine Aspekte des Mathematikunterrichts

1.1. Die Aufgaben und Ziele

Die Ziele und das Warum eines Unterrichtsfaches sind, wie schulische Erziehung allgemein, immer abhängig vom jeweiligen gesellschaftlich-politischen Grundverständnis, vom angestrebten Bild von Schule bzw. vom Menschen selbst. Ziele eines Unterrichtsfaches sind eingeflochten in die allgemeinen Erziehungsziele. Das wird deutlich, wenn wir die Geschichte des Mathematikunterrichts verfolgen, oder aber die Zielsetzungen des Mathematikunterrichts unterschiedlicher politischer Systeme miteinander vergleichen. Zu beiden Aspekten ein paar Beispiele:

Die Diskussion des Mathematikunterrichts im 19. Jahrhundert wurde bestimmt von zwei wesentlichen Zielvorstellungen. Einmal der Umgang mit schulmathematischen Themenkreisen als ein Beitrag zur *formalen Bildung*. Im Sinne PESTALOZZIS und seiner Anhänger sollte z. B. das Rechnen vorwiegend der Denkschulung dienen (Denkrechnen). Die daran anschließende *materiale Gegenbewegung* stärkte die Berücksichtigung der Anwendungsbezüge und späteren direkten Verwendbarkeit des im Mathematikunterricht Gelernten.

Einige Beispiele zur Zieldiskussion im 19. Jahrhundert (aus RÄTHER, 1909):

DIESTERWEG: Es ist ein langer, dummer und abgeschmackter Wahn, daß man für das Rechte und Gute nur durch den Religionsunterricht erziehe, nicht auch durch andere Unterrichtsfächer, nicht auch durch den Rechenunterricht. Aller wahre Unterricht wirkt Menschenbildung. Mehr kann er nicht leisten, soviel soll er aber leisten. Auch der Rechenunterricht bildet für das Wahre, Gute und Tüchtige, denn er erzeugt die Liebe zum Wahren; er hat folglich eine sittliche Wirkung.

KEHR: Und so ist es denn also wahr, daß der Rechenunterricht nicht nur intellektuell, sondern auch sittlich wirkt, und daß er nicht allein Verstandesbildung, sondern auch allgemeine Menschenbildung fördert.

KNILLING: Das Rechnen eignet sich nur wenig zur Übung und Stärkung des Vorstellungsvermögens und des Verstandes. Und ist es aus diesem Grunde auch ein verfehltes Bestreben, durch Rechnen in nennenswerter oder gar vorzüglicher Weise formal bilden zu wollen. Die Zeit, welche darauf verwendet wird, ist zwecklos vergeudet.

KÖRNER: Man überschätzt das Rechnen, wenn man ihm geistbildende, ethische Kraft zuschreibt, denn durch das Rechnen wird der Mensch nicht um einen einzigen höheren, sittlichen Gedanken reicher. Die Denktätigkeit beim Rechnen ist eine unproduktive, gemüts- und herzlose; es ist daher sinnloses Geschwätz, wenn man dem Rechnen ethische Wirkung beilegt.

STEUER: Ob der Rechenunterricht auch sittlich bilde? Ja und Nein. Die Bedingungen für die sittliche Bildung liegen nicht im Rechenstoff, auch nicht in der Art und Weise der Bearbeitung desselben, schlechthin, sondern in dem Geschick und Willen des Lehrers, in den Rechenstunden unbedingte Stille, strenge Aufmerksamkeit . . . zu erzielen.

RÄTHER: Der Rechenunterricht dient mithin erstens insofern der sittlichen Bildung, als er andere Unterrichtsfächer stützt und ergänzt, die ihrerseits wieder unmittelbar oder mittelbar sittliche Zwecke verfolgen. – Der Rechenunterricht dient mithin zweitens der sittlichen Bildung, indem er sittliche Momente entwickelt, die von anderen Fächern in gleichem Grade nicht erzeugt werden können. Aus den angeführten Zwecken ergeben sich schon wichtige Forderungen für einen rationellen Rechenunterricht. Ein solcher verlangt:

I. Einsicht in das Verfahren,
II. Übung bis zur Schlagfertigkeit,
III. Anwendung auf das praktische Leben und auf Fächer des Wissens.

Zum geschichtlichen Aspekt der Zielfindung vgl. auch Kap. 1.4. (S. 26).

Derartige Wellenbewegungen bei den Zielvorstellungen von (Mathematik)unterricht sind im 20. Jahrhundert oft sehr kurz, jeweils in enger Verknüpfung mit den politisch-ökonomischen Rahmenbedingungen der Zeit.

Die Abhängigkeit der Ziele eines Unterrichtsfaches vom jeweiligen gesellschaftlichen System werden uns beispielhaft bewußt bei einigen Formulierungen in der DDR (vgl. WALSCH u. a.) wie z. B.:

„Der Mathematikunterricht hat einen Beitrag zu leisten zur Entwicklung des Klassenstandpunktes und der sozialistischen Persönlichkeit, zur Erziehung zum sozialistischen Patriotismus und zum proletarischen Internationalismus . . .“.

Es gibt vielleicht keine weltanschauliche Mathematik, wohl aber eine gesellschaftlich geprägte Erziehung und somit auch einen in den Zielen und Inhalten unterschiedlichen Mathematikunterricht.

Die Ziele des Mathematikunterrichts sind auch abhängig von dem, der sie formuliert. Für viele Mathematiker steht die Sache im Vordergrund, das System der Fachwissenschaft Mathematik bildet den Hintergrund. Das System der Mathematik kann aber nicht das Ziel des mathematischen Unterrichts sein. Die Erkenntnis der Fachstruktur wäre ein Ziel für zukünftige Mathematiker, das werden aber mit Sicherheit nur ganz wenige Schüler. Die Fachstruktur kann u. E. keine ausreichenden Hinweise geben für die Planung und Gestaltung von Mathematikunterricht, spielt doch in ihr der Schüler mit seinen Bedürfnissen und seiner individuellen, kognitiven Struktur keine Rolle. Die Geschichte des Mathematikunterrichts, speziell der Grundschule, macht aber deutlich, daß sehr oft ein Schwerpunktwechsel zwischen der Sache einerseits und dem Schüler andererseits erfolgt ist. – Für Nichtmathematiker spielt die allgemeine Bildung, die Grundanforderungen an die Schüler eine wesentlichere Rolle als die fachliche Bildung, fühlen sie sich darüber hinaus doch eher den Schülern verpflichtet, die Mathematik nicht lieben oder wählen, sondern als Pflichtfach in der täglichen Unterrichtspraxis erdulden müssen. So beschreibt etwa DIEDERICH (1980) als Bildungsziel des mathematischen Unterrichts, den volkstümlichen Glauben an die Mathematik zu erschüttern, damit jeder vernünftige Mensch beurteilen kann, was man Mathematikern anvertrauen kann und was nicht. Eine vergleichbare Zielformulierung hätte auch Gültigkeit für alle hochspezialisierten Berufsgruppen, wie z. B. Mediziner, Psychologen, Bildungsplaner . . .

Der Mathematikunterricht der Grundschule kann nicht so einfach wie vor Jahrzehnten als alleinige und zentrale Aufgabe anstreben, möglichst gute Rechner auszubilden und in die Sekundarstufe I zu entlassen. Die Anforderungen, Qualifikationen und Erwartungen der Umwelt sind sehr viel größer und komplexer geworden.

Es fehlt nicht an schönen Zielkatalogen in den Präambeln der Richtlinien und Lehrpläne. Als Beispiel können die Grundsätze der Empfehlungen und Richtlinien zum Mathematikunterricht in der Grundschule dienen, beschlossen von der Kultusministerkonferenz im Jahre 1976. Dort heißt es u. a.:

„Der Mathematikunterricht hat seinen Anteil an der allgemeinen Entwicklung, Erziehung und Ausbildung des Kindes zu leisten. Dabei sollten möglichst viele Fähigkeiten angesprochen und gefördert werden. Hierzu gehören u. a. die Fähigkeit, Zusammenhänge mit Hilfe von Zahlen zu erfassen, die Fähigkeit zu schlußfolgerndem Denken, die Fähigkeit zur altersgemäßen Darstellung von gegebenen Sachverhalten, Kombinationsvermögen und geometrisches Vorstellungsvermögen. . . .

Im Rahmen des Unterrichts der Grundschule hat die Mathematik auch ihren Anteil am Aufbau und an der Schulung sprachlicher Fähigkeiten zu leisten. . . .

In der fachdidaktischen Diskussion werden die Zielvorstellungen des Mathematikunterrichts seit einigen Jahren ausführlicher gegliedert und diskutiert, insbesondere von WINTER und WITTMANN. Abgesehen von den allgemeinen Erziehungszielen der Schule, für deren Erreichen der Mathematikunterricht einen Beitrag leisten kann, lassen sich die Ziele in etwa klassifizieren in:

X * Fachübergreifende Ziele des Mathematikunterrichts,
die nicht auf den Mathematikunterricht beschränkt sind, für deren Erreichen er aber einen besonderen Beitrag leisten kann, z. B.:
– Argumentieren lernen (Begründen, Folgern, Prüfen, Regeln einhalten . . .);
– sich kreativ und flexibel in Problemsituationen verhalten (variieren, übertragen, Alternativen entwickeln, Hypothesen prüfen, reflektieren . . .);
– Ordnen und Strukturieren von Umweltsituationen und Beziehungen erkennen;
– Ausdrucksverhalten und Sprache bereichern.

* Fachbezogene Ziele des Mathematikunterrichts,
die als spezielle intellektuelle Fähigkeiten nicht

an spezifische Themen des Mathematikunterrichts gebunden sind:
- Vergleichen, Sortieren, Ordnen;
- Klassifizieren;
- Symbolisieren und Mathematisieren (Formalisieren);
- Analogisieren;
- Generalisieren;
- Spezialisieren.

* Fach- und inhaltsspezifische Lernziele des Mathematikunterrichts,
die in den Lernzielkatalogen der Rahmenlisten aufgelistet und verbindlich vorgeschrieben sind. Sie spiegeln sich in den zugelassenen Lehrbüchern wider und sind unverständlicherweise oft von Bundesland zu Bundesland sehr verschieden.

Zum Erreichen der allgemeinen Lernziele im Mathematikunterricht bemerkt z. B. WINTER (1981 b) skeptisch, daß der Mathematikunterricht nicht wie von selbst die Gesamtgeistigkeit positiv prägend beeinflußt. Nicht die Inhalte des Mathematikunterrichts ermöglichen von sich aus das Erreichen allgemeiner Lernziele sondern die *Art und Weise des unterrichtlichen Umgangs.* Fachübergreifende und fachbezogene Ziele des Mathematikunterrichts können die Inhalte des Mathematikunterrichts strukturieren und die Lernweisen sowie Lehrmethoden auf diese Ziele hin bestimmen, sofern der einzelne Lehrer selbst von diesen Zielen überzeugt ist.

Insbesondere seit der Reform des Mathematikunterrichts am Ende der 60er Jahre bilden Stofffülle und damit verbunden der Zeitdruck für den Lehrer ein großes Problem. Stoffliche Zwänge führen oft dazu, daß die rein inhaltlichen Lernziele des Mathematikunterrichts ein dominierendes Übergewicht haben gegenüber den allgemeinen Lernzielen mit den jeweils sozialen, emotionalen und kognitiven Komponenten. Stoffdruck verhindert fachübergreifende Ziele des Mathematikunterrichts anzustreben, Beziehungen zu erfahren und zu erkennen und Anwendungen zu erproben. Die oft erkennbare Absicht, alle möglichen mathematischen Themen zu elementarisieren und vorzuziehen bis in die Grundschule hinein, verbunden mit einem mißverstandenen Spiralprinzip müssen sich hinterfragen lassen: Wem nützt das? Sind diese inhaltlichen Ziele wertvoll? Was richtet man damit bei der Einstellung und bei dem Selbstvertrauen der Schüler an? Was nützen isolierte Erinnerungsbruchstücke an alle möglichen mathematischen Inhalte?

Oft werden insbesondere von Lehrbuchautoren und Richtlinienmachern die Erkenntnisse des *exemplarischen Lehrens und Lernens*, wie sie WAGENSCHEIN oder ROTH formuliert haben, vernachlässigt. Das notwendige Prinzip des exemplarischen Lehrens fordert „Mut zur Lücke“ und wiederum „Mut zur Gründlichkeit“. Was ein Schüler versteht und in Beziehung zu seinen sonstigen Strukturen setzen kann, besitzt den stärksten Übertragungswert und somit auch Bildungswert, nicht aber die vielen verschiedenen Brocken Mathematik, die er oft jede Woche speisen muß und kaum verdauen kann. Sie sind nicht selten Fremdkörper in der von ihm erlebten Wirklichkeit und werden so schnell wie möglich vergessen. Nicht zuletzt soll darauf hingewiesen werden, daß gerade Kinder mit Lernschwierigkeiten, die sog. langsamen Lerner, Phasen der Ruhe, der Vertiefung und auch der Erfolgserlebnisse brauchen. Schüler sollten Teilthemen des Mathematikunterrichts als sinnvolle Teilganzheiten erkennen bzw. erfahren und nicht nur alle möglichen, evtl. für Lehrbuchautoren und Lehrer interessanten Themen verabreicht bekommen.

Aufgrund der stofflichen Zwänge wird der einzelne Lehrer oder die Fachkonferenz einer Schule Auswahlen aus dem curricularen Überangebot der Schulbücher treffen müssen unter Berücksichtigung der Landesrahmenrichtlinien. Diese sind oft sehr viel weniger verbindlich vorschreibend und flexibler, als es in dem gerade eingeführten Lehrbuch notwendig zu sein scheint.

In diesem Handbuch wird nicht die Bedeutung der Arithmetik unterschätzt. Für Grundschulkinder, die ihr Berufsleben im 21. Jahrundert gestalten, sind jedoch andere Erfahrungen mit Mathematik und ihren Beziehungen bzw. Anwendungsmöglichkeiten in der Umwelt zumindest vergleichbar bedeutsam. Als Lehrer(in) sollte man Abstand gewinnen von seinen eigenen Grundschulerfahrungen in Mathematik, die überwiegend doch nichts anderes beinhalten als das Lernen von rechnerischen Begriffen und Techniken. Der Grundschulmathematikunterricht der Gegenwart muß ergänzt werden durch Inhalte und Problemstellungen der Geometrie, des Umgangs mit Größen sowie des Sachrechnens sowie die Anwendung struktureller Leitbegriffe. Für die meisten Erwachsenen bedeutet Mathematik wahrscheinlich das Merken gewisser spezifischer Techniken, an die man sich irgendwann erinnern muß, um sie anzuwenden (vgl. DAVIS in GINSBURG, 1983). Für eine Minderheit – einschließlich der Mathematiker, der Ingenieure,

Computerspezialisten und einer wachsenden Zahl aus anderen Wissenschaftsbereichen – hat der Gebrauch von Mathematik heute eine ganz andere Qualität. Für sie ist Mathematik ein erweiterbares Werkzeug zur Lösung ungewöhnlicher Probleme, für die kein bisher bekannter Algorithmus ganz ausreicht. Es ist sicher ein sehr hohes Ziel, Schüler diesen kreativen Aspekt der Mathematik (Überdenken verschiedener Lösungsvermutungen, intelligentes Raten, flexibles und variantenreiches Problemlösen usf.) erfahren zu lassen.

Eine große Bedeutung kommt der *Anwendungsorientierung* der Inhalte und Methoden der Schulmathematik zu. Mit Rechentechniken allein und Erfahrungen beim Lösen oft unrealistischer Sachprobleme kann ein Schüler wenig anfangen, weder bei der Bewältigung aktueller Probleme mit mathematischen Mitteln noch später im Berufsleben. Wichtiger ist dieFähigkeit zu entscheiden, wann welche mathematische Technik eingesetzt werden muß und die Fähigkeit, auf Nicht-Standardwegen ein Problem anzugehen und zu bearbeiten. Anwendungsbezogenheit der Mathematik in der Grundschule bedeutet in einem besonderen Maße, die Einzelfachbeschränktheit zu überwinden durch möglichst viele schulfachübergreifende Unterrichtsvorhaben bzw. Unterrichtseinheiten.

Bildungspolitische Reformen bauen wenig kontinuierlich aufeinander auf, sie gleichen oft Pendelschlägen in die Extreme. So ist vielleicht zu befürchten, daß der inhaltlich sicher überfrachteten Reform zur sog. Modernen Mathematik in der Schule eine karge Restauration zum nahezu ausschließlichem Rechnen in der Grundschule folgt, in Anlehnung an das amerikanische „back to basics". – Die darauf wieder folgende Welle wäre schon jetzt beschreibbar.

Andere Länder, insbesondere die Amerikaner, sind bei der Formulierung von Zielen des MU sehr viel pragmatischer als wir. So beantworten TRAVERS et al. (1977) in einer weitverbreiteten Methodik die Frage nach dem „Warum" einfach wie folgt:

Mathematik

* ist für den Schüler nützlich und hilfreich,
* diszipliniert die Gedanken und Sinne,
* kann interessant und schön sein.

Es ist sicher unbestritten, daß Mathematik als Kulturwissen dem Schüler bei der Bewältigung gewisser Umweltprobleme sowie bei der Strukturierung in Anwendungssituationen hilft, wie später dem Erwachsenen im Berufs- und Privatleben. Das Argument der Nützlichkeit allein reicht jedoch nicht aus, sind doch die von der überwiegenden Mehrheit der Schüler und Erwachsenen je angewandten mathematischen Begriffe und Verfahren quantitativ sehr begrenzt. Wann hat man als Erwachsener zuletzt einen Strahlensatz angewandt, durch einen Bruch dividiert oder selbst beim Einkauf nachgerechnet, ganz abgesehen von den Erleichterungen durch die Taschenrechner? Zur Rechtfertigung des Mathematikunterrichts in der allgemeinbildenden Schule muß eine weitere Begründung hinzukommen, ein fachübergreifendes Ziel in Form der Ausbildung gewisser Haltungen und der Schulung kognitiver Grundtechniken durch das Auseinandersetzen mit mathematischen Problemen. In der Schulmathematik anzustrebende *Haltungen und Einstellungen* der Schüler können sein:

* Freude am eigenen Denken und Auseinandersetzen mit Problemen;
* Risikobereitschaft, beim Denken eigene Wege zu gehen. – Eigene Fehler sollten nicht so sehr als Zeichen des Scheiterns angesehen werden; das Erkennen von Fehlern sind wichtige Stufen im Lernprozeß („aus Fehlern lernen");
* Aufbau einer kritischen Haltung gegenüber der Einstellung, alles sei berechenbar bzw. mit mathematischen Mitteln in den Griff zu bekommen. – Schüler müssen auch die Erfahrung machen, daß es Probleme gibt, die nicht mit mathematischen Mitteln (allein) lösbar sind und daß es Sachinformationen gibt, die nicht berechenbar sind;
* verstärkte Reflektiertheit gegenüber den „erstbesten" Lösungshypothesen; Abwägen mehrerer möglicher Lösungswege.

Sicher kann Mathematik interessant und schön sein, sicher ist aber auch, daß sehr viele Schüler , vielleicht die Mehrheit, mit zunehmender Schulzeit den Mathematikunterricht hassen, abwählen und im günstigen Fall nur still erleiden. Die alte Diskussion zur Notwendigkeit der Motivation hat gerade in letzter Zeit mit den beiden Extremen „Spaß" und „Arbeit" wieder zugenommen. So ist das erste Argument fragwürdig, daß möglichst alles den Schülern viel Spaß machen sollte, denn schulische Lernstoffe werden ja nicht zum Ergötzen der Schüler ausgewählt. Auch äußerliche Motivationsbemühungen, wie die vielen bunten Bilder, Materialien oder das Bemühen der Schulbücher, sich im Äußeren und oft auch im Stil den Illustrierten oder Bilderbüchern anzupassen, werden von den Schülern schnell durchschaut: Geht es doch im Grunde nur um Einmaleinsreihen, Sachaufgaben u. a.

Spaß an Mathematik kann entstehen durch Erfolgserlebnisse, durch Erkennen eigener Leistungen, durch Angesprochenfühlen von einer Aufgabe oder einem Problem, durch Erfahren von Beziehungshaltigkeit und Anwendungsmöglichkeiten des Gelernten, durch Wecken von Neugier u. a. (vgl. Kap. 3.). Auch das andere Extrem, Mathematik als Arbeits-, Leistungs- und Selektionsfach ist nicht minder fragwürdig: Leistung sollte auch in der Schule nicht erpreßt werden müssen. Es dürfte klar sein, daß ein bloßes Kennenlernen von Begriffen und das Einüben formaler Fertigkeiten im Mathematikunterricht allgemeine Bildungsziele nicht anzustreben erlaubt (vgl. FREUND, 1982).

Neben den bereits angesprochenen fachübergreifenden, den fachbezogenen und den inhaltsspezifischen Lernzielen des Mathematikunterrichts läßt sich u. E. als allgemeines Bildungsziel des Schulfaches formulieren:

* Schüler sollten die Möglichkeit und die Grenzen der Mathematik erfahren und erkennen.

Das beinhaltet für den Mathematikunterricht ab Grundschulalter, daß die Schüler das Anwenden mathematischen Wissens lernen und der Lehrer fachübergreifende Beziehungshaltigkeiten ausnutzt und aufzeigt.

1.2 Modelle des Mathematikunterrichts

Mathematikdidaktische Fragestellungen bilden einen wesentlichen Schwerpunkt des Studiums von Grund- und Sekundarstufenlehrern, seit es eine planmäßige Lehrerausbildung gibt, und Mathematikdidaktik ist die Bezugswissenschaft der Mathematik in der Schule unterrichtenden Lehrer. Obwohl die mathematikdidaktische Forschungs- und Entwicklungstradition sehr alt ist (vgl. Kap. 1.4. zur Geschichte des Mathematikunterrichts), hat sich gerade in den letzten Jahren wieder die Diskussion um den wissenschaftstheoretischen Standort der Mathematikdidaktik entzündet, um die Beschreibung ihrer Aufgaben und Methoden. Je nach wissenschaftlicher Heimat wird Mathematikdidaktik sehr unterschiedlich beschrieben. So ist z. B. für TIETZ (1974) als Mathematiker die Mathematik-Didaktik

> „die Bemühung, den bildungspolitischen Standort der Mathematik und seine Konsequenzen nach innen und außen deutlich zu machen. Daraus folgt, daß ihre Institutionalisierung nur innerhalb der Zentren mathematischer Forschung und Lehre sinnvoll ist."

Der Pädagoge KRAMP (1978) stellt dagegen fest:

> „Jeder Fachdidaktiker muß alles das, was in seinem Ausschnitt von Unterricht wirklich passiert zum Gegenstand seiner Wissenschaft machen. Mathematikunterricht ist entschieden mehr und etwas ganz anderes als angewandte Mathematik: Er ist eine spezifische Form sozialer Interaktion, deren Ziele nicht durch die Mathematik bestimmt werden, sondern durch politische Instanzen und soziale Gruppen."

WITTMANN (1976) als Mathematikdidaktiker beschreibt seine Wissenschaftsdisziplin:

> „Didaktik der Mathematik ist die Wissenschaft von der Entwicklung praktikabler Kurse für das Lernen im Bereich der Mathematik sowie der praktischen Durchführung und empirischen Überprüfung der Kurse einschließlich der Überlegungen zur Zielsetzung der Kurse und der Stoffauswahl".

Es wird deutlich, daß bei derartigen Definitionsversuchen die Schüler bzw. der Unterrichtsgegenstand Mathematik sehr unterschiedlich gegeneinander gewichtet werden.

Mathematikunterricht kann weder allein durch die Fachwissenschaft Mathematik gestaltet oder beschrieben werden, noch allein durch die Erziehungswissenschaft, Psychologie o. a. Die Arbeit des Lehrers ist vielschichtig und komplex, so daß man die Didaktik eines Unterrichtsfaches nur auffassen kann als eine interdisziplinäre und integrative Wissenschaft. Mathematikunterricht und Mathematik-Didaktik werden beeinflußt durch mehrere Bereiche (vgl. WITTMANN, 1976):

* der mathematische Bereich
  Lehr- und Lernprozesse beziehen sich zwar auf Inhalte, deren fachliche Struktur von der Mathematik bestimmt sind, jedoch kann diese mathematische Struktur der Inhalte nicht gleichgesetzt werden mit den Strukturen im unterrichtlichen Lehr-Lernprozeß. Die Probleme des Mathematikunterrichts können nicht allein durch mathematische Analysen oder gar mathematische Methoden gelöst werden. Insofern ist Mathematik-Didaktik nicht angewandte Mathematik oder eine Teildisziplin der Mathematik; Mathematik-Didaktik ist eine Humanwissenschaft, in der es keine Sätze, Axiome, Beweise ... gibt, dafür eine Fülle von Vermutungen, Annahmen, Erfahrungen und auch einige mit exakten empirischen Methoden gewonnene Erkenntnisse.
* der erziehungswissenschaftliche Bereich
  umfaßt die Anstöße, Erkenntnisse und Methoden der Erziehungswissenschaft, speziell der allgemeinen Didaktik. Bei keiner Bezugswissenschaft fungiert die Mathematikdidaktik aber als ein bloßer Abnehmer, sie beinhaltet vielmehr eine sehr spezifische und integrative Bearbeitung der Probleme des Mathematikunterrichts. Überspitzt formuliert: Nur mit Wolle (mathematischem Fachwissen), aber ohne Strickmuster (pädagogisch-didaktisches Wissen), läßt sich kein Unterricht „strikken", ohne jede Wolle wiederum auch nicht.
* der psychologische Bereich
  geht ein auf die Bedingungen und Variablen des mathematischen Lehr-Lernprozesses, u. a. die Dispositionen des Lernenden, die Verhaltensformen und Einstellungen des Lehrenden sowie die verschiedenen Wechselbeziehungen.
* der sozialwissenschaftliche Bereich
  kann beinhalten bestimmte Formen des sozialen Lernens im Mathematikunterricht oder soziologische Bedingungen, philosophisch-politische Fragen und Zielbeschreibungen des Mathematikunterrichts.
* der gesellschaftliche Bereich
  befaßt sich mit dem schulischen Umfeld des Mathematikunterrichts (Stundenzahl, Klassenstärke, Rahmenrichtlinien, Orientierungsstufe u. a.) sowie dem außerschulischen Umfeld (Eltern, Interessenverbände u. a.), die auf die tägliche Unterrichtspraxis mehr oder weniger Einfluß nehmen.

Mathematikdidaktik läßt sich in Anlehnung an KLAFKIS (1977) Beschreibung der Didaktik wie folgt fassen:

Mathematik-Didaktik umfaßt Entscheidungen, Entscheidungsvoraussetzungen und Entscheidungsbegründungen
1) über Ziele und Intentionen des Mathematikunterrichts,
2) über seine Inhalte,
3) über Organisations- und Vollzugsformen unterrichtlichen Lehrens und Lernens als Interaktionszusammenhang,
4) über Medien und Erfolgskontrolle des Mathematikunterrichts.

Insofern ist Mathematik-Didaktik eine Theorie des Mathematikunterrichts.

Theorien und Modelle von Unterricht selbst können sicher die Unterrichtsrealität in ihrer Breite und Kompliziertheit nur schwer wiedergeben. Ist ein Modell von Unterricht sehr differenziert, bleibt für den Lehrer oft nur resignierend festzustellen, daß alles so komplex ist und miteinander interagiert und eigentlich nichts zu bewirken ist. Andere Modelle simplifizieren und sind so allgemein, daß sie alles und nichts erklären.

Versteht man Unterrichtsmodelle als organisatorische Gerippe bzw. als Systeme, um wesentliche Elemente z. B. des Mathematikunterrichts in ihrer Beziehung zu erfassen, so sind sie Hilfsmittel des Verständnisses und Ansätze einer Erklärung von Unterrichtswirklichkeit. Jeder Lehrer entwickelt im Laufe seiner Tätigkeit bewußt oder unbewußt ein mehr oder minder differenziertes Modell von Unterricht und führt Planungs-, Durchführungs- und Nachbesinnungsentscheidungen im Rahmen seines Unterrichts auf sein individuelles Modell von Unterricht zurück. Vielleicht sind gerade einige Arbeiten zur Unterrichtsplanung (z. B. GRELL/GRELL, 1979, MEYER, 1980) so erfolgreich, weil ihren praktischen Anregungen bestimmte Modellvorstellungen zugrunde liegen.

Wir übernehmen in der Grundstruktur das Modell des Mathematikunterrichts von TRAVERS et al. (1977), ergänzen und wandeln dieses Modell in einigen Dimensionen ab. TRAVERS et al. unterscheiden drei Dimensionen des Mathematikunterrichts, wobei dieser als ein Geflecht von Inhalten, Zielen und Variablen des Unterrichtsprozesses verstanden wird:

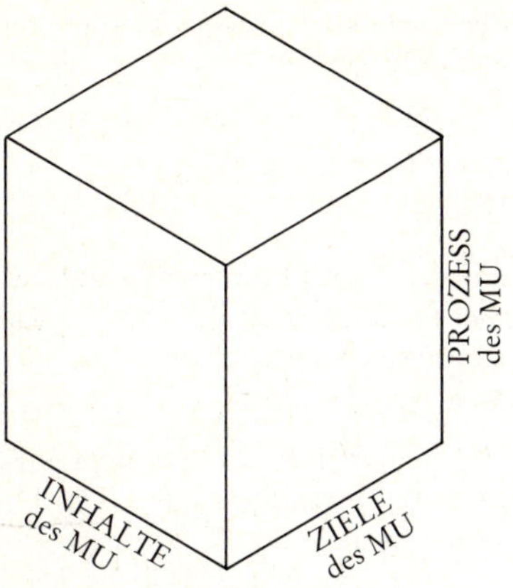

Die Ziele und Inhalte des Mathematikunterrichts in der Grundschule sind bereits angesprochen. Die Prozeß-Dimension wird bei TRAVERS et al. unterteilt in Planung, Durchführung und Auswertung des Mathematikunterrichts. Im Hinblick auf ein Modell des Mathematikunterrichts scheint uns eine Untergliederung in die am Unterrichtsprozeß unmittelbar und mittelbar beteiligten Variablen hilfreicher:

* die Schüler
  mit ihren individuellen Unterschieden, Dispositionen, Fähigkeiten, Einstellungen, Motivationen, Vorerfahrungen, Arbeitsverhalten usw.
* der Lehrer
  mit seinen individuellen Vorerfahrungen und Fähigkeiten, den spezifischen Persönlichkeitsmerkmalen, Einstellungen und Normen, dem ‚Bild von guter Schule' bzw. der subjektiven Unterrichtstheorie, dem Planungsverhalten usw.
* die spezifischen curricularen Bedingungen und Variablen,
  wie z. B. Lehr-Lernverfahren, Veranschaulichungen, Wirkungen verschiedener didaktischer Modelle, anwendungs- und fachübergreifende Orientierung.

Wie bereits bei den Zielen diskutiert, wird bei den sog. Variablen des Unterrichtsprozesses erst recht deutlich, daß die einzelnen Aspekte nicht isoliert voneinander wirksam werden, sondern im Prozeß des Mathematikunterrichts in einer engen Wechselbeziehung zueinander stehen, mitbestimmt auch durch die schulischen Rahmenbedingungen. In Abwandlung des obigen Würfelmodells läßt sich der Mathematikunterricht als ein Beziehungsgeflecht darstellen:

Ein Modell von Mathematikunterricht in der Grundschule:

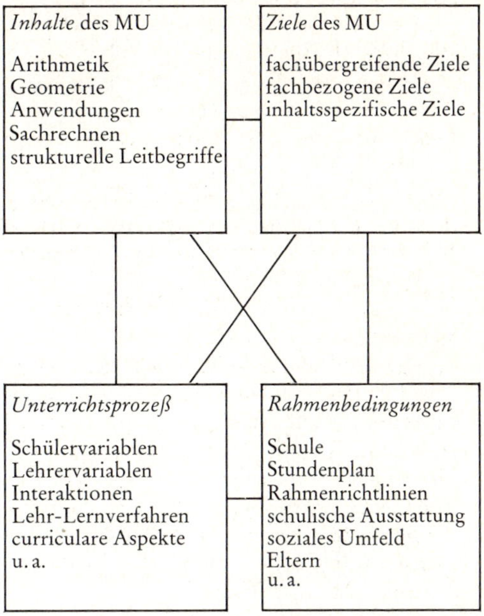

Wir haben uns bei den nachfolgenden Abschnitten des Handbuchs zu den Unterrichtsinhalten und dem Unterrichtsprozeß bemüht, dieses Modell bzw. Beziehungsgeflecht von Mathematikunterricht als Strukturraster im Hintergrund zu haben, um auch die einzelnen Teilthemen in ein Ganzes einordnen zu können.

1.3. Mathematikdidaktische Prinzipien

Didaktische Prinzipien sind Theorien oder Annahmen, die entweder abgeleitet worden sind aus umfassenderen Lehr-Lerntheorien, im Sinne der Anwendung derartiger Erkenntnisse auf konkreten Unterricht, oder aber sie sind entstanden aus langer schulischer Unterrichtserfahrung oder methodisch-didaktischer Tradition. Didaktische Prinzipien können eine wichtige Rolle spielen bei der Stoffauswahl und Stoffanordnung, bei der Planung und Durchführung von Unterricht sowie insbesondere bei der Auswahl und Gestaltung von Übungs-, Aufgaben- und Beispielmaterial. Relativ vollständige Beschreibungen der mathematikdidaktischen Prinzipien findet man in den Büchern von WITTMANN (1976) oder ZECH (1980). An dieser Stelle beschränken wir uns nur auf eine Auflistung; in den curricularen Abschnitten wird versucht, einige Prinzipien an Beispielen zu konkretisieren.

Prinzipien aus der Interpretation der Theorie PIAGETS

* Prinzip des aktiven Lernens
Der Unterricht soll an der vorliegenden kognitiven Struktur des Lernenden ansetzen, wobei die Probleme verständlich gemacht werden müssen, damit der Schüler aktiv den neuen Lernstoff er- und bearbeiten kann.
* Integrationsprinzip
Die Themen des Mathematikunterrichts sollen in inhaltliche Beziehungsnetze integriert werden, d. h. das Lernen erfolgt in Zusammenhängen. – Dieses Prinzip steht im Widerspruch zu einigen traditionellen Lehr-Lernprinzipien, wie z. B. dem Prinzip der Isolierung der Schwierigkeiten, dem Prinzip des Lernens in kleinen Schritten, dem Prinzip des linearen Aufbaues eines Curriculums.
* Prinzip der Redundanz
Schüler sollen neue Inhalte in Situationen kennenlernen, bei denen nur einzelne Aspekte bzw. Elemente wirklich neu sind, so daß eine Einbindung des neuen Wissens in bereits vorhandenes Wissen erfolgen kann.
* Prinzip der Stabilisierung
Wissen und Fähigkeiten müssen von Zeit zu Zeit in neuen, anregenden Kontexten wieder geübt und angewendet werden, damit sie sich stabilisieren.
* Operatives Prinzip
Mathematische Begriffe, Techniken u. a. sollten insbesondere im Grundschulalter mit Hilfe von Handlungen (Operationen) erarbeitet werden. Operative Begriffe müssen daher im Mathematikunterricht auf die sie begründenden Handlungen zurückgeführt und zu Operationen verinnerlicht werden. Beim sog. operativen Durcharbeiten eines Themas kommt es darauf an, vielfältige Zusammenhänge und Beziehungen herzustellen (operatives Üben) – Das Prinzip des aktiven Lernens kann man als einen Teilaspekt des operativen Prinzips ansehen.

Prinzipien aus der Interpretation der Theorie BRUNERS

* Spiralprinzip
Grundlegende Begriffe u. a. sollten im Mathematikunterricht in mehreren Durchgängen auf jeweils verschieden hohem Niveau bearbeitet werden, wobei jeweils Darstellungsmittel, Sprache und didaktische Modelle verwendet werden, die dem Entwicklungsstand der Schüler angemessen sind. Die Erkenntnisse eines Wissensgebietes werden schrittweise (spiralig) entwickelt. Daraus ableitbar sind drei weitere didaktische Prinzipien
  - Prinzip des vorwegnehmenden Lernens,
  - Prinzip der Fortsetzbarkeit eines Themas,
  - Prinzip der Präfiguration von Begriffen u. a. .
* Variationsprinzipien (auch in Anlehnung an AUSUBEL, GAGNE u. a.)
– Prinzip der Variation der Veranschaulichung auf der Ebene der Begriffsrepräsentation durch intermodalen Transfer (Wechsel zwischen enaktiv – ikonisch – symbolisch) oder intramodalen Transfer (Wechsel innerhalb einer Darstellungsebene).
– Prinzip der Variation des didaktischen Modells (sog. Mehrwegmethode); Erarbeitung eines mathematischen Begriffs u. a. nicht nur über ein didaktisches Modell, sondern über verschiedene.
– Prinzip der mathematischen Variation, wobei das für einen mathematischen Begriff Wesentliche erhalten bleibt, die unwesentlichen Variablen aber variiert werden können.

Weitere Prinzipien

* genetisches Prinzip im Mathematikunterricht,
* deep-end-Prinzip,
* Prinzip der Orientierung an Grundideen,
* Prinzip des aktiv-entdeckenden Lernens,
* Prinzip des exemplarischen Lehrens und Lernens usf.

Die Kritik an didaktischen Prinzipien läßt sich stichpunktartig zusammenfassen (vgl. DAHLKE, 1981): Die Wirkung und die Relevanz mathematikdidaktischer Prinzipien sind bislang empirisch kaum untersucht; didaktische Prinzipien sind oft nicht eindeutig, sondern sehr breit interpretierbar; bei einer Generalisierung didaktischer Prinzipien besteht die Gefahr, daß die individuellen Unterschiede der Schüler einer Lerngruppe bzw. die spez. Unterrichtssituation außeracht gelassen werden; manche didaktische Prinzipien widersprechen einander (operatives Prinzip, Prinzip von der Isolierung der Schwierigkeiten); welches ist dann richtig? Sicher darf man keine zu hohen Erwartungen an einzelne didaktische Prinzipien knüpfen. Das Wissen über didaktische Prinzipien kann aber insofern nützlich und hilfreich sein, als es unterrichtliche Situationen und curriculare Modelle erklären und kategorisieren hilft. Darüber hinaus können mathematikdidaktische Prinzipien die Planung und Durchführung des eigenen Mathematikunterrichts anreichern. Jeder Lehrer entwickelt mehr oder minder unbewußt eigene, subjektive Lehr-Lernprinzipien, durch die die zuvor aufgelisteten Prinzipien relativiert oder ergänzt werden und somit auch eine Reflektionsgrundlage für den eigenen Unterricht bilden.

1.4. Zur Geschichte des Mathematikunterrichts

Bis etwa 1950 enthielt nahezu jede Didaktik bzw. Methodik des Mathematikunterrichts einen geschichtlichen Teil. Geschichte des Mathematikunterrichts war selbstverständlicher Bestandteil der Lehrerausbildung und der Prüfungen. Seinen PESTALOZZI, DIESTERWEG, HARNISCH, GRUBE u. v. a. m. hatte jeder zu kennen.

In den 60er und 70er Jahren dieses Jahrhunderts wurde (auch) mit dieser Tradition gebrochen. Die vereinzelten Versuche, die Reform des Mathematikunterrichts nicht als Revolution sondern als Weiterführung traditionellen Gedankenguts darzustellen, konnten nicht darüber hinwegtäuschen, daß viele der inhaltlichen Vorschläge traditionslos neu waren und daß zugleich die Diskussion über andere traditionelle Themen des Mathematikunterrichts nicht fortgeführt wurde. Didaktische Publikationen und Lehrveranstaltungen waren so sehr mit neuen Inhalten, Zielen und Methoden gefüllt, daß für geschichtliche Aspekte kaum noch Raum blieb. Dadurch ist eine ganze Generation von Lehrerinnen und Lehrern herangewachsen, der die geschichtliche Entwicklung ihres Unterrichtsfaches weitgehend unbekannt sein muß.

Geschichtliche Kenntnisse sind nicht Selbstzweck, und der Anspruch, aus der Geschichte lernen zu wollen, wird nicht dadurch eingelöst, daß er zum wiederholten Male vorgetragen wird. Tatsächlich zeigt gerade die Geschichte, daß nicht aus der Geschichte gelernt wird.

Trotzdem sprechen drei Gründe für eine Auseinandersetzung mit diesem Thema:

* Die überwiegende Zahl der gegenwärtigen Inhalte, Methoden und Ziele des Mathematikunterrichts hat ihre Tradition; Inhalte, Ziele und Methoden sind nicht plötzlich (etwa von DIENES) geschaffen worden, sie haben sich allmählich entwickelt und verfeinert. Der gegenwärtige Zustand kann besser verstanden werden, wenn man seine Entstehungsgeschichte kennt.
* Entscheidungen über Mathematikunterricht werden nicht isoliert von der Außenwelt getroffen; sie sind immer eingebettet in ein gesellschaftliches, allgemeinpolitisches und wirtschaftspolitisches Umfeld. Entwicklungen in diesen Bereichen ziehen Entwicklungen im Mathematikunterricht nach sich. Diese Erkenntnis hilft, Entwicklungen zu verstehen, vielleicht aber auch, frühzeitig etwas gegen allzu heftige Pendelausschläge zu unternehmen.
* Schließlich hilft die Kenntnis der geschichtlichen Entwicklung vielleicht auch dabei, etwas gelassener auf Modeerscheinungen, Trendwenden und Umbrüche zu reagieren. Extreme didaktische Positionen, in welche Richtung auch immer sie zielten, haben sich in den letzten 200 Jahren in Reinform in der Praxis nie durchgesetzt, haben aber häufig geholfen, den Unterricht in Teilaspekten zu befruchten und zu verbessern.

(1) Instrumentales Rechnen, Rechenmeister und Regelrechnen

Bis weit in das 18. Jahrhundert hinein spielt der Rechenunterricht an Schulen keine oder nur eine völlig untergeordnete Rolle. Eine Didaktik oder Methodik des Rechnens im heutigen Sinne als einer Kunst, Zahlen und das Rechnen mit ihnen schon Kindern einsichtig zu machen, existiert nicht.

Bis zum Beginn des 16. Jahrhunderts ist in Deutschland das schriftliche Rechnen unter Ausnutzung der Positionsschreibweise der Zahlen weitgehend unbekannt. Gerechnet wird mit Hilfe von Rechenbrettern, wie sie auch schon in China vor unserer Zeitrechnung gebräuchlich waren.

Rechnen mit dem Abakus:
das Rechnen auf Linien

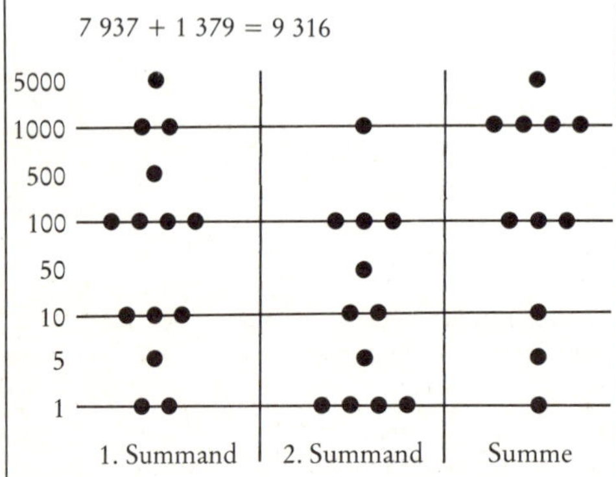

Die Rechensteine werden auf Bretter gelegt, die mit Rillen oder Linien versehen sind. Der Wert der Linien beträgt von unten aufsteigend 10^0, 10^1, 10^2 usw. Das „Spatium“, der Zwischenraum zwischen zwei Linien, hat die Hälfte des Wertes der oberen Linie, also 5, 50, 500 etc.
Zuerst werden beide Summanden dargestellt, dann wird „von unten“ gerechnet:
2 + 4 = 6; 1 Stein auf die untere Linie, 1 Stein in den Zwischenraum.
Bei 3 Steinen im Zwischenraum bleibt einer liegen, die 2 anderen werden zu einem Stein auf der nächsten Linie usw.
Versuchen Sie einmal, auf diese Weise 7 937–1 379 zu rechnen.

Der Aufschwung der mathematischen Wissenschaften, die Ausweitung von Handel und Gewerbe und nicht zuletzt die zunehmende Verbreitung der Buchdruckerkunst führen in der zweiten Hälfte des 16. Jahrhunderts zu einer allgemeinen Verbreitung der schriftlichen Rechenverfahren. In Schulen, selbst in den Kloster- und Lateinschulen der höheren Stände, werden diese Verfahren aber noch längst nicht allgemein vermittelt. Rechnen ist ein „notwendiges Übel“ in Handel und Gewerbe. Entsprechend brauchen auch nur Händler und Gewerbetreibende rechnen zu können. Die Zunft der *Rechenmeister* bildet sich aus, die diesem Personenkreis mit Regeln, Vor- und Nachsprechen, Vor- und Nachmachen und vielen, vielen Beispielen die Technik des Rechnens vermittelt. Einsicht in das Verfahren steht nicht auf dem Lehrplan. Es reicht völlig aus, die Rechnung „auf der Linien“ oder „auf der Federn“ (schriftliches Rechnen) durchführen zu können. Entsprechend gibt es bis zum letzten Drittel des 18. Jahrhunderts keine Schriften über den Rechen*unterricht*, nur solche über das Rechnen selbst.

ADAM RIESE (1492–1559), Rechenmeister zu Annaberg, Sachsen

Das Regelrechnen hält sich bis fast zum Beginn des 19. Jahrhunderts. Sein letzter großer Vertreter ist CHRISTIAN PESCHECK (1676–1747), der „Adam Riese des 18. Jahrhunderts“.

(2) Die liberale Bildungsreform

Bis zum Ende des 18. Jahrhunderts wird der Schüler im Prozeß des Rechnen-Lernens nicht als zu berücksichtigende Variable angesehen. Es geht allein um den Stoff. Wer das Rechnen lernen will oder vielmehr muß, hat sich den ehernen Regeln der Arithmetik zu unterwerfen.

1789	Französische Revolution
1803	Reichsdeputationshauptschluß Aufhebung fast aller geistlichen Fürstentümer; die Einführung der Rechtsgleichheit und der Beseitigung der Feudalrechte wird vorbereitet.
1807	Friede von Tilsit „Zeitpunkt der tiefsten Erniedrigung Preußens“ (HARNISCH)
1807/08	Reformen des Freiherr v. STEIN
1808/10	Dem Geheimen Staatsrat WILHELM v. HUMBOLDT wird die für Kultus und öffentlichen Unterricht zuständige „Dritte Sektion“ des Ministeriums des Inneren übertragen.
1810	Gründung der Universität Berlin
1817	Wartburgfest der Deutschen Burschenschaft

Die richtungweisenden Vorschläge des Johann Amos Comenius (1592–1671) finden in den Wirren des 30jährigen Krieges kein Gehör. So dauert es länger als ein Jahrhundert, bis begonnen wird, seine Forderungen nach einer naturgemäßen Methode des Unterrichts, nach Anschaulichkeit und nach klarer Einsicht in Unterrichtsinhalte einzulösen.

Es ist der Geist der Aufklärung, der in Deutschland das Schulwesen nachhaltig beeinflußt. Jean-Jacques Rousseau (1712–1778) wird mit seiner Forderung nach „natürlicher" Rechtsgleichheit für alle Menschen in Frankreich zum Wegbereiter der Revolution. In Deutschland wird ein Teil seines Gedankenguts von den Philanthropen übernommen. Joh. Bernhard Basedow (1724–1790), Friedrich Eberhard von Rochow (1734–1805), Ernst Christian Trapp (1745–1818) und Gottlieb Friedrich Busse (1756–1835) fordern eine „vernünftig-natürliche" Erziehung. Auch wenn die vielerorts gegründeten „Philanthropine" nur regionale Bedeutung hatten und nur kurze Zeit bestanden, auch wenn im pädagogischen Übereifer in der Praxis von den theoretischen Zielvorstellungen nicht mehr viel übrig blieb, bleibt es ihr Verdienst, den Unterricht pädagogisiert und den Schülern als wichtige Variable im Lernprozeß entdeckt zu haben. Der Wert des Rechnens wird nun nicht mehr nur in der Vorbereitung für das praktische Leben gesehen, sondern auch als „treffliche Verstandesübung", als ein Beitrag zur *formalen Bildung*.

Im arithmetischen Anfangsunterricht werden wirkliche Dinge gezählt (Finger, Steine usw.), Zahlen werden durch Striche dargestellt, und vor dem Auswendiglernen des kleinen 1 × 1 wird die Multiplikation als wiederholte Addition *erklärt*. Busse legt in seinen 1786 erschienenen „Anleitungen zum Gebrauche meines Rechenbuches" ein erstes System von Zahlbildern für den Erstrechenunterricht vor.

Zahlbilder von Busse (1786)

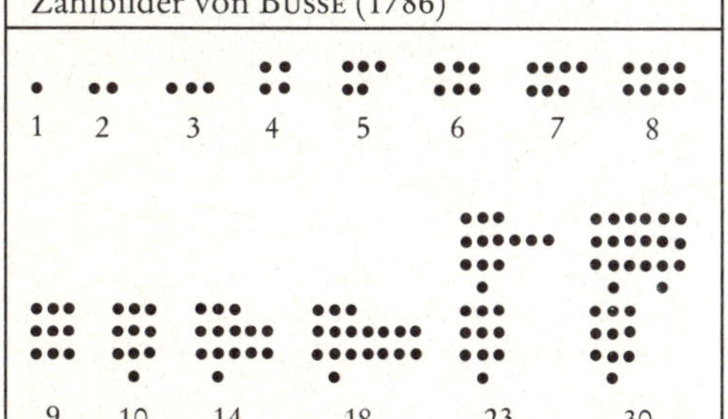

Zur Veranschaulichung größerer Zahlen schlägt Busse ein Hunderterpunktfeld mit 10 Reihen zu je 10 Punkten und ein Tausenderfeld mit 10 Reihen zu je 10 Feldern vor, von denen jedes Feld zehn Zahlbilddarstellungen der 10 enthält. Er macht aber auch schon Vorschläge, die unterschiedlichen Zehnerpotenzen mit verschiedenen Bildern zu veranschaulichen: Einer werden durch Punkte, Zehner durch Tüten, Hunderter durch Säcke und Tausender durch Kästen dargestellt – ein früher Vorläufer unserer heute gebräuchlichen Punkt-, Strich-, Quadratdarstellung von Einern, Zehnern und Hundertern.

Darstellung der Zahl 326

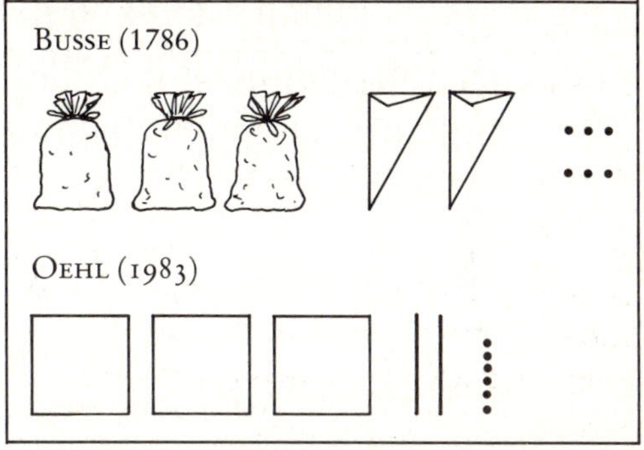

„Reformator des Volksschul- und Rechenunterrichts", „überragender genialer Pädagoge des Volkes", „Anwalt der Gesamtheit und der sozial Bedrückten" und „Vater der Anschauung" sind nur einige der vielen Lobpreisungen, die dem Schweizer Pädagogen Heinrich Pestalozzi (1746–1827) entgegengebracht werden. Er gilt als Gründer des neuen, auf pädagogischen Prinzipien beruhenden Rechenunterrichts. Sein Institut in Iferten wurde zu einem Wallfahrtsort vieler deutscher Pädagogen, darunter auch solche, die den Rechenunterricht in Deutschland einige Zeit beeinflußt haben: Tillich, Joseph Schmidt u. a.

Formale Bildung ist für Pestalozzi das wichtigste Ziel. Aufgabe des Rechenunterrichts ist nicht die Aneignung eines Vorrats von Kenntnissen, sondern die Entwicklung der geistigen Kräfte aller Menschen.

Pestalozzis Rechenunterricht wird von 6 Prinzipien bestimmt:

* *Anschauung* ist die Grundlage des Zahlbegriffs und der Operationen mit ihnen.
* Die Ausbildung der geistigen Kräfte des Menschen erfordert die Abkehr vom mechanischen Regelrechnen und die Hinwendung zu einem geistbildendem Verfahren, dem *Denkrechnen*.

Pestalozzis Einheitentabelle.

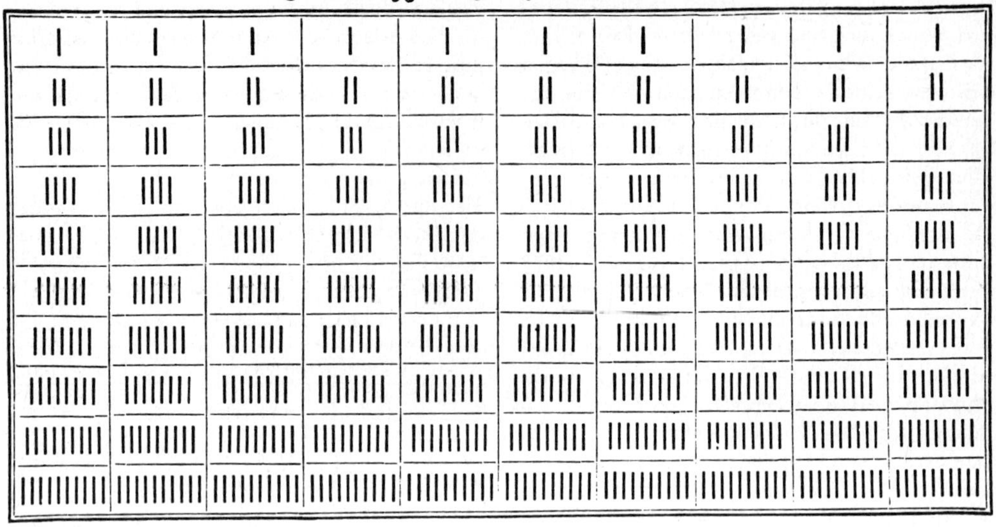

* Wegen der Bedeutung des *Kopfrechnens* für die formale Bildung ist diese Form des Rechnens die vorherrschende Unterrichtsform.
* Im Unterricht muß lückenlos *vom Leichten zum Schweren*, vom Einfachen zum Zusammengesetzten fortgeschritten werden.
* Die Zergliederung des Rechenunterrichts in fast so viele Abteilungen, wie Schüler vorhanden sind, ist abzulösen durch einen *Klassenunterricht*.
* Wegen der formalbildenden Kräfte des Rechnens ist der *Rechenunterricht* aus seinem bisherigen Schattendasein zu befreien und in den Mittelpunkt des gesamten Unterrichts zu stellen.

Anschauungsmittel am arithmetischen Anfangsunterricht sind konkrete Zähl- und Rechenobjekte: Erbsen, Blätter, Steine, Hölzer usw., vor allem aber die Einheitentabelle.

Der Unterricht mit dieser Einheitentabelle ist ein Rezitationsverfahren: Der Lehrer zeigt auf Striche oder Strichreihen, spricht eine Aufgabe vor, und die Schüler sprechen im Chor nach. Ein instruktives Beispiel liefert CHRISTIAN WILHELM VON TÜRK (1774–1846), ein Anhänger PESTALOZZIS, in einem Bericht über eine Übungsstunde:

> „Lehrer (auf den 1. Strich der 1. Abteilung der dritten Reihe zeigend): Einmaleins ist einmal der 3. Teil von 3.
> Kinder (alle zugleich und im Takt): Ein-mal-eins-ist-ein-mal-der-drit-te-Teil-von-3.
> Lehrer (von dem 1. Striche bis hinter den 3. Strich derselben Abteilung hinweisend): 3 mal 1 sind 1 mal 3.
> Kinder: Drei-mal-eins-sind-ein-mal-drei."

Wie schrecklich dieser Unterricht – mindestens aus heutiger Sicht – gewesen sein muß, wird besonders deutlich, wenn man sich die zugehörige Methodik ansieht, die „Anschauungslehre der Zahlverhältnisse" (1803). Sie besteht nur aus Auflistungen der vom Lehrer vorzusprechenden Aufgaben, je Seite etwa 30 Übungen. Nur für diese Einheitentabelle (es gibt zwei weitere Tabellen) sind das bei einem Umfang von etwa 140 Seiten weit über 4 000 Sätze, die vom Lehrer vorgesprochen und von den Schülern nachgeplappert werden.

So verwundert es nicht, daß PESTALOZZIS Zielsetzungen und seine methodischen Grundsätze lange Zeit kritiklos anerkannt werden, auch von weniger enthusiastischen Anhängern, seine Unterrichtspraxis dagegen recht bald im Kreuzfeuer der Kritik steht. Kritisiert werden

* die geringe Praktikabilität der Anschauungsmittel,
* die mit der Überbetonung der formalen Bildung einhergehende Vernachlässigung der „lebenspraktischen Rechenfälle" (Rechnen mit Größen u. ä.),
* die Überbetonung des Kopfrechnens,
* die ermüdende Stoffülle,
* das monotone Vorsagen und Nachsprechen und
* die Überschätzung der Bedeutung des Rechenunterrichts bei gleichzeitiger Vernachlässigung anderer wesentlicher Bereiche intellektueller Bildung.

Die große Bedeutung Pestalozzis für die deutsche Volksschulbewegung ist nicht mit seinen curricularen Vorschlägen zu erklären; die o. a. Kritikpunkte machen deutlich, daß bei der Stoffauswahl und der praktischen Realisierung seiner methodischen Grundsätze noch einiges im Argen liegt. Sie liegt vielmehr in seinem bildungspolitischen Einfluß begründet. Seine Thesen spiegeln den Zeitgeist wider und regen andere zur Nachahmung an, die ihn – u. a. geschickt von Preußens Kultusverwaltung – in seinem Institut in Iferten besuchen. Viele Besucher sind nicht nur engagierte Pädagogen sondern häufig zugleich auch Kultusbeamte. Sie übernehmen Pestalozzis Gedankengut und stärken dadurch – auch institutionell – die Volksschulbewegung. Es kommt zu vielen Neugründungen von Lehrerseminaren. Im Jahre 1848 hat Preußen allein 45 solcher Lehrerseminare mit dreijährigem Kursus und einem Vorkurs („Präparande"). In diesen Lehrerseminaren wiederum sind viele Pädagogen tätig, die sich auch intensiv um eine Verbesserung des Rechenunterrichts bemühen. Dieser indirekte Einfluß und die direkte Diskussion der Vor- und Nachteile der pestalozzischen Grundsätze und Methoden hat in der ersten Hälfte des 19. Jahrhunderts der Rechenmethodik der Elementarschule einen großen Aufschwung gegeben. So haben z. B. viele der heute (wieder) gebräuchlichen Veranschaulichungsmittel zum Arithmetikunterricht ihre Vorläufer in der damaligen Zeit.

(3) Kampf zwischen Reform und Restauration

Eine der grundlegenden Ideen der Bildungsreform des beginnenden 19. Jahrhunderts ist die durchgehende Einheit der Bildungsorganisation von der Elementarschule bis zur Universität. Dieses schon von Humboldt 1809 (und damit von einem Bildungspolitiker) propagierte Prinzip der neuhumanistischen Bildungstheorie versucht J. W. Süvern 1819 mit seinem „Entwurf eines allgemeinen Schulverfassungs-Gesetzes" politisch festzuschreiben. Sein Versuch, der einer Durchsetzung eines Gesamtschulsystems gleichgekommen wäre, scheitert. Er paßt nicht mehr in die zunehmend restaurative (allgemeine und) Bildungspolitik. Statt dessen werden die alten Bildungsunterschiede im Laufe der Jahre neu gefestigt: Die Elementarlehrer werden von den Versorgungskassen für Hinterbliebene von Lehrern ausgeschlossen, und die soziale Differenzierung in die 3 bekannten getrennten Schulsysteme wird vorbereitet: die Volksschule für die armen Schichten in Stadt und Land, die Realschule für die Mittelschichten und das Gymnasium als Standesschule der führenden sozialen Schichten. Eine Folge dieser Ausdifferenzierung ist die Entwicklung einer eigenständigen rechenmethodischen Literatur für die Elementar-, später für die Volksschule.

1815	Wiener Kongreß
1819	Der „Entwurf eines allgemeinen Schulverfassungs-Gesetzes" von J. W. Süvern wird abgelehnt.
1819	Karlsbader Beschlüsse Verbot der Burschenschaft, Pressezensur, Aufsicht über die Universitäten
1820	Die Elementarlehrer werden durch „Allerhöchste Kabinettsorder" vom Beitritt zu den staatlichen Versorgungskassen für Hinterbliebene der Lehrer ausgeschlossen.
1832	Hambacher Fest zu Feier des Jahrestages der bayrischen Verfassung
1837	„Göttinger Sieben" Protest gegen die Aufhebung der eben gewährten Verfassung mit Rechten des Bürgers
1848	März-Revolution in Deutschland
1848	Nationalversammlung in der Paulskirche
1848	Gründungsversammlung des Allgemeinen Deutschen Lehrervereins
1849	Auflösung der Nationalversammlung
1850	Vertrag von Olmütz
1854	Die Stiehlschen Regulative Durchsetzung der restaurativen Bildungspolitik im Elementarbereich

Der Vertrag von Olmütz – Preußen gibt unter dem Druck von Österreich und Rußland seine Unionspolitik auf – besiegelt das Scheitern aller revolutionären Versuche, ein deutsches Reich zu gründen. Die von Metternich auf dem Wiener Kongreß begonnene restaurative Politik hat gesiegt. Diese allgemeinpolitische Lage und das Einsetzen der zweiten Phase der industriellen Revolution besiegeln auch das Ende der bildungspolitischen Reformideen des Neuhumanismus. Die Stiehlschen Regulative setzen den Schlußpunkt.

Pestalozzis Einfluß auf den Rechenunterricht der Elementarschule ist damit gebrochen. An die Stelle seines Primats der formalen Bildung setzen die Sachrechenmethodiker das *Primat der materialen Bildung*: Erstes Ziel des Rechenunterrichts ist die Vorbereitung der „künftigen Bürger, Bauern und Soldaten" (Stiehl) auf ihre Berufe – „back to basics" anno 1854.

Der etwa 50 Jahre währende Kampf zwischen Reform und Restauration auf allgemeinpolitischem und bildungspolitischem Sektor spiegelt sich – im Kleinen und weitaus weniger dramatisch – auch in den Beiträgen zum Rechenunterricht der Elementarschule wider.

Der Disput über das vorrangige Ziel des Rechenunterrichts spaltet die Methodiker des frühen 19. Jahrhunderts in zwei Lager. Die *Anhänger Pestalozzis* vertreten dessen Primat der formalen Bildung. Zu ihren prominentesten Vertretern zählen

* der schon erwähnte WILHELM VON TÜRK, Regierungs- und Schulrat in Potsdam,
* ERNST TILLICH (ca. 1780–1807), Leiter eines Erziehungsinstituts in Dessau, und
* PETER FRIEDRICH THEODOR KAWERAU (1789–1841), Regierungs- und Schulrat in Köslin, Pommern.

Allen gemeinsam ist die Betonung des „Denkrechnens", wie es etwa von TILLICH im Vorwort zu seinem 1806 erschienenen Werk „Allgemeines Lehrbuch der Arithmetik oder Anleitung zur Rechenkunst für jedermann" in den folgenden Wahlspruch gefaßt wird: „Denkend rechnen und rechnend denken lehren". Anders als TÜRK verschließen aber TILLICH und KAWERAU nicht die Augen vor den praktischen Notwendigkeiten des Rechenunterrichts. Neben der formalen Bildung als Hauptziel anerkennen sie durchaus auch den Wert der materialen Bildung.

Von den *Gegnern Pestalozzis*, den Vertretern des Primats der lebenspraktischen Vorbereitung durch den Rechenunterricht, sind vor allem zu nennen:

* KARL GEORG VON RAUMER (1783–1865), Professor in Breslau und Halle, und
* JOHANN BAPTIST GRASER (1766–1841), Regierungs- und Schulrat in Bayreuth.

Im Streit zwischen den Extrempositionen der formalen und materialen Bildung führen vor allem drei Männer einen Ausgleich herbei und werden damit zu den bekanntesten Rechenmethodikern ihrer Zeit:

* WILHELM HARNISCH (1787–1864), Seminardirektor in Weißenfels,
* FRIEDRICH ADOLF WILHELM DIESTERWEG (1790–1866), Seminardirektor in Mörs, später in Berlin, dort ab 1858 Abgeordneter und heftiger Gegner der STIEHLschen Regulative, und
* ERNST HENTSCHEL (1804–1875), erster Seminarlehrer in Weißenfels.

„Das Rechnen hat die harmonische Ausbildung aller geistigen Kräfte und zugleich der Geschicklichkeit für das Leben als Ziel". Mit diesem obersten Grundsatz betont HARNISCH die Gleichwertigkeit der beiden scheinbar gegensätzlichen, sich gegenseitig ausschließenden Ziele des Rechenunterrichts. DIESTERWEG fordert das Denkrechnen im Gegensatz zum mechanischen Rechnen (PESCHECKS Rechenbücher waren damals noch immer verbreitet.); für ihn gibt es nur eine Rechenmethode, nämlich die, die zugleich den sich „entwickelnden Schülergeist" und „das Wesen des Lehrstoffes" berücksichtigt. HENTSCHEL ist vor allem durch seine Rechenbücher – zu diesem Zeitpunkt immer nur Bücher für die Hand des Lehrers, keine Schülerbücher – bekannt geworden.

Die Zeit der Diskussion um das Primat der formalen oder materialen Bildung ist für die praktische Ausgestaltung der Rechenmethodik eine äußerst fruchtbare Zeit. In Rechenbüchern werden Ideen und Erkenntnisse festgehalten, die teilweise auch aus heutiger Sicht als „modern" angesehen werden können. So findet man in dem 1829/30 erstmals erschienenen Werk von DIESTERWEG und HEUSER „Methodisches Handbuch für den Gesamt-Unterricht im Rechnen" bis auf den Codierungsaspekt alle heute „gehandelten" Zahlaspekte wieder: kardinaler und ordinaler Zahlaspekt, Operator- und Maßzahl, Zähl- und Rechenzahl.

Übungen zu einigen Zahlaspekten

Vorwärts- und Rückwärtszählen
– Alle Schüler zählen gleichzeitig.
– Welche Zahl folgt auf vier? Welche liegen zwischen zwei und fünf?

Angabe der Stelle jeder Zahl
– Der wievielte Strich ist dieses?
– Wo steht der erste, zweite, achte Strich?

Angabe der Einer
– Ein Strich ist einmal ein Strich.
– Wie viele Einer enthält die Zahl vier?
– Wie nennt man kurz sechs Mal eins?

Aus: DIESTERWEG/HEUSER, Methodisches Handbuch, Büschler'sche Verlagsbuchhandlung, Elberfeld, 1844, S. 2

Zu der praktischen Fortentwicklung der Rechenmethodik gehören auch die Veranschaulichungsmittel, die zu jener Zeit entwickelt werden. Einige der damals vorgeschlagenen Veranschaulichungen werden auch heute noch in mehr oder weniger abgewandelter Form im Unterricht benutzt.

Der *Tillichsche Rechenkasten* besteht aus Würfeln und quadratischen Säulen, deren Länge ein Vielfaches der Kantenlänge eines Würfels beträgt. Zahlen werden durch Stäbe veranschaulicht, Additionen durch Zusammenlegen von Stäben.

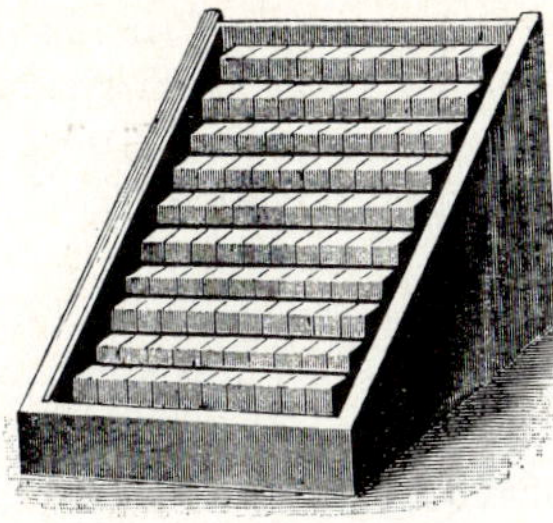

Tillichs Rechenkasten ist im Laufe der Zeit vielfach variiert worden. Aus heutiger Sicht kann er als Urform der Kernschen Rechenstäbe, der Cuisenaire-Stäbe und aller anderen Materialien angesehen werden, bei denen Zahlen durch Stäbe repräsentiert werden.

* Das viergeteilte *Hunderterfeld* ist schon von Jakob Heer (1836: Lehrbuch des Denkrechnens) als Veranschaulichungsmittel im Zahlenraum bis 100 eingesetzt worden.

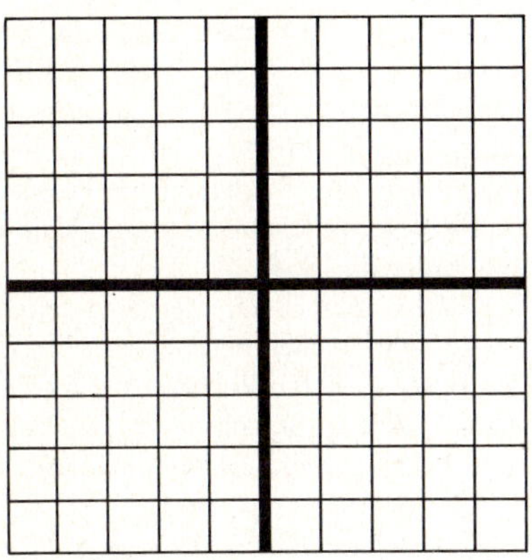

* Die *Heerschen Würfel* sind Vorläufer der heutigen Steckwürfel und Mehrsystemblöcke. Sie lassen sich zu 10er-Stangen, 100er-Feldern und 1 000er-Würfel zusammensetzen.
* Bernhard Gottlieb Denzel (1773–1838) schlägt für den Unterricht in verschiedenen Zahlenräumen jeweils entsprechende *Leitern* vor: eine Leiter mit 10 Sprossen für den Anfangsunterricht, eine Leiter mit 10 Absätzen zu je 10 Sprossen und schließlich eine 1 000er-Leiter, die aus 10 Hunderter-Leitern zusammengesetzt wird.
* Auf Gersbach geht die Urform der *Stecktafel* mit 10 Reihen zu je 10 Löchern zurück, auf der mit Holzzylindern die Zahlen bis 100 dargestellt werden können.
* Die Vorzüge der *„Russischen Rechenmaschine"*, dem Gerücht nach von einem russischen Soldaten 1813 nach Deutschland gebracht und dort von einem unbekannten „Schulmeister" für den Unterricht entdeckt, werden schon von Diesterweg gelobt.

Eine Sonderrolle unter den Rechenmethodikern dieser Zeit nimmt August Wilhelm Grube (1816–1884) ein. 1842 veröffentlicht er sein Werk „Leitfaden für das Rechnen in der Elementarschule, nach den Grundsätzen einer heuristischen Methode. Ein pädagogischer Versuch zur Lösung der Frage: ‚Wie wirkt der Unterricht sittliche Bildung?' ". Im Vorwort wendet sich Grube gegen die „einseitig-subjektive" Methode Pestalozzis, die mit „dem ewigen Geschrei nach ‚Anschaulichkeit' das eigentliche Anschauen" verdränge. Er fordert statt dessen, „daß nicht bloß dem anschaulichen Subjekte, sondern auch dem angeschauten Objekt sein Recht werde, und aus der gleichmäßigen Berücksichtigung beider eine *konkret-objektive* Methode zu Stande komme". Was nämlich bisher nicht berücksichtigt sei, sei der folgende Grundsatz: „Der Gegenstand ist zugleich seine Methode!"

Mit diesem Standpunkt wird Grube zu einem der Wegbereiter der konservativen Bildungspolitik der zweiten Hälfte des 19. Jahrhunderts und zum „geistigen Vater" jener Didaktiker, die in einer vorrangigen Orientierung an der Sache das probate Mittel zur Verbesserung des Mathematikunterrichts sahen und sehen. Im Vorwort zur dritten Auflage (1856) kann Grube daher auch ausdrücklich die Verträglichkeit seiner Vorschläge mit den „preußischen Regulativen" von 1854 betonen.

Die praktische Konsequenz des Wahlspruchs „Der Gegenstand ist zugleich seine Methode" ist die *monographische Zahlbehandlung*. Gegenstand des Rechenunterrichts der Elementarschule sind die Zahlen. Ihr Aufbau, ihre natürliche Reihenfolge, bestimmt den Aufbau des arithmetischen Anfangsunterrichts. Entsprechend schlägt Grube keinen didaktischen Stufengang in Zahlenkreisen (Zahlenraum bis 5, dann bis 10, bis 20, bis 100 usw.) vor, in denen nach und nach die Grundrechenarten eingeführt werden. Sein „Erster Kursus" ist vielmehr aufgebaut in 100 Stufen, in denen schrittweise die Zahlen von 1 bis 100 behandelt werden, in der ersten Stufe die Zahl 1, . . . in der dreißigsten Stufe die Zahl 30, . . . in der hundertsten Stufe die Zahl 100. Jede Zahl wird also einzeln, monographisch behandelt; dabei werden zu dieser Zahl alle möglichen Zahlensätze entwickelt und Sachaufgaben behandelt, in denen diese Zahl eine Rolle spielt.

Achte Stufe.
Die Acht.

I. a.

|||||||| 8

| 1

| 1

| 1 ⎧ 1 + 1 + 1 + 1 + 1 + 1 + 1 + 1 = 8.

| 1 ⎪ 8 × 1 = 8.

| 1 ⎨ 8 — 1 — 1 — 1 — 1 — 1 — 1 — 1 = 1.

| 1 ⎩ 1 : 8 = 8.

| 1

| 1

|| 2 ⎧ 2 + 2 + 2 + 2 = 8.

|| 2 ⎪ 4 × 2 = 8.

|| 2 ⎨ 8 — 2 — 2 — 2 = 2.

|| 2 ⎩ 2 : 8 = 4.

c. Welche Zahl hat den 4ten Theil von 8 dreimal?

Welches ist der Unterschied zwischen der Hälfte von 8 und der Hälfte von 6?

Welche Zahl muß ich verdoppeln, und welche vervielfältigen, um 8 zu bekommen?

Welche Zahl hat 5 × 1 mehr als 3? Die Zahl, welche 5 × 1 oder 5 mehr hat als 3, ist 3 + 5 = 8.

II. Wie viel Zweier, Dreier, Vierer stecken in 8 Pfennigen?

Wie viel Loth in 8 Quentchen?

Wie viel Wochen in 8 Tagen?

Wilhelm wollte sich 4 Spulen kaufen, das Stück zu 2 Pfennigen. Wie viel Geld mußte er haben? Er bezahlte die Summe in 3 Geldstücken, welche waren das?

Wenn 2 Loth Seide 8 Groschen kosten, wie viel 1 Quentchen?

2 Loth sind 8 Quentchen. Kosten 8 Quentchen 8 Groschen, so kommt auf 1 Quentchen 1 Groschen. Oder: Kosten 2 Loth 8 Groschen, so kostet 1 Loth 4 Groschen, 1 Quentchen 1 Groschen.

Aus: Grube, [3]1856, S. 51–53

„Gemäßigte Monographen" findet man auch noch im 20. Jahrhundert. In Lehrbüchern dieser Methodiker werden aber nur noch die Zahlen von 1 bis 10 monographisch behandelt.

(4) Primat des Sachrechnens

Deutschland befindet sich auf dem Weg zu einem Kaiserreich. Der aus der Revolution stammende optimistische Glaube an die Macht der Ideen wird ersetzt durch eine *Politik des Realismus*. Bismarck wird Ministerpräsident.

1835 Erste deutsche Eisenbahn
1844 Weberaufstand in Schlesien
1851 Erste Weltausstellung in London
1854 Stiehlsche Regulative
1858 bis 1881 Wilhelm I (ab 1861 König von Preußen, ab 1871 Kaiser von Deutschland)
1862 Bismarck preußischer Ministerpräsident
1863 Gründung des „Allgemeinen deutschen Arbeitervereins"
1871 Reichsgründung

Die industrielle Revolution zeigt jetzt auch in Deutschland Konsequenzen. Zwischen 1850 und 1900 vervielfacht sich die Bevölkerungszahl des Ruhrgebiets. In den Großstädten entstehen Ballungsgebiete mit allen ihren sozialen Problemen.

Die Bildungspolitik wird bestimmt vom Geist der Regulative von 1854.

Im Rechenunterricht der Elementarschule gewinnen die Sachrechenmethodiker die Oberhand. Zu ihnen gehören Eisenlohr, Erzinger, Goltzsch, Theel, Salberg und der aus der Herbart-Zillerschen Schule stammende Berthold Hartmann.

„Die Zeit der formalen, abstrakten Methode ist vorüber, und die Herrschaft der praktischen Lebensbedürfnisse beginnt." Dieser Ausspruch von Eisenlohr in der Vorrede zu Erzingers „Rechnungsbeispiele aus dem Leben für das Leben" (Schaffhausen 1854) charakterisiert das Grundverständnis der Real- oder Sachrechenmethodiker. Der Unterricht im Sinne Pestalozzis wird als weltfremd kritisiert, als ein Unterricht, der zwar Zahlen- und Rechenkunststücke vermittelt, aber die Schüler nicht befähigt, auch nur die einfachsten Anwendungen des täglichen Lebens rechnerisch bewältigen zu können. Daher ist ein solcher Unterricht mit reinen Zahlen abzulehnen. Der Rechenunterricht soll sich mit den Zahlen und ihren Verknüpfungen nur so weit befassen, „als es die Beschäftigung mit den Sachen und Sachverhältnissen innerhalb des Lebenskreises, dem der Schüler angehört oder dem er später angehören wird, erfordert".

Als Sachgebiete, aus denen der Rechenunterricht seine Aufgaben nehmen soll, werden genannt:

* Sachgebiete, die dem Rechenunterricht eigen sind
  Damit sind vor allem Münzen, Maße, Gewichte, Uhrzeiten und Zeitspannen, kurz: Größen gemeint, aber auch Gewinn- und Verlustrechnung, Berechnung von Brutto, Netto, Tara, Zins, schließlich Probleme aus dem Versicherungswesen u. ä.
* Sachgebiete aus der Umgebung und dem Erfahrungskreis der Kinder
  Hierunter fallen Aufgaben aus dem „Gesichtskreis" der Kinder, landwirtschaftliche Fragestellungen für Kinder in Landschulen, Fragen des Verkehrs, der Industrie und Technik für Stadtschulkinder.
* Sachgebiete, die anderen Unterrichtsfächern entnommen sind
  Aus dem Bereich der Physik bieten die Hebelgesetze Gelegenheit zum Rechnen. Die Vegetationsdauer von Pflanzen wird als Beispiel einer von vielen möglichen Naturbeschreibungen angegeben; die Geographie fordert Rechnungen bei der Bestimmung von Höhenunterschieden u.v.a.m. Schließlich fordern auch die wirtschaftlichen Verhältnisse des Menschen zum Rechnen heraus, der Haushalt des Einzelnen, der Gemeinden, des Staates.

Den frühen Sachrechenmethodikern (Eisenlohr und Erzinger im süddeutschen, Goltzsch und Theel im norddeutschen Raum) geht es vor allem um die Kenntnis der Sachen selbst. Salberg (1874), ein später Vertreter dieser Richtung, vertritt dagegen den Standpunkt, daß die Sachen als Anschauungsmittel zur Gewinnung von Zahlvorstellungen dienen müssen.

Er formuliert drei Grundprinzipien seiner Realmethode:

* Das Rechnen darf nicht an künstlichen Hilfsmitteln, sondern muß vornehmlich an solchen Dingen gelernt werden, die im praktischen Leben zu berechnen sind.
* Das Kind muß das Rechnen durch sich selbst sich lehren.
* Wir verlangen *unbedingte Allseitigkeit*, d. h. Vorführung aller Rechensätze auf jeder Zahlenstufe.

Dieses letzte Prinzip weist Salberg als Anhänger der monographischen Methode Grubes aus. Die „unbedingte Allseitigkeit" zeigt sich in den konkreten Vorschlägen Salbergs besonders kraß bei der Behandlung der Zahl 2. Über 26 Druckseiten erstrecken sich die Vorschläge zur Behandlung dieser Zahl, vollgefüllt mit Anregungen, Übungen, Aufgabenstellungen zum „Sachrechnen" (z. B.: 2 Knaben sollen 2 Pf teilen.), zum Messen mit Hohlmaßen, Gewichten und Längen, zum Rechnen mit Geld usw.

Salberg kündigt in der Vorrede zu seiner „Sachrechen-Methode" (1874) einen Folgeband an, in dem auch die Zahlen über 30 behandelt werden sollen. Er macht dies u. a. aber davon abhängig, „daß meine Methode im Lehrerstande Anklang findet". Der Folgeband ist nicht erschienen. Tatsächlich hat sich die Methode nicht durchgesetzt. Gerade für den arithmetischen Anfangsunterricht hat sie sich als unrealisierbar herausgestellt: „Die Kraft des werdenden Rechners in den Dienst des Sachrechnens zu stellen, heißt entweder seine Kräfte überfordern oder das eine um des anderen Willen vernachlässigen." In höheren Schulklassen hat sich dagegen das Durcharbeiten von Sachgebieten als eine Form des Rechnens etabliert.

(5) Der Ausbau der Volksschule

Die engen Ländergrenzen werden mehr und mehr geöffnet. Die Maß-, Gewichts- und Münzordnungen werden vereinheitlicht, zunächst für den norddeutschen Bund, 1872 für das ganze Reich. Seit Mitte der neunziger Jahre erlebt Deutschland einen gewaltigen wirtschaftlichen Aufschwung. Der Welthandel wird vorangetrieben. Wilhelm II. betreibt eine imperialistische Weltpolitik. Der erste Weltkrieg erschüttert Europa.

1872	Vereinheitlichung der Maß-, Gewichts- und Münzordnungen
1872	„Allgemeine Bestimmungen" über den Unterricht in Volksschulen
1878	Sozialistengesetze
1888	– 1918 Wilhelm II
1890	Entlassung Bismarcks
1908	Ministerial-Erlaß (Ausführungsbestimmungen zu den „Allgemeinen Bestimmungen")
1914–1918	Erster Weltkrieg

Die Geisteswissenschaften spezialisieren sich. Die Psychologie trennt sich von der Philosophie; Lay und Meumann gründen die Zeitschrift „Die experimentelle Pädagogik", die einige Jahre später umbenannt wird in „Zeitschrift für pädagogische Psychologie und experimentelle Pädagogik".

An die Stelle der kirchlichen Schulaufsicht tritt die staatliche. Der Bruch des Schulwesens ist vollzogen. Volksschule, Mittelschule und Gymnasium sind drei unabhängig voneinander existierende Standesschulen. Durchlässigkeit „von unten nach oben“ wird u. a. durch die Lehrpläne verhindert (frühe Behandlung von Fremdsprachen im Gymnasium); die Gymnasien haben ihre eigenen Vorschulen.

Hauptcharakteristikum des Rechenunterrichts dieser Zeit ist seine *Orientierung am Stoff.* Die von den Sachrechenmethodikern auf die Spitze getriebene Forderung der Orientierung an den „Stoffen des täglichen Lebens“ hat sich in diesem Extrem nicht durchgesetzt; dies wäre auch das Ende der Eigenständigkeit des Faches „Rechnen“ in der Volksschule gewesen.

Durchgesetzt hat sich aber eine gemäßigte Orientierung an den *„Stoffen des täglichen Lebens“*; die Vereinheitlichung der Münz-, Maß- und Gewichtsordnungen hat eine intensive Behandlung dieser Themen auch schon in den ersten Klassen der Volksschule zur Konsequenz. Dieses Übergewicht der materialen Bildung (ohne die formale ganz zu vernachlässigen) wird auch in den „Allgemeinen Bestimmungen“ (1872) deutlich: „Bei der praktischen Anleitung ist überall die Beziehung auf das bürgerliche Leben ins Auge zu fassen; . . . Durch diese Aufgaben sind die Schüler zugleich mit dem geltenden System der Maße, Münzen und Gewichte bekannt zu machen. Das Rechnen ist auf allen Stufen als Übung im klaren Denken und richtigen Sprechen zu betreiben; doch ist als letzter Zweck stets die Befähigung der Schüler zu selbständiger, sicherer und schneller Lösung der ihnen gestellten Aufgaben anzusehen.“

Durchgesetzt hat sich aber auch eine andere Form der Orientierung am Stoff, nämlich die von Grube eingeleitete Ausrichtung des Unterrichts vorrangig an den *mathematischen Unterrichtsstoffen.* Nicht die Lernvoraussetzungen und -möglichkeiten des Schülers, sondern die mathematischen Inhalte bestimmen die Methode.

Die Diskussion über das Wesen des zentralen Stoffes des mathematischen Anfangsunterrichts, die Diskussion über *das Wesen der Zahl*, führt zu einer langanhaltenden Kontroverse zwischen den sogenannten *„Anschauern“* und den *„Zählern“*. Dieser häufig als Methodenstreit charakterisierte Disput – „Zählmethodiker“ versus „Zahlbildmethodiker“ – ist erst in zweiter Linie – als didaktische Konsequenz – eine Frage der Methode. Primär geht es um die Fragen nach dem Wesen der Zahl, um ihre kulturhistorische Entwicklung und um die Genese der Zahl „im Kinde“, wobei dieser letzte, entwicklungspsychologische Aspekt tatsächlich auch an letzter Stelle (zeitlich und in der Rangordnung der Diskussionsschwerpunkte) steht. Die unterschiedlichen Positionen zum Zahlbegriff werden bestimmt durch unterschiedliche Ansichten über Begriffsbildungen, Abstraktionsvorgänge u. ä. Die Diskussion wird also auf philosophischer Ebene geführt. Statt von „Zahlbildmethodikern“ und „Zählmethodikern“ zu sprechen, wäre es daher angebrachter, diesen Disput als Streitgespräch zwischen „Zahlbildphilosophen“ und „Zählphilosophen“ zu charakterisieren.

Daß dieser Streit vor allem ein philosophischer und kein methodischer war, wird auch dadurch belegt, daß trotz der ausführlichen Debatten, trotz der extrem unterschiedlichen Positionen und trotz der Flut der methodischen Produkte („Zahlbilder“) der Unterricht selbst, wie er in Schulbüchern dokumentiert ist, sich nicht so gravierend unterscheidet, wie die Grundlagendiskussion glauben machen könnte. Der Streit zwischen den „Zählern“ und „Anschauern“ ist wohl das erste Beispiel in der Geschichte der Mathematikdidaktik für eine bücherfüllende und Arbeitskraft-absorbierende Grundlagendiskussion, die sich in Curricula kaum niedergeschlagen hat. Die Schulbücher unterscheiden sich nur geringfügig; große Auflagen und weite Verbreitung erzielen nicht die Bücher eines Vertreters dieser beiden Extrempositionen, sondern die von „gemäßigten“ Autoren: Hentschels Rechenfibel erreicht 76 Auflagen allein bis zum Jahre 1877, von den Büttnerschen Rechenbüchern werden über 10 Millionen Exemplare verkauft, und Böhmes Rechenbücher haben sich von 1839 bis ins 20. Jahrhundert gehalten.

Allerdings dürfen auch die Vorteile dieser Grundlagendiskussion nicht übersehen werden. Sie hat eine Fülle von Versuchen zur Methodenverbesserung angeregt und dazu beigetragen, daß (mit Lay, 1898), erstmals versucht worden ist, eine den Mathematikunterricht betreffende Fragestellung mit empirischen Methoden zu beantworten.

Worum geht es überhaupt? Die zentrale Frage ist die nach der Entstehung der Zahlvorstellung. Für Pestalozzi war es klar, daß Zahlvorstellung aus der Anschauung entsteht. Darauf gründete er seine Methode.

Diese Position wird von den „Anschauern“ unterstützt, vor allem von Beetz (1889) und Lay (1898). Die Zahl ist für Beetz

* in logischer Hinsicht ein Beziehungsbegriff, der auf der „Analyse des Komplexen“ (metho-

dische Konsequenz: Übungen zur Zahlzerlegung) und der „Synthese des Vielen" (methodische Konsequenz: Zusammensetzen von Zahlen aus kleineren Einheiten) beruht;

* in psychologischer Hinsicht „von außen ein sinnliches Phänomen" (Grundsatz der Veranschaulichung) und „von innen ein Erzeugnis des Verstandes". Der Zahlbegriff entsteht also nicht aus der direkten Anschauung (Begriff als Abbild der Wirklichkeit), sondern als Abstraktion (aktive Verstandestätigkeit) von den unwesentlichen Merkmalen der Objekte.

Gegen diese Position wenden sich die „Zähler": KNILLING (1884), KNOCHE (1888), FÄHRMANN (1896), TANCK (1884) u. v. a. m. Sie berufen sich teilweise auf KANT und vertreten die Ansicht, daß es sich bei der Zahl um einen apriorischen Begriff handelt. Zahlen sind demnach nichts Sinnliches; sie können nicht durch unsere Sinnesorgane wahrgenommen werden. Sie entwickeln sich vielmehr mit dem Menschen, in dessen Geist allein sie existieren und dann den Außendingen „angeheftet" werden.

Im Laufe der mehr als zwanzigjährigen Diskussion um diese Streitfrage ist es mehrfach zu Verschiebungen der Diskussionsschwerpunkte gekommen. Die dabei vertretenen unterschiedlichen Positionen können hier nur tabellarisch wiedergegeben werden.

Veranschaulichungsmittel im arithmetischen Anfangsunterricht der „Anschauer" sind *Zahlbilder*. Die „Zähler" verwenden mehr lineare Zahlbilder und konkrete Zählobjekte, z. B. die Russische Rechenmaschine. Einige „Zähler" haben aber auch durchaus nichts gegen die Verwendung von Zahlbildern; diese werden dann aber nicht für „Zahlanschauungen" eingesetzt, sondern als Objekte zum Zählen.

„Anschauer"	*„Zähler"*
* Zahlen bis 4 (oder 5) können simultan aufgefaßt werden.	* Es gibt keine simultane Zahlauffassung. Die schnelle Angabe der Zahleigenschaft einer Menge beruht auf einem schnellen Auszählen der Objekte.
* Räumlich simultane Zahldarstellungen auch größerer Zahlen (mit simultan erfaßbaren Vierer- bzw. Fünfergruppen) sind das wichtigste Veranschaulichungsmittel.	* Zahlen – welcher Größe auch immer – können nur zeitlich sukzessiv aufgefaßt werden.
* Einsatz von flächig angeordneten Zahlbildern	* Einsatz von linear angeordneten Zählmaterialien
* Betonung des Zahl- und Rechenmaterials als Grundlage der Anschauung	* Betonung des Zähl- und Rechen*vorgangs*
* Betonung der statischen Aspekte von Addition und Subtraktion (Hier sind x, dort y Objekte. Wieviel sind es zusammen/wie groß ist der Unterschied?)	* Betonung der dynamischen Aspekte von Addition und Subtraktion (Du hast x Objekte und bekommst y dazu/gibst y ab. Wieviel hast du?)
* Schwergewicht bei der Analyse (Zahlen und ihre Zerlegungen)	* Schwergewicht bei der Synthese (Zahlen und ihre Bausteine)
* Betonung des kardinalen Zahlaspekts	* Betonung des ordinalen Zahlaspekts
Aus heutiger Sicht:	
* Mathematischer Hintergrund: Kardinalzahltheorie (Zahl als Äquivalenzklasse)	* Mathematischer Hintergrund: PEANO-Axiome mit Nachfolgerrelation
* Bevorteilt die „visuellen Typen" im Unterricht	* Bevorteilt die „akustischen und motorischen Typen" im Unterricht

Zahlbilder

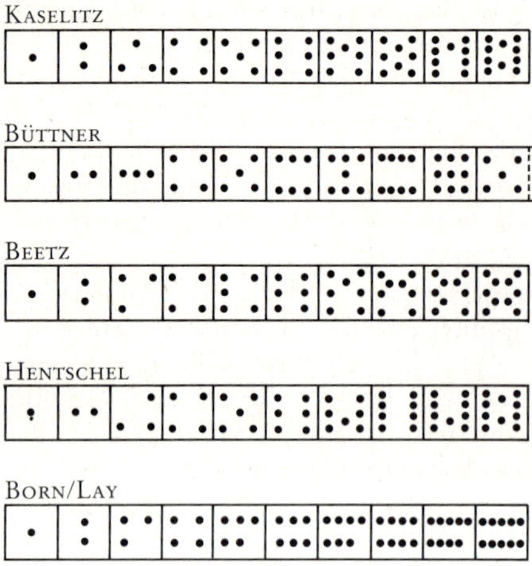

Einen methodischen Kursus besonderer Prägung schlägt Hermann Haase ([2]1906) vor. Mit seiner Methodik nimmt er in zweifacher Hinsicht eine vermittelnde Position ein.

* Haase betont in einer Zeit der vorrangigen Stofforientierung ausdrücklich die psychologischen Komponenten der Zahlvorstellung und – das ist in dieser konsequenten Form neu – paßt seine detaillierten methodischen Vorschläge exakt den einzelnen Stadien an, die er als (im psychologischen Sinne) konstituierend für die Zahlvorstellung ansieht. Damit dringt er gegenüber der pauschalisierenden Psycho-Philosophie der „Zähler" und „Anschauer" weitaus tiefer in die Materie ein, identifiziert Teilaspekte, die für die Zahlvorstellung konstituierend sind und macht diese dann zu den Hauptteilen seiner Methodik. Allerdings ist auch bei ihm der Ausgangspunkt der Überlegungen der mathematische Inhalt, die Zahl und das Rechnen selbst, nicht das Kind und dessen Möglichkeiten, sich diese Sache anzueignen. Haase betont zwar den psychologischen Charakter seiner Erörterungen, die Grenzen zur Sachanalyse sind aber nicht immer exakt auszumachen.

* „Zähler" und „Anschauer" betonen jeweils einseitig nur einen Zahlaspekt, die „Anschauer" den kardinalen, die „Zähler" den ordinalen. Haase verknüpft bei den praktischen Übungen zum Zahlbegriff und bei den ersten Aufgaben zur Addition und Subtraktion beide Verwendungsarten der natürlichen Zahlen.

Eine genauere Analyse zeigt, daß bei den theoretischen Grundüberlegungen Haases der *Zahlbegriff als Maßzahl bzw. als Operator* die zentrale Rolle spielt. Als Voraussetzungen für Zahlvorstellungen nennt er nämlich

- das Vorhandensein einer Reihe, deren Glieder alle gleich sind (oder als gleich angenommen werden),
- ein ausgezeichnetes Objekt,
- den Vorgang des Ausmessens der vorhandenen Reihe mit dem ausgezeichneten Objekt und
- die Feststellung der Anzahl der Meßvorgänge.

Ebenso werden Addition und Subtraktion im Sinne des Maßzahlaspektes interpretiert. „6+3" bedeutet das sechsmalige Hinlegen einer Einheit, dann ihr weiteres dreimaliges Hinlegen. Insgesamt erscheint damit die Einheit neunmal.

Da Zählen und zählendes Rechnen immer ein Ausmessen einer Reihe von Objekten mit einer Standardreihe ist, werden zur Veranschaulichung dieses Vorgangs im Unterricht auch *zwei* Reihen benötigt:

1. eine dekadisch-gegliederte Reihe senkrechter Striche (an die Tafel gemalt bzw. verkörpert als „Haasesche Rechenlatte"; vgl. S. 59) und
2. eine Reihe von Gegenständen, die zu diesen Strichen gestellt bzw. auf die Stäbe gesetzt werden.

Der Meßvorgang beim Zählen und Rechnen wird durch die Verwendung von Ordinalzahlwörtern betont. Die „Rechenlatte" übernimmt die Funktion der Standardzählreihe.

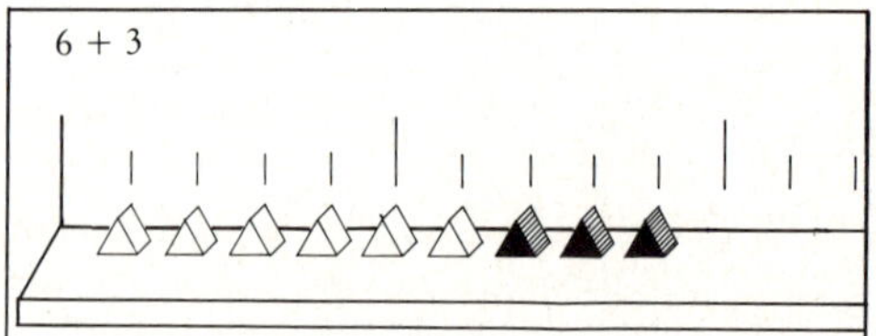

„Zuerst stellen wir sechs Dinge hin: das erste, zweite, dritte, vierte, fünfte, sechste. Dann stellen wir drei Dinge dazu: das siebte, das achte, das neunte. 6 + 3 sind neun."

Wegen der engen Verzahnung von kardinaler und ordinaler Zahlverwendung sind die Anregungen von Haase später von Breidenbach (1947) aufgenommen worden. Im hinteren Winkel so mancher Lehrmittelsammlung wird man daher auch heute noch die „Haasesche Rechenlatte" finden.

Ganz am Primat des Stoffes als Kriterium für die Wahl der Unterrichtsmethode ist auch der

„Systemmethodiker“ WILK ([2]1922) orientiert. Er nimmt im Streit zwischen „Zählern“ und „Anschauern“ einen vermittelnden Standpunkt ein. Neu an seinen Vorschlägen ist die stärkere Berücksichtigung der großen Zahlen, als deren wichtigste Eigenschaften er die *Bündelung* und die *Stellenwertschreibweise*, also die „Systemeigenschaften“ ansieht.

Für die Zahlen 1 bis 4 unterstützt er den Standpunkt der „Anschauer“: Diese Zahlen können simultan aufgefaßt werden. Alle übrigen Zahlen werden aber aus ihren Teilen aufgebaut; eine simultane Zahlvorstellung größerer Zahlen ist nicht möglich. Zahlen sind keine Vorstellungen, sondern synthetische Begriffe, Erzeugnisse des Denkens, nicht der Sinne. Für die Zahlen bis 4 kann daher das Anschauungsprinzip gelten, für größere Zahlen nur das Zähl- bzw. (besser) das Denkprinzip.

Ein reines Zählprinzip bei größeren Zahlen betont eine wichtige Eigenschaft, die Reihung, vernachlässigt aber andere, mindestens ebenso wichtige Eigenschaften, nämlich die der Bündelung und der Stellenwertschreibweise.

Nach WILK ist unser Zehnersystem aus dem Fünfersystem hervorgegangen. Die Zahl 4 ist noch simultan erfaßbar. Mit der Zahl 5 haben wir die erste nicht simultan erfaßbare Zahl; sie entsteht aus 4 + 1. Das Bild der Hand weist sie als Einheit aus. Viele menschliche Kulturen haben für die Zahl 5 ein eigenes Zahlzeichen. Dies ist ein Hinweis darauf, daß die Zahl 5 tatsächlich die erste Grundzahl ist. Die Zahlen 6 bis 9 entstehen aus 5 + 1, 5 + 2 usw., also aus der Grundzahl plus dem „Rest“, nicht durch fortwährende Addition von 1. Die Zahl 10 entsteht durch Verdoppelung von 5. Diese „Doppelfünf“ ist eine neue Einheit, die nun die Grundlage für den weiteren Zahlenaufbau bildet. Die weiteren Zahlen entstehen also nicht – wie die „Zähler“ behaupten – aus der fortlaufenden Addition von 1 (11 = 10 + 1; 12 = 11 + 1; 13 = 12 + 1 etc.) sondern aus der Addition der Zahl zur Einheit (11 = 10 + 1; 12 = 10 + 2; 13 = 10 + 3 usw.). Entsprechend werden zur Darstellung dieser Zahlen keine linearen Anordnungen ohne Unterteilung gebraucht, sondern Veranschaulichungsmittel, die die dekadische Gliederung des Zahlsystems betonen. Für den Anfangsunterricht sind unsere Finger die beste „Manifestierung“ dieses Systems; für das Rechnen bis 100 eignen sich Veranschaulichungsmittel, die die dekadische Gliederung besonders betonen, z. B. die Russische Rechenmaschine, HAASES Rechenlatte etc.

Auf WILK geht das heute übliche Verfahren der Erweiterung des Zahlenraums bis 100 zurück: Zuerst werden die reinen Zehnerzahlen aufgebaut, später die „Lücken aufgefüllt“.

(6) Rechenunterricht vom Kinde aus

Der Anfang dieses Jahrhunderts ist durch eine breite reformpädagogische Bewegung gekennzeichnet.

1900	ELLEN KEY: Das Jahrhundert des Kindes
1919–33	Weimarer Republik
1920	Grundschulgesetz
1929	Weltwirtschaftskrise
1933	HITLER wird Reichskanzler

Im Jahre 1900 erscheint ELLEN KEYS Buch „Das Jahrhundert des Kindes“. M. MONTESSORI konzipiert eine Kleinkindererziehung vom Recht des Kindes und von seinen Entwicklungsgesetzlichkeiten aus. *„Pädagogik vom Kinde aus“* wird zum Schlagwort der Zeit.

Dieser Geist der Zeit schlägt sich in verschiedenen pädagogischen Grundüberzeugungen, Forderungen und praktischen Unterrichtsmaßnahmen nieder:

* Das Kind muß als Persönlichkeit ernst genommen werden.
* Der Unterricht muß an die natürliche Entwicklung des Kindes anschließen.
* Das Spiel ist eine spezifische Lebensform des Kindes; der Unterricht hat dies in Form des spielenden Lernens zu berücksichtigen.
* Nicht die Sachen haben Priorität bei Entscheidungen über Stoffauswahl und -anordnung, sondern die Lernwege des Kindes.
* Die Spontaneität und Aktivität des Kindes darf nicht unterdrückt werden; im Unterricht ist deshalb die Selbständigkeit und Selbsttätigkeit des Kindes zu fördern.

Die Reformpädagogik des beginnenden 20. Jahrhunderts ist keine einheitliche Bewegung. Die „Pädagogik vom Kinde aus“ führt vielmehr zu zahlreichen unterschiedlichen Strömungen, zur Jugendbewegung, zur Kunsterziehungsbewegung, zum Arbeitsschulgedanken mit seinen verschiedenen Ausprägungen, zum Gesamtunterricht und zur Idee der Einheitsschule, u. a. mit der Folge, daß (als Kompromiß im Streit extremer Ansichten) im Jahre 1920 die privaten Vorschulen (der Mittelschulen und Gymnasien) verboten und durch eine *obligatorische Grundschule für alle Schulsysteme* ersetzt werden.

Die „Pädagogik vom Kinde aus“ ist eine Bewegung, die auch den Rechenunterricht der Grundschule erfaßt. Die Vielfalt der allgemeinpädagogischen Reformbemühungen spiegelt sich auch in den verschiedenen Vorschlägen mit unterschiedlichen Hintergrundtheorien zur Verbesserung des Rechenunterrichts wider. Einige Autoren begründen ihre Reformmaßnahmen mit neueren Erkenntnissen psychologischer Theorien, z. B. mit der aus der Gedächtnisforschung hervorgegangenen Assoziationspsychologie von WUNDT und den Befunden der Aufmerksamkeitsforschung von LAY und MEUMANN (J. KÜHNEL) oder mit den neuen Theorien der Ganzheits- und Gestaltpsychologie (J. WITTMANN). Andere betonen vor allem den Aspekt der Lebensbezogenheit auch beim Rechnen und gelangen so zu einem Arithmetikunterricht im Sinne der Arbeitsschule (GERLACH) oder des heimatkundlichen Gesamtunterrichts (KEMPINSKY). Allen gemeinsam ist die stärkere Psychologisierung des Rechenunterrichts.

JOHANNES KÜHNEL (1916) beruft sich u. a. auf die Forschungsergebnisse der *experimentellen Psychologie* der damaligen Zeit (LAY/MEUMANN), deren Beitrag zur „Pädagogik vom Kinde aus" vor allem darin besteht, didaktische Entscheidungen nicht mehr nur auf der Basis philosophischer Erörterungen zur *Sache* zu treffen, sondern als Entscheidungskriterium Erkenntnisse psychologischer Forschungen zum *Lernprozeß* heranziehen zu wollen.

KÜHNELS Meinung nach hat der bisherige Rechenunterricht weder die formalen Ziele (allgemeine Geistesbildung, Förderung des Denkens) noch die inhaltlichen (Kenntnisse und Fertigkeiten für das praktische Leben) erreicht. Ursache dieses Mangels ist für ihn die Diskrepanz zwischen der „seelischen Entwicklung" des Kindes und den Forderungen der Schule. Rechenunterricht sei bisher ausschließlich von einem Erwachsenen-Denken her konzipiert worden. Das habe zu einer gewaltigen Stoffülle geführt, weil der Erwachsene versucht habe, das Kind auf alle möglichen Fälle des Lebens vorzubereiten.

KÜHNEL fordert daher die stärkere Berücksichtigung psychologischer Überlegungen und die Reduktion dieser Stoffülle. Am bisherigen Erstrechenunterricht kritisiert er folgende Punkte:

* Nicht alle Kinder besitzen bei Schuleintritt einen echten Zahlbegriff. Die Kenntnis der Zahlwörter ist nicht gleichzusetzen mit einem klaren Zahlbegriff. Dieser muß im Unterricht erst noch erworben werden.
* Rechenoperationsbegriffe können erst dann erworben werden, wenn der Zahlbegriff gefestigt ist, und nicht gleichzeitig (Absage an die monographische Methode).
* Zifferndarstellungen sind so lange zu früh, wie die Kinder Zahlengrößen noch dinglich, d. h. nur in Verbindung mit Dingen („3 Äpfel") erfassen.
* Verdinglichte Ziffergleichungen der Form IIII – II = II verwirren mehr, als daß sie helfen. Im Beispiel sollen von 4 Stäben 2 weggenommen werden; der Lehrer malt aber zwei neue hinzu. (Den in der o. a. „Gleichung" stehenden fachlichen Fehler – Vermischung von ikonischer und symbolischer Ebene – hat KÜHNEL entweder nicht bemerkt oder für weniger wichtig gehalten.)

Da nicht alle Kinder bei Schulantritt über einen echten Zahlbegriff verfügen, ist es das Hauptziel des Erstrechenunterrichts im Sinne KÜHNELS, den Zahlbegriff zu vermitteln und zu festigen. Erst wenn das erfolgt ist, können (im letzten Drittel des ersten Schuljahres) die Operationsbegriffe (Addition, . . .) eingeführt werden.

Zwei konstituierende Elemente des Zahlbegriffes sind die *Zahlauffassung* (eine vorhandene unbekannte Anzahl von Dingen auszählen und das Ergebnis feststellen) und die *Zahldarstellung* (eine verlangte Anzahl darstellen). Beide Formen sind zu üben *an konkreten Dingen* und *an dinglichen Symbolen* – hier setzt KÜHNEL die von LAY aufgrund wahrnehmungspsychologischer Untersuchungen favorisierten BORNschen Zahlbilder ein – wobei sowohl Zahlauffassung als auch -darstellung *mit Hilfe des Zählens, des rhythmischen Zählens* und *des sogenannten Überblickens* zu erfolgen hat. Insgesamt führt die Kombination dieser Verfahren zu 12 Entwicklungsformen für die Erarbeitung der Zahlenreihe.

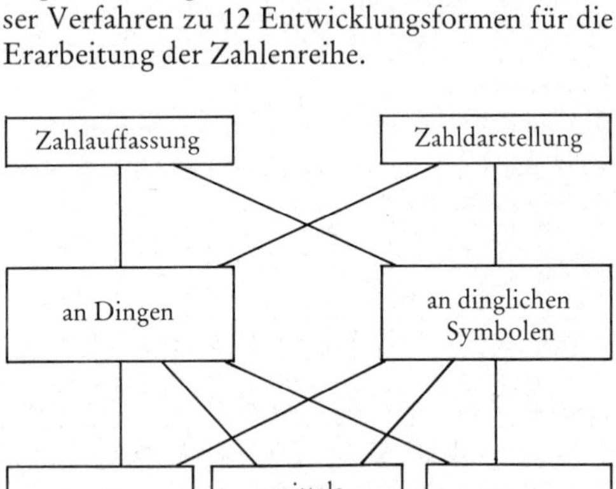

Mit „Überblicken" ist eine Zahldarstellung an der Hundertertafel gemeint.

Darstellung der Zahl 49 am KÜHNELschen Hunderterblatt mit Hilfe eines Abdeckblattes:

KÜHNELS Anregungen sind von einer ganzen Reihe von Schulbuchautoren aufgegriffen worden. Der bekannteste von ihnen ist KOLLER (1941, 1948). Die abgebildete Schulbuchseite dient der „Zahlauffassung, Zahldarstellung an (wirklichen Dingen und) Dingbildern mittels rhythmisierten Zählens".

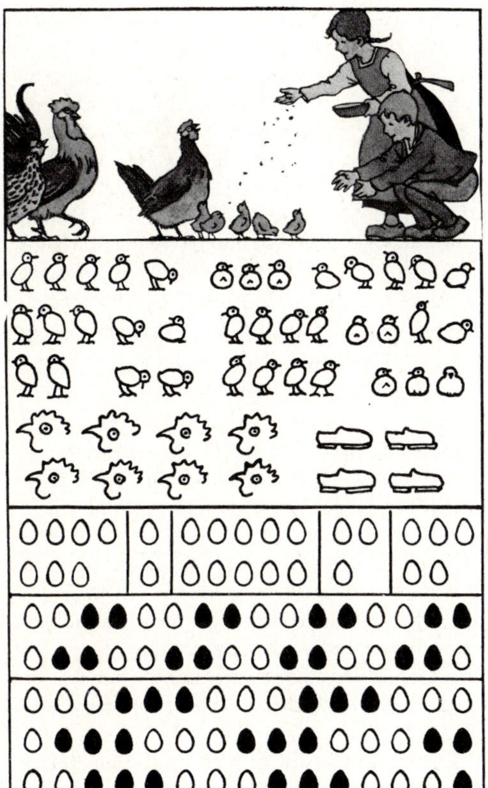

Aus: Rechenbücher von Backhaus und Wiese, Bearbeitung von CHR. NIENABER, Verlag von Carl Meyer, Hannover, 1927, S. 7

Ebenfalls von psychologischen Überlegungen geprägt sind die Vorschläge von JOHANNES WITTMANN (1929). Sein wissenschaftlicher Bezugspunkt ist die Ganzheitspsychologie. „Als wichtigster Gedanke ist bei dieser zweifachen Betrachtung der leitend, daß *alles seelisch-körperliche Leben* des Menschen als Gewinnung von Anschauungen, Bildung von Urteilen, Begriffen und Gedanken, Entwicklung des Gefühls- und Willenslebens *stets von irgendwie strukturierten Ganzheiten ausgeht und zu neuen Ganzheiten fortschreitet . . ." (aus dem Vorwort zur 1. Auflage, 1929).*

Im Mittelpunkt des WITTMANNschen Rechenunterrichts stehen daher auch Ganzheiten, Mengen, die („analytisch") zerlegt und („synthetisch") wieder zu Ganzheiten zusammengefaßt werden. Diese Übungen sind grundlegend für die Einführung des Zahlbegriffs, weil der Mengenbegriff logische Voraussetzung für den Zahlbegriff ist. Zählen ist erst dann möglich, wenn sich der Kardinalzahlbegriff aufgrund vielfältiger Zerlegungen und Zusammensetzungen von Mengen und aufgrund von Mächtigkeitsvergleichen durch „gliedweises" Zuordnen gebildet hat; entsprechend wird im Anfangsunterricht nicht gezählt, bzw. das Zählen wird sogar verboten.

Der gesamte Rechenunterricht der Grundschule ist im Sinne WITTMANNS in 23 Stufen aufgeteilt. Die für ihn wichtigsten Themen sind die der ersten Klasse. Allein 13 der 23 Stufen betreffen den Unterricht im 1. Schuljahr. Auch bei seinen theoretischen Erörterungen liegt hier der Schwerpunkt; Hinweise zu Verfahren der schriftlichen Multiplikation und Division fehlen in seinem Buch ganz.

Einige der Stufen des Rechnens im 1. Schuljahr seien an Beispielen aus seinem eigenen Schulbuch erläutert:

1. Stufe: Ungeordnete Mengen, die Struktur Zusammen, sammeln, die Struktur Auseinander, teilen. (Beginn des ersten Vierteljahres)

4. Stufe: Das Ordnen und Gliedern der Mengen in Gruppen (Struktur des Zusammen), Gliedern der Reihen in Gruppen; Einführung des Malbegriffes. Operation des Malnehmens. Die Operation des Aufteilens. (Beginn des zweiten Vierteljahres)

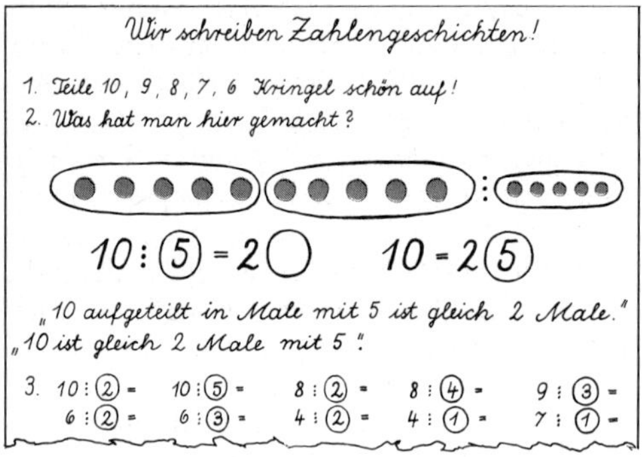

11. Stufe: Das Bauen von Zügen und Operieren mit ihnen; Rechnen in den verschiedenen Operationen. (Zweite Stufe im letzten Vierteljahr)

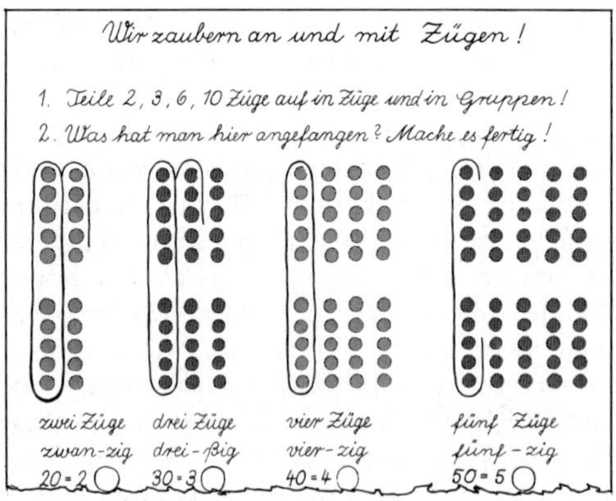

Aus: J. WITTMANN, Wir wollen Rechen- und Zahlengeschichten machen! W. Crüwell, Dortmund, 1952, S. 2, 9, 15

Weniger bekannt als KÜHNEL und WITTMANN sind deren Zeitgenossen GERLACH und KEMPINSKY, die andere Strömungen der Reformpädagogik repräsentieren.

GERLACH (1907; 1914) versucht, Teile der aus der Reformpädagogik entstandenen Grundgedanken der Arbeitsschulbewegung für den Rechenunterricht fruchtbar zu machen. Die wichtigsten methodischen Forderungen sind die Selbständigkeit und das Anknüpfen an Lebenssituationen aus dem Erfahrungsbereich der Kinder. GERLACHS Rechenbücher und seine in den Methodiken übermäßig betonte Bedeutung von Tafel- und Kinderzeichnung lassen aber vermuten, daß es im Unterricht bis auf einige „Kaufmannsspiele" nicht allzuviel Selbständigkeit und Selbsttätigkeit gab.

Aus: A. GERLACH, Des Kindes erstes Rechenbuch, Quelle und Meyer, Leipzig, 2. Aufl. o. J., S. 38

Mehr Selbsttätigkeit hätte ein didaktisches Material (Legehölzer, -plättchen etc.) notwendig gemacht, das aber aufgrund des höher geschätzten Prinzips der Lebensorientierung verpönt war. Im Unterricht herrschte daher das ikonische Element vor. Die Wandtafelzeichnung des Lehrers, die Bilder der Kinder und nicht zuletzt die Bilder der Rechenfibel sollen Zählanlässe und Anlässe zum Herauslösen der arithmetischen Beziehungen aus konkreten Lebenssituationen sein.

Dieser Grundgedanke der Arbeitsschulbewegung, das Prinzip der Lebensorientierung, bestimmt auch das dem heimatkundlichen Gesamtunterricht verpflichtete Werk von KEMPINSKY (1911, 1922).

Der Gedanke des heimatkundlichen Rechenunterrichts hat seine Wurzeln in der Berücksichtigung der Realien in den „Allgemeinen Bestimmungen" von 1872. Der Ministerial-Erlaß von 1908 schreibt dann die sorgfältige Pflege der Heimatkunde fest. Aus dem Sachrechnen als angewandtem, vor allem berufsvorbereitenden Rechnen in der zweiten Hälfte des 19. Jahrhunderts wird in der reformpädagogischen Bewegung des beginnenden 20. Jahrhunderts ein heimatkundlicher, „lebensvoller" Rechenunterricht, dessen vorrangiges Ziel (in der mehr geistig orientierten Arbeitsschulpädagogik von GAUDIG) nicht Berufsvorbereitung, sondern freie geistige Selbsttätigkeit ist. Die Richtlinien vom März 1921 schreiben diesen Trend fest: Der erste Rechenunterricht ist in den Gesamtunterricht einzugliedern; es ist eine enge Verknüpfung mit dem Sachunterricht und den Lebenskreisen der Kinder anzustreben und das Rechnen mit reger Betätigung („Arbeit") zu durchdringen.

In diesem Sinne ist der Erstrechenunterricht von KEMPINSKY in Sacheinheiten gegliedert. Für das erste Schuljahr schlägt er allein 129 solche Sacheinheiten vor, aus denen der Lehrer auswählen kann: Griffeleinkauf, Die ersten Kirschen, Das Kinderfest u.v.a.m.

> Sacheinheit: Gäste im Garten.
>
> Heute wollen wir in ein Vogel-Hotel gehen! Wo wohnen diese? — Die Schüler werden im Schulgarten zu den einzelnen Nistplätzen geführt. Wieviel Gäste wohnen in diesem Starkasten? In diesem? Dort auf dem Baume? Auf jenem? Zählt, wieviel Gäste bei uns hier in schönen Stuben wohnen können? — „Acht." — Ich glaube aber, in unserem Garten-Hotel wohnen noch mehr Gäste. Die Schüler werden in die Nähe einer Hecke geführt, in der ein Pärchen nistet.
>
> Seht einmal daheim in eurem Garten nach, wieviel Gäste er beherbergt!
>
> Aber da sehe ich noch andere Gäste in den Garten kommen, die wollen bloß eins (Geste) trinken! Der Lehrer weist auf die flatternden Schmetterlinge und die summenden Bienen. Pst! Bleibt stehen. Wir wollen sehen, zu welcher Blume die meisten Schmetterlings- und Bienengäste Honig trinken kommen! Die Kleinen beobachten verschiedene Blumen. Nach einigen Minuten sagt der Lehrer: ‚Meine' Blume macht gute Geschäfte; schon 9 Gäste waren da. — Die Schüler beginnen ihre Beobachtungen zum besten zu geben: „In der Blume waren ... usw., in ‚meiner' mehr usw."

Aus: KEMPINSKY, $^{4/5}$1922, S. 50

(7) Rechenunterricht im Nationalsozialismus

1933 HITLER wird Reichskanzler
1939 bis 1945 zweiter Weltkrieg

In der Rangfolge nationalsozialistischer Erziehungsziele steht die geistig-theoretische Ausbildung ganz am Ende. „Erste Aufgabe des Staates ist Erhaltung, Pflege und Entwicklung der besten rassischen Elemente, erste Aufgabe der Erziehung ist Pflege der körperlichen Gesundheit und das Heranzüchten kerngesunder Körper. Erst in zweiter Linie kommt dann die Ausbildung der geistigen Fähigkeiten. Hier ist aber wieder an der Spitze die Entwicklung des Charakters, besonders die Förderung der Willens- und Entschlußkraft, verbunden mit der Erziehung zur Verantwortungsfreudigkeit, und erst als letztes die wissenschaftliche Schulung." (HITLER: Mein Kampf). Selbst innerhalb der naturwissenschaftlichen Unterrichtsfächer hat die Mathematik eine nachgeordnete Bedeutung z. B. dem Biologieunterricht gegenüber, in dem es immerhin möglich war, Ideen der Rassenkunde und „Blutreinheit" zu vermitteln.

Entsprechend der geringen Wertschätzung des Rechenunterrichts kommt es nicht zu einer eigenständigen „nationalsozialistischen Mathematikdidaktik". Die aus der Reformpädagogik erwachsenen Methoden werden weitergeführt, wobei dem Gedankengut der Zeit mehr oder weniger deutlich Referenz erwiesen wird.

Die KÜHNELschen Ideen werden von KOLLER fortgeführt und realisiert. Seine zweite Auflage der Methodik von 1941 „Der neue Weg im ersten Rechenunterricht" enthält als einzige Referenz an den Nationalsozialismus den Hinweis auf dem Titelblatt „Neu bearbeitet unter Berücksichtigung der Reichsrichtlinien vom 15. Dezember 1939". Ähnlich verfährt RITTHALER (^{4}1939).

Andere Methodiken (z. B. KRUCKENBERG, ^{2}1940) gehen in einzelnen, vom übrigen Kontext isolierten Kapiteln auf die nationalsozialistischen Erziehungsideen ein.

Eine stärkere Verzahnung des nationalsozialistischen Gedankenguts mit mathematikdidaktischen Fragestellungen ist bei GUSTAV ROSE (^{2}1941) zu finden. Er betont den Beitrag des Rechenunterrichts zur „völkischen Erziehung" und macht Vorschläge für Unterrichtseinheiten in diesem Sinne: „Das deutsche Volk opferte zum ersten Kriegswinterhilfswerk 1026,5 Millionen RM", „Deutscher Boden", „Was hat unsere

Schule für die Knochensammlung geleistet?“ und ähnliches mehr.

Schulbücher für höhere Klassen werden mit Sachaufgaben im Sinne des Nationalsozialismus „angereichert“: „Deutschland und seine Kriegsgegner“ u. ä. Selbst Rechenbücher für die erste Klasse werden militarisiert. So unterscheidet sich das „BÜTTNERsche Rechenbuch für Volksschulen/Berlin“, „genehmigt durch Erlaß des Reichsministeriums vom 17. März 1941“ von seinem Vorgänger „BÜTTNERs Berliner Rechenbuch“ aus dem Jahre 1937 außer durch schlechtere Papier- und Druckqualität nur durch ein Bild auf der Seite 22: Die Autos aus dem Jahre 1937 werden abgelöst durch eine Darstellung von Soldaten im Gefecht (makabrerweise eine Darstellung der Gleichung 6−2=4).

Vom Geist der Zeit getragen ist auch die folgende Schulbuchseite zur Einführung der Zahl 5.

Aus: A. KRUCKENBERG, Die Welt der Zahl, H. Hanfts Rechenbuch für mehrklassige Schule, Päd. Verlag von Hermann Schroedel, Halle, 1936, S. 5

(8) Wiederaufbau des Schulwesens

1945 Ende des zweiten Weltkrieges
1949 Gründung der Bundesrepublik Deutschland
1950 bis 1961 Steigerung des Bruttosozialproduktes von 101 Milliarden auf 310 Milliarden DM

Der unmittelbar nach Kriegsende einsetzende Wiederaufbau des Schulwesens durch die alliierten Besatzungsmächte und durch in der Nazizeit unterdrückte politische Organisationen und Einzelpersonen knüpft an die Grundideen der Reformpädagogik an.

„1. Das vorliegende Buch gehört zu einer Reihe von Schulbüchern, die auf Anordnung des Obersten Befehlshabers der Alliierten Streitkräfte veröffentlicht werden. Es dient zum Behilfsgebrauch in den deutschen Schulen, die sich in dem von seinen Truppen besetzten Gebiet befinden.

2. Dieses Buch wurde gewählt nach gründlicher Untersuchung vieler Schulbücher, die in Deutschland vor der Machtübernahme durch den Nationalsozialismus in Gebrauch waren. Es ist von Deutschen geschrieben und wird hiermit ohne jedwede Textänderung neugedruckt.

3. Die Tatsache des Neudrucks bedeutet nicht, daß dieses Buch vom erzieherischen oder anderen Gesichtspunkt aus völlig einwandfrei ist. Aber unter den gegebenen Umständen ist es das geeignetste Buch, und es ist zu benutzen, bis Deutschland selbst bessere Schulbücher hervorbringt.“

Dies ist das Vorwort (in englischer und deutscher Sprache) zu dem ersten Rechenbuch, das nach dem Ende des Krieges „im Auftrage des Obersten Befehlshabers der Alliierten Streitkräfte“ veröffentlicht wurde:

„Deutsches Rechenbuch I, 1. und 2. Schuljahr. Notausgabe (bzw. Behelfsausgabe) des Rechenbuches herausgegeben von G. DOBE u. E. SCHWARZLOSE. Hermann Schroedel Verlag, Halle (Saale) 1926“.

Dieser Neudruck eines aus der Reformpädagogik hervorgegangenen Rechenbuches kann zwar nicht als Gesamtcharakteristik für die Mathematikdidaktik in den ersten 15 Nachkriegsjahren angesehen werden, ist aber doch symptomatisch für die nur behutsame, meistens nur mit Detailverbesserungen verbundene Fortführung verschiedener Strömungen des Rechenunterrichts der Reformpädagogik. Die drei einflußreichsten rechenmethodischen „Schulen“ der Nachkriegszeit sind

* der von KÜHNEL begonnene und von KOLLER fortgesetzte „Neubau des Rechenunterrichts“,
* der von BREIDENBACH weiterentwickelte, systematische Rechenunterricht im Sinne HAASES und

* der auf WITTMANN zurückgehende ganzheitliche Rechenunterricht, der durch die Fortführungen vor allem von KARASCHEWSKI und ODENBACH neue, praxisnahe Impulse erfahren hat.

Als *eigenständige* Richtung ist die von KÜHNEL und KOLLER propagierte Methodik vor allem in Bayern verbreitet. Bedeutsamer aber ist ihr Einfluß auf methodische Mischkonzeptionen. So sind die Rechenhilfsmittel (KÜHNELS Hunderter- bzw. Tausendertafel) sicher weiter verbreitet gewesen als das KOLLERsche „Rechenbuch für die bayerischen Volksschulen". Das gleiche gilt auch für die Methodiken. Von KÜHNELS „Neubau ..." wurden von 1950 bis 1964 allein 9000 Exemplare verkauft, und KOLLERS Werk „Das Rechnen mit Kühnels Hilfsmitteln" ([5]1958) hatte eine Auflage von 11,6 Tausend (nach SCHMIDT, 1966).

Dagegen haben die beiden anderen methodischen Richtungen durch konzeptionelle und praktische Weiterentwicklungen auch als eigenständige „Schulen" großen Einfluß. Die von HAASE begonnene vorrangige Orientierung der Methode am Unterrichtsgegenstand wird von BREIDENBACH perfektioniert, „denn nur die *vertiefte* Einsicht in den Gegenstand kann sich unterrichtsmethodisch auswirken" (BREIDENBACH, 1947, S. 5).

Der Rechenunterricht im Sinne BREIDENBACHS hat seine größte Verbreitung in Niedersachsen. Dort sind nach einer Befragung von SCHMIDT (1966) im Jahre 1964 fast 50% aller Schulen mit der HAASEschen Rechenlatte (vgl. S. 59) ausgerüstet. Auch ist der Einfluß BREIDENBACHS auf die „Richtlinien für die Volksschulen des Landes Niedersachsen" vom 28. 12. 1956 unverkennbar: „Die Einsicht wird aber nur klar und zwingend, wenn die ausgeführten und vorgestellten Handlungen den Rechenvorgang rein (‚isomorph') zur Darstellung bringen." (S. 83). Dies ist eine deutliche Absage an die Vorherrschaft des Prinzips der Kindgemäßheit und ein Rückgriff auf vor-reformpädagogische Orientierungen der Methodik an der Struktur der Sache. Und da von allen Mitteln der Veranschaulichung die HAASEsche Rechenlatte am besten geeignet ist, den *Vorgang des Rechnens* zu erklären, steht dieses Hilfsmittel im Mittelpunkt des arithmetischen Anfangsunterrichts bei BREIDENBACH.

Der WITTMANNsche Ansatz eines ganzheitlichen Rechenunterrichts hatte sich bis 1945 in der Schulpraxis kaum durchgesetzt. Die hohen Anforderungen, die diese Methode an die Lehrer stellt, und die Schwierigkeit, das späte Einsetzen des Zahlenrechnens den Eltern verständlich zu machen, haben in der Anfangszeit eine größere Verbreitung der Methode verhindert, und für das „1000jährige Reich" war diese Konzeption zu freiheitlich.

Erst in der Nachkriegszeit haben praktische Weiterentwicklungen und eine Entdogmatisierung der Methode (z. B. Modifikation der rigorosen Forderung WITTMANNS, jede Unterrichtseinheit mit einem Spiel zu beginnen) vor allem durch KARASCHEWSKI (1966) zu einer größeren Verbreitung des ganzheitlichen Rechnens in der Schulpraxis geführt. Trotz der zunehmenden Verbreitung in der Schulpraxis, trotz der breiten Akzeptanz innerhalb der didaktischen Diskussion und trotz der vielfältigen Ansätze, ganzheitliche Ideen in methodische Mischkonzeptionen aufzunehmen, darf aber nicht übersehen werden, daß ganzheitlicher Rechenunterricht in Reinform auch in den späten fünfziger und zu Anfang der sechziger Jahre nicht das Standardverfahren, sondern eher ein akzeptierter „Exot" war. Dafür spricht auch, daß die „Stoffpläne für die Volksschulen des Landes Nordrhein-Westfalen mit Auszügen aus den Richtlinien vom 8. März 1955" ganzheitlichen Rechenunterricht nicht im Hauptteil, sondern nur im Anhang als eine zulässige *andere* Form der methodischen Gestaltung des Rechenunterrichts berücksichtigt haben.

(9) Gewachsene und verordnete Reformen

Die deutsche Rechenmethodik hatte mit KÜHNEL und WITTMANN bisher zwei „Schulen", die sich explizit auf psychologische Theorien beriefen. Die Befunde des Genfer Erkenntnistheroretikers und Psychologen JEAN PIAGET bilden die Basis für eine dritte methodische Richtung mit ausdrücklichem psychologischen Bezug.

Es waren verschiedene Aspekte, die die Theorie PIAGETS für Rechenmethodiker und Mathematikdidaktiker so attraktiv machten:

* Viele Experimente, die PIAGET und seine Mitarbeiter zum Nachweis der allgemeinen genetischen Erkenntnistheorie durchgeführt haben, greifen Inhalte auf, die zum Kernbestand jeder Mathematikdidaktik gehören: Zahlbegriffsentwicklung, Entwicklung geometrischer Begriffe, Entwicklung des logischen Denkens etc.
* Die Entwicklung mathematischer Begriffe wird von PIAGET exemplarisch als Entwicklung menschlichen Denkens überhaupt beschrieben; dies kommt dem alten Bemühen entgegen, den Beitrag des Mathematikunterrichts für die Herausbildung menschlichen

Denkens überhaupt hervorzuheben und damit Bedeutung und Stellung dieses Schulfaches unantastbar zu machen.

* Piagets Beschreibung kindlicher Denkstrukturen mit Hilfe logisch-mathematischer Modelle (z. B. Gruppierung, INCR-Gruppen etc.) kommt den Denkgewohnheiten der Mathematiker unter den Didaktikern entgegen; diese Art von Psychologie ist auch ihnen verständlich, sie ist mit den vorhandenen Denkschemata „greifbar".
* Piagets Ausführungen zur Zahlbegriffsgenese sind verträglich mit der Tradition des ganzheitlichen Rechenunterrichts. Hier wie dort ist die sichere Grundlage für die Entwicklung des Zahlverständnisses konkreter „operativer" Umgang mit tatsächlichen Dingen, Sortieren, Ordnen, „analytisches" Zerlegen und „synthetisches" Zusammensetzen von Mengen.

Tatsächlich sind es dann auch die „Ganzheitler", die die Piagetsche Theorie als erste annehmen und ihren Unterricht zu einer *„operativ-ganzheitlichen Methode"* ausweiten. Resag und Bärmann verstehen ihre „Zauber-Fibel", den Band 1 des Rechenwerkes „Zahl und Raum in unserer Welt" (Westermann, Braunschweig, [4]1963), ausdrücklich als ein *mathematisches* Unterrichtswerk für die Volksschule in der Tradition des ganzheitlichen Rechnens, aber stark beeinflußt vom „operatorischen Denken im Rechenprozeß" im Sinne Piagets. Große Teile des arithmetischen Anfangsunterrichts bestehen daher aus Vergleichen, Ordnen und Zuordnen konkreter Mengen und symbolischer Gegenstände.

Ein späterer Versuch einer operativ-ganzheitlichen Ausgabe des Lehrbuches „Die Welt der Zahl" (herausgegeben und bearbeitet von H. Bauersfeld, W. Sprockhoff u. a.; Hannover: Schroedel 1968) ist am „Zug der Zeit" gescheitert. Die damals einsetzende und dann am 3. 10. 1968 festgeschriebene „Reform des Mathematikunterrichts" machte dieses Schulbuch schnell zu „modernem Antiquariat".

Eine ausschließlich an Piaget orientierte *„operative Methode"* ist von Fricke propagiert und in dem Lehrwerk „Mathematik in der Grundschule" (Fricke/Besuden, 1967) realisiert worden. Entsprechend der Piagetschen Theorie werden neue Inhalte nicht veranschaulicht (im Sinne von Darbietung visueller Stimuli), sondern durch konkrete Ausführung der einen Begriff oder ein Verfahren bestimmenden Operationen handelnd grundgelegt. Verwandte Operationen (z. B. Addition und Subtraktion) werden gemeinsam eingeführt („operative Gesamtbehandlung"). Übungen werden als „operative Übungen" unter Berücksichtigung der Gruppierungs-Eigenschaften (vor allem: Komposition, Assoziativität und Reversibilität) durchgeführt. Zentrales Arbeitsmittel im arithmetischen Bereich sind die Cuisenaire-Stäbe.

Diese „gewachsenen" Reformen des Mathematikunterrichts der Grundschule, die „operativ-ganzheitliche Methode" und die „operative Methode", werden durch die KMK-Empfehlungen vom 3. 10. 1968 und durch die verbindliche Einführung des Mathematikunterrichts im Sinne dieser Empfehlungen ab Schuljahresbeginn 1972 durch eine vom Gesetzgeber *verordnete Reform* abgelöst. Nicht die Einführung neuer Inhalte, nicht die Stoffülle und nicht die „Mengenlehre" sind die Hauptcharakteristika dieser Reform, sondern die Tatsache ihrer Festschreibung auf dem Erlaßwege ist das gegenüber der Geschichte des Mathematikunterrichts (in der sich neue Ideen immer durch Überzeugungskraft durchsetzen mußten) wesentlich Neue. Dies ist auch wohl die Hauptursache dafür, daß sich die Ideen der Reform in der Praxis nicht durchgesetzt haben; von der Qualität neuer Methoden kann man nicht per Erlaß überzeugen.

Von diesem Erlaß sind die Lehrer ebenso überrascht worden wie manche Lehrbuchautoren, die sich plötzlich gezwungen sahen, ihre alten Schulbücher den neuen Erlassen anzupassen. Das hat in manchen Fällen zu „Aufpfropfungen" geführt, wie sie z. B. Wasmuth (1974, S. 95 ff.) in einer vernichtenden Kritik der Neuauflage der „Zauber-Fibel" von 1971 konstatiert: „Ein globaler Vergleich der alten und neuen Ausgabe von Bärmann führt zu dem zwar vielleicht etwas zu pauschalen, aber im großen und ganzen zutreffenden Ergebnis: Die ursprüngliche, in Anlehnung an den ganzheitlichen Rechenunterricht von Wittmann entwickelte Konzeption ist zwar im wesentlichen erhalten geblieben, jedoch sind ihr an vielen Stellen Begriffe und Formalismen meist unmotiviert und zusammenhanglos aus der ‚Modernen Mathematik' aufgepfropft worden."

Diese Kritik (sofern sie eine Kritik ist und nicht vielmehr eine Charakteristik vieler damaligen Versuche, unvorbereitet und häufig nur mit halbem Herzen dem Erlaß Rechnung zu tragen) trifft sicher auf einen größeren Teil der Mathematikbücher für die Grundschule zu, die schon vor 1968 existierten und nun durch die Aufnahme neuer Inhalte und durch Berücksichtigung isolierter neuer Aufgaben – möglichst auf gesonder-

Höhepunkt der Diskussion
1974 Spiegelartikel
„Macht Mengenlehre krank?"

ten Seiten, die „ohne Schaden“ überschlagen werden können – „Neu“ sein (und damit weiterexistieren) wollten.

So hat sich denn auch die öffentliche Kritik nicht nur an den fragwürdigen Rechtfertigungsversuchen (Fortschritte innerhalb der Mathematik, Förderung des wirtschaftlichen Wachstums durch besseren Mathematikunterricht) und an den überhöhten Erwartungen („Neue Mathematik ist viel leichter, kann spielerisch gelernt werden und ist zudem noch viel effektiver“) entzündet. Im Mittelpunkt der Kritik vieler geplagter Eltern und Ärzte, die ihren Kindern plötzlich nicht mehr bei den Hausaufgaben helfen konnten, standen vielmehr Aspekte der Realisierung von „Neuer Mathematik“. An der Unterrichtspraxis der sogenannten Mengenlehre, wie sie von (z. T. in aller Hektik „verbesserten“) Schulbüchern nahegelegt und von weitgehend unvorbereiteten Lehrerinnen und Lehrern durchgeführt wurde, entzündete sich die Kritik:

- Verselbständigung der Inhalte und verfrühte Formalisierungen
  Statt mit dem (unformalisierten) Werkzeug „Mengensprache“ konkrete Sachsituationen der Umwelt und mathematische Probleme zu strukturieren und so „Mengenlehre“ als Werkzeug bei der Lösung von Aufgaben in Gebrauch zu nehmen, wurde vielfach der ganze Begriffsapparat zu einem eigenständigen Unterrichtsthema, ohne daß dann später mit diesem Werkzeug auch gearbeitet wurde: Statt Werkzeuggebrauch ein theoretischer, formaler Kurs über Werkzeuge ohne praktische Anwendungen.
- Einseitiger Aufbau des Zahlbegriffs
  Natürliche Zahlen können auf vielfältige Weise verwendet werden, als Ordinalzahlen zur Kennzeichnung eines Rangplatzes, als Maßzahlen im Zusammenhang mit Größen (DM, km, m, kg, ...) als Telefon- oder Hausnummer oder in anderer Form als Codierungszahlen, als Kardinalzahlen usw. (vgl. S. 49). Von diesen vielfältigen Verwendungsmöglichkeiten wird im arithmetischen Anfangsunterricht der „Neuen Mathematik“ häufig einseitig die kardinale Verwendung („Mächtigkeit einer Menge“) bevorzugt. Damit einher geht ein Zurückstellen des Zählens, bis auf „fachlich korrektem Wege“ (Mengenbildung, paarweise Zuordnung, Kardinalzahleinführung, Ordnung der Kardinalzahlen) die (mathematischen) Voraussetzungen zum Zählen geschaffen sind. Hier wird nur der Stoff (noch dazu aus einseitiger Blickrichtung) gesehen, nicht aber das Kind und seine natürlichen Lösungswege arithmetischer Probleme (vgl. S. 48 ff. und S. 63 ff.).
- Vernachlässigung des Rechnens
  Unbestritten ist, daß ein Verständnis von „Mengen“ und „Relationen“ als neue, isoliert einzuübende Inhalte (neben „Topologie“ u. a.) eine Stofferweiterung nach sich zieht, die zwangsläufig eine eingeschränkte Behandlung der traditionellen Unterrichtsinhalte, der 4 Grundrechenarten, zur Folge hat. Unbestritten ist auch, daß die Anzahl der Übungsaufgaben in einigen Unterrichtswerken in erschreckendem Maße zurückgegangen ist. So findet man in einem Mathematikbuch für die 1. Klasse aus dem Jahre 1966 allein 2372 Aufgaben für das Rechnen im Zahlenraum bis 20, in einem Unterrichtswerk aus dem Jahre 1975 nur noch 387 Aufgaben zum gleichen Thema.

Andererseits gibt es empirische Untersuchungen von Weis und Bauersfeld (1973), die zeigen, daß die Rechenleistungen von Schülern mit einem „vernünftigen, neuen Mathematikunterricht“ durchaus einem Vergleich mit traditionellen Konzeptionen standhalten. Übersehen werden darf auch nicht, daß die Klage über mangelnde Rechenleistungen der Schüler Tradition hat; schon Kühnel leitet seinen „Neubau des Rechenunterrichts“ mit einer Klage über die ach so mangelhafte Effizienz des bisherigen Rechenunterrichts ein.

Statt pauschalisierender Klagen über schlechte Rechenleistungen und über Vernachlässigung des Rechnens wird es in der Folgezeit darauf ankommen, didaktische Fehlentwicklungen zurückzunehmen und aus dem Repertoire an methodischen Maßnahmen das Brauchbare auszuwählen, ohne nun mit dem Schlachtruf „Back to basics!“ wieder nur Rechenunterricht statt Mathematikunterricht zu betreiben.

Wir wissen heute nicht, welche Qualifikationen die künftigen Erwachsenen des 21. Jahrhunderts im einzelnen brauchen. Die gegenwärtige Microchip-Revolution deutet aber an, daß die Beherrschung von Rechentechniken sicher nicht zu den wichtigsten Qualifikationen gehören wird. Weitaus wichtiger wird sein, die Möglichkeiten der Anwendung mathematischer Werkzeuge in nahezu allen Bereichen des täglichen Lebens erkennen und verantwortungsvoll nutzen zu können, aber auch, deren tatsächliche Grenzen zu erkennen und sich für deren in manchen Fällen notwendigen Begrenzungen einzusetzen.

Arithmetik:
1) Erarbeitung des „kleinen 1+1" und mindestens des Zahlenraums bis 20.
„Haupteinschnitt": Zehnerübergang

2. Zu den Unterrichtsinhalten

2.1. Erweiterung und Erarbeitung des Zahlbegriffs

Kein Thema des Mathematikunterrichts hat in der Geschichte der Mathematikdidaktik zu derart umfangreichen und oft heftigen Diskussionen geführt wie gerade die Erarbeitung des Zahlbegriffes zu Beginn der Schulzeit (vgl. auch Kap. 1.4.). Gerade im Zusammenhang mit der Reform zur sog. modernen Mathematik ab Ende der 60er Jahre wurde zu selten auf die arithmetischen Vorerfahrungen der Schulanfänger eingegangen, wurden nur wenige Aspekte des Zahlbegriffes berücksichtigt und die Erwartungen der Schüler und Eltern bzgl. des „Rechnenlernens" nicht respektiert. Mitverantwortlich für diese Entwicklung waren u. a. die oft einseitige Interpretation und unkritische Übernahme der Theorie PIAGETS, verbunden mit der Rückführung auf strukturmathematische Definitionen. Das Aufgreifen der vielfältigen Vorerfahrungen mit Zahlen und deren Verwendungsformen, der Umgang mit Zahlen – Begriffsbildung und Anwendung sind nicht zu trennen – sind einfachere und wichtigere Bereiche des kindlichen Lernprozesses als über Begriffe zu reflektieren. Insofern ist dieser Handbuchabschnitt kaum trennbar von dem folgenden zur Addition und Subtraktion.

2.1.1. Vorkenntnisse der Schulanfänger

Bereits vor Schulbeginn besitzen die meisten Kinder eine Reihe von mathematischen Kenntnissen und Fertigkeiten, insbesondere zu den Zahlen und dem Umgang mit ihnen. Fast alle Schulanfänger kennen die Zahlwortreihe bis 20, sie können die Anzahl der Elemente einer Menge (≤ 10) angeben bzw. entsprechende Mengen zu einer gegebenen Zahl bilden, und viele Schulanfänger können bereits in einfachen Problemen addieren und subtrahieren.

Für den Lehrer des mathematischen Anfangsunterrichts besteht eine wesentliche Aufgabe darin, diese Vorkenntnisse und Erfahrungen der Kinder zu erkennen und in die Unterrichtsplanung einzuarbeiten.

Zählfähigkeit der Schulanfänger

Es konnten zählen
(Prozentsatz der Schulanfänger):

	SCHMIDT, 1982	RÄTHER, 1909
bis mind. 5	99,4%	90,7%
bis mind. 10	96,8%	78,1%
bis mind. 20	70,0%	44,7%
bis mind. 30	44,7%	20,8%
bis mind. 40	32,9%	12,8%
bis mind. 50	28,2%	8,9%
bis mind. 100	15,1%	4,7%
Schulanfänger	1138	1217

Kindergärten, Vorschulerziehung, Sesamstraße u. a. haben sicher in den letzten Jahrzehnten zu überraschend entwickelten Vorkenntnissen der Schulanfänger geführt, oft über die Zählfähigkeit weit hinausgehend.

Die Begrifflichkeit der natürlichen Zahl ist sicher bereits im Vorschulalter bei den Kindern in sehr vielfältiger Art und Weise angebahnt worden. Über derart unterschiedliche Verwendungsarten natürlicher Zahlen lassen sich die verschiedenen *Aspekte des Zahlbegriffes* beschreiben. Diese Komplexität des Zahlbegriffs spiegelt sich auch in den wissenschaftlichen Betrachtungsweisen der Mathematik, der Philosophie oder in genetischen Erkenntnistheorien wider. Es ist anzunehmen, daß das Kind die verschiedenen Zahlbedeutungen zunächst einzeln erwirbt, d. h. in dem

Schwierigkeiten dabei beruhen hauptsächlich auf der Zahlensprechweise.

jeweiligen subjektiven Erfahrungsbereich bzw. Anwendungskontext. Erst im Laufe der Schulzeit werden die Wechselbeziehungen zwischen den verschiedenen Zahlaspekten deutlich und damit ein umfassender Zahlbegriff erarbeitet. In der Grundschule sollen diese Aspekte begrifflich nicht thematisiert werden (Unterricht *über* Zahlen), sie machen jedoch verschiedene Anwendungsbezüge deutlich (Unterricht *mit* Zahlen). Nach der folgenden Übersichtstabelle sollen die wichtigsten Erfahrungen und das Verständnis der Schulanfänger diskutiert werden. Inhaltliche Anregungen zur Diagnose der Vorkenntnisse bietet auch der dann nachfolgende Teilabschnitt (Literatur: FUSON et al., 1982; CARPENTER et al., 1982; MÜLLER et al., 1977; SCHMIDT et al., 1983).

Der Erwerb der *Zahlwortreihe* beginnt schon im Alter von zwei bis drei Jahren und ist in der Regel im Alter von fünf bis sieben Jahren abgeschlossen. Es lassen sich in der Entwicklung verschiedene Stufen unterscheiden. Zunächst werden die Zahlwörter *auswendiggelernt*, die Zahlwortreihe erscheint als eine unstrukturierte und oft willkürliche Liste; erst allmählich entdecken und entwickeln die Kinder Regelmäßigkeiten. Fehler wie „... achtundzwanzig, neunundzwanzig, zehnundzwanzig ...“ oder „... achtzig, neunzig, zehnzig, elfzig ...“ lassen bei Kindern

Aspekte des Zahlbegriffs

	Beschreibung ggf. Unterteilung	Beispiele	Addition	Subtraktion
Kardinalzahlaspekt	Zahlen beschreiben die Mächtigkeit von Mengen, die *Anzahl* der Elemente.	„3 Äpfel“ „10^{13} Möglichkeiten“	Mengenvereinigung	Restmengenbildung
Ordinalzahlaspekt	*Zählzahl*: Folge der nat. Zahlen, die beim Zählen durchlaufen werden.	„eins, zwei, ...“ „Zehn kleine Negerlein ...“	Weiterzählen	Rückwärtszählen
	Ordnungszahl: Gibt den Rangplatz eines Elements in einer total geordneten Reihe an.	„Klaus ist beim Wettlauf fünfter geworden.“		
Maßzahlaspekt	Nat. Zahlen dienen als Maßzahlen für Größen. (Immer in Relation zu einer gewählten Einheit)	„5 Meter“ „3 Stunden“ „4 kg“ „100 Schritte“	Addition/Subtraktion von Größen wird zurückgeführt auf das Aneinandersetzen/Abtrennen zugehöriger Repräsentanten	
Operatoraspekt	Zahlen werden zur Bezeichnung einer *Vielfachheit* einer Handlung oder eines Vorgangs benutzt.	„Zur Strafe schreibst du *fünfmal:* Ich darf meinen Lehrer (nicht) ärgern.“	Verkettung von Operatoren (Hintereinanderausführung)	Aufsuchen des Umkehroperators
Rechenzahlaspekt	*Algebraischer Aspekt:* (N, +) ist eine alg. Struktur mit gewissen Eigenschaften	$3 + 4 = 4 + 3$ wegen Kommutativität $(36 + 17) + 3 = 36 + (17 + 3)$	Rechnen mit Ziffern im Gegensatz etwa zum halbschriftlichen Rechnen	
	Algorithmischer Aspekt: Die nat. Zahlen lassen sich durch Ziffernreihen darstellen (Rechn. mit Ziffern)	628 + 563 ——— 1191		
Codierungsaspekt	Zahlen werden zur Bezeichnung von Objekten benutzt	3400 Göttingen Tel. 4 50 81 e2–e4, e7–e5 ISBN 3471207511		

dieses Alters auf die Anwendung individueller Regeln schließen (Ginsburg, 1977). Die Fähigkeit des Aufsagens der *standardisierten Zahlwortreihe* bis mindestens 20 ist bei den meisten Schulanfängern vorhanden, was allerdings nicht immer bedeutet, daß die Zahlwortreihe auch bereits zu einem *problemlösenden Instrument* im eigentlichen Sinne des Zählens entwickelt ist oder gar von allen Schulanfängern *zählend gerechnet* werden kann.

Bei der Verwendung der *Zählzahl* wird die Zahlwortreihe benutzt, um die Anzahl der Elemente einer Menge derart zu bestimmen, daß je einem Zahlwort genau ein Element zugeordnet wird. Nahezu alle Vorschulkinder berühren oder zeigen auf die zu zählenden Elemente. Mit zunehmendem Alter werden die Schwierigkeiten bei der zeitlichen Übereinstimmung zwischen dem „Zeigen“ und dem „Aufsagen“ eines Zahlwortes bzw. bei der räumlichen Übereinstimmung zwischen dem „Zeigen“ und dem „Gegenstand“ überwunden. Korrektes Zählen erfordert eine dreidimensionale Eins-zu-Eins-Zuordnung zwischen einem Zahlwort (der Zählzahl), einem Element und dem Zeigen.

JENS (5; 7 Jahre – Kindergarten)

Vl.:	Jens, kannst du zählen?
J.:	Ja!
Vl.:	Na, dann fang mal an!
J.:	1, 2, 4, 6, 90, 30, 40, 18, 90, 40.
Vl.:	Schön, kannst du auch bei 4 anfangen zu zählen?
J.:	4, 1, 2, 30, 40, 18, 90, 40.

Dem Vergleichen, Bestimmen oder Herstellen von Mengen mit Hilfe des Zählens liegt eine Reihe von *Zählprinzipien* zugrunde:

1) Jedem der zu zählenden Gegenstände darf nur ein Zahlwort zugeordnet werden (das Eins-Eins-Prinzip).
2) Die Liste der Zahlworte hat eine feste Ordnung, d. h. die Folge der Zählzahlen muß immer die gleiche sein (das Prinzip der stabilen Ordnung).
3) Die zuletzt benutzte Zahl im Abzählprozeß bestimmt die Anzahl der Elemente einer Menge (das Kardinalzahl-Prinzip).
4) Alle beliebigen Elemente – gleichgültig, welche quantitativen Merkmale sie haben – können zu einer Menge zusammengefaßt und gezählt werden (das Abstraktions-Prinzip)
5) Die Reihenfolge, in der die Elemente einer Menge abgezählt werden, und die Anordnung der zu zählenden Elemente, sind für das Zählergebnis irrelevant (das Prinzip der beliebigen Reihenfolge).

Die ersten 3 Prinzipien beschreiben, nach welchen elementaren Handlungsaspekten sich die komplexe Zählfähigkeit zusammensetzt, die beiden letzten Prinzipien beschreiben den Anwendungsbereich bzw. die Flexibilität des Zählvorgangs. Diese Zählprinzipien sollen nicht im mathematischen Anfangsunterricht thematisiert werden; ihre Kenntnis erlaubt aber der Lehrerin, bei Zählaufgaben Schwierigkeiten bzw. den Entwicklungsstand einzelner Schüler zu diagnostizieren.

Parallel zum Erwerb einer immer größeren Zahlenfolge beherrschen die Kinder im Alter von ca. 4–7 Jahren die mit den Zählprinzipien beschriebenen Fähigkeiten immer mehr, dabei werden die Zählfähigkeit verfestigt (z. B. durch die Zunahme der Zählgeschwindigkeit und auch durch das Überwinden von Schwierigkeiten bei der räumlichen Wahrnehmung) und Koordinationsfehler überwunden (z. B. das Nichtberücksichtigen von Elementen, mehrmaliges Zählen eines Elementes oder Belegen eines Elements mit einem zweisilbigen Zahlennamen).
Während für Piaget die Kinder im präoperationalen Entwicklungsstadium (bis ca. 7. Lebensjahr) Mächtigkeitsvergleiche mit Hilfe der Strategie der *Korrespondenz* bzw. der paarweisen Zuordnung lösen, zeigen die meisten Nachfolgeuntersuchungen, daß diese Korrespondenzstrategie zwar im Alter von ca. 4 Jahren noch vorherrscht, Schulanfänger die Mächtigkeitsvergleiche und die Reproduktionen von Mengen alle durchweg zählend lösen. Offensichtlich gibt es in der kindlichen Entwicklung drei Beurteilungsverfahren, um die Anzahl zweier Mengen miteinander zu vergleichen:

1) Prüfen der wahrnehmungsfähigen Übereinstimmung der Elemente zweier Mengen bezogen auf die Länge, Größe, Dichte u. a. der einzelnen Elemente.

Beispiel 1: „Welche Menge hat mehr Elemente?“

Menge A: ● ● ● ● ● ● ● ●

Menge B: ● ● ● ● ● ● ● ●

Fehler: Menge B

Beispiel 2: „Welche Menge hat weniger Elemente?"

Menge A: ○ ○ ○ ○ ○ ○ ○ ○

Menge B: ∘ ∘ ∘ ∘ ∘ ∘ ∘ ∘

Fehler: Menge B

Da jüngere Kinder meistens nur eine Beurteilungsdimension berücksichtigen, kommt es bei diesem Prüfverfahren zu zahlreichen Fehlleistungen (vgl. PIAGET-Untersuchungen). Man kann davon ausgehen, daß wahrnehmungsmäßige Vergleiche auch noch Grundschulkinder z. T. anwenden, diese wahrnehmungsmäßigen Impressionen werden erst allmählich in den Hintergrund gestellt und insbesondere durch das Zählen kontrolliert.

2) Prüfen durch Eins-zu-eins Korrespondenz zwischen den Elementen zweier Mengen (paarweise Zuordnung)

Beispiel aus einem Schulbuch zum 1. Schuljahr:
„Welche Menge hat mehr bzw. weniger Elemente? – Zeichne die Verbindungslinien!"

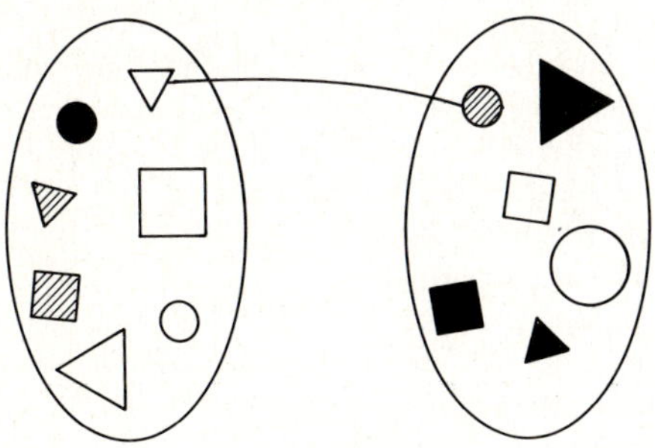

Ein derartiges Vergleichsverfahren beherrschen die allermeisten Schulanfänger ohne Schwierigkeiten. Korrespondenzaufgaben lassen sich wohl auf einen Teilaspekt einer mathematischen Definition der Kardinalzahl beziehen, ihre Bedeutung im Prozeß der Zahlbegriffserweiterung im arithmetischen Anfangsunterricht kann als sehr gering angesehen werden. Schulanfänger bestimmen die Anzahlen der Elemente von Mengen in der Regel aufgrund der letzten Zahl bei Abzählprozessen.

3) Prüfen durch Zählen
Die Zuverlässigkeit des Zählprozesses ist nicht nur erkannt worden, Zählen wird bereits benutzt, um einfache Additions- und Subtraktionsaufgaben zu lösen. Nicht zuletzt wegen dieser Vorerfahrungen und Fähigkeiten der Schulanfänger sollte dem Zählen im arithmetischen Anfangsunterricht eine besondere Bedeutung zukommen.

© Field Synd./Bulls

Zahlen als *Kardinalzahlen* werden von den Kindern schon sehr frühzeitig kennengelernt. Der Zusammenhang zwischen der Zählzahl und der Kardinalzahl wird durch das dritte Zählprinzip (Kardinationsprinzip) hergestellt: Beim Zählprozeß gibt die zuletzt genannte Zahl die Anzahl (Kardinalzahl) der Elemente einer Menge an. Der Übergang von der Zählzahl zur Kardinalzahl ist früher entwickelt als der Übergang von der Kardinalzahl zur Zählzahl, letzterer eine notwendige Voraussetzung für das sog. zählende Rechnen. Zumindest für einfache Additionsaufgaben bringen hierzu die meisten Schulanfänger schon ein entsprechendes Verständnis mit.

Der zentrale Diskussionspunkt der rechenmethodischen Richtungen „Anschauer" vs. „Zähler" um die Jahrhundertwende war die Frage, ob Kinder Anzahlen kleiner Mengen eher simultan erfassen oder zählend bestimmen. Sie kann auch heute noch nicht befriedigend beantwortet werden. Einerseits zeigen Untersuchungen, daß simultanes Wahrnehmen von kleinen Mengen (bis zu 5 Elementen) dem Zählen vorangeht, andererseits aber auch, daß ein unmittelbares Erkennen der Anzahl aus der Wahrnehmung eher auf die Automatisierung eines sehr schnellen Zählprozesses zurückgeht. Welche der beiden Fähigkeiten bei einem Kind oder einem Erwachsenen gerade vorherrscht, hängt sicher stark ab von der aktuellen Situation (dem Bild einer Menge), den individuellen Vorerfahrungen und Anregungen.

Schulanfänger beherrschen die Folge der Zählzahlen wesentlich sicherer als die Folge der *Ordnungszahlen.* Hinzu kommen Verständnisschwierigkeiten in Anwendungssituationen. Das Verständnis einer Aussage wie „Torsten ist beim Wettlauf dritter geworden und Jan vierter" fällt wesentlich schwerer als „Torsten ist beim Wettlauf die Nr. 3 und Jan die Nr. 4". Hier ist bei Schulanfängern der Bezug zur Zählzahl herstellbar. Die Annahme PIAGETS, wonach die Entwicklung des Zahlbegriffs das gleichzeitige Verstehen von Äquivalenz (Kardinalzahl) und Reihung (Ordnungszahl) beinhaltet, muß auf Grund von Nachfolgeuntersuchungen relativiert werden. Kinder erwerben den Begriff der Kardinalzahl und einen Teilbegriff der Ordinalzahl (die Zählzahl) vor der Ordnungszahl. Die Ordnungszahl ist im Hinblick auf die arithmetischen Operationen unbedeutend, sie spielt aber in Anwendungssituationen und einigen didaktischen Hilfsmitteln (z. B. Zahlenstrahl) eine gewisse Rolle und sollte daher zum Thema einer Erarbeitung gemacht werden.

Schulanfänger haben ebenfalls Vorerfahrungen zu anderen Aspekten der natürlichen Zahlen, dem *Operatoraspekt*, dem *Codierungsaspekt* und insbesondere dem *Maßzahlaspekt.* Dieser letztgenannte ist didaktisch für den arithmetischen Anfangsunterricht von Bedeutung, bildet er doch die begriffliche Grundlage für eine Reihe mathematikdidaktischer Modelle, etwa beim Arbeiten mit Stäben als Repräsentanten für Zahlen (CUISENAIRE-Stäbe), mit Rechengeld oder am Zahlenstrahl. Eine Hauptschwierigkeit für Schulanfänger beim Umgang mit Maßzahlen scheint im ‚Messen' einer Menge bzw. in der Anwendung der betreffenden Meßmethode zu liegen. Noch am Ende der Grundschulzeit sind Schüler oft der Meinung, daß z. B. eine Längenskala, die bei 1 beginnt und bei 5 endet, insgesamt fünf Einheiten umfaßt. Schulanfänger fassen Maß- (Geld, Länge, Zeit u. a.) und *Skalenaspekte* (Uhr, Tachometer, Thermometer u. a.) eher kardinal auf.

Im Hinblick auf die Erweiterung bzw. Erarbeitung des Zahlbegriffs zu Beginn des 1. Schuljahrs bilden die Zählzahl und die Kardinalzahl in ihrer Integration die wesentlichen Zahlaspekte für den Unterricht, ergänzt durch den Gebrauch von Maßzahlen. Sie bieten aufgrund der Vorerfahrungen der Kinder sinnvolle Anknüpfungspunkte der Unterrichtsgestaltung und ermöglichen ein Fortsetzen in den arithmetischen Operationen.

2.1.2. Vorschläge zum Unterricht

Ein Verständnis des Begriffes „Zahl" kann sich nur bilden, wenn mit den verschiedenen Aspekten des Begriffes in *vielfältigen Anwendungssituationen gearbeitet* wird. Vermittlung von Begriffsverständnis und der Umgang mit dem Begriff sind im Unterricht nicht voneinander zu trennen. Für den arithmetischen Anfangsunterricht bedeutet das ein frühzeitiges und integriertes Anwenden von bzw. Umgehen mit Zahlen, etwa in Form von Zählübungen, Zahlspielen, numerischen Bildgeschichten, Zahlzerlegungen und insbesondere beim Addieren und Subtrahieren (vgl. WINTER, 1981 b).

Die gegenwärtige Situation des arithmetischen Anfangsunterrichts ist dadurch gekennzeichnet, daß in den allermeisten Mathematikbüchern für das 1. Schuljahr die folgende Stoffanordnung recht einheitlich angeboten wird:

Reihenfolge und Anteile der Teilthemen des mathematischen Anfangsunterrichts in den meisten Schulbüchern Anfang der 80er Jahre:

Thema	Anzahl der Seiten mit Aufgaben zu diesem Thema in den Büchern
1. Dinge und ihre Eigenschaften	bis zu 25
2. Mengenbildung	bis zu 44
3. Mächtigkeitsvergleiche	bis zu 11
4. Einführung der Kardinalzahlen	bis zu 13
5. Ordnung der Kardinalzahlen	bis zu 5
6. Ordnungs- und Zählzahlen	bis zu 2

Diese Einseitigkeit ist sicher eine Folge der Reformbemühungen (Reizwort „Mengenlehre"), die die Breite der Verwendungssituationen und die vielfältigen Vorerfahrungen der Schulanfänger oft vernachlässigt haben, indem die natürlichen Zahlen weitgehend zurückgeführt wurden auf die Begriffe „Klasse“ und „Zuordnung“ (Kardinalzahltheorie). Mit H. WINTER (1981 b) stimmen wir überein, daß bei Schulanfang den vielfältigen Vorerfahrungen der Kinder zu den Zahlen Rechnung getragen werden sollte und einem längeren pränumerischen Vorspann im Sinne eines Unterrichts über Zahlen und deren Eigenschaften dringend abzuraten ist.

Die nachfolgenden unterrichtspraktischen Vorschläge orientieren sich an einem derart alternativen Zugang zur Arithmetik, wobei die Beschränkung auf die wesentlichen Aspekte des kindlichen Weiterlernens erfolgen muß. Jede Lehrerin gestaltet den Mathematikunterricht auf der Grundlage ihrer langjährigen Unterrichtserfahrungen im Hinblick auf die besonderen Bedingungen einer Klasse oder Schülergruppe, wobei die methodisch-didaktischen Anregungen der zahlreichen Schulbücher (z. Z. ca. 30 in der Bundesrepublik) zum Mathematikunterricht in der Grundlage eine unerschöpfliche Quelle sein können und die Grenzen des jeweils eingeführten Lehrbuchs deutlich machen.

In den Schulbüchern sind gewisse Variationen im Aufbau der ersten Zahlenräume erkennbar. Meistens wird im ersten Schritt der Zahlenraum bis 5 erarbeitet, um später zum Zahlenraum bis 10 zu erweitern. Diese Gliederung orientiert sich am dezimalen Zahlensystem. Einige Schulbuchautoren stellen im ersten Zugang den Zahlenraum bis 6 vor und erweitern dann später durch Verdoppeln, Fast-Verdoppeln bzw. durch Nachfolgerbildung zum Zahlenraum bis 12. Anlaß dieser Maßnahme ist einmal die Möglichkeit, schon frühzeitig den Spielwürfel im Unterricht einzusetzen und zum anderen die Absicht, nicht bei der Zahl 10 eine künstliche Schwelle aufzubauen.

Eine dritte Alternative ist die Behandlung des Zahlenraumes bis 4 im ersten Zugang. Dahinter steht die Überzeugung der Autoren, daß diese Zahlen von den Kindern noch simultan erfaßt werden. Die Anregungen dieses Handbuchabschnittes orientieren sich an den Vorerfahrungen der Schulanfänger, um diese weiterzuentwickeln, und an Arbeits- und Spielmöglichkeiten, die auch rechnerische Bezüge „naiv“ einbeziehen.

Feststellung des Zahlenverständnisses, Klärung und Befestigung der bereits vorhandenen Zahlbegriffe.
Es gilt beim Eintritt der Kinder in die Schule folgendes festzustellen:

a) Welche bestimmten Zahlvorstellungen sind vorhanden, und welche Sachvorstellungen begleiten sie? (Z. B. 2, 4, 3 Kinder stehen vor der Klasse. Wieviel sind es? Wieviel Finger sind an der Hand? — 2 Hände — 10! Malt einen Tisch, ein Fenster, 4, 6 Äpfel!)
b) Wie weit reicht die Wortreihe beim Zählen? (Abzählreime! Wie weit kannst du zählen?)
c) Wie weit sind in der Reihe mit den Zahlwörtern mehr oder weniger bestimmte Zahlbegriffe verknüpft? (Was ist mehr 4 oder 6?)
d) Wie weit gelingt das Hinzufügen und Wegnehmen von 1, 2, 3 und 4 Dingen mit und ohne anschauliche Hilfen? (3 Kinder spielen auf der Straße, 2 kommen noch dazu. Wieviel sind es nun? 3 gehen fort . . .)
e) Welche Ziffern sind bekannt? (Wer kennt die Ziffern an der Uhr? Wer kann eine 4 malen? usf.)

Aus der Lehreranleitung zum „Rechenbuch für die Grundschule“ von HENZE et al., 1922

(1) Erste Arbeiten mit Zahlen in der Schule
Nachfolgend einige bewährte Anregungen und Übungen aus alter rechendidaktischer Tradition (TANCK, RÄTHER, GERLACH, HENZE, KEMPINSKY u. a.), deren Bedeutung in jüngerer Zeit wieder erkannt wird (z. B. WINTER, 1981 b).

* Zählen von Dingen bzw. Darstellungen von Dingen
  - Zählen mit (ohne) Ortsveränderung der zu zählenden Dinge (Wie viele Kinder? – Wie viele Stühle frei? – Wie viele Kinder kamen mit dem Schulbus? – Wie viele Kinder trinken Milch? – Wie viele Bilder, Blumen, Tafeln, Lampen, . . . haben wir im Klassenraum? usf.);
  - Zählen mit Zeigen;
  - Zählen ohne Zeigen, nur mit den Augen;
  - Zählen bewegter Dinge (spielende Kinder, Vögel . . .);
  - Zählen zeitlich aufeinanderfolgender Erscheinungen (Schritte, Klopfen, Klatschen, Musiktöne . . .);
  - Zählen nur in Gedanken vorgestellter Dinge (Personen zu Hause, Bilder im Wohnzimmer, Unterrichtsstunden heute . . .).

* Zählübungen an abstrakten Mengen
Zunächst werden mit Rechenplättchen oder Rechenstäben schöne Muster gelegt. Legen und Zeichnen von Zahlmustern:

Fünfermuster:

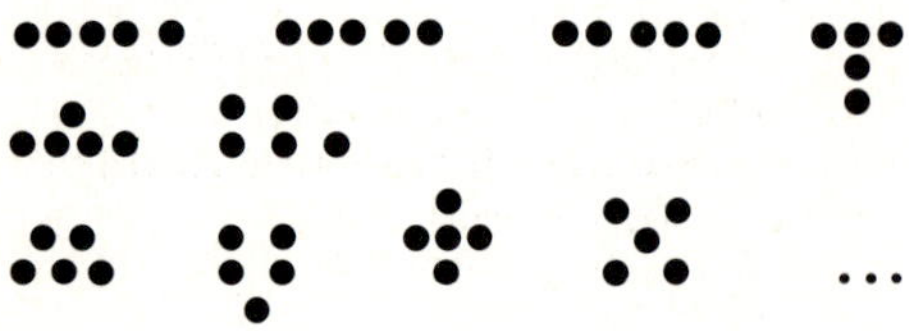

Sechsermuster:

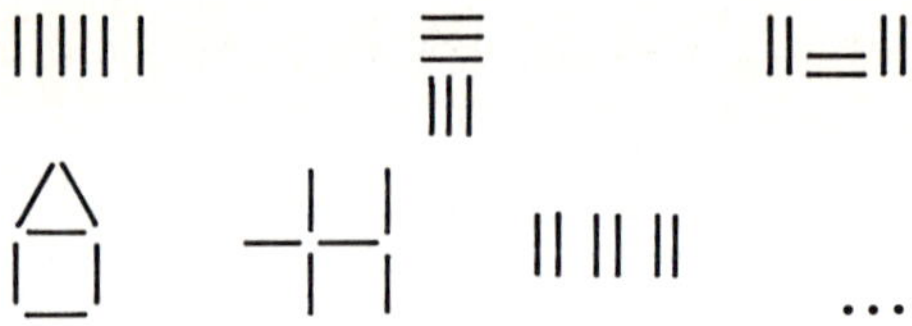

Ordnen einer Grundmenge:

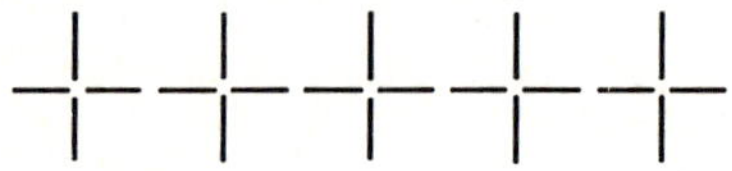

Verschiedene Bilder zu einer Zahl:

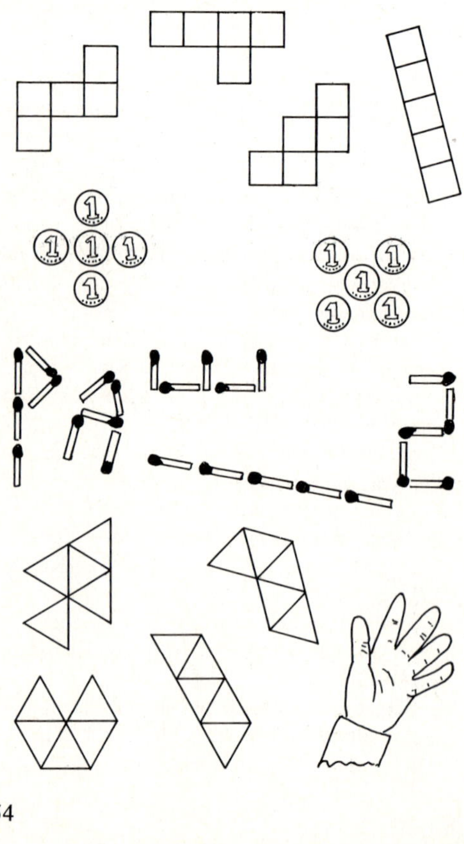

* Rhythmisches Zählen und Zählverse

1̆2̄ , 3̆4̄ , 5̆6̄ , . . .   1̆2̆3̄ , 4̆5̆6̄ , . . .
3̆4̆5̄ , 6̆7̆8̄ , . . .   1̄2̄3̄4̄ 5̆ , 6̆7̄8̄ 9̆1̄0 , . . .

„Eins, Zwei Polizei,
Drei, Vier ein Tier,
Fünf, Sechs alte Hex,
Sieben, Acht gute Nacht,
Neun, Zehn Kapitän,
Elf, Zwölf kommen die Wölf."

* Weitere Zählübungen
  - Vorwärtszählen ab 1,
  - Vorwärtszählen von einer beliebigen Zahl aus,
  - Vorwärtszählen z. B. von 4 bis 9,
  - Vorwärtszählen in 2er Schritten,
  - Rückwärtszählen ab 4 (7, 12 . . .),
  - Rückwärtszählen von 9 bis 4,
  - Rückwärtszählen in 2er Schritten,
  - Zählendes Wegnehmen, Zulegen, Hinlegen u. a. von Elementen,
  - Abzählen einer Menge (Bewegen, Anfassen, Tippen, Zeigen, rein visuelles Erfassen der Elemente),
  - Zählen von geordneten Mengen,
  - Zählen von ungeordneten Mengen,
  - Zählen von Mengen mit unterschiedlichen Elementen,
  - Herstellen von Mengen vorgegebener Anzahl durch Zählen, z. B. „Zählt und legt sieben Plättchen auf den Tisch!" – „Nehmt von diesen Plättchen fünf Plättchen weg!" – „Wie viele Plättchen liegen jetzt noch auf dem Tisch?" . . .
  - Abgedecktes Zählen:

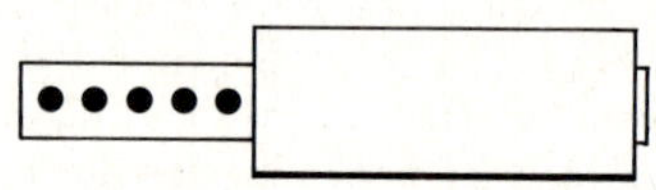

„Vier Punkte sind abgedeckt. Wie viele Punkte sind insgesamt auf dem Streifen?" oder „Insgesamt sind es neun Punkte. Wie viele davon sind abgedeckt?"

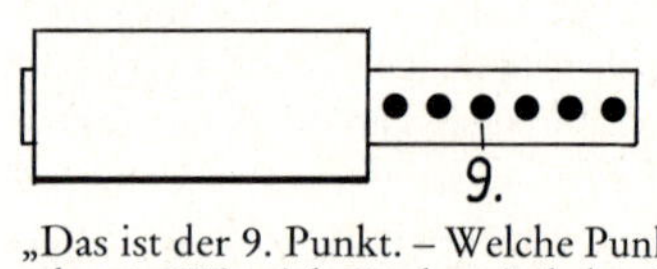

„Das ist der 9. Punkt. – Welche Punkte kannst du sehen? – Wie viele Punkte sind abgedeckt?"

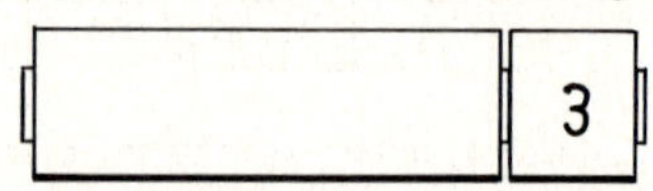

„Insgesamt sind acht Punkte abgedeckt. Unter dem rechten Blatt sind drei Punkte abgedeckt."

* Arbeiten mit Rechengeld
* Arbeiten mit Steckwürfeln oder Cuisenaire-Stäben
* Bilden von Mengen mit strukturiertem Material und Bestimmen der Anzahl

Es kann bei diesem ersten Arbeiten mit Zahlen im Mathematikunterricht nicht darum gehen, die einzelnen Themen in isolierten Teillehrgängen zu behandeln; selbstverständlich müssen die Übungen gemischt und integriert werden, auch mit den folgenden.

(2) Mächtigkeitsvergleiche

Zwei sinnvolle Methoden bieten sich an, um Mengen bzgl. ihrer Mächtigkeit (Anzahl der Elemente) miteinander zu vergleichen, um zu Aussagen zu kommen wie „. . . hat mehr Elemente als . . .“, „. . . hat weniger Elemente als . . .“ oder „. . . hat gleichviel Elemente wie . . .“: Zuordnungen und Zählen.

Zuordnungen:

* gleichzeitiges Tippen mit zwei Zeigefingern

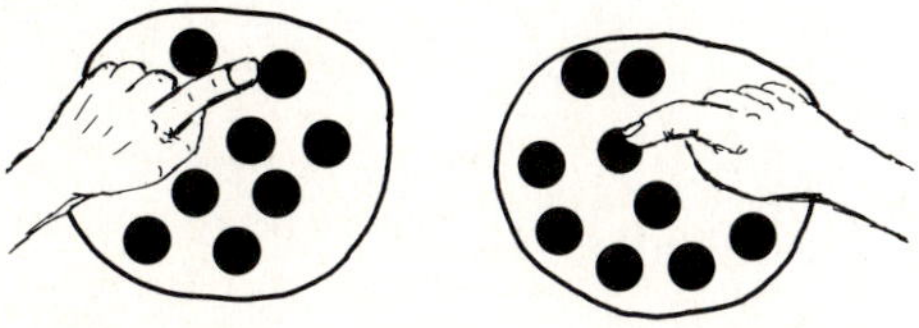

Schwierigkeit: „Vertippen“ bei ungeordneten Mengen.

* Zeichnen von Verbindungslinien

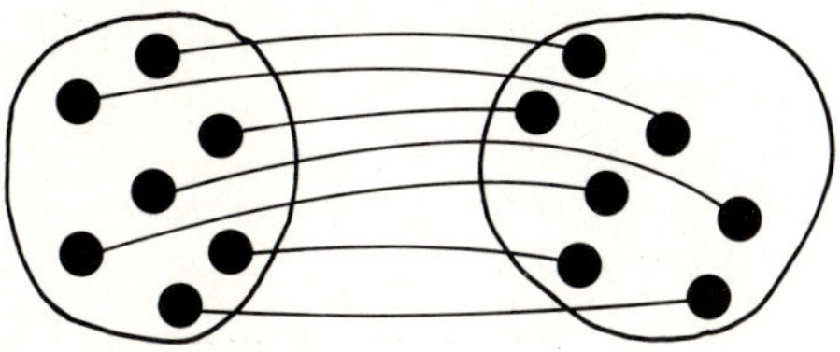

* Ordnen in eine lineare Liste

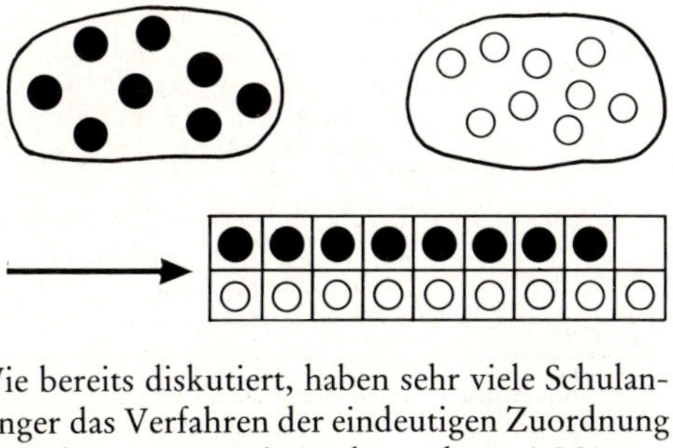

Wie bereits diskutiert, haben sehr viele Schulanfänger das Verfahren der eindeutigen Zuordnung von Elementen zweier (oder mehrerer) Mengen bei Mächtigkeitsvergleichen bereits überwunden und wenden die Zahlenfolge bzw. das Zählen als problemlösendes Instrument an. Von beiden Methoden ist das Zählen natürlicher und effektiver, dennoch können die Zuordnungsverfahren kurz angesprochen werden.

Einige typische Fehler bzw. Schwierigkeiten beim Zählen:

* Elemente werden berührt/gezeigt, aber nicht mit einer Zahl benannt:

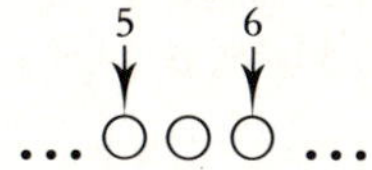

* Elemente werden mehrmals berührt und benannt:

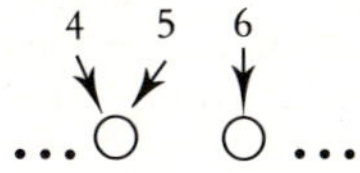

* Keine Koordination zwischen der Zahlfolge (dem Zählen) und dem Zeigen:

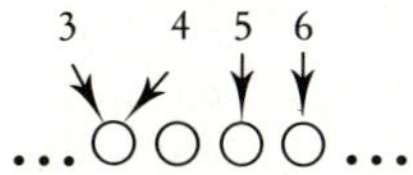

* Mehrere Elemente erhalten einen Zahlnamen:

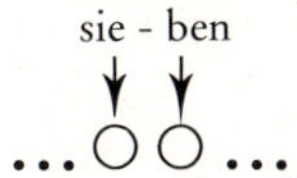

* Schwierigkeiten beim Zählen verschiedenartiger Elemente:

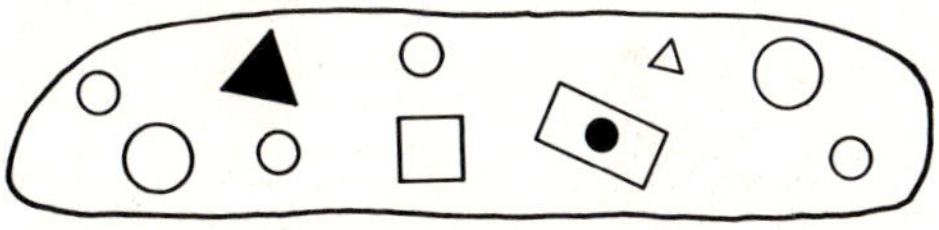

* Auslassen von Elementen bei flächiger Anordnung:

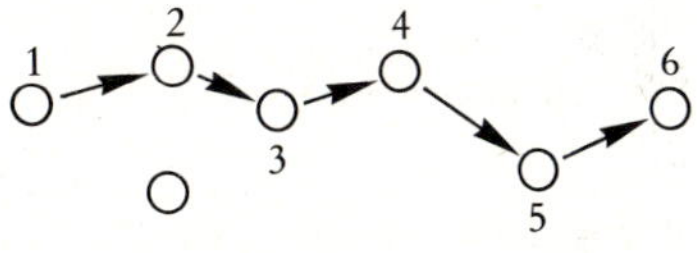

* Doppeltes Zählen eines Elements:

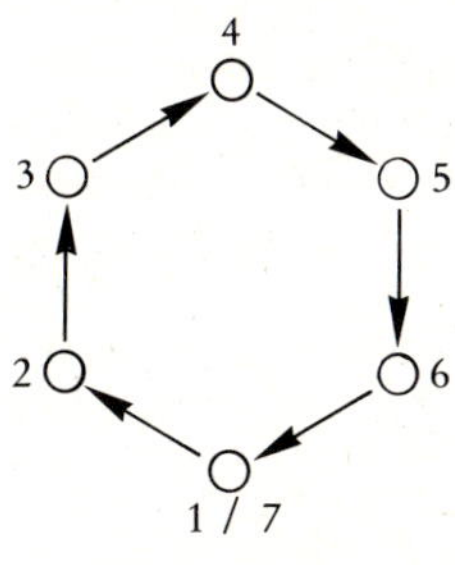

(3) Relationen zwischen Zahlen

Als Fortsetzung der Mengenvergleiche durch Zuordnungen oder Zählen wird den Schülern bewußt, daß Zahlen bzgl. der Relationen „ist größer als“, „ist kleiner als“ und „gleich“ miteinander verglichen und nach ihrer Größe in eine Ordnung gebracht werden können. Die Relationen werden aus dem Vergleichen von Mengen abstrahiert. Für viele Schüler reicht beim Verständnis der Symbole ($<$, $>$) zunächst der Hinweis nicht aus, daß die Spitze dieser Zeichen stets zur kleineren Zahl zeigt, sie benötigen Hilfsvorstellungen wie diese:

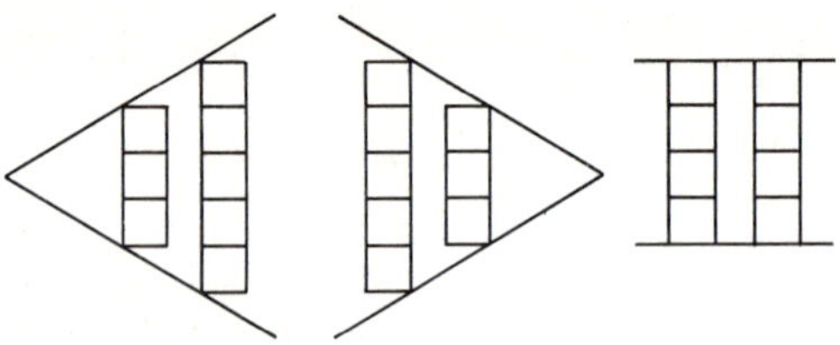

$3 < 5$ $\quad$ $5 > 3$ $\quad$ $4 = 4$

Bei den Übungen sind alle Zahlenpaare zu wählen, damit zum einen bewußt wird, welche Zahlen insgesamt ‚vor‘ oder ‚nach‘ einer gegebenen Zahl kommen

$1 < 2$
$1 < 3$ $\quad$ $2 < 3$
$1 < 4$ $\quad$ $2 < 4$ $\quad$ $3 < 4$
$1 < 5$ $\quad$ $2 < 5$ $\quad$ $3 < 5$ $\quad$ $4 < 5$

$5 > 1$ $\quad$ $4 > 1$ $\quad$ $3 > 1$ $\quad$ $2 > 1$
$5 > 2$ $\quad$ $4 > 2$ $\quad$ $3 > 2$
$5 > 3$ $\quad$ $4 > 3$
$5 > 4$ $\quad$ u.a.

und zum andern die Folge der natürlichen Zahlen mit den unmittelbaren Vorgängern und Nachfolgern deutlicher wird:

$1 < 2 < 3 < 4 < 5 <$

(4) Ziffern richtig lesen und schreiben

Was für den Anfangsunterricht im Schreiben und Lesen seit jeher selbstverständlich ist, ein ausführliches und gestuftes Üben der Buchstaben, darf für die Ziffern im arithmetischen Anfangsunterricht nicht vergessen werden, zumal hier neben den feinmotorischen Schwierigkeiten beim Schreiben auch bestimmte Legasthenieeffekte bekannt sind. Relativ leicht ist das Schreiben der Ziffern 1, 4, 7, 0 und 6. Mühe bereiten 9, 3 und 8, insbesondere aber die Ziffern 2 und 5. Einige Übungen:

Schreibübungen:

* Schreiben großer Ziffern auf Linienpapier

* Entsprechende Übungen beim Schreiben der Ziffern in Kästchen

Leseübungen:

* Hier fehlt etwas!

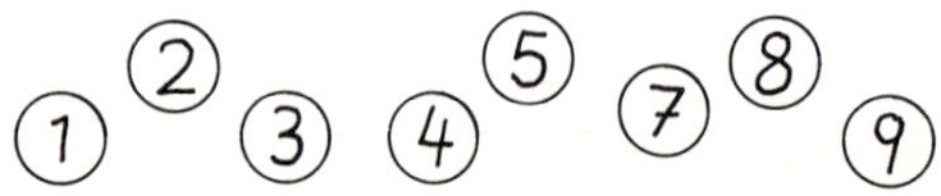

* Wir suchen Ziffern (Buchseite, Telefon, Klassenschild, Kalender . . .

(5) Wir lernen genau die 7 kennen
(aus Winter, 1981 b)

7 Pfennige

1 Fünfer und
2 Pfennige

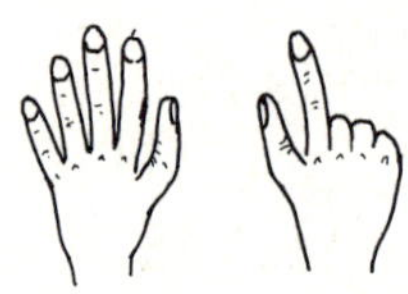

7 Finger

7 Tulpen
3 links,
1 in der Mitte,
3 rechts

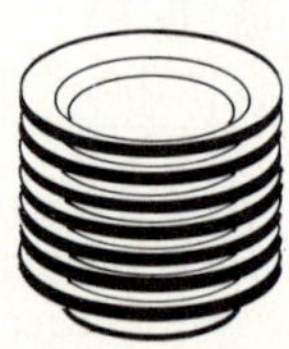

7 Teller
3 oben,
3 unten,
1 in der Mitte o. a.

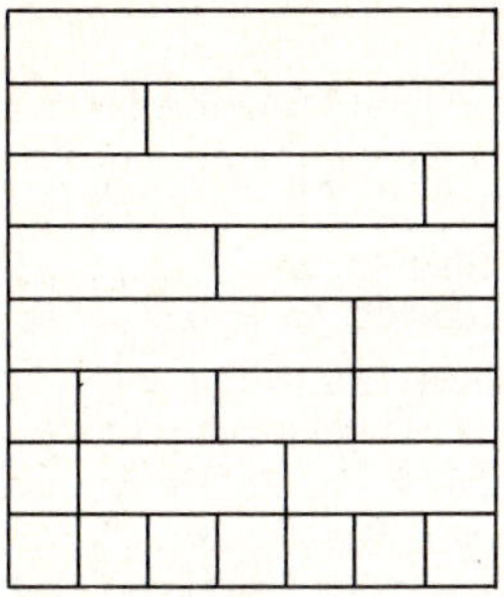

Cuisenaire-Stäbe

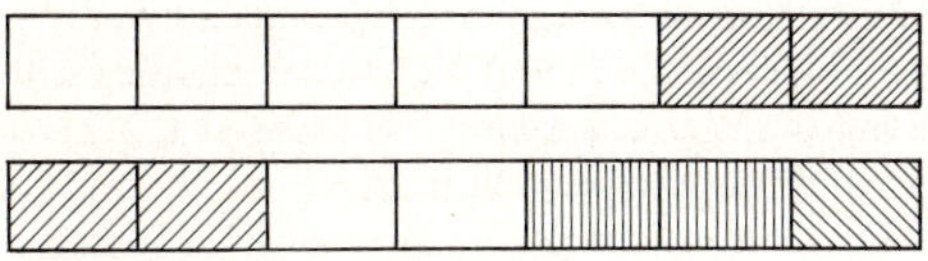

Steckwürfel

7 Uhr

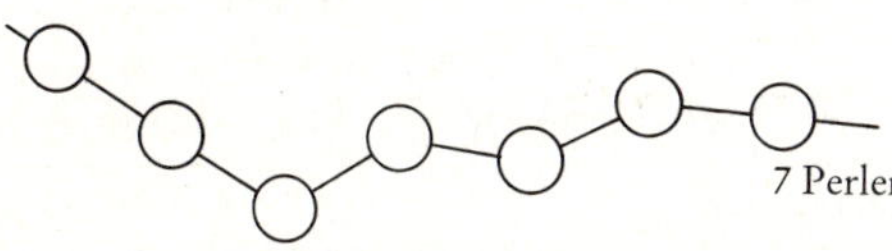

7 Perlen

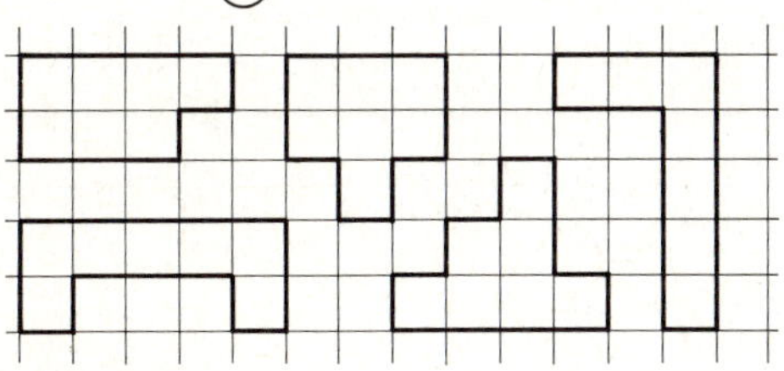

Siebenerfelder

7 Mädchen in einer Reihe (erst 6, dann noch 1; 3 und 3 und noch 1 . . .)
Wer ist das 1., 2. . . . Mädchen in der Reihe?
Wieviele Mädchen stehen vor (links von) Petra?
Wir zählen die Mädchen einzeln (in Zweierschritten, in Dreierschritten).

Wo kommt die Sieben noch vor? – Wer erzählt Siebenergeschichten?
Wir legen Figuren mit 7 Streichhölzern. – Wie kann man mit zwei Würfeln eine 7 würfeln? usw.

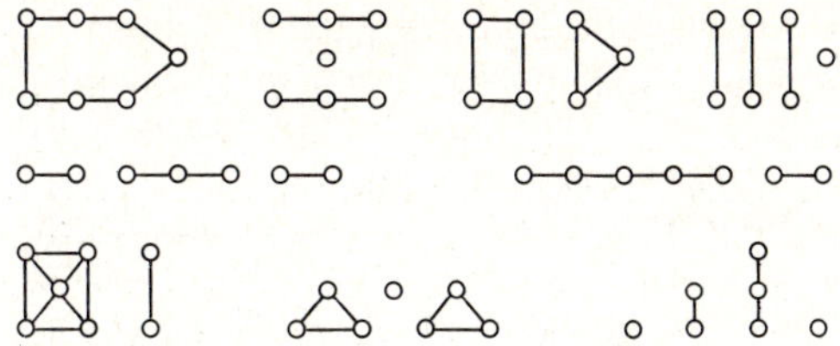

Siebenermuster

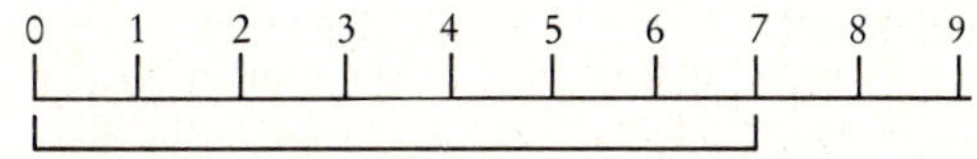

7 ist 2 mehr als 5
7 ist 1 weniger als 8
7 liegt zwischen 6 und 8, aber auch zwischen 5 und 9,

Welche Zahlen lassen sich einsetzen: □ < 7

Hinzu kommen Additions- und Subtraktionsaufgaben. Die Zahlen sollten also nicht getrennt von den arithmetischen Operationen erarbeitet werden, das neue Wissen wird gleich angewandt (vgl. nächstes Kapitel). – Wie bei der 7 oben angedeutet, können die anderen Zahlen entsprechend sorgfältig erarbeitet werden.

(6) Die Zahl Null

Bis in die Sekundarstufe bereitet das Verständnis und das Operieren mit der Zahl Null sehr vielen Schülern große Schwierigkeiten. Fehler zu einfachen Aufgaben wie

$5 - 0 = 0; \quad 0 + 4 = 0;$
$3 \cdot 0 = 3; \quad 0 : 3 = 3$

oder

$$\begin{array}{r} 3508 \\ +2741 \\ \hline 6209 \end{array}$$

sind zahlreich und machen deutlich, daß die Behandlung der Null unter den verschiedensten Anwendungssituationen im Mathematikunterricht sorgfältig erfolgen muß.

In den Schulbüchern lassen sich zwei Modelle der Erarbeitung der Zahl Null feststellen:

* Null als Kardinalzahl der leeren Menge
  Sieht man ab von dem grundsätzlichen Verständnisproblem für Schüler im Grundschulalter, daß eine Menge keine Elemente enthalten kann, führt dieses Modell in der Regel zu einem Verständnis der Null als ein „Nichts", sie ist in diesem Sinne keine Zahl für die Schüler. Mit leeren Mengen kann man nicht handeln (Zuordnen, Ordnen, Zählen, Zerlegen u. a.). Das Nicht-Verständnis der Null, das insbesondere das Operieren mit der Null erschwert, ist auch bei dem zweiten Erarbeitungsmodell kaum zu vermeiden.

* Null als Differenz zweier gleicher Zahlen
  Wenn der Subtrahend gleich dem Minuenden ist, wird die Null als eine neue Zahl eingeführt, um die Differenz angeben zu können.

Ausgehend von phänomenologischen Aspekten der Zahl Null schlägt HEFENDEHL-HEBEKER (1981) vor, bei einer sog. Einführung der Zahl Null weitgehend auf Veranschaulichungsversuche und skurrile Problemstellungen zur leeren Menge zu verzichten und den Begriff im Zusammenhang mit den arithmetischen Operationen in Gebrauch zu nehmen bzw. zu entwickeln. Nachfolgend einige Übungs- und Aufgabenbeispiele. Wichtig ist, daß der Lehrer die Null regelmäßig im Mathematikunterricht als eine Zahl berücksichtigt, häufiger, als es in den allermeisten Schulbüchern der Fall ist.

* Fragestellungen

„Wie viele Personen sind in unserer Klasse?“

z. B.

Mädchen	Jungen	Lehrer	Lehrerinnen
12	9	0	1

„Wie viele Gegenstände sind in unserem Klassenzimmer?“

z. B.

Tafeln	Papierkörbe	Blumen	...
2	1	0	

„Wie viele Geschwister hast du?“

z. B.

Anzahl der Geschwister	0	1	2	3	4	5
Anzahl der Schüler	7	6	5	0	3	1

Bei derartigen Fragestellungen sollen Antworten wie „keine“, „nichts“ u. a. durch eine Zahl ersetzt und die Null wie die anderen natürlichen Zahlen z. B. in Tabellen verwendet werden.

* Aufgabenreihen

5 + 5	5 − 5	5 − 5	1 − 0	0 + 1	5 + 1 − 0
5 + 4	5 − 4	4 − 4	2 − 0	0 + 2	5 + 2 − 0
5 + 3	5 − 3	3 − 3	3 − 0	0 + 3	5 + 3 − 0
5 + 2	5 − 2	2 − 2	4 − 0	0 + 4	5 + 4 − 0
5 + 1	5 − 1	1 − 1	5 − 0	0 + 5	5 + 5 − 0
5 + 0	5 − 0	0 − 0			5 + 0 − 0

u. a.;

* Gemischte Aufgaben im Sinne eines operativen Übens mit der Null
* Weitere Übungen unter Einbeziehung der Null: Siehe S. 60, 67 und 82 f.

(7) Der zweite Zehner

Der Erweiterung des Zahlenraums bis 20 gehen voraus

* das Vergleichen, Ordnen und Bestimmen von Mengen bis zu 10 Elementen,
* der Umgang mit verschiedenen Arbeitsmaterialien und Darstellungsformen von Zahlen,
* Zählübungen und das weitgehende Beherrschen der Grundaufgaben der Addition und Subtraktion im Bereich bis 10.

Indem diese bekannten Übungsformen und Fertigkeiten aufgegriffen werden, kann der Zahlenraum erweitert werden, wobei sich im wesentlichen zwei methodische Wege anbieten, die nicht alternativ gegenüberstehen, sondern sich gegenseitig unterstützen und ergänzen.

(1) Erarbeitung der Zahlen des zweiten Zehners als Summe aus 10 und einem Einer:
Unter Benutzung der bekannten Arbeitsmaterialien (Steckwürfel, Rechenplättchen, Stäbchen, Rechengeld u. a.) und entsprechender Darstellungen werden die Zahlen erarbeitet als 10 + 3 E = 13 E.
Darstellungsbeispiele für die Zahl 13:

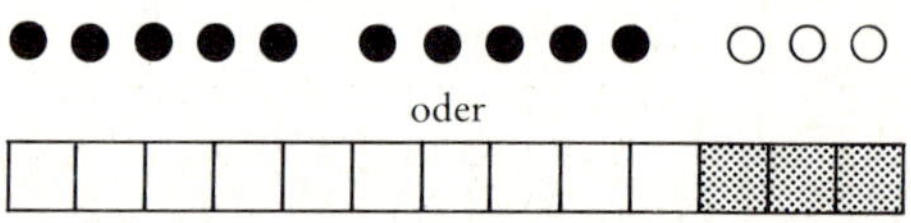

Punktereihe

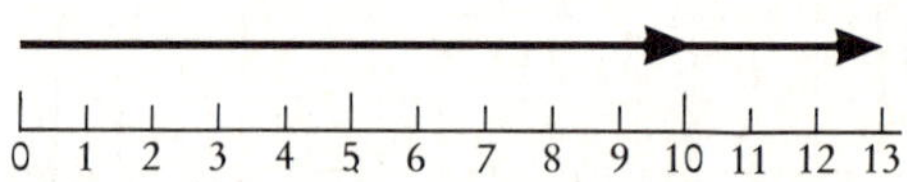

Zahlenstrahl

Punktefeld

(2) Erarbeitung der Zahlen des zweiten Zehners durch Verdoppeln sowie Operationen ± 1 :
Nach dem Verdoppelungsprinzip lassen sich die geraden Zahlen des Zahlenraums bis 20 auf zwei Weisen darstellen:

7 + 7 = 14

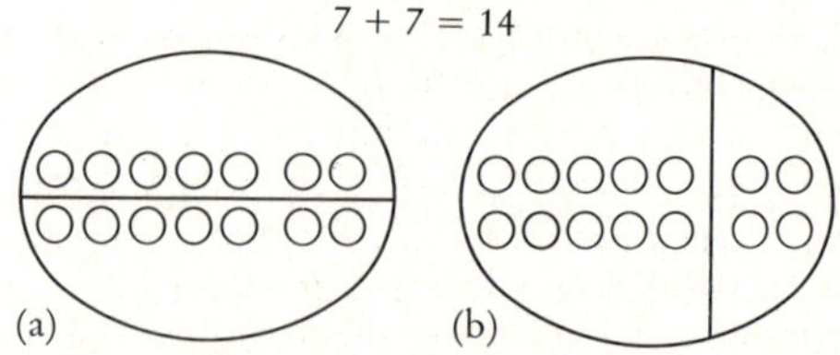

Entweder wird die gesamte Ausgangsmenge verdoppelt (a) oder der Fünfer für sich und die restlichen Einer (b). Bei den ungeraden Zahlen muß nach dem Verdoppeln noch eine Operation um ±1 durchgeführt werden.

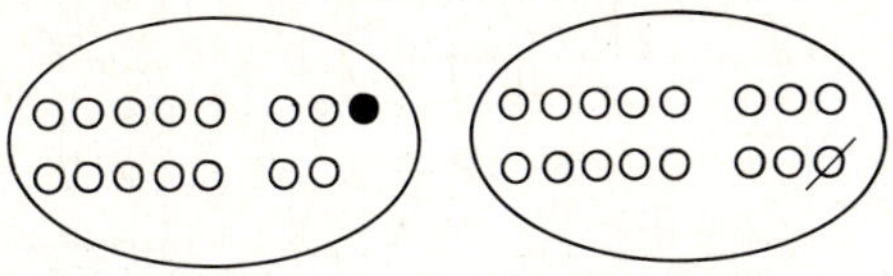

$7 + 7 = 14$
$14 + 1 = 15$

oder

$8 + 8 = 16$
$16 - 1 = 15$

Es ist selbstverständlich, daß ein derart anschauliches Erarbeiten der Zahlen unterstützt und gefestigt werden muß durch vielfältige Übungen und Anwendungen, etwa zum Vergleich nach der Größe, Ordnen nach der Größe, Bestimmen von Vorgänger und Nachfolger, Bestimmen der Zahlen zwischen zwei gegebenen Zahlen sowie dem Addieren und Subtrahieren zunächst ohne Zehnerüberschreitungen, wobei Einsichten in den Aufbau des dekadischen Zahlsystems gewonnen werden können.

(8) Zum Zahlenstrahl

Die lineare Ordnung der Zahlen und deren Darstellung in Form des Zahlenstrahls ist ein wichtiges Veranschaulichungs- und Arbeitsmittel zum Verständnis der Zahlen, ihrer Ordnung und der Operationen mit ihnen. Einer Reihe von Schülern bereitet das Arbeiten am Zahlenstrahl große Schwierigkeiten, da hier verschiedene und z. T. nur schwer miteinander zu vereinbarende Aspekte des Zahlbegriffs zusammenkommen: Maßzahl, Ordnungszahl, Kardinalzahl, Zählzahl.

„Warum bekommt der zweite Strich die Marke 1?"
„Von der Marke 3 bis zur Marke 7 sind es 5 Striche und nur 4 Zwischenräume."

Es ist für die Schüler zunächst nicht klar, ob mit den Rangplätzen oder mit den Längen zwischen zwei Rangplätzen operiert werden soll. Dieses Problem zeigt sich zu einem späteren Zeitpunkt beim Messen mit dem Lineal bzw. Metermaß.

In einem Maßzahlkontext beschreibt die Zahl am Zahlenstrahl die Anzahl der Einheiten (Längen), in die eine bestimmte Strecke eingeteilt ist (s. S. 49). Der Zusammenhang zwischen Maßzahl und Kardinalzahl ist in diesem Zusammenhang sehr eng, oft wird nicht explizit auf die Aspekte des Messens und der Rangplätze in einer geordneten Folge eingegangen, sondern Zahlenstrahle weitgehend kardinal interpretiert. Z. B. bedeutet dann die 4 auf dem Zahlenstrahl nicht 4 Einheiten, sondern 4 Sprünge von einem Start aus. Ein derart ebenfalls „gemischtes" Veranschaulichungsmittel ist die Stabreihe nach H. HAASE.

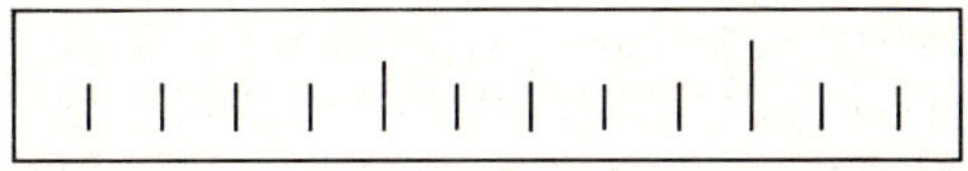

Strichreihe

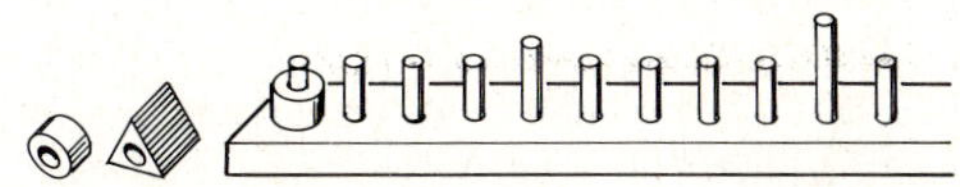

Stabreihe mit Hohlzylindern zum Aufschieben auf die Stäbe

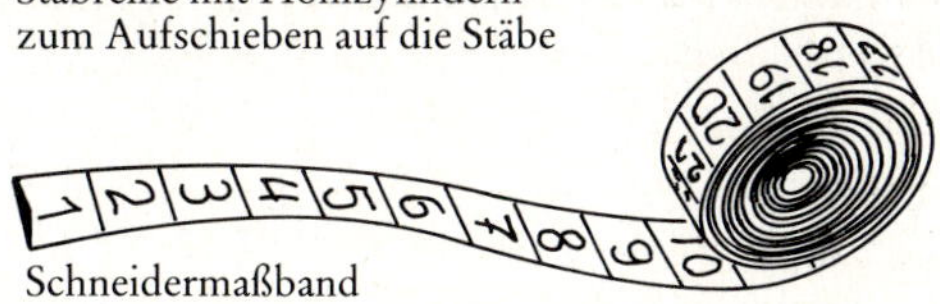

Schneidermaßband

Beide Reihen stellten in dem Erstrechenlehrgang von HAASE neben wirklichen Dingen die einzigen Veranschaulichungsmittel dar, wobei die Erarbeitung des Zahlbegriffs und das Rechnen mit Zahlen weitgehend auf das Zählen zurückgeführt wurde.

Mögliche Vorarbeiten zum Zahlenstrahl:

Kreuzreihe auf Karopapier:

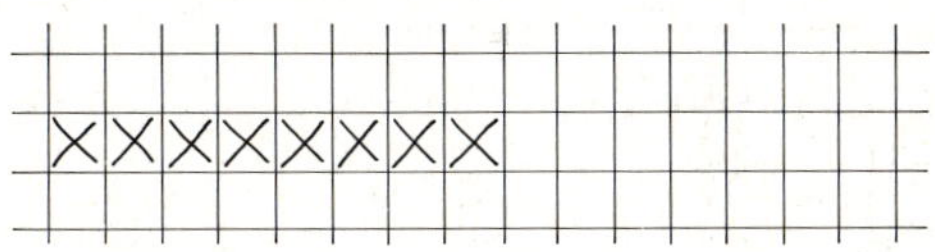

Zahlenkette:

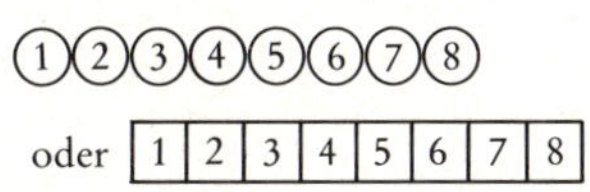

Sprünge:

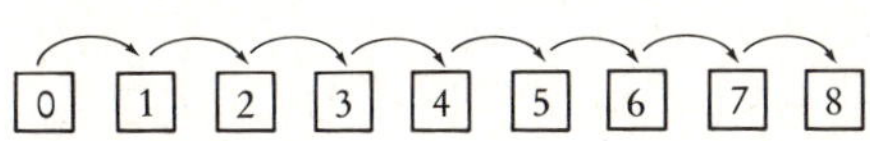

START

Zahlenstrahl:

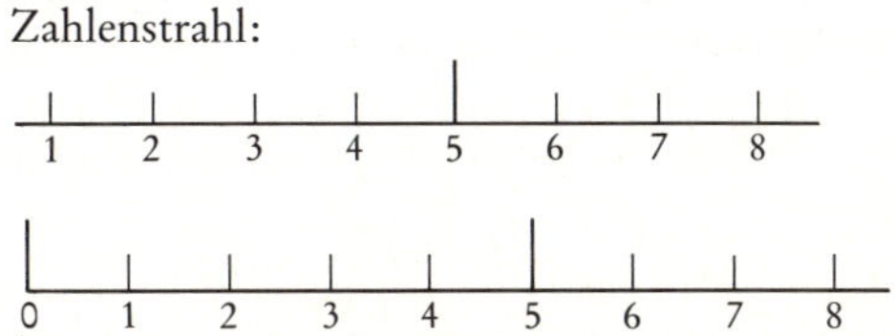

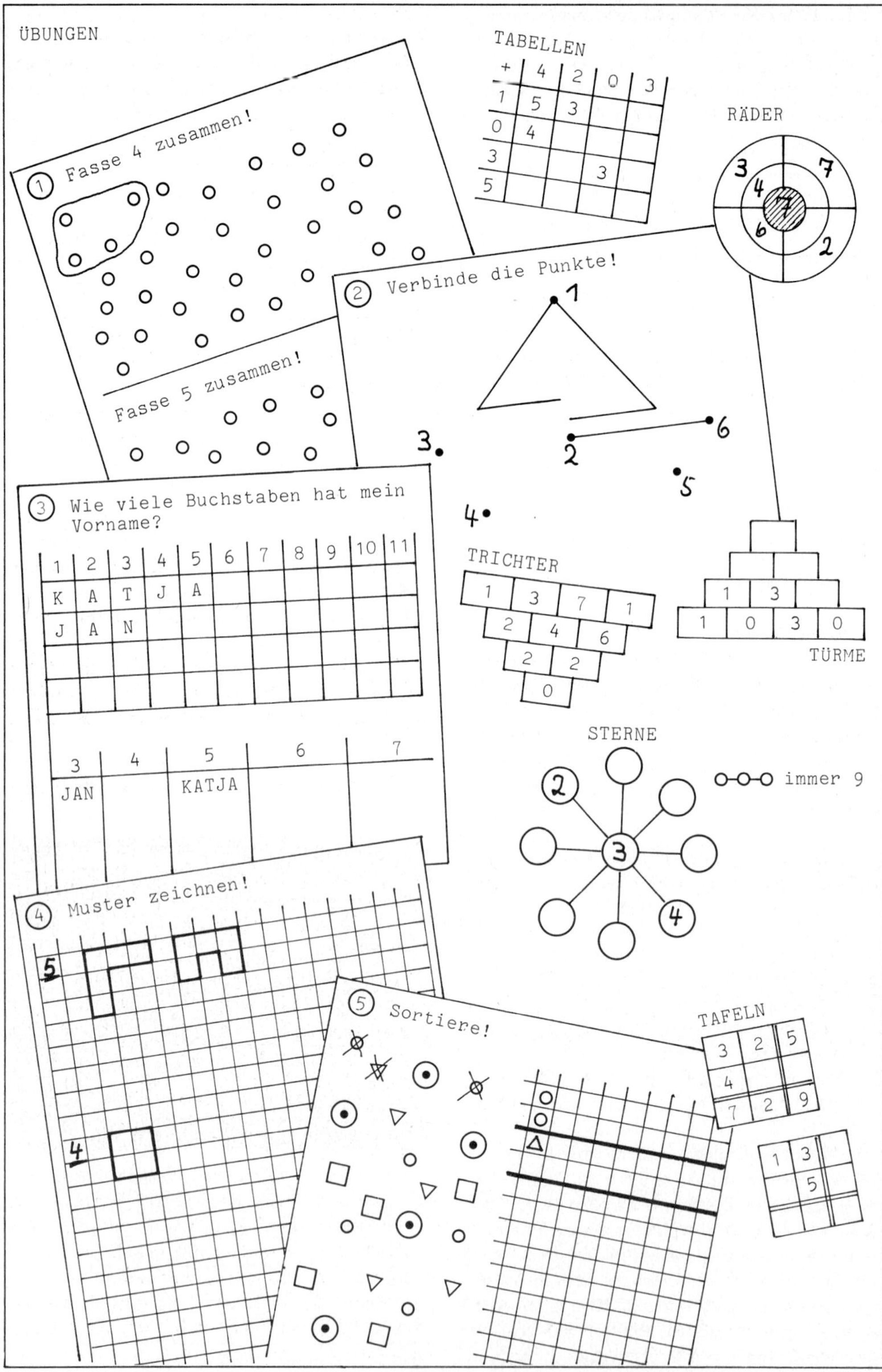
ÜBUNGEN
TABELLEN
RÄDER
① Fasse 4 zusammen!
Fasse 5 zusammen!
② Verbinde die Punkte!
③ Wie viele Buchstaben hat mein Vorname?
1 2 3 4 5 6 7 8 9 10 11
K A T J A
J A N
3 4 5 6 7
JAN
KATJA
TRICHTER
TÜRME
STERNE
immer 9
④ Muster zeichnen!
⑤ Sortiere!
TAFELN

2.1.3. Weitere Übungen und Spiele

Wegespiel

„Geh einen Schritt nach rechts, zwei Schritte nach oben, einen Schritt nach links und noch einen Schritt nach oben!"

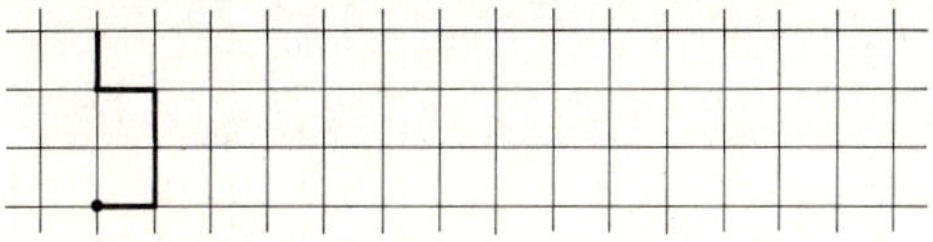

„Finde weitere Wege mit genau fünf Schritten!"

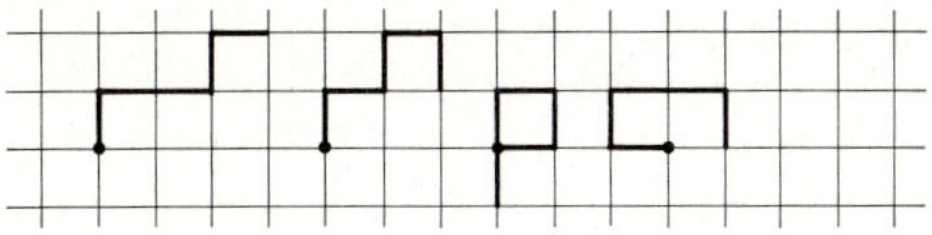

„Wie bin ich gegangen? – Beschreibe den Weg!"

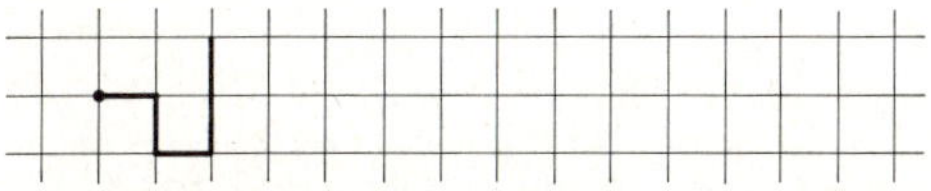

Arbeitsmaterialien

Steckwürfel; Rechenplättchen; Cuisenaire-Stäbe; Rechengeld; 1cm-Würfel; Hundertertafel; Finger; Karopapier; Bohnen; strukturiertes Material; Würfel; Dominosteine; cm-Streifen; u. v. m.

Punkte – Skat

Material:

36 Karten mit Punktfeldern von 1 bis 6. Die jeweils sechs Karten zu einer Anzahl sollten unregelmäßige Zahlbilder darstellen.

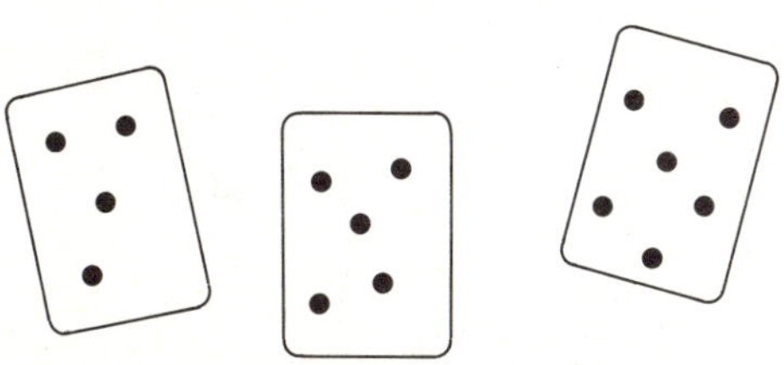

Spielregel:

Gespielt wird mit 2 bis 4 Spielern. Die Karten werden gemischt und reihum verdeckt vor die Spieler verteilt. Gleichzeitig decken alle Spieler die oberste Karte auf. Der Spieler mit der größten (bzw. kleinsten) Anzahl von Punkten auf seiner Karte gewinnt und nimmt alle Spielkarten eines Spieles an sich. – Zum Schluß ist der Spieler mit den meisten (allen) Karten der Sieger.

Variationen:

* Kartensätze mit größeren Punktzahlen.
* Gleichzeitig werden zwei Karten aufgedeckt und Paare verglichen (Jeder Spieler muß eine gerade Anzahl Karten bekommen).
* Über den Spielverlauf wird eine Tabelle (Strichliste) angefertigt.

Domino-Spiele

Eine Spielform, die für nahezu alle Inhalte des Mathematikunterrichts der Grundschule geeignet ist, ist das Dominospiel.

Spielehersteller und Verlage bieten die verschiedensten Varianten an, angefangen bei einfachen Farb-Dominos bis hin zu schwierigen Rechen-Dominos:

* Farben-Domino (Schmidt-Spiele, München)
* Domino mit 28 bzw. 55 Steinen (verschiedene Hersteller)
* Zahlen-Domino (Piatnik, Wien)
* Bilder-Domino (Schmidt-Spiele, München)
* Rechen-Domino (Spear-Spiele, Nürnberg)
* Malrechnen-Domino (Huesmann + Benz, Rielasingen)
* Die Spectra-Rechenpyramide (Spectra, Dorsten)
* . . . (Diese Pünktchen stehen für die vielen Zähl- und Rechendomino-Spiele, die außerdem auf dem Markt sind oder die Sie selbst hergestellt haben.)

Die einfachste Variante ist das *Farben-Domino*.

Wie beim herkömmlichen Dominospiel erscheinen die Zahlen als Standard-Punktmuster, wie sie auch vom Würfel her bekannt sind. Als zusätzliche Hilfe für das Kind sind gleiche Punktmuster in der gleichen Farbe gehalten.

Passende Zahlzuordnungen („6 an 6") können daher auf dem Wege passender Farbzuordnungen („gelb an gelb") gelegt werden.

Mit den normalen Domino-Spielen mit 28 Steinen (Zahlen von 0 bis 6) bzw. mit der erweiterten Fassung mit 55 Steinen (Zahlen von 0 bis 9) lassen sich durch Variation der Spielregeln verschiedene Zahleigenschaften (kleiner-, größer-Relation, Summe etc.) stärker „ins Spiel bringen" (vgl. FLOER / SCHIPPER, 1975).

Hübscher und für Kinder dieser Altersstufe sicherlich anregender werden solche Domino-Spiele, wenn die Karten als Schlangen, Schildkröten oder als Käfer gestaltet werden.

Beim *Zahlen-Domino* und beim *Bilder-Domino* stehen Mengen-Zahlzuordnungen im Vordergrund. Jede Domino-Karte enthält auf der einen Hälfte die Abbildung einer Anzahl von Gegenständen, auf der anderen eine Ziffer.

Beim *Rechen-Domino* und *Malrechnen-Domino* werden Aufgaben aus dem kleinen 1 x 1 gestellt.

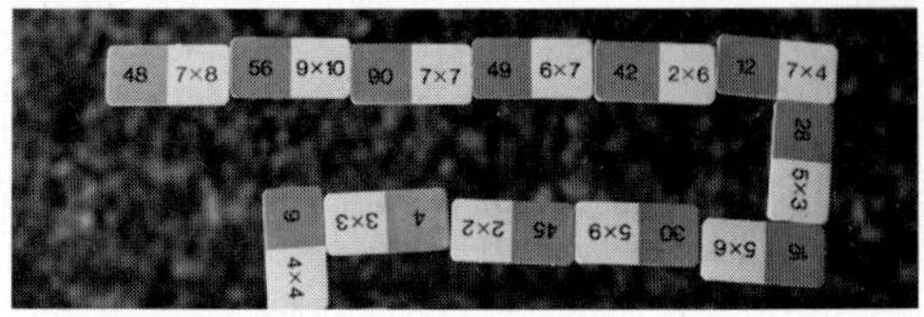

Ein ganzes System von 8 verschiedenen „Triomino"-Rechenspielen bietet der SPECTRA-Verlag mit seinen *Rechenpyramiden*.

Die plus-Pyramide (ZR bis 20)
Die minus-Pyramide (ZR bis 20)
Die plus-Pyramide (ZR bis 100)
Die minus-Pyramide (ZR bis 100)
Die 1 x 1 Pyramide (kleines 1 x 1)
Die Teiler-Pyramide (kleines 1 durch 1)
Die große 1 x 1 Pyramide (großes 1 x 1)
Die große Teiler-Pyramide (großes 1 durch 1)

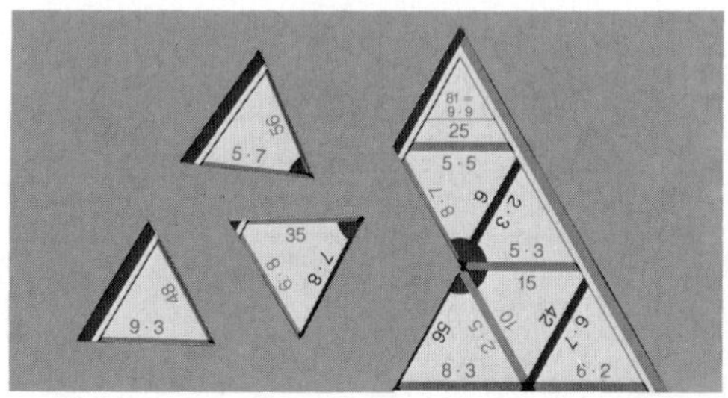

Aufgaben und Ergebnisse müssen passend aneinandergelegt werden. Wenn alles richtig gelegt wird, entsteht ein großes Dreieck, die sog. Pyramide.

2.2. Addition und Subtraktion

Die Erarbeitung der Operationsbegriffe steht in einem engen Zusammenhang mit der Entwicklung des Zahlverständnisses; Rechenoperationen sollten von den verschiedenen Anwendungssituationen her begründet und verstanden werden.

Schulanfänger haben bereits Vorerfahrungen und gewisse Fertigkeiten im Addieren und Substrahieren natürlicher Zahlen, diese Kenntnisse haben sie oft in den vielfältigsten Anwendungssituationen erprobt. Die mengentheoretischen Definitionen der Addition ($|A \cup B| = |A| + |B|$ für $A \cap B = \emptyset$) bzw.
Subtraktion ($|A \setminus B| = |A| - |B|$ für $B \subseteq A$)
von Kardinalzahlen sind wesentlich enger als das Begriffsverständnis der Schulanfänger. Sie verbinden mit Addieren bzw. Subtrahieren Handlungen unter operativen Aspekten wie

Hinzufügen, Hinzukommen, Zusammenlegen, Weitermachen, Zuzählen, Ergänzen, Vergleichen, Angleichen, Verändern, Zusammensetzen, Vermehren, Wachsen, Gewinnen, Hinzukaufen . . . bzw. Wegnehmen, Abtrennen, Zurückzählen, Verlieren, Wegfliegen, Aussteigen, Absteigen, Vermindern, Schrumpfen, kleiner werden, Abnehmen, Verkürzen, Aufessen . . .

Es scheint sinnvoll, einige dieser Handlungen zu Beginn des Lernprozesses aufzunehmen, um nicht zu schnell und einengend auf das mathematische Verständnis der Operationen hinzuarbeiten. – Auch auf dem Hintergrund der verschiedenen Zahlaspekte lassen sich Modelle zur Addition bzw. Subtraktion beschreiben:

	Addition	Subtraktion
Kardinalzahl	4 + 3 = 7	7 − 3 = 4
Zählzahl	1, 2, 3, 4, 5, 6, <u>7</u>	7, 6, 5, <u>4</u>
Maßzahl	3 4 / 7	7 / 4 3
Operatorzahl	+7, +4, +3	+7, +4, −3
Skala	4 7	4 7

2.2.1. Lösungsstrategien der Schüler bei Addition/Subtraktion

Eine Reihe von Untersuchungen zur Frage, mit welchen Strategien Kinder Additions- und Subtraktionsaufgaben lösen, weist auf drei Lösungsmethoden als Grundstrategien hin: Zählstrategien, heuristische Strategien und bekannte Grundaufgaben. Daneben gibt es natürlich auch Mischformen, d. h. Anwendungen mehrerer Strategien bei der Lösung einzelner Teilaufgaben einer komplexen Addition/Subtraktion (vgl. CARPENTER et al., 1982).

(1) Zählstrategien
Bei den Schulanfängern herrschen eindeutig verschiedene Zählstrategien vor, die erst allmählich von den anderen Verfahren abgelöst werden, in der Arithmetik aber nie ganz ihre Bedeutung verlieren.

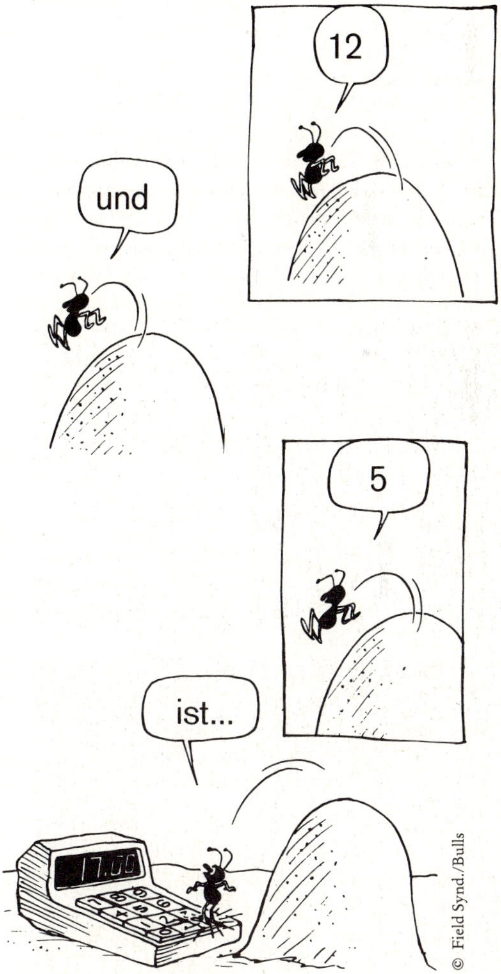

Addition:

* Alles – Zählen mit Material

Zur Verfügung stehendes Material (oder die Finger) wird dazu benutzt, bei einer Aufgabe wie m + n zunächst unabhängig voneinander die beiden Summanden m und n darzustellen (1. und 2. Zählvorgang), dann werden die beiden Mengen zusammen abgezählt (3. Zählvorgang). 1, 2, 3, . . . m, m + 1, m + 2, . . . m + n

Als ein häufiger Fehler dieses Vorgehens kann beobachtet werden, daß bei großen und z. T. ungeordneten Mengen der Überblick über die bereits gezählten Elemente verloren geht, z. B.:

5 + 4

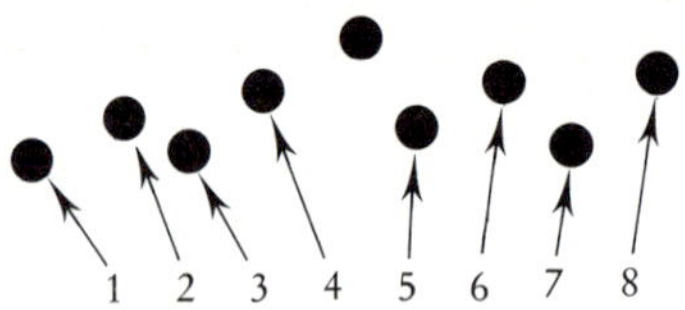

* Alles – Zählen ohne Material

Das Kind beginnt bei einer Aufgabe m + n bei 1 zu zählen und zählt so lange, bis es bei m angekommen ist. Dann beginnt ein schwieriges doppeltes Zählen. Ab m muß weitergezählt werden (m + 1, m + 2 . . .), gleichzeitig muß die Zahl n (1, 2 . . . n) gezählt werden, um bezüglich der Addition bei m + n zu stoppen. Die Schwierigkeiten sind sehr groß. Einige Kinder scheinen das doppelte Zählen ohne Hilfsmittel zu bewältigen, andere unterstützen das zweite Zählen durch die Finger, oder sie zählen rhythmisch und schaffen sich so durch die Gliederung der Zahlenreihe einen Überblick.

BJÖRN

. . .

B.: „Jetzt habe ich erst mal 12, und dann soll ich die 7 dazunehmen. Jetzt zähle ich erstmal leise im Kopf."

L.: „Zähl' mal laut im Kopf!"

B.: „Dann fange ich bei der dreizehn wieder an. – 13 – 14 – 15 – 15, jetzt muß ich wissen, ob das sieben waren."

L.: „Wie kannst du wissen, ob das 7 waren?"

B.: „Das zähl' ich manchmal so ab, ich fang bei der 13 an. 1 ist 13, 2 ist 14, 3 ist 15, 16 ist 4 und bei 17 die 5 und bei 18 die 6."

. . .

* Weiterzählen vom ersten Summanden aus

Bei dieser Strategie fängt der Zählvorgang beim ersten Summanden an, wobei als häufiger bis zum Ende der Grundschulzeit beobachtbarer Fehler beim Weiterzählen die Kardinalzahl des ersten Summanden mitgezählt wird.

14 + 5; 14 – 15 – 16 – 17 – 18, also 14 + 5 = 18

Diese Fehler, auch bei der nächsten Zählmethode sowie entsprechend beim zählenden Subtrahieren beobachtbar, sollten im Mathematikunterricht frühzeitig vom Lehrer analysiert und besprochen werden, um zu verhindern, daß sich diese Fehlstrategien dauerhaft bei den Schülern einprägen.

* Weiterzählen vom größeren Summanden aus

Diese Methode setzt erste Einsichten in die Kommutativität der Addition voraus.

3 + 6 gelöst durch Zählen: 7–8–9.

* Weiterzählen in Schritten

Zählen in Schritten, ausgehend vom größeren Summanden, stellt die effektivste Zählmethode dar.

HENRIETTE

Aufgabe 5 + 6

. . .

L.: „Aber wie hast du das denn herausbekommen?"

H.: „Ich rechne immer so im Kopf."

L.: „Ah ja"

H.: „Ich zähle 8–10–11. Einer bleibt über, also ich kann dann nur noch mit Eins zählen."

Subtraktion:

Das Subtrahieren bereitet den Schulanfängern u. a. deshalb größere Schwierigkeiten, weil das Rückwärtszählen wesentlich seltener in Anwendungssituationen benutzt worden ist als das Vorwärtszählen, viele Schüler können oft nur im kleinen Zahlenraum zurückzählen. Insbesondere beim Subtrahieren mit Arbeitsmaterial wird zählendes Rechnen beobachtbar sein als:

* Abziehen

8 – 3; zunächst werden 8 Elemente gelegt bzw. dargestellt, dann werden 3 Elemente weggenommen und die restlichen gezählt.

* Zuordnen und Ergänzen/Vergleichen

Beide Mengen werden gelegt, und die zum Minuenden fehlenden Elemente bestimmt.

8 – 3

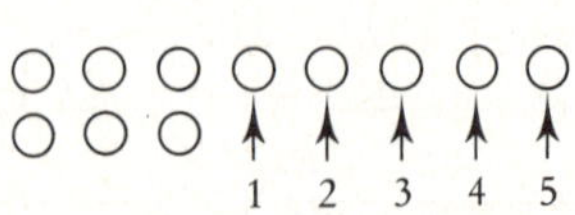

* Rückwärtszählen
  Die bereits angesprochenen Schwierigkeiten beim sog. doppelten Zählen treten auch hier auf.

OSKAR

L.:	„. . . 15 − 3 = . . .?“
O.:	„Da habe ich die 14 und die 13 und die 12 weggenommen, dann bleiben nur noch 11 übrig.“
L.:	„17 − 4 = . . .?“
O.:	„17 hab ich. Die 16 und die 15 und die 14 und die 13 weg.“
L.:	„Hm, und was kommt raus?“
O.:	„12 bleiben noch übrig, weil ich die 13 noch weggenommen habe.“

SUSE

S.:	„9 − 4 = 6“
L.:	„Wie rechnest du das?“
S.:	„Im Kopf!“
L.:	„Kannst du mir sagen, wie du im Kopf rechnest?“
S.:	„Ich zähle 9–8–7–6. 6 hab' ich noch.“

* Ergänzendes Zählen
  Der Schüler geht vom Subtrahenden aus und zählt vorwärts bis zur Kardinalzahl des Minuenden. Die Anzahl der Zählschritte ist die Differenz.

Die frühesten Lösungsstrategien der Kinder beruhen zur Addition und Subtraktion auf dem Zählen, zählendes Rechnen wird erst allmählich in den ersten Schuljahren abgelöst durch heuristische Strategien. Bei schwierigen Rechenaufgaben greifen aber auch ältere Schüler oft noch auf das Zählen zurück. Zählen sollte im arithmetischen Anfangsunterricht nicht im Sinne eines Lehrgangs zum zählenden Rechnen thematisiert werden, wohl aber kommt es darauf an, die Vorerfahrungen und Fähigkeiten der Schulanfänger aufzugreifen, um insbesondere Lernschwierigkeiten und fehlerhafte Zählstrategien zu vermeiden. Letztere entstehen häufig in der Unterrichtsphase, in der auf Material und später Darstellungshilfen zu den Rechenaufgaben verzichtet wird.

Auf das zählende Rechnen wird der Schüler aber nie ganz verzichten können, das Verfahren wird rationeller (z. B. Zählen in Schritten) bzw. mit anderen Lösungsstrategien vermischt.
48 + 33;
mögliche Lösungsschritte: 58–68–78–80–81.

Hinweis: Fehler um (−1) wie 6 + 3 = 8 beim Addieren bzw. um (+1) wie 6 − 3 = 4 beim Subtrahieren deuten auf fehlerhafte Zählstrategien hin. Sie müssen im Unterricht thematisiert und aufgearbeitet werden.

(2) heuristische Strategien
Heuristische Strategien beim Addieren und Subtrahieren werden angewendet, um Lösungen aus Bekanntem abzuleiten. Sie setzen u. a. das Kennen wichtiger Grundaufgaben sowie erste Einsichten in die Eigenschaften der Rechenoperationen voraus.
Beispiele für heuristische Strategien:

Aufgabe: 5 + 7
Bekannt: 5 + 5 = 10
Lösungsweg: 5 + 5 + 2 = 12

Aufgabe: 4 + 7
Bekannt: 4 = 3 + 1
Lösungsweg: 4 + 7 = 7 + 3 + 1 = 11

Aufgabe: 6 + 8

6 + 8 ↗ 8 − 1 = 7 ↘ 7 + 7 = 14 = 6 + 8
6 + 8 → 6 + 1 = 7 ↗

Heuristische Strategien sind beim Subtrahieren schwieriger anzuwenden als beim Addieren, da etwa das Verändern des Subtrahenden genau den gegenteiligen Effekt hat wie das Verändern des Minuenden.

Konstanz der Summe bei gegensinnigem Verändern:

8 + 5 = 13
(8−3) + (5 + 3) = 13

Konstanz der Differenz bei gleichsinnigem Verändern:

13 − 5 = 8
(13 − 3) − (5 − 3) = 8

Das Verständnis heuristischer Strategien wird im Mathematikunterricht insbesondere angebahnt durch operatives Üben sowie durch das Erarbeiten der Operationseigenschaften und Analogien des Zahlsystems.

(3) Kennen der Grundaufgaben
Wir Erwachsenen rechnen Aufgaben wie 6 + 7, 15 − 2 oder 20 + 30 nicht mehr, die Zahlensätze haben sich eingeprägt bzw. zu den Grundaufgaben wurden die Lösungen auswendig gelernt. Dieser Prozeß des mehr oder minder bewußten Einprägens der Grundaufgaben beginnt schon in der Vorschulzeit. Für nahezu alle Additions- und Subtraktionsaufgaben im Zahlenraum bis 20 sollte das Beherrschen der Grundaufgaben spätestens zu Beginn der Erarbeitung der schriftlichen Rechenverfahren zur Addition und Subtraktion im 2. Schuljahr abgeschlossen sein (vgl. S. 71).

2.2.2. Begriffserarbeitung und methodische Möglichkeiten

Die Hinführung zu Addition und Subtraktion erfolgt in mehreren Schritten. Das Verständnis der Operationen muß erwachsen

* aus Handlungen mit Material im Sinne eines Hinzufügens, Zusammenlegens u. a. bzw. Wegnehmens, Abtrennens u. a.
* aus der Interpretation von Zuständen und Darstellungen, verbunden mit der Notation der Zahlensätze,
* aus der Anwendung und Generalisierung des Erarbeiteten, etwa im Hinblick auf die Einsicht, daß die Subtraktion als Umkehrung der Addition anzusehen ist, so daß man jede Subtraktionsaufgabe auch als Additionsaufgabe mit einem bekannten Summanden und der Summe lösen kann.

(1) Vorbereitende Übungen
Zahlzerlegungen, wobei die Gleichwertigkeit verschiedener Zerlegungen einer Zahl herausgearbeitet werden sollte. Z. B.:

8	
4	4
1	7
5	3
2	6

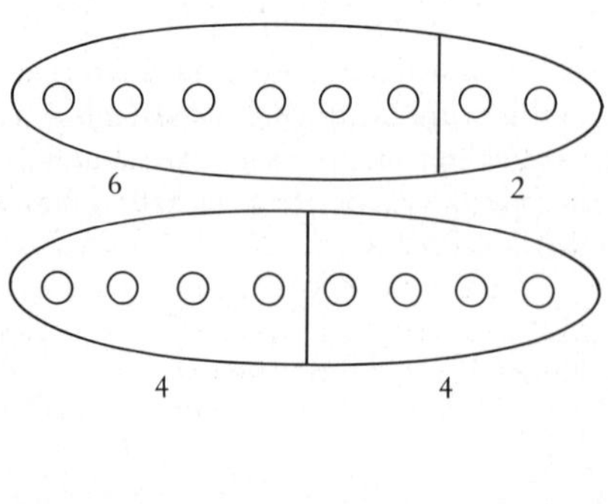

oder

u. a.

Halbieren und Verdoppeln, u. a. auch als eine nützliche Fähigkeit im Hinblick auf die Erweiterung des Zahlenraums. Z. B.:

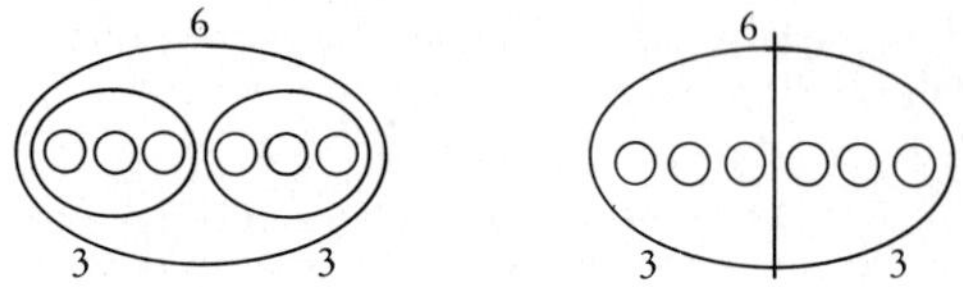

Direkte Zahlvergleiche, z. B.

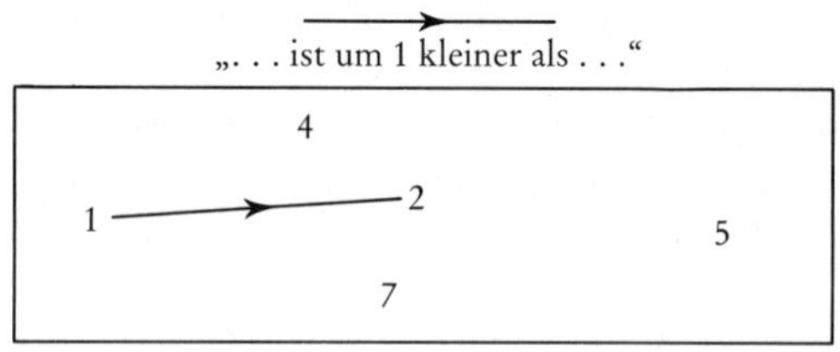

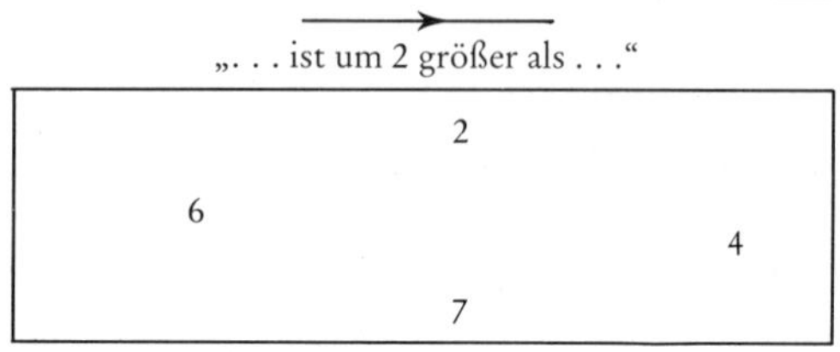

Verändern von Mengen, z. B.

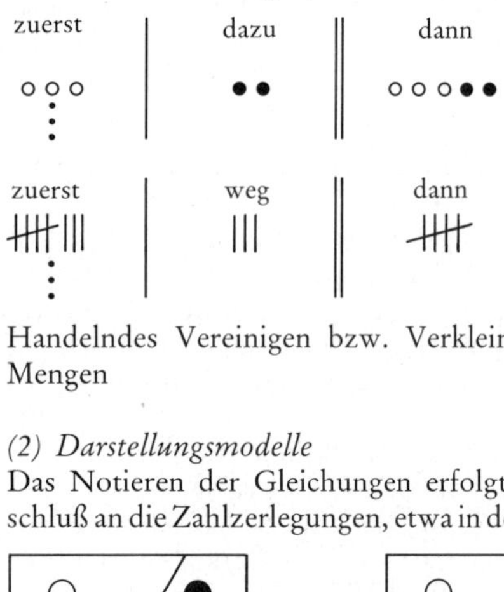

Handelndes Vereinigen bzw. Verkleinern von Mengen

(2) Darstellungsmodelle
Das Notieren der Gleichungen erfolgt im Anschluß an die Zahlzerlegungen, etwa in der Form:

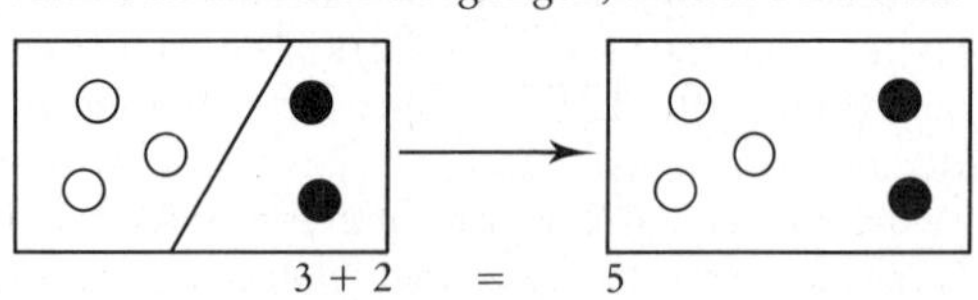

3 + 2 = 5
3 plus 2 gleich 5

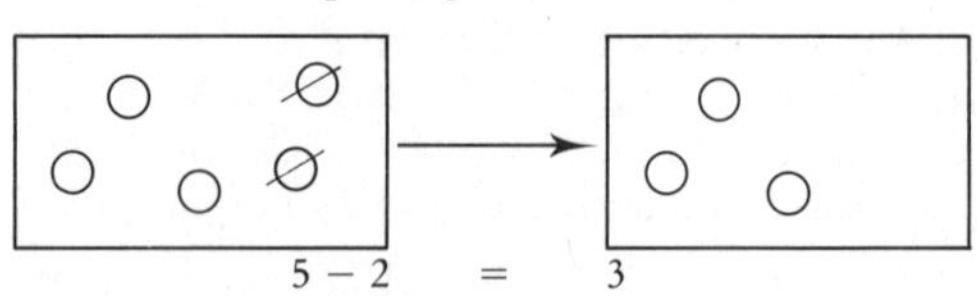

5 − 2 = 3
5 minus 2 gleich 3

Während auf der Ebene der Handlungen die Materialien und Situationen möglichst vielfältig variiert werden sollten, haben doch einige Schüler Schwierigkeiten bei der Interpretation verschiedener Darstellungsmodelle der Operationen. Die Rechenoperationen werden unterschiedlich leicht aus den Darstellungen erkannt, so daß evtl. anfangs ein Beschränken auf nur ein oder zwei Darstellungsarten hilfreich sein kann (insbesondere auf ein einfaches Mengen- und Längenmodell).

Mengen

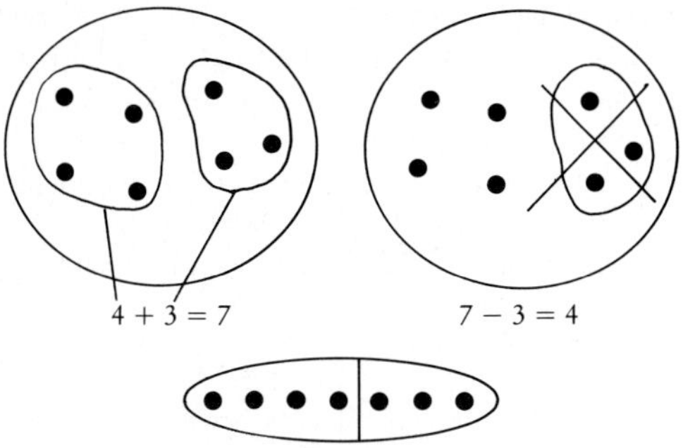

Längen- und Zahlenstrahl

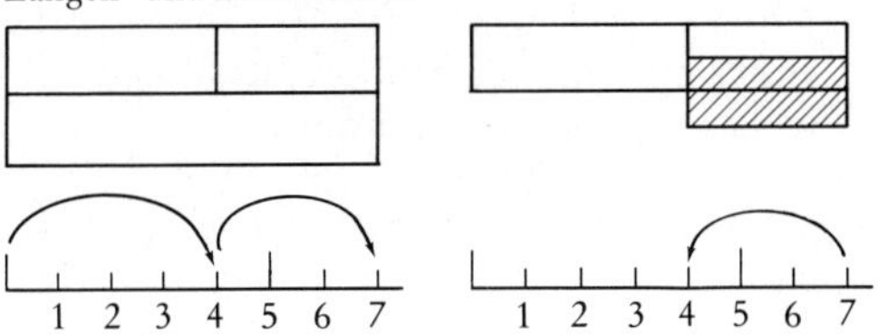

Strichlisten

Ketten

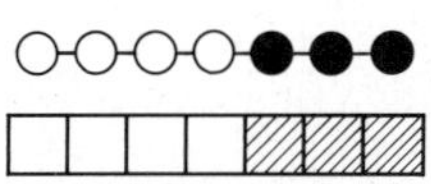

Bei der Darstellung von Rechenoperationen muß man oft als problematisch ansehen, Handlungsphasen durch eine „Momentaufnahme" (Ikonisierung) darzustellen.

(3) Operatives Durcharbeiten

Um die Eigenschaften der Operationen zu erkennen und um die Beziehungen zwischen den einzelnen Rechensätzen zu erfahren, bieten sich verschiedenartige Aufgaben zum operativen Üben an:

∗ Tauschaufgaben:
3 + 4 =
4 + 3 =

∗ Nachbaraufgaben:
3 + 3 =   4 + 2 =   7 − 2 =
4 + 3 =   4 + 3 =   7 − 3 =
5 + 3 =   4 + 4 =   7 − 4 = ...

∗ Probeaufgaben:
3 + 4 =
7 − 3 =
7 − 4 =

∗ Zerlegungsaufgaben:
4 + 3 =   7 − 4 =
4 + 2 + 1 =   7 − 2 − 2 =
4 + 1 + 2 =   7 − 2 − 1 − 1 =
4 + 1 + 1 + 1 =   7 − 1 − 3 =   ...

und operativ im weiteren Sinne auch:

∗ Analogieaufgaben:
3 + 4 =   7 − 3 =
13 + 4 =   17 − 3 =

∗ Platzhalteraufgaben:
3 + □ = 7   7 = □ + 3   7 − □ = 3
4 + □ = 7   7 = □ + 4   7 − □ = 4...

∗ Zahlensätze:
3 + 4 = 2 + 5
3 + 4 = 8 − 1
3 + 4 =

∗ Nullaufgaben:
7 − 7 =
4 + 0 =
0 + 3 =
0 + 0 =
7 − 0 − 3 = ...

Die frühe Betonung eines Operatorkonzepts ist nicht unumstritten. So weist u. a. Aebli (1980) darauf hin, daß viele jüngere Schüler Verständnisprobleme haben, wenn elementare Rechenprobleme als Transformationen (5 $\xrightarrow{+3}$ 8) behandelt werden. Zumindest die Erstkläßler verbinden mit Zahlen noch Mengenvorstellungen bzw. Ergebnisse von Zählprozessen; aber 5 Äpfel verwandeln sich nicht in 8 Äpfel. Dieser Einwand Aeblis muß ernst genommen werden, obwohl gerade Maschinen bzw. das Rechnen mit Pfeilen vielfältige Übungsformen bieten.

(4) Einkleidungen und Rechengeschichten

Zu den ersten Additions- und Subtraktionsübungen bieten die meisten Schulbücher eine Vielfalt von Einkleidungen. Nachfolgend ein paar Beispiele. Hingewiesen sei an dieser Stelle auch auf die Spielanregungen in diesem Handbuch.

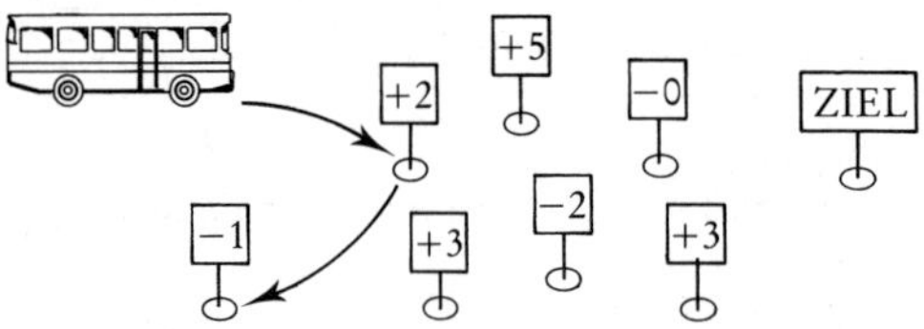

Fahre auf verschiedenen Wegen zur Endstation. – Wie viele Fahrgäste kommen jeweils dort an?

oben	5	2			
unten	3	6			

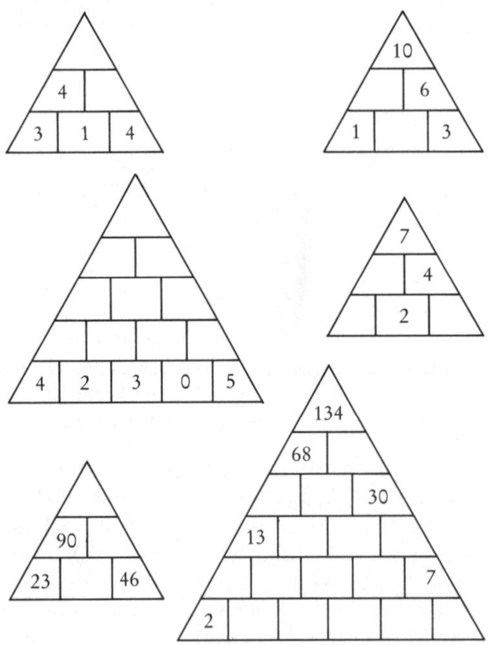

Entwerfe eigene Rechenpyramiden!

Eine wichtige Form der Einkleidung und Anwendung der Rechenfähigkeit bieten die sog. Rechengeschichten. Rechengeschichten – sie müssen knapp, verständlich und eindeutig formuliert werden – erfüllen darüber hinaus aber noch weitere Ziele:

* erstes Anbahnen der Sachrechenfähigkeit;
* Anbieten von Rechenproblemen in sprachlicher Form in Ergänzung zu den dominierenden bildhaften Darstellungen und dem Umgang mit Materialien;
* Vertiefung des Verständnisses der verschiedenen Zahlaspekte;

  Beispiele:
  - Fritz hat 3 Murmeln und Luise hat 5 Murmeln. Wieviel Murmeln haben sie zusammen? (Kardinalzahl)
  - Fritz hat schon 5mal morgens Brötchen geholt und Luise 3mal. (Operatorzahl)
  - Luise hat 8 DM gespart. Sie kauft sich für 3 DM ein Taschenbuch. (Maßzahl)
  - Beim Wettlauf ist Fritz 4. geworden und die Luise 3. (Ordinalzahl) u. a.
* Einsicht in die semantischen Strukturen eingekleideter Additions-Subtraktionsaufgaben. Sprachlich gekleidete Rechenprobleme lassen sich in verschiedene Kategorien einteilen, die jeweils ein unterschiedliches Verständnis der Rechenoperation beschreiben.

Nachfolgend eine Übersicht (nach Riley et al., 1983):

Verändern von Mengen:

Ergebnis der Veränderung ist unbekannt:
1. „Fritz hat 3 Murmeln. Luise gibt ihm noch 5 dazu."
2. „Fritz hat 8 Murmeln. Er gibt der Luise 3 Murmeln ab."

Veränderung ist unbekannt:
3. „Fritz hat 3 Murmeln. Luise schenkte ihm einige Murmeln. Jetzt hat er 8."
4. „Fritz hatte 8 Murmeln. Er gab einige Murmeln an Luise. Jetzt hat Fritz nur noch 5 Murmeln."

Ausgangsposition ist unbekannt:
5. „Luise hat Fritz 5 Murmeln geschenkt. Jetzt hat Fritz insgesamt 8 Murmeln."
6. „Fritz hat der Luise 3 Murmeln geschenkt. Jetzt hat er selbst nur noch 5 Murmeln."

Verbinden von Mengen:

Vereinigung unbekannt:
7. „Fritz hat 3 Murmeln und Luise hat 5 Murmeln. Wieviel Murmeln haben sie zusammen?"

Rest/Teil unbekannt:
8. „Fritz und Luise haben zusammen 8 Murmeln. Fritz hat davon 3 Murmeln."

Vergleichen von Mengen:

9. „Fritz hat 8 Murmeln, Luise hat 3 Murmeln. Wieviel Murmeln hat Fritz mehr?“
10. „. . . Wieviel Murmeln hat Luise weniger?“

Vergleichsgröße unbekannt:

11. „Fritz hat 3 Murmeln. Luise hat 5 Murmeln mehr.“
12. „Fritz hat 8 Murmeln. Luise hat 3 Murmeln weniger.“
13. „Fritz hat 8 Murmeln, das sind 5 mehr als Luise.“
14. „Fritz hat 5 Murmeln, das sind 3 weniger als Luise.“

Untersuchungen zeigen, daß Erstkläßler und auch ältere Schüler die geringsten Schwierigkeiten beim Lösen von Aufgaben des Typs 1, 2 und 7 haben. Am schwierigsten ist es bei den Aufgabentypen 5, 6, 11, 12, 13 und 14 aus dem sprachlich eingekleideten Rechenproblem die entsprechende Rechenaufgabe zu erkennen. Gerade das Vergleichen setzt das Verständnis von Ungleichungen voraus und verlangt das Quantifizieren zu Gleichungen bzw. Rechensätzen.

(5) Der Zehnerübergang

Zwei von Oehl bzw. Breidenbach empfohlene methodische Schritte haben sich bewährt, um die Schwierigkeiten und evtl. Hemmungen beim Überschreiten der Zehnergrenze zu überwinden.

Zunächst werden die sog. „leichten“ Aufgaben, die Addition und Subtraktin von 2 und 3, durch gleitendes Überschreiten des Zehners bearbeitet:

7+2	9−2	11+2	13−2	6+3	9−3
8+2	10−2	10+2	12−2	7+3	10−3
9+2	11−2	9+2	11−2	8+3	11−3
10+2	12−2	8+2	10−2	9+3	12−3
11+2	13−2	7+2	9−2	10+3	13−3

Gefahr: Aufgaben können nur in diesem Reihenkontext gelöst werden!

Diese systematischen Übungen eignen sich auch bei der Überschreitung des zweiten Zehners. Den Schülern wird bewußt, daß sich die Zehnerzahlen in die Zahlenfolge einordnen wie die bereits bekannten Einer.

Für „schwierigere“ Aufgaben muß die Operation zerlegt werden in zwei Teiloperationen:

8 + 5 =	13 − 5 =
8 + 2 = 10	13 − 3 = 10
10 + 3 = 13	10 − 2 = 8
8 + 5 = 13	13 − 5 = 8

Zehnerübergang nach der Methode des Zerlegens setzt folgende Fähigkeiten bzw. Vorübungen voraus:

1. Vorübung:

$5 = x + y$

$5 = 1 + 4 \qquad 5 = 2 + 3 \qquad 5 = 0 + 5$

$5 = 4 + 1 \qquad 5 = 3 + 2 \qquad 5 = 5 + 0$

und entsprechend für die anderen Zahlen.

Addition:

2. Vorübung: Ergänzen zum vollen Zehner

$8 + x = 10$

$6 + x = 10 \ldots$

3. Vorübung: Vom Zehner aus vorwärts

$10 + 3 = x$

$10 + 6 = x \ldots$

Subtraktion:

2. Vorübung: Zurück zum nächsten Zehner

$12 - x = 10$

$14 - x = 10 \ldots$

3. Vorübung: Vom Zehner aus rückwärts

$10 - 4 = x$

$10 - 2 = x \ldots$

Erst nach derart umfangreichen Vorübungen wird das Überschreiten des Zehners durch Zerlegen der Operationen erarbeitet und zunächst bei allen Aufgaben wie oben schriftlich notiert. Ein systematisches Erarbeiten zu diesem Zeitpunkt entwickelt eine wichtige Grundlage für die entsprechenden Probleme in größeren Zahlbereichen.

* Mengenmodell

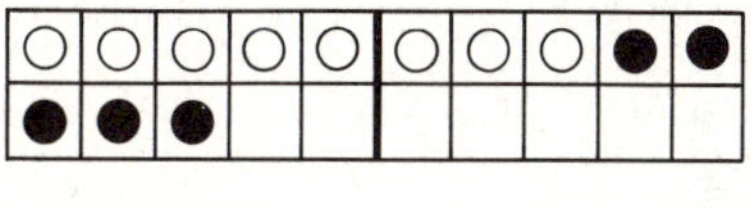

* Längenmodell

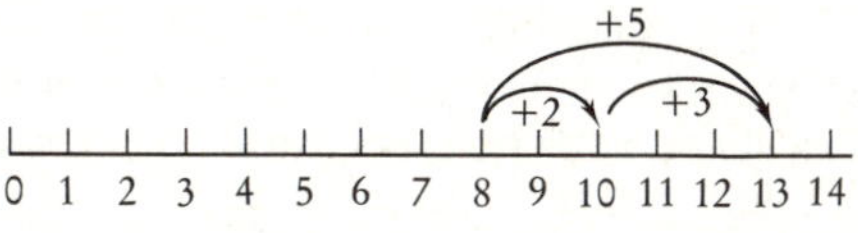

* Operatormodell

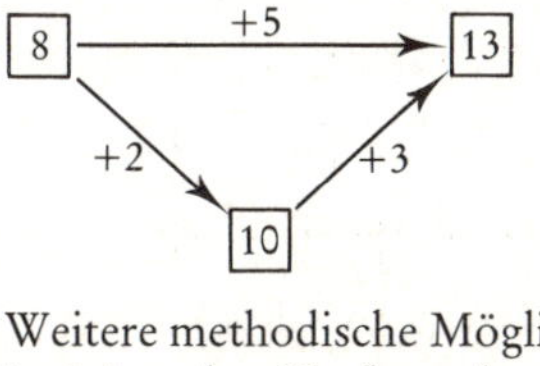

Weitere methodische Möglichkeiten bieten die Prinzipien des Verdoppelns bzw. Halbierens,

u. a. in ihrer Anwendung mit dem Ziel, die 10 nicht als eine besondere Hürde erscheinen zu lassen.

$8 + 8 = 16$

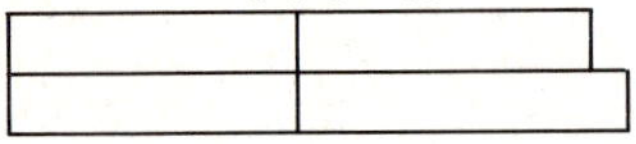

$8 + 9 = 16 + 1 = 17$

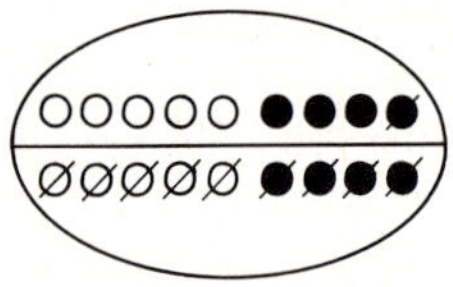

$18 - 9 = 9$
$18 - 10 = 8$

2.2.3. Eine systematische Behandlung der Grundaufgaben

Unter Grundaufgaben der Addition und Subtraktion versteht man im Zahlenraum bis 19 alle Aufgaben, bei denen die Summanden bzw. der Subtrahend einstellige Zahlen sind. Spätestens zu Beginn des Erarbeitens der schriftlichen Rechenverfahren sollten die Schüler diese Grundaufgaben gedächtnismäßig beherrschen, was nicht ein unbewußtes Auswendiglernen, sondern ein bewußtes Einprägen der Zahlensätze bedeutet. Dieses bewußte Einprägen setzt bei den Schülern voraus

* der „Sinn" bzw. das Wesen der Rechenoperationen muß deutlich sein; die Begriffe sind ausreichend entwickelt;
* alle Rechenoperationen müssen „gelöst" werden können, zunächst handelnd mit Material oder zählend, dann durch heuristische Strategien.

Für die Unterrichtsplanung sind als Prinzipien zu beachten:

* die Aufgaben müssen sowohl operativ als auch systematisch geübt werden;
* die Aufgaben sollten nicht nur in sog. Rechenkästchen angeboten werden, sondern in vielfältigen Einkleidungen und Anwendungssituationen.

In Anlehnung an die detaillierten Vorschläge von Kruckenberg und von Starke sollen nachfolgend Möglichkeiten der Erarbeitung und eine Zusammenstellung der Grundaufgaben gegeben werden.

(1) Möglichkeiten der Erarbeitung der Grundaufgaben

* auf der handelnden und der bildhaften Ebene: Nicht zu früh darf den Schülern die Möglichkeit genommen werden, die Aufgaben handelnd mit Material (Steckwürfel, Rechenplättchen u. a.) oder mit zeichnerischer Unterstützung zu lösen.
  Aufgabe:
  $3 + 4$ $\qquad$ $7 - 3$
  Legen oder Zeichnen von Mengen als Repräsentanten für die Zahlen:
  ○○○●●●● $\qquad$ ○○○○○○○
  Durchführen der Operation:
  (○○○●●●●) $\qquad$ ○○○○ØØØ
  Zuordnen der Gleichung:
  $3 + 4 = 7$ $\qquad$ $7 - 3 = 4$
* durch Anwenden der Eigenschaften der Operationen
  Kommutativität: $3 + 6 = 6 + 3$
  Assoziativität: $8 + 5 = 8 + 2 + 3$
* durch Rückführen auf bekannte Nachbaraufgaben
  $7 - 6 = (7 - 5) - 1$
  $6 + 5 = (5 + 5) + 1$
* durch Rückführen auf die Umkehraufgabe
  $8 - 5 = \square$ erarbeitet als $5 + \square = 8$

Schüler interpretieren das Gleichheitszeichen oft im Sinne einer Operation („kommt heraus", „ergibt", „macht" u. a.), auf einer gleichen Begriffsebene wie die Operationszeichen + oder −. Damit zusammen hängen Fehler durch Vernachlässigen der Reihenfolge der Zeichen, wie z. B.

Aufgabe	Lösung
$3 + \square = 7$	$3 + 10 = 7$
oder	
$8 = 3 + \square$	$8 = 3 + 11$

Nicht zuletzt die altbewährte Rechenwaage hilft, das Verständnis für Gleichungen anzubahnen bzw. zu unterscheiden zwischen Operations- und Relationszeichen in einem Zahlensatz. In einer Gleichung wie $7 = 3 + 4$ sind 7 bzw. $(3 + 4)$ *gleich*wertige Namen für dieselbe Menge.

(2) Zusammenstellung der arithmetischen Grundaufgaben

Die Zusammenstellung soll nicht die zeitliche Reihenfolge der unterrichtlichen Behandlung wiedergeben oder eine Lehr-Lernsequenz darstellen, sie dient allein der Lehrerin zur Information und Übersicht, zumal leider nur selten in den Schulbüchern und Übungsteilen darauf geachtet wird, daß alle Grundaufgaben gleichgewichtig angeboten bzw. geübt werden.

Addition:

$a + b$ mit $a \geq b$

0+0	1+1	2+2	3+3	4+4	5+5	6+6	7+7	8+8	9+9
1+0	2+1	3+2	4+3	5+4	6+5	7+6	8+7	9+8	
2+0	3+1	4+2	5+3	6+4	7+5	8+6	9+7		
3+0	4+1	5+2	6+3	7+4	8+5	9+6			
4+0	5+1	6+2	7+3	8+4	9+5				
5+0	6+1	7+2	8+3	9+4					
6+0	7+1	8+2	9+3						
7+0	8+1	9+2							
8+0	9+1								
9+0									

$a + b$ mit $a < b$

0+1	1+2	2+3	3+4	4+5	5+6	6+7	7+8	8+9
0+2	1+3	2+4	3+5	4+6	5+7	6+8	7+9	
0+3	1+4	2+5	3+6	4+7	5+8	6+9		
0+4	1+5	2+6	3+7	4+8	5+9			
0+5	1+6	2+7	3+8	4+9				
0+6	1+7	2+8	3+9					
0+7	1+8	2+9						
0+8	1+9							
0+9								

Subtraktion:

$a - b$ mit $a < 10$

0−0	1−1	2−2	3−3	4−4	5−5	6−6	7−7	8−8	9−9
1−0	2−1	3−2	4−3	5−4	6−5	7−6	8−7	9−8	
2−0	3−1	4−2	5−3	6−4	7−5	8−6	9−7		
3−0	4−1	5−2	6−3	7−4	8−5	9−6			
4−0	5−1	6−2	7−3	8−4	9−5				
5−0	6−1	7−2	8−3	9−4					
6−0	7−1	8−2	9−3						
7−0	8−1	9−2							
8−0	9−1								
9−0									

$a - b$ mit $10 \leq a < 20$

10−0	11−0	12−0	13−0	14−0	15−0	16−0	17−0	18−0	19−0
10−1	11−1	12−1	13−1	14−1					
10−2	.	.	.	.	.	.	.	.	.
.	.	.	.	.	.	.	.	.	.
.									
				.	.	.	.	.	.
10−9	11−9	12−9	13−9	……					19−9

Das allmähliche und bewußte Einprägen der Grundaufgaben ist aus mehreren Gründen wichtig im Hinblick auf weitere Themen und Anwendungen des Mathematikunterrichts in der Grundschule. Das Beherrschen der Grundaufgaben

* ist eine notwendige Voraussetzung beim Durchführen schriftlicher Rechenverfahren zur Addition und Subtraktion, wie auch zur Multiplikation und Division;
* erleichtert das Lösen einfacher Sachaufgaben bzw. Rechengeschichten;
* erleichtert das Rechnen im größeren Zahlenraum.

z. B. Grundaufgabe: 7−4 = 3

Anwendungen:
70−40=30
57− 4=53
57−14=43
270−40=230
367− 4=363 u. a.

ZERLEGEN UND GLEICHUNGEN

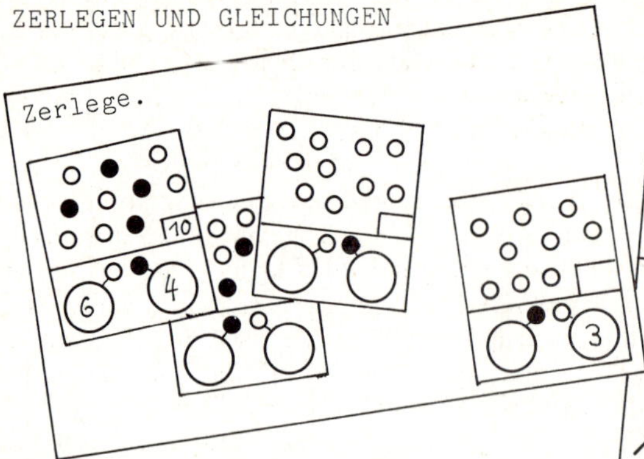

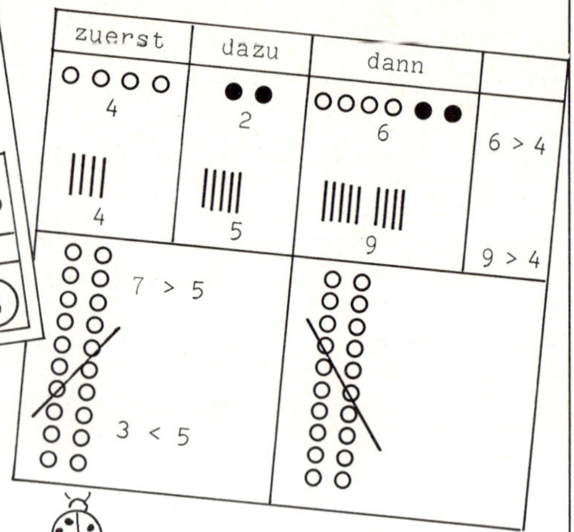

Ergänze Punkte.

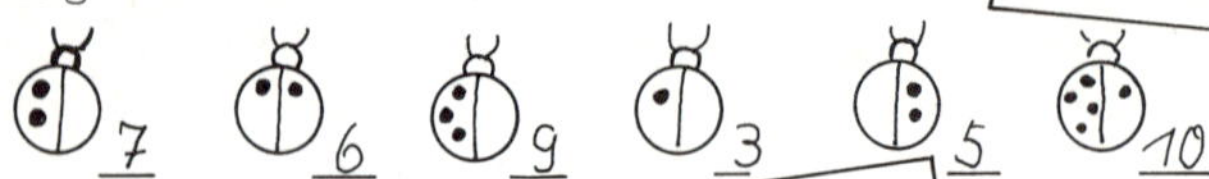

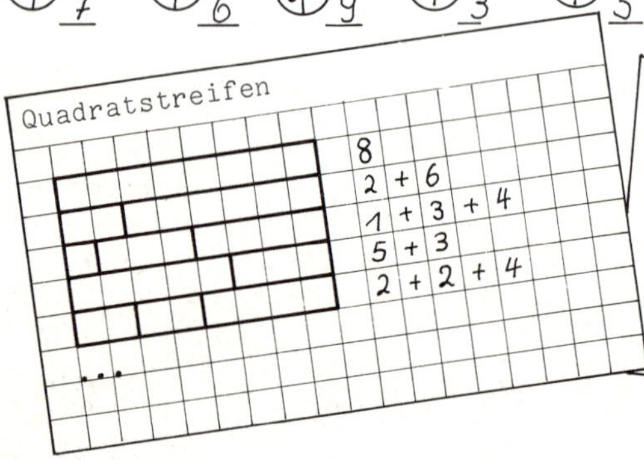

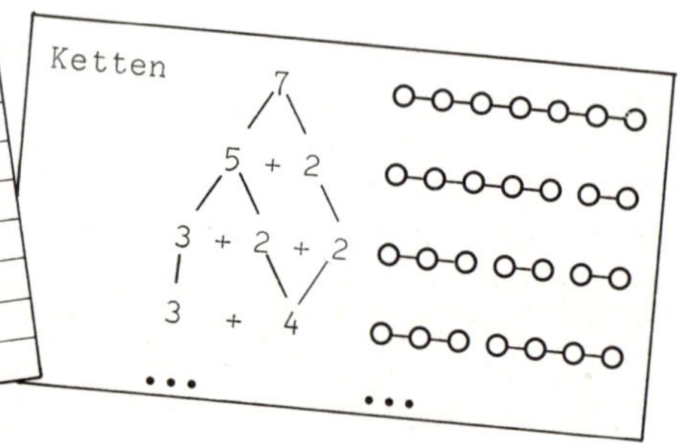

Welche Operation?

2 ⊕ 5 = 7
4 = 10 ◯ 6
7 ◯ 4 = 3
13 = 2 ◯ 11
15 = 6 ◯ 9

Ordne.

| 15 | 9 | 6 | + | = | → 9 + 6 = 15; 6 + 9 = 15
| 17 | 9 | 8 | − | = | →
| 13 | 10 | 6 | − | = | → auch nicht-lösbare Aufgaben
| 12 | 8 | 5 | 1 | + | + | = | → 5 + 8 = 12 + 1
| 13 | 9 | 8 | 4 | − | − | = | →
| 14 | 6 | 5 | 3 | + | − | = | → 14 − 5 = 3 + 6 oder ...

x+y=13

x	y
10	3
8	5

Kreuze an.

⊜	12−1	11−1	10−1	12−2	11−2	10−2
8+1			X		X	
8+2						
8+3						
11−4						
11−3						

6 + x = 9
x = 3

4 + x = 8
2 + x = 9
3 + x = 11
10 + x = 13
10 + x = 19
12 + x = 17
8 + x = 13

8 + 7 = 15
15 − □ = 8
15 − □ = 7

7 + 6 = 13
13 − 6 = □
13 − 7 = □
14 − □ = □
19 − □ = □
19 − □ = □

7 − x = 3
x = 4

7 − x = 5
9 − x = 8
10 − x = 10
10 − x = 7
13 − x = 10
17 − x = 15
12 − x = 7

2.2.4. Das Rechnen mit größeren Zahlen

Addieren und Subtrahieren im Zahlenraum bis 100 oder bis 1000 setzen das Beherrschen der Grundaufgaben (kleines ‚Einsplusein‘) sowie die Einsicht in den Aufbau des Stellenwertsystems, z. B. die Konstruktion von dreistelligen Zahlen in Hunderter, Zehner und Einer, voraus.

Der Veranschaulichung von Operationen mit größeren Zahlen sind Grenzen gesetzt. Dennoch sind sowohl der Zahlenstrahl als auch die Hundertertafel bei den ersten Erarbeitungsschritten hilfreiche Darstellungsmöglichkeiten (vgl. auch Kap. 2.4. zur Zahlbereichserweiterung).

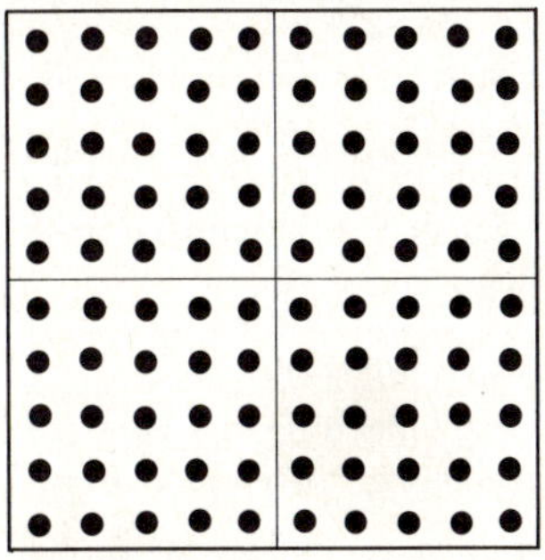

oder auch

1	2	3	4	5	6	7	8	9	10
11	12	13	14	15	16	17	18	19	20
21	22	23	24	25	26	27	28	29	30
31	32	33	34	35	36	37	38	39	40
41	42	43	44	45	46	47	48	49	50
51	52	53	54	55	56	57	58	59	60
61	62	63	64	65	66	67	68	69	70
71	72	73	74	75	76	77	78	79	80
81	82	83	84	85	86	87	88	89	90
91	92	93	94	95	96	97	98	99	100

Bei der Hundertertafel erlaubt ein eingeschnittenes Blatt das Abgrenzen bestimmter Zahlen, hier z. B. 27:

Durch Verschieben wird auf der Hundertertafel operiert, dabei entspricht

→ Addition +1 ↓ Addition +10

← Subtraktion −1 ↑ Subtraktion −10

Durch entsprechendes Zusammensetzen der Verschiebungen lassen sich die Rechenoperationen anschaulich durchführen. Es ist sehr hilfreich, wenn jeder Schüler (im 2. Schuljahr) sowohl einen eigenen Zahlenstrahl als auch eine kleine Hundertertafel mit entsprechendem Abdeckkarton besitzt. Gerade das dekadische Analogieprinzip läßt sich anhand der Hundertertafel zweckmäßig erarbeiten bzw. erfahren. Als zeichnerische Darstellung größerer Zahlen bietet sich etwa ab 3. Schuljahr als Erweiterung der Hundertertafel die Feld-Balken-Punkt-Darstellung an, wobei die bisher horizontale Orientierung

•••••••••• „verkürzt“ als ————

in eine vertikale geändert werden sollte. Diese läßt sich den Stellenwerten der geschriebenen Zahlen eindeutiger zuordnen.

2 H 4 Z 3 E = 243

Mit Hilfe dieses Arbeits- bzw. Darstellungsmittels lassen sich die Operationen in einem erweiterten Zahlenraum durchführen, z. B.:

37 + 46

„zuerst die Einer“

37 + 6 = 43 43 + 40 = 83

37 + 46 = 83

oder

„zuerst die Zehner“

37 + 40 = 77 77 + 6 = 83

37 + 46 = 83

85 − 38

„zuerst die Einer“

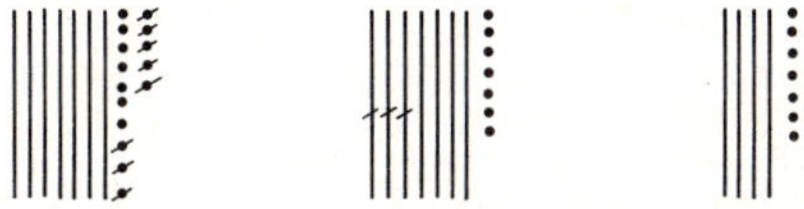

77 − 30 = 47 85 − 38 = 47

oder

„zuerst die Zehner“

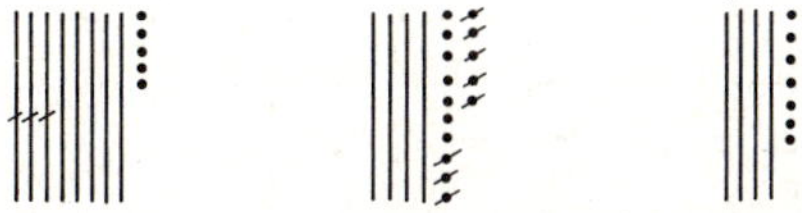

55 − 8 = 47 85 − 38 = 47

Es wird deutlich, daß diese Form des Lösens von Aufgaben anspruchsvoller ist als das Operieren auf dem Hunderterblatt oder Zahlenstrahl. Vorausgesetzt werden muß der Stellenwertbegriff und das Bündeln bzw. Entbündeln.

(1) Strukturierung der Aufgaben
Die nachfolgende Gliederung der Aufgabentypen des nichtschriftlichen Addierens bzw. Subtrahierens entspricht der mathematisch-inhaltlichen Schwierigkeitsstufung, die nicht immer identisch zu sein braucht mit der Einteilung in ‚schwierige' oder ‚leichte' Aufgaben für den individuellen Schüler, dazu kann eine Fehleranalyse aus bearbeiteten Aufgaben oder ein diagnostisches Gespräch nützliche Hinweise auf gezielte Hilfen bzw. einer inneren Differenzierung des Mathematikunterrichts geben.

Im Zahlenraum bis 100:

* Addition/Subtraktion von reinen Zehnerzahlen:

a)	40+10	70+10	40−10	70−10
b)	40+30	20+40	40−30	70−40
c)	25+10	37+10	25−10	47−10
d)	35+20	48+30	25−20	74−30

* Addition/Subtraktion von Einern/Zehnern gemischt ohne Zehnerüberschreitung:

a)	40+4	50+7	40−4	50−7
b)	24+4	35+2	97−4	48−5
c)	44+13	75+12	97−24	48−25

* Addition/Subtraktion mit Zehnerüberschreitung:

a)	28+6	47+5	87−9	43−7
b)	38+36	47+26	87−59	43−27

Im Zahlenraum bis 1000:
Die beiden ersten Abschnitte entsprechen in der internen Gliederung der Addition bzw. Subtraktion im Zahlenraum bis 100.

* Addition/Subtraktion innerhalb eines Hunderters:

a)	440+10	440−10
b)	440+30	440−30
c)	445+10	445−10
d)	445+20	445−20
e)	445+ 4	445− 4
f)	445+14	445−14
g)	445+ 6	445− 6
h)	445+36	445−36

* Addition/Subtraktion mit Überschreiten des Hunderters:

a)	380+30	330−50
b)	385+30	335−50
c)	380+34	330−54
d)	385+34	335−54
e)	385+37	335−57

* Addition/Subtraktion von Hunderterzahlen:
  – Addition/Subtraktion von reinen Hunderterzahlen:

a)	100+200	800−300
b)	420+200	820−300
c)	424+200	827−300

  – Addition/Subtraktion ohne Überschreitungen:

a)	400+230	430−230
b)	420+230	430−220
c)	425+230	437–220

  – Addition/Subtraktion mit Überschreitungen:

a)	420+280	400−220
b)	440−290	440−260
c)	465+280	465−280
d)	465+284	465−281
e)	465+287	456−287

Hier ist etwa die Grenze zum schriftlichen Rechenverfahren zu setzen.

Für das nichtschriftliche Rechnen im Zahlenraum über 1000 lassen sich vergleichbare Strukturierungen aufstellen.

(2) Methodische Lösungshilfen
Notwendige Voraussetzungen für das Addieren und Subtrahieren in einem größeren Zahlenraum sind

* die Einsicht in den Aufbau des Zahlsystems,
* das Verständnis der Rechenoperationen und deren Eigenschaften,
* das Beherrschen der Grundaufgaben im Bereich bis 20.

Die Schüler können für ein vorteilhaftes Rechnen das Kommutativgesetz (Tauschaufgaben) nutzen, z. B.

$34+460=460+34$,

Assoziativ- und Kommutativgesetz (Zerlegungsaufgaben) anwenden, z. B.

$$350 + 280 = 300 + 50 + 200 + 80$$
$$= 300 + 200 + 50 + 80$$
usf.

oder die Subtraktion als Umkehroperation der Addition auffassen, z. B.

$325–280=x \qquad 280+x=325.$

Von besonderer Bedeutung ist die Einsicht in das Analogieprinzip sowie das Rückführen auf analoge, bekannte Zahlensätze. Einige Beispiele:

6 + 2 = 8	15–8 = 7
60+20	150–80
600+200	350–280
56+2	415–8
456+2	715–208 u. a.
460+20	
460+120	
320+60 u. a.	

Übersicht über die Grundaufgaben und Anforderungen im Laufe der Grundschulzeit:

ohne Überschreitungen	mit Überschreitungen	Zahlenraum
4+3 9−5 ... 14+3 19−5	7+8 15−7 ...	bis 20; ca. 1. Schulj.
40+ 3 59−5 44+ 3 44+6 57−7 40+30 50−20 40+32 59−20 44+26 44+32 59−25 57−17 ...	44+7 44−7 48+26 44−27 ...	bis 100; ca. 2. Schulj.
310+ 2 339− 5 310+ 12 339−20 310+112 339−25 ⋮ ⋮ 300+200 310+200 339−200 312+200 ⋮ ⋮ 312+247 339−225 ...	320+80 340−27 320+85 344−27 323+85 344−127 ⋮ ⋮ 320+185 400−257 327+180 403−257 327+189 413−257 ...	bis 1000; ca. 3. Schulj.
⋮ 2000+ 300 5400−200 2000+3000 5460−200 5462−241 ⋮ ⋮ 200000+80000 ⋮ 40000−2000 ⋮ ⋮ 12400+300 12430+300 54000−200 12430+310 54000−3200 ⋮ 12430+317 12431+317 ⋮ 54918−3215 ⋮ 209723+80172 790324–680213 ...	7400+800 5400−210 ⋮ 5400−217 7469+852 ⋮ ⋮ 5413−617 57000+600 ⋮ ⋮ 57000−9000 57809+6493 ⋮ 57204−9384 ⋮ ⋮ 35000+70000 350000−60001 ⋮ ⋮ 359047+72981 790325−27583 ...	> 1000; ca. 4. Schulj.

Der grau unterlegte Bereich gibt in etwa die Anforderungen wieder, die im Laufe der Grundschulzeit (und hoffentlich auch noch danach) „im Kopf" ohne schriftliche Rechenverfahren bearbeitet werden sollten, dabei sind die Übergänge zu den schriftlichen Rechenverfahren fließend, abhängig von der Leistungsstärke einer Klasse, den individuellen Schwierigkeiten der Schüler und auch den Vorschriften aus den Rahmenplänen einzelner Bundesländer.

In der traditionellen Rechendidaktik wird unterschieden zwischen dem sog. Kopfrechnen, dem halbschriftlichen Rechnen und dem schriftlichen Rechnen. Während beim Kopfrechnen alle Lösungsschritte „im Kopf" ohne schriftliche Hilfsnotizen durchgeführt werden, werden bei halbschriftlichen Verfahren wegen des Umfangs der Rechenschritte bzw. der Schwierigkeit der Aufgabe gedankliche Zwischenschritte und Teilergebnisse notiert. Das halbschriftliche Rechnen ist im Mathematikunterricht der Grundschule ein wichtiges Übergangsverfahren, das den Schüler sowohl zu einer systematischen Lösungsstrategie anhält als auch das Kurzzeitgedächtnis entlastet. Bei einer Aufgabe wie 234+145 würde die Gedächtnisleistung eines Drittkläßlers einfach überfordert werden beim reinen Kopfrechnen und dem Merken aller Zwischenschritte bzw. Zwischenlösungen. Halbschriftliches Rechnen ist immer ein Übergangs- oder Hilfsverfahren: Was z. B. in einem 2. Schuljahr noch halbschriftlich bearbeitet werden muß, gelingt ein Schuljahr später bereits gänzlich „im Kopf".

Hilfreiche halbschriftliche Verfahren:

567 + 48	723 − 58
567 + 40 = 607	723 − 50 = 673
607 + 8 = 615	673 − 8 = 665
567 + 48 = 615	723 − 58 = 665

365 + □ = 440	428 − 295
365 + 35 = 400	428 − 200 = 228
400 + 40 = 440	228 − 90 = 138
365 + 75 = 440	138 − 5 = 133
	428 − 295 = 133

Selbstverständlich gibt es nicht nur den einen Weg des halbschriftlichen Rechnens und nicht nur die eine Notationsform. Beispiel:

234 + 115		234 + 115
234 + 100 = 334		234 + 5 = 239
334 + 10 = 344	oder	239 + 10 = 249
344 + 5 = 349		249 + 100 = 349
234 + 115 = 349		234 + 115 = 349

	234 + 115		234 + 115
	234 + 100 = 334		200 + 100 = 300
oder	334 + 20 = 354	oder	30 + 10 = 40
	354 − 5 = 349		4 + 5 = 9
	234 + 115 = 349		234 + 115 = 349

oder

(200 + 100) + (30 + 10) + (4 + 5) = 349

Es gibt keinen genormten, für alle Schüler und für alle Aufgabentypen optimalen halbschriftlichen Rechenweg. Unterrichtsziel ist, daß jeder Schüler den für ihn günstigsten Rechenweg findet und durch vielfältige Übungen als Technik einübt, sich aber auch gegenüber der speziellen Aufgabe kreativ und flexibel verhält, indem er diese sinnvoll zerlegt, umformt und umordnet. – Die Lehrerin wird sich bewußt sein, daß Kinder mit Lernschwierigkeiten in Mathematik bzw. sog. langsame Lerner ihre Probleme haben werden, mehrere Verfahren und Notationsformen halbschriftlicher Rechnungen zu erkennen und voneinander zu unterscheiden. Oft entstehen Fehlertechniken aus dem Vermischen von Teilaspekten unterschiedlicher Rechenverfahren.

Auch aus anderen Gründen sind halbschriftliche Rechenverfahren in der Unterrichtspraxis manchmal umstritten. Erfahrene Lehrerinnen begrenzen z. T. den Umfang des halbschriftlichen Rechnens und gehen schneller ein auf die schriftlichen Rechenverfahren. Außerdem wird oft darauf verzichtet, das halbschriftliche Rechnen direkt vor das Erarbeiten der schriftlichen Rechenverfahren zu stellen, da die einzelnen Teilschritte beider Lösungsverfahren nicht übereinstimmen.

Ein sehr wichtiger Aspekt beim nicht-schriftlichen Addieren und Subtrahieren größerer Zahlen ist der Überschlag. Das frühzeitige Gewöhnen an Überschlagsrechnungen vertieft das Verständnis des Zahlbereichs, weist auf grobe Fehlrechnungen hin und vermindert motivationale Probleme bei der Thematisierung von Runden und Überschlag (vgl. Kap. 2.4.).

Beispielaufgabe:
487+58

Überschlagsrechnung:
490+60=550

oder durch Einschachtelung:
$480 + 50 < 487 + 58 < 490 + 60$

Die Summe muß zwischen 530 und 550 liegen.

Mögliche Rechenwege „im Kopf":

480 + 50 = 530	487 + 8 = 495
530 + 7 = 537	495 + 50 = 545
537 + 8 = 545	
500 + 58 = 558	487 + 60 = 547
558 − 10 − 3 = 545	547 − 2 = 545
480 + 60 = 540	487 + 13 = 500
540 + 7 − 2 = 545	500 + 58 − 13 = 545

u. a.

2.2.5. Häufige Schülerfehler bei Addition/ Subtraktion

Jan's Lösung:

	96 − 28
	90 − 20 = 70
	8 − 6 = 2
	96 − 28 = 72

Schülerfehler im Mathematikunterricht haben nur selten ihre Ursachen in Sorglosigkeit, situationsspezifischen Zufällen oder Unsicherheiten, sie sind oft das Ergebnis individueller, gedanklicher Überlegungen der einzelnen Schüler (vgl. hierzu Kap. 3.3 über Lernschwierigkeiten). Fehlstrategien sind Bilder begrifflicher Mißverständnisse bzw. Anzeichen für die Art, in der ein Schüler mathematische Probleme löst, wie und was er denkt. Die Analyse von Schülerfehlern (aus halbschriftlich bearbeiteten Aufgaben, durch diagnostische Gespräche, nach ‚lautem Denken') ermöglicht es dem Lehrer, Lernschwierigkeiten zu erkennen und daraufhin gezielte unterrichtliche Maßnahmen zu planen. Fehllösungen und Fehlstrategien selbst sollten im Unterricht mit den Schülern besprochen und geklärt werden, wodurch der oft dominierende quantitative Aspekt einer Schülerleistung (Anzahl der richtigen bzw. falschen Aufgabenlösungen) ergänzt wird durch eine inhaltliche Klärung der Schwierigkeiten.

Die Fehlerstrategien beim nichtschriftlichen Addieren und Subtrahieren können sehr vielfältig sein. Nachfolgend beschränken wir uns darauf, einige häufig beobachtbare Fehllösungen zu beschreiben (vgl. Gerster, 1982b; Radatz, 1980).

Addition:

82 + 7 = 88
Verrechnen um −1, oft durch falsches Zählen (82 + 7/ 82, 83, 84, 85, 86, 87, 88);

62 + 6 = 32
Störung der Richtung beim Zahlenlesen; gerechnet: 26 + 6;

82 + 7 = 90
Verrechnen um +1, bedingt durch falsche Zählstrategie (82 + 7/ 83, 84, 85, 86, 87, 88, 89, ergibt 90):

54 + 8 = 58
Falsche Richtung einer Teiloperation; gerechnet 54 + 6 = 60, 60 − 2 = 58;

680 + 130 = 550
Verwechseln bzw. Vertauschen der Operation;

27 = 13 □ 27 = 13 + 40
Die Bedeutung von Gleichungen sowie das Verständnis von Platzhaltern ist unzureichend;

501 + 125 = 606
Fehlerhafter Gebrauch und Operieren mit der Null;

78 + 8 = 88
Perseverationsfehler, d. h. dominierende Ziffern bzw. Zahlen wirken nach;

622 + 31 = 923
Falsche Stellenzuordnung beim halbschriftlichen Rechnen,
hier: 622 + 30 = 922
922 + 1 = 923;

76 + 8 = 74
Die Zehnerüberschreitung wird nicht berücksichtigt;

34 + 0 + 7 = 0 0 + 0 = 2
häufige Fehler auf Grund nicht ausreichenden Verständnisses der Null und ungeklärtes Operieren mit dieser Zahl.

Subtraktion:
96 − 8 = 89
Verrechnen um +1 durch falsches Rückwärtszählen (96−8 / 96, 95, 94, 93, 92, 91, 90, 89);

87 − 5 = 73
Störung der Lese- und Schreibrichtung von Zahlen; gerechnet: 78 − 5

96 − 8 = 87
mißverstandenes Rückwärtszählen führt zu einer Fehllösung um −1 (96 − 8 / 95, 94, 93, 92, 91, 90, 89, 88 – bleiben 87 übrig);

85 − 14 = 99
Addition statt Subtraktion;

52 − 7 = 55
Fehlerhafte Richtung einer Teiloperation; gerechnet: 52 − 2 = 50, 50 + 5 = 55

80 − 21 = 60
Subtraktion von der Null scheint für viele Schüler nicht lösbar zu sein;

92 − 28 = 76
Bestimmen der Differenz zwischen den Ziffern gleichen Stellenwerts;

8590 − 280 = 8390 8590 − 280 = 8510
Unvollständiges (halbschriftliches) Subtrahieren, eine Zwischenlösung wird bereits als Lösung angeboten.

2.3. Multiplikation und Division

Auch zum Multiplizieren und Dividieren bringen Schüler vielfältige Vorerfahrungen mit in den Unterricht, die sich vor der offiziellen Erarbeitung in der Schulmathematik ausgebildet haben in außerschulischen Anwendungssituationen. Im Mathematikunterricht kommt es nun darauf an, die Begriffe herauszuarbeiten und zu klären. Das Gemeinsame der verschiedenen Aspekte wird deutlich gemacht im Sinne einer Generalisation der Operationsbegriffe, und mit wachsendem Zahlenraum muß auch die Rechenfertigkeit geschult werden. Bereits im 1. Schuljahr sind Multiplikation und Division vorbereitet worden beim Verdoppeln, Halbieren oder bei der Addition mehrerer gleicher Summanden.

Von der Multiplikation

Es kann ſich bey Additionen fügen, daß alle ſummierenden Glieder von gleicher Größe ſind. In ſolchen Fällen läßt ſich die Arbeit merklich abkürzen. Man darf nur die ſummierenden Glieder alle abzählen, und die Einheiten, Zehner, Hunderter u. ſ. f. aus welchen das ſummierende Glied beſteht, ſo oft nehmen, als es ſummierende Glieder ſind. Man nennt dieſe untergeordnete Rechnungsart die Multiplikation (Vervielfältigung). Das ſummierende Glied heißt Multiplikand, und die Anzahl aller ſummierenden Glieder Multiplikator. Multiplicieren iſt alſo nichts anders, als den Multiplikand ſo oft nehmen, oder zu ſich ſelbſt addieren, als der Multiplikator Einheiten hat. Die auf dieſe Art erzielte Summe bekommt den Namen Produkt. Oft werden auch, Multiplikand und Multiplikator ſchlechtweg Faktores, und das Produkt nur Faktum genennt.

(Aus einem Rechenbuch, 1796)

2.3.1. Aspekte und Darstellungsschemata bei der Begriffserarbeitung

(1) Multiplikation
Eine Multiplikationsstruktur läßt sich in unterschiedlichen Sachzusammenhängen beschreiben (vgl. Oehl oder Rickmeyer):

* zeitlich – sukzessiver Aspekt
  Beispiel: „Jens geht dreimal in den Keller und holt jeweils 4 Flaschen Bier herauf."
  Der gleiche Vorgang wiederholt sich mehrmals; da es sich um eine Handlungskette handelt, ist dieser Aspekt im Grunde nicht graphisch darstellbar.
* räumlich-simultaner Aspekt
  Beispiel: „Auf dem Tisch stehen 3 Teller mit je 4 Broten." Das räumliche Nebeneinander von bestimmten Mengen gleicher Mächtigkeit wird beschrieben.
* kombinatorischer Aspekt
  Beispiel: „3 Jungen und 4 Mädchen bilden die Tanzpaare auf einer Party."
  Paare bzw. Verbindungen zwischen den Elementen zweier Mengen werden bestimmt. Hier gibt es auf der Darstellungsebene das Problem des gleichzeitigen Repräsentierens aller Paare.

Eine etwas andere Deutung der Multiplikation ist möglich im Hinblick auf die verschiedenen Zahlaspekte (vgl. Winter, 1981 b). – Bei den schematischen Darstellungen bzw. Materialanordnungen werden oft zeitliche mit räumlichen Aspekten verknüpft.

Vereinigen gleichmächtiger Mengen

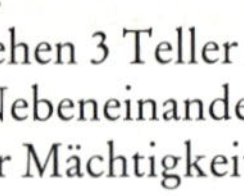

Kombinationen/Paare aus zwei Mengen

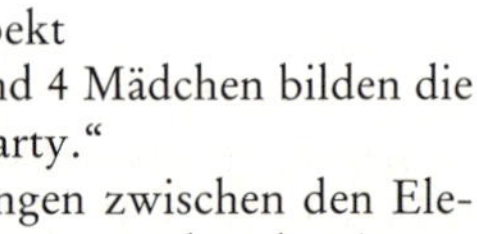

Baumdiagramm erst 3 Verzweigungen und jede davon in 4 Verzweigungen

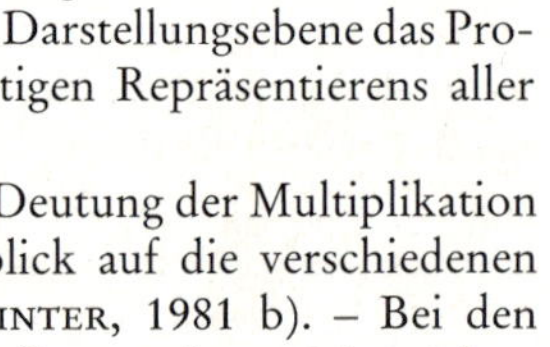

Wegemodell erst 3 Möglichkeiten und dann 4 Möglichkeiten, zu gehen

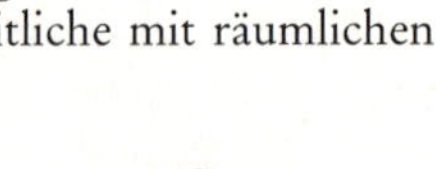

Maschinen
für jede eingegebene Kugel gibt die Maschine 3 Kugeln aus

Vergrößern
4 cm werden dreimal vergrößert

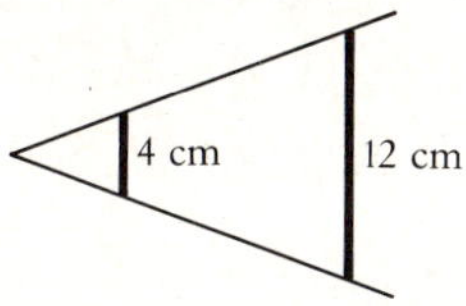

Längenmodell

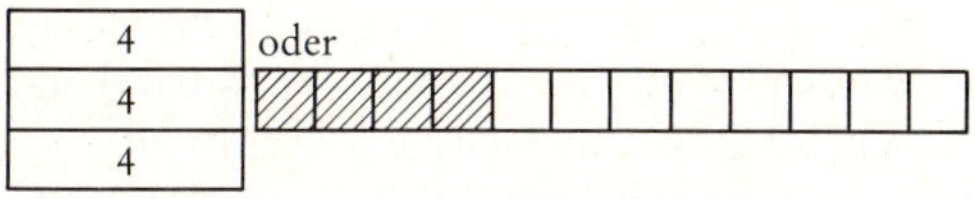

eine Länge mit der Maßzahl 4 wird verdreifacht (vgl. Vergrößern)

Zahlenstrahl

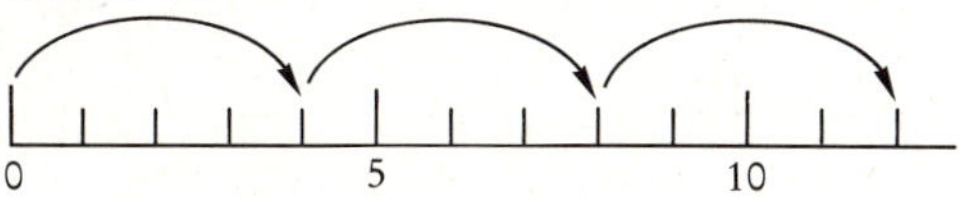

3 Sprünge über 4 Teilabschnitte auf dem Zahlenstrahl bzw. Zählen in Viererschritten

Rechteckfeld oder *Punktfeld*
3 Reihen mit jeweils 4

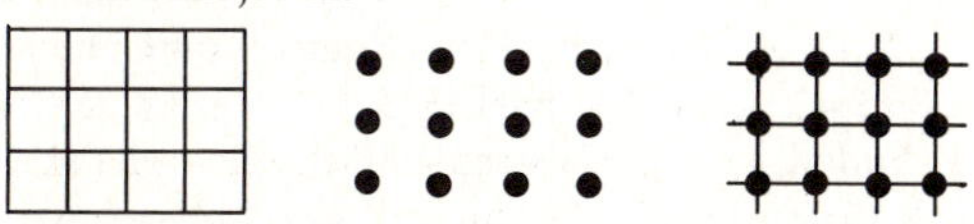

Diese Modelle stehen z. T. miteinander in enger Beziehung.

Multiplikation läßt sich einmal auffassen und definieren als fortgesetzte Addition gleicher Summanden
$4 + 4 + 4 = 3 \cdot 4$ bzw. allgemein
$a_1 + a_2 + \ldots + a_n = n \cdot a$,
zum andern mit Hilfe des kartesischen Produkts von Mengen:
3 Jungen und 4 Mädchen können insgesamt 12 Paare bilden;
$|A \times B| = |A| \cdot |B|$

Multiplikation als fortgesetzte Addition läßt sich unmittelbar ableiten aus zeitlich-sukzessiven oder räumlich-simultanen Sachsituationen, zu denen die Schüler wesentlich mehr Umwelterfahrungen und Anwendungsbezüge haben als zur Paarbildung des kombinatorischen Aspekts. Weitere Gründe für eine Erarbeitung des Multiplikationsbegriffs über die fortgesetzte Addition sind:

* Möglichkeit der hilfreichen Rückführung von Multiplikationsaufgaben auf die einfache Addition;
* überschaubarere ikonische Repräsentationsmodelle als bei der Paarbildung;
* die Beziehungen zur Umkehroperation Division sind einleuchtender herstellbar;
* die Eigenschaften der Multiplikation lassen sich in Verbindung mit den Operatormaschinen herausstellen.

Als eine methodische Grobgliederung der Erarbeitung bietet sich an:

* Sammeln von Grunderfahrungen zu räumlich-simultanen Sachsituationen sowie zu zeitlich-sukzessiven Abläufen, z. B.
  - handelndes Lösen von Rechengeschichten: „Frau Zech will Zitronensaft herstellen. Sie kauft 3 Netze mit jeweils 4 Zitronen."
  - Handlungen in der Klasse: „Faß dreimal in diesen Beutel und hole jeweils 4 Kastanien heraus."
  - Legen mit Material: Rechenplättchen, Steckwürfel, Cuisenaire-Stäbe, strukturiertes Material u. a.
  - Interpretation von Darstellungen:

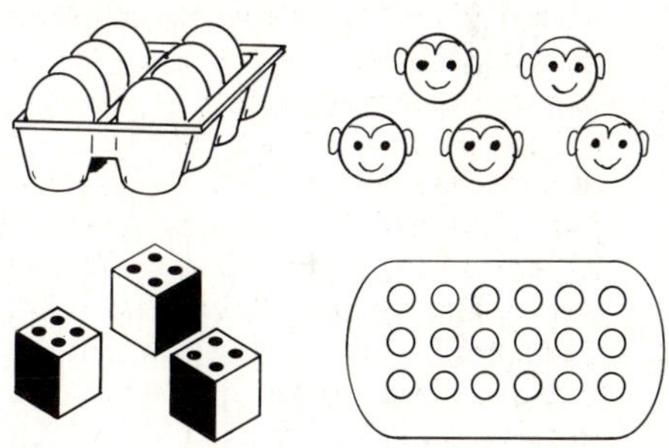

* Notation der Additionsaufgabe sowie der entsprechenden Multiplikationsaufgabe

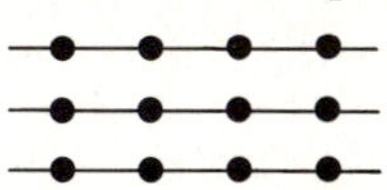

$4 + 4 + 4 = 12$

$3 \cdot 4 = 12$

* Herstellen von Darstellungen bzw. Legen von Material zu vorgegebenen Multiplikationstermen.

In der Umgangssprache wird der Multiplikator in einem Zahlensatz links geschrieben: $4 + 4 + 4 = 3 \cdot 4$ (dreimal die 4). Im Zusammenhang mit dem Operatormodell (Maschinen)

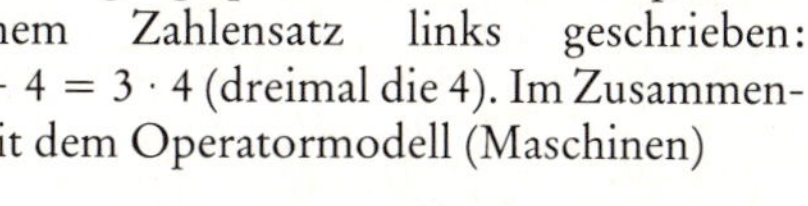

kann sich ein Problem ergeben durch die mathematisch übliche Rechtsschreibweise des Multiplikators: $4 + 4 + 4 = 4 \cdot 3$ (4 dreimal). Man sollte an dieser Stelle keine unnötigen Schwierigkeiten aufbauen, indem man als Lehrerin die Schüler zu einer ungewohnten Sichtweise anhält, zumal sich sehr früh das mögliche Vertauschen der Faktoren einsichtig machen läßt.

Fritz sagt: „Ich habe dreimal 4 Plättchen gelegt."

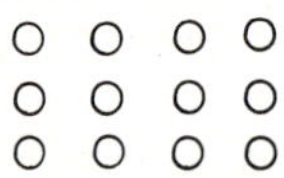

Rita sagt: „Ich habe viermal 3 Plättchen gelegt."

In der Diskussion wird klar, daß beide recht haben.

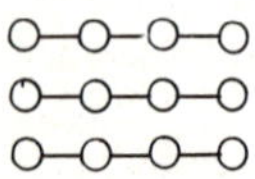

$3 \cdot 4 = 4 \cdot 3$

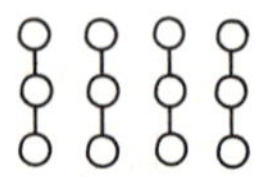

$3 \cdot 4 = 12$ $\qquad$ $4 \cdot 3 = 12$

(2) Division

Mathematisch wird die Division als Umkehrung der Multiplikation definiert:

$a \cdot x = c \underset{\text{def.}}{\Leftrightarrow} c : a = x$ für $a \neq 0$

$3 \cdot x = 12 \Leftrightarrow 12 : 3 = x$

Ein derart formales Vorgehen bei der Entwicklung des Divisionsbegriffs in der Grundschule wäre unzulässig. Allerdings sollten frühzeitig die Zusammenhänge zwischen den beiden Operationen erkannt werden, insbesondere beim operativen Üben. Hilfreich sind die in der traditionellen Rechendidaktik – hier allerdings oft mit überspitzten Unterscheidungen und einer eigenen Symbolik – entwickelten Grundvorstellungen des Verteilens und Aufteilens.

Verteilen:
Zerlegen einer Menge in eine vorgeschriebene Anzahl gleichmächtiger Teilmengen.

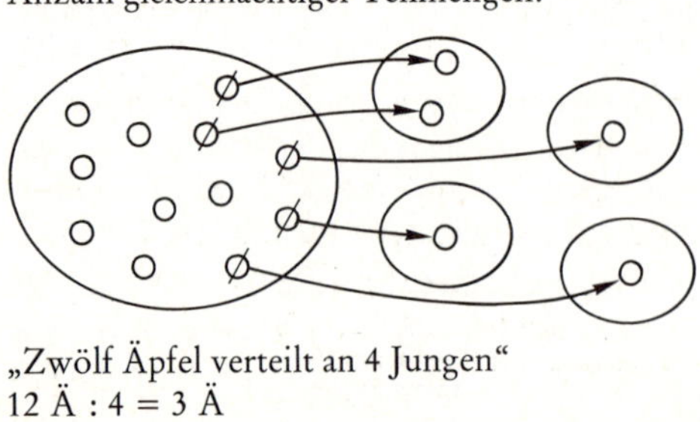

„Zwölf Äpfel verteilt an 4 Jungen"
12 Ä : 4 = 3 Ä

Aufteilen oder *Messen:* Zerlegen einer Menge in gleichmächtige Teilmengen vorgeschriebener Größe.

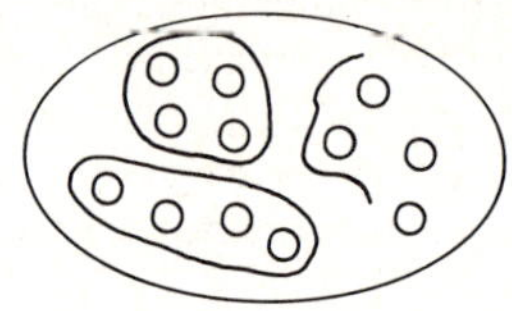

„12 Äpfel verpackt in Netze mit je 4 Äpfeln"
12 Ä : 4 Ä = 3

Während man bei Mengen (Kardinalzahlen) vom Prozeß des Aufteilens spricht, wird die vergleichbare Handlung bei Größen das Messen genannt.

„Ein Band von 12 cm Länge soll mit einem 4 cm Streifen gemessen werden"

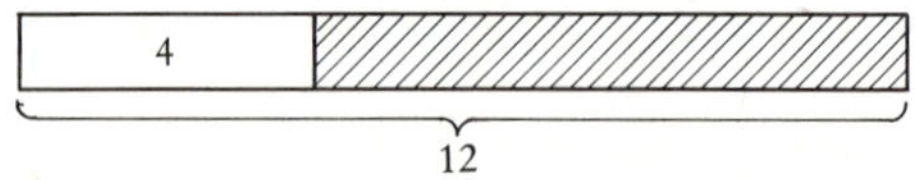

Es leuchtet ein, daß man von Schülern eines 2. Schuljahres keine begriffliche Unterscheidung von Verteilen und Aufteilen verlangen kann, jedoch kann sich bei den einführenden Handlungen und Spielen die Sprechweise zunächst den Handlungen anpassen:

12 : 3 als „12 durch 3" im Sinne „12 aufgeteilt in" bzw. „12 verteilt auf, an".

Andere Verbalisierungsvorschläge scheinen uns für die Schüler wenig hilfreich zu sein, wie z. B.

„12 durchgeteilt in Dreiergruppen" oder
„12 durchgeteilt in drei Gruppen",

denkt man etwa an die zahlreichen Gastarbeiterkinder und deren Sprachprobleme gerade während der Grundschulzeit.

Weitere Vorstellungshilfen für die Division, wobei der Zusammenhang mit der Multiplikation besonders deutlich wird, bieten der Zahlenstrahl und die Operatormaschinen. Dem Rückwärtsspringen am Zahlenstrahl entspricht das Verständnis von Division als fortgesetzte Subtraktion gleicher Subtrahenden:

$12 - 4 - 4 - 4 = 0; 12 : 4 = 3$

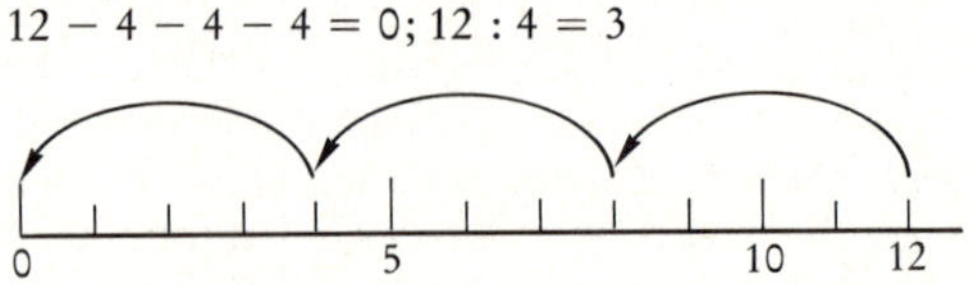

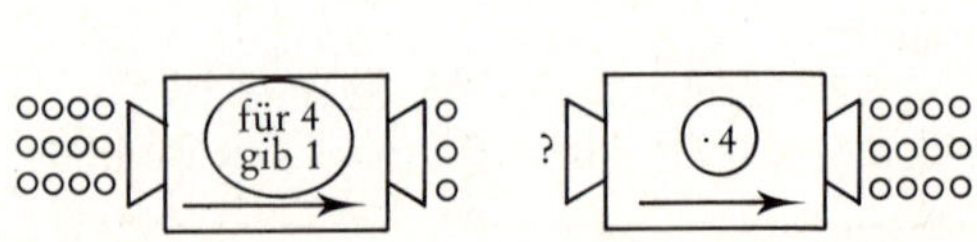

Eine methodische Grobgliederung könnte sein:

* Sammeln von Grunderfahrungen zum Aufteilen und Verteilen, zunächst auf der Handlungsebene mit Material bzw. durch Spielen von Realsituationen (Rechengeschichten), sowie dann vorwiegend das Aufteilen auf der bildhaften Ebene. Dazu eignen sich insbesondere Punktefelder (Mengenbilder) und Längenmodelle.

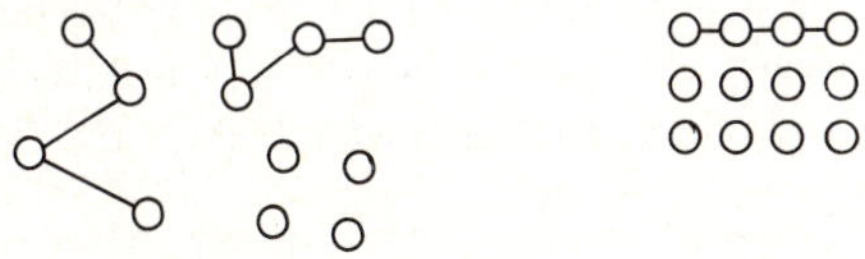

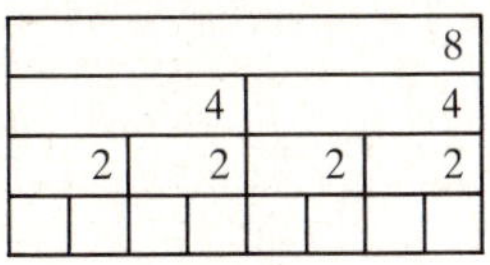

* Herausarbeiten des Zusammenhangs zwischen Division und Multiplikation. Das Suchen von Umkehroperationen bei Rechenmaschinen (s. o.) oder das Auffassen einer Divisionsaufgabe als Multiplikationsaufgabe sind methodische Möglichkeiten.

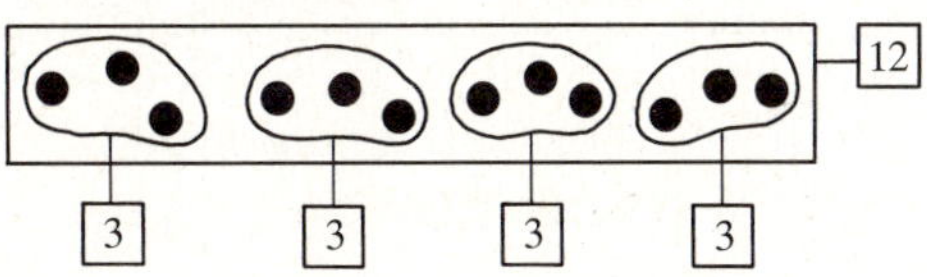

12 = □ · 3 12 : 3 = □

Kinder	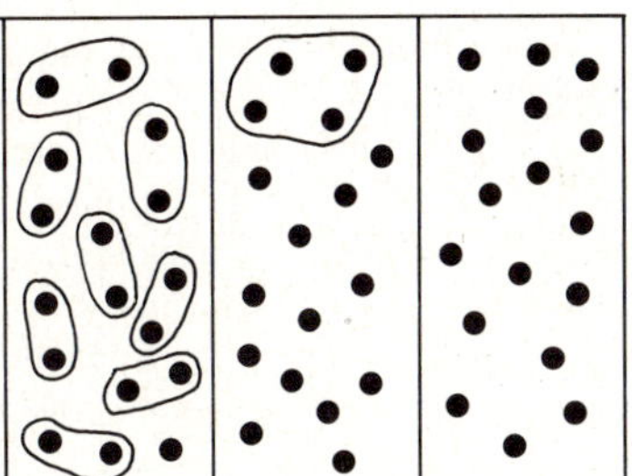		
Kinder je Zimmer	2	4	8
Zimmer	8		
Kinder ohne Zimmer	1		
	17=8·2+1	17 = □	17 = □

(3) Eigenschaften der Operationen

Eigenschaften von Operationen können nicht in sog. Einführungsstunden behandelt werden, sie entwickeln sich parallel mit den Begriffen durch Anwendungen und Erfahrungen im Umgang mit den Rechenoperationen, insofern sind sie ein integrierter Bestandteil des jeweiligen schulmathematischen Themenkreises. Gerade die Eigenschaften der Multiplikation bzw. Division dienen keinem fachlichen Selbstzweck, sie sind – im Sinne von Rechenvorteilen – für die Schüler anwendbar

* bei der Erarbeitung der Grundaufgaben bzw. des Einmaleins,
* beim halbschriftlichen Rechnen im größeren Zahlenraum.

Darüber hinaus sind sie eine Grundlage des Verständnisses der schriftlichen Rechenverfahren. Operationseigenschaften lassen sich durch Umgang mit Arbeitsmaterialien und entsprechende Handlungen auf dem Hintergrund der Aspekte von Multiplikation und Division erfahren, fortgesetzt durch Arbeiten auf der Darstellungsebene.

Kommutativität (Tauschaufgaben)

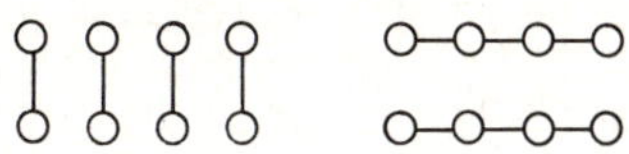

4 · 2 = 2 · 4

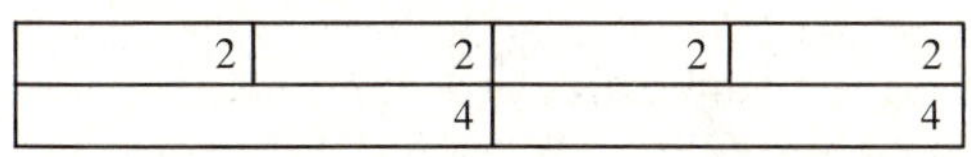

4 · 2 = 2 · 4

Distributivität (Zerlegungsaufgaben 2. Typs)

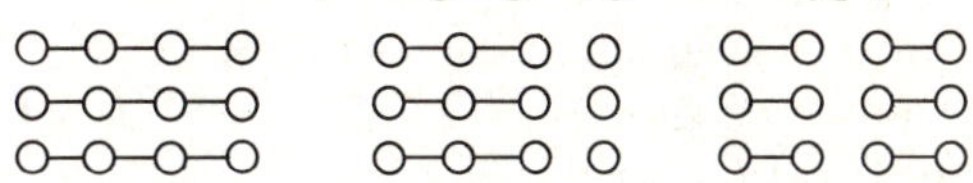

3 · 4 3 · 3 + 3 · 1 3 · 2 + 3 · 2

20 : 4 8 : 4 + 12 : 4 16 : 4 + 4 : 4

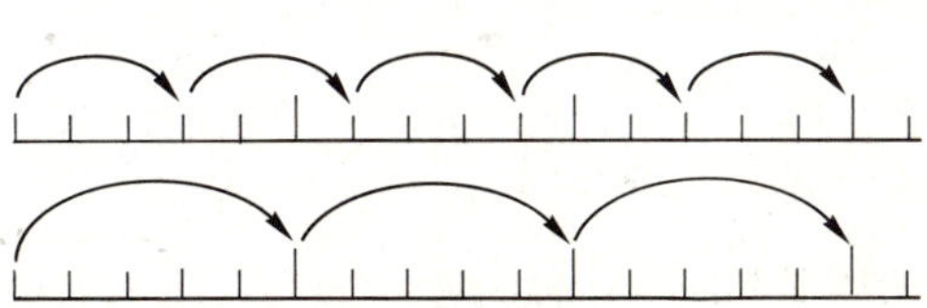

5 · 3 = 3 · 5

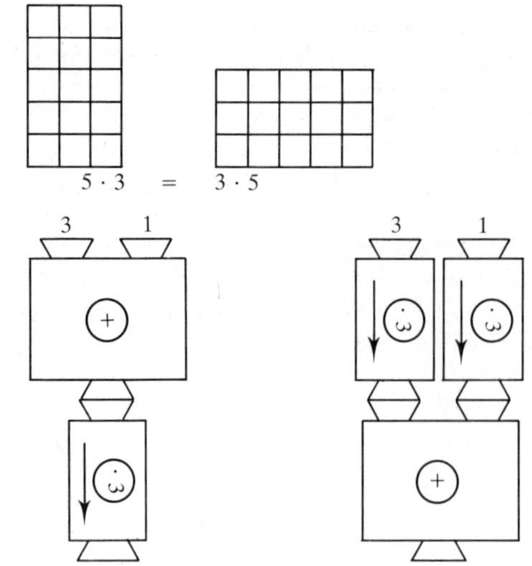

Assoziativität (Zerlegungsaufgaben 1. Typs)

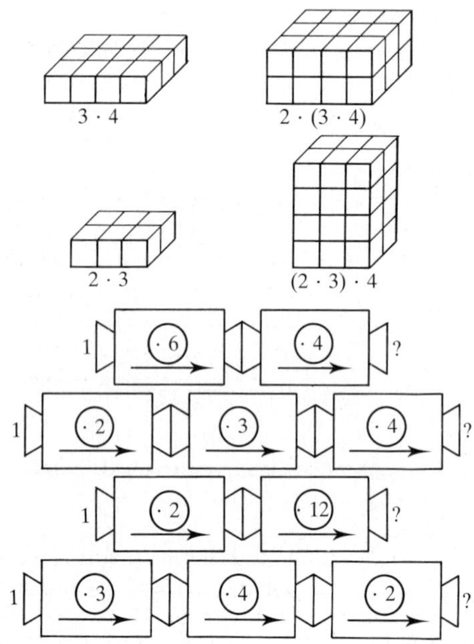

(4) Division mit Rest

In Folge der fachwissenschaftlichen Reformbemühungen zur Mathematik in der Grundschule wurde die traditionelle Schreibweise zur Division mit Rest wie „48 : 5 = 9 Rest 3" abgelehnt, weil mit dieser Schreibweise in Verbindung mit dem Gleichheitszeichen Widersprüche auftreten können:

Aus 48 : 5=9 Rest 3 und 39 : 4=9 Rest 3 folgt 48 : 5=39 : 4, was falsch ist.

Da eine präzise Schreibweise ($48 : 5 = 9\,{}^{3}/_{5}$) noch nicht möglich ist, wird in zahlreichen Schulbüchern – oftmals sehr umständlich und mit fraglichem Erfolg – versucht, Division mit Rest multiplikativ zu schreiben

$48 : 5 \qquad 48 = 9 \cdot 5 + 3$

oder die Gleichung wird in eine Abbildung verwandelt: $48 : 5 \rightarrow 9$ Rest 3.

Diese Umwandlung erfolgte auch im Hinblick auf die in einigen Rahmenrichtlinien noch thematisierte multiplikative Form der schriftlichen Division.

Müller und Wittmann (1977) stellen heraus, daß die vorgebrachten Gründe gegen die traditionelle Restschreibweise für Schüler dieser Altersstufe irrelevant sind. Für Grundschüler ist die Restschreibweise verständlich, außerdem kann sie zu Beginn der Sekundarstufe I fortgesetzt und verfeinert werden durch das Ausdrücken des Divisionsrestes durch eine Bruchzahl.

Einige Schulbücher bieten als Kompromiß die folgende Schreibweise an: $\frac{48 : 5 = 9}{\text{Rest } 3}$

(5) Multiplikation und Division mit der Null

Gerade das Multiplizieren und Dividieren mit der Null bereitet vielen Schülern große Schwierigkeiten, oft über das Wirksamwerden bestimmter Begriffsmißverständnisse in den schriftlichen Rechenverfahren bis in das Erwachsenenalter. Versuchen Sie einmal zu lösen:

$3 \cdot 0 =$	$0 \cdot 3 =$	$0 \cdot 0 =$
$3 : 0 =$	$0 : 3 =$	$0 : 0 =$
$3^0 =$	$0^3 =$	$0! =$

Man erinnert sich evtl. an auswendig gelernte Regeln wie „Durch 0 darf man nicht dividieren" o. a. . . ., ein Erklärungshintergrund für das Multiplizieren bzw. Dividieren mit der Null ist aber selten vorhanden. – Ursache für viele Schwierigkeiten ist ein sehr frühzeitig entwickeltes magisches, nicht-numerisches Verständnis der Null, etwa im Sinne von „nichts", „nicht . . .", „kein" u. a. Hinzu kommt, daß der Null in den meisten Schulbüchern weder bei der Entwicklung des Begriffs noch bei den Anwendungen in Rechenoperationen genügend Aufmerksamkeit geschenkt wird. So sind Schlußweisen, wie sie Hefendehl beschreibt, nicht selten:

Aufgabe: $5 \cdot 0$

Überlegungen: „5 mit Null malnehmen,
5 mit nichts malnehmen,
5 nicht malnehmen,
5 behalten,
5 bleibt, 5 ist das Ergebnis."

Es ist durchaus möglich, bei den verschiedenen Aspekten des Multiplikationsbegriffs die „Null“ als eine normale Zahl einzubeziehen, obwohl hier eine Verstärkung des Nichts-Verständnisses nicht auszuschließen ist:

* zeitlich-sukzessives Modell: „Fritz geht dreimal in den Keller und holt jeweils 0 Flaschen Bier herauf.“
* räumlich-simultanes Modell: „In einer Siedlung sind 3 neue Straßen. An jeder Straße stehen 0 Häuser.“

Mancher Schüler wird derartige Spitzfindigkeiten evtl. als Unsinn ansehen und zur Bearbeitung „Null-Bock“ haben. Sinnvoller ist das Multiplizieren mit der Null zu thematisieren bei der fortgesetzten Addition:

$3 \cdot 0 = 0 + 0 + 0$

oder mit Operatoren

E	A
1	
3	
	2

Außerdem kann die Null voll integriert werden in systematische Aufgabenketten wie z. B.

$6 \cdot 4 = 24$		$4 \cdot 2 = 8$		$4 \cdot 4 = 16$
$6 \cdot 3 = 18$		$3 \cdot 2 = 6$		$3 \cdot 3 = 9$
$6 \cdot 2 =$	oder	$2 \cdot 2 =$	oder	$2 \cdot 2 =$
$6 \cdot 1 =$		$1 \cdot 2 =$		$1 \cdot 1 =$
$6 \cdot 0 =$		$0 \cdot 2 =$		$0 \cdot 0 =$

Sollte das kombinatorische Modell der Multiplikation im Unterricht angesprochen werden, läßt sich das Operieren mit Null in einer Sachsituation untersuchen.

Sachsituation: Zwei Länder mit je einer bestimmten Anzahl von Flugplätzen.

Sachfrage: Wie viele direkte Flugverbindungen sind zwischen den beiden Ländern möglich?

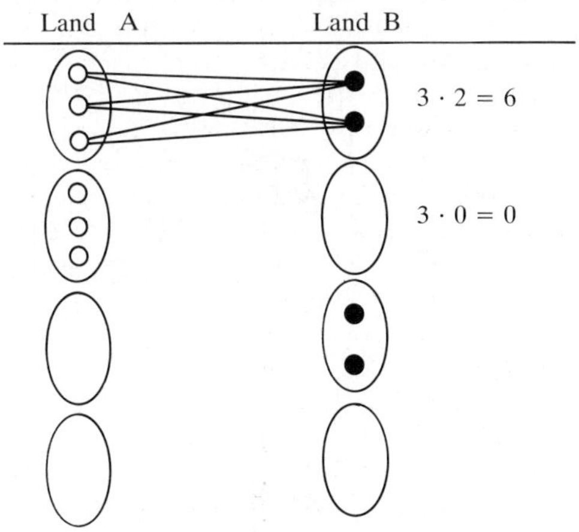

Für die Division mit der Null gibt es nur wenige hilfreiche Handlungen bzw. Vorstellungen, um Fehllösungen wie $0 : 0 = 1$ oder $3 : 0 = 0$ zu überwinden. Sicher hat Hefendehl recht mit der Feststellung, daß die Division durch Null ein mathematisches und kein Problem der alltäglichen Praxis ist. Insofern muß eine Klärung des „durch Null darf man nicht dividieren“ auf den Mathematikunterricht der späteren Schulzeit verschoben werden. Entscheiden Sie bitte selbst, ob die folgenden Probleme sinnvoll sind:

Aufteilen:

$0 : 3 = 0$	„0 Äpfel aufteilen in Mengen mit 3 Äpfel.“
$3 : 0 = /$	„3 Äpfel aufteilen in Mengen mit 0 Äpfel.“ – geht nicht –
$0 : 0 = /$	„0 Äpfel aufteilen in Mengen mit 0 Äpfel.“ – geht 1mal, 4mal . . ., nicht eindeutig –

Verteilen:

$0 : 3 = 0$	„0 Äpfel verteilt auf 3 Körbe.“
$3 : 0 = /$	„3 Äpfel verteilt auf 0 Körbe.“
$0 : 0 = /$	„0 Äpfel verteilt auf 0 Körbe.“

Subtraktion:

$0 : 3 = 0$	„Wie oft muß ich 3 von 0 abziehen, um 0 zu erreichen?
$3 : 0 = /$	„Wie oft muß ich 0 von 3 abziehen, um zur 0 zu kommen?“
$0 : 0 = /$	„Wie oft muß ich 0 von der 0 abziehen, um 0 zu erreichen?“

2.3.2. Das Einmaleins und die multiplikativen Grundaufgaben

Aufgaben des Einmaleins darf man nicht gleichsetzen mit mechanischen Gedächtnisleistungen oder rein auswendig gelerntem Wissen. Vor einem bewußten Einprägen der meisten Aufgabensätze im Laufe der Grundschulzeit kommt es wesentlich darauf an, den Charakter und die Eigenschaften der Operationen herauszuarbeiten sowie die operativen Beziehungen den Schülern zu verdeutlichen. Kennen der Grundaufgabengleichungen, spätestens bis zur Erarbeitung der schriftlichen Rechenverfahren zur Multiplikation und Division, und das Wissen über mögliche Lösungswege sind gleichzeitig anzustrebende Ziele.

(1) Anregungen zur unterrichtlichen Erarbeitung
Unter Rückgriff auf einige Hilfsvorstellungen lassen sich aus wenigen Multiplikationsgleichungen (Kernaufgaben) die übrigen Gleichungen einer Multiplikationsreihe erarbeiten. Dabei notwendiges Vorwissen ist die Einsicht in das

- Verdoppeln:
  $\underline{2} \cdot 2 = \underline{4}$ $\quad$ $\underline{4} \cdot 2 = \underline{8}$
- Halbieren:
  $\underline{10} \cdot 2 = \underline{20}$ $\quad$ $\underline{5} \cdot 2 = \underline{10}$
- Vertauschen:
  $3 \cdot 4 = 4 \cdot 3$
- Zerlegen:

$$\begin{array}{rcr} \underline{6 \cdot 2 = x} & & \underline{9 \cdot 2 = x} \\ 5 \cdot 2 = 10 & \text{oder} & 10 \cdot 2 = 20 \\ + \underline{1 \cdot 2 = \ \ 2} & & - \underline{1 \cdot 2 = \ \ 2} \\ 6 \cdot 2 = 12 & & 9 \cdot 2 = 18 \end{array}$$

In der Geschichte des Rechenunterrichts und aus langer Erfahrung haben sich zwei nicht wesentlich unterschiedliche Wege der Erarbeitung der Einmaleinsreihen bewährt:

Weg 1

Vertauschen	Verd./Halb.	Zerlegen
$1 \cdot x = x \cdot 1$		
$2 \cdot x = x \cdot 2$		
$3 \cdot x = x \cdot 3$		$x \cdot 2 + x \cdot 1$
$4 \cdot x = x \cdot 4$		
$5 \cdot x = x \cdot 5$		
$6 \cdot x = x \cdot 6$		$x \cdot 5 + x \cdot 1$
$7 \cdot x = x \cdot 7$		$x \cdot 8 - x \cdot 1$
$8 \cdot x = x \cdot 8$		
$9 \cdot x = x \cdot 9$		$x \cdot 10 - x \cdot 1$
$10 \cdot x = x \cdot 10$		

Weg 2

Vertauschen	Verd./Halb.	Zerlegen
$1 \cdot x = x \cdot 1$		
$2 \cdot x = x \cdot 2$		
$3 \cdot x = x \cdot 3$		$x \cdot 2 + x \cdot 1$
$4 \cdot x = x \cdot 4$		
$5 \cdot x = x \cdot 5$		
$6 \cdot x = x \cdot 6$		$x \cdot 5 + x \cdot 1$
$7 \cdot x = x \cdot 7$		$x \cdot 5 + x \cdot 2$
$8 \cdot x = x \cdot 8$		$x \cdot 10 - x \cdot 2$
$9 \cdot x = x \cdot 9$		$x \cdot 10 - x \cdot 1$
$10 \cdot x = x \cdot 10$		

Dabei muß unterschieden werden zwischen dem

- Grobaufbau (Reihenfolge der Erarbeitung der verschiedenen Reihen)

und der

- Feinstruktur (der Erarbeitung einer Reihe).

Vor der systematischen Erarbeitung der Reihen muß selbstverständlich die Klärung des Multiplikationsbegriffs und das Herausarbeiten der Möglichkeit stehen, jede Multiplikationsaufgabe auf eine Additionsaufgabe zurückzuführen.

Sieht man ab von dem trivialen 1 · x, bilden die Gleichungen zu 2 · x, 10 · x und 5 · x die notwendigen Kernaufgaben (oft genannt: „Königsaufgaben"), aus denen alle übrigen Aufgaben eines Einmaleins entwickelt bzw. gelöst werden können. Nach Weg 1 ergibt sich für das Einmaleins der Sieben folgende Stufung bzw. Reihenfolge:

2 · 7 → 4 · 7 → 8 · 7
10 · 7 → 5 · 7
2 · 7 → 3 · 7; 10 · 7 → 9 · 7; 5 · 7 → 6 · 7
8 · 7 oder 6 · 7 → 7 · 7

Alternative:
2 · 7 → 4 · 7 → 8 · 7
5 · 7 → 10 · 7 → 9 · 7
2 · 7 → 3 · 7 → 6 · 7 → 7 · 7

Aus der Darstellung wird einer der Gründe dafür ersichtlich, daß Aufgaben des Typs 7 · x am schwierigsten zu lösen sind: Die Kette notwendiger Teillösungsschritte ist hier am längsten.

Die Übungsformen zum kleinen Einmaleins können sehr abwechslungsreich sein (vgl. auch die folgenden Seiten sowie das Handbuchkapitel zu den Spielen und Übungsformen). Einige Anregungen:

* Zahlen zerlegen in Multiplikationsaufgaben

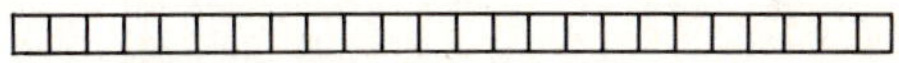

24 = 1 · 24 = 24 · 1

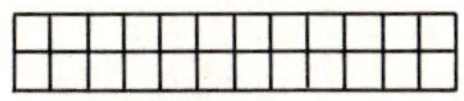

24 = 2 · 12 = 12 · 2

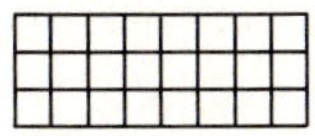

24 = 3 · 8 = 8 · 3

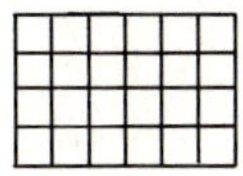

24 = 4 · 6 = 6 · 4

* Primzahlen suchen (Zahlen mit genau 2 Teilern, die sich nur als Quadratkette darstellen lassen); z. B. 13
* Quadratzahlen suchen (Zahlen, die durch Multiplikation gleicher Faktoren entstehen, und die sich als Quadratfelder darstellen lassen); z. B. 25
* Einkleidung von Multiplikationsaufgaben in Rechengeschichten;

Vier in einer Reihe auf der Hundertertafel

Spielmaterial:
- eine Hundertertafel
- für jeden Mitspieler ca. 15 Plättchen (Rechenplättchen, Muggelsteine, Halmafiguren) in einer Farbe
- 4 Sätze Zahlenkarten, je mit den Werten 1 bis 10

Spielregel:
Wer an der Reihe ist, zieht blind 3 Zahlenkarten. Daraus wird eine Zahl berechnet. Alle 4 Grundrechenarten sind erlaubt. Die so berechnete Zahl wird auf der Hundertertafel mit einem Plättchen abgedeckt. Wer hat zuerst 4 Felder in einer Reihe, waagerecht, senkrecht oder diagonal?

1	2	3	4	5	6	7	8	9	10
11	12	13	14	15	16	17	18	19	20
21	●	23	■	25	26	27	28	29	30
31	■	33	34	35	36	●	38	39	40
41	42	■	●	●	●	47	48	49	50
51	52	53	■	55	●	57	58	59	60
61	62	63	64	■	●	■	68	69	70
71	72	73	74	■	76	77	78	79	80
81	82	83	84	85	86	87	88	89	90
91	92	93	94	95	96	97	98	99	100

Hier hat ■ gewonnen!

* Operative Übungsformen;
Markiere die Sechserzahlen O
und die Neunerzahlen X

1	2	3	4	5	(6)	7	8	X	10
11	(12)	13	14	15	16	17	⊗	19	20
21	22	23	24	25	26	27	28	29	30
31	32	33	34	35	36	37	38	39	40
41	42	43	44	45	46	47	48	49	50
51	52	53	54	55	56	57	58	59	60
61	62	63	64	65	66	67	68	69	70
71	72	73	74	75	76	77	78	79	80
81	82	83	84	85	86	87	88	89	90
91	92	93	94	95	96	97	98	99	100

·	3	7			
6					
5	15				
0					
2				18	
8			32		8

Divisionsaufgaben lassen sich durch Rückgriff auf die zugehörige Multiplikationsaufgabe lösen, z. B. 24 : 4 = 6, denn 6 · 4 = 24.

Übungen zum Einprägen der Einmaleinssätze können vielfältig gestaltet werden:

Auf der Darstellungsebene z. B. durch Zahlenstrahl oder Hundertertafel:

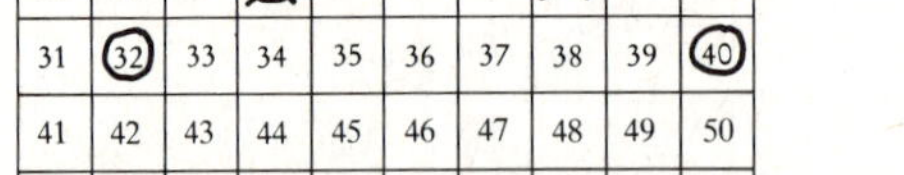

1	2	3	X	5	6	7	⊗	9	10
11	X	13	14	15	⊗	17	18	19	X
21	22	23	⊗	25	26	27	X	29	30
31	(32)	33	34	35	36	37	38	39	(40)
41	42	43	44	45	46	47	48	49	50
51	52	53	54	55	56	57	58	59	60
61	62	63	64	65	66	67	68	69	70
71	72	73	74	75	76	77	78	79	80
81	82	83	84	85	86	87	88	89	90
91	92	93	94	95	96	97	98	99	100

Mit Hilfe von systematischen Aufgaben und Analogien, z. B.:

2 · 4	2 · 8
4 · 4	2 · 4
8 · 4	3 · 8
	3 · 4

beim sog. großen Einmaleins:

3 · 7	35 : 5	10 · 8	25 · 32
3 · 70	350 : 5	100 · 8	25 · 31
30 · 7	350 · 50	8 · 100	24 · 31
70 · 3		8 · 300	24 · 30
			25 · 30

Durch unterschiedliche Plazierung des Platzhalters in den Aufgaben sowie durch verschiedene Einkleidungen, wie einige Beispiele auf der folgenden Seite zeigen.

2.3.3. Operieren im Tausenderraum

Multiplikation und Division werden auch im größeren Zahlenraum zweckmäßig nebeneinander erarbeitet und miteinander operativ integriert, um insbesondere für das Dividieren die Umkehrbeziehungen zu nutzen. Wichtige Lösungsstrategien sind

- das Bilden und Nutzen von Analogien,
- das Zerlegen auf Grund des Distributivgesetzes (Vertauschungsgesetzes)
- das Nutzen kommutativer Eigenschaften, unterstützt durch das Beherrschen des sog. kleinen Einmaleins.

Vorgeschlagen wird die folgende Grobstufung der inhaltlichen Ziele des weiteren nichtschriftlichen Multiplizierens und Dividierens:

(1) Zehnereinmaleins

Das Einmaleins der Zehner ist für das Verständnis der Zahlen sowie das Rechnen im Zahlenraum bis 1000 von großer Bedeutung.

Um ein mechanisches und auf wenig Verständnis beruhendes „Anhängen der 0" zu vermeiden, bieten sich mehrere Erarbeitungsmöglichkeiten an; Beispielsaufgabe: 4 · 20

* Fortgesetztes Addieren:
  4 · 20 = 20 + 20 + 20 + 20
* Rechnen mit Stellenwerten:
  4 · 20 = 4 · 2 Z
  = 8 Z
  = 80
* Bilden der Zehnerreihe:
  20, 40, 60, <u>80</u> . . .
* Berücksichtigen von Analogien:
  4 · 2 = 8
  4 · 20 = 80

ÜBUNGSANREGUNGEN

Platzhalter

x	2·x
3	6
6	
4	
12	

x·2	x
20	10
10	
4	
8	

x	x:2
14	7
18	
8	
12	

Tabellen

·	3		7	
2		8		12
	9			
4				
	15			

:	2	3	5	7
30				
21				
	7	/	/	2
			/	6

Kreuzzahlrätsel

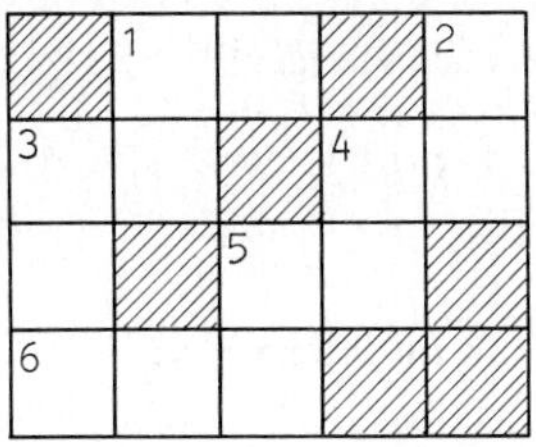

→
1) 65 - 24
3) (10·3)- 11
4) (7·9) + 1
5) 14+ (5·17)
6) (9·9)+25

↓
1) 7 · 7
2) 72 : 3
3) (3·7)+(8·10)
4) 88 - 19
5) 12 · 8

→
1) 9·9 + 40
3) (3·3)+(4·4)
5) 3 · 5
6) (10·6)+100

↓
1) 60 · 2
2) 5 · 5
4) 300 : 2
5) das Doppelte vom Doppelten von 4

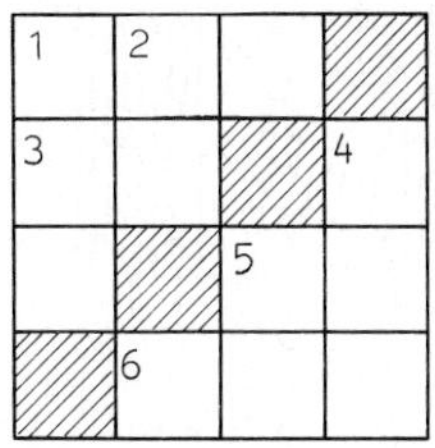

Pyramiden

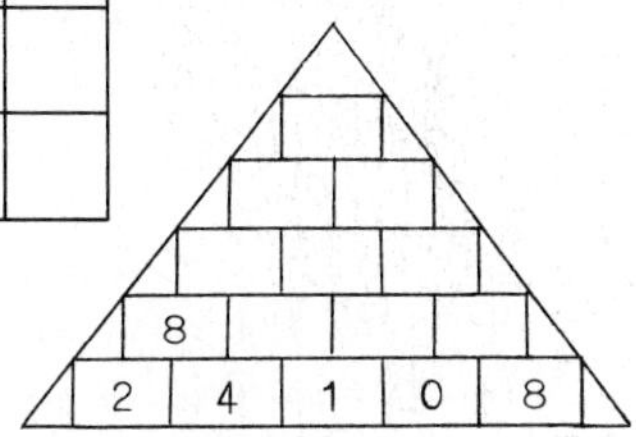

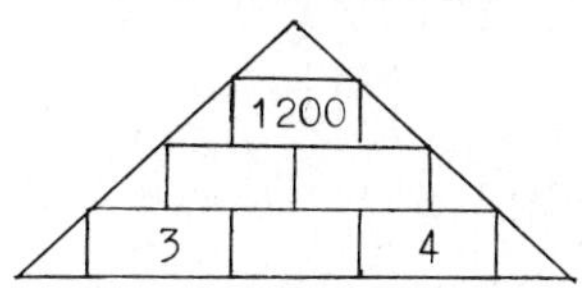

Drillinge, aus denen man immer 17 erhält.
Suche noch mindestens 6 andere Drillinge.

8 · 2 + 1

5·5 - 8

4·4 + 1

5	8	8	6	1	1	7
3	1	3	4	5	5	1
5	2	6	1	4	3	5
5	8	7	1	7	6	6
5	1	5	2	4	4	1
2	9	1	6	6	7	9
1	1	5	5	8	9	1

Klaus, Erika und Sabine sammeln Briefmarken. Wie viele haben sie zusammen, wie viele hat jeder einzelne?

Klaus	130	170	290	
Erika	270	310		140
Sabine	320		180	390
zusammen		820	730	900

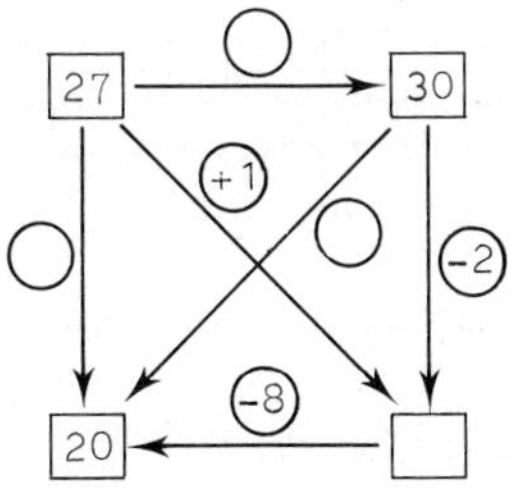

Jedes Zeichen steht für eine Zahl.
Kannst Du die Rätsel lösen?

□ + △ = ◇○	○ + ○ = ◇	□ · □ = ◇□
○ · ○ = ◇△	◇ + ○ = ▽□	△□ + □ = ○○
○ → 4	○	○
□ →	□	□
△ →	▽	△
◇ →	◇	◇

(2) Multiplikation von Zehnern mit Einern und entsprechende Division

Beispielaufgabe: $4 \cdot 23$

* Arbeit auf der enaktiven Ebene mit Rechengeld oder mit den Mehrsystemblocks:

$4 \cdot 23$ Pf

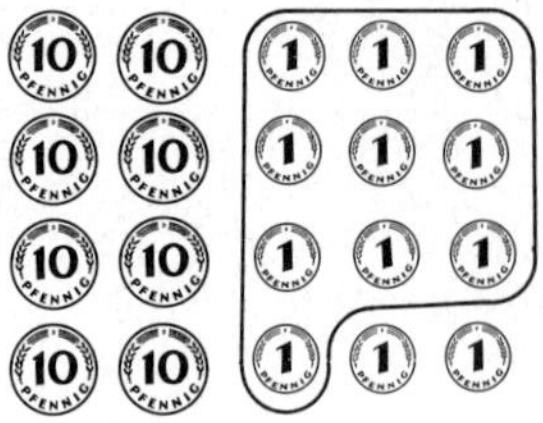

$= 92$ Pf

* auf der ikonischen Ebene:

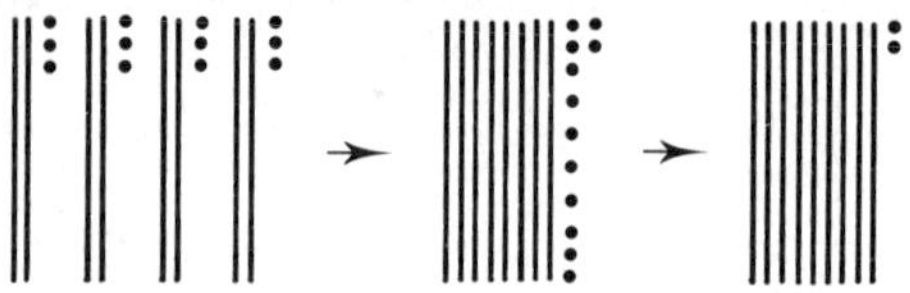

$4 \cdot 23$ $\quad\quad$ $= 92$

oder

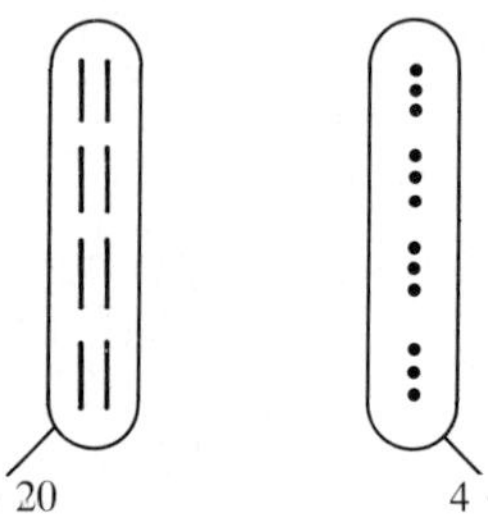

$4 \cdot 20$ $\quad\quad$ $4 \cdot 3$

* halbschriftliche Lösungsschritte unter Rückführung auf bekannte Grundaufgaben:

$$\begin{array}{rl} & 4 \cdot 23 \\ \hline & 4 \cdot 20 = 80 \\ + & 4 \cdot \ \ 3 = 12 \\ \hline & 4 \cdot 23 = 92 \end{array}$$

später dann in Kurzform:

$$\begin{aligned} 4 \cdot 23 &= 80 + 12 \\ &= 92 \end{aligned}$$

$$\begin{array}{rl} & 172 : 4 \\ \hline & 160 : 4 = 40 \\ + & \ \ 12 : 4 = \ \ 3 \\ \hline & 172 : 4 = 43 \end{array}$$

Ein anderes Verfahren wenden wir Erwachsene häufig an, indem wir die Null im Einer „wegdenken“ und dann wieder „anhängen“. – Bei entsprechenden Aufgaben bietet sich im Mathematikunterricht ein ausführlicher Weg an wie:

$$\begin{aligned} 280 : 4 &= (10 \cdot 28) : 4 \\ &= 10 \cdot (28 : 4) \\ &= 10 \cdot 7 \\ &= 70 \end{aligned}$$

(3) Multiplikation und Division mit reinen Zehnerzahlen

$$\begin{array}{rl} & 23 \cdot 40 \\ \hline & 20 \cdot 40 = 800 \\ + & \ \ 3 \cdot 40 = 120 \\ \hline & 23 \cdot 40 = 920 \end{array}$$

da $23 \cdot 40 = (20 + 3) \cdot 40$

später in Kurzform:

$$\begin{aligned} 23 \cdot 40 &= 800 + 120 \\ &= 920 \end{aligned}$$

Das Rechnen über das Zerlegen von $23 \cdot 40$ in $(23 \cdot 4) \cdot 10$ ist wohl eleganter, für Schüler dieser Altersstufe aber sicher schwieriger.

$$\begin{array}{l} 360 : 30 \\ \hline 300 : 30 = 10 \\ \ \ 60 : 30 = \ \ 2 \\ \hline 360 : 30 = 12 \end{array}$$

Ein anderer Lösungsweg könnte darin bestehen, erst durch 10 zu dividieren und anschließend durch den Einer.

$360 : 30$

$360 : 10 = 36$

$36 : 3 = 12$

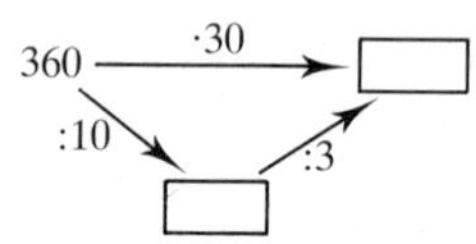

(4) Multiplikation und Division von Hunderterzahlen

$$\begin{aligned} 2 \cdot 4 &= 8 \\ 20 \cdot 4 &= 80 \\ 200 \cdot 4 &= 800 \end{aligned}$$

$$\begin{array}{l} 230 \cdot 4 \\ \hline 200 \cdot 4 = 800 \\ \ \ 30 \cdot 4 = 120 \\ \hline 230 \cdot 4 = 920 \end{array} \qquad \begin{array}{l} 192 : 4 \\ \hline 160 : 4 = 40 \\ \ \ 32 : 4 = \ \ 8 \\ \hline 192 : 4 = 48 \end{array}$$

In einigen Richtlinien wird das Multiplizieren von gemischten Zehnerzahlen erwartet. Wir halten ausführliche Übungen und halbschriftliches Rechnen mit derartigen Anforderungen für überflüssig, nicht zuletzt wegen der großen Verbreitung der Taschenrechner schon unter den Grundschülern. Es reicht aus, wenn die Schüler einen Weg über das Zerlegen entsprechend den einfacheren Multiplikationsaufgaben kennen und Aufgaben „in der Nähe“ voller Zehner/Hunderter lösen können.

Eine wichtige Grundlage für das Verständnis und die Fähigkeiten des mündlichen Rechnens bilden die folgenden Gesetzmäßigkeiten; ihre Kenntnis und Anwendung ermöglicht sinnvolle Rechenvorteile:

* Verteilungsgesetz
  z. B.: $6 \cdot 43 = 240 + 18 = 258$
* Vertauschungsgesetz
  z. B.: $38 \cdot 4 = 4 \cdot 38$
* Verbindungsgesetz
  z. B.: $3 \cdot 8 \cdot 7 = 3 \cdot 56 = 168$
* Ausgleichsgesetz
  z. B.: $8 \cdot 25 = 4 \cdot 50$

Gerade bei der Multiplikation und Division kommt der *Überschlagsrechnung* und dem *Runden* eine besondere Bedeutung zu.

Einige Schülerfehler:

$280 + 31 = 590$

$20 \cdot 300 = 600$

$8000 : 20 = 40$

$$\begin{array}{r} 392 \cdot 7 \\ \hline 7004 \end{array}$$

$$\begin{array}{r} 746 \\ +\ 563 \\ \hline 2119 \end{array} \qquad \begin{array}{r} 5821 \\ -\ 321 \\ \hline 500 \end{array}$$

$$\begin{array}{l} 5827 : 17 = 34 \\ \underline{51} \\ \ \ 72 \\ \ \ \underline{68} \\ \ \ \ \ 4 \end{array}$$

Häufig unterscheiden sich Fehllösungen beim halbschriftlichen Rechnen, bei den schriftlichen Verfahren und zu einem späteren Zeitpunkt auch beim Hantieren mit dem Taschenrechner (spez. Dezimalzahlen, z. B. $4{,}804 : 4 = 12{,}01$) von den richtigen Lösungen nicht nur um wenige Werte innerhalb einer Stelle sondern um ganze Stellenwerte. Überschlagsrechnung nach Runden der Zahlen ist zwar eine ungenaue, aber sehr hilfreiche und effektive Kontrolle, zu der die Schüler bereits im Laufe der Grundschulzeit angehalten werden sollten, zumal andere Kontrollverfahren wie Umkehroperation, erneutes Multiplizieren nach Vertauschen der Faktoren u. a. von den Schülern als zu umständlich und zeitaufwendig angesehen werden und freiwillig kaum angewandt werden.

Als mögliches Ziel kann man formulieren, daß die Schüler die Zweckmäßigkeit der Überschlagsrechnung beim Operieren mit großen Zahlen einsehen und sie schnell, sicher und selbstverständlich durchführen, vor der eigentlichen Rechnung als Ergebnisschätzung sowie nach der durchgeführten Rechnung als Kontrolle.

Voraussetzungen der Überschlagsrechnung sind

* Beherrschen der Grundaufgaben und Überblick über den Zahlenraum,
* Fähigkeit des Auf- und Abrundens von Zahlen,
* Erkennen, wann Runden sinnvoll ist.

  Beim Runden entscheidet ausschließlich die rechte Nachbarstelle, mehrmaliges Runden einer Zahl ist unzulässig, also z. B.
  $647 \approx 650 \approx 700$

STEHT IN DER RECHTEN NACHBARSTELLE 0, 1, 2, 3, 4,
SO WIRD ABGERUNDET,
STEHT IN DER RECHTEN NACHBARSTELLE 5, 6, 7, 8, 9,
SO WIRD AUFGERUNDET.

Es ist wichtig herauszuarbeiten, daß kräftig gerundet werden muß, um schnell zu einem Überschlag zu kommen. Beispiel:

$1758 : 83$ ↗ auf Zehner gerundet $1760 : 80$
$1758 : 83$ ↘ auf Hunderter gerundet $1800 : 100$

Zum andern sollten die Schüler erfahren, daß bei Größen die Art des Rundens von der messenden Größe abhängig ist. So ist es z. B. wenig sinnvoll, bei Körperlängen auf volle Meter oder gar Kilometer zu runden.

Beispiele für Überschlagsrechnungen:

Aufgabe	Überschlag
$57 \cdot 30$	$60 \cdot 30$
$349 \cdot 78$	$300 \cdot 80$
$251 \cdot 351$	$300 \cdot 400$
$4503 : 8$	$4500 : 10$
$87{,}55 : 5$	$90 : 5$

2.3.4. Häufige Schülerfehler bei Multiplikation/Division

Multiplikation:

$9 \cdot 4 = 31$
Fehlerhafte Zerlegungsaufgabe: $10 \cdot 4 - 1 \cdot 9$;

$7 \cdot 6 = 43$
Zerlegen in $5 \cdot 6 + 6 + 7$;

$8 \cdot 60 = 488$
Multiplikation der Null als $8 \cdot 0 = 8$;

$700 \cdot 20 = 140$
Vernachlässigen von Nullen;

$7 \cdot 5 = 30$; $7 \cdot 5 = 40$
Beim Lösen durch fortgesetzte Addition wird ein Summand vergessen bzw. auch zu viel addiert;

$6 \cdot 60 = 660$
Nachwirken von Ziffern (Perseverationsfehler);

$27 \cdot 4 = 88$
Fehlerhaftes Addieren der Zwischenlösungen bzw. hier Vernachlässigen der 2 Zehner aus der Teillösung $7 \cdot 4 = 28$;

$35 \cdot 7 = 65$
Fehlerhafte Teiloperation; gerechnet: $5 \cdot 7 = 35$, $35 + 30 = 65$

Division:
$800 : 20 = 400$; $800 : 20 = 4$
Fehlerhaftes Dividieren durch volle Zehner-, Hunderterzahlen (Null!);

$30 : 6 = 2$
gerechnet: $6 : 3$;

$400 : 80 = 20$
Gedankliches Vertauschen von Dividend und Divisor;

$155 : 5 = 301$
Gerechnet $150 : 5 = 30$ und $5 : 5 = 1$ mit fehlerhafter Addition;

$44 : 4 = 14$
Nachwirken von Ziffern (Perseveration);

$96 : 16 = 10$
„halbschriftlich“

$$\begin{array}{rl} & 96 : 16 \\ \hline & 90 : 10 = 9 \\ + & 6 : 6 = 1 \\ \hline & 96 : 16 = 10 \end{array}$$

$1000 : 200 = 500$
Gerechnet zunächst $10 : 2 = 5$ und dann wieder die beiden Nullen „drangehängt“;
u. a.

2.4. Zahlbereichserweiterungen

2.4.1. Natürliche Zahlen und Größen im Mathematikunterricht der Grundschule

Der hierarchische Aufbau des Mathematikunterrichts wird besonders offenkundig bei den unterschiedlichen Zahlbereichen in den Schuljahren 1 bis 4. Angefangen vom Rechnen im Zahlenraum (ZR) bis 5 bis hin zum Umgang mit Zahlen bis zu einer Million und darüber hinaus wird der Vorrat der Zahlen schrittweise erweitert.

Ursache dieser abschnittweisen Zahleroberungen ist nicht die Tatsache, daß mit größeren Zahlen immer auch das Rechnen mit ihnen schwerer wird. Wer 2 dreistellige Zahlen schriftlich addieren kann, kann auch 2 neunstellige Zahlen addieren – auch wenn er die so erzeugte Zahl nicht lesen kann. Ein Grund des schrittweisen Vorgehens sind sicher die „natürlichen Grenzen“ unseres dezimalen Zahlsystems: 10, 100, 1000, ... Wichtiger aber noch ist die Tatsache, daß es nicht allein darum geht, in den immer größer werdenden Zahlenräumen rechnen zu können, Algorithmen abarbeiten zu können, sondern darum, diese neuen Zahlen auch zu verstehen. Dieses Ziel, die Vermittlung von Vorstellungen großer Zahlen, setzt eine gesicherte Kenntnis kleinerer Zahlen voraus. Intensives Arbeiten im ZR bis 100 kann helfen, Zahlen bis 1000 zu verstehen, und deren Kenntnis kann wiederum das Verständnis für noch größere Zahlen stützen.

Parallel zu den Erweiterungen im Bereich der natürlichen Zahlen verläuft eine zunehmende Einbeziehung von Größen, passend zu den jeweils behandelten natürlichen Zahlen. Diese parallele Behandlung ermöglicht die wechselseitige Stützung von Zahl- und Größenvorstellung.

natürliche Zahlen	Größen
1. Schuljahr ZR bis 5 ZR bis 10 ZR bis 20	– Pfennig, DM (bis 20)
2. Schuljahr ZR bis 100	– Pfennig, DM – cm, [dm,]* m – Jahr, Monat, Woche, Tag, h, min, sec
3. Schuljahr ZR bis 1000	– Pfennig, DM – mm, cm, dm, m, km – Jahr, Monat, Woche, Tag, h, min, sec – kg, g (Pfund, Zentner)** – l, hl
4. Schuljahr ZR bis 10 000 ZR bis 100 000 ZR bis 1 000 000 und darüber	– Pfennig, DM – mm, cm, dm, m, km – Jahr, Monat, Woche, Tag, h, min, sec – t, [dz,]* kg, g, (Pfund, Zentner)** – [m^3]*, hl, l

* Die in eckigen Klammern stehenden Größen können auch noch zu einem späteren Zeitpunkt behandelt werden.

** Wegen ihrer Verbreitung im täglichen Gebrauch können die Größen Pfund und Zentner im Unterricht angesprochen werden. Sicherheit im rechnerischen Umgang mit ihnen braucht nicht angestrebt zu werden.

Vom zweiten Schuljahr an können behutsam auch Bruchteile von Größen behandelt werden. Dabei sollte man sich anfangs auf bekannte Sprechweisen („eine halbe Stunde") beschränken. Ab der dritten Klasse werden die Bruchschreibweise ($\frac{1}{2}$ km, $\frac{1}{4}$ l) und die Kommaschreibweise (7,85 DM) gebraucht. Dabei muß der Bruchzahlcharakter (0,85 DM = $\frac{85}{100}$ DM) nicht herausgearbeitet werden. Die Kommaschreibweise wird vielmehr als Kurzform längerer Notationen eingeführt: 7,85 DM steht für 7 DM 85 Pf, 3,250 kg für 3 kg 250 g.
Mit Hilfe dieser Schreibweise wird auch die schriftliche Addition in der Kommaschreibweise eingeführt.

2.4.2. Methodisches Vorgehen

Die Zahlenraumerweiterungen im 1. Schuljahr – bis 5, bis 10, dann bis 20 – unterliegen wegen der Überschaubarkeit der Zahlen und wegen der fehlenden Notwendigkeit, den Stellenwertaspekt zu betonen, einer eigenen Gesetzlichkeit (vgl. S. 52 ff.). Vom Ende des ersten bzw. vom Beginn des zweiten Schuljahres an ist das methodische Vorgehen bei Zahlbereichserweiterungen weitgehend das gleiche.

(1) Anknüpfen an Vorkenntnisse
Vor jeder Zahlbereichserweiterung werden die bekannten Zahlen wiederholt. Dabei sollte nicht nur das Rechnen mit diesen Zahlen behandelt werden. Mit Blick auf die geplanten Maßnahmen kommt es vielmehr darauf an, auch Zahl- und Größenvorstellungen sicher zu festigen: Wieviel sind . . .? Wo liegt . . . auf dem Zahlenstrahl?

(2) Ankerpunkte schaffen
Neue Zahlenräume werden nicht sofort in ihrer Feinstruktur erobert. Nicht mit Sieben-Meilen-Stiefeln, wohl aber mit „Dezimal-Stiefeln" wird der neue Bereich abgeschritten. Bei der ZR-Erweiterung bis 100 sind die vollen Zehnerzahlen die ersten Ankerpunkte. Beim Ausbau des Zahlbereiches bis 1000 lernen die Schüler zuerst die vollen Hunderter kennen, bis 10 000 geht es in Tausenderschritten, bis 100 000 in Zehntausender- und bis 1 000 000 in Hunderttausenderschritten.

(3) Auffüllen des neuen Zahlbereichs
Ausgehend von den Ankerpunkten wird nun jeweils die Feinstruktur des neuen Zahlenraumes erarbeitet. Im ZR bis 100 müssen nur noch die Lücken zwischen den Zehnerzahlen geschlossen werden. Beim ZR bis 1000 fehlen noch Zehner und Einer, beim ZR bis 10 000 sogar noch Hunderter, Zehner und Einer usw.

Das o. a. methodische Vorgehen ist nur eine grobe Strukturierung des Unterrichtsaufbaus. In jedem der 3 methodischen Schritte sind 4 Unterrichtsmaßnahmen wichtig, die alle das Ziel verfolgen, die Kenntnis der neuen Zahlen (bzw. bei Schritt (1) der bekannten Zahlen) zu vertiefen und zu festigen, nämlich Übungen zur (zum)

- Vermittlung von Zahl- und Größenvorstellungen,
- Orientierung im ZR und Ordnung der Zahlen,
- Bündelung, Stellenwert und Schreibweise
- Rechnen (vgl. auch S. 227 ff.)

	Vermittlung von Zahl- und Größenvorstellungen	Orientierung im ZR und Ordnung der Zahlen	Bündelung, Stellenwert und Schreibweise der Zahlen	Rechnen
1. Schritt: Anknüpfen an Vorkenntnisse (hier: ZR bis 100)	– Zeige die Zahl 73 (41, 98 . . .) auf der Hundertertafel. – Stelle die Zahlen . . . mit Steckwürfeln dar. – Wie weit sind 100 m? Wie schnell läufst du sie? Wie hoch ist ein 100-m-Turm? Wieviel Bahnen im Schwimmbad sind 100 m?	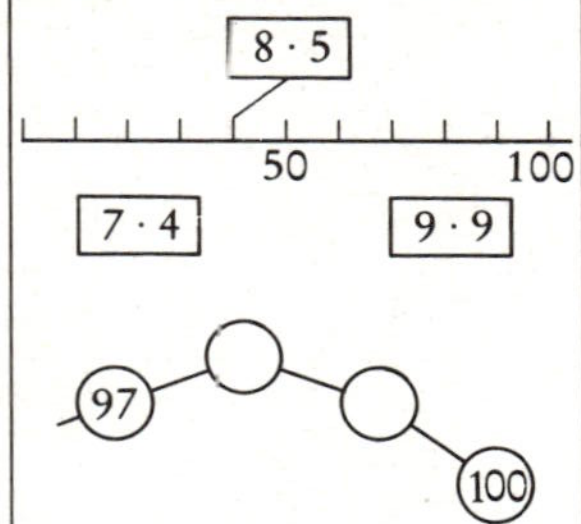	 52 = 5Z + 2E	63 + 30 = □ 26 + □ = 100 79 − 23 = □ 34 + 49 34 + 50 = 84 84 − 1 = 83 34 + 49 = 83
2. Schritt: Ankerpunkte schaffen	– Lege 3 Hunderter-Tafeln zusammen. Wieviel werden für 1000 gebraucht? – Zeige 600 (400, 1000, . . .) auf dem Millimeterpapier. – 400 m sind einmal um den Sportplatz. Wie lange brauchst du dafür? Wer schafft es $2\frac{1}{2}$ mal herum?	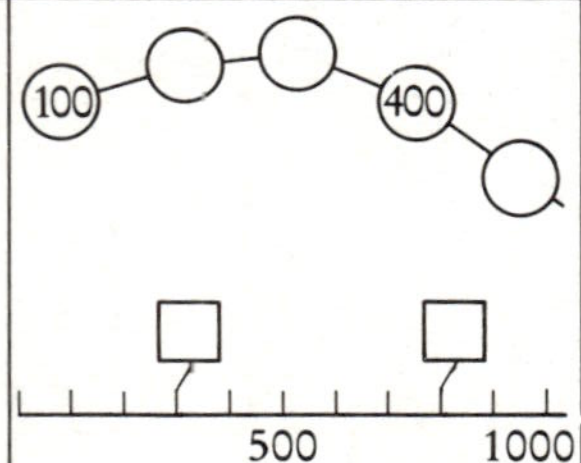 Zählen in 100er-Schritten	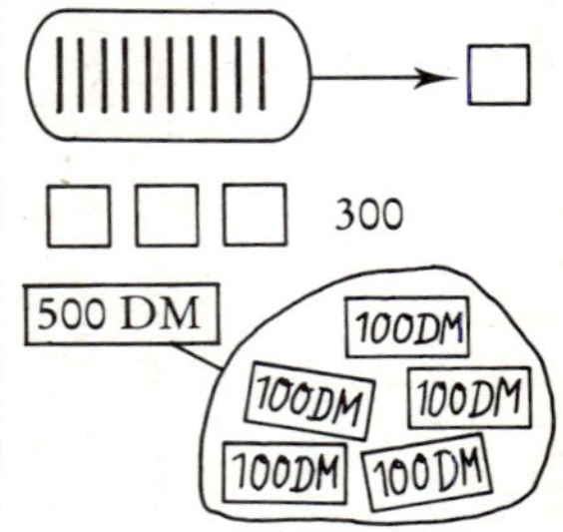	300 + 200 = □ 400 + □ = 1000 500 DM-Scheine / 100 DM-Scheine / 50 DM-Scheine 1 / – / – → 500 DM – / 3 / 4 → 500 DM
3. Schritt: Auffüllen des neuen Zahlbereichs	– Wie viele Pfennige sind in diesem Glas? – Wie weit ist es von der Schule bis zur Post, von . . . bis . . .? Wir messen mit Schritten, dann mit einem Bandmaß. – Wie viele Menschen wohnen in der neuen Siedlung?	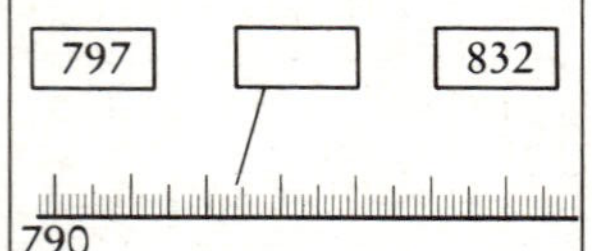 Zählen in Zehnerschritten von 580 bis 740, in Einerschritten von 493 bis 512 . . .	253 = 2H + 5Z + 3E 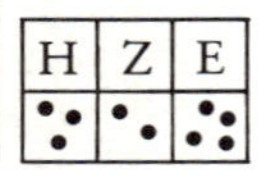 H Z E: 3 2 4	340 + □ = 400 340 + □ = 1000 628 + 257 628 + 200 = 828 828 + 50 = 878 878 + 7 = 885 628 + 257 = 885

Bekannte Aufgabentypen und Analogieaufgaben helfen dabei mit, daß der neue ZR schneller vertraut wird.

Die Tabelle macht deutlich, daß mit dem methodischen Stufengang (Ankerpunkte, dann Feinstrukturierung und diese ggf. noch wieder in einzelnen Schritten wie beim ZR bis 1 000 000) schon eine inhaltliche Durchdringung der jeweils erarbeiteten Zahlen erfolgt. Mit dem Rechnen wird nicht gewartet, bis die Feinstruktur da ist, sondern durchaus auch schon vorher mit den „Ankerzahlen“. Andererseits ist die Vermittlung von Größenvorstellungen nicht auf den ersten Zugang zu den neuen Zahlen beschränkt, sondern ein Grundanliegen bei der gesamten Arbeit in diesem Zahlenraum. Vermittlung von Zahlvorstellungen und Erarbeitung von Rechentechniken ergänzen sich wechselseitig.

Schwieriger als die Berücksichtigung des groben methodischen Stufengangs in 3 Schritten ist die inhaltliche Auffüllung jedes einzelnen Schritts, also die Auswahl geeigneter Aufgabenstellungen und Sachprobleme zur Vermittlung von Zahl- und Größenvorstellungen, zur Orientierung im neuen Zahlenraum, zu Bündelung und Stellenwert und schließlich zu einem Rechnen, das nicht nur ein Umgehen mit bedeutungslosen Ziffern ist, sondern ebenfalls zum Verständnis der Zahlen beiträgt. Deshalb sollen hier einige inhaltliche Anregungen zu diesen Aspekten gegeben werden.

2.4.3. Inhaltliche Anregungen zu Zahlbereichserweiterungen

(1) Sachsituationen zur Vermittlung von Zahl- und Größenvorstellungen

Selbst Erwachsene haben Schwierigkeiten, sich große Zahlen vorzustellen. Die meisten Lottospieler wissen sicher, daß die Chance für 6 Richtige etwa 1 zu 14 Millionen beträgt. Was aber heißt das? Wenn man sicher 6 Richtige haben möchte, müßte man etwa 14 Millionen (verschiedene!) Tippreihen ausfüllen. Wie lange braucht man dafür? Angenommen, jemand hätte eine gute Systematik gefunden, die es ihm erlaubt, in jeder Minute eine Tippreihe auszufüllen, wie lange braucht er dann, eine Woche, einen Monat? 27 Jahre ohne Unterbrechung bei 24 Stunden Arbeitszeit täglich!

Wie lange braucht ein Mensch, um ca. 14 Millionen Tippreihen im Lotto aufzuschreiben, wenn er in einer Minute eine Reihe schafft?

Zeit	Anzahl der Reihen
1 min	1
1 h	60
1Tag	1440
1 Monat	43 200
1 Jahr	518 400
10 Jahre	5 184 000
20 Jahre	10 368 000
25 Jahre	12 960 000
27 Jahre	ca. 14 Millionen

Der jährliche Bundeshaushalt liegt bei weit über 200 Milliarden DM (200 000 000 000 DM). Wieviel Zeit würden Sie wohl brauchen, um bis 200 Milliarden zu zählen, wenn Sie in jeder Sekunde eine Zahl sagen können? Wieviel sind 200 Milliarden Meter? Wie hoch wäre ein Turm aus 200 Milliarden 1-DM-Stücken?

Diese Beispiele machen die Problematik der Vorstellung von großen Zahlen deutlich, das Beispiel vom Bundeshaushalt vielleicht aber auch die Notwendigkeit, sich große Zahlen vorzustellen.

Ebenso wie bei den schon angesprochenen Beispielen für Erwachsene kommt es auch im Unterricht darauf an, den Schülern durch Hilfsvorstellungen große Zahlen greifbar zu machen. Dabei ist es oft wichtig, von ganz handgreiflichen Größen aus dem täglichen Erfahrungsbereich auszugehen, und die Schüler sich durch schrittweises, multiplikatives Vorgehen an die großen Zahlen herantasten zu lassen. Denn nur selten lassen sich große Zahlen durch direkte Vergleiche verstehen.

* Direkte Größenvorstellungen
  - 1000 Kinder sind 50 Schulklassen mit je 20 Kindern.
  - 1000 m sind $2\frac{1}{2}$ mal um den Sportplatz. Wie lange brauchst du dafür, wie lange ein Spitzensportler?
  - Zwanzig 50-m-Bahnen im Schwimmbad, wer schafft das?
  - Auf einer Dachhälfte liegen 80 Reihen mit je 20 Pfannen; 3200 Pfannen auf einem Dach. In der Dorfstraße gibt es 20 Häuser, in der Siedlung 200 Häuser.
  - Wie viele Menschen passen ins Theater, in die Sporthalle, in einen Zug, in ein Fußballstadion?

* Größenvorstellungen durch Vergleiche
  - Wie lang ist eine Schlange aus 1 Million Menschen, wenn jeder einen Platz von 1 Meter einnimmt?
    1 000 000 m = 1000 km – von Flensburg bis Garmisch-Partenkirchen. In der Bundesrepublik leben etwa 60 Millionen Menschen – eine Schlange $1\frac{1}{2}$ mal um die Erde.
  - Wie hoch ist ein Turm aus 1 000 000 Pfennigstücken?
  - Wie lange zählt man bis . . .?
  - Zeitleisten: Vor etwa 3 Millionen Jahren tauchte der erste Mensch auf. Noch vor 10 000 Jahren hatten die Menschen kein Metallwerkzeug. Wieviel Erfindungen gibt es dagegen in den letzten 500 Jahren?

* Größenvorstellungen durch schrittweises Vorgehen
  - Ein Mensch verbraucht im Durchschnitt täglich 150 l Wasser. Das sind im Monat 4,5 m^3, im Jahr 54 m^3 Wasser.

	Anzahl der Personen	Wasserverbrauch im Jahr
ein einzelner Mensch	1	54 m^3
ein kleines Dorf	1 000	54 000 m^3
eine kleine Stadt	10 000	540 000 m^3
eine Großstadt	100 000	5,4 Mill. m^3
zehn Großstädte	1 000 000	54 Mill. m^3

    Die Möhne-Talsperre faßt über 130 Millionen m^3 Wasser.
  - Auf einen Eßlöffel passen etwa 100 Linsen, in ein Glas 1000 Linsen. 10 000 sind in einem 1-kg-Paket; 100 000 Linsen wiegen 10 kg, 1 Million wiegen 100 kg. Passen sie in den Kofferraum eines Autos?
    - o Autos parken Stoßstange an Stoßstange.

Autos	Länge der Schlange
1	4 m
1 000	4 km
10 000	40 km
100 000	400 km
1 000 000	4 000 km

    - o Die Zahlen von 1 bis 1 000 000 werden untereinander in Rechenkästchen geschrieben. 10 Zahlen – 5 cm, 100 Zahlen – . . .
    - o Jeden Morgen ein Frühstücksei
      30 Eier in einem Monat, 360 Eier . . .
    - o Aus einem Wasserhahn fallen 3 Tropfen in einer Sekunde, 180 Tropfen in einer Minute, etwa 10 000 am Tag, . . .
    - o In jeder Sekunde werden auf der Welt 4 Babies geboren. Das sind 240 Babies in der Minute, 14 400 in einer Stunde, etwa 350 000 am Tag, weit über 2 000 000 in einer Woche.
  - Der Legende nach hatte der Erfinder des Schachspielens einen „bescheidenen" Wunsch, nämlich alle Getreidekörner, die man auf folgende Art bekommt:
    1 Korn auf dem 1. Feld des Schachbretts, 2 Körner auf dem 2. Feld, 4 Körner auf dem dritten, 8 auf dem vierten . . ., bis hin zum 64. Feld, auf dem wieder doppelt so viel Körner liegen sollen, wie auf dem 63. Feld. Beim 11. Feld sind es 1024 Körner, ungefähr eine Dose voll, auf dem 21. Feld schon 1000 Dosen, die einen Sack füllen, auf dem 31. Feld 1000 Säcke: eine Scheune voll. Diese 1000 Säcke übereinandergestellt bilden einen 1000 m hohen Turm. Beim 41. Feld ist der Turm schon 1000 km hoch, beim 51. Feld ist die Turmspitze schon über 600 000 km hinter dem Mond verschwunden.
  - Wie schwer ist eine Tageszeitung, wie schwer sind die 6 Ausgaben einer Woche? Das Jahr hat 52 Wochen. 30 000 Familien beziehen die Zeitung regelmäßig. Wie hoch ist der Zeitungsberg? Wie viele Bäume müssen dafür sterben? Wie viele können stehenbleiben, wenn nur ein Zehntel davon aus Altpapier hergestellt wird?

(2) *Modelle zur Vermittlung von Zahl- und Größenvorstellungen*

Bei den im letzten Abschnitt vorgestellten Sachsituationen zur Vermittlung von Zahl- und Größenvorstellungen wurden die Hilfsvorstellungen (Längen, Zeitspannen, Einwohnerzahlen etc.) je nach inhaltlichem Kontext ausgewählt. Neben diesen variablen Vergleichsgrößen gibt es im Mathematikunterricht der Grundschule schon vom 1. Schuljahr an Standardgrößen zur Vermittlung von Zahlvorstellungen. Solche Modelle für Zahlen sind hinlänglich bekannt: Wendeplättchen, Steckwürfel, Cuisenaire-Stäbe für die Arithmetik im 1. Schuljahr.

Im 2. Schuljahr ist die Hunderter-Tafel zentrales Hilfsmittel bei Zahldarstellungen und beim Rechnen. Praktisch ist es, solche Hunderter-Tafeln mit selbstklebender Klarsichtfolie zu überziehen. Auf diese Weise lassen sich Beschriftungen mit wasserlöslichem Filzstift leicht entfernen, und die Tafeln stehen für die weitere Schülerarbeit erneut zur Verfügung.

53

~~1~~	~~2~~	~~3~~	~~4~~	~~5~~	~~6~~	~~7~~	~~8~~	~~9~~	~~10~~
~~11~~	~~12~~	~~13~~	~~14~~	~~15~~	~~16~~	~~17~~	~~18~~	~~19~~	~~20~~
~~21~~	~~22~~	~~23~~	~~24~~	~~25~~	~~26~~	~~27~~	~~28~~	~~29~~	~~30~~
~~31~~	~~32~~	~~33~~	~~34~~	~~35~~	~~36~~	~~37~~	~~38~~	~~39~~	~~40~~
~~41~~	~~42~~	~~43~~	~~44~~	~~45~~	~~46~~	~~47~~	~~48~~	~~49~~	~~50~~
(51)	(52)	(53)	54	55	56	57	58	59	60
61	62	63	64	65	66	67	68	69	70
71	72	73	74	75	76	77	78	79	80
81	82	83	84	85	86	87	88	89	90
91	92	93	94	95	96	97	98	99	100

53 = 5 Z + 3 E

34 − 7

~~1~~	~~2~~	~~3~~	~~4~~	~~5~~	~~6~~	~~7~~	~~8~~	~~9~~	~~10~~
~~11~~	~~12~~	~~13~~	~~14~~	~~15~~	~~16~~	~~17~~	~~18~~	~~19~~	~~20~~
~~21~~	~~22~~	~~23~~	~~24~~	~~25~~	~~26~~	~~27~~	~~28~~	~~29~~	~~30~~
~~(31)~~	~~(32)~~	~~(33)~~	~~(34)~~	35	36	37	38	39	40
41	42	43	44	45	46	47	48	49	50
51	52	53	54	55	56	57	58	59	60
61	62	63	64	65	66	67	68	69	70
71	72	73	74	75	76	77	78	79	80
81	82	83	84	85	86	87	88	89	90
91	92	93	94	95	96	97	98	99	100

34 − 7
34 − 4 = 30
30 − 3 = 27
34 − 7 = 27

43 + 36

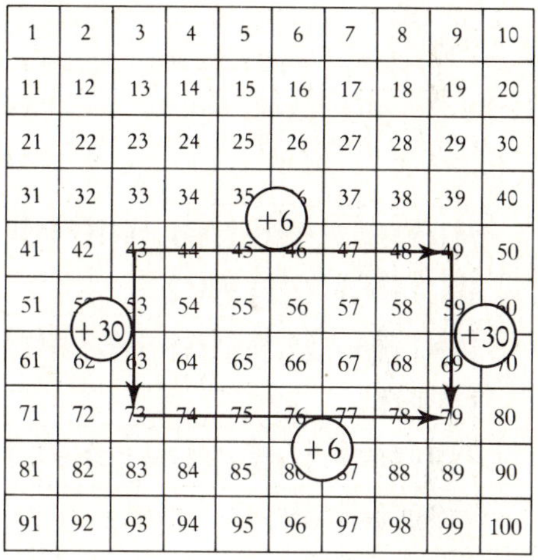

43 + 36
43 + 30 = 73
73 + 6 = 79
43 + 36 = 79

43 + 36
43 + 6 = 49
49 + 30 = 79
43 + 36 = 79

Zehn Hunderter-Tafeln können zusammengelegt werden zu einem Tausender-Streifen. Dadurch können die Analogien zwischen dem Rechnen im ZR bis 100 und dem Rechnen im ZR bis 1000 (ohne Hunderterüberschreitung) besonders deutlich gemacht werden.

100 200 300 400

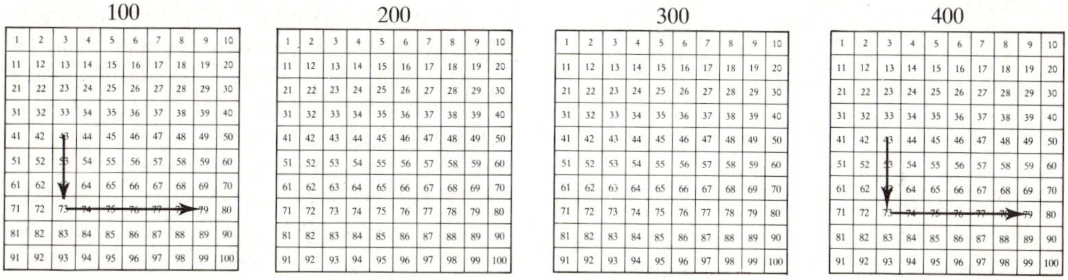

43 + 36 443 + 36

Zahldarstellungen bis 10 000 gelingen noch eben mit Millimeterpapier. Auch hier ist es günstig, für häufiges Wiederverwenden das Millimeterpapier mit Klarsichtfolie zu überziehen. Die Darstellung von Zahlen bis auf Einer genau ist wegen der Dicke der Filzstifte jedoch kaum möglich. Hier hilft nur Ausschneiden.

Für Zahlen über 10 000 gibt es kaum noch ein handhabbares Modell. Hier müssen andere Modelle eingesetzt werden: Schaubilder, Säulenbilder, Polygonzüge.

Schaubilder

Ausländische Arbeitnehmer in der Bundesrepublik Deutschland (1978)

		HT	ZT	T	H	Z	E
1	Griechen	1	4	6	7	9	2
2	Italiener	2	8	8	6	4	8
3	Jugoslawen	3	6	9	5	0	6
4	Marokkaner		1	5	3	2	3
5	Portugiesen		5	8	7	7	1
6	Spanier		9	2	5	8	6
7	Türken	5	1	4	6	9	4

Um große Zahlen besser vergleichen zu können, zeichnet man häufig Schaubilder.

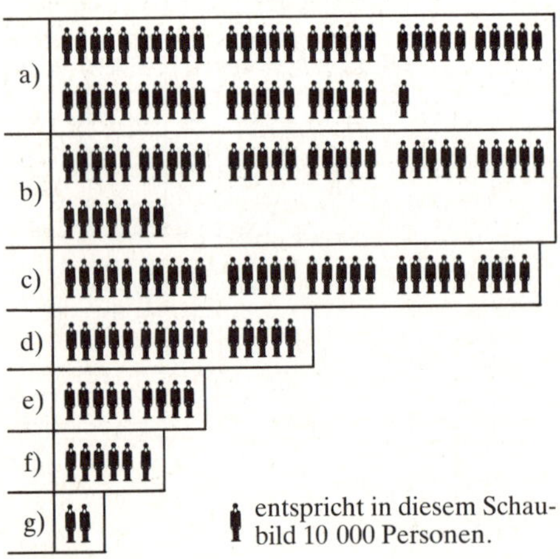

Wie viele Personen wurden hier jeweils dargestellt?
Vergleiche diese Zahlen mit denen in der Tabelle.

Säulenbilder

Zeige an einem Säulenbild, wie sich die Anzahl der ausländischen Arbeitnehmer von 1968 bis 1978 verändert hat. Runde die Zahlen auf Zehntausender.

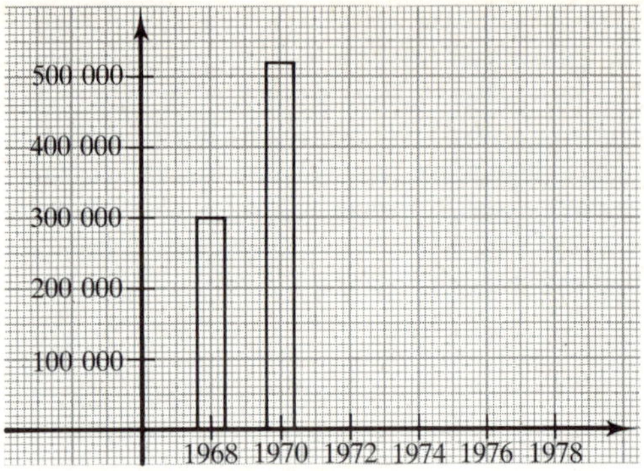

1 mm entspricht 10 000 Personen

Polygonzüge

Hier sind die Säulenbilder nicht mehr gezeichnet, sondern nur noch ihre Endpunkte. Diese wurden verbunden. So kann man besser erkennen, wie sich die Zahlen von Jahr zu Jahr verändern.

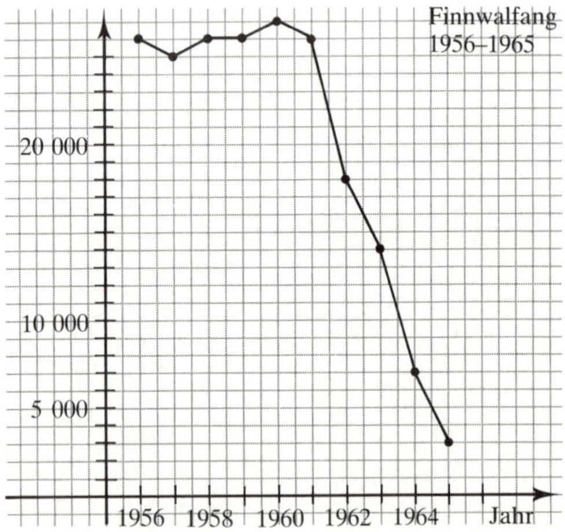

Schreibe in dein Heft, wie viele Finnwale in den einzelnen Fangjahren ungefähr gefangen worden sind (aus Floer u. a., 1978 f.).

(3) Orientierung und Ordnung im Zahlenraum

Übungen zur Orientierung im ZR und zur Ordnung der Zahlen sind konstituierende Bestandteile bei der Vermittlung von Größenvorstellungen. Zentrales Hilfsmittel ist der Zahlenstrahl bzw. ein Ausschnitt des Zahlenstrahls. Aus der Vielfalt möglicher Übungen seien nur einige wenige vorgestellt:

* Markiere am Zahlenstrahl

∗ Welche Zahlen liegen zwischen den Fähnchen?

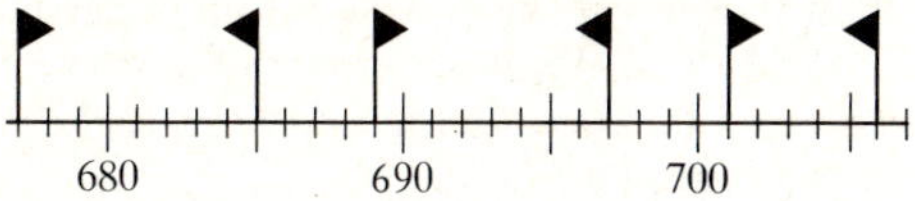

∗ Zähle immer um 10 weiter und zeige am Zahlenstrahl
370, 380, . . .   281, 291, . . .

∗ Markiere die Ergebnisse zuerst am Zahlenstrahl. Setze dann die Zeichen < , =, > ein.

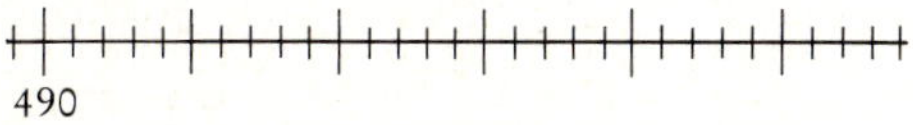

628 − 136 ☐ 358 + 149

∗ Die am Zahlenstrahl gewonnenen Erkenntnisse können in Tabellen notiert werden.

Nachbarzahlen

427	428	429

Nachbarzehner

420	428	430

(4) Bündelung, Stellenwert und Schreibweise von Zahlen

Wegen der Bedeutung der Begriffe Bündelung und Stellenwert für Zahldarstellungen und Schreibweisen von Zahlen in Positionssystemen, insbesondere in unserem dezimalen Stellenwertsystem, werden in vielen Unterrichtswerken vor Zahlbereichserweiterungen Übungen zur Bündelung und zur Stellenschreibweise in nicht-dezimalen Systemen (vor allem 3er-, 4er- oder 5er-System) durchgeführt (vgl. auch S. 107). Ziel dieser Übungen ist es, die Schüler die Begriffe Bündelung und Stellenwert als allgemeine, nicht auf unser Dezimalsystem beschränkte Grundideen erfahren zu lassen.

In der „Dreiersprache“ werden 3 einzelne Dinge zu einem Bündel erster Ordnung zusammengefaßt, drei Dreier zu einem Bündel zweiter Ordnung usw. Das Ergebnis dieses konkreten Bündelns wird in Stellentafeln notiert.

1	2	1

In der „Zehnersprache“, in unserem Dezimalsystem, verläuft das Verfahren völlig analog. 10 Einer bilden einen Zehner, 10 Zehner einen Hunderter, zehn Hunderter einen Tausender usw. Darstellungsmöglichkeiten sind (für den ZR bis 1000) die bekannten Punkt-, Strich-, Quadratdarstellungen, die noch an das konkrete Bündeln erinnern.

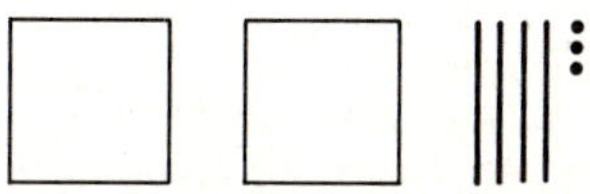

243

Große Zahlen werden (anfänglich) in Stellentafeln notiert. Die Dreiergliederungen – Einer, Tausender, Millionen, . . . – werden durch dikkere Zwischenbalken kenntlich gemacht, beim

HM	ZM	M	HT	ZT	T	H	Z	E

Schreiben ohne Stellentafel durch kleine Lücken (327 658 307) oder durch Punkte (327.658.307). Pfeilbilder helfen, diese Gliederung zu verstehen.

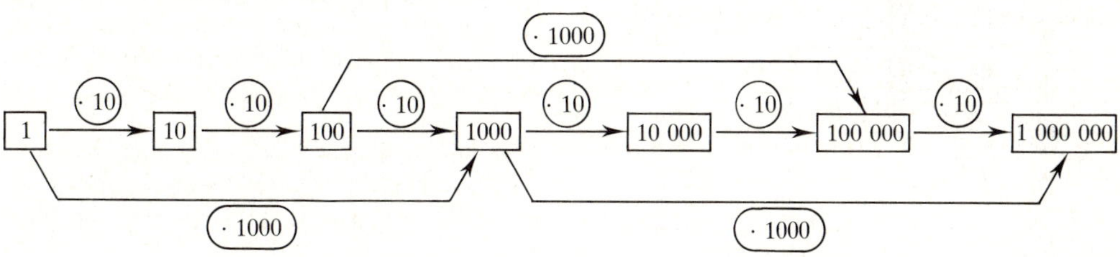

Besonders wichtig werden diese Pfeilbilder beim Arbeiten mit Größen.

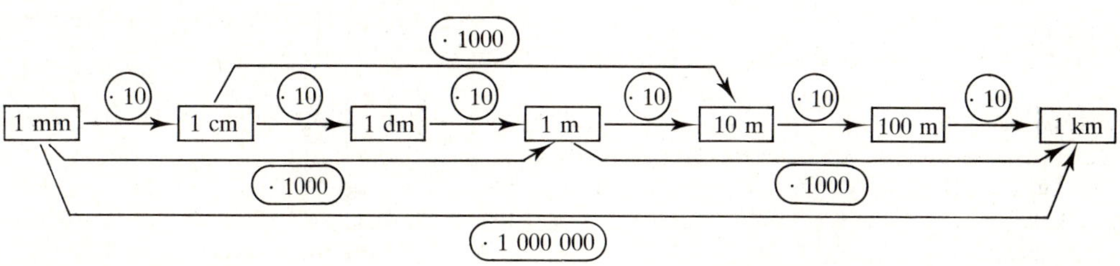

(5) Rechnen in neuen Zahlenräumen

Schriftliches Rechnen ist ein Arbeiten mit Ziffern. Die Bedeutung der einzelnen Zahlen spielt bei den Algorithmen der schriftlichen Rechenverfahren keine Rolle. Damit ist schriftliches Rechnen – sieht man von der notwendigen inhaltlichen Interpretation der Zahlen und des Verknüpfungsergebnisses ab – wenig geeignet für die Festigung von Zahl- und Größenvorstellungen.

Auch in großen Zahlenräumen sind das Kopfrechnen und das Kopfrechnen mit schriftlicher Notation der Zwischenergebnisse („halbschriftliches Rechnen") unverzichtbare Bestandteile zur Durchdringung neuer Zahlbereiche und damit zum Verständnis dieser Zahlen.

Zwei Ideen sind beim Kopfrechnen im gesamten Mathematikunterricht der Grundschule von zentraler Bedeutung, nämlich das Zerlegen und Zusammensetzen von Zahlen einerseits und das Analogieprinzip andererseits.

Zerlegen und Zusammensetzen:

Rechnen mit großen Zahlen ist nicht in einem Schritt möglich. Deshalb werden die Zahlen zerlegt, wird mit den Teilen gerechnet, und die Teile werden anschließend zusammengesetzt.

$3 \cdot 256$

$3 \cdot 200 = 600$
$3 \cdot 50 = 150$
$3 \cdot 6 = 18$

$3 \cdot 256 = 768$

Es besteht die Gefahr, daß diese Form des halbschriftlichen Rechnens sich verselbständigt, selbst zu einem Algorithmus wird, bei dem die Bedeutung der Zahlen verlorengeht. Im Unterricht ist daher immer wieder auch auf die Bedeutungsgrundlage dieses Verfahrens zurückzugehen. Zulässig und wünschenswert sind auch andere Wege und Notationen der halbschriftlichen Rechnung (vgl. S. 76).

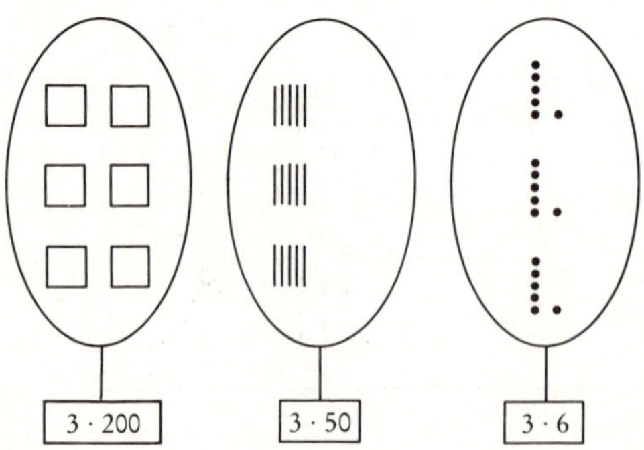

Ein Erstarren dieses Schemas wird auch verhindert, wenn es nur als Zwischenform aufgefaßt wird auf dem Weg zu anspruchsvolleren, kürzeren und damit dem eigentlichen Kopfrechnen näherliegenden Verfahren.

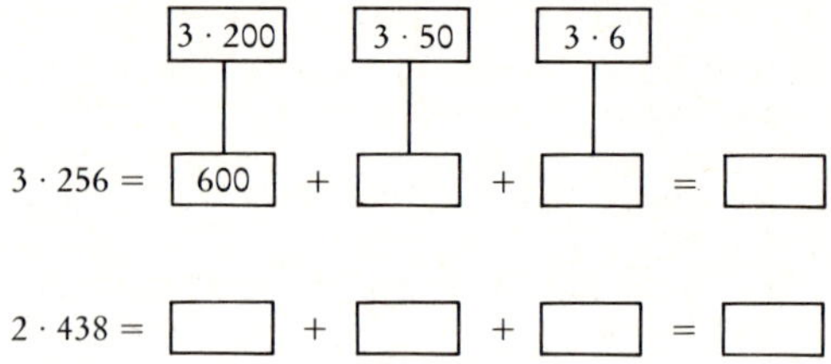

Wichtig sind auch Zahlzerlegungen mittels Subtraktion.

Ein Rechenweg, der manchmal einfacher ist.

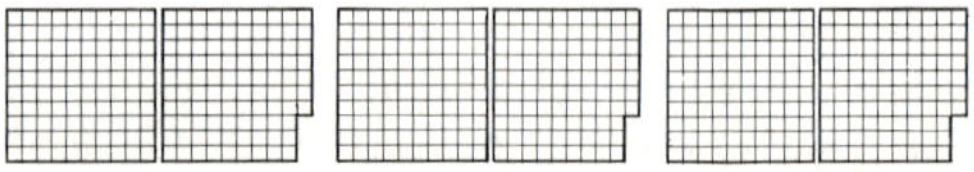

$3 \cdot 197 = 3 \cdot 200 - 3 \cdot 3$
$= 600 - \square = \square$

Analogieaufgaben:

Analogieaufgaben werden an verschiedenen Stellen dieses Handbuchs angesprochen. Solche Aufgaben können helfen, Zusammenhänge zwischen den im neuen ZR gewonnenen Einsichten und alten Erkenntnissen herzustellen und durch diese „Rückführung von Neuem auf Altbekanntes" das Rechnen in größeren Zahlenräumen sicherer zu machen. Wichtig ist dabei aber, daß die Analogien nicht vom Lehrer vorgegeben, sondern vom Schüler selbst entdeckt werden. Denn sonst besteht auch hier die Gefahr, daß Analogieaufgaben zu unverstandenen Algorithmen werden.

Falsche Analogien		
$3 \cdot 7 = 21$	$105 - 9 = 96$	$35 : 7 = 5$
$30 \cdot 70 = 210$	$1005 - 9 = 196$	$350 : 70 = 50$

Auf die Schwierigkeiten des Rechnens „mit den Nullen am Ende" wird in diesem Kapitel später eingegangen (vgl. S. 99). Beim Rechnen in Zahlbereichen über 1000 gibt es nur noch wenige Sachsituationen, die ein exaktes Rechnen bis auf Einer genau notwendig machen:

- Wahlen
- Hauskauf
- Kilometer-Zähler im Auto

und einige wenige Situationen mehr.

Viel häufiger sind Situationen beim Rechnen mit großen Zahlen, in denen die *Zahlen gerundet* werden, und *Überschlagsrechnungen* schon brauchbare Ergebnisse liefern.

Runden von Zahlen:
Beim Auf- und Abrunden müssen 3 Regeln beachtet werden.

1. Die Ziffern 1 bis 4 werden abgerundet, 5 bis 9 aufgerundet.
2. Es ist nur einmaliges Runden erlaubt. (Wenn auf Tausender genau gerundet werden soll, entscheidet allein die Hunderterstelle über Auf- oder Abrunden; es wird nicht erst auf Zehner, Hunderter, dann Tausender gerundet.)
3. Entscheidend für das Runden ist diejenige Stelle, die dem geforderten Bereich unmittelbar folgt. (Beim Runden auf Hunderter entscheidet die Zehnerstelle über Auf- oder Abrunden, beim Runden auf Tausender die Ziffer an der Hunderterstelle usw.).

Übungen zum Runden sollten eingebettet werden in Übungen zur Orientierung im neuen Zahlenraum. Am Zahlenstrahl ist zu erkennen, welche Nachbarzehner, -hunderter die Zahl hat, welche Zehner- oder Hunderterzahl ihr am nächsten liegt. Daraus kann dann (mit der Sonderregel für 5) das Runden von Zahlen abgeleitet werden.

Überschlagsrechnungen:
Überschlagsrechnungen werden besonders wichtig als Kontrollverfahren bei der Lösung von Sachaufgaben (und später bei der Überprüfung auf Tippfehler beim Rechnen mit Taschenrechnern), nämlich als *Ergebnisschätzung* vor der eigentlichen Rechnung und als *Kontrolle* des berechneten Ergebnisses. Da den Schülern häufig nur schwer die Notwendigkeit der Kontrolle einer doch so präzise schriftlich berechneten Aufgabe mit der ungenauen Überschlagsrechnung „im Kopf" einsichtig gemacht werden kann, empfiehlt sich im Unterricht vorwiegend der Einsatz der Überschlagsrechnung als Ergebnisschätzung vor dem (schriftlichen) Rechnen.

Überschlagsrechnungen in der Grundschule setzen voraus

* das Beherrschen der Grundaufgaben,
* das Verständnis für große Zahlen,
* die Fähigkeit, richtig auf- und abzurunden,
* die sichere Handhabung der „End-Nullen"
* die Bereitschaft zum „kräftigen" Runden.

(In späteren Schuljahren kommt – analog zur sicheren Handhabung der „End-Nullen" – die sichere Handhabung des Kommas dazu.)

Vor allem der vierte Aspekt bereitet im Mathematikunterricht der Grundschule große Schwierigkeiten. Auf der einen Seite will niemand unverstandene Handhabungsregeln für End-Nullen vermitteln: „Beim Dividenden und beim Divisor dürfen gleich viele End-Nullen gestrichen werden, ohne daß der Wert des Quotienten sich ändert." Auf der anderen Seite kommt man nicht um die Inhalte herum, die sich in diesen Regeln widerspiegeln, wenn Überschlagsrechnungen ökonomisch sein sollen. Und dies ist eine der wichtigsten Voraussetzungen dafür, daß sie überhaupt durchgeführt werden. Vom dritten Schuljahr an muß daher der Multiplikation und Division mit Stufenzahlen (10, 100, ...) besondere Beachtung geschenkt werden (und das Rechnen mit ihnen endet nicht mit der Grundschulzeit, erst recht nicht mit der Einführung schriftlicher Verfahren). Es kommt darauf an einsichtig zu machen, was bei der Multiplikation und Division mit den Nullen geschieht.

Bei der Multiplikation mit 10 wird aus jedem Einer ein Zehner und aus jedem Zehner ein Hunderter.

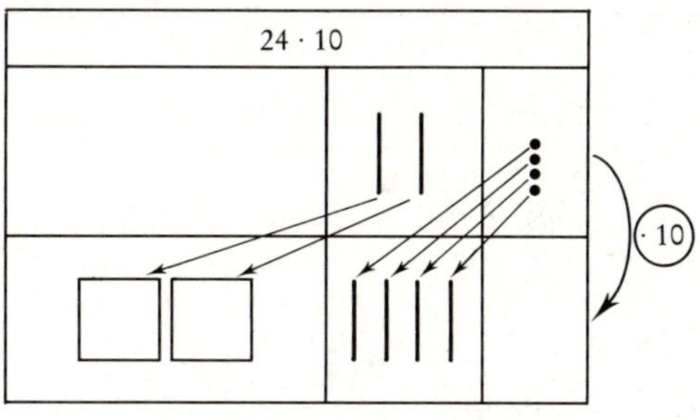

24 · 10 = 240

Bei der Division durch 10 wird aus jedem Hunderter ein Zehner und aus jedem Zehner ein Einer.

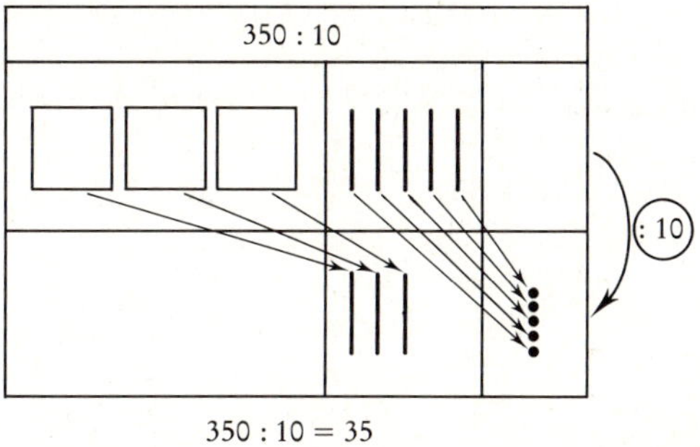

350 : 10 = 35

Bei der Multiplikation mit 100 (4. Schuljahr) wird aus jedem Einer ein Hunderter, aus jedem Zehner ein Tausender, aus jedem Hunderter . . .
Bei der Multiplikation mit 1000 wird aus jedem Einer . . .

Analog dazu die Division:

Bei der Division durch Hundert wird aus jedem Hunderter ein Einer, aus jedem Tausender ein Zehner, aus jedem . . .
Bei der Division durch Tausend wird aus jedem Tausender ein Einer, aus jedem Zehntausender . . .

Das Rechnen mit vollen Zehnern, Hundertern usw., die nicht Stufenzahlen sind (40, 300, . . .), wird mit Hilfe des (multiplikativen) Zerlegens und Zusammensetzens auf das Rechnen mit Stufenzahlen zurückgeführt.

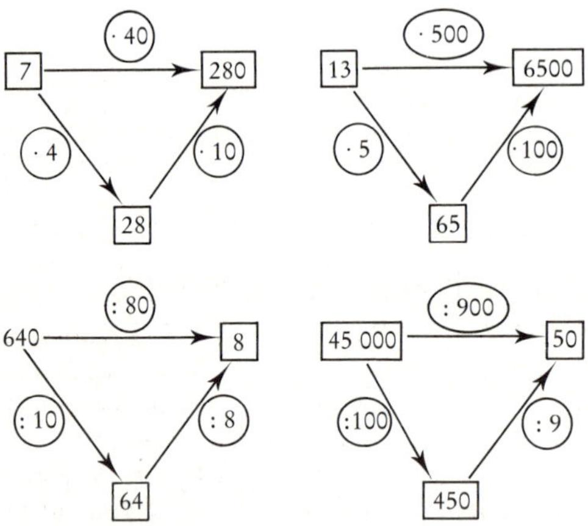

$$30 \cdot 400 = 3 \cdot 10 \cdot 4 \cdot 10 \cdot 10$$
$$= 3 \cdot 4 \cdot 10 \cdot 10 \cdot 10$$
$$= 12 \cdot 1000$$
$$= 12000$$

$$560\,000 : 7000 = (560 \cdot 1000) : (7 \cdot 1000)$$
$$= (560 : 7) \cdot (1000 : 1000)$$
$$= 80$$

Dieser Sachverhalt kann verdichtet werden zu der folgenden Darstellung, von der es dann zu der „Regel" („gleich viele Nullen streichen") kein weiter Schritt mehr ist.

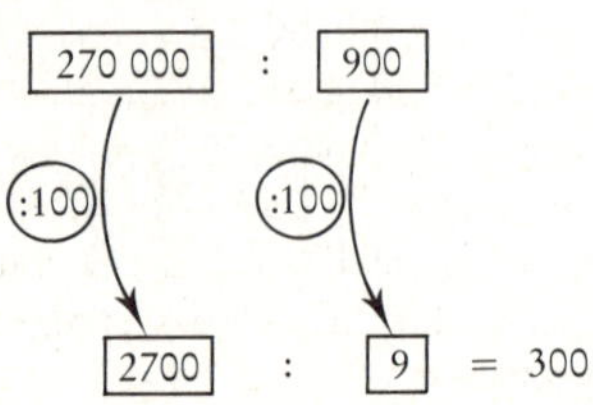

Wichtig dabei ist, daß diese Gesetzmäßigkeit zuvor an überschaubaren Zahlen einsichtig gemacht worden ist.

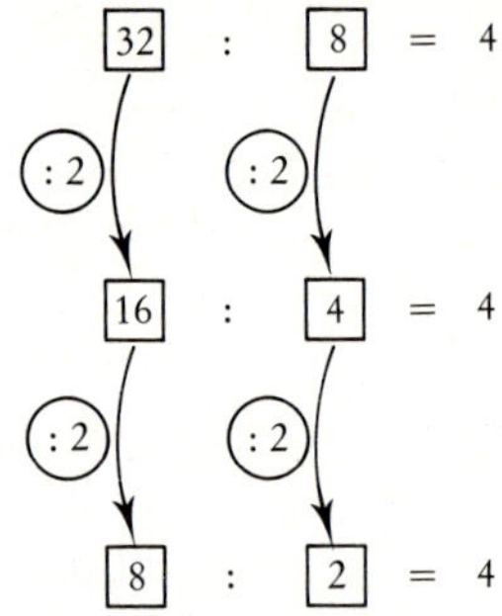

Im Unterricht beobachtet man nicht selten, daß Schüler beim Runden der Zahlen für Überschlagsrechnungen nur sehr zaghaft vorgehen. Die Folge sind dann gerundete Zahlen, mit denen kaum im Kopf gerechnet werden kann, also keine Überschlagsrechnung möglich ist.

Aufgabe	zaghaftes Runden	kräftiges Runden
244 830 : 5872	244 800 : 5900	240 000 : 6000

Damit Überschlagsrechnungen möglich sind, müssen die Schüler zum „kräftigen Runden" angehalten werden. Bei Divisionen sollte immer so weit gerundet werden, daß möglichst nur die erste Ziffer des Divisors keine Null ist. Auf diese Weise läßt sich die Überschlagsrechnung häufig mit Hilfe der Kenntnis des kleinen 1 mal 1 und der Handhabung der End-Nullen lösen. Ggf. wird man den Dividenden noch weiter runden und ihn dann durch eine Zahl aus der 1 × 1-Reihe des Divisors ersetzen.

Aufgabe	Runden	Überschlags-rechnung(en)
7888 : 58	7890 : 60 7900 : 60	7800 : 60 = 130
13451 : 198	13400 : 200 13000 : 200	12000 : 200 = 60 14000 : 200 = 70

Eine genaue Berücksichtigung der Rundungsregeln kann bei Überschlagsrechnungen zu großen Fehlabschätzungen führen. Wird etwa die Aufgabe 5547 · 46 nach den Rundungsregeln überschlagen (6000 · 50 = 300 000), dann verfehlt dieser Überschlag das genaue Ergebnis

(255 162) ganz erheblich, während *gegensinniges Verändern der Zahlen bei Multiplikationen* zu weitaus besseren Überschlagsergebnissen führt: 6000 · 40 = 240 000 bzw. 5000 · 50 = 250 000.

Unverzichtbar wird die Fähigkeit zur Überschlagsrechnung bei der schriftlichen Division durch zweistellige Zahlen. Auch hier führt ein Überschlag streng nach den Rundungsregeln nicht selten zu Fehlberechnungen.

Überschlag nach Rundungsregeln

511 672 : 56 = ~~8~~9		Überschlagsrechnung
~~448~~		gerundet: 500 : 60
~~63~~		Das liegt nahe bei dem
504		Überschlag: 480 : 60 = 8
7	usw.	

Überschlagsrechnungen zu Divisionsaufgaben werden genauer, wenn Dividend und Divisor gleichsinnig verändert werden.

511 672 : 56 = 9		Überschlagsrechnung
504		Auf Zehner gerundet:
7	usw.	510 : 60
		Von 56 auf 60 ist kräftig aufgerundet, also wird auch 510 „aufgerundet" zum nächsten Vielfachen von 60.
		Überschlag: 540 : 60 = 9

Gerade bei der schriftlichen Division durch zweistellige Zahlen empfiehlt sich dieses zweischrittige Vorgehen:

1. Schritt:
   Runden nach den Rundungsregeln
2. Schritt:
   Leicht lösbare Überschlagsrechnung suchen (Dividend ist Vielfaches des Divisors) und dabei berücksichtigen, in welche Richtung und wie „kräftig" der Divisor gerundet worden ist. Kräftiges Aufrunden (von 5 oder 6) oder Abrunden (von 4) des Divisors fordert auch kräftiges Auf- bzw. Abrunden des Dividenden in die gleiche Richtung.

„Sie (die Kinder) ein ganzes Jahr lang im Zahlenraum bis 10 festzuhalten, scheint mir ebenso grausam, als wenn ich sie zwänge, ein Jahr lang nur die Gegenstände im Schulzimmer zu betrachten, und ihnen untersagte, mir von ihren Erlebnissen zu Hause und auf der Straße zu plaudern."

ILLING, A., in der Allgemeinen Deutschen Lehrerzeitung, 1904, S. 41

2.5. Schriftliche Rechenverfahren

Schriftliche Multiplikation
in der Schräggitterweise
(17. Jahrhundert)

765 · 321 = 245 565

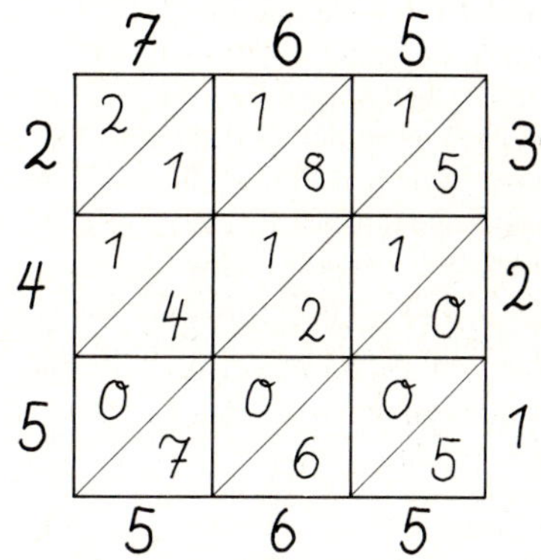

Alle Teilprodukte werden zweistellig in die zugehörigen Quadrate geschrieben. Anschließend werden die Summen rechts beginnend in den einzelnen Schrägstreifen berechnet.

2.5.1. Zur Begründungsproblematik

„Die Grundrechenarten und die zugehörigen schriftlichen Verfahren waren immer wichtiger Bestandteil des Mathematikunterrichts in der Grundschule und werden es auch bleiben."

Diese Begründung für schriftliche Rechenverfahren im Grundschulunterricht stammt nicht etwa aus einer rechenmethodischen Schrift des 19. Jahrhunderts; das Zitat ist vielmehr einem weit verbreiteten Kurs für Grundschullehrer aus dem Jahre 1974 entnommen, einer Zeit, in der selbst einfache Taschenrechner noch weit über 100 DM kosteten.

Inzwischen gibt es Taschenrechner für unter 15 DM. Sie sind für nahezu jeden erschwinglich geworden, und sie liefern die Ergebnisse mit geringerem Aufwand, schneller und – falls man sich nicht vertippt – zuverlässiger als schriftliche Berechnungen. Damit werden die traditionellen Argumente weitgehend hinfällig; schriftliches Rechnen ist nicht mehr das einzig ökonomische und effiziente Verfahren zur Lösung von arithmetischen Standardproblemen. Die routinemäßige Beherrschung der schriftlichen Rechenverfahren kann weitgehend nicht mehr mit unbedingter lebenspraktischer Notwendigkeit begründet werden.

Hat schriftliches Rechnen in dieser Situation als Unterrichtsstoff der Grundschulmathematik überhaupt noch eine Existenzberechtigung?

Diese Frage läßt sich sicher nicht mit absoluter Zuverlässigkeit beantworten. Ein geschichtlicher Rückblick auf die Entwicklung und Verbreitung des schriftlichen Rechnens liefert aber Hinweise auf gesichertere Vermutungen über künftige Entwicklungen. Dabei wird deutlich, daß Entwicklung und allgemeine Kenntnis(-möglichkeit) neuer Rechenverfahren für deren weite Verbreitung in der täglichen Praxis und ihre Aufnahme in den allgemeinen Schulunterricht allein nicht ausreichen. Weitaus entscheidender waren in der Geschichte und sind vermutlich auch künftig technische und ökonomische Rahmenbedingungen.

Um 820 n. Chr. schrieb der arabische Mathematiker AL-KHWARIZMI ein Buch über das indische Zahl- und Rechensystem. Diese erste Beschreibung des schriftlichen Rechnens mit Ziffern (im Gegensatz zum Rechnen mit Steinen auf Rechenbrettern) wurde um 1200 ins Lateinische übersetzt. Der Titel „Algorithmi de numero Indorum" – die indische Zählweise, durch AL-KHWARIZMI dargestellt – führte zur Entstehung des Namens Algorithmus, heute ein Begriff für jedes System mechanisierter Operationen mit sich immer wiederholenden Teilschritten. Es dauerte aber dann noch etwa 400 Jahre, bis das schriftliche Rechnen („auf der Federn") sich im Handel und Gewerbe gegenüber dem Rechnen mit dem Abakus („auf der Linien", d. h. auf Rechenbrettern; vgl. S. 28) durchsetzte und weitere 200 Jahre, bis diese Form des Rechnens zum Unterrichtsstoff zunächst der Universitäten, dann der Gymnasien und Präparandenschulen für die Universitäten, schließlich (gegen Ende des 18. Jahrhunderts) der Elementarschulen wurde.

Einige der Ursachen der zunehmenden Verbreitung des schriftlichen Rechnens liegen in den Vorteilen dieses Verfahrens gegenüber dem Abakusrechnen begründet.

* Die schriftliche Rechnung ist weniger zeitaufwendig als der Umgang mit Rechensteinen.
* Schriftliches Rechnen ist weniger materialaufwendig und damit ortsungebundener; es kann an nahezu jedem Ort durchgeführt werden, während für das Rechnen mit dem Abakus immer erst die Materialien beschafft werden müssen.

Trotz dieser Vorteile gelingen die endgültige Ablösung des „Rechnens auf der Linien" und die Festschreibung der schriftlichen Verfahren als Unterrichtsstoff erst mit der zunehmenden Verbesserung der Buchdruckkunst und vor allem mit der zunehmenden Möglichkeit, das *Speichermedium Papier* kostengünstig als Massenprodukt herzustellen. Gegen Ende des 17. Jahrhunderts gelingen wesentliche Verbesserungen in der Papierherstellung, und erst am Ende des 18. Jahrhunderts bringt die Erfindung des mechanisch bewegten Siebes den entscheidenden Schritt zur maschinellen Herstellung von Papier. Diese günstigen technisch-ökonomischen Rahmenbedingungen verhelfen dem schriftlichen Rechnen zum endgültigen Durchbruch und dann auch zur Berücksichtigung in Schulcurricula.

Die heutige Situation ist damit vergleichbar. Das *Speichermedium Elektro-Chip* ist inzwischen als Massenprodukt preiswert herstellbar. Aus vielen Bereichen des täglichen Lebens sind elektronische Rechenanlagen nicht mehr wegzudenken, in Universitäten gehören sie zum Standard-Werkzeug, und Taschenrechner haben inzwischen auch in der Sekundarstufe I Einzug gehalten. Es ist nur noch eine Frage der Zeit, wann sie in jedem Ranzen unserer Grundschulkinder zu finden sein werden. Das schriftliche Rechnen als Routine-Werkzeug (z. B. bei der Lösung von Sachaufgaben) wird auch in der Grundschule durch den Taschenrechner abgelöst werden.

Die abnehmende praktische Bedeutung des schriftlichen Rechnens hat aber nicht automatisch ein Streichen dieses Unterrichtsstoffes zur Folge. Es gibt im Gegenteil gute Gründe anzunehmen, daß das schriftliche Rechnen auch in Zukunft ein Thema des Mathematikunterrichts der Grundschule bleiben wird.

* In der gegenwärtigen Situation bei der noch nicht vorhandenen bzw. geringen Verbreitung des Taschenrechners in der Grundschule bleibt schriftliches Rechnen ohnehin ein inhaltlich wichtiges, ökonomisches und effizientes Verfahren bei solchen Aufgaben, die ein genaues Ergebnis fordern und bei denen die Rechenoperationen nicht leicht „im Kopf" bewältigt werden können (Werkzeugcharakter des schriftlichen Rechnens).
* Auch nach einer weiteren Verbreitung des Taschenrechners in der Grundschule können die schriftlichen Rechenverfahren als besonders gute und relativ leicht vermittelbare *Beispiele dafür* behandelt werden, *wie mit algorithmischen Verfahren anspruchsvollere mathematische Probleme auf recht einfache Weise gelöst werden können.*

* Schriftliche Rechenverfahren leisten einen wichtigen Beitrag zum *Verständnis unseres Zahlensystems* (Bündelung, Stellenwert) und werden daher – neben anderen Maßnahmen mit dem gleichen Ziel – auch in Zukunft wichtiger Bestandteil des Arithmetikunterrichts sein.
* Die Kenntnis der schriftlichen Rechenverfahren kann helfen, wenigstens in Ansätzen zu verstehen, wie die „black box" Taschenrechner arbeitet. Gerade in Zeiten, in denen es immer weniger auf das Abarbeiten von Routinen – hierfür sind vorzüglich Maschinen geeignet – und immer mehr auf das *Verständnis mathematischer Verfahren* und auf die *Mathematisierung konkreter Sachprobleme* ankommt, wird dieser Vermittlung von Verständnis immer größere Bedeutung zukommen.
* Die Ablösung des „Rechnens auf der Linien" durch das schriftliche Rechnen in allen lebenspraktischen Situationen hat nicht vermocht, das Arbeiten mit Rechenplättchen in Stellenwerttafeln als *didaktische Maßnahme* zur Vermittlung von Einsicht in die Funktionsweise der schriftlichen Rechenverfahren auszuschalten. Die *historische Entwicklung* des mathematischen Denkens, hier die Entwicklung des Rechnens, scheint im Gegenteil ein guter *Leitfaden* zu sein *für den Aufbau von Lernsequenzen für das individuelle Lernen* (vgl. DAMEROW, 1981). Unter diesem Aspekt wird – wie verbreitet auch immer der Einsatz des Taschenrechners bei der Bewältigung lebenspraktischer Probleme sein wird – schriftliches Rechnen immer ein notwendiger Unterrichtsinhalt bleiben, eine didaktisch notwendige Zwischenstufe auf dem Weg zu schnelleren, leichteren und weniger fehleranfälligen Verfahren. So wie der Siegeszug des schriftlichen Rechnens nicht den didaktischen Einsatz des „Rechnens auf der Linien" überflüssig gemacht hat, wird auch der Einzug des Taschenrechners in der Grundschule nicht die Behandlung der schriftlichen Rechenverfahren als didaktische Maßnahme zur Vermittlung von Einsicht in Rechenverfahren überhaupt überflüssig machen.

Diese Argumente machen deutlich, daß schriftliches Rechnen wahrscheinlich auch auf längere Sicht nicht aus dem Grundschulcurriculum verschwinden wird, daß aber ganz offensichtlich eine *Akzentverschiebung bei der Zielsetzung* und damit bei der unterrichtspraktischen Behandlung einsetzen wird. Mit dem Rückgang der praktischen Bedeutung des schriftlichen Rechnens wird im Unterricht ein Rückgang aller derjenigen Maßnahmen einhergehen, die zur möglichst schnellen, sicheren, automatisierten Beherrschung aller möglichen Rechenfälle führen. Es wird auf der einen Seite zu weiteren Streichungen komplizierter Fälle (Division durch dreistellige, durch zweistellige Zahlen) kommen, auf der anderen Seite aber zu verstärkten Bemühungen bei allen solchen Maßnahmen, die der Vermittlung von Einsicht in diese Verfahren dienen. Entsprechend wird in den folgenden Abschnitten der Schwerpunkt gelegt auf solche Maßnahmen, die den Schülern helfen können, Einsicht in die Verfahren zu gewinnen und zu vertiefen. Es sei aber betont, daß in der gegenwärtigen Situation immer noch eine gewisse Routine beim schriftlichen Rechnen angestrebt werden muß.

2.5.2. Leitlinien bei der Behandlung schriftlicher Rechenverfahren

Es gibt eine Reihe von methodischen Grundsätzen, die für alle 4 schriftlichen Rechenverfahren gültig sind. Sie werden hier vorgestellt und mit Beispielen erläutert. Weitere Konkretisierungen finden sich in den folgenden Abschnitten.

* Die notwendigen Vorkenntnisse sichern
  Die schriftlichen Rechenverfahren werden nicht ohne Grund erst relativ spät im Grundschulcurriculum behandelt. Ihr Verständnis setzt eine Reihe von Vorkenntnissen voraus. Für schriftliche Addition und Subtraktion müssen die Kinder die Rechensätze des kleinen 1 + 1 einschließlich der additiven Ergänzungen ($7 + x = 15$) auswendig wissen, für schriftliche Multiplikation und Division entsprechend die Rechensätze des kleinen 1×1. Für alle Verfahren ist ein Vertrautsein mit dem Bündelungsprinzip und mit der Stellenwertschreibweise unserer Zahlen notwendig. Außerdem ist das Beherrschen der jeweiligen halbschriftlichen Verfahren unverzichtbare Grundlage.
  Die Vorbereitung der schriftlichen Rechenverfahren beginnt damit praktisch im 1. Schuljahr. Durch wiederholende Übungen werden die notwendigen Vorkenntnisse gefestigt. Kurz vor der Einführung der schriftlichen Verfahren kann ein entsprechender Test Aufschluß darüber geben, inwieweit jedes Kind über die notwendigen Vorkenntnisse verfügt.

* An die Vorkenntnisse anknüpfen
Gerade der Mathematikunterricht ist ein vorzügliches Beispiel für eine hierarchisch strukturierte Lernsequenz, in der neues Wissen an das vorhandene anknüpft, dieses erweitert und ausbaut (Lernen als Aufbau immer größerer konzentrischer Wissenskreise bzw. als Knüpfen eines immer dichteren kognitiven Netzwerks). Auch bei der Einführung der schriftlichen Verfahren ist daher ganz bewußt an die jeweiligen halbschriftlichen Verfahren anzuknüpfen (vgl. z. B. die Einführung der Multiplikation in 2.5.5.).
* Von Beispielen ausgehen, die die Notwendigkeit des neuen Verfahrens einsichtig machen
Einerseits sind solche Zahlbeispiele zu wählen, die nicht leicht mit den Vorkenntnissen bzgl. der halbschriftlichen Verfahren gelöst werden können („Ich hab's schon 'raus, warum soll ich's noch auf anderem Wege rechnen?"), andererseits muß der Sachkontext so gewählt sein, daß ein exaktes Ergebnis gefordert ist, eine Überschlagsrechnung zu einem zu ungenauen Resultat führt.
* Von passenden Sachsituationen ausgehen
Diese Leitlinie enthält zwei Forderungen, die nach Sachsituationen als erste Zugänge zu den schriftlichen Verfahren und die nach solchen Situationen, die zum jeweiligen Verfahren passen. So ist z. B. nicht jede Subtraktions-Situation für die Einführung geeignet. In der Bundesrepublik ist das Ergänzungsverfahren vorgeschrieben. Entsprechend sind Einführungsbeispiele auszuwählen, die schon vom inhaltlichen Kontext her nicht das Abziehen sondern das Ergänzen nahelegen.
* Die Handlungsgrundlagen der Algorithmen behandeln
Historisch haben die schriftlichen Rechenverfahren (wenn auch nicht sofort in der uns heute bekannten Form) das handelnde Rechnen mit Steinen auf Rechenbrettern abgelöst. Rechenpfennige (nicht für die Schule, sondern für die alltäglichen Berechnungen!) gibt es (mindestens) seit dem 13. Jahrhundert. Diese historischen Entwicklungen und psychologische Überlegungen (vgl. etwa „operatives Prinzip", S. 26) sprechen eindeutig für handelnde Grundlegungen der schriftlichen Rechenverfahren. Gerade bei Einführungen (aber nicht nur dort) ist daher besonderer Wert zu legen auf den handelnden Vollzug mit zunehmend abstrakteren Materialien, anfangs mit Modellen, die den Wert der einzelnen Stellen noch direkt erkennen lassen (Systemblöcke mit Einer-Würfeln, Zehner-Stangen und Hunderter-Platten; Rechengeld), später mit Materialien, bei denen der Stellenwert nur noch durch die Lage in einer Stellenwerttafel deutlich wird (z. B. Registerspiel, Schroedel, Hannover). Bei allen diesen Handlungen ist der Bezug zu der jeweiligen schriftlichen Kurznotation herauszuarbeiten.
* Mögliche Klippen im Lernprozeß frühzeitig berücksichtigen
Jedes Rechenverfahren hat besonders schwierige Stellen und Sonderfälle, die den Schülern erfahrungsgemäß Schwierigkeiten bereiten. Solche Klippen müssen schon frühzeitig bei der Einführung mitbehandelt werden: die Ergänzung zur Null in einer beliebigen Stelle bei der schriftlichen Subtraktion, die Übertragung zur leeren Stelle bei der Addition, mehrere Nullen hintereinander bei der Multiplikation oder Division u. v. a. m. (Vgl. dazu die Schwierigkeitsanalysen S. 205, S. 218 und in Gerster, 1982 b)
* Das Verfahren auch noch nach der Einführung häufiger erläutern bzw. erläutern lassen
Lernen ist ein mühevoller, langsamer Prozeß, für den häufig ein einzelner großer Anlauf nicht ausreicht. Noch unsichere Kenntnisse werden nicht (nur) durch immer wiederkehrende gleiche Aufgabenstellungen gefestigt. Das Verfahren selbst muß immer wieder thematisiert werden. Die überzeugendste Demonstration von Verständnis ist diejenige, bei der ein Schüler selbst das Verfahren erklärt und auch hartnäckigen Einwürfen des Lehrers mit Sachargumenten begegnen kann. Eine besonders schwierige Probe ist z. B. folgender Einwand bei der schriftlichen Subtraktion: „Hier in der Einerstelle steht $6 - 9$. Du rechnest $9 + 7 = 16$ und schreibst in der Zehnerstelle unten eine Eins dazu. Wie kann das noch richtig sein, wo Du doch oben und unten jeweils 10 dazugibst?" Nur wer den Kern dieses Subtraktionsverfahrens (Konstanz der Differenz bei gleichsinnigem Verändern von Minuend und Subtrahend) verstanden hat, wird auf diesen Einwand sachgerecht reagieren können.
* Übungen einbeziehen, die das Verständnis der Verfahren festigen
Hiermit sind vor allem operative Übungen gemeint. Beispiele dafür enthalten die Abschnitte 2.5.3 ff.
* Auf Anwendungen zurückkommen
Schriftliche Rechenverfahren sind vor allem

Werkzeuge zur Lösung anspruchsvollerer, auch inhaltlich bedeutsamer Sachaufgaben. Es muß verhindert werden, daß vor lauter Werkzeug-Lernen der Gebrauch des Werkzeuges vergessen wird. Auch innerhalb von Sachaufgaben können die schriftlichen Verfahren weitergeübt werden.

* Frühzeitig auf Fehler achten, deren Ursachen identifizieren und individuelle Hilfestellungen zu ihrer Beseitigung geben
Schriftliche Rechenverfahren sind – wie alle Algorithmen – aus mehreren Teilschritten zusammengesetzt, die nach einer festgelegten sinnvollen Regel miteinander verknüpft werden müssen. Dabei können sich – wie jeder Lehrer sicher schon erfahren hat – Fehlstrategien einschleichen, die um so stabiler werden, je länger sie sich einschleifen können. Hinweise auf häufige Fehlertypen am Ende der folgenden Abschnitte sollen dem Lehrer helfen, solche Fehlstrategien frühzeitig zu identifizieren und abzubauen.

2.5.3. Schriftliche Addition

(1) Vorwissen und vorbereitende Übungen

Bevor etwa in der Mitte des dritten Schuljahres die schriftliche Addition eingeführt wird, sind im Unterricht schon Inhalte angesprochen, geübt und gefestigt worden, die notwendige Voraussetzungen für das Verständnis dieses ersten Algorithmus sind. Neben der Kenntnis des kleinen 1 + 1 kommt es vor allem auf ein fundiertes Verständnis des *Bündelungsprinzips* und der *Stellenwertschreibweise* unserer Zahlen an. Zur Vertiefung und Festigung dieser Kenntnisse sind handelnder Umgang mit geeigneten Darstellungsmitteln, zeichnerische und symbolische Notationen unverzichtbare Bestandteile des Unterrichts.

Als Darstellungsmittel eignen sich besonders Systemblöcke (Herder, Freiburg), Spielgeld und das Registerspiel bzw. eine Stellentafel und Rechensteine.

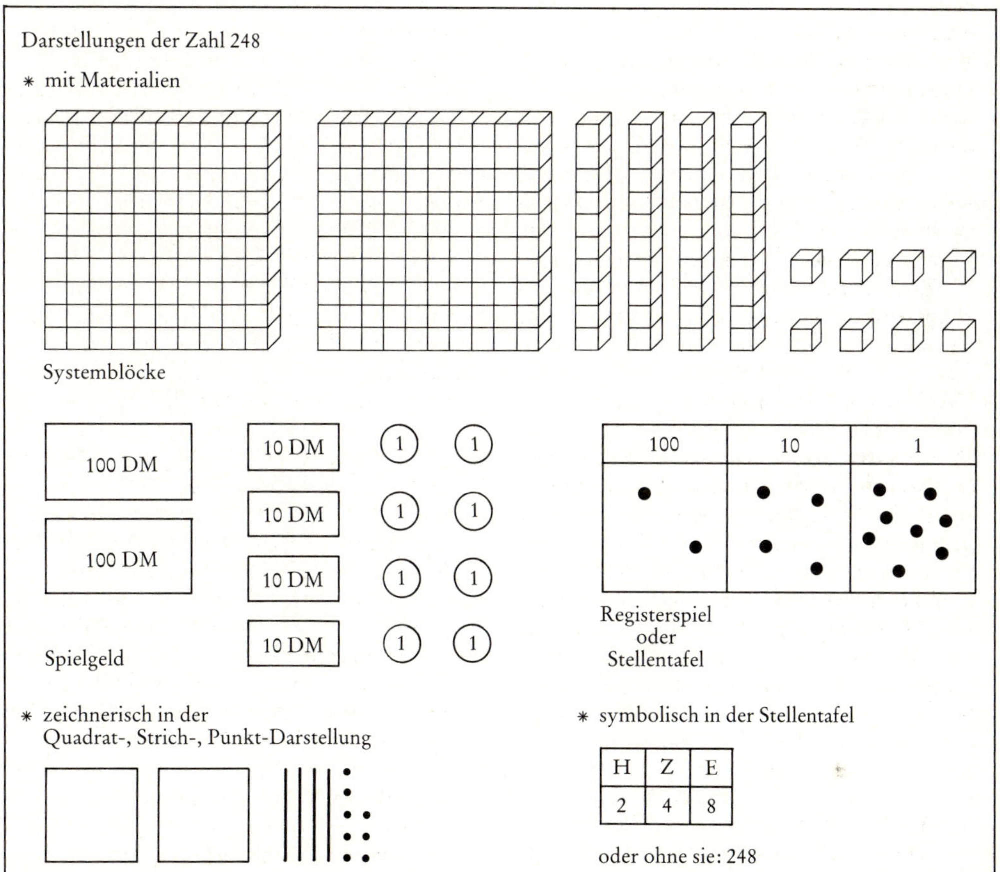

Übersetzungen von einer Darstellung in eine andere können leicht als Partner- oder Gruppenarbeiten durchgeführt werden. Wichtig ist auch, daß mit diesen Darstellungen weiter gearbeitet wird, Übungen durchgeführt werden, die ein intensives Nachdenken über diese Darstellungen in Gang setzen und damit die Einsicht vertiefen.

Wir stellen die Zahl 836 in der Stellentafel dar.

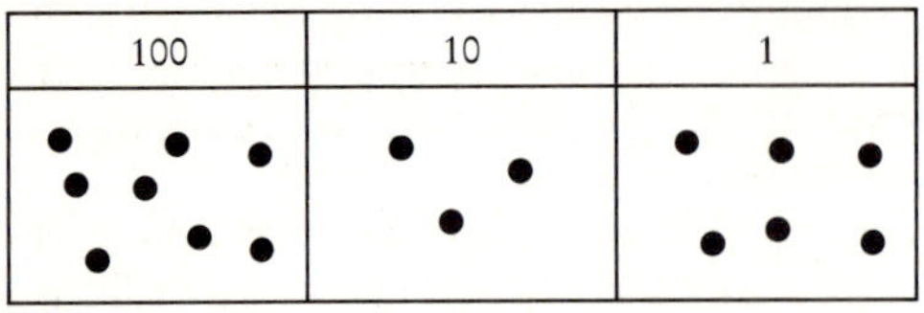

- Nimm einen Stein weg! Welchen Wert hat der Stein? Welche Zahl ist nun dargestellt? (736, 826, 835)
- Nimm zwei Steine weg. Welche Werte haben diese beiden Steine? (2, 11, 20, 101, 110, 220) Welche Zahl bleibt jeweils übrig? (vgl. dazu auch WINTER, 1981 b, S. 246)
- Du hast 5 Steine. Welche Zahlen kannst Du darstellen? Wer findet die meisten? Welche Zahl ist die größte, welche die kleinste?
- Wie ändert sich die Zahl, wenn man einen Stein verschiebt, von der Einer- in die Zehnerstelle, von der Zehner- in die Hunderterstelle bzw. umgekehrt?

Zur Vertiefung der Kenntnisse um Bündelung und Stellenwert wird in verschiedenen Unterrichtswerken kurz vor der Einführung der schriftlichen Addition mit anderen Stellenwerten gearbeitet. Dabei sollen die für alle Stellenwertsysteme geltenden Gesetzmäßigkeiten der Schreibweise und Bündelung besonders deutlich werden. Zugleich wird ein allgemeinerer Zugang („deep end“) zum Verfahren des Stellenwertrechnens gewählt in der Hoffnung, daß dadurch das spezifische Verfahren der schriftlichen Addition im Zehnersystem einsichtig wird.

Wird dieser Zugang zur schriftlichen Addition über andere Stellenwertsysteme gewählt, dann kommt es nicht auf eine Mechanisierung des Verfahrens an, sondern ganz entscheidend darauf, daß das Verfahren selbst, das schrittweise Arbeiten in den Stellenwerten von rechts nach links, das Bündeln (mit entsprechendem Übertrag) und der Zusammenhang zwischen der Handlung mit dem Material und der symbolischen Kurznotation herausgearbeitet werden.

(2) Das Verfahren

Der handelnde Vollzug mit Material und seine Übersetzung in die schriftliche Kurznotation stehen auch im Mittelpunkt der Erarbeitung der schriftlichen Addition in unserem Zehnersystem. Als Arbeitsmittel eignen sich die schon genannten Systemblöcke, Rechengeld und Stellenwerttafeln mit Rechensteinen. Obwohl bei den Systemblöcken und beim Rechengeld der Wert jedes einzelnen Stücks direkt erkennbar ist, also nicht – wie beim Arbeiten mit der Stellentafel – nur aus der Lage abgelesen werden kann, sollte mit Blick auf das angestrebte Normalverfahren auch mit diesen Materialien immer *in einer Stellentafel* gearbeitet werden.

Auf eine Darstellung der Addition ohne Übertrag wird hier verzichtet. Es ist nicht günstig, im Unterricht längere Zeit diesen Spezialfall zu üben. Auf der einen Seite ist die Anzahl der zur Verfügung stehenden Zahlbeispiele nicht besonders groß, auf der anderen Seite birgt ein längeres Üben ohne Übertrag die Gefahr, daß auch später der notwendige Übertrag vernachlässigt wird. Einige Lehrwerke beginnen aus diesem Grunde direkt mit der schriftlichen Addition mit Übertrag, anfangs mit einem, dann auch mit zwei Überträgen.

Für die Einführung des Verfahrens eignen sich am besten Systemblöcke; bei ihnen sind auch in den größeren Einheiten immer noch die Einer erkennbar. Das Verfahren verläuft völlig analog zur (auf der folgenden Seite beschriebenen) Addition im Vierersystem – selbstverständlich nun mit Zehner-Stangen und Hunderter-Platten. Für eine zeichnerische Notation der Handlung kann auf das aufwendige Malen der Stangen und Platten verzichtet werden; die stilisierte Darstellung mit Strichen und Quadraten reicht aus.

In gleicher Weise kann das Verfahren der Addition mit Rechengeld dargestellt werden. Wie bei den Systemblöcken wird auch hier der Übertrag besonders deutlich: 10 Markstücke werden umgewechselt in einen Zehnmarkschein etc.

Einen Abstraktionsschritt weiter ist man beim Arbeiten mit der Stellentafel und Rechensteinen. Hier ist der Wert jedes Steins nur noch aus der Lage abzulesen. Deshalb kommt es ganz besonders darauf an, die Handlungen mit sprachlichen Beschreibungen zu begleiten, aus denen der Wert der Steine hervorgeht („8 Einer, 5 Zehner . . .“).

Eine Zeit lang ist beim Addieren die ausführliche Sprechweise („7 Einer plus 8 Einer . . .“) zu fordern. Mit zunehmendem Verständnis des Verfahrens kann die Stellentafel bei der schriftlichen Notation entfallen und die Sprechweise verkürzt werden. Die Übertragszahl wird weiterhin aufgeschrieben.

Addition im Vierer-System: $132_4 + 23_4 = 221_4$

Handlung	Notation

1. Schritt: Darstellung beider Summanden

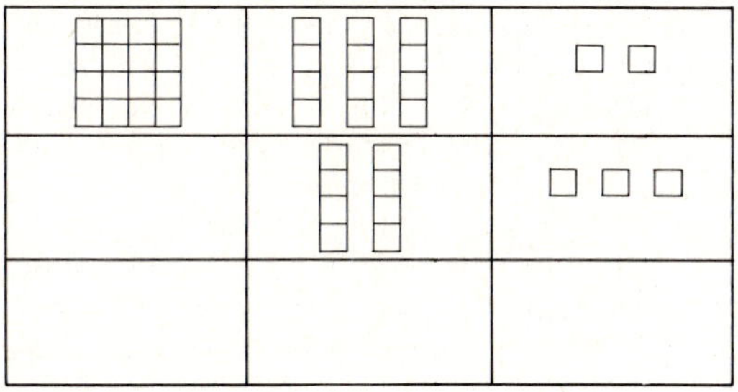

	16	4	1
	1	3	2
+		2	3

2. Schritt: Addition der Einer
Aus 3 Einern und 2 Einern werden eine Vierer-Stange und ein Einer.

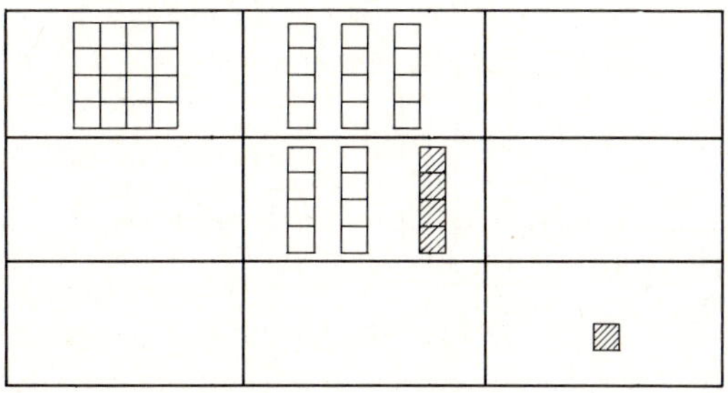

	16	4	1
	1	3	2
+		2_1	3
			1

3. Schritt: Addition der Vierer
Die 6 Vierer-Stangen werden zusammengeschoben. 4 von ihnen ergeben eine Platte; 2 Stangen bleiben liegen.

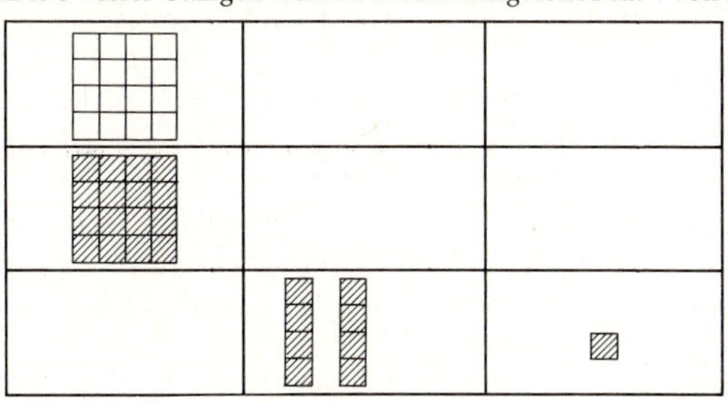

	16	4	1
	1	3	2
+	$_1$	2_1	3
		2	1

4. Schritte: Addition der Sechzehner
Die 2 Sechzehner-Platten werden in die Ergebnis-Zeile geschoben.

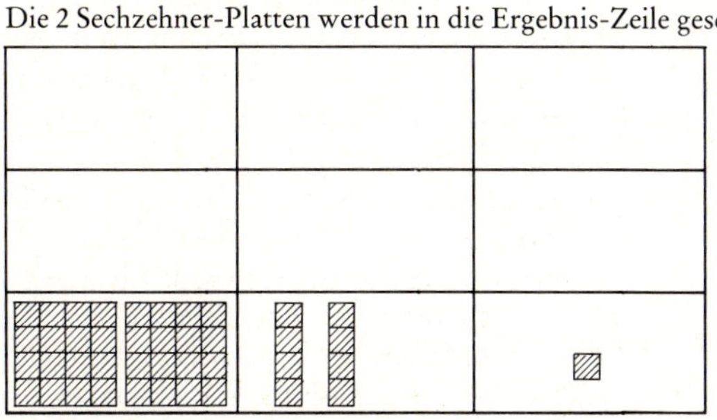

	16	4	1
	1	3	2
+	$_1$	2_1	3
	2	2	1

Addition im Zehner-System: 368 + 257 = 625		
Handlung	Notation	Sprechweise

1. Schritt: Darstellung beider Summanden

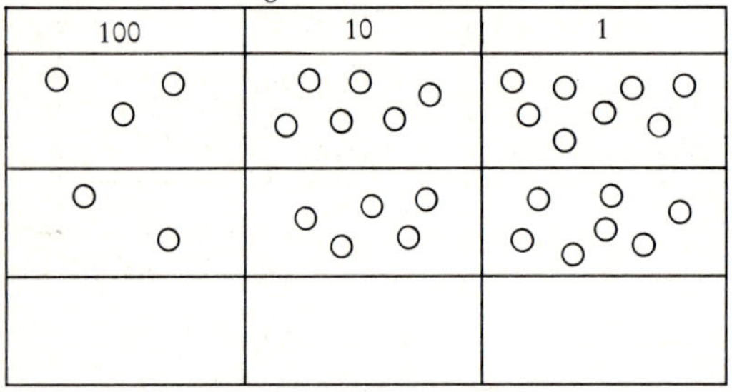

	H	Z	E
	3	6	8
+	2	5	7

2. Schritt: Addition der Einer
Die 15 Einer werden nach unten geschoben;
10 Einer in einen Zehner umwechseln.

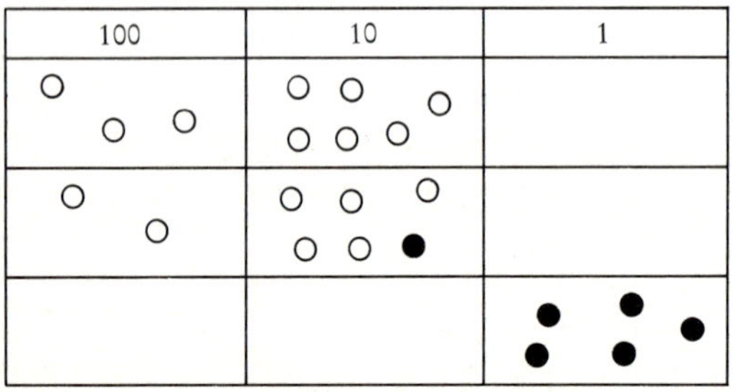

	H	Z	E
	3	6	8
+	2	5_1	7
			5

7 Einer plus 8 Einer
gleich **15** Einer;
1 Zehner, **5** Einer.

3. Schritt: Addition der Zehner
Die 12 Zehner nach unten schieben; 10 Zehner
in einen Hunderter wechseln.

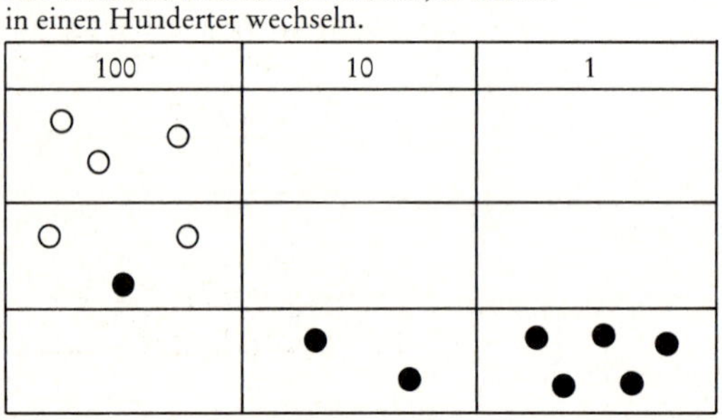

	H	Z	E
	3	6	8
+	2_1	5_1	7
		2	**5**

6 Zehner plus **6** Zehner
gleich **12** Zehner;
1 Hunderter, **2** Zehner.

4. Schritt: Addition der Hunderter
Die 6 Hunderter nach unten schieben.

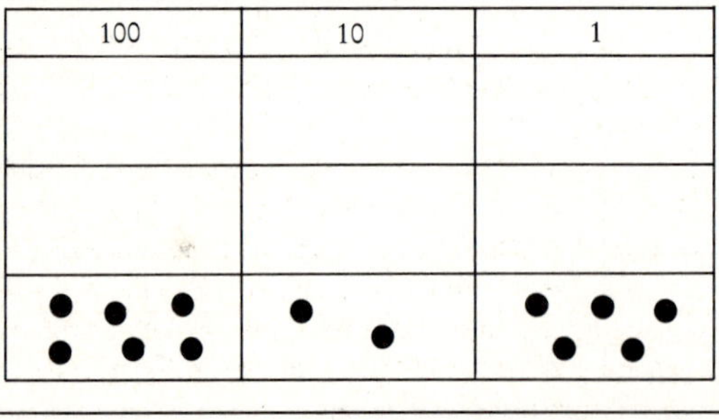

	H	Z	E
	3	6	8
+	2_1	5_1	7
	6	**2**	**5**

3 Hunderter plus
3 Hunderter
gleich **6** Hunderter.

Verkürzte Sprechweisen
bei der schriftlichen Addition

$\begin{array}{r} 3\ 6\ 8 \\ +\ 2_1\ 5_1\ 7 \\ \hline 6\ 2\ 5 \end{array}$	7 Einer plus 8 Einer gleich **15** Einer; **1** Zehner, **5** Einer **6** Zehner plus 6 Zehner gleich **12** Zehner; **1** Hunderter, **2** Zehner **3** Hunderter plus 3 Hunderter gleich **6** Hunderter
$\begin{array}{r} 3\ 6\ 8 \\ +\ 2_1\ 5_1\ 7 \\ \hline 6\ 2\ 5 \end{array}$	7 plus 8 gleich **15**; **1** — **5** **6** plus 6 gleich **12**; **1** — **2** **3** plus 3 gleich **6**
$\begin{array}{r} 3\ 6\ 8 \\ +\ 2_1\ 5_1\ 7 \\ \hline 6\ 2\ 5 \end{array}$	7 plus 8 gleich **15** 6 plus 6 gleich **12** 3 plus 3 gleich **6**
$\begin{array}{r} 3\ 6\ 8 \\ +\ 2_1\ 5_1\ 7 \\ \hline 6\ 2\ 5 \end{array}$	7 — **15** **6** — **12** **3** — **6**

Die fettgedruckten Zahlen sind zu betonen.

(3) Übungsformen
Zum Einüben der schriftlichen Addition (und der anderen schriftlichen Rechenverfahren) können viele der in 3.1 und 3.2 beschriebenen Spiel- und Übungsformen direkt übernommen bzw. dem zu übenden Sachverhalt durch Variation der Rechenart oder der Größe der Zahlen angepaßt werden. Daher sollen hier nur noch wenige Übungsformen ergänzend vorgestellt werden.

Geheime Botschaften:
Das Arbeitsblatt enthält die Aufgaben und – natürlich nicht in gleicher Reihenfolge – die Lösungen, denen jeweils ein Buchstabe zugeordnet ist. Die Schüler schreiben neben ihre Lösungen die zugehörigen Buchstaben. Diese bilden ein Wort oder einen Satz.

263 + 457 =	720	A
387 + 609 =		
610 + 328 =		
168 + 668 =		
347 + 506 =		
314 + 358 =		
598 + 68 =		
197 + 206 =		
558 + 304 =		
86 + 459 =		
377 + 562 =		
185 + 664 =		

403	C
545	T
666	I
672	R
720	A
836	E
849	G
853	S
862	H
938	L
939	I
996	L

Zahl-Drehwürmer:
Drehwürmer oder Palindrome sind Wörter oder Sätze, die vorwärts wie rückwärts gelesen (den gleichen) Sinn ergeben: OTTO, RENTNER, EIN NEGER MIT GAZELLE ZAGT IM REGEN NIE, . . .

Zahl-Drehwürmer sind entsprechend Zahlen, die vorwärts wie rückwärts gelesen gleich sind: 12521, 303, 2112, . . . Solche Drehwürmer erhält man mit einigen Additionen aus jeder Zahl. Der zweite Summand muß dabei jeweils durch Vertauschen der Reihenfolge der Ziffern des ersten Summanden entstehen.

Schreibe Deine Telefonnummer auf. Tausche die Reihenfolge der Ziffern und addiere beide Zahlen.	45081 +18054 63135
Wenn das Ergebnis noch kein Drehwurm ist, dann nimm dieses Ergebnis als neue Zahl, vertausche die Reihenfolge der Ziffern und addiere.	63135 +53136 116271
Immer noch kein Drehwurm? Dann noch einmal mit der neuen Zahl!	116271 +172611 288882
Ein Drehwurm in 3 Schritten!	

- Wer hat eine Telefonnummer, die selbst schon ein Drehwurm ist?
- Wer durfte am längsten rechnen, bis ein Drehwurm entstand?
- Die neue Zahl entsteht durch Würfeln, dreimal (vier-, fünfmal ...) hintereinander mit einem Würfel. Wer hat schon einen Drehwurm, wer schafft ihn in einem, zwei, drei, ... Schritten?
- Weitere Zahlen werden als Startzahlen genommen: Postleitzahlen, Körpergrößen (in cm), Entfernungen zwischen Städten u. v. a. m.

Daß die entstehenden Summen den Zahlenraum bis 1000 überschreiten, ist insofern unbedeutend, als es nicht darauf ankommt, diese Zahlen lesen zu können; es reicht ein ziffernweiser Vergleich, um festzustellen, ob ein Drehwurm vorliegt. Für manche Schüler ist es sicher sogar motivierend, endlich einmal größere Zahlen schreiben zu dürfen.

Tintenkleckse:
Diese Übungsform ist besonders als operative Übung (vgl. S. 197) zur Vorbereitung der schriftlichen Subtraktion geeignet. In einer vollständig gelösten Addition haben „Tintenkleckse" einige Ziffern unlesbar gemacht. Wer findet heraus, welche Ziffern dort standen?

[redacted]3	4 7 9	[redacted]	2 4 4
+ 2 5[redacted]	+[redacted]	+ 5 7 6	+[redacted]6
6 8 1	8 6 2	9 8 5	8 3[redacted]

Selbstverständlich können Übungen zur schriftlichen Addition noch in zahlreichen anderen „Verpackungen" erscheinen, als Kreuzzahlrätsel (vgl. S. 87), als Zahlenfelder (S. 208) und -vierecke (S. 207) und auf viele andere Arten.

Diagnostische Aufgabensätze:
Eine wichtige Form der Aufgabenstellung bei allen 4 schriftlichen Rechenverfahren sind diagnostische Aufgabensätze. Mit ihrer Hilfe können sowohl die notwendigen Vorkenntnisse der Schüler als auch deren Reaktionen auf die einzelnen Schwierigkeitsmerkmale der Verfahren und damit mögliche Fehlerstrategien geprüft werden. So gelingt eine Identifizierung des Leistungsstandes jedes Schülers, vor allem aber eine gezielte Diagnose möglicher Lernschwierigkeiten jedes Einzelnen. Eine ausführliche Diskussion diagnostischer Aufgabensätze findet sich im Kap. 3.3 „Lernschwierigkeiten". Dort sind auch solche Aufgabensätze für die schriftliche Addition aufgeführt. Für alle 4 schriftlichen Verfahren schlägt GERSTER (1982 b) diagnostische Aufgabensätze vor.

(4) Schwierigkeiten und Fehler
Die Hauptschwierigkeit bei der schriftlichen Addition ist zweifelsohne der Übertrag. Manchen Kindern bereitet auch noch das kleine 1 + 1 Probleme, einigen das Rechnen mit der Null.

Übertragungsfehler:

Aufgabe	
3 6 8 + 2 5 4 5 1 2	Der Übertrag wird gar nicht berücksichtigt.
2 7 9 + $3_1$1 4 6 8 3	Übertrag in die falsche Stelle
3 2 6 + 2 $4_1$3 5 7 9	Übertrag zuviel

Kein Übertrag ...

Aufgabe	
3 6 8 + $7_1$5 3 4 3	... in die leere Stelle
6 8 + 3 $7_1$5 3 4 3	... in die zusätzliche Stelle
3 5 7 + 2 0 8 5 5 5	... zur Null
3 1 8 + $4_1$9 3 8 0 1	... zur 9

Bei allen Übertragungsfehlern bietet es sich an, die jeweilige Addition noch einmal zusammen mit dem Kind mit Hilfe von Material zu lösen, um so ein besseres Verständnis für das Verfahren zu erreichen.

Weitere Fehlertypen sind in diesem Handbuch beschrieben: Addition von vorn, Fehler mit der Null, Fehler beim kleinen 1 + 1, Fehler durch nicht stellengerechte Schreibweise der Zahlen (vgl. S. 192) und Fehler durch Perseveration (S. 77).

2.5.4. Schriftliche Subtraktion

(1) Vorwissen und vorbereitende Übungen

Über das für die schriftliche Addition notwendige Vorwissen hinaus sind vor allem 2 Punkte besonders wichtig:

* die Beherrschung der Aufgaben der *additiven Ergänzung* im Rahmen des kleinen 1 + 1 und
* die Einsicht in das *Gesetz der Konstanz der Differenz* bei gleichsinniger Veränderung von Minuend und Subtrahend (bei der Behandlung der Subtraktion als Ergänzen mit Erweitern).

Subtraktionsaufgaben können durch Abziehen oder durch additives Ergänzen gelöst werden. Das Ergänzungsverfahren wird meistens dann gewählt, wenn Minuend und Subtrahend nahe beieinander liegen (z. B. 17−15; 15+2=17). Auch *schriftliche* Subtraktionen können durch Abziehen oder durch Ergänzen gelöst werden. Aus noch zu beschreibenden Gründen ist in der Bundesrepublik das Ergänzungsverfahren vorgeschrieben. Deshalb ist es wichtig, daß schon vom 1. Schuljahr an Subtraktionen auch durch Ergänzen gelöst und die Aufgaben zur additiven Ergänzung innerhalb des kleinen 1 + 1 auswendig gekonnt werden.

Bei der schriftlichen Subtraktion spielt neben der Rechenrichtung (Abziehen „von oben" – Ergänzen „von unten") die Behandlung des Übertrags eine entscheidende Rolle. Grundsätzlich gibt es 2 Möglichkeiten, das *Verwandeln* bzw. „Borgen" (z. B. eines Zehners in 10 Einer) und das *Erweitern* von Minuend und Subtrahend um den gleichen Betrag (z. B. den Minuenden um 10 Einer, den Subtrahenden um 1 Zehner). Verwandeln führt in einigen Fällen zu Schwierigkeiten (s. u.); verbreitet ist daher die Behandlung des Übertrags mit Hilfe des Erweiterns. Das geläufigste Verfahren der schriftlichen Subtraktion ist ein *Ergänzen (Rechenrichtung) mit Erweitern (Übertrag).*

Für dieses Verfahren ist Einsicht (nicht gleichzusetzen mit der Fähigkeit, das Gesetz verbal zu beschreiben) in das Gesetz der Konstanz der Differenz bei gleichsinniger Veränderung von Minuend und Subtrahend notwendig: Wenn in einer Differenz Minuend und Subtrahend um den gleichen Wert verändert werden, ändert sich der Wert der Differenz nicht.

$$a - b = (a \pm n) - (b \pm n)$$

Zur Verdeutlichung dieses „Ausgleichsgesetzes" bieten sich Sachsituationen und graphische Darstellungen an:

* Klaus ist 8 Jahre alt, Erika 11 Jahre. Wieviel Jahre ist Erika älter? Wie ist es in einem Jahr, in 3 (5, 10, 30, . . .) Jahren?
* Klaus und Erika haben für ein Fahrrad gespart. Klaus hat 180 DM, Erika 210 DM. Wieviel hat Erika mehr? Beide bekommen von ihren Eltern 100 DM dazu. Wieviel hat jeder? Wie groß ist jetzt der Unterschied? Jeder zahlt für das Fahrrad 260 DM. Wieviel hat jeder noch? Wie groß ist der Unterschied?
*

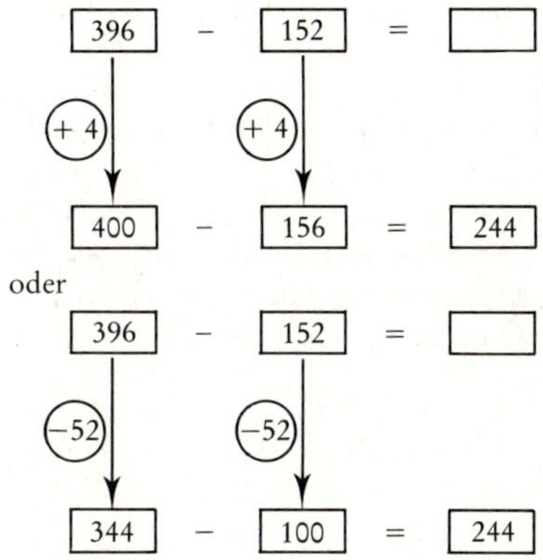

Also gilt auch 396−152=244.

(2) Das Verfahren

Bei 2 möglichen Rechenrichtungen (Abziehen – Ergänzen) und 2 Möglichkeiten, den Übertrag zu handhaben, gibt es 4 Verfahren der schriftlichen Subtraktion.

Beide Verfahren mit Verwandeln bereiten große Schwierigkeiten bei solchen Aufgaben, bei denen der Minuend mehrere Nullen hintereinander hat (z. B. 40 007–9859): Von Null kann ich nichts borgen, von der nächsten und übernächsten Null auch nichts. Also wird ein Zehntausender in 10 Tausender verwandelt. Einer dieser Tausender wird in 10 Hunderter, einer dieser Hunderter in 10 Zehner und schließlich einer dieser Zehner in 10 Einer verwandelt. Erst jetzt kann mit der Rechnung begonnen werden.

Beide Abziehverfahren sind unpraktisch, wenn mehrere Subtrahenden abgezogen werden sollen. Zuerst muß in einem Überschlag geklärt werden, wieviel Zehner verwandelt werden müssen bzw.

Rechenrichtung					
		Abziehen		Ergänzen	
Behandlung des Übertrags	mit Verwandeln	$8_{10}6_{10}2$ $-\,3\;8\;7$ $4\;7\;5$	Von 2 kann man nicht 7 abziehen; daher wird 1 Zehner in 10 Einer verwandelt. 12 − 7 = **5** Von 5 (!) Zehnern kann man keine 8 Zehner abziehen; daher wird ein Hunderter in 10 Zehner . . .	$8_{10}6_{10}2$ $-\,3\;8\;7$ $4\;7\;5$	Von 7 kann man nicht auf 2 ergänzen; daher wird 1 Zehner in 10 Einer verwandelt. 7 + **5** = 12 Von 8 Zehnern kann man nicht auf 5 (!) Zehner ergänzen. Daher . . .
	mit Erweitern	$8_{10}6_{10}2$ $-\,3_1\,8_1\,7$ $4\;7\;5$	Von 2 kann man nicht 7 abziehen; daher wird „oben" um 10 Einer und „unten" um 1 Zehner erweitert. 12 − 7 = **5** Von 6 (!) Zehnern kann man nicht 9 (!) Zehner . . .	$8_{10}6_{10}2$ $-\,3_1\,8_1\,7$ $4\;7\;5$	Von 7 kann man nicht auf 2 ergänzen; daher wird „oben" um 10 Einer „unten" um 1 Zehner erweitert. 7 + **5** = 12 Von 9 (!) Zehnern . . .

um wieviel erweitert werden muß. Erst dann kann die erste Rechnung durchgeführt werden.

Das weit verbreitete Verfahren Ergänzen mit Erweitern vermeidet sowohl die Schwierigkeiten, die beim Verwandeln auftreten, als auch die, die mit beiden Abziehverfahren verbunden sind. Erkauft werden diese Vorteile mit zwei Nachteilen:

* Das Verfahren greift nicht die natürlichere Sinngebung der Subtraktion als Abziehen auf, sondern die etwas künstliche als Ergänzen.
* Bei der Arbeit mit konkretem Material (z. B. Stellentafel mit Rechenplättchen) ist das Verwandeln bzw. Borgen naheliegender als das Erweitern. Mit Blick auf das Normalverfahren, das auch bei einer Subtraktion mit mehreren Subtrahenden praktikabel sein soll, muß auch bei der konkreten Arbeit mit Material die weniger naheliegende Behandlung des Übertrags durch Erweitern praktiziert werden.

Diese beiden Nachteile sind zugleich die Hauptklippen bei der Vermittlung von Einsicht in das Verfahren der schriftlichen Subtraktion. Deshalb kommt es gerade hier auf eine behutsame, mit ausführlichen Erklärungen verbundene, konkrete Durchführung mit Material an (vgl. S. 113).

In der ersten Zeit ist der Sprech- und Schreibaufwand bei der schriftlichen Subtraktion recht hoch. Die Zahlen werden in eine Stellentafel geschrieben, die Werte der einzelnen Stellen (Einer, Zehner, . . .) mitgesprochen und alle Erweiterungen (10 Einer, 1 Zehner . . .) aufgeschrieben. Nach und nach kann dieser Aufwand zurückgeschraubt werden bis die Endform erreicht ist.

Verkürzte Schreib- und Sprechweisen bei der schriftlichen Subtraktion

①

	H	Z	E
		10	10
	8	6	2
−	3	8	7
	1	1	
	4	7	5

Von 7 Einern kann man nicht auf 2 Einer ergänzen; 10 Einer, 1 Zehner.
7 Einer plus **5** Einer gleich 12 Einer.
Von 9 Zehnern kann man nicht auf 6 Zehner ergänzen; 10 Zehner, 1 Hunderter.
9 Zehner plus **7** Zehner gleich 16 Zehner.
4 Hunderter plus **4** Hunderter gleich 8 Hunderter.

②

	H	Z	E
	8	6	2
−	3	8	7
	1	1	
	4	7	5

7 Einer plus **5** Einer gleich 12 Einer.
9 Zehner plus **7** Zehner gleich 16 Zehner.
4 Hunderter plus **4** Hunderter gleich 8 Hunderter.

③

	H	Z	E
	8	6	2
−	3	8	7
	1	1	
	4	7	5

7 + **5** = 12
9 + **7** = 16
4 + **4** = 8

④ Und schließlich die Endform ohne Stellenwerttafel:

$$\begin{array}{r} 8\,6\,2 \\ -\;3_1 8_1 7 \\ \hline 4\,7\,5 \end{array}$$

7 + **5** = 12
9 + **7** = 16
4 + **4** = 8

$862 - 387 = 475$

Handlung	Notation	Sprechweise

1. Schritt: Darstellung von Minuend und Subtrahend

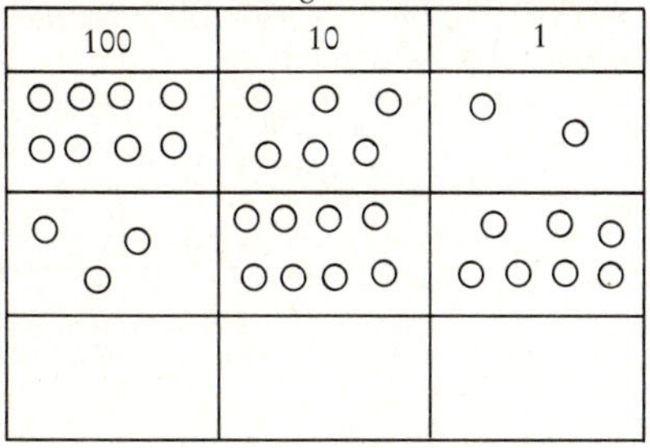

	H	Z	E
	8	6	2
−	3	8	7

2. Schritt: Subtraktion der Einer
Zu 7 Einern können keine Einer so zugelegt werden, daß es insgesamt 2 Einer sind. Deshalb wird der Minuend um 10 Einer, der Subtrahend um 1 Zehner erweitert. Nun können zu 7 Einern **5** Einer zugelegt werden, so daß es insgesamt 12 Einer sind.

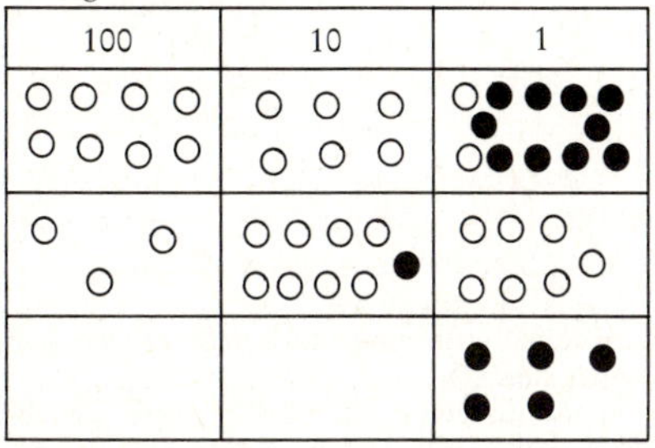

	H	Z	E
	8	6	^{10}2
−	3	8 $_1$	7
			5

7 Einer plus x Einer gleich 2 Einer geht nicht; daher wird „oben" um 10 Einer und „unten" um 1 Zehner erweitert.

7 Einer plus **5** Einer gleich 12 Einer.

3. Schritt: Subtraktion der Zehner
Da zu 9 Zehnern keine Zehner so zugelegt werden können, daß es insgesamt 6 Zehner sind, wird der Minuend um 10 Zehner, der Subtrahend um 1 Hunderter erweitert. Nun können 9 Zehner um 7 Zehner auf insgesamt 16 Zehner ergänzt werden.

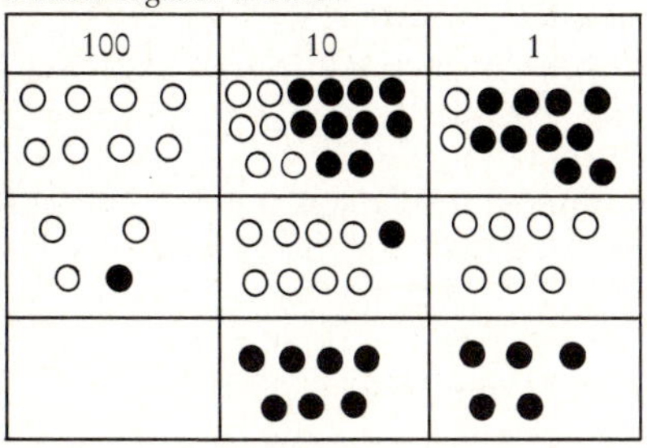

	H	Z	E
	8	^{10}6	^{10}2
−	3 $_1$	8 $_1$	7
		7	5

9 Zehner plus x Zehner gleich 6 Zehner geht nicht; daher wird „oben" um 10 Zehner, „unten" um 1 Hunderter erweitert.

9 Zehner plus **7** Zehner gleich 16 Zehner.

4. Schritt: Subtraktion der Hunderter
4 Hunderter können durch weitere 4 Hunderter auf 8 Hunderter ergänzt werden.

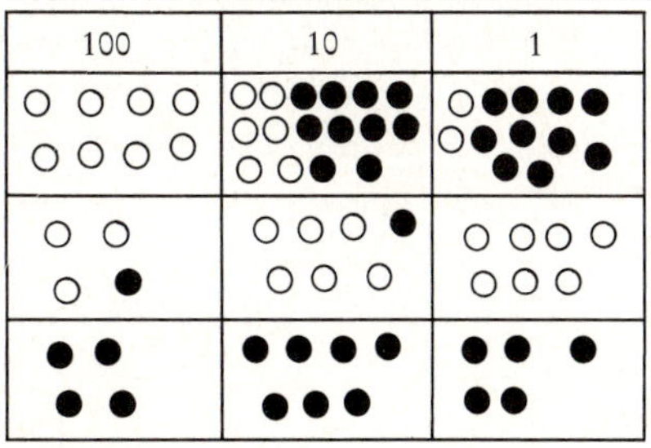

	H	Z	E
	8	^{10}6	^{10}2
−	3 $_1$	8 $_1$	7
	4	7	5

4 Hunderter plus **4** Hunderter gleich 8 Hunderter.

Neben der o. a. Technik des Ergänzens mit Erweitern gibt es ein *weiteres Ergänzungsverfahren*, das schon BREIDENBACH (1963) vorgeschlagen hat und in neuerer Zeit wieder (u. a. von GERSTER, 1982 b) propagiert wird, weil es die Vorteile hat, daß die gegebenen Zahlen nicht verändert werden müssen und das Normalverfahren auf kürzerem Wege erreicht wird, die sog. *Auffülltechnik*.

Die Einführung der schriftlichen Subtraktion nach der Auffülltechnik führt schneller zu der (mit der Technik des Ergänzens mit Erweitern identischen) Endform, weil die durch das Erweitern notwendige Zwischenform der Notation der Erweiterungs-Zehn entfällt.

862 – 387 = 475

1. Schritt: Darstellung von Minuend und Subtrahend

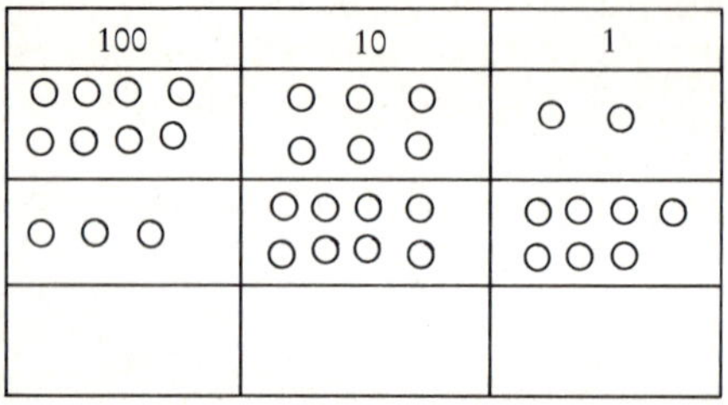

2. Schritt: Subtraktion der Einer

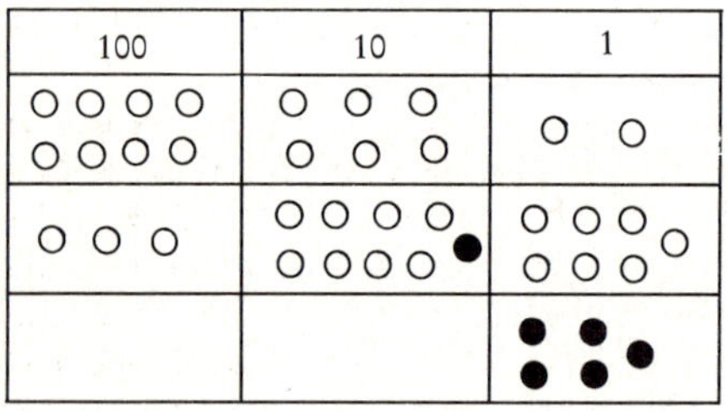

Zu den 7 Einern sollen weitere so dazugelegt werden, daß dort 2 Einer liegen. Das geht durch Auffüllen mit 5 Einern. Dadurch erhalte ich die geforderten 2 Einer und weitere 10, die in einen Zehner umgewandelt werden.

3. Schritt: Subtraktion der Zehner

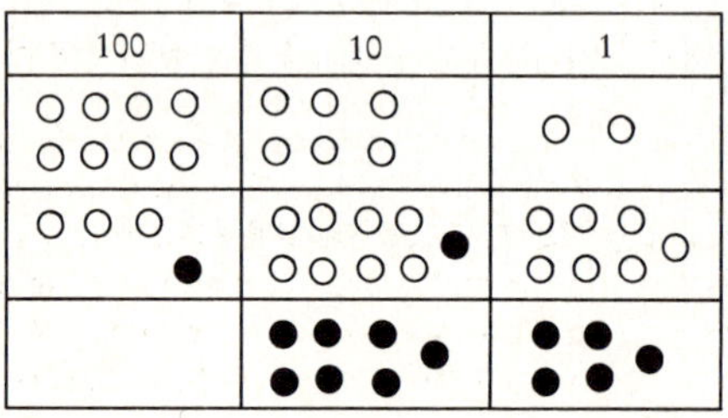

Zu den 9 Zehnern werden 7 dazugelegt. Dadurch erhalte ich die geforderten 6 Zehner und weitere 10, die in einen Hunderter umgewechselt werden.

4. Schritt: Subtraktion der Hunderter

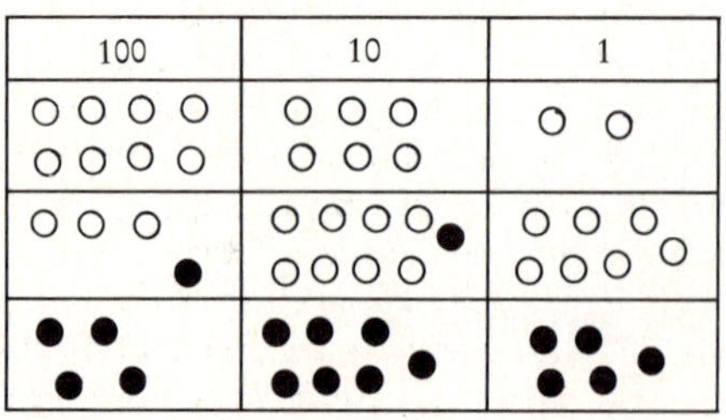

Die 4 Hunderter werden mit weiteren 4 Hundertern auf 8 Hunderter aufgefüllt.

(3) Übungsformen
Hinweise auf Übungsformen enthalten die Kapitel 3.1 „Spielen“ und 3.2 „Üben“. Die dort und bei der schriftlichen Addition (vgl. S. 109) vorgestellten Übungsformen, Aufgaben-„verpackungen“, Spielanregungen und Kontrollformen sind – mit entsprechenden Änderungen – auch für die Subtraktion geeignet.

(4) Schwierigkeiten und Fehler
Die Hauptfehlerursache bei der schriftlichen Subtraktion ist der Übertrag. Daneben findet man auch die von der Addition her bekannten Fehlertypen: Fehler beim kleinen 1 + 1, beim Rechnen mit der Null und mit leeren Stellen.

$$\begin{array}{r} 8\,2\,3 \\ -\,5\,4\,2 \\ \hline 3\,8\,1 \end{array}$$

Der Übertrag wird nicht berücksichtigt.

$$\begin{array}{r} 6\,8\,3 \\ 4_1 7_1 3 \\ \hline 1\,0\,0 \end{array}$$

Übertragsziffer zuviel
Diesen Fehler findet man vor allem bei gleichen Zahlen in einer Stelle. Hier wird gerechnet: 3 + 10 = 13;
8 + 10 = 18; 5 + 1 = 6

$$\begin{array}{r} 8\,5\,2 \\ -\,3\,0\,5 \\ \hline 5\,5\,7 \end{array}$$

Kein Übertrag zur Null

$$\begin{array}{r} 8\,5\,2 \\ -\quad 7_1 3 \\ \hline 8\,7\,9 \end{array}$$

Kein Übertrag in die leere Stelle

$$\begin{array}{r} 8\,5\,2 \\ -\,{}_1\,7_1 3 \\ \hline 9\,7\,9 \end{array}$$

Übertrag in die leere Stelle wird zum Minuenden addiert

$$\begin{array}{r} 8\,2\,3 \\ -\,5\,7_1 1 \\ \hline 3\,5\,1 \end{array}$$

Rechnen von vorn

$$\begin{array}{r} 6\,4\,1 \\ -\,3\,7\,8 \\ \hline 3\,3\,7 \end{array}$$

Der Unterschied wird berechnet (absolute Differenz).

$$\begin{array}{r} 6\,3\,4 \\ -\,2_1 1\,8 \\ \hline 3\,2\,6 \end{array}$$

Übertragszahl an der falschen Stelle berücksichtigt

Dieser letzte Fehler entsteht häufig durch falsche Schreibweise. Die Übertragszahl wird *vor* die nächste Zahl geschrieben.

2.5.5. Schriftliche Multiplikation

Selbstverständlich ist die Beherrschung des kleinen 1 × 1 eine notwendige Voraussetzung für die schriftliche Multiplikation. Weniger selbstverständlich scheint es zu sein, daß die Schüler diese Aufgaben auch tatsächlich schnell und richtig lösen können. Nach einer Untersuchung von Brenner (1980) lösen etwa 10 bis 15 Prozent der Schüler (zu Beginn des 3. Schuljahres, also noch weit vor der Einführung der schriftlichen Multiplikation) Multiplikationen mit 7, 8, 6, 4 und 9 falsch. Hinzu kommt, daß der Zeitaufwand mit ca. 17 Sekunden je Aufgabe viel zu groß ist. Multiplikationen mit der Null macht sogar jeder fünfte Schüler falsch.

Diese Befunde belegen die unabdingbare Notwendigkeit, im Laufe des 3. Schuljahres und zu Beginn der 4. Klasse immer wieder das kleine 1 × 1 zu wiederholen. Dabei wird der Lehrer ganz bewußt auch auf Multiplikationen mit der Null eingehen, weil diese in „normalen Situationen“ (z. B. Sachaufgaben) viel zu selten vorkommen, bei der schriftlichen Multiplikation aber recht häufig auftreten.

Zwei wichtige Voraussetzungen für das Verständnis des Verfahrens sind Erfahrungen mit dem Distributivgesetz $(3 \cdot 58 = 3 \cdot 50 + 3 \cdot 8)$ und die Kenntnis der Multiplikationen mit vollen Zehnern, Hundertern usw. Beide werden auch schon beim halbschriftlichen Rechnen gebraucht: Das Distributivgesetz erlaubt die Zerlegung von Zahlen, so daß eine schwierige Aufgabe in leichtere Teilaufgaben (mit Multiplikationen mit vollen Zehnern, Hundertern, ...) zerlegt werden kann.

Beim Kopfrechnen und halbschriftlichen Rechnen ist der erste Faktor der Multiplikator, der zweite der Multiplikand. Beim schriftlichen Rechnen ist es umgekehrt. Dieser Schwierigkeit der Uminterpretation kann dadurch vorgebeugt werden, daß schon bei der halbschriftlichen Multiplikation mehrere Formen der Notation zugelassen bzw. angeboten und gefordert werden. Diese Offenheit verschiedenen Rechenwegen gegenüber gewährleistet ein Anknüpfen der schriftlichen Multiplikation an das halbschriftliche Verfahren. Wenn dagegen das halbschriftliche Verfahren selbst schon zu einem festgefahrenen Algorithmus mit festgelegtem Rechenweg und Schriftbild geworden ist, dann ist – wie Breidenbach (1963) behauptet – tatsächlich kein Übergang vom halbschriftlichen zum schriftlichen Rechnen möglich.

Verschiedene Rechenwege bei einer Aufgabe

Die Schule erhält 3 neue Fernsehgeräte, das Stück zum Preis von 1867 DM.

3 · 1 867 DM
3 · 1 000 DM = 3 000 DM
3 · 800 DM = 2 400 DM
3 · 60 DM = 180 DM
3 · 7 DM = 21 DM
3 · 1 867 DM = 5 601 DM

3 · 1 867 DM
3 · 7 DM = 21 DM
3 · 60 DM = 180 DM
3 · 800 DM = 2 400 DM
3 · 1 000 DM = 3 000 DM
3 · 1 867 DM = 5 601 DM

1 867 DM · 3
1 000 DM · 3 = 3 000 DM
800 DM · 3 = 2 400 DM
60 DM · 3 = 240 DM
7 DM · 3 = 21 DM
1 867 DM · 3 = 5 601 DM

1 867 DM · 3
7 DM · 3 = 21 DM
60 DM · 3 = 180 DM
800 DM · 3 = 2 400 DM
1 000 DM · 3 = 3 000 DM
1 867 DM · 3 = 5 601 DM

(1) Das Verfahren

Die Einführung in die schriftliche Multiplikation knüpft an die Kenntnis der halbschriftlichen Verfahren an. Diese werden immer weiter verdichtet zu der bekannten Normalform. Ausgangspunkt ist der letzte der o. a. halbschriftlichen Rechenwege.

* Die Aufgabe wird halbschriftlich gelöst, das Ergebnis in einer Stellentafel notiert.

1 8 6 7 · 3	T	H	Z	E
7 · 3 =			2	1
6 0 · 3 =		1	8	0
8 0 0 · 3 =	2	4	0	0
1 0 0 0 · 3 =	3	0	0	0
1 8 6 7 · 3 =	5	6	0	1

* Nun wird nur noch mit den Stellenwerten gerechnet

T	H	Z	E		T	H	Z	E	
1	8	6	7	· 3					
			7	· 3 =			2	1	3 · 7 E = 21 E = 2 Z 1 E
		6		· 3 =		1	8		3 · 6 Z = 18 Z = 1 H 8 Z
	8			· 3 =	2	4			3 · 8 H = 24 H = 2 T 4 H
1				· 3 =	3				3 · 1 T = 3 T
1	8	6	7	· 3 =	5	6	0	1	

* Die Stellentafel für die Lösung rückt unter die Aufgabe

T	H	Z	E	
1	8	6	7	· 3

T	H	Z	E
		2	1
	1	8	
2	4		
3			
5	6	0	1

* Hier werden die Überträge nicht mehr aufgeschrieben; sie werden im Kopf oder mit Hilfe der Finger behalten.

T	H	Z	E	
1	8	6	7	· 3

T	H	Z	E
5	6	0	1

* Nun kann auch die Stellentafel fortgelassen werden.

1 8 6 7 · 3
5 6 0 1

Mit diesem letzten Schritt sind die Schüler in der Lage, Aufgaben mit einstelligem Multiplikator zu lösen. Es folgen Multiplikationen mit reinen Zehnern und Hundertern, schließlich mit gemischten zwei- und dreistelligen Zahlen.

* Multiplikationen mit reinen Zehnern und Hundertern: Dieses Pfeilbild beschreibt den Rechenweg.

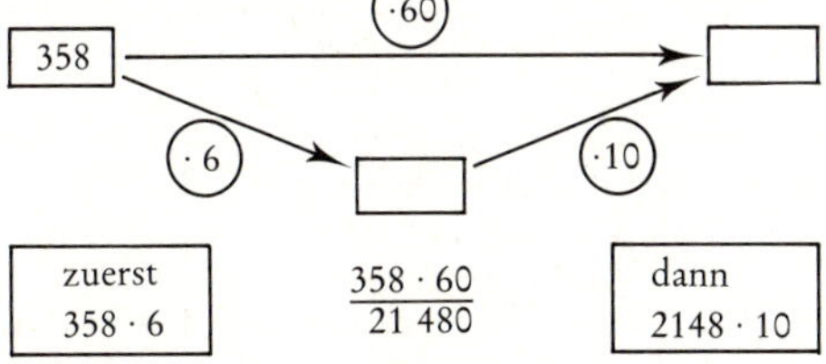

* Multiplikation mit gemischten zwei- und dreistelligen Multiplikatoren

358 · 467	
143200	358 · 4 · 100
21480	358 · 6 · 10
2506	358 · 7
167186	

Das Aufschreiben der Nullen bei den Hunderter- und Zehnermultiplikationen ist nicht nur eine notwendige Hilfe bei der Erklärung des Verfahrens, sondern auch eine längere Zeit notwendige Schreibhilfe, die verhindert, daß die Teilprodukte nicht stellengerecht aufgeschrieben werden. Erst wenn dieses Verfahren vollkommen beherrscht (und verstanden) wird, sollte durch Weglassen der Nullen das Standardverfahren eingeführt werden.

358 · 467
1432
2148
2506
167186

(2) Übungsformen

Während der Behandlung der schriftlichen Multiplikation sind *Überschlagsrechnungen* besonders wichtig, als Ergebnisschätzung vor der Rechnung oder als Kontrolle danach (vgl. S. 99)

Ähnlich wie bei der schriftlichen Addition bieten sich als eine (anspruchsvolle) Übungsform zur Vertiefung des Verständnisses Aufgaben mit „Tintenklecksen" an (vgl. S. 110).

●5●7 · 9
22563

6●3 · 5●
3115
●●69
●●●●

Darüber hinaus läßt die starre Form des Algorithmus keine Variationen des Rechenweges zu. Das Üben wird damit im wesentlichen zu einer Frage der „Aufgabenverpackung" als Spiel, Rätsel, Aufgabe mit Selbstkontrollmöglichkeit u.v.a.m. (vgl. dazu die Hinweise bei 3 zur schriftlichen Subtraktion; S. 115)

(3) Schwierigkeiten und Fehler

Je komplexer die Verfahren werden, desto fehleranfälliger werden sie auch. So werden manche schriftlichen Multiplikationen erst bei der abschließenden Addition falsch. Auf solche Fehler wird an dieser Stelle nicht mehr eingegangen (vgl. S. 110).

Bei der schriftlichen Multiplikation gibt es 5 Haupttypen von Fehlern (vgl. GERSTER 1982 b).

* Fehler beim kleinen 1 × 1
  – Fehler mit der Null

648 · 40
2592
648
26568

– Fehler mit der Eins

$\underline{648 \cdot 41}$
2592
$\underline{111}$
26031

Möglicher Gedankengang:
$0 \cdot 8 = 0$, also $\mathbf{1 \cdot 8 = 1}$

– Fehler der Nähe

$\underline{648 \cdot 4}$
2584

Ursache kann hier die Lösung der Multiplikation durch Weiterzählen sein; dabei wird zu kurz (manchmal zu weit) gezählt:
$4 \cdot 8$ – – 8, 16, **24**

– Perseverationsfehler

$\underline{648 \cdot 4}$
2572

Ursache hier: $\mathbf{4 \cdot 4} = 14$

* Fehler mit der Behalteziffer
– Behalteziffer vergessen

$\underline{648 \cdot 4}$
2462

– Zuerst addiert statt multipliziert

$\underline{6^2 4^3 8 \cdot 4}$
3282

Ursache dieses Fehlers ist häufig der gutgemeinte, aber falsche Rat von Lehrern oder Eltern, die Behalteziffer aufzuschreiben.

– Vollständiges Aufschreiben aller Teilprodukte

$\underline{648 \cdot 4}$
241632

– Behalteziffer in falscher Spalte berücksichtigt

$\underline{608 \cdot 4}$
2702

* Stellenwertfehler
– Falsche Anordnung von Teilprodukten

$\underline{648 \cdot 41}$
2592
$\underline{648}$
3240

– Nicht berücksichtigen, daß Null einen Stellenwert belegt

$\underline{608 \cdot 41}$
272
$\underline{68}$
2788

$\underline{648 \cdot 401}$
2592
$\underline{648}$
26568

* Fehler durch Abweichungen von der Rechenrichtung
– Beginn mit der kleinsten Stelle des Multiplikators

$\underline{648 \cdot 41}$
648
$\underline{2592}$
9072

– Beginn von vorn mit dem ersten Faktor

$\underline{648 \cdot 4}$
4833

$\underline{648 \cdot 4}$
2232

Rechengang:
$6 \cdot 4 = 24$, 4 hin, 2 merken
$4 \cdot 4 = 16$, $16 + 2 = 18$, 8 hin ...
oder
$6 \cdot 4 = 24$, 2 hin, 4 merken ...

* Fehler durch unvollständige Verfahren

$\underline{48 \cdot 41}$
168

Rechengang:
$1 \cdot 8 = 8$
$4 \cdot 4 = 16$

Bei Fehlern mit Behalteziffern helfen häufig die altbekannten Maßnahmen: gesondertes Aufschreiben *neben* der Rechnung oder Merken mit Hilfe der gespreizten Finger. Bei Stellenwertfehlern empfiehlt sich ein Zurückgehen auf das Rechnen in Stellentafeln (vgl. S. 116).

2.5.6. Schriftliche Division

(0) Zur Schreibweise der Division mit Rest
Eine der vertracktesten Aufgaben der Grundschulmathematik ist die schriftliche Division mit Rest, vertrackt nicht nur, weil die schriftliche Division das für den Grundschüler schwierigste und am meisten fehlerbehaftete Verfahren ist, sondern auch – und vor allem – vertrackt, weil eine altvertraute Schreibweise aufgrund mathematischer Bedenken abgelehnt wird, verschiedene alternative Schreibformen vorgeschlagen werden, mit denen sich so recht nur wenige Lehrer an-

freunden können und weil – schlimmer als in anderen Bereichen – hier die einzelnen Länderrichtlinien unterschiedliche Standpunkte vertreten.

Generationen von Schülern (und heutigen Lehrern) haben die *Restschreibweise* gelernt.

$26 : 5 = 5$ Rest 1
oder
$36 : 7 = 5$ R 1

$43928 : 9 = 4880$ R 8
$\underline{36}$
79
$\underline{72}$
72
$\underline{72}$
08
$\underline{0}$
8

Gegen diesen „offensichtlichen Mißbrauch des Gleichheitszeichens" (Winter, 1978b) wurde Kritik laut. In dieser Schreibweise wird ein zweifacher Mißbrauch des Gleichheitszeichens gesehen.

* Die Gleichheitsrelation ist transitiv. Wegen $26 : 5 = 5$ R 1 und $51 : 10 = 5$ R 1 und der Transitivität müßte auch $26 : 5 = 51 : 10$ gelten, was aber offensichtlich falsch ist.
* Das Gleichheitszeichen steht zwischen wohldefinierten Termen; es drückt deren Identität aus. $26 - 5 \cdot 5 = 48^0$ oder $3 \cdot (7 + 4) = (100 - 1) : 3$ u.v.a.m. In diesem Sinne ist „5 Rest 1" kein Term, mit dem man in der Gleichungslehre sinnvoll arbeiten kann. „$26 : 5 = 5$ Rest 1" ist gar keine Gleichung; das Identitätszeichen wird also mißbräuchlich benutzt.

Um diese mathematischen Unzulänglichkeiten der Restschreibweise zu vermeiden, wurden verschiedene andere Schreibweisen vorgeschlagen.

Zerlegungsform mit multiplikativer Schreibweise

$31 = 7 \cdot 4 + 3$

$3384 = 7 \cdot 483 + 3$
$\underline{28}$
58
$\underline{56}$
24
$\underline{21}$
3

Verschiedene Divisionsschreibweisen (bei größeren Zahlen mit entsprechenden „Rattenschwänzen")

$31 : 7 = 4 + 3 : 7$ $\quad$ $31 : 7 = 4 + 3/7$

$31 : 7 = 4 + (3 : 7)$ $\quad$ $31 : 7 = 4\ R_7 3$

$31 : 7 = 4$
$\underline{28}$
3

Manche Schüler (und leider auch Lehrer) haben daraus ihre eigene, *falsche Version* gemacht.

$31 : 7 = 4 + 3$ (also: $31 : 7 = 7$!)

In den letzten Jahren ist heftig über das Pro und Contra der verschiedenen Schreibformen diskutiert worden. Wer mathematische Bedenken an der Restschreibweise äußerte, wurde schnell zu einem mathematischen Puristen abgestempelt. Wer als Argument für die Restschreibweise ins Feld führte, diese Notation sei besonders handlungsnah, weil sie mit der bei Schülern verbreiteten Aufgabe-Ergebnis-Deutung des Gleichheitszeichens korrespondiere, handelte sich den Vorwurf ein, dogmatisch allein diese Deutung des Gleichheitszeichens zu propagieren und die mindestens ebenso bedeutsame Identitäts-Deutung gänzlich zu vernachlässigen. (Zu dieser Diskussion vgl. Winter, 1978 b; Gerster, 1980; Eidt, 1981.)

Bei diesen Disputen ist weitgehend nicht beachtet worden, was in der Schulpraxis geschieht.

* Lehrerinnen und Lehrer, die von der Stichhaltigkeit der fachlichen Argumente überzeugt waren und daher eine andere Schreibweise (meistens die Zerlegungsform) propagierten, konnten diese Form ihren Schülern mit dem gleichen Erfolg vermitteln wie die alte Restschreibweise. Voraussetzung war allerdings, daß schon im 2. Schuljahr Divisionen mit Rest in der neuen Form notiert wurden.
* Der größte Teil der Lehrerschaft hat sich nie mit irgendeiner der neuen Formen anfreunden können.
* Unbeschadet von den Richtlinien und den Vorschlägen in den Schulbüchern haben viele dieser Lehrer weiterhin die Restschreibweise unterrichtet, manche sogar, ohne ein schlechtes Gewissen zu haben.
* Andere haben die vorgeschriebenen neuen Formen unterrichtet, ohne von deren Notwendigkeit überzeugt zu sein.

Diese unterschiedlichen Reaktionen haben in der Schule zu einer solchen Verwirrung geführt, daß – je nach Untersuchung (Gerster, 1980; Eidt, 1981) – zwischen einem Drittel und der Hälfte aller Schüler selbst bei einfachen Aufgaben $(13 : 5)$ falsche Gleichungen schreiben, meistens $13 : 5 = 2 + 3$ oder $13 : 5 = 2 \cdot 5 + 3$.

Diese Erfahrungen und weitere, vor allem unterrichtspraktische Argumente sprechen *für die Beibehaltung der Restschreibweise*.

* Ebensowenig, wie die fachliche Struktur eines Unterrichtsgegenstandes allein über den Aufbau des Curriculums entscheiden kann, kann

ein fachliches Argument allein gegen eine Schreibform vorgebracht werden, wenn allen Beteiligten klar ist, was richtigerweise damit gemeint ist. Die meisten Aufgabenstellungen des Grundschulrechnens legen die Aufgabe-Ergebnis-Deutung nahe: links vom Gleichheitszeichen die Aufgabe, rechts muß das Ergebnis hingeschrieben werden. Diese Deutung sollte bei der Division mit Rest jetzt nicht nur deshalb verboten werden, weil die daraus resultierende Schreibweise nicht mit der zweiten Deutung des Gleichheitszeichens, der Identitäts-Deutung, verträglich ist. Das ist den Schülern (und vielen Lehrern) nicht einsichtig zu machen.

* Die Zerlegungsform macht (überflüssige) Schreibarbeit notwendig, wenn die Aufgabe – wie es in den meisten Schulbüchern geschieht – in der Divisionsform vorgegeben ist. Schon beim Umschreiben (6254 : 7 →6524 = 7 ·   ) können Schreibfehler auftreten.
* Bei Sachaufgaben haben die Schüler nicht selten Schwierigkeiten zu entscheiden, ob sie multiplizieren oder dividieren müssen. Eine vorgeschriebene multiplikative Schreibform (der Division) erhöht die Gefahr, daß nun bei allen Aufgaben schlicht multipliziert wird.
* Schließlich kann die Restschreibweise in späteren Schuljahren leicht zu einer mathematisch korrekten Form ausgebaut werden:

$31 : 5 = 6\frac{1}{5}$ oder $31 : 5 = 6{,}2$

(1) Vorwissen und vorbereitende Übungen
Eine der Schwierigkeiten der schriftlichen Division resultiert aus der Komplexität des Verfahrens (vgl. die Aufgabenanalyse auf S. 218). Geläufigkeit im *schriftlichen Subtrahieren und Multiplizieren* gehört zu den notwendigen Voraussetzungen, weil diese Verfahren als Teilroutinen in den Algorithmus der schriftlichen Division einfließen. Eine zeitliche Nähe der Einführung von schriftlicher Multiplikation und Division ist daher nicht empfehlenswert; einige Routine beim Multiplizieren sollte schon vorhanden sein, weil sonst die Berechnung der einzelnen Teilprodukte eine zu große Fehlerquelle ist.
Das Hauptproblem bei der schriftlichen Division ist für viele Schüler das *Abschätzen der richtigen Lösungen bei den einzelnen Teiloperationen:* Wie oft ist der Divisor im jeweils zu berechnenden Teil des Dividenden enthalten?

Gerade beim Dividieren durch zweistellige Zahlen kommt es häufig zu Fehlabschätzungen, die entweder nicht bemerkt werden mit der

```
7317 : 27 = 2̶6̶71
54
191
1̶6̶2̶
 2̶9̶
189
  27
  27
   0
```

Folge, daß in derselben Stellenwertspalte zweimal dividiert wird (vgl. S. 123), oder die mühsame Korrekturen erforderlich machen, die selbst wieder aufgrund des verwirrenden Schriftbildes Fehlerquellen sein können.

Einerseits wird diese Schwierigkeit durch den didaktischen Stufengang gemildert. Es beginnt mit Aufgaben mit einstelligem Divisor, dann mit vollen Zehnerzahlen als Divisoren und erst abschließend mit gemischten zweistelligen Zahlen. Bis die ersten Divisionen mit zweistelligen Zahlen an der Reihe sind, wird das eigentliche Divisionsverfahren weitgehend beherrscht.

Andererseits ist neben dieser langsamen Schwierigkeitssteigerung ein bewußtes Üben dieses Abschätzens beim Kopfrechnen und halbschriftlichen Rechnen von besonderer Bedeutung.

* Zahlen auf vielfältige Art zerlegen

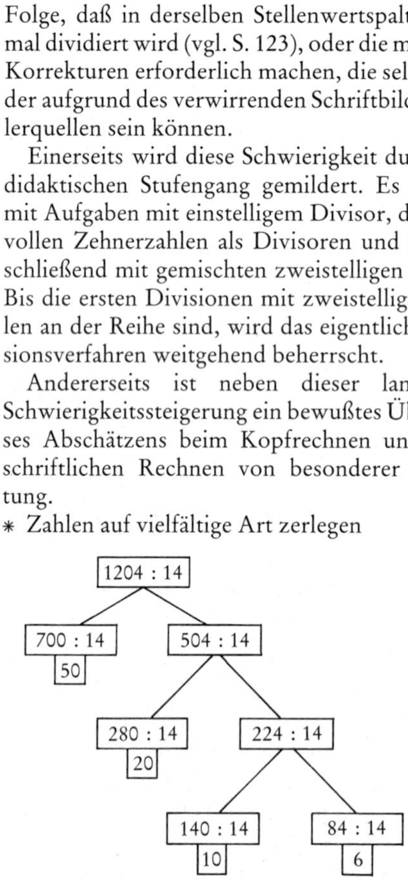

* Zahlen möglichst günstig zerlegen, d. h. so, daß im 1. Schritt schon ein möglichst großes Vielfaches, Zehner- oder gar Hundertervielfaches des Divisors abgespalten wird. Hier helfen – als vorbereitende bzw. begleitende Übungen – das Anlegen und Auswendiglernen von Tabellen mit Vielfachen, Zehner- und Hundertervielfachen.

8	80	800
16	160	1600
24	240	2400
32	320	3200
40	400	4000

48	480	4800
56	560	5600
64	640	6400
72	720	7200
80	800	8000

So . . .

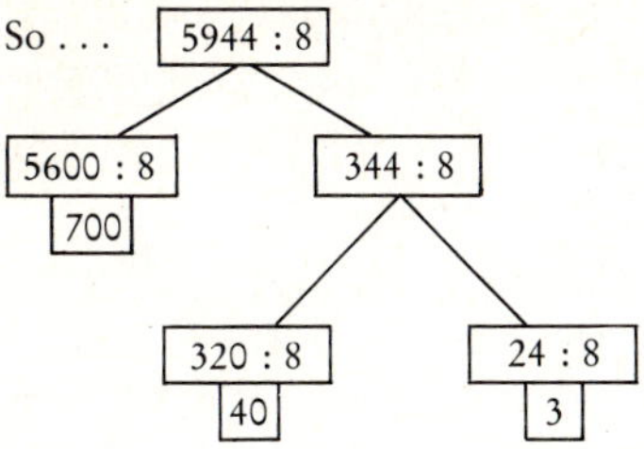

oder so . . .

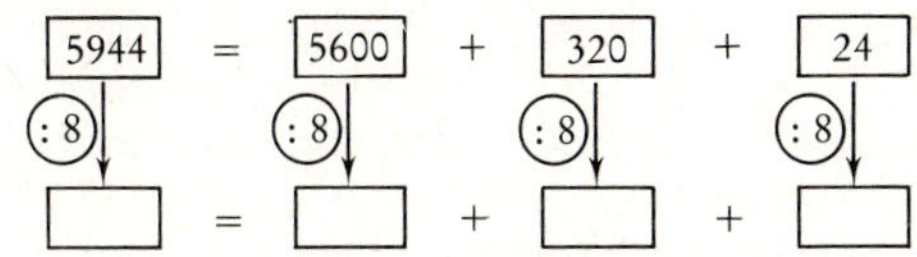

oder auch so:

5944 : 8
5600 : 8 = 700
320 : 8 = 40
24 : 8 = 3
5944 : 8 = 743

* Überschlagsrechnungen durchführen (vgl. S. 99).

Hierzu gehört neben der o. a. Kenntnis der Zehner- und Hundertervielfachen vor allem die Fähigkeit, mit den End-Nullen operieren zu können, um sich dadurch die Aufgabe zu erleichtern.

1680 : 30 = 1680 : 10 : 3 = 168 : 3 = 56

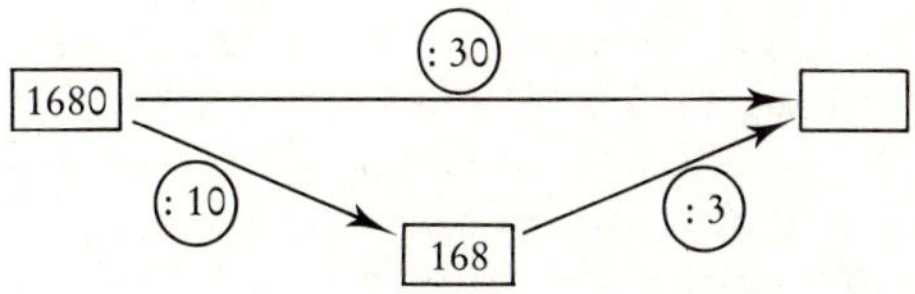

Erst nach ausführlichen inhaltlichen Erklärungen dieser Art kann die gewonnene Einsicht verdichtet werden zu der Regel, daß die gleiche Anzahl von End-Nullen im Dividenden und Divisor gestrichen werden darf, ohne daß der Wert des Quotienten sich ändert.

(2) Das Verfahren

Die schriftliche Division knüpft an das entsprechende halbschriftliche Verfahren an.

* Konkretes Verteilen (z. B. von Geld) und halbschriftliche Notation

Die 3 Arbeitskollegen Müller, Meier, Schulze spielen zusammen Lotto. In dieser Woche haben sie 834 DM gewonnen. Sie teilen den Gewinn gerecht.

– Von den 834 DM können 600 DM sofort verteilt werden. Jeder erhält 200 DM.

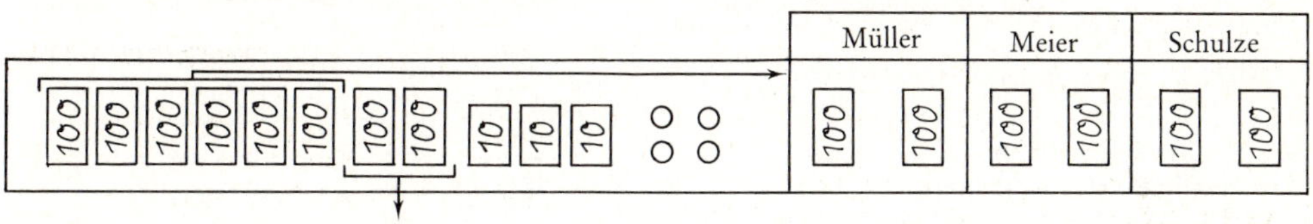

– 200 DM werden in 10 DM-Scheinen gewechselt. 21 der 23 Scheine können verteilt werden; jeder erhält sieben 10 DM-Scheine.

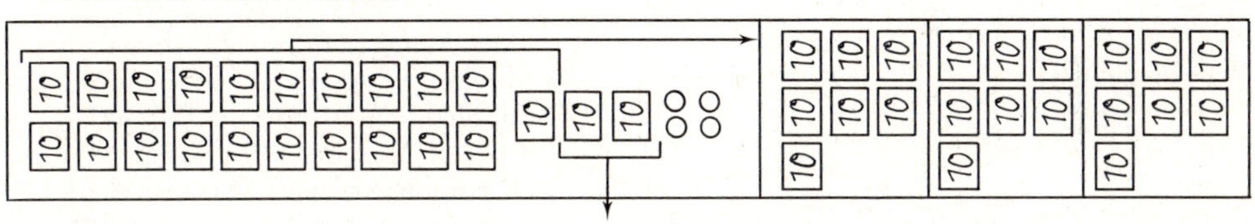

– 20 DM werden in Markstücke gewechselt. Von den 24 DM erhält jeder 8 DM.

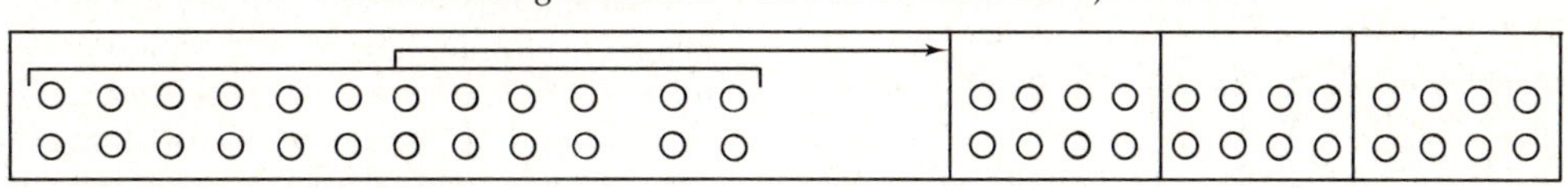

Jeder hat 278 DM erhalten.

– Der ganze Vorgang wird (am besten parallel zu den jeweiligen Handlungen) halbschriftlich notiert.

834 DM : 3
600 DM : 3 = 200 DM
210 DM : 3 = 70 DM
24 DM : 3 = 8 DM
834 DM : 3 = 278 DM

* Es wird halbschriftlich gerechnet in einer Form, die sich der schriftlichen nähert.

```
2552 : 4
2400 : 4 = 600
 152
 120 : 4 =  30
  32
  32 : 4 =   8
   0
2552 : 4 = 638
```

* Die gleiche Rechnung nur noch mit den Stellenwerten

T	H	Z	E		T	H	Z	E
5	9	0	1	: 7				
5	6			: 7 =		8		
	3	0						
	2	8		: 7 =			4	
		2	1	: 7 =				3
5	9	0	1	: 7 =		8	4	3

Von 5 Tausendern können keine 7 verteilt werden.
Von 59 Hundertern können 56 verteilt werden. 3 Hunderter bleiben übrig.
Von 30 Zehnern können 28 verteilt werden; 2 Zehner bleiben übrig.
Alle 21 Einer können verteilt werden.

* So muß man nicht so viel schreiben.

T	H	Z	E		T	H	Z	E
2	4	3	0	: 5 =		4	8	6
2	0							
	4	3						
	4	0						
		3	0					
		3	0					
			0					

* Schließlich geht es auch ohne Stellentafel.

```
4408 : 6 = 734 R 4
42 ←──────┘││
 20         ││
 18 ←───────┘│
  28         │
  24 ────────┘
   4
```

Später folgen Divisionen durch volle Zehner, dann durch beliebige zweistellige Zahlen, nachdem diese Aufgaben jeweils durch Übungen zu den Vielfachen von Zehnerzahlen bzw. zum Runden und Überschlagsrechnen (vgl. S. 99) vorbereitet wurden.

(3) Übungsformen

Wichtiger als ein schnelles Durchlaufen dieser Stufen, um möglichst bald die Endform zu erreichen, ist es sicherzustellen, daß die Schüler die einzelnen Vorgehensweisen verstanden haben. Darüber hinaus kommt es gerade in der Einführungsphase darauf an, durch ständige Anregungen die *Bereitschaft zu Überschlagsrechnungen* zur Abschätzung des Ergebnisses *vor* und die *Bereitschaft zur Kontrollrechnung* durch Multiplikation *nach* der schriftlichen Division zu wecken.

Für das Einüben der Endform des Algorithmus können Übungstypen gewählt werden, die schon an anderer Stelle beschrieben worden sind (vgl. S. 109, S. 164 ff. und S. 190 ff.)

(4) Schwierigkeiten und Fehler

Eine umfangreiche Liste möglicher Fehler und einige Maßnahmen zu ihrer Behebung beschreibt GERSTER (1982 b). Hier sind nur einige besonders häufige Fehlertypen angeführt.

* Leicht zu identifizieren sind *Fehler beim Berechnen einer Differenz oder eines Teilproduktes* innerhalb des „Schwanzes“.

```
13248 : 18 = 741 R 10     11872 : 32 = 374 R 4
126                        96
  74                       227
  72                       214
   28                       132
   18                       128
   10                         4
```

Als Multiplikationsfehler sind drei Typen verbreitet, je nach Art der Berechnung der Multiplikation. Werden die Teilprodukte nach dem Verfahren der schriftlichen Multiplikation berechnet, dann findet man die schon in 2.5.5 beschriebenen Fehlertypen, besonders häufig das Vergessen des Übertrags. Bei einer Multiplikation „im Kopf“ ($7 \cdot 32 = 7 \cdot 30 + 7 \cdot 2$) sind – bei zweistelligen Divisoren – das Vergessen eines Teilproduktes oder die falsche Addition besonders häufige Fehler ($7 \cdot 32 = 210$ oder $7 \cdot 32 = 214$). Weit verbreitet ist das Berechnen des Produktes durch fortgesetzte Addition, bei der sich dann ein Additionsfehler einschleichen kann. So kann im o. a. zweiten Beispiel das Produkt $7 \cdot 32$ folgendermaßen berechnet worden sein: 32 – 64 – 96 – **118** – 150 – 182 – 214.

* Eine häufige Fehlerquelle der schriftlichen Division ist das *Herunterholen von Ziffern*. Ein Teil dieser Fehler entsteht durch ungenaue Schreibweise (Nicht-Einhalten der Rechenkästchen). Dabei kann es sowohl zum *Überschlagen einer Ziffer* kommen als auch zu einer *doppelten Verwendung einer Ziffer*. Durch Einüben einer äußeren Ordnung (Für jede Ziffer ein Kästchen!) und ggf. durch „Abpunkten“ der schon verwendeten Ziffern kann dieser Fehlertyp weitgehend vermieden werden.

Selbst bei genauem Einhalten der Schreibform kann es zu Fehlern beim Herunterholen von Ziffern kommen, nämlich dann, wenn Nullen im Dividenden, besonders am Ende des Dividenden stehen, oder wenn nach dem Herunterholen der Ziffer eine Zahl stehen bleibt, die kleiner ist als der Divisor. In diesem Fall wird nicht selten sofort eine zweite Ziffer geholt.

– Null im Quotienten wird nicht geschrieben

```
1863 : 9 = 27        73157 : 36 = 232 R 5
18                   72
 063 ←                115 ←
  63                  108
   0                    77
                        72
                         5
```

– Null im Dividenden wird vernachlässigt

```
43250 : 5 = 865      370431 : 9 = 4159
40                   36
 32                   14 ←
 30                    9
  25                   53
  25                   45
   0 ←                  81
                        81
                         0
```

* Fehler können auch entstehen *als Folge einer falschen Abschätzung*. Dabei kann es zu einem doppelten Dividieren in der gleichen Stellenwertspalte kommen.

```
13020 : 28 = 4515
112
 182
 140
  42
  28
  140
  140
    0
```

2.6. Größen und Sachrechnen

Seit eh und jeh bilden das Sachrechnen und das Arbeiten mit Größen die Themen der Grundschulmathematik mit den größten Lehr-Lernschwierigkeiten und damit verbunden den negativsten Erfahrungen und Assoziationen auf seiten der Schüler. Im Rahmen einer Befragung von Grundschullehrern (RADATZ et al., 1981) wurde diese Tatsache auch für die Nachreformzeit des Mathematikunterrichts wieder bestätigt. Auf diesem Hintergrund sind die zahlreichen Bemühungen um die Klärung von Schwierigkeitsfaktoren und um die Analyse jener Denkprozesse zu sehen, die beim Umgang mit Größen und beim Bearbeiten von Sachaufgaben wirksam werden können. Ergänzend kamen in den letzten Jahren didaktische Vorschläge für strukturelle Hilfen

Die vierzehnte Aufgabe.

Ein Geistlicher wollte seine Köchinn auf die Probe stellen, ob sie keine Diebinn wäre. Daher zählte er in seiner Schlafkammer eine Anzahl Ducaten in Form eines Kreuzes so ab, daß man sowohl gerade hinauf, als auch links und rechts 24 Ducaten zählen konnte, wie folgende Figur ausweiset:

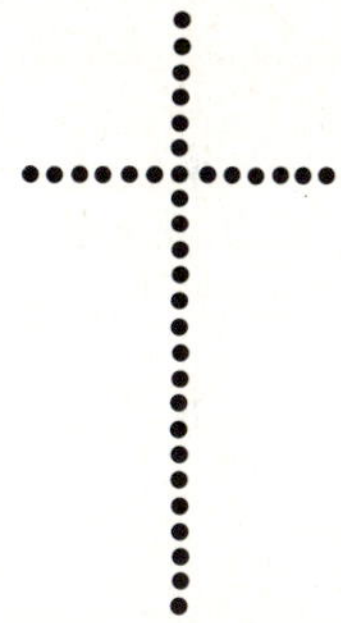

Gleichwohl betrog ihn die Köchinn, und nahm, wenn sie in seine Schlafkammer ging, um das Bette zu machen, jederzeit 2 Ducaten weg. Das Kreuz blieb immer in voriger Form, und ob er gleich, so oft er schlafen ging, allemal seine Ducaten fleißig zählte, und nach der Form des Kreuzes sah, so fand er gleichwohl alles richtig. Wie fing es nun die Köchinn an, daß die Zahl der 24 Ducaten gleichwohl immer vollständig blieb?

Aus: „Der Rechenschüler“, 1798

hinzu (z. B. Größenbereiche; Simplex, Rechenbaum), und es wurden die Inhalte und Ziele des traditionellen Sachrechnens erweitert unter dem Schlagwort ‚Neues Sachrechnen' zu verstärkter Anwendungsorientierung und Umwelterschließung im Mathematikunterricht. – Schon Grundschüler sind sich der Schwierigkeiten bewußt. NEUNZIG (1981, S. 193) berichtet von einem Gespräch mit Viertkläßlern über Möglichkeiten, den Problemen beim Sachrechnen wirksam zu begegnen. Die Schüler zählen als Möglichkeiten auf:

– viele Sachaufgaben gemeinsam lösen und rechnen,
– in den Aufgaben sollen Schüler vorkommen,
– viel mehr lustige Aufgaben und nicht so langweilige,
– Aufgaben nur aus Gebieten, die allen Kindern bekannt sind u. a.

Mit diesen Äußerungen treffen die Schüler einen wesentlichen mathematikdidaktischen Diskussionspunkt: Eine verstärkte Berücksichtigung wirklichkeitsgetreuer Ausschnitte aus der Umwelt der Schüler („erlebte Wirklichkeit") gegenüber den an sich trivialen aber künstlich komplizierten Regelfällen aus dem Erwachsenenleben, wie sie bei den allermeisten Textaufgaben in den Schulbüchern feststellbar sind.

2.6.1. Das Arbeiten mit Größen

Zahlen und Operationen mit ihnen begegnen uns in Anwendungssituationen der Umwelt nur selten unter den Aspekten der Kardinalzahl, Ordnungszahl oder Operatorzahl, sehr viel häufiger als Maßzahlen in Form von:

6 m, 25 DM, 2 h, 500 m^2, 125 g, 4,95 km/h . . .

Dabei handelt es sich um Namen für Größen aus bestimmten Größenbereichen (zum mathematischen Hintergrund vgl. DIFF Mappe E 10 oder STREHL, 1979). Im Zusammenhang mit der Zahlbereichserweiterung wurde im Handbuch bereits auf S. 91 eine Zusammenstellung der in der Grundschulmathematik zu behandelnden Größen gegeben. Gerade bei den Größen sind die Beziehungen zu den Themen des Sachunterrichts in der Grundschule sehr eng, so daß sich vielfältige fachübergreifende Unterrichtseinheiten anbieten.

Die untenstehende Tabelle gibt einen strukturellen Überblick.

Weitere Beispiele für Größenbereiche sind Geschwindigkeit, Stromstärke, Beschleunigung, physikalische Spannung usw.

Zwischen Kardinalzahlen und Längen besteht eine interessante Analogie, die z. B. bei der Erarbeitung des Zahlbegriffs mit Hilfe der Cuisenaire-Stäbe Anwendung findet.

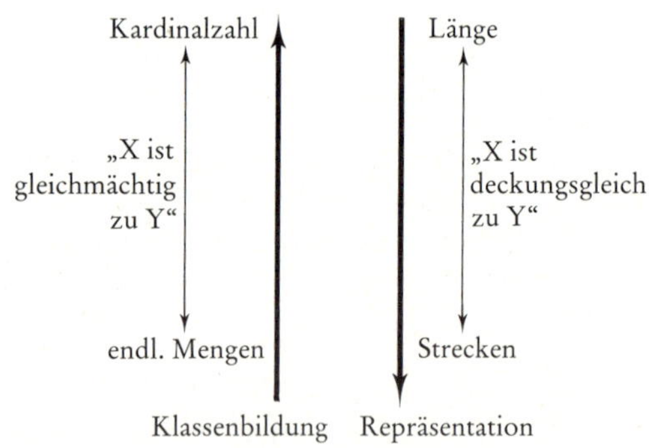

Größen	Repräsentanten	Benennungen	Äquivalenzrelation	Ordnungsrelation
Längen	Strecken, Stäbe, Kanten	km, m, dm, cm, mm	deckungsgleich	ist kürzer als
Geldwerte	Haufen von Münzen, Geldscheine	DM, Pf, Rubel	wertgleich	ist weniger Wert als
Gewichte (Massen)	Körper, Gegenstände	t, kg, g, mg	gleichschwer	ist leichter als
Zeitspannen	Abläufe, Vorgänge	Jahr, Woche, Tag, h, min, sec	dauert so lange wie	dauert kürzer als
Flächengrößen	Flächenstücke, Platten	km^2, m^2 . . . ha, a, . . .	zerlegungsgleich	hat weniger Fläche als
Rauminhalte	Körper, Gefäße	m^3, cm^3 . . . hl, l. . . .	inhaltsgleich	hat weniger Raum als

Als Ziele des Arbeitens mit Größen in der Grundschule lassen sich nennen:

* Aufbau der Vorstellung einzelner Größen,
* Erarbeitung der Größenbegriffe,
* Fähigkeit des Umwandelns von Größen,
* Rechnen mit Größen,
* Ausbau der Anwendungserfahrungen im Sachrechnen und in der Geometrie.

Die *didaktische Stufenfolge* bei der Erarbeitung eines Größenbereichs ist im wesentlichen gleichbleibend, wobei die Übergänge durchaus fließend sind. Im einzelnen kann man unterscheiden:

1 Erste Erfahrungen in Sach- oder Spielsituationen,
2 direkter Vergleich von Repräsentanten einer Größe,
3 indirekter Vergleich mit Hilfe willkürlicher Maßeinheiten,
4 Erkennen der Invarianz einer Größe,
5 Indirekter Vergleich mit Hilfe standardisierter Maßeinheiten,
6 Entwicklung einer Vorstellung der standardisierten Einheitsgrößen,
7 Messen mit technischen Hilfsmitteln,
8 Verfeinern und Vergröbern der Maßeinheiten,
9 Rechnen mit Größen.

Diese Stufenfolge soll konkretisiert werden am Beispiel des Unterrichtsthemas „Längen" im 2. Grundschuljahr, orientiert an den Vorschlägen in den Schulbüchern „alef 2" und „Mach mit 2".

Thema: Längen

1) Situationen zum Vergleichen und Messen von Längen (Eigenschaften von Gegenständen) und Entfernungen (Intervalle zwischen zwei Gegenständen/Punkten): Im Klassenzimmer, im Schulgebäude, beim Sportunterricht (Weitsprung, Ballwurf . .), während eines Unterrichtsganges u. a.

2) Praktische Längenvergleiche zu Relationen wie: . . . länger als . . ., . . . kürzer als . . ., . . . so lang wie . . . und zu anderen direkten Größenvergleichen wie . . . größer als . . ., . . . niedriger als . . ., . . . so breit wie . . ., . . . enger als . . ., . . . dicker als . . .
Verglichen werden kann durch direktes Nebeneinanderstellen: Körperlänge, Schrittlänge, Handspannenlänge, Sprungweite, Fußlänge . . . der Schüler; Stäbe, Bleistifte, Strohhalme, Papierstreifen, Tischhöhe, Tisch- und Türbreite . . .

3) Messen und Vergleichen mit willkürlichen Maßeinheiten: Messen von Länge und Breite des Klassenzimmers (Schulhofs . . .) mit Schrittlängen oder Fußlängen. Dabei erfahren die Kinder, daß willkürliche Maßeinheiten keine einheitlichen Maßzahlen liefern. So hat z. B. der Uli für die Breite des Klassenzimmers an der Tafelwand ca. 13 Schritte benötigt und bei der gegenüberliegenden Klassenwand nur 12 Schritte. Die Klassenlänge entspricht 20 Uli-Schritten, 19 Katja-Schritten oder 23 Felix-Schritten.

Willkürliche Maßeinheiten: Fingerlänge, Fingerbreite, Handspannen, Handbreite . . . aber auch Streichhölzer, Strohhalme, Bindfäden.

Meßbare Längen: Tischkanten, Stuhlhöhe, Tafelbreite, Türhöhe, Buchlänge, Bauchumfang . . . aber auch Abstände beim Murmeln, Entfernungen zwischen zwei Gegenständen . . .

4) Zum Erkennen der Invarianz der Länge bieten sich folgende Aufgaben an:

L.: „Sind die beiden Streichholzketten gleich lang?"

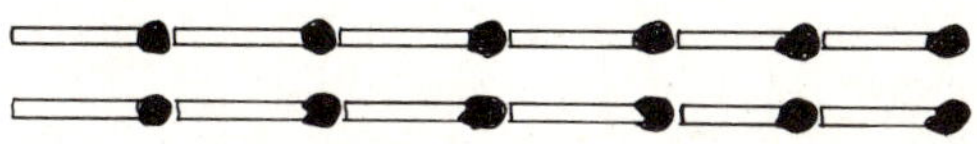

L.: „Sind die beiden Streichholzketten jetzt immer noch gleich lang?"

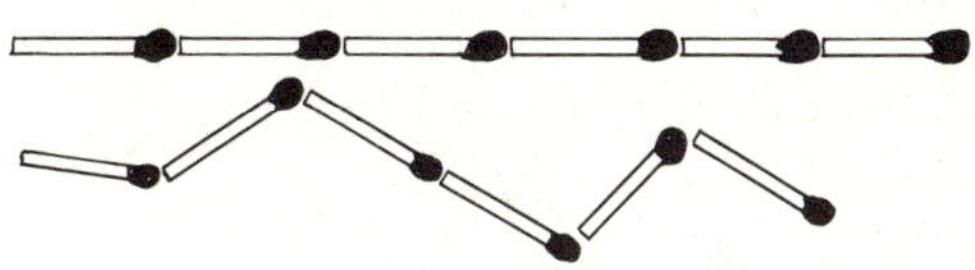

Lösung der „vierzehnten Aufgabe" von S. 123.

Antw: Sie nahm jedesmal zur Lin-
ken und Rechten einen Ducaten weg,
und rückte die übrigen um einen Du-
caten höher, nemlich:

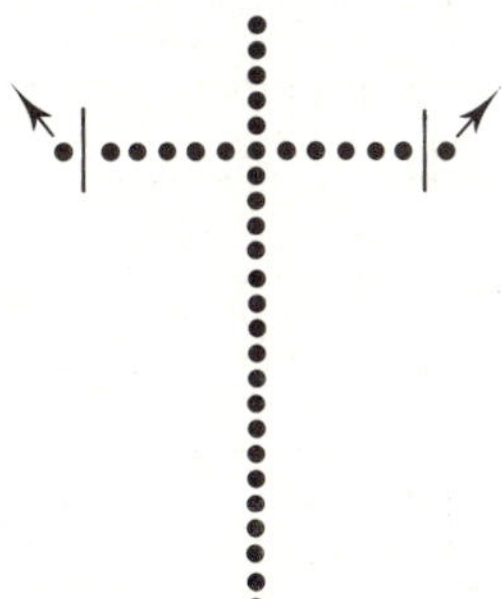

Die Lehrerin baut auf den Lehrertisch zwei gleich hohe Türme aus Büchern. Dann nimmt sie einen Buchturm und stellt ihn auf den niedrigeren Stuhl. L.: „Sind beide Buchtürme gleich hoch? – Wie können wir das überprüfen?"

„Am Rande einer Wiese standen zwei sehr alte Eichen. Im letzten Jahr hat der Bauer zwischen die beiden Eichen einen Stall gebaut und einen weiteren Baum gepflanzt. – Sind die beiden Eichen jetzt immer noch so weit voneinander entfernt wie vorher?"

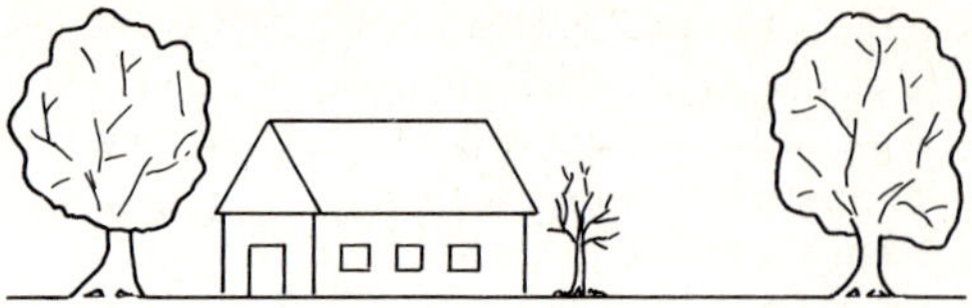

Derartige Probleme bieten vielfältige Diskussionsmöglichkeiten zum Thema.

5) Beim Messen mit willkürlichen Maßeinheiten haben die Schüler die Notwendigkeit standardisierter Maßeinheiten erkannt, um zu genauen und immer gültigen Meßergebnissen zu kommen. Im 2. Schuljahr wird der Schwerpunkt auf das Messen mit Zentimeter und Meter gelegt, wobei besonders sorgfältig auf das richtige Anlegen von Lineal und Meßlatte eingegangen werden muß.

Die Schüler stellen einen eigenen Zentimeterstab aus festem Karton her

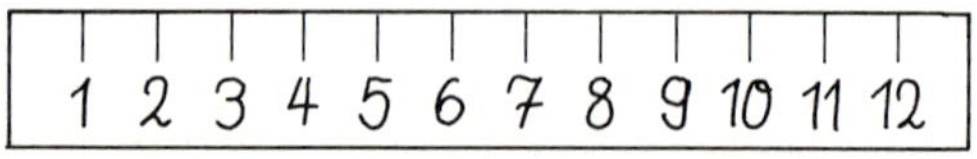

und messen Finger, Buchkanten, Tischlängen, Strecken auf einem Arbeitsblatt, Länge des Nachbarn usw. – Entsprechende Meßübungen erfolgen mit der Meterlatte in der Klasse bzw. im Schulgelände.

Vermischte Übungen:

∗ Schätze zuerst. Dann miß nach. Rechne aus, um wieviel Zentimeter du dich geirrt hast.

	geschätzt	gemessen	Unterschied
Höhe einer Saftflasche	21 cm	24 cm	3 cm zuwenig
Länge deines Bleistifts			
Breite deines Tisches			
Breite deiner Schulmappe			

∗ Miß die Strecken und teile sie in 2 cm lange Stücke!

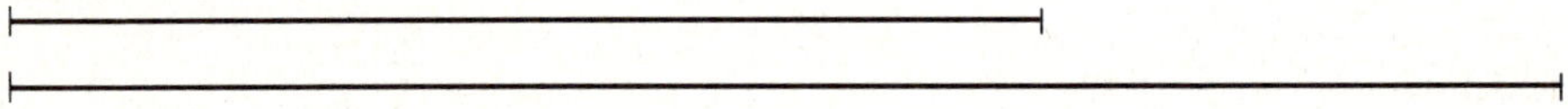

∗ Miß die Strecken und teile sie in

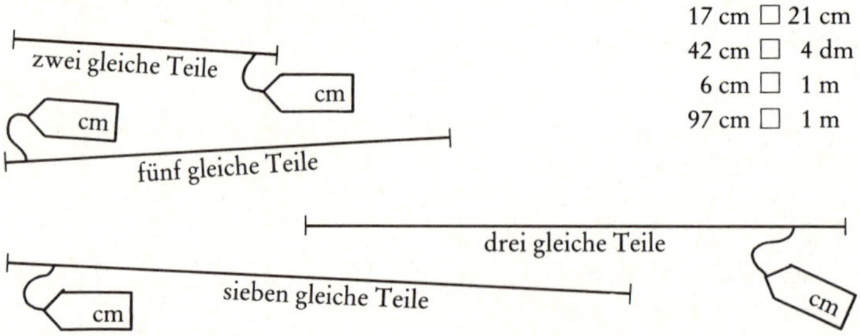

∗ 24 cm < 37 cm
17 cm ☐ 21 cm
42 cm ☐ 4 dm
6 cm ☐ 1 m
97 cm ☐ 1 m

· 4

E	A
3 cm	
5 cm	
	24 cm

: 2

E	A
10 cm	
	6 cm
16 cm	

6) Besonders wichtig ist es, bei den Schülern eine Vorstellung der Größe standardisierter Maßeinheiten (1 cm, 1 dm, 1 m) zu entwickeln. Als anschauliche Vorstellungen für Längen können gelten:

1 cm: Breite eines Fingers, Kante eines Spielwürfels . . .

1 dm: Breite einer Hand, Breite eines Taschenbuches, Schuhbreite . . .

1 m: großer Kinderschritt, vom Fußboden bis zur Brust . . .

* Schätzt und meßt viele andere Dinge. Schreibt einige in die Tabelle.

kürzer als 1 Meter	zwischen 1 Meter und 2 Metern	länger als 2 Meter
Bleistift	unsere Lehrerin	Fußballtor

7) Das Messen und Zeichnen mit Lineal oder Geodreieck muß sorgfältig erarbeitet und immer wieder geübt werden. Schwierigkeiten bereitet Schülern das Anlegen des Lineals an den Nullpunkt, der beim Lineal im Gegensatz zu den meisten Meterlatten nicht mit der linken Kante übereinstimmt. Auch thematisiert werden sollte das mehrfache Anlegen eines Lineals beim Ausmessen einer Strecke, die länger ist als das Lineal.

* Der Zollstock von Tischler Hansen ist abgebrochen. Er mißt dennoch die Breite eines Holzbrettes.

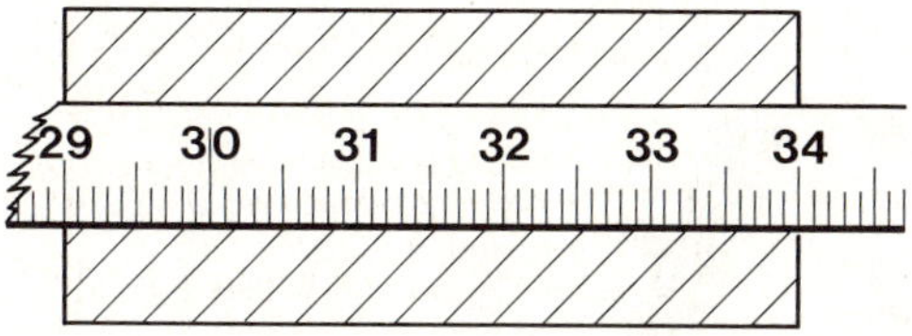

* Bestimme den Abstand zwischen den Marken
  17 cm und 51 cm; 37 cm und 82 cm;
  69 cm und 96 cm; 8 cm und 72 cm.

8) Bereits bei den ersten Messungen stellen die Schüler fest:

Nur selten ist die Länge eines Gegenstandes der Umwelt mit genau einer Maßeinheit bestimmbar; z. B. ist das Klassenzimmer nicht genau 9 m lang, es bleibt ein „Rest“ übrig.

Das Messen großer Längen mit kleinen Maßeinheiten bzw. umgekehrt sind unpraktisch und oft gar nicht möglich. Die Länge einer Tafel bestimmt man nicht nur in cm, die Länge eines Bleistifts kann man nicht mit der Meterlatte messen.

Derartige Erfahrungen können zum Ausgangspunkt genommen werden für die Einsicht, daß die Maßeinheiten verfeinert und auch vergröbert werden müssen. Die Notwendigkeit des Umwandelns von Größenangaben wird aus Sachsituationen erkannt. Die Beziehungen sollten in einem Tafelbild übersichtlich zusammengestellt werden.

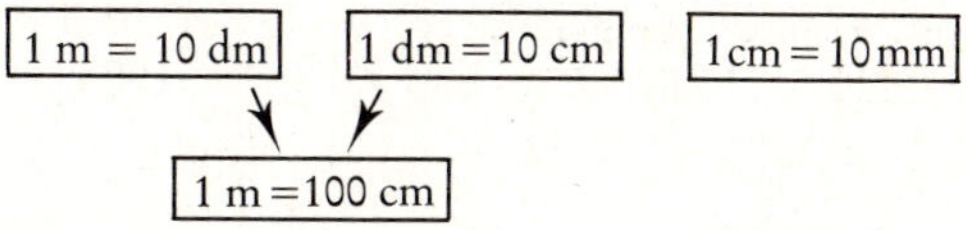

oder

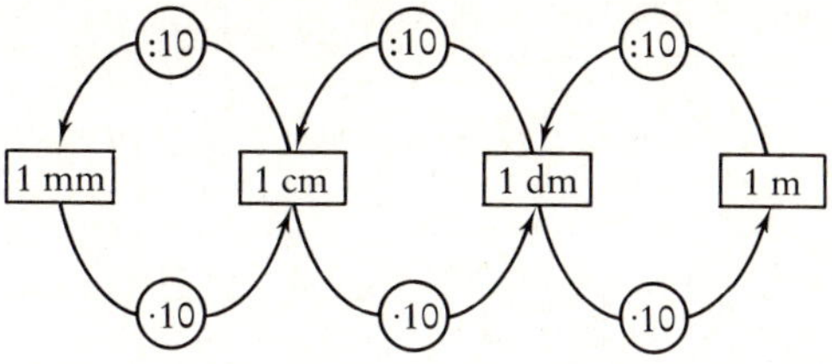

Die Schüler prägen sich die „Umwandlungszahlen“ ein, das Umwandeln selbst wird variationsreich geübt, da hier der eigentliche Kern der Schwierigkeiten beim Rechnen mit Größen zu suchen ist.

* Wer ist der Größte?

	Xaver	Tanja	Heinrich	G
Körperlg.	150 cm	16 dm	1 m 48 cm	15

* 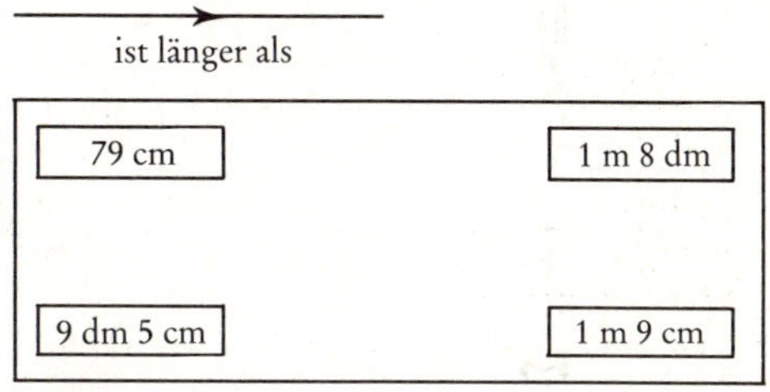

* Wieviel cm sind? 5 dm, 3 dm, 7 dm, 9 dm
* Wieviel mm sind? 2 cm, 8 cm, 6 cm, 11 cm
* Wieviel dm sind? 4 m, 7 m, 10 m, 5 m
* 37 cm = 3 dm 7 cm
  58 cm =
  107 cm =
* Setze ein: < > =

23 cm	□	3 dm
1 m	□	98 cm
5 dm 2 cm	□	48 cm
1 m 2 dm	□	120 cm
8 dm	□	78 cm 9 mm
1 m	□	10 dm 1 cm

Das Rechnen mit Größen in der folgenden Form der Rechenkästchen nimmt in den meisten Rechenbüchern einen sehr breiten Raum ein:

30 cm = 12 cm + 12 cm + □ cm
30 cm = 10 cm + 10 cm + □ cm
30 cm = □ + □ + □

48 cm + 6 cm > 52 cm
81 cm + 12 cm □ 95 cm
36 cm – 19 cm □ 20 cm
38 cm + 62 cm □ 100 cm
79 cm + 5 cm □ 44 cm + 44 cm

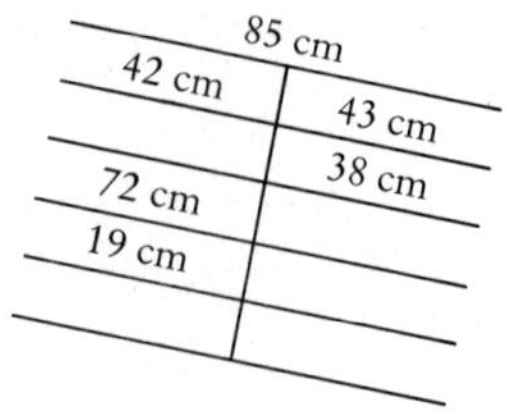

85 cm – 12 cm + 27 cm = □ cm
36 cm + 52 cm – 51 cm = □ cm
14 cm + 27 cm – □ cm = 30 cm

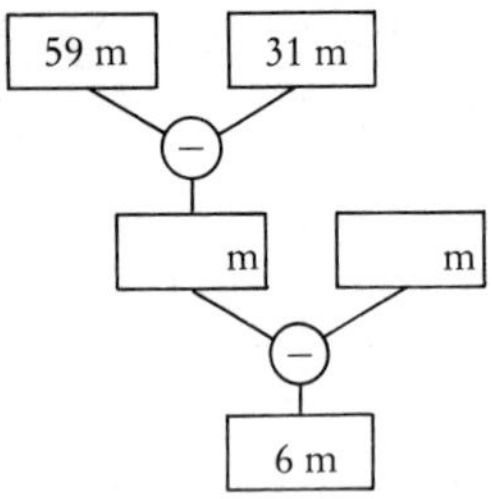

60 cm + x cm = 1 m
75 cm + x cm = 1 m
x cm + 7 cm = 1 m
x cm + 22 cm = 1 m

1 m – 27 cm = x cm
1 m – 84 cm = x cm
1 m – 19 cm = x cm

1 cm = 2 mm + x mm
1 cm = 7 mm + x mm
1 cm = 12 mm – x mm

13 cm + x cm = 3 dm
7 cm + x cm = 3 dm
54 cm – x cm = 3 dm
93 cm – x cm = 3 dm

Der eigentliche Schwerpunkt des Rechnens mit Größen liegt in den Anwendungssituationen (Rechengeschichten, Sachaufgaben, Bildgeschichten), vgl. FLOER u. a. „Mach mit“:

Angela schwimmt viermal die kurze Bahn, Horst dreimal die lange. Anne schwimmt einmal am Rand herum.

	25 m	15 m	zusammen
Anne	II	II	
Horst			
Angela			
Rolf	II	III	
Ines	IIII		
Petra			100 m

	Spannweite
Habicht	1 m 12 cm
Turmfalke	72 cm
Wanderfalke	1 m 8 cm
Mäusebussard	1 m 30 cm
Adler	1 m 55 cm

Kannst du herausfinden, welche Bilder zu den Vögeln gehören?
(Turm- und Wanderfalken haben die gleiche Form.)
Miß auch deine „Spannweite“.

So lang können Tiere werden.

Hai	7 m
Delphin	9 m
Pottwal	20 m
Blauwal	30 m

Zeichne Bilder in dein Rechenheft. Für 1 m nimm ein Kästchen.

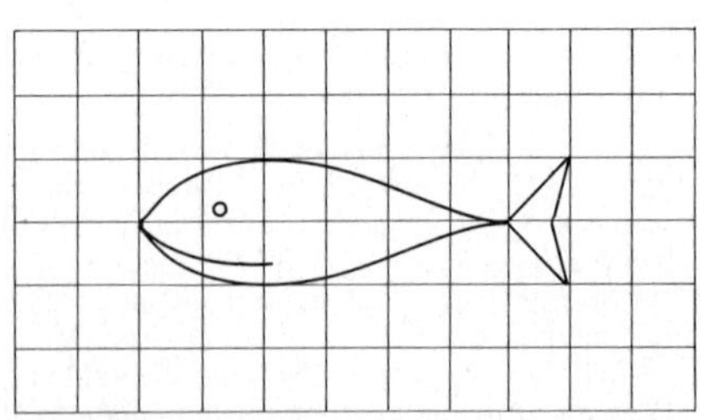

Wie lang werden die größten Landtiere?

Die didaktischen Grundprinzipien der Behandlung von Größen im Mathematikunterricht der Grundschule wurden am Beispiel der Längen im zweiten Schuljahr aufgezeigt. Bei der Bildung von Größenbegriffen lassen sich immer zwei Stufen unterscheiden, die dem Messen, Umwandeln und Rechnen mit den standardisierten Maßeinheiten vorausgehen sollten:
* unmittelbarer Vergleich
* mittelbarer Vergleich mit willkürlichen Maßeinheiten

Können Sie das noch?
* 40869 Bogen Schreibpapier, wie viele Buch, Ries und Ballen?
* 300 Friedrichs'or a 5 Thlr. 20 Sgr. sind wie viele Livre Sterling a 6 Thlr. 20 Sgr.?
* 0,4765 Centner, wie viele Kilogramm, Pfund, Neuloth und Gramm?

Aus: Diesterweg-Heusers praktisches Rechenbuch für Elementarschulen, Gütersloh, 1862

Möglichkeiten in einer Übersicht

	unmittelbare Vergleiche	mittelbare Vergleiche
Gewichte	Schätzen von schwerer/ leichter durch Heben von Gegenständen, Vergleich durch Legen von zwei Gegenständen auf eine Balkenwaage.	Wiegen eines Gegenstandes auf Balkenwaage mit Maßeinheit Schrauben, Holzwürfel, Hefte . . .
Zeitspanne	Wer kann länger die Luft anhalten? Welche Gruppe hat am schnellsten den Tisch abgeräumt? Wer kann am schnellsten/ langsamsten bis 100 zählen?	Messen von Vorgängen durch möglichst gleichmäßiges Zählen, Klatschen . . . Messen und Vergleichen mit Hilfe einer Sanduhr.
Flächen	Vergleichen durch Übereinanderlegen, Zerschneiden und Zerlegen	Auslegen mit kleinen Plättchen, Messen (Auszählen) und Vergleichen von Flächen auf Karopapier.
Geldwerte	Vergleichen von Münzhaufen Geldscheinen (Spielgeld) durch Auszählen oder paarweises Zuordnen	Geldtausch und Umwechseln.
Volumen	Umgießen von Flüssigkeit oder Umfüllen von Sand von Gefäß (Hohlkörper) zu Gefäß	Ausschütten von Hohlkörpern mit Tassen oder Joghurtbechern voll Wasser, Ausfüllen mit kleinen Körpern (Kugeln, Würfel).

2.6.2. Das Sachrechnen

In den letzten zehn Jahren hat es wohl kaum ein Gebiet der Schulmathematik gegeben mit einer derartigen Fülle an Publikationen, Diskussionsbeiträgen und Anregungen (siehe Literaturempfehlungen auf S. 237). Die inhaltlichen Reformbemühungen zur Grundschulmathematik haben dazu geführt, daß der Begriff *„Sach-Rechnen"* zur Kennzeichnung der Anwendbarkeit des mathematischen Wissens zu eng ist. Müller & Wittmann (1977) führen den allgemeineren Begriff „Anwendungen" ein, gibt es doch im Mathematikunterricht auch andere Anwendungen als nur die des Rechnens (Arithmetik); bereits in der Grundschule zur Geometrie, zu Relationen oder im Zusammenhang mit elementarer Statistik. Dieser Handbuchabschnitt spart bewußt die Diskussion von Anwendungsaufgaben aus diesen Inhaltsbereichen aus und konzentriert sich auf das Sachrechnen, das seit Jahrzehnten alle Reformen mathematischer Erziehung überdauert hat und auch in Zukunft einen großen Anteil der Rahmenpläne und Schulbücher einnehmen wird, sicher aber unter einer verstärkten Berücksichtigung wirklicher Umwelterschließung für die Schüler sowie einer größeren Verzahnung des Mathematikunterrichts mit den anderen Lernbereichen der Grundschule. Auf diese Entwicklung zu einem ‚neuen Sachrechnen' wird noch ausführlicher eingegangen werden.

Versuche zur *Unterscheidung der Aufgabentypen* und einer Begriffsbestimmung sind in der Geschichte der Mathematikdidaktik zahlreich und oft widersprüchlich.

Aufgabentyp	Charakterisierung/Beispiel	Intentionen
Eingekleidete Aufgabe	In Worte gefaßte Aufgabenkonstruktionen bzw. Rechenoperationen ohne Realitätsbezug. – Auf 3 Behälter werden gleichmäßig 420 l verteilt. – (verbalisierte Zahlaufgaben) Welche Zahl ist um 14 kleiner als der 5. Teil von 130? – (Denksportaufgaben) Auf dem Bauernhof sind 14 Tiere, Hühner und Kühe. Zusammen haben die Tiere 36 Beine.	Anwenden und Üben von Rechenfertigkeiten und mathematischen Begriffen, wobei diese in Texte eingekleidet werden. Phantasie- und Kunstaufgaben sollen das Üben mit reinen Zahlaufgaben bereichern.
Textaufgabe	In Textform dargestellte Aufgaben, bei denen die Sache weitgehend bedeutungslos und austauschbar ist. Die Vielfältigkeit und Komplexität der Sache in der Realität werden nicht berücksichtigt bei derart konstruierten Aufgaben. – Herr Tietze hat 1972 DM auf seinem Lohnkonto. Er überweist 624 DM für Miete, 48 DM Gas und Elektrizität sowie 16 DM Parteibeitrag. Außerdem holt er 900 DM in bar ab.	Das Lernziel liegt in der Förderung mathematischer Fähigkeiten, wobei allerdings der gesamte Sachkomplex (Text) durchschaut werden muß. Bei dieser schulischen Kunstform liegt die Hauptschwierigkeit im Abbilden der Informationen in natürlicher Sprache in Gleichungen der mathematischen Fachsprache. – Textaufgaben bilden den Schwerpunkt des traditionellen Sachrechnens.
Sachaufgabe/ Sachrechenproblem	Da die Sache selbst mitdiskutiert wird, ist Einsicht in die Sachzusammenhänge eine wichtige Voraussetzung. Die Sache/Umwelt stehen im Vordergrund, und die Mathematik liefert nur Hilfsmittel zur Bearbeitung/ Erschließung. – Der Wasserbedarf eines Menschen liegt bei 140 l pro Tag. Ein Liter Öl kann eine Million Liter Wasser ungenießbar machen. – Den Klassenausflug in den Harz können wir mit einem Bus oder mit der Bundesbahn durchführen. Was ist preiswerter? praktischer? Welche Kosten kommen noch hinzu? Wie teuer kommt der Ausflug für jeden Schüler? ...	Echte Anwendung mathematischen Wissens in realistischen Sachsituationen, zu denen oft erst noch die Daten selbst gesammelt werden müssen. Das Bearbeiten und Lösen derartiger Sachaufgaben führt über die Grenzen des Mathematikunterrichts hinaus in die anderen Unterrichtsfächer. – Neues Sachrechnen ist anwendungsorientiert, kreativ und möglichst lebensnah.

KRUCKENBERG (1935) unterteilte Textaufgaben in
- eingekleidete Zahlaufgaben,
- Phantasieaufgaben ohne Rücksicht auf die Wirklichkeit,
- konstruierte Wirklichkeitsaufgaben,
- Ernstaufgaben aus Umweltsituationen.

Diese Unterteilung entspricht durchaus einer derzeit üblichen Klassifikation (vgl. BARSIG u. a., 1978, GEISSLER, 1978 oder MAIER u. a., 1978).

Die Diskussion der Ausprägungsformen und der Gewichtung von Aufgaben des Sachrechnens kann nur auf dem Hintergrund möglicher inhaltlicher und fachübergreifender Ziele erfolgen. Die folgende Auflistung macht deutlich, daß die zentrale Absicht des traditionellen Sachrechnens, des „bürgerlichen Rechnens" mit Größen, um einige wichtige Aspekte ergänzt werden muß.

Sachrechnen hat nach WINTER (1981 a) drei didaktische Funktionen:
* Sachrechnen als Stoffgebiet umfaßt elementare Gegenstände der angewandten Mathematik;
* Sachrechnen als Unterrichtsprinzip dient als Ausgangspunkt oder Erprobungsbereich für mathematische Themen;
* Sachrechnerische Kompetenz als übergeordnetes Lernziel ist hilfreich bei der Erschließung der Umwelt und notwendig für das spätere Leben der Schüler.

Aktuelle *Zielbeschreibungen* des Sachrechnens gehen weitgehend auf WINTER zurück, sie müssen gesehen werden im Hinblick auf eine zentrale Aufgabe der Schulmathematik:

„Wenn wirklich Mathematik betrieben werden soll – auch und gerade im elementarsten Bereich der Grundschule – so kann dies nur geschehen, wenn die Beziehungen zur erlebten Wirklichkeit der Schüler nicht nur nicht ausgeblendet, sondern ausdrücklich aufgedeckt und genutzt werden." (WINTER, 1980)

Gerade das Sachrechnen erlaubt die Einbettung der Mathematik in die Gesamtsituation des Schülers und die Verzahnung der Mathematik mit den anderen Lernbereichen der Schule. Als Ziele des Sachrechnens lassen sich schlagwortartig nennen:
- Aufzeigen der Beziehungshaltigkeit der Mathematik,
- Mathematisieren realer Situationen,
- Möglichkeiten der Schulung des komplexen und des kreativen Denkens,
- Sicherung des mathematischen Könnens durch Anwendung,
- Aufbau von Größenvorstellungen u. a.

Im Mittelpunkt des Sachrechnens steht das *Mathematisieren* von umweltlichen Situationen. WINTER (1978 c) beschreibt als Teilaspekte dieses komplexen Vorgangs:
* Erfassen, von welchen Gegenständen die Rede ist,
* Erfassen, welche Merkmale/Eigenschaften möglicherweise über die Gegenstände mitgeteilt werden,
* Erfassen, welche Beziehungen zwischen den Gegenständen bestehen können,
* Erfassen von Zuordnungen zwischen den Gegenständen und etwa zwischen Zahlen und Größen,
* Auffinden von möglichen sachgemäßen Fragestellungen,
* Ordnen der Informationen im Hinblick auf diese Fragestellungen,
* Bearbeiten und Lösen der Fragestellungen,
* Vergleich der Lösungen mit den gegebenen Informationen,
* Übertragen der Situation auf andere, inhaltlich eng verwandte Situationen,
* Übertragen der Situation auf andere, nur von der Struktur her verwandte Situationen.

Dieser Katalog von WINTER zum Mathematisierungsprozeß leitet über zu den Möglichkeiten der methodisch-didaktischen Hilfen zum Sachrechnen.

(1) Methodisch-didaktische Bearbeitungshilfen zum Sachrechnen

Jede Grundschullehrerin wird ihren Schülern als Hilfe für die Analyse von Sachaufgaben und zur Ordnung des Lösungsablaufs ein relativ festes Schema anbieten wie z. B.:

Wir fragen:
Wir wissen:
Wir rechnen:
Antwort:

Derartige Schemata sind aus der Erfahrung des traditionellen Sachrechnens entstanden oder sind Verkürzungen der Anregungen und Hilfen zum Lösen (mathematischer) Probleme, wie sie POLYA (1949) formuliert hat. Sicher darf man die Nützlichkeit derartiger Bearbeitungsschemata nicht überschätzen. Wenn auch die direkte Hilfe in Frage gestellt werden kann, brauchen die Grundschüler noch eine formale Bearbeitungshilfe zum Verstehen einer Aufgabe und zur Strukturierung des Bearbeitungsweges.

Als *formale Lösungshilfen* lassen sich drei Hauptphasen unterscheiden (vgl. GEISSLER, 1978; MAIER u. a., 1978; STREHL, 1979):

1) Verstehen der Aufgabe; Erfassen des Gegebenen und des Gesuchten

Hilfen:
Lies aufmerksam (2 mal) die Aufgabe. Erzähle mit eigenen Worten. – Was wird mitgeteilt? Was will man wissen? – Unterstreiche, was zum Rechnen wichtig ist. – Frage, wenn du etwas nicht verstehst. Zeichne eine Skizze. – Kannst du dir den Sachverhalt vorstellen?

2) Untersuchen von Lösungswegen; Planung und Finden eines Lösungsweges

Hilfen:
Hast du eine ähnliche Aufgabe schon einmal bearbeitet? – Wie lautet die Frage? Schreibe die wichtigen Angaben heraus. – Was ist von den Angaben für die Beantwortung der Frage wichtig? Mit welcher Rechnung können wir die Frage(n) beantworten? Kommt man mit einem Rechenschritt zur Lösung oder muß ein Zwischenergebnis ermittelt werden? – Muß das Ergebnis der Rechnung größer oder kleiner sein als die verwendeten/bekannten Zahlen/Größen.

3) Durchführen des Lösungsweges und Aufgabenkontrolle

Hilfen:
Mach eine Überschlagsrechnung und notiere das Ergebnis! – Numeriere die Rechenschritte. Vergleiche mit der Aufgabenstellung bzw. der Frage. – Überlege, ob erst ein Zwischenergebnis vorliegt.
Paßt dein Ergebnis zur Aufgabenstellung? Beantwortet es die Frage? – Vergleiche mit dem Ergebnis der Überschlagsrechnung! Formuliere und notiere einen Antwortsatz.

Vergleichbar sind die Lösungsschritte beim Sachrechnen, wie sie LOMPSCHER (1975, S. 274) empfiehlt:

Anweisung zur Lösung von Sachaufgaben mit mehreren Lösungsschritten

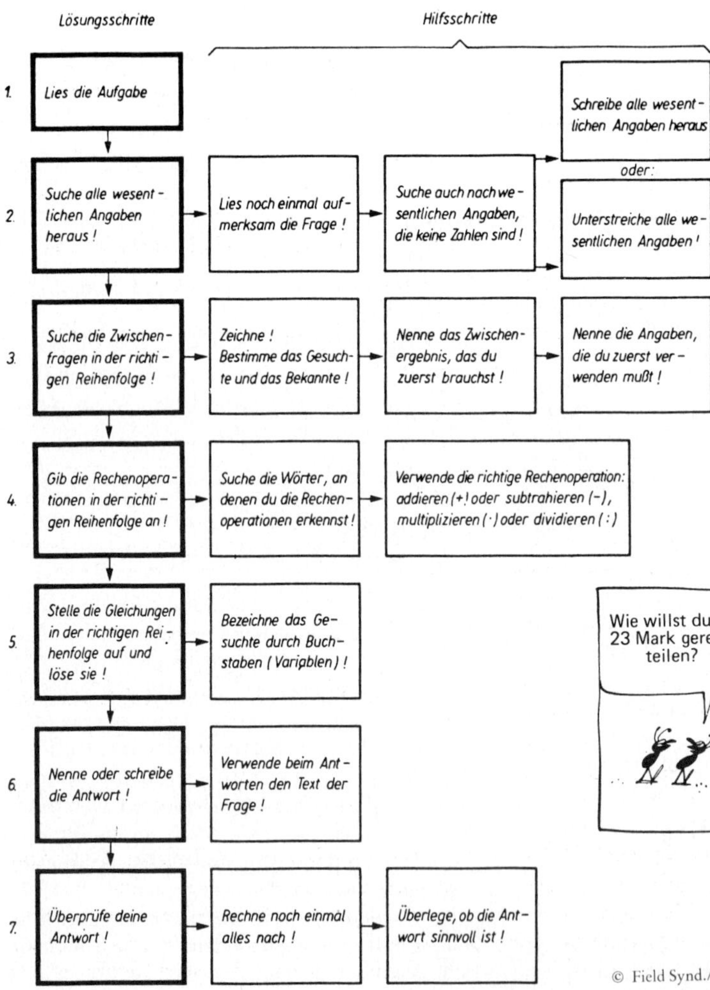

Es kann nicht darum gehen, daß die Schüler diese Teilschritte bzw. heuristischen Hilfen auswendig lernen. Durch gemeinsames Lösen von Textaufgaben, wobei die einzelnen Lösungsschritte bewußtgemacht und besprochen werden, können derart formale Lösungshilfen allmählich zur gewohnten Strategie werden und den Hintergrund des Kurzschemas (wir fragen; wir wissen . . .) erweitern.

In einigen wenigen Schulbüchern werden „Musterlösungen“ zu einigen Textaufgaben thematisiert. Beispiel:

Aufgabe (2. Schj.)
Jens und Karin wollen in den Ferien viel lesen. Jens nimmt 7 Bücher mit, Karin nimmt 4 Bücher mehr mit. Wie viele Bücher haben beide insgesamt mitgenommen?

Fragen/Rechnungen:	Antworten:
Was weiß ich?	Jens hat 7 Bücher mitgenommen. Karin hat 4 Bücher mehr mitgenommen.
Was will ich wissen?	Wie viele Bücher haben sie zusammen mitgenommen? – Das kann man nicht gleich berechnen, weil nicht bekannt ist, wieviel Bücher Karin mitgenommen hat.
Was muß ich vorher berechnen?	Wieviel Bücher hat Karin mitgenommen?
Wie kann ich rechnen?	Ich muß addieren, da Karin mehr Bücher mitgenommen hat als Jens.
Wie lautet die Aufgabe?	7 + 4 = ___
Ich rechne, und die Antwort lautet:	7 + 4 = 11; Karin hat 11 Bücher mitgenommen.
Wie geht es weiter?	
Wie heißt die andere Frage?	Wie viele Bücher haben beide zusammen mitgenommen?
Wie kann ich rechnen?	7 + 11 = ___
Ich rechne, und die Antwort lautet:	7 + 11 = 18; Jens und Karin haben zusammen 18 Bücher mitgenommen.
Ich vergleiche meine Lösung mit der Aufgabe und mit der Frage!	

Wie bereits erwähnt, ist die Sachsituation in eingekleideten Aufgaben und Textaufgaben relativ bedeutungslos und oft beliebig austauschbar, im Vordergrund steht die Einkleidung einer Rechenoperation. Untersuchungen zeigen deutlich, daß sich die Schüler im Laufe der Schulzeit auf derartige Aufgaben und Probleme des Mathematikunterrichts einstellen. Nahezu alle Aufgaben im Mathematikunterricht sind bearbeitbar, berechenbar . . .; so verwundert es nicht, daß sich ältere Schüler sehr viel häufiger auf die Zahlenangaben konzentrieren und ohne besondere Reflexion der Sachzusammenhänge „passende“ Rechenoperationen suchen. Ältere Schüler versuchen auch eher, sog. Kapitänsaufgaben zu lösen als etwa Schulanfänger. Kapitänsaufgaben sind Unsinnsaufgaben („Wie alt ist der Kapitän?“) mit nicht berechenbaren Sachinformationen.

Beispiele:

1. Schuljahr:
Paul hat am Dienstag 4 Stunden Unterricht. Seine ältere Schwester Luise geht bereits in die 2. Klasse. Sie muß sich heute noch 6 neue Stifte kaufen.

3. Schuljahr:
Während der Sommerferien werden die 24 Klassenräume einer Schule neu gestrichen. Jeder Klassenraum hat 4 Fenster. Die Maler verdienen 12 DM je Arbeitsstunde.

5. Schuljahr:
Kaufmann Griesel verpackt in 90 Minuten 1800 g Tee in kleine Tüten. Jede dieser Tüten verkauft er für 2,75 DM.

Kindergartenkinder und Schulanfänger konzentrieren sich bei Rechengeschichten zunächst auf die Sache, sie erzählen die Geschichten weiter, aber rechnen nicht gleich. Für ältere Schüler ist es nahezu unwahrscheinlich, daß Aufgaben im Mathematikunterricht nicht lösbar wären, was den hohen Prozentsatz der Lösungsversuche bei „Kapitänsaufgaben“ erklärt.

Möglichkeiten, die *Einstellung* gegenüber Sachaufgaben zu beeinflussen:

* Heute wollen wir nicht gleich rechnen, sondern . . .

  – Wir überprüfen die Aussagen:

  Herr Klotz behauptet, die Strecke Göttingen – München (510 km) in nicht viel mehr als 3 Stunden gefahren zu sein. Sein neuer Wagen erreicht eine Spitzengeschwindigkeit von 160 km/h.

  – Wir bestimmen überflüssige Angaben:

  Am 4. Januar fährt Katja mit der Buslinie 8 in die Stadt. Um 14.51 Uhr steigt sie in den nächsten Bus ein. Katja muß einmal umsteigen und kommt nach 28 Minuten am Rathausplatz an.

  – Wir bestimmen fehlende Angaben:

  Herbert kauft am Kiosk zwei Wassereis. Er bekommt 35 Pfennig heraus.

  – Wir formulieren selbst Textaufgaben:

  (ggf. zu vorgeschriebenen Größen/Zahlen)

  – Wir suchen alle möglichen Fragen:

  Herr Maier war von Montag bis Mittwoch in München. Der Kilometerstand seines Pkw betrug am Anfang der Fahrt 53 370 km und am Ende 54 110 km. Auf 100 km benötigt sein Wagen 11 l Benzin. Der Benzinpreis beträgt z. Z. im Durchschnitt 1,42 DM/l.

  – Wie kann man hier rechnen:

  Vier Kisten wiegen zusammen 1000 kg. Die beiden schwersten Kisten wiegen zusammen gleich viel. Die leichteste Kiste wiegt 100 kg.

* Das Sachrechnen sollte nicht erst bei einer ausreichenden Lesefähigkeit beginnen, Bildaufgaben und Rechengeschichten können sehr frühzeitig integriert werden in die Erarbeitung der Operationsbegriffe (vgl. S. 68). Rechengeschichten müssen sich primär orientieren an der erlebten Sachumwelt der Erstkläßler, sie können ergänzt werden durch kleine „Probleme“, zu deren Lösungen man mit Material umgehen kann oder eine Zeichnung anfertigt.

  – Beispiele für erste Probleme:

  – Hans hat gestern abend 6 Seiten in einem Buch gelesen. Er hat bei der 8. Seite mit Lesen begonnen. Bei welcher Seite wird er heute weiterlesen?

  – Frau Wiese will ein Buch für 9 DM kaufen. Sie hat einige 5 DM-Stücke. Der Verkäufer hat zum Herausgeben und Wechseln nur 2 DM-Stücke.

  – In einer Schachtel sind 9 rote und 6 blaue Rechenplättchen. Mit geschlossenen Augen nimmt Ursel 7 Plättchen heraus. – Kann ein blaues (rotes) Plättchen dabeisein?

(2) Übungen zum Sachrechnen
Variation der Präsentation

Sachaufgaben und Sachinformationen sollten nicht nur durch Texte dargeboten werden, man kann variieren durch Tabellen, Daten, Prospekte, Graphiken, Situationsbilder, Bildgeschichten, eigene Datensammlung durch die Schüler, Spielszenen u. a.

Beispiel 1:

Tanja will viele Bücher an ihre Freundin in Bad Nauheim schicken. Die Bücher wiegen insgesamt 5 kg und 700 g. Bad Nauheim ist 340 km weit entfernt.

Paket	1. Zone bis 150 km	2. Zone*) über 150 km bis 300 km	3. Zone*) über 300 km
	DM	DM	DM
a) Standardpaket**) bis 5 kg	4,40	4,60	4,80
über 5 bis 6 kg	5,00	5,40	5,80
über 6 bis 7 kg	5,60	6,20	6,80
über 7 bis 8 kg	6,20	7,00	7,80
über 8 bis 9 kg	6,80	7,80	8,80
über 9 bis 10 kg	7,40	8,60	9,80
über 10 bis 12 kg	8,60	10,00	11,40
über 12 bis 14 kg	9,80	11,40	13,00
über 14 bis 16 kg	11,00	12,80	14,60
über 16 bis 18 kg	12,20	14,20	16,20
über 18 bis 20 kg	13,40	15,60	17,80

*) Von und nach Berlin (West) Gebühr der jeweils nächstniedrigeren Zone.
**) Quaderförmige Sendung; Länge bis 70 cm, Breite und Höhe je bis 50 cm.

Beispiel 2:

Herr Kahle aus Göttingen will am Wochenende nach München fahren. Am Samstag hat er bis 13.30 Uhr noch in Göttingen zu tun, er will aber nicht später als 22.00 Uhr in München ankommen. . . .

Göttingen

km 531 → **München**

	ab	Zug		an	Bemerkungen
1	0.48	D	881	7.09	🛏 🛏 🍷
	1.26	D	789	7.12	nur 🛏 🛏
	2.36	D	299	8.41	🍷
2	7.07	IC	171	12.22	U Fulda U Würzb
2	7.07	IC	171	12.45	U Fulda
	8.13	IC	581	13.28	
2	9.13	IC	181	14.22	U Würzb
	9.27	FD	781	14.44	✕
	10.13	IC	583	15.25	
	11.13	IC	585	16.25	
	12.13	IC	183	17.45	U Würzb
	13.13	IC	587	18.25	U Würzb
	13.13	IC	587	18.45	
3	14.13	IC	681	19.25	
4	15.13	IC	685	20.22	U Würzb
	15.13	IC	685	20.45	
4	16.13	IC	687	21.28	
	17.13	IC	589	22.25	U Würzb
	17.13	IC	589	22.46	
4	18.13	IC	689	23.25	
5	19.15	D	787	0.32	🍷

1 = nicht 25. XII., 01. I.
2 = ① bis ⑥, nicht 26. XII., 21. bis 23. IV.
3 = täglich außer ⑥, nicht 24. bis 31. XII., 20. bis 22. IV.
4 = täglich außer ⑥, nicht 25. XII., 20. bis 22. IV.
5 = täglich außer ⑥, auch 07. IV., nicht 25. XII., 20. bis 23. IV.

Besonders hilfreich ist die Darstellung von Sachsituationen in Form von Situationsbildern bzw. von Bildgeschichten. Neben motivationalen Gründen spricht für diese Präsentationsform insbesondere das Ausschalten textspezifischer Schwierigkeiten (Textverständnis, Textstruktur, Lesefertigkeiten) und die Möglichkeit, offene Sachaufgaben zu bilden, d. h. Sachaufgaben, die Lösungen unterschiedlicher Schwierigkeit und Tiefe zulassen. Sehr viele Anregungen bieten die Bildaufgaben von BRACHT und PIETSCHNER (1979).

Beispiel (nach BRACHT u. a.):

SPEISEKARTE

Gerichte:

Spaghetti mit Tomatensoße	5,50 DM
Schnitzel mit Pommes Frites	9,50 DM
Fischstäbchen/Kartoffelsalat	7,55 DM

Nachtisch:

gem. Eis mit Sahne	2,75 DM
Pudding mit Soße	1,95 DM
Obst	2,35 DM

Getränke:

Limonade	1,30 DM
Apfelsaft	1,50 DM
Milch	1,20 DM
Bier	1,90 DM

Bedienung und Mehrwertsteuer im Preis inbegriffen.

Übungen zur Semantik
In einigen Methoden wird das Herausarbeiten von Signalworten empfohlen, die eine Übersetzung der umgangssprachlichen Information in eine mathematische Operation erleichtern könnten! Beispiele:

* Addition – zusammen, mehr, ansteigen, zunehmen, erhöhen, beladen, beide, dazu, insgesamt ...
* Subtraktion – vermindern, abnehmen, weniger, übrig, noch, ausgeben, verbilligen, Preisnachlaß ...
* Multiplikation – je, mal soviel, vervielfacht, das Doppelte, Vierfache, das kg zu ...
* Division – verteilt, n-ter Teil, Hälfte, teilen, aufteilen, spalten ...

Schon diese Beispiele zeigen, daß nicht alle Signalworte eindeutige Signale geben können. MAIER u. a. (1978) kritisieren derartige Übungen mit weiteren Argumenten: Sinnerschließung eines Textes erfolgt nicht von einzelnen Worten her, eintrainierte Signalworte können oft zu Fehlschlüssen führen, da umgangssprachliche Begriffe nur selten eindeutig definiert sind (z. B. abheben).

Hilfreicher wäre ein Üben am Sachtext im Zusammenhang mit dem sinnerfassenden Lesen des muttersprachlichen Unterrichts.

Strukturübungen
Auf BREIDENBACH (1963) geht die Darstellung der Struktur von Textaufgaben mit Hilfe eines Simplexes zurück. BAUERSFELD wandelte die Breidenbachsche Kettendarstellung ab in eine Ringdarstellung, während WINTER u. a. das verwandte Baumdiagramm vorschlugen. Grundgedanken derartiger Analysen sind (vgl. ausführlich im Handbuch zum Lehrgang alef 3):

* einfache Textaufgaben enthalten in der Regel drei sachrechnerische Größen, komplexe Aufgaben mehrere derartiger Tripel;
* sind zwei beliebige dieser Größen bekannt, so läßt sich stets die dritte berechnen;
* zu jedem Tripel gehört ein Paar arithmetischer Operationen (Operation und Gegenoperation), d. h. es gibt additive oder multiplikative Simplexe.

1. Beispielaufgabe:
Ein kg Äpfel kostet 1,85 DM. Frau Seegers kauft 5 kg.

Kettensimplex

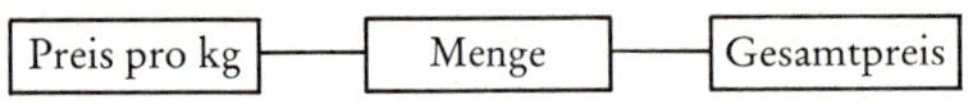

Ringsimplex

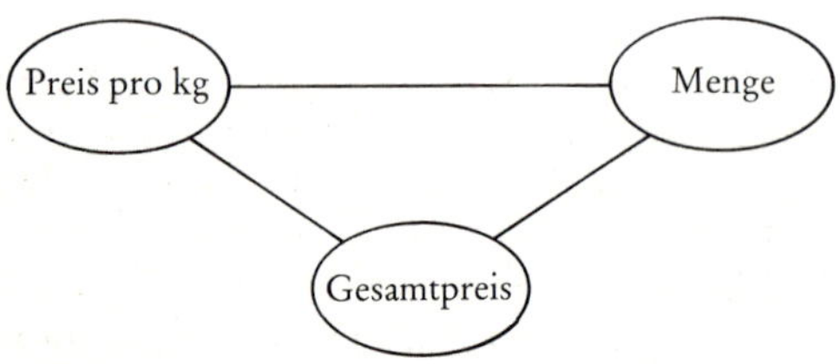

Rechenbaum

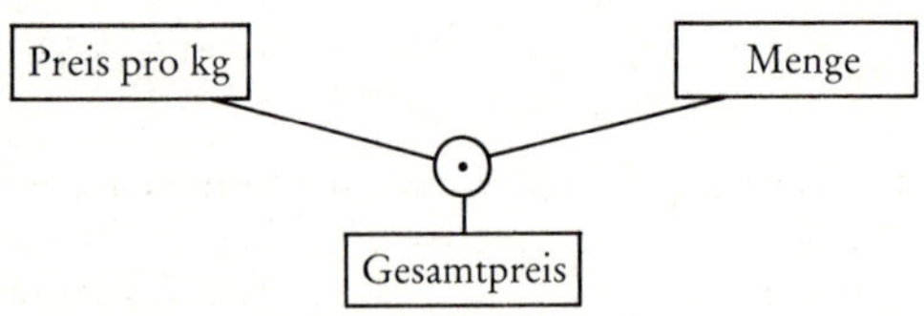

2. Beispielaufgabe:
Ein kg Äpfel kostet 1,85 DM. Frau Seegers kauft 5 kg. Sie bezahlt mit einem 20 DM-Schein.

Kettensimplexe

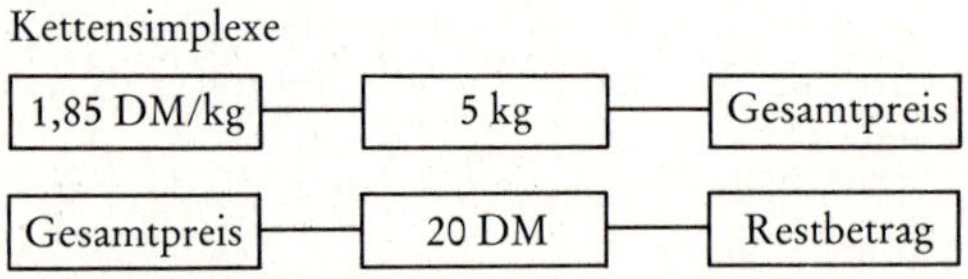

Ringdarstellung

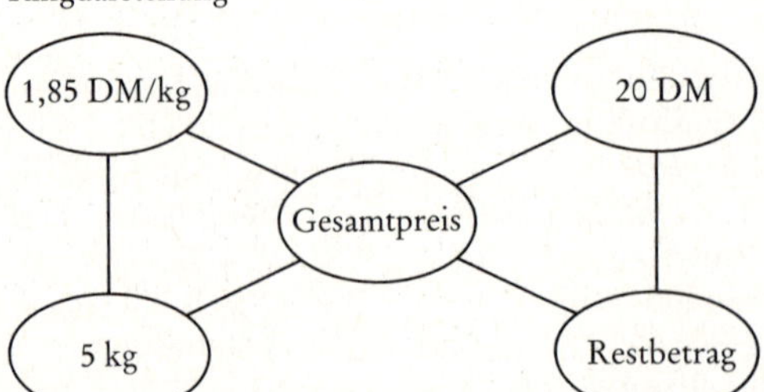

Rechenbaum

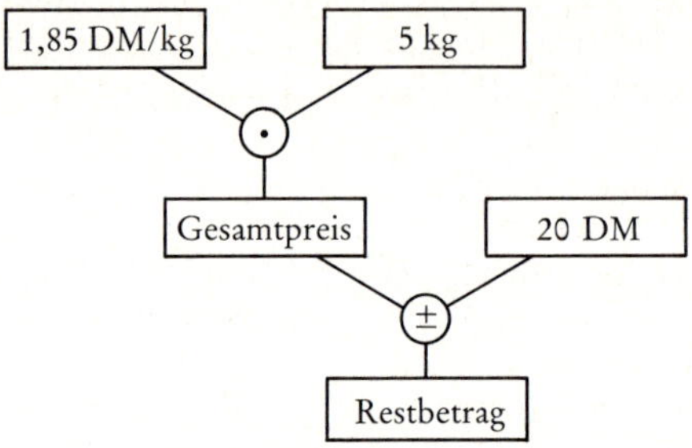

Beim Vergleich dieser Strukturschemata lassen sich einige Vor- und Nachteile diskutieren. So ist bei der Kettendarstellung der Anfang relativ frei, die Ordnung der Tripel nach der Bekanntheit der Größen kann in einer zweiten Bearbeitungsphase erfolgen, die Ringdarstellung macht dagegen die Verflechtung der Sachgrößen deutlicher. Im Vergleich zu den Simplexstrukturen zeigt die Baumdarstellung den Prozeß der Bearbeitung in Form eines Rechenprogramms, es ist bei komplexen Aufgaben übersichtlicher. Dagegen muß die Leserichtung bei nicht-kommutativen Operationen vereinbart werden (siehe 2. Beispielaufgabe).

Allerdings muß man die Grenzen derartiger struktureller Analysen nüchtern sehen: Strukturschemata setzen das Durchschauen der Sachaufgabenstruktur voraus, insofern sind sie keine Analyse- oder eigentliche Lösungshilfe. Die notwendigen Voraussetzungen beim Schüler für das Erkennen der Simplexstruktur sind vielfältig. Der Sachverhalt muß verstanden werden, die Sachgrößen müssen einem Simplex zugeordnet werden, die einzelnen Glieder müssen benannt werden, Rechenoperation und evtl. Gegenoperation sind zu bestimmen . . . Die Möglichkeiten und Ziele sind im Vergleich zu den ursprünglichen Erwartungen an Strukturschemata zum Sachrechnen wohl sehr viel bescheidener zu formulieren:

Simplex oder Rechenbaum eignen sich als Themen gemeinsamer Analysen von Textaufgaben. Schüler können ganz allmählich Einsicht gewinnen in den Zusammenhang dreier Sachgrößen (2 bekannt, 1 unbekannt), in Ketten derartiger Tripel und in strukturelle Gemeinsamkeiten.

Übungen am Text (vgl. Kriegelstein, 1979)
* Text verkürzen:
  Ohne den Sachverhalt und die mathematische Struktur zu verändern, wird der Text einer Aufgabe reduziert auf knappe Stichpunkte und Stichworte.

* Text verlängern:
  Das anekdotische Ausmalen der Sachsituation durch Ergänzen überflüssiger Angaben macht indirekt die Bedeutung der Kernaussagen deutlich.
* Fragen formulieren:
  Schüler sollen erfahren, daß es zu einer Textaufgabe zwar verschieden formulierte Fragen gibt, diese aber alle auf das gleiche Ziel hinauslaufen.
* Textaufgaben verändern:
  Text und Maßeinheiten beibehalten bei Veränderung der Maßzahlen und Anzahlen;
  Text und Zahlen beibehalten bei Veränderung der Größenbereiche;
  Größen und Zahlen bleiben gleich bei Umformulierung des Textes ohne/mit Veränderung des Sachverhalts.
* Simplex variieren:
  Die unbekannte Sachgröße eines Simplexes wird variiert und jeweils eine passende Textaufgabe formuliert.
  Allgemeine Simplexstrukturen sind:
  Anzahl – Einzelpreis – Gesamtpreis
  1. Menge – 2. Menge – Gesamtmenge
  Anfang – Dauer – Ende
  Abfahrt – Fahrzeit – Ankunft
  Weg – Zeit – Geschwindigkeit
  Stundenlohn – Arbeitsstunden – Gesamtlohn
  Länge – Preis pro m – Gesamtpreis u. a.

(3) Traditionelles Sachrechnen und „Neues Sachrechnen“

Theoretische Beiträge und zahlreiche Anregungen (vgl. insbesondere FLOER & HAARMANN, 1982; MÜLLER & WITTMANN, 1977; WINTER 1976, 1977, 1978, 1980) heben ein „neues“ Sachrechnen vom traditionellen Sachrechnen ab, wobei die Schwerpunkte des neuen Sachrechnens schon aus den benutzten Eigenschaftszuschreibungen bzw. Forderungen deutlich werden: Umwelterschließung, kreativ, anwendungsorientiert, wirklichkeitsbezogen, fächerübergreifend, Beziehungsfähigkeit usw.. Natürlich hat das traditionelle Sachrechnen – das in nahezu allen Schulbüchern noch aktuell ist – diese Aspekte nicht ausgeklammert. Eingekleidete Aufgaben oder Textaufgaben stehen aber weitgehend im Dienste der Arithmetik: Das Anwenden und Üben von Rechenfertigkeiten in oft unrealistischen Sonderfällen dominieren, nicht so sehr das Mathematisieren realer Sachsituationen. Neues Sachrechnen wird die traditionellen Formen nicht ablösen können, nicht zuletzt deshalb, weil es einen wesentlich größeren Arbeitsaufwand und ein besonderes schulfachintegrierendes Wissen auf seiten der Lehrer voraussetzt. Neues Sachrechnen kann aber die Grundschulmathematik sehr sinnvoll erweitern und ergänzen.

Wenn Mathematik kein Fremdkörper für die Schüler sein soll, dann müssen Anwendbarkeit und Beziehungshaltigkeit des mathematischen Wissens beim Durchdenken von Sachsituationen erkannt werden. Derartige Sachsituationen können stichwortartig sein (vgl. FLOER u. a., 1982):

* Situationen aus dem schulischen Alltag: Klassenausflug, Schulfest, Bundesjugendspiele, Gestaltung des Schulhofs, des Klassenzimmers ...
* Fragen aus der Familie: Arbeit und Freizeit, Wohnen, wirtschaftliche Situationen, Urlaub und Reise, Verwandte ...
* das außerschulische Umfeld: Leben in Dorf/Stadt, Berufe, Verkehrsmöglichkeiten, Post ...
* aber auch in Ansätzen allgemeine Probleme und Themen: Sport, Umweltschutz, soziale Fragen, Wahlen, Produktionsprozesse, Leben der Kinder in der Dritten Welt ...

Sehr viele Themen des Sachunterrichts eignen sich zur Integration des Sachrechnens bzw. übergreifender zur Anwendungsorientierung der Schulmathematik.

Beispiele für derart neue Sachrechenaufgaben wurden im Kapitel 0 vorgestellt.

Durch Fehler- und Prozeßanalysen wissen wir inzwischen mehr über die Ursachen für besondere Schwierigkeiten der Schüler beim Sachrechnen (vgl. BENDER, 1980; BREMER u. a., 1980; MAIER u. a., 1978; POLSTER, 1983). Es lassen sich grob vier Fehler unterscheiden, die sich gegenseitig beeinflussen können.

Ursachen für Schwierigkeiten beim Sachrechnen:

* Sachstrukturen:
  Der Kontext der Sachaufgabe ist unbekannt, die Größenbereiche unklar, die Sachstruktur zu komplex, Zusammenhänge zwischen Größenbereiche sind für die Schüler nicht herstellbar, die Problemstellung ist unbekannt, die Sachsituation der Erwachsenenwelt entnommen ...
* Sprachlich-syntaktische Struktur:
  Schwierigkeiten durch Fremdworte und Fachtermini (z. B. pro Arbeisstunde, reine Fahrzeit), Textlänge, Textkomplexität und -gestaltung, unbekannte Formulierungen, Satzschachtelungen ...

* Mathematische Stuktur:
  Anzahl der notwendigen Teilschritte, Komplexität der durchzuführenden Rechenoperationen sowie der Größenbeziehungen, Verknüpfung verschiedener Operationssimplexe ...
* Prozeßstrukturen:
  Impulsive Lösungshypothesen (Drang, einen Sachverhalt unreflektiert auf Rechenschemata zurückzuführen), Teilinformationen werden nicht berücksichtigt, Teillösungen werden vernachlässigt, Einstellungseffekte, Rechenschwächen und Rechenfehler ...

Es ist zu hoffen, daß durch ein frühzeitiges Arbeiten mit Rechengeschichten und Sachaufgaben bereits im 1. Schuljahr, durch eine Flexibilität und Breite bei den methodisch-didaktischen Bearbeitungshilfen sowie durch eine Erweiterung im Sinne eines „neuen“ Sachrechnens vielen Schwierigkeitsursachen bereits in der Grundschulzeit entgegengearbeitet werden kann. Dennoch wird Sachrechnen niemals ein „leichtes“ Thema der Schulmathematik sein können.

2.7. Geometrie

Geometrie ist in doppelter Hinsicht ein Baby unter den Inhalten des Mathematikunterrichts der Grundschule. Gegenüber den altehrwürdigen arithmetischen Themen ist sie erst ein paar Tage alt. Noch gegen Ende der 60er Jahre gab es Geometrie in der Grundschule kaum, und in der Volksschuloberstufe bzw. Hauptschule war sie beschränkt auf Berechnungen von Längen, Flächen und Volumina.

Wie jedes Neugeborene ist auch die Geometrie der Grundschule von ihren Vätern und Müttern gehätschelt und getätschelt worden. Gerade zu Beginn der 70er Jahre gab es einen Boom an Publikationen mit vielfältigen Anregungen und Vorschlägen für den Unterricht, gleichzeitig auch Versuche, Teilbereiche der Geometrie (z. B. Topologie) für den Grundschulunterricht festzuschreiben. Neben vielen brauchbaren und guten Anregungen gab es in der Euphorie über das Neugeborene aber auch Vorschläge und mit Überzeugung vorgetragene Standpunkte, die aus heutiger Sicht nicht mehr vertreten werden können.

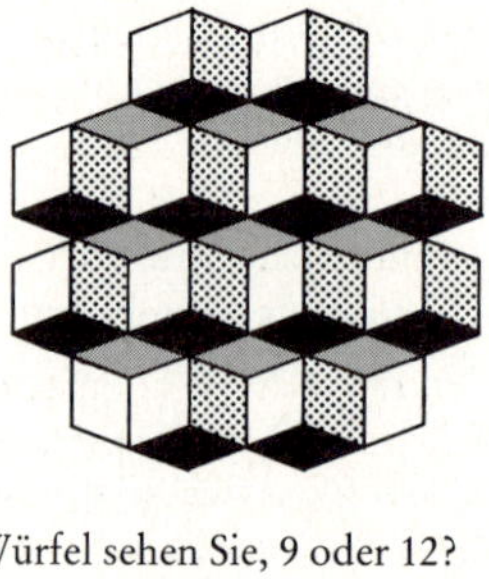

Wie viele Würfel sehen Sie, 9 oder 12?

Diese Spreu zwischen den Weizenkörnern ist wohl eine der Ursachen dafür, daß ein Teil der Grundschullehrerinnen und -lehrer auch heute noch der Geometrie gegenüber eher negativ eingestellt, mindestens zurückhaltend ist. In einer Befragung (Radatz u. a., 1981) sprachen sich 30,8% der Lehrerinnen und Lehrer für eine Reduzierung der Geometrie im 1. Schuljahr aus, nur 8,3% für eine Erweiterung. Neben der Unsicherheit über die Qualität einzelner didaktischer Vorschläge spielen bei diesem Urteil sicher verschiedene Überlegungen eine Rolle.

* In dem alljährlichen Rennen durch das Pensum des Mathematikunterrichts bleiben die geometrischen Teile allzu oft außen vor, weil die inhaltlich wichtigen arithmetischen Bereiche selbst schon recht umfangreich sind.
* Manche Lehrerinnen sind nicht von den in der Literatur vorgetragenen Begründungen für eine Geometrie in der Grundschule überzeugt bzw. sehen keine Möglichkeit, die dort genannten, anspruchsvollen Zielsetzungen (z. B. Förderung der Kreativität) mit den in Aufgabenform vorgegebenen Vorschlägen zur Gestaltung des Geometrieunterrichts in ihrem Schulbuch zu realisieren.
* Der Ausbau der Geometrie für den Grundschulunterricht erfolgte zeitlich parallel zu anderen Reformbemühungen (z. B. „Mengenlehre“). Vorbehalte gegenüber einigen neuen Inhalten sind vielleicht zu pauschalen Vorbehalten gegenüber allem Neuen dieser Zeit geworden.
* Ein Teil der Lehrer fühlt sich sicher auch methodisch überfordert. Einerseits verlangt ein guter Geometrieunterricht einen ganz erheblichen Zeit- und Arbeitsaufwand (Bereitstellung von Materialien etc.), andererseits können sich einige noch nicht zu einer für den Geometrieunterricht notwendigen Methodik durchringen, weil sie selbst während ihres Studiums eine solche Methodik nie erfahren haben. „Zu lange hat man versucht, im Geometrieunterricht statt Geometrie ihren *verbalen Ausdruck* zu vermitteln ...“ Diese von Freudenthal (1974, S. 150) auf den Geometrieunterricht der Schule bezogene Feststellung gilt sicher teil-

weise auch für die Lehrerausbildung, und entsprechend schwer fällt es heute manchen Lehrern, eine adäquate Methodik zu realisieren.

* Nicht zuletzt erweckt die Isolation der Geometrie in manchen Schulbüchern den Eindruck, als ob sie zusammenhanglos neben anderen Bereichen des Mathematikunterrichts stehe und daher ohne Schaden überschlagen werden könne. Dabei wird verdeckt, daß sich geometrische Komponenten in nahezu allen Bereichen des mathematischen Denkens finden, teils offensichtlich z. B. bei der Behandlung der Zahlengeraden oder bei Rechteckdarstellungen von Multiplikationen, teils aber auch weniger augenfällig, wenn etwa die Struktur von Sachaufgaben durch Rechenbäume (vgl. S. 136), Sachverhalte durch Diagramme, Säulen oder andere Bilder veranschaulicht werden (vgl. S. 96).

Bei einer stiefmütterlichen Behandlung der Geometrie in der Grundschule besteht die Gefahr, daß man Schülern den Lernprozeß stützende geometrische Vorstellungen vorenthält, sie aber dann in anderen, nicht ausdrücklich als „Geometrie" ausgewiesenen Bereichen voraussetzt. Dies trifft in besonderer Weise diejenigen Schüler, die im arithmetischen Bereich häufig Schwierigkeiten haben, bei geometrischen Fragestellungen – zur Überraschung ihrer Lehrer – sich aber als besonders leistungsfähig erweisen.

Male die fehlenden Muster.

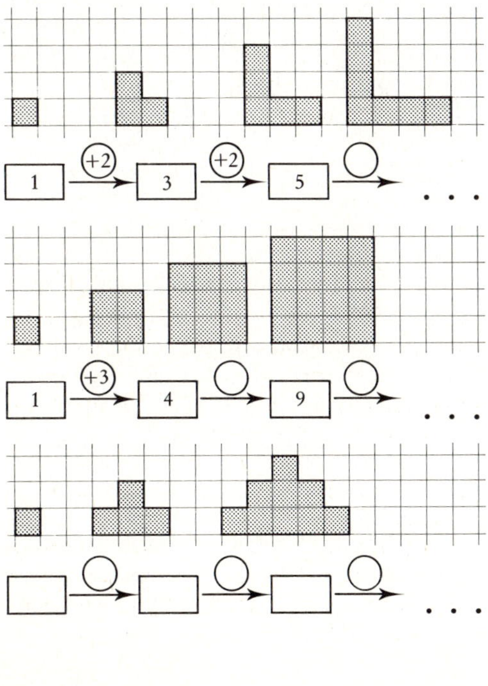

Das Lernen von Geometrie scheint den Schülern insgesamt nicht schwer zu fallen. In der o. a. Lehrerbefragung nannten nur 5,5% aller Lehrer die Geometrie als einen Bereich, in dem ihre Schüler Lernschwierigkeiten haben. Das ist die zweitniedrigste Nennung überhaupt und absolut unvergleichbar z. B. mit den 83% Nennungen für den Bereich Sachrechnen und Textaufgaben. Im Lichte dieses doch positiven Urteils über die Praxis des Geometrieunterrichts scheinen die o. a. zurückhaltenden Einstellungen mancher Lehrerinnen und Lehrer ihre Ursache in erster Linie in der Begründungsproblematik zu haben.

2.7.1. Ziele, Funktionen und Methoden des Geometrieunterrichts in der Grundschule

Anders als große Teile der Arithmetik läßt sich Geometrie in der Grundschule weitgehend nicht mit einer besonderen inhaltlichen Bedeutung begründen. Die Begründung liegt auf einer weniger „handgreiflichen" Ebene.

- Der Geometrieunterricht eignet sich in besonderer Weise zur Verfolgung von fachübergreifenden und allgemeinen, fachbezogenen Lernzielen (vgl. S. 20 f.).
- Im Geometrieunterricht können positive Einstellungen zum Fach, Spaß an der Mathematik und die Bereitschaft zum selbständigen Lösen von Problemen vermittelt werden.

Solche Lernziele lassen sich sicher nicht unmittelbar im Anschluß an eine Unterrichtseinheit abprüfen. Sie sind auch nicht in erster Linie abhängig von den gewählten Inhalten, sondern vor allem von der Unterrichtsmethode. Ob sie erreicht werden, ist damit eine Frage des pädagogischen Geschicks der Lehrpersonen. Gerade im Geometrieunterricht wird ein langer Atem gebraucht.

(1) Funktionen des Geometrieunterrichts

* *Geometrieunterricht macht Spaß*

Die Inhalte des Geometrieunterrichts der Grundschule bilden keinen hierarchisch geordneten Lehrgang. Ein Einstieg ist bei fast allen Themen zu nahezu jedem Zeitpunkt voraussetzungslos möglich. Das ist von ganz erheblichem Vorteil für jene Schüler, die sonst leicht den Anschluß verlieren und dann hoffnungslos hinter ihren Mitschülern hinterherhinken. Vielleicht liegt hier der Grund für die schon genannten überraschenden Leistungen mancher sonst nicht so leistungsstarker Schüler.

Der Geometrieunterricht in der Grundschule ermöglicht und fordert Aktivitäten, die den Kindern auch außerhalb des Mathematikunterrichts Spaß machen.

- Bauen, kneten, schneiden und basteln mit verschiedenen Materialien, z. B. bei der Herstellung von Würfeln;
- Puzzlen, z. B. mit Tangram (vgl. S. 151) oder bei Flächenvergleichen, bei Parkettierungen und Bandornamenten (vgl. S. 153);
- Umgang mit Papier, Pappe, Schere, Gummiringen und Klebstoff, z. B. bei der Herstellung von Körpern, bei verschiedenen Zugängen zur Symmetrie (Faltschnitte, Randausschnitte etc.; vgl. S. 173) und bei vielen anderen geometrischen Aktivitäten.

Insgesamt wird ein spielerisches, die Kreativität forderndes Ausprobieren und Hantieren nicht nur erlaubt, sondern (mindestens in der Anfangsphase) geradezu gefordert.

Wie geht es weiter? Wer kann die Muster schön färben?

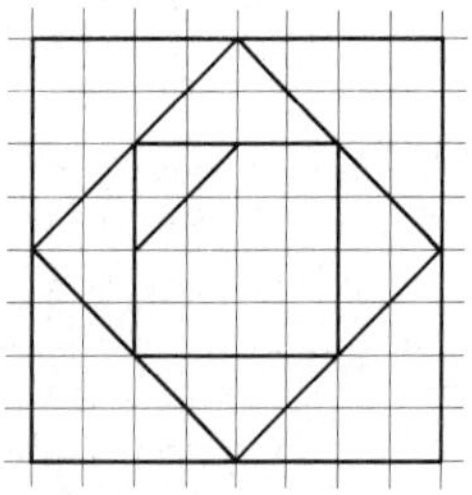

Quadrate in Quadraten

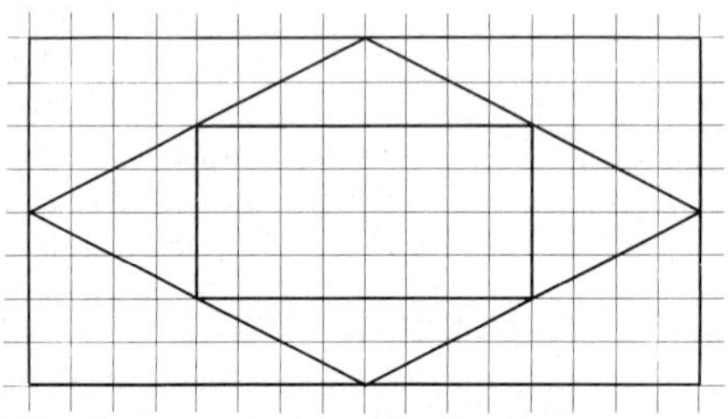

Hier fängt es mit einem Rechteck an.

∗ *Geometrieunterricht fördert das Denken*
Ob man nun Denken im Sinne Piagets als verinnerlichtes Handeln ansieht oder ob man die Befunde der vergleichenden Verhaltensforschung zu Rate zieht, in nahezu allen anthropologischen Wissenschaften wird die Abhängigkeit des menschlichen Denkens vom zentralen Raummodell betont (vgl. Winter, 1971). Das Denken als ein „Ordnen des Tuns“ (Aebli, 1980/1981) nimmt seinen Anfang im konkreten Handeln im Raum. Von daher ist es verständlich, daß Raumvorstellung eine wesentliche Dimension vieler Intelligenztests ist, z. B. im Sinne der Fähigkeit, mentale Manipulationen von Gegenständen durchführen zu können.

Kippbewegungen des Würfels:

- Die Augenzahlen sind auf den Würfelflächen nicht zufällig verteilt; die Summe gegenüberliegender Augenzahlen ist immer 7.

vorn	1		
hinten	6		
rechts	2		
links			
oben			
unten			

- Welche Zahlen sind vorn, hinten, rechts, . . ., wenn wir diesen Würfel einmal nach rechts kippen?

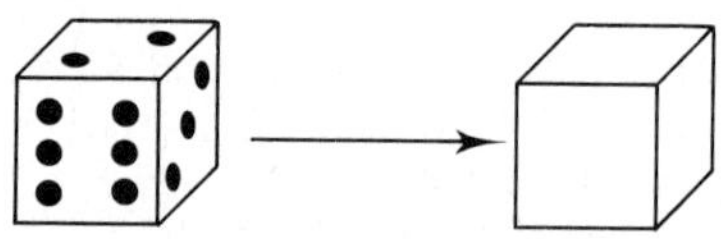

- Wir kippen den Würfel mehrere Male hintereinander nach rechts. Was geschieht? Nach wie vielen Kippungen liegt der Würfel wieder in der Ausgangslage? Wie liegt der Würfel wohl, wenn man ihn 41 mal kippen würde?
- Jens kippt den Würfel zuerst nach rechts, dann nach hinten. Claudia kippt den gleichen Würfel (Anmerkung: Vorsicht bei Aufgaben an alle Schüler; es gibt 2 Würfeltypen mit verschiedenen Anordnungen der Augenzahlen!) aus der gleichen Ausgangslage zuerst nach hinten, dann nach rechts. Erzielen Jens und Claudia die gleiche Endlage?

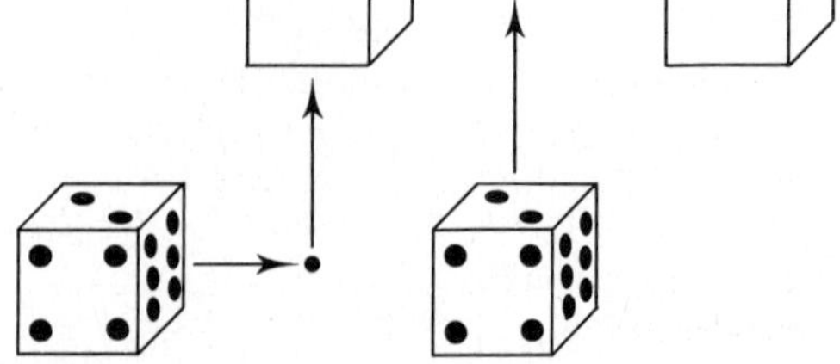

– Passend zum Würfel wird ein 4 × 4-Quadrat gemalt. Der Würfel liegt mit der 1 nach oben auf dem Startfeld oben links. Kann man den Würfel so über das Feld kippen, daß er am Ende mit der 2 (3, 4, . . .) oben wieder im Startfeld liegt? Geht es aus anderen Startpositionen?

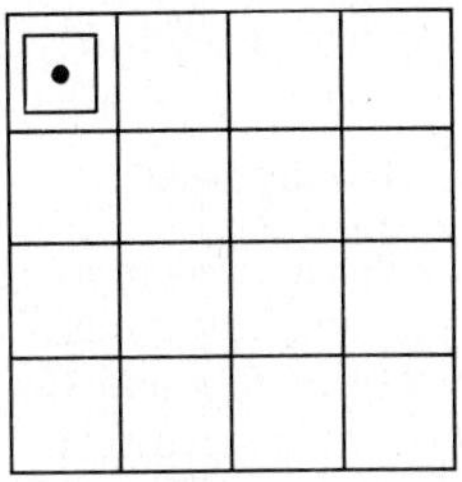

→ nach rechts
← nach links
↓ nach vorn
↑ nach hinten

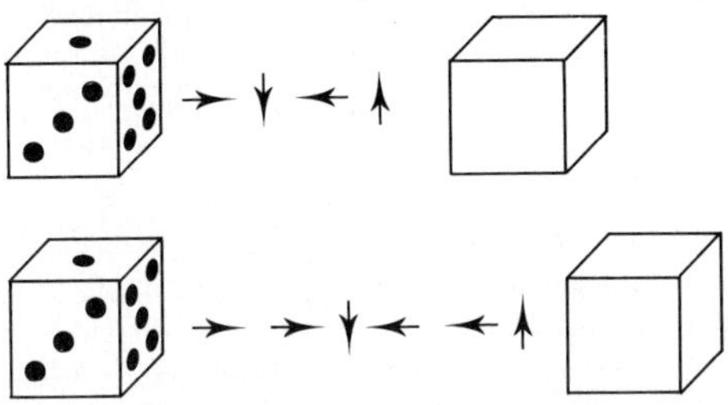

Die zentrale Abhängigkeit des Denkens vom Handeln im Raum dokumentiert sich auch in vielen sprachlichen Wendungen (vgl. WINTER, 1971): ober*flächliches* Denken, *Höhen*flug der Gedanken, *Unter*bewußtsein, *Spitzen*kandidat u. v. a. m.

Die Aufgabe des Geometrieunterrichts ist es, Schülern Gelegenheit zu geben, ihre eigenen Raumerfahrungen zu machen, räumliche Formen und Beziehungen zu beobachten, zu ordnen und zu strukturieren, kurz: ihnen Gelegenheit zum Denken zu geben. Damit ist klar, daß ein Geometrieunterricht nicht bei reinem Hantieren stehenbleiben kann; wesentlicher Bestandteil ist das Reflektieren über solche Tätigkeiten und Beobachtungen. So kommt es beim Stichwort Achsensymmetrie nicht nur darauf an, Faltschnitte o. ä. herzustellen, sondern darauf, die Eigenschaften solcher Faltschnitte zu untersuchen, Faltschnitte gezielt so herzustellen, daß gewisse Eigenschaften erfüllt sind („Wir falten das Papier zweimal; wer kann nun so schneiden, daß nach dem Auffalten ein Quadrat, Rechteck, Kreis von dieser Größe entsteht?"), Faltschnitte mit Klecksbildern, Spiegelbildern, Randausschnitten . . . zu vergleichen u.v.a.m. (vgl. S. 173 ff.).

∗ *Geometrieunterricht leistet einen Beitrag zur Umwelterschließung*

Wir leben in einer Umwelt, die voll ist von geometrischen Aspekten, von Flächen und Körpern in der Natur, Architektur, Kunst und Technik, von geometrischen Beziehungen und Gesetzmäßigkeiten in vielen Alltagssituationen.
- Räder sind rund; warum wohl?
- Warum werden zum Bauen Quader genommen, keine Kugeln, keine Würfel?
- Wir überqueren eine Straße; welches ist der kürzeste Weg?
- Warum entstehen Kreise, wenn man einen Stein ins Wasser wirft?
- Warum steht der Kran gerade dort an der Baustelle? Warum gibt es bei großen Baustellen mehrere Kräne und wo stehen sie am günstigsten?

Der Geometrieunterricht sollte solche Situationen aufgreifen und behutsam die in ihnen steckenden geometrischen Aspekte herausarbeiten. Viele Anregungen dieser Art gibt FLOER, 1982.

∗ *Geometrieunterricht in der Grundschule legt die Grundsteine für einen späteren systematischen Geometrieunterricht*

Mathematikunterricht in der Grundschule generell hat nicht nur vorbereitende Funktion für weiterführende Schulen. Auch der Geometrieunterricht dieser Schulstufe hat für sich eigenständige Bedeutung. Deshalb ist die in der Literatur vielfach genannte Propädeutik von Begriffen nicht seine zentrale Aufgabe. Die Gefahr einer zu frühen Konzentration rein auf die Begrifflichkeit ist zu groß. Sicherlich spielen auch einige geometrische Begriffe in der Grundschule eine Rolle (ebene und räumliche Grundformen; Lagebeziehungen, z. B. senkrecht und parallel . . .), die Hauptaufgabe des Geometrieunterrichts ist aber nicht eine Propädeutik dieser Begriffe, sondern die Vermittlung einer Bereitschaft, sich mit geometrischen Problemen auseinanderzusetzen und damit ein Klima zu schaffen, in dem die Schüler selbstbewußt und mit Freude an geometrische Fragestellungen herangehen. Dies ist die beste Vorbereitung auf einen späteren systematischen Geometrieunterricht.

(2) Methoden im Geometrieunterricht

Wichtigstes Ziel des Geometrieunterrichts der Grundschule ist nicht das Lernen von Begriffen, sondern das Lernen des Geometrisierens, das Lernen von Verfahren, von Einstellungen und Haltungen und der Ausbau von Interessen. Damit sind weitaus wichtiger als die Inhalte die *Methoden* des Unterrichts. Selbständiges Handeln, miteinander Reden und gemeinsames Reflektieren über die durchgeführten Handlungen stehen im Mittelpunkt des Unterrichts.

Damit ist der Geometrieunterricht in der Grundschule über weite Strecken *induktiv*. Es geht um Suchen und Ausprobieren, unkonventionelle Wege Gehen und immer wieder Fragen stellen, sicher nicht um irgendwelche Definitionen, Ableitungen oder Sätze. So wird etwa nicht „definiert", was der Mittelpunkt eines Kreises ist, keine Konstruktionsvorschrift zum Zeichnen des Kreismittelpunktes angegeben; statt dessen wird der Mittelpunkt eines Kreismodells gesucht.

Wie findet man den Mittelpunkt eines Bierdeckels?

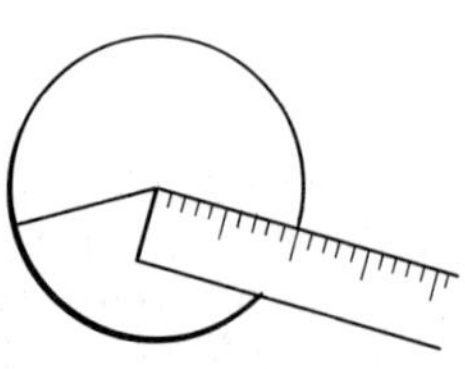

Er ist vom Rand immer gleich weit entfernt.

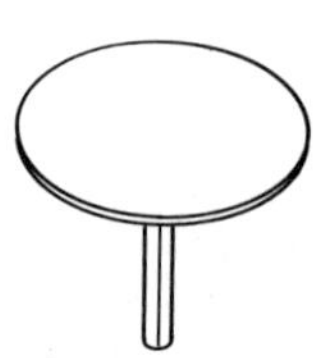

Die Bleistiftspitze zeigt ihn, wenn man den Bierdeckel ausbalanciert.

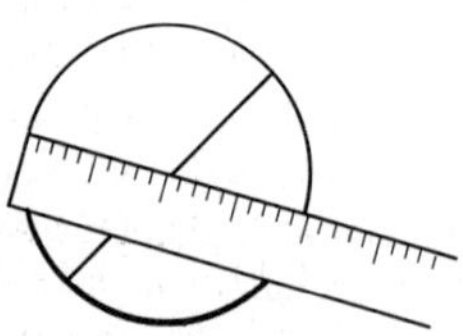

Er liegt im Schnittpunkt von 2 Durchmessern.

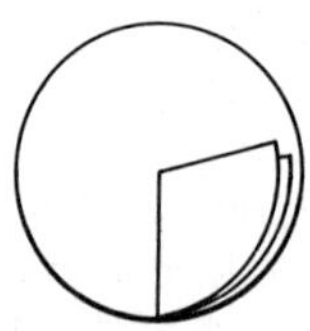

Wir schneiden einen gleich großen Kreis und falten zweimal.

Ein solcher Geometrieunterricht ist arbeitsintensiv. Es werden Körper gebaut, aus Knete geformt, aus Kartoffeln ausgeschnitten, aus Papier geschnitten und zusammengeklebt, aus kleineren Einheiten zusammengefügt, andere in ihre Bestandteile zerlegt; Flächen werden ausgelegt, ausgemalt oder -geschnitten, zerlegt und zusammengesetzt, mit einem Stift umfahren, gedreht, gespiegelt oder verschoben. Für alle diese Tätigkeiten braucht man Papier, Pappe, Holz, Styropor, Schere, Säge, Klebstoff, Lineal, Gummibänder, Bleistift, Geodreieck, Spiegel usw. – und als Lehrer viel Geduld.

Es ist selbstverständlich, daß Kinder mit solchen Aktivitäten nicht irgendwann plötzlich „überfallen" werden dürfen. Ein solches Arbeiten muß erlernt werden. Angefangen im 1. Schuljahr und ergänzt durch vergleichbare Tätigkeiten in den übrigen Bereichen des (Mathematik-)Unterrichts werden die Schüler zu immer mehr Selbsttätigkeit und Selbständigkeit geführt.

2.7.2. Topologie in der Grundschule?

Die ersten Vorschläge zur Behandlung topologischer Fragestellungen im Mathematikunterricht der Grundschule gehen auf Dienes und Golding (1967) zurück. Die Anregungen fielen in der Bundesrepublik auf fruchtbaren Boden. Um 1969 setzte eine intensive Diskussion ein über Nutzen und Notwendigkeit der Behandlung topologischer Fragestellungen, angereichert mit vielen Beispielen für den Unterricht. Für deren Behandlung wurden im wesentlichen 3 Argumente angeführt.

1) *Fachlich-strukturelles Argument*
   Aus fachlicher Sicht sind die topologischen Begriffe grundlegend für die gesamte Geometrie. Topologische Strukturen gehören zu den „Mutterstrukturen" der Mathematik. Wegen der fachlichen Vorrangstellung gebührt der Topologie auch in der unterrichtlichen Behandlung Priorität.
2) *Entwicklungspsychologisches Argument*
   Unter Hinweis auf die entwicklungspsychologisch-erkenntnistheoretischen Untersuchungen von Piaget und Inhelder (1971), nach denen sich beim Kinde zuerst die topologischen Begriffe herausbilden, wird gefordert, daß der Unterricht dieser „natürlichen Entwicklung geometrischer Begriffe" Rechnung trage, Geometrieunterricht also mit topologischen Begriffen zu beginnen habe.
3) *Unterrichtspraktisch-didaktische Argumente*
   Zu dieser Gruppe von Argumenten lassen sich verschiedene Begründungsversuche zusammenfassen, die sich teilweise auf einzelne, nur punktuell bedeutsame Aspekte des Mathematikunterrichts beziehen, teilweise auf allgemeine Ziele dieses Unterrichts:
   - Vorbereitung für die Behandlung von Venn-Diagrammen;
   - niedriges Anspruchsniveau in Bezug auf Zeichenfertigkeiten;
   - frei von Berechnungen;
   - Einbettung in Umweltsituationen;
   - Förderung allgemeiner Lernziele.

Nachdem topologische Aufgabenstellungen in einigen Schulbüchern schon aufgenommen worden waren, lange bevor irgendwelche Richtlinien dies festlegten, folgte im Laufe der Zeit eine Sanktionierung dieser Praxis durch die Berücksichtigung topologischer Fragestellungen in fast allen Länderrichtlinien. Gegen Mitte der 70er Jahre gab es dann kaum ein Schulbuch ohne „Topologie". Recht einheitlich wurden in den beiden ersten Schuljahren die Begriffe „offene/geschlossene Linie", „innen/außen/auf dem Rand" und „innerhalb/außerhalb" (von geschlossenen Kurven) behandelt, im dritten und vierten Schuljahr Gebiete und Landkarten betrachtet und Netze auf ihre Durchlaufbarkeit hin untersucht.

Heute gibt es nur noch wenige didaktische Publikationen zu diesem Thema, und die entsprechenden Anteile in den Schulbüchern werden in den Neuauflagen mehr und mehr reduziert. Die lautstarke Forderung nach topologischen Aufgabenstellungen ist von einer stillen Resignation abgelöst worden; die Hoffnungen auf eine bessere „Grundlegung der Geometrie" mit Hilfe der Topologie scheinen sich nicht erfüllt zu haben.

Eine kritische Analyse der damaligen Argumente und der durch Schulbuchaufgaben nahegelegten Praxis zeigt, daß die Begründungen nicht stichhaltig genug waren und daß die Schule die in sie gesetzten Hoffnungen nicht erfüllen konnte (vgl. SCHIPPER, 1981).

* Fachliche Überlegungen können niemals allein ausschlaggebend sein für Stoffauswahl und Stoffanordnung. Das „mathematisch Grundlegende" ist häufig so schwierig, daß eine Behandlung im Grundschulunterricht auch auf elementarstem Niveau ohne erhebliche Überforderungen oder Verfälschungen nicht möglich ist. Hinzu kommt, daß „mathematisch Grundlegendes" auch innerhalb der Genese der mathematischen Wissenschaft häufig erst am Ende eines langen Erkenntnisprozesses steht. Ein Unterrichtsbeginn mit solchen „Grundlagen" widerspricht allen Prinzipien eines genetischen Unterrichts.
* Die o. a. Begriffe „offen, geschlossen, innen, außen, . . ." wurden im Mathematikunterricht der 1. Klasse nur im Rahmen ihrer umgangssprachlichen Bedeutung behandelt. Eine Präfiguration mathematischer Begriffe fand nicht statt, wurde auch wohl nie ernsthaft angestrebt. So wird beispielsweise der Begriff „offen" in der (mengentheoretischen) Topologie in einem Sinne gebraucht, der das Verständnis für unendliche Mengen voraussetzt. Diese Bedeutung ist sicherlich nicht mit Hilfe des naiven Gebrauchs von „offen" (im Sinne von „nicht geschlossen" oder gar als Gegenteil von „zu") vorzubereiten (was im übrigen auch kein Didaktiker behauptet hat). Allenfalls kann mit den o. a. Begriffen eine intuitive Vorbereitung zur Präzisierung von Dimensionsvorstellungen angestrebt werden: Körper werden durch Flächen begrenzt, Flächen durch Linien und Linien durch Punkte. Aber genau das findet kaum statt. Eher werden die langsam erwachenden Dimensionsvorstellungen der Kinder durch „Modellbildungen" erschüttert: Katzen, von denen schon kleine Kinder „wissen", daß sie geometrisch Körper sind und im dreidimensionalen Raum leben, werden durch Linien (!) vom Mäusefang abgehalten.
* Es ist nicht unumstritten, ob die Untersuchungen von PIAGET und INHELDER (1971) tatsächlich zeigen, daß sich im kindlichen Denken zuerst topologische Begriffe herausbilden. Selbst wenn diese Befunde aber akzeptiert werden,

sagen „natürliche Entwicklungen“ nichts über einen optimalen Aufbau von Unterrichtssequenzen aus. Entweder ist die „natürliche Entwicklung“ so unverrückbar fest, daß Lehrversuche scheitern bzw. immer nur hinter ihr herhinken, oder sie ist (in gewissen Grenzen) durch Lehren beeinflußbar; dann aber muß über Lernprozesse und deren Beeinflußbarkeit, nicht über „natürliche Entwicklungen“ nachgedacht werden. „Natürliche Entwicklungen“ und gesteuerte Lernprozesse *können* konform verlaufen, wir wissen aber nicht, ob sie es auch tun. Die Forderung nach Anpassung des Lehrverfahrens an die „natürliche Entwicklung“ geht von der in keinerlei Weise bewiesenen Konformität zwischen beiden Bereichen aus.

Hinzu kommt, daß selbst nach PIAGET und INHELDER die Entwicklung topologischer Begriffe im Schulkindalter weitgehend abgeschlossen ist. Ein Unterricht mit dem Ziel der „Einführung“ dieser Begriffe ist überflüssig. Dies bestätigen auch empirische Untersuchungen (SCHIPPER, 1981): Selbst Kindergartenkinder lösen schon ca. 80% derjenigen topologischen Aufgaben richtig, die man um 1975 in Schulbüchern für das 1. Schuljahr gefunden hat.

∗ Die meisten unterrichtspraktisch-didaktischen Argumente sind zu punktuell oder treffen auch auf andere geometrische Fragestellungen zu, so daß eine Rechtfertigung der „Topologie“ in der Grundschule allein mit ihnen nicht möglich ist.

Weder aus entwicklungspsychologischen Überlegungen heraus noch wegen einer etwaigen inhaltlichen Bedeutung („Propädeutik der euklidischen Geometrie“) ist eine Behandlung „der Topologie“ in der Grundschule zu rechtfertigen. Anders ist es mit den beiden übergeordneten Zielen der Umwelterschließung und der Förderung allgemeiner Lernziele. Im Laufe der Diskussion um die Topologie in der Grundschule sind Vorschläge gemacht worden, die wegen der Möglichkeiten, einen Beitrag zur Förderung dieser Ziele zu leisten, bedeutsam sind. Wichtig sind also nicht die „topologischen Anteile“ der folgenden Vorschläge, sondern die Möglichkeiten, mit ihnen – fächerübergreifend – einen Beitrag zur Umwelterschließung zu leisten und zugleich allgemeine fachübergreifende und fachbezogene Lernziele zu fördern. Eingefügt sind einige Beispiele aus der Unterhaltungsmathematik, die „nur“ Spaß machen sollen.

(1) Spiele mit Linien und Flächen

∗ *Ein Kartenspiel*

Wir haben viele Karten in diesen Grundmustern, mit dicken und dünnen oder mit blauen und roten Linien.

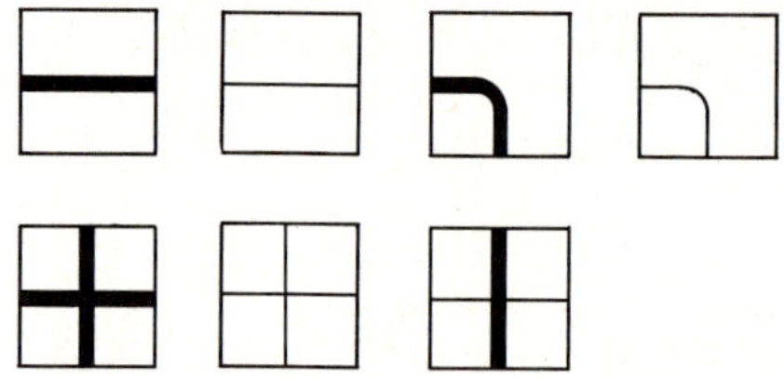

- Jeder zieht blind 8 Karten; wer kann daraus die längste Schlange, wer eine geschlossene Linie aus Karten der gleichen „Farbe“ legen?
- Wer schafft solche Bilder mit beliebig vielen Karten?

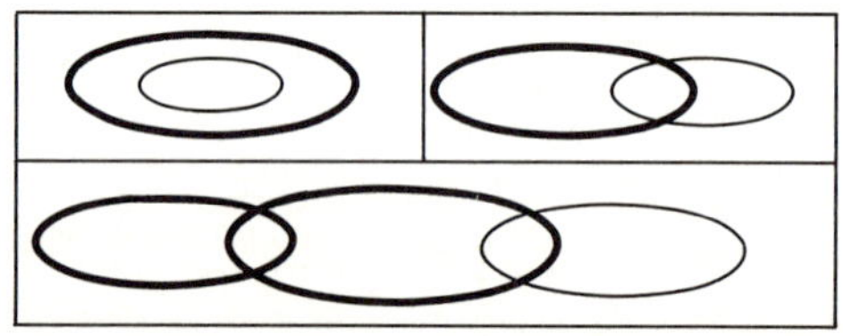

- Wer kann 30 Karten so zu einem Rechteck zusammenlegen, daß keine Linie am Rand endet?

∗ *Vier in einer Reihe*

Bei diesem Wettspiel spielen zwei Kinder gegeneinander, das eine mit weißen Plättchen, das andere mit schwarzen. (In einem Buch ohne Farbdruck wird immer mit schwarzen und weißen, manchmal auch mit grauen Plättchen gespielt. Sonst geht es auch mit farbigen Spielfiguren.) Die Spielsteine werden abwechselnd auf den Spielplan, ein Quadratgitter, abgelegt. Jeder versucht, aus 4 Steinen seiner Farbe eine zusammenhängende Kette – waagerecht, senkrecht oder diagonal – zu legen. Wer schafft es zuerst?

Hier hat „Schwarz“ gewonnen . . .

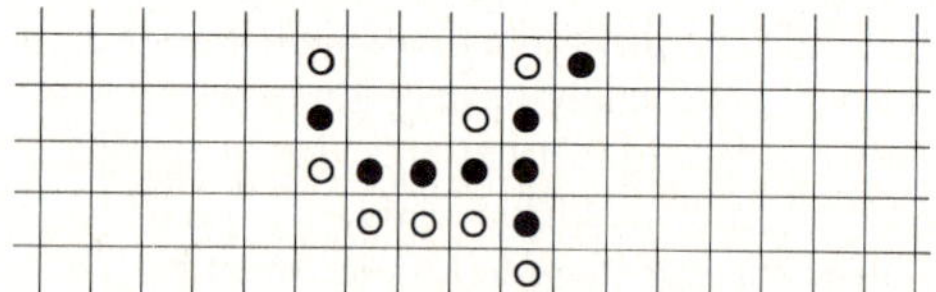

und hier „Weiß“.

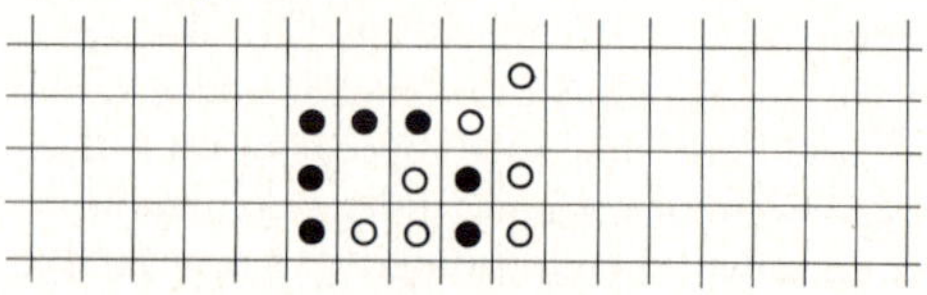

* *Hex*
Spielplan ist ein Wabenmuster. Je zwei gegenüberliegende Spielfeldränder sind in der gleichen Farbe gefärbt. Abwechselnd darf jeder einen Stein setzen. Wer hat zuerst eine zusammenhängende Kette zwischen den Spielfeldrändern seiner Farbe aufgebaut?

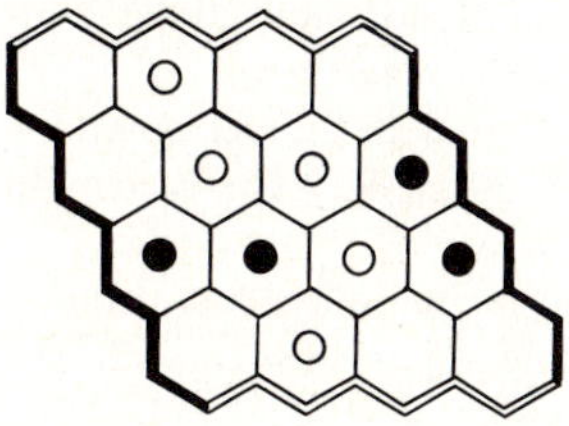

Hier hat „Weiß" gewonnen.

* *Linien verfolgen*
– Welcher Drachen gehört welchem Kind?

– Male Verbindungslinien so, daß zusammengehörende Teile miteinander verbunden sind.

* *Wege durch Labyrinthe*
Beispiele für Labyrinthe findet man in verschiedenen Schulbüchern.

* *Flohspiele*
– Auf dem Fußboden wird mit einem Bindfaden eine geschlossene Linie gelegt. Die Kinder sitzen drum herum. Jeder hat einige Flohspielplättchen. Wer in das Feld trifft, erhält einen Punkt.
– Nun mit 2 Kordeln unterschiedlicher Länge. Wer in das große Feld trifft, bekommt 1 Punkt; im kleinen Feld gibt es 2 Punkte.

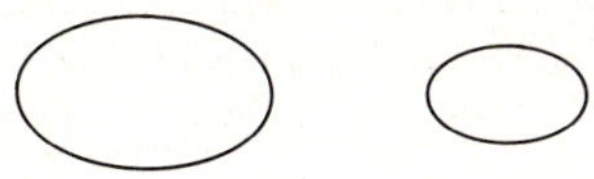

– Wir legen die Kordeln übereinander.
Wie viele Punkte gibt es wohl, wenn man „ganz ins Innere" trifft?

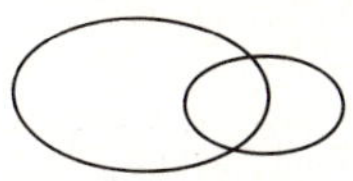

* *Ein Entfesselungstrick*
Zwei Kinder (oder Lehrer) werden – nicht zu fest – mit 2 Bindfäden an den Handgelenken so gefesselt, wie die Abbildung es zeigt.

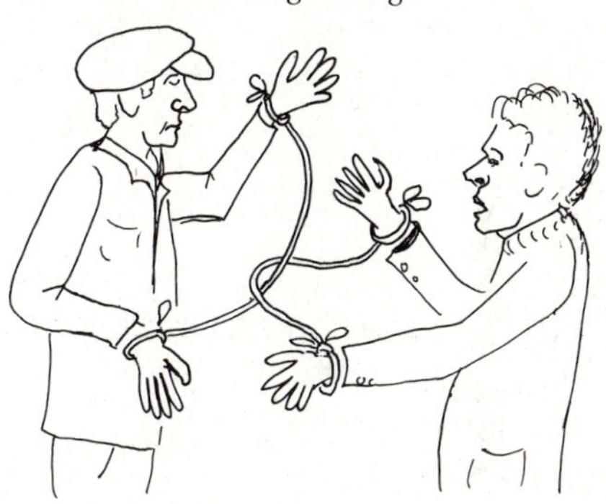

Können die beiden sich voneinander befreien, ohne die Knoten zu lösen oder einen Faden zu zerschneiden? (Man führe ein zu einer Schlaufe gelegtes Stück der Schnur beim Partner von der Oberarmseite aus unter die Handgelenkfesselung her, stülpe diese Schlaufe über die Hand und ziehe sie dann unter der Handgelenkfesselung weg. Nun kann jeder wieder seine eigenen Wege gehen.)

* *Das Möbius-Band*
Ein Streifen Papier wird (um 180°) einmal um die eigene Achse gedreht und dann an den Enden miteinander verklebt.

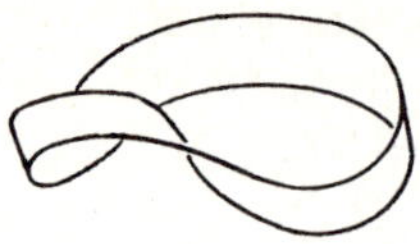

- Wie viele Seiten hat dieses Band? Stell Dir vor, eine Ameise läuft mitten über das Band. Was passiert?
- Wir schneiden das Band an der Mittellinie entlang durch. In wieviel Teile zerfällt es wohl? Was passiert, wenn wir es noch einmal entlang der neuen Mittellinie zerschneiden?

(2) Sachsituationen

∗ Unsere Stadt
  - Wo wohnen wir, wo ist das Rathaus, die Post, die Schule, . . .?
  - Der Stadtplan ist in Quadrate eingeteilt. Zu jedem Quadrat gehört ein Buchstabe und eine Zahl. Das Freibad liegt im Quadrat F3. Wo wohnst Du? Was findet man alles im Quadrat G5?
  - Wir zeichnen unsere Schulwege ein.
  - 100 m in der Wirklichkeit ist auf dem Plan genau die Kantenlänge eines Quadrats. Wie lang sind die Schulwege ungefähr. Wer kann es genau messen?
  - Jens kann von zu Hause auf 4 verschiedenen Wegen zum Marktplatz gehen. Von dort gibt es 5 Wege zur Schule. Auf wie vielen verschiedenen Wegen kann Jens zur Schule gehen?
  - Die Ortsteile der Stadt und ihre Grenzen
  - Nahverkehrsverbindungen; wie kommt man am günstigsten von . . . nach . . .? Was sieht man unterwegs alles? Was sieht man, wenn man nach links aus dem Bus schaut, was, wenn man rechts hinaussieht?

∗ Wege durch einen Tierpark, Freizeitpark
  - Holger möchte nur zum Affenhaus und zu den Elefanten, dann zum Spielplatz und wieder zum Ausgang. Wie geht er am besten?
  - Sabine möchte alle Tiere sehen. Kann sie so gehen, daß sie keine Wege doppelt macht?

∗ Der Weg des Briefträgers
  - Die Stadt ist in Zustellbezirke aufgeteilt. Wie viele gibt es? Welche Straßen gehören zu den einzelnen Bezirken?
  - Wie geht der Briefträger? Geht er Wege doppelt? Läßt sich das vermeiden? Wie würdest Du gehen?

∗ Wir planen eine Wanderung.
  - Was wollen wir alles sehen?
  - Reicht wohl die Zeit dafür?
  - Wie gehen wir am günstigsten?

∗ Die Europa-Karte
  - Von welchen Ländern hast Du schon einmal gehört?
  - Wer war schon einmal im Urlaub in Spanien? Wie seid Ihr da gefahren?
  - Wer kennt einige Hauptstädte dieser Länder, wer ihre Autokennzeichen?
  - Wie viele Nachbarn hat die Bundesrepublik?
  - Gibt es Länder, die noch mehr Nachbarn haben?
  - Wie viele Grenzen überquert man mindestens, wenn man von Jugoslawien nach Belgien fährt?

(3) Kombinatorische Überlegungen an Netzen

∗ *Wege auf den Kanten eines Würfels*

- Ohne Umwege von A nach H; wie viele Möglichkeiten gibt es? Wir zeichnen sie in einem Baumdiagramm.

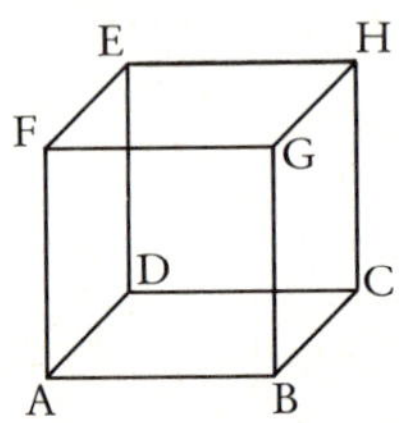

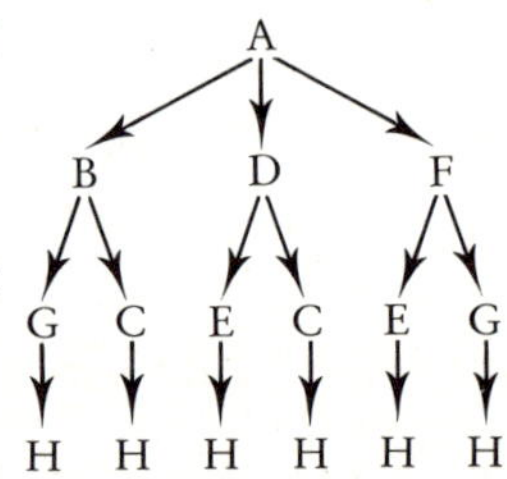

- Wie viele Wege gibt es von A nach H, wenn Umwege erlaubt sind, aber keine Ecke doppelt betreten werden darf?

∗ *Informationen weitergeben*

- Die Lehrerin hat vergessen anzusagen, daß die Kinder morgen Sportzeug mitbringen sollen. Sie ruft die beiden Elternvertreter an. Jeder Angerufene gibt die Information an zwei weitere Elternpaare weiter. Nach wie vielen „Durchgängen“ wissen die Eltern aller 32 Kinder Bescheid (wenn niemand doppelt angerufen worden ist)? Wir spielen alles in der Klasse durch, notieren die Anrufe in Form eines Baumdiagramms.
- Erwin möchte mit einigen Freunden ins Schwimmbad gehen. Dieses Netz zeigt, wie die Einladungen weitergegeben worden sind.

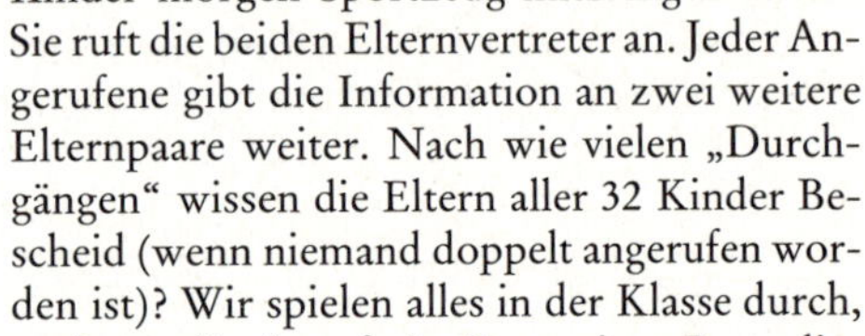

- Zeichne andere Verbindungsnetze. Wie viele Verbindungslinien gibt es, wenn alle informiert werden sollen, wie viele bei 6, 7, 8 . . . Personen?
- Jeder will mit jedem telefonieren. Wie viele Gespräche sind das? Zeichne die Verbindungslinien; wie viele gibt es bei 5, 6, 7, . . . Personen?

∗ Zur Sportwoche des TSV findet ein Fußballturnier statt. 6 Mannschaften nehmen teil. Jede Mannschaft spielt gegen jede andere.
- Schreibe alle Paarungen auf.
- Die einzelnen Spiele werden durch Verbindungslinien in einem Netz dargestellt. Bei 6 Mannschaften gibt es 15 Spiele. Wie viele Spiele sind es bei 7, 8, . . . Mannschaften? (Mathematischer Hintergrund: Vollständige Netze; bei n Mannschaften gibt es $\frac{n(n-1)}{2}$ Paarungen.)

∗ *Durchlaufbarkeit von Netzen*
Übungen zur Durchlaufbarkeit von Netzen finden sich in vielen Schulbüchern für die dritte und vierte Klasse. Üblich sind Fragestellungen, welche Netze in einem Zug gezeichnet werden können („Das Haus des Nikolaus" u. ä.), ob es einen Weg über alle Brücken des alten und neuen Pregel gibt, der zum Ausgangspunkt zurückführt (Königsberger Brückenproblem) oder ob es einen Weg durch ein im Grundriß vorgegebenes Haus gibt, der durch alle Türen genau einmal geht und wieder draußen endet. Bei der letztgenannten Fragestellung hilft ein duales Netz bei der Lösung: die Zimmer werden zu Ecken, die Türen zu Kanten des Netzes.

Bei allen diesen Fragestellungen geht es weniger um den Kenntniserwerb der einschlägigen Gesetzmäßigkeiten, sondern darum, daß die Schüler diese Gesetzmäßigkeiten (mit einigen Hilfen) selbst entdecken: Hat das Netz nur Ecken gerader Ordnung, dann gibt es einen Weg über alle Kanten – jede Kante wird nur einmal „begangen" –, der zum Startpunkt zurückführt. Hat das Netz genau 2 Ecken ungerader Ordnung, dann gibt es einen Weg über alle Kanten; Start- bzw. Endpunkt des Weges sind die beiden Ecken ungerader Ordnung. Bei mehr als 2 Ecken ungerader Ordnung gibt es keinen solchen (Euler-) Weg (vgl. etwa MÜLLER/WÖLPERT, 1976).

∗ *Netze und Arithmetik*
- Mit dem PKW von Dortmund nach München. Welche Möglichkeiten gibt es, wie lang sind die einzelnen Wege, welcher ist der kürzeste? Wie lang wird der Weg mindestens, wenn wir unterwegs einen Abstecher zu Tante Ursula nach Ulm machen?
- Im Urlaub geht es nach Italien. Von der österreichisch-italienischen Grenze an müssen Autobahngebühren bezahlt werden. (Der ADAC hat Übersichtskarten mit Entfernungs- und Preisangaben.) Wie teuer wird es vom Brennerpaß bis nach Rimini? Was kostet ein Tagesausflug nach Florenz?
- Buslinien: Entfernungen und Preise
- Mit der Interrail-Karte der Bundesbahn kann man einen Monat lang kreuz und quer durch Europa fahren. Wie würdest Du fahren, wenn Du die Möglichkeit hättest? Wie viele Kilometer sind das? Wie teuer wäre die ganze Fahrt, wenn die einzelnen Teilstrecken einzeln bezahlt werden müßten?

2.7.3. Formen, Flächen und Körper

Dieses Kapitel enthält Anregungen zu verschiedenen Richtlinienkapiteln:
- *Lagebeziehungen zwischen Gegenständen der Umwelt,*
  links von, rechts von, zwischen, innerhalb, außerhalb, oberhalb, unterhalb, neben, senkrecht, parallel, weit entfernt, . . .
- *Formen von und an Gegenständen*
  ebene und räumliche Grundformen: Dreiecke, Quadrate, Rechtecke, Vier-, Fünf-, . . .ecke, Kreise; Quader, Würfel, Kugeln, . . .
- *Symmetrien und Abbildungen*
  Bewegungen in der Ebene und im Raum, Spiegeln, Drehen, Wenden, Klappen, Achsensymmetrie, Drehsymmetrie, Verschiebungssymmetrie, . . .

Es ist sicher nicht im Interesse der Richtlinienverfasser, diese Themenbereiche *isoliert* voneinander zu behandeln. Im gleichen inhaltlichen Kontext sind häufig Aktivitäten zu allen drei Stichworten möglich. So lassen sich beim Würfel *parallele* Kanten und Kanten, die aufeinander *senkrecht* stehen, entdecken, die Seiten des Würfels sind *Quadrate*, und auch Untersuchungen zu *Symmetrien* sind (vielleicht in späteren Schuljahren) am Würfel möglich. Die zu Analyse- und Gliederungszwecken ganz brauchbare Aufteilung in einzelne Themenbereiche erweist sich als unhandlich, wenn es darum geht, geometrische Aktivitäten für die Schulpraxis vorzuschlagen. Deshalb ist hier eine Gliederung gewählt worden, die zum Teil vom „Fundort" der Geometrie, zum Teil von bestimmten geometrischen Formen oder

Körpern oder auch von wichtigen geometrischen Aktivitäten ausgeht.

Was für alle Teile des Handbuchs gilt, hat in besonderer Weise Gültigkeit für die keinen hierarchisch geordneten Lehrgang konstituierenden geometrischen Vorschläge: Es wird weder der Anspruch erhoben, eine vollständige Auflistung aller möglichen Aktivitäten vorzulegen, noch ist es die Absicht der Verfasser, die Lehrerinnen und Lehrer zur Behandlung aller hier vorgestellten Unterrichtsideen zu „verführen". Es ist ein – sicher noch unvollständiges – Angebot, aus dem jeder für seine Zwecke auswählen kann.

(1) Geometrie in der Umwelt

* Körper, Flächen, Linien – wo man sie findet und wozu sie gebraucht werden

– Würfel, Quader, Kugeln und Zylinder bei Paketen, Ziegelsteinen, Zimmern, als Bälle, im Tretlager des Fahrrads, als Seifenblasen, als Milchdosen, Wasserrohre . . .

Wer findet solche Körper im Klassenzimmer, in der Schule, auf dem Schulhof, zu Hause, in der Stadt, . . .?

Quaderförmige Pakete rollen nicht weg, sie lassen sich leicht aufstapeln; quaderförmige Räume (die Paketkarre an der Eisenbahn, der Postwagen) lassen sich damit platzsparend füllen.

Wenn du schon einmal mit einer Milchdose Fußball gespielt hast, weißt Du, warum man dafür besser Kugeln nimmt; sie kann man in alle Richtungen rollen.

Babys bemühen sich manchmal lange, Gegenstände in dafür passende Öffnungen zu stecken. Bei Zylindern, also bei kreisförmiger Grundfläche, geht es einfach, bei Gegenständen mit drei-, vier-, sechs- oder gar achteckiger Grundfläche schon schwieriger. Am schwierigsten ist es bei einer unregelmäßigen Grundfläche; hier gibt es nämlich nur noch eine Möglichkeit. Weißt Du jetzt, warum Wasserrohre kreisförmige Grundflächen haben?

– Dreiecke, Vierecke, Quadrate, Rechtecke, Sechsecke, regelmäßige und unregelmäßige an Gegenständen im Klassenzimmer, zu Hause, . . . Wer entdeckt sie, kann sie zeichnen, weiß, warum gerade diese Formen hier günstig sind?

– Gerade Linien als straff gespannte Fäden, als Kanten an Möbeln und Wänden, als Grundstücksgrenzen . . .

Auf geraden Straßen kann man viel besser fahren als auf kurvenreichen; sie sind kürzer, übersichtlicher und leichter befahrbar.

Gebogene Rutschen machen viel mehr Spaß als gerade; die Ruschpartie dauert länger, und man wird viel mehr durchgeschüttelt. Allerdings sind sie (meistens) auch langsamer als gerade Rutschen.

* Lagebeziehungen in der Umwelt

– Das Kinderzimmer ist durcheinander geraten. Das Mathe-Buch liegt *auf* dem Bett, der Ranzen *unter* dem Schreibtisch, der Ball *neben* dem Stuhl, . . .

– In der Turnhalle

Vier Kinder sitzen auf der Sprossenleiter. Das Pfeilbild zeigt, wie sie sitzen. Der Pfeil bedeutet „. . . sitzt höher als . . .".

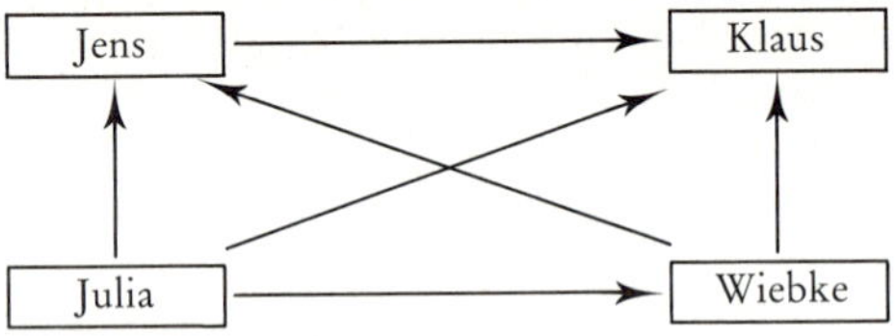

Kannst Du genau beschreiben, wie sie sitzen?

– Parallele und senkrechte Geraden bei Eisenbahnschienen, Grundstücksgrenzen, Zimmerkanten, Baugerüsten, . . .

Was wäre, wenn Zimmer, Schränke, Fenster, . . . nicht rechtwinklig wären, wenn Gerüste, Baukräne, Mauern nicht senkrecht auf dem Boden ständen?

(2) Bauen, Basteln, Schneiden, Legen und Zeichnen von und mit Linien, Flächen und Körpern

* *Vollkörper, Hohlkörper und Kantenmodelle*

– Würfel und Quader werden aus Knete geformt, aus Kartoffeln ausgeschnitten. Wer eine Thermosäge hat, kann sie aus Styropor schneiden.

– Wer kann Kugeln und Zylinder herstellen? Es geht kaum, eine Kugel aus einer Kartoffel zu schneiden; warum wohl? Wie stellt der Drechsler Kugeln her, wie machst Du es mit Knete? In der Industrie werden Kugeln durch Schleifen zwischen zwei ebenen Scheiben hergestellt.

– Würfel und Quader aus Papier kleben

Wie viele Klebelaschen brauchen wir und wo müssen/können sie sitzen? Wie ist es bei den anderen Würfelnetzen (vgl. S. 16)? Brauchen wir bei allen gleich viele Klebelaschen?

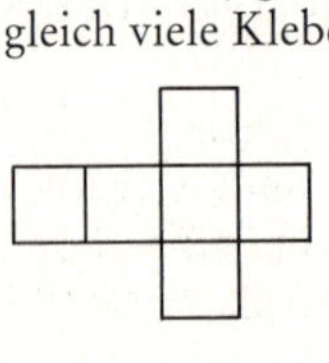

– Weitere Überlegungen an Würfelnetzen.
Dies sind Netze dieses Würfels. Trage in den Netzen die fehlenden Augenzahlen ein.

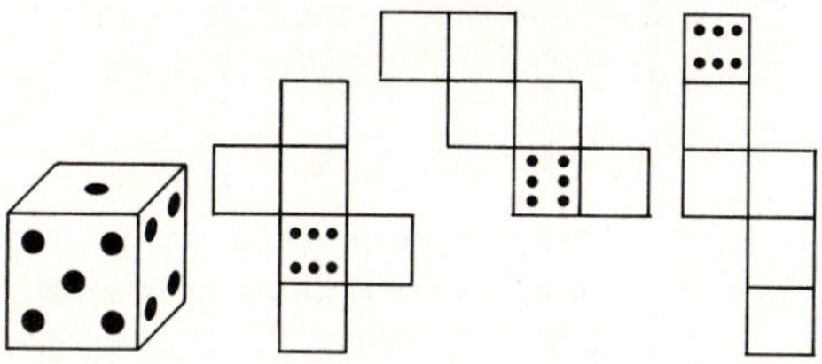

– Färbe die Kanten in den Netzen entsprechend.
Numeriere die Ecken entsprechend.

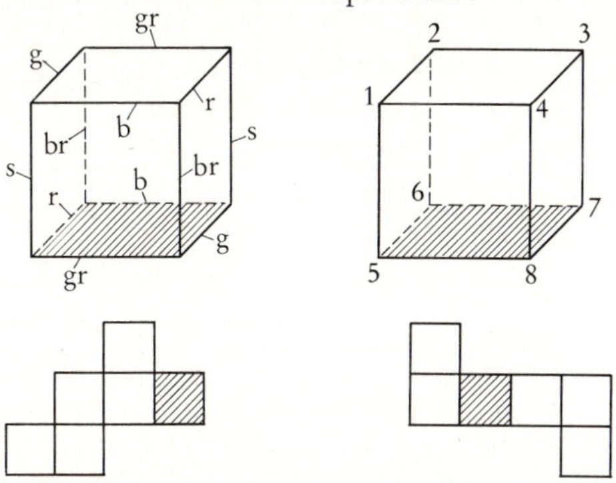

– Kantenmodelle von Quadern und Würfeln aus Knete und Zahnstochern oder Strohhalmen, aus Drahtstücken, mit Orbi-Math (Freiburg: Herder), aus gefalteten Papierstreifen

∗ *Bilder stecken, legen, kleben, malen* (vgl. auch S. 173 ff.)
– Symmetrische Bilder mit Steckmaterial herstellen oder auf Blätter mit Punktrastern malen

– Vögel, Fische, Enten, . . . aus dreieckigen und viereckigen Plättchen legen und auf Karopapier malen

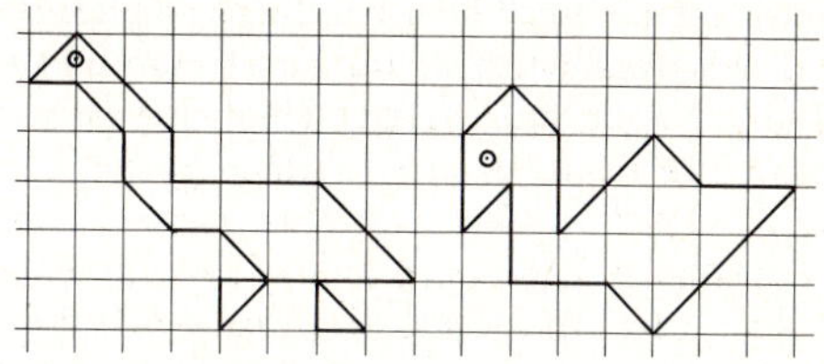

– Tiere, Menschen, Blumen, . . . auf größere Quadratgitter übertragen

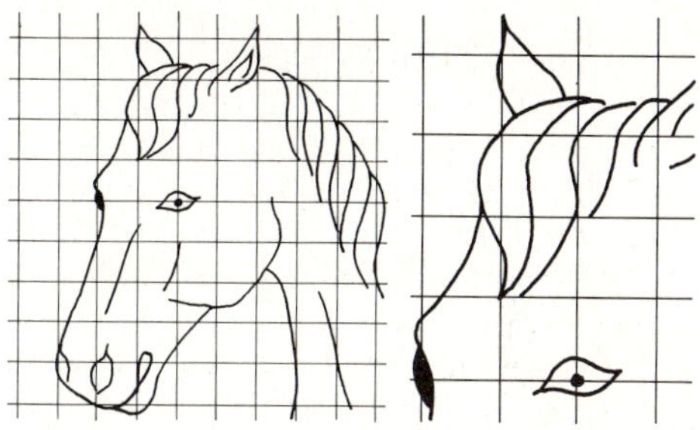

∗ *Rechtecke malen nur mit dem Lineal*
Suche den vierten Eckpunkt und vervollständige die Rechtecke.

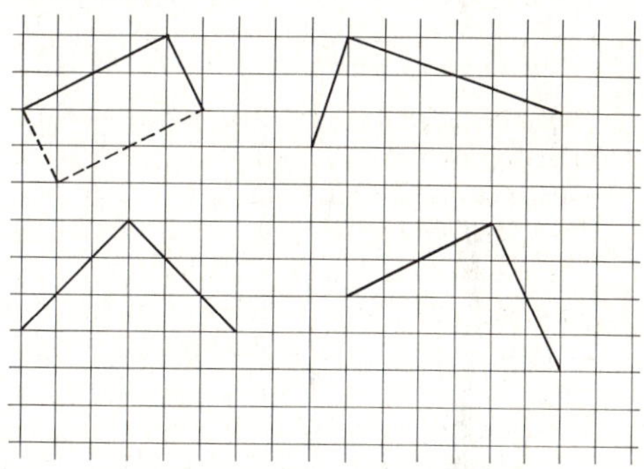

∗ *Körper aus Würfeln* (vgl. auch S. 180)
Wie viele Würfel sind dies? In den Rückseiten der Körper sind keine Lücken.

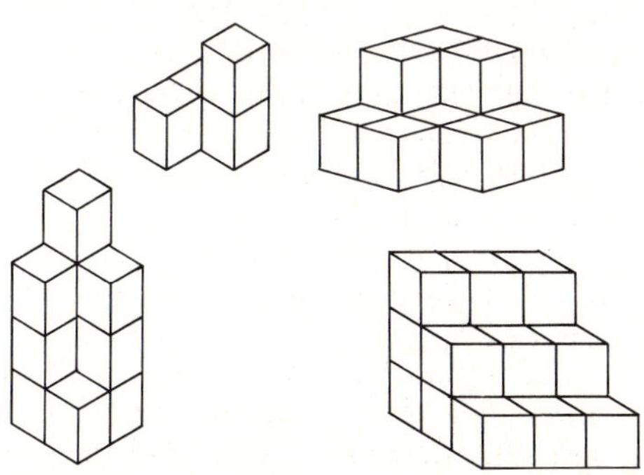

* *Papier falten*
Wer kann aus einem ausgerissenen Stück Zeitungspapier einen rechten Winkel, parallele Linien, ein Rechteck oder ein Quadrat falten? Wir falten Schwalben, Windmühlen, Tiere aus Papier. Wer kann die Skizze „lesen“ und eine Katze basteln (vgl. FLOER u. a., 1978 f.)?

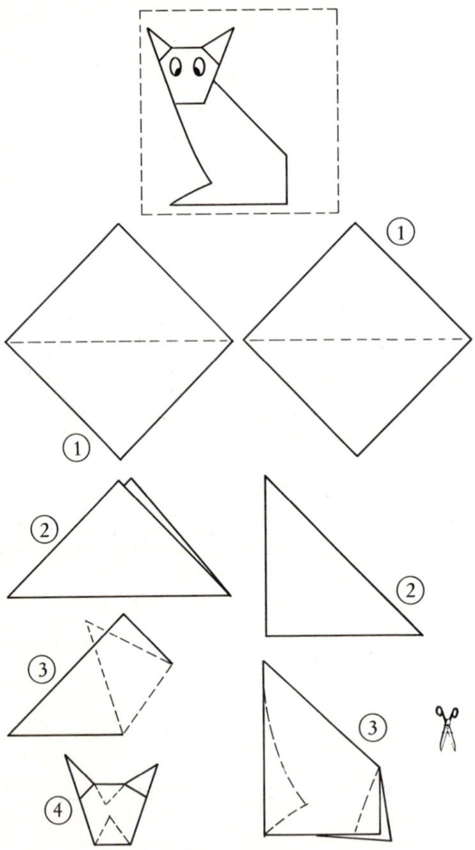

Weitere Anregungen dieser Art findet man in Origami-Büchern.

* *Geometrie mit Streichhölzern* (vgl. auch S. 178)
Lege 3 Streichhölzer so um, daß 4 gleich große Quadrate als Figur entstehen!

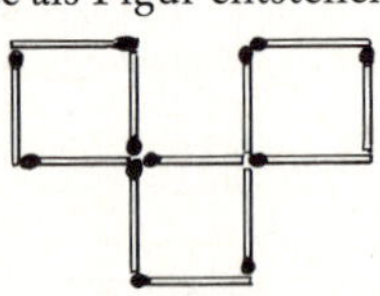

Lege zwei Streichhölzer so um, daß die neue Figur fünf gleichseitige Dreiecke enthält!

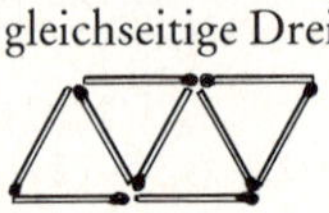

Nimm 3 Streichhölzer weg, so daß die Figur nur noch 7 Quadrate enthält!

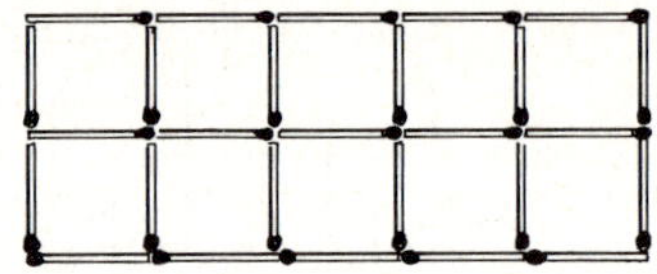

Nimm 4 Hölzer weg, so daß die Figur nur noch 5 Quadrate enthält! Suche mehrere Lösungen!

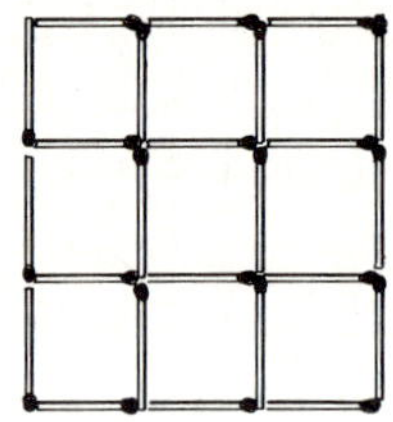

* *Optische Täuschungen*
Sind die Strecken gleich lang?

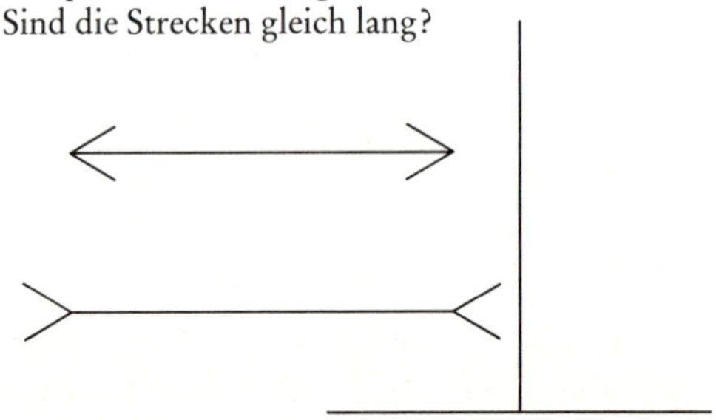

Sind die dicken Linien parallel? Prüfe nach!

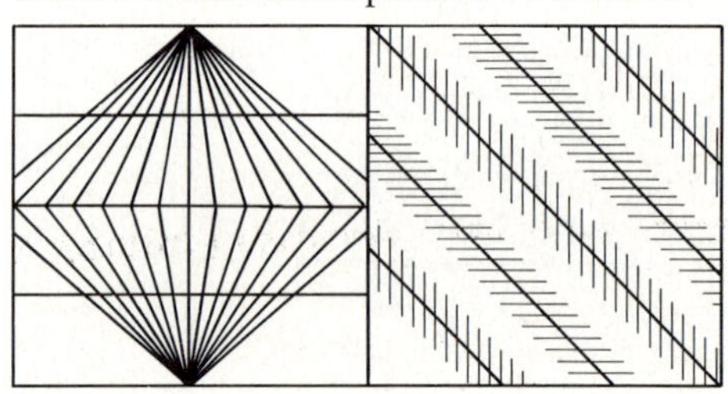

* *Zerlegen und Zusammensetzen*
– Welche Teile gehören zusammen?

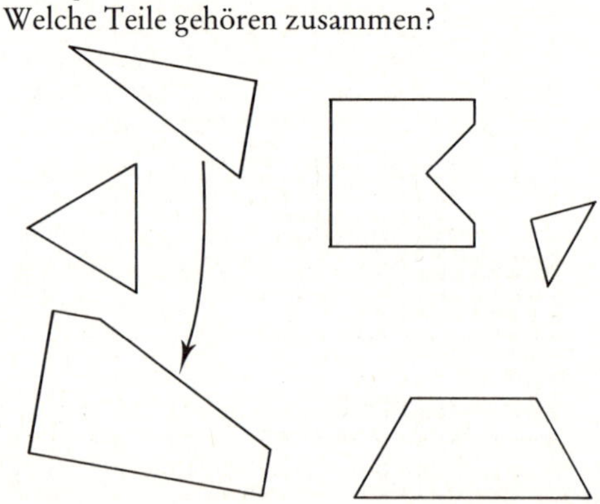

– Wo sind die Hälften dieser Rechtecke? Färbe.

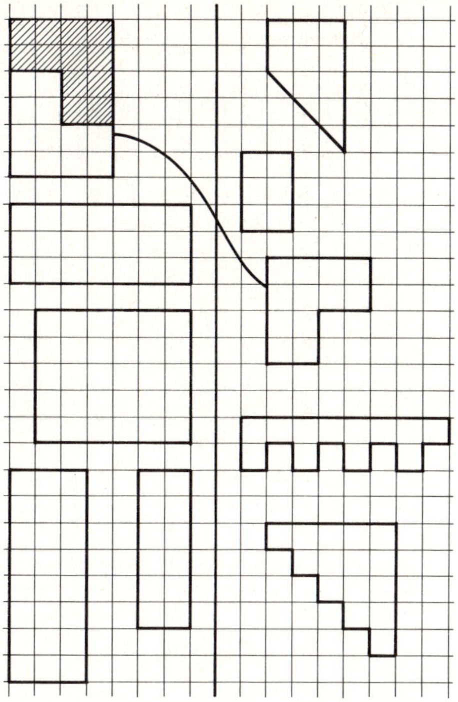

– Das Quadrat wird in vier gleiche Teile zerlegt. Was kann dabei entstehen?

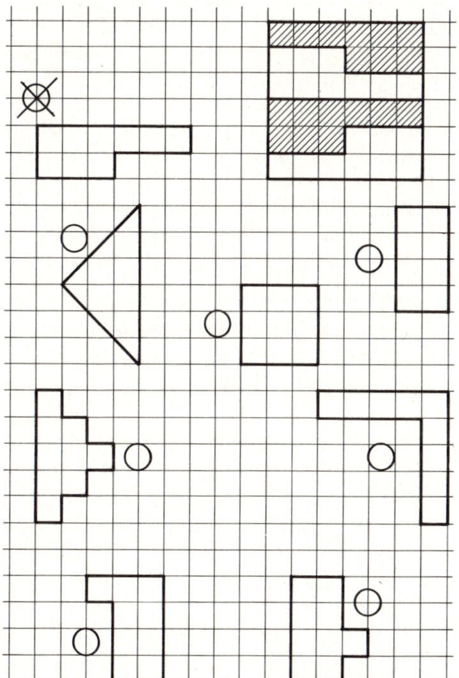

∗ *Tangram*

Aus Fotokarton wird dieses Puzzle geschnitten. Wer kann daraus ein Rechteck, ein Haus, eine Katze, diese Figuren legen?

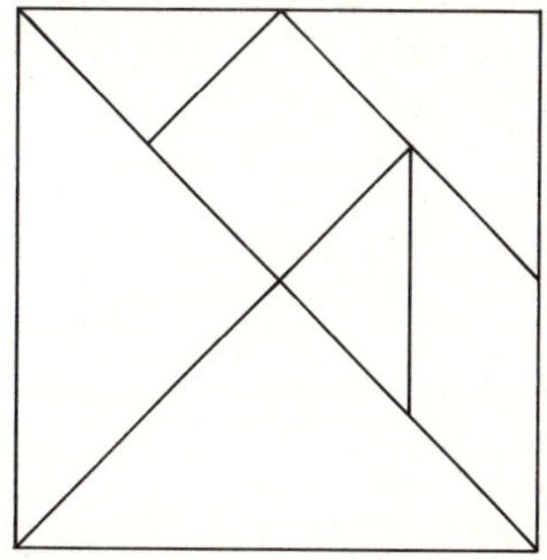

∗ *Weitere geometrische Puzzles*

Zerschneide die folgenden Figuren an den gestrichelten Linien. Aus den Teilen jeder einzelnen Figur kann man ein Quadrat legen.

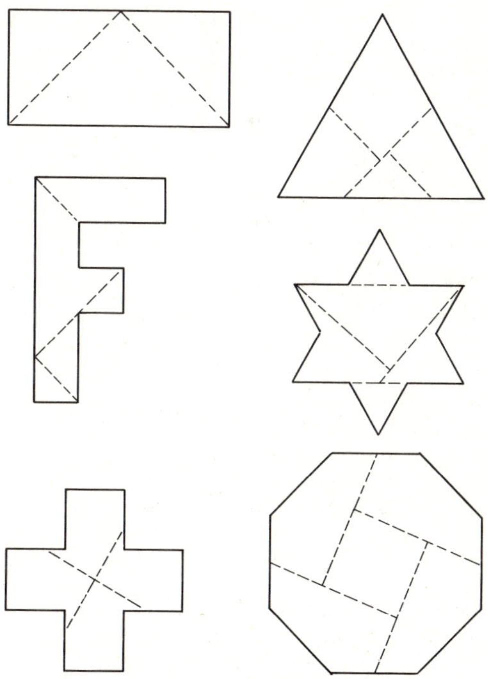

∗ *Soma-Würfel* (vgl. S. 180).

∗ Ein anderer Standort

– Was ist dies für eine Figur, ein Sechseck mit Diagonalen?

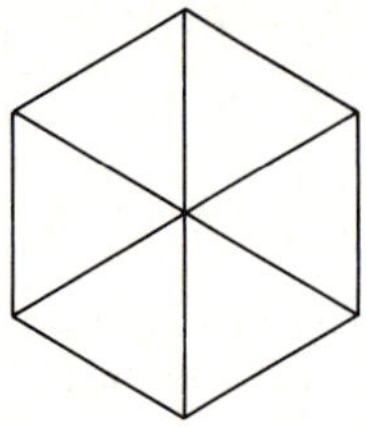

Wer sieht in der Figur einen Würfel? Er steht auf einer Ecke, und man sieht ihn von oben.

– Wie sieht ein Spielwürfel, eine Milchdose, eine Toblerone-Packung, eine Streichholzschachtel aus, wenn man sie von vorn, hinten, von oben, unten, rechts, links betrachtet? Kannst Du es malen, aus diesen (vorgegebenen) Bildern auswählen?

– Stelle zwei Streichholzschachteln passend auf diese Flächen. Entscheide jeweils, ob die folgenden Bilder Ansichten von vorn, hinten, links oder rechts sind.

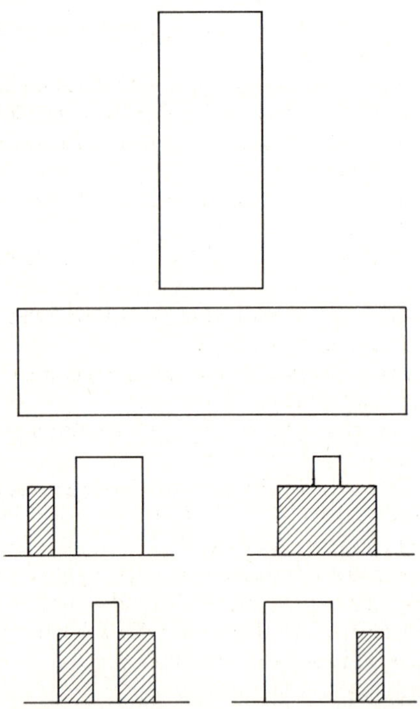

∗ Bewegungen

– Das Riesenrad dreht sich. Wo sind die anderen Gondeln, wenn die grüne jetzt rechts steht? Färbe die fehlenden Gondeln in der richtigen Farbe.

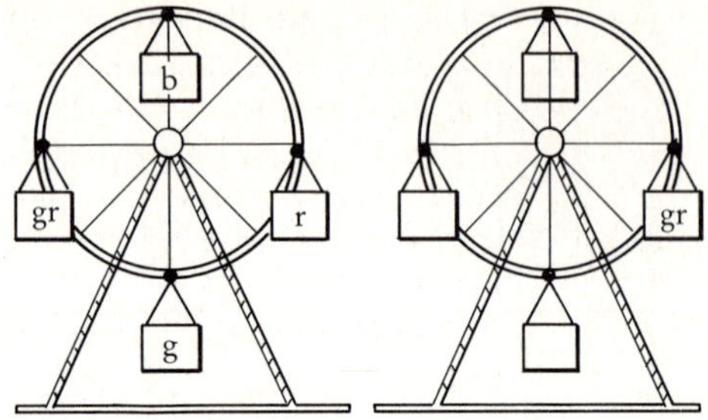

– Kippbewegungen einer Streichholzschachtel (Besuden, 1973)
Kippbewegungen nach sprachlicher Anweisung durchführen – hat jeder das gleiche Ergebnis?
Zu gezeichneten Mustern den Kippvorgang durchführen und falsche Muster identifizieren.

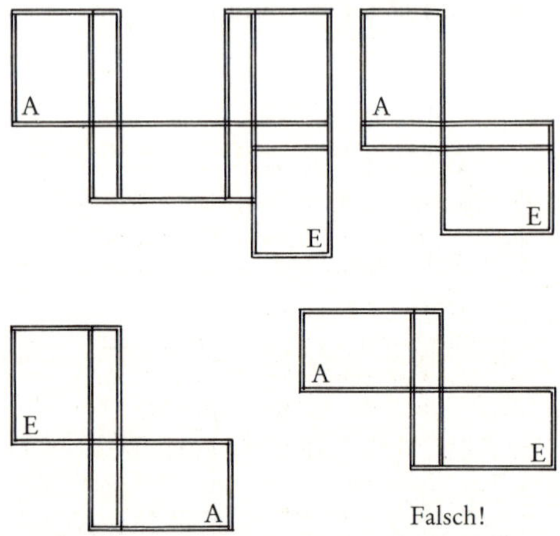

Falsch!

Welche Seite liegt am Ende der Kippbewegungen oben, wenn in der Ausgangslage (A) die „Titelseite“ oben lag?
Die Kippbewegungen finden auf einem Papier mit passenden Quadratgittern statt. Auf welchen Wegen kann man von einer vorgegebenen Ausgangslage zu einer bestimmten Endlage kommen? Gibt es mehrere Wege? Ist die Endlage abhängig vom eingeschlagenen Weg? Wie sieht der Rückweg aus?

∗ Symmetrien entdecken und herstellen

– Wer entdeckt „spiegelige“ Muster, Muster die sich drehen oder solche, die verschoben sind und sich einmal oder sogar häufiger hintereinander wiederholen an Häusern, Plätzen, Windmühlen, bei Tieren und Pflanzen und an vielen anderen Dingen?

– Viele Spiele und Übungen als erste Zugänge zur Symmetrie findet man in diesem Handbuch auf den Seiten 173 ff. Schöne Muster werden in der Klasse aufgehängt. Wer weiß nach einer Woche noch, wie sie entstanden sind?

- Schöne Bilder erhält man auch beim Durchpausen. Ein Blatt Papier wird in der Mitte gefaltet. Da hinein wird ein passend gefaltetes Kohlepapier mit der Kohleseite nach außen gelegt. Sind die Umrißzeichnungen fertig, kann das Papier aufgefaltet und das Bild schön ausgemalt werden.

(vgl. FLOER u. a., 1978 f.)

∗ *Aufgabenstellungen zur Symmetrie*

Aufgabenstellungen zur Symmetrie findet man in nahezu allen Mathematikbüchern für die Grundschule. Sie sind weitgehend bekannt, und deshalb reicht hier eine Aufzählung.

- *Symmetrische Ergänzungen* mit Plättchen legen, in Punkt- oder Quadratgitterpapier zeichnen, allein oder als Partnerarbeit
- *Symmetrieachsen identifizieren* und einzeichnen
- *Fehler suchen* in fast-symmetrischen Mustern – Besonders schwierig wird es, wenn auf beiden Seiten der Symmetrieachse Fehler sind.
- *Drehmuster herstellen:* Eine Ausgangsfigur wird so lange um einen Punkt gedreht, bis der Ausgangszustand wieder erreicht ist. Alle Zwischenstationen werden aufgezeichnet.
- *Buchstaben, ganze Namen auf Symmetrie untersuchen*

  Wer kann dies lesen?

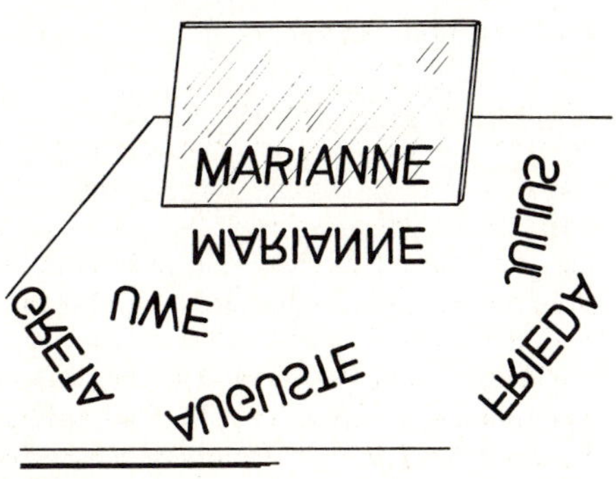

Hier fehlt die zweite Hälfte der Wörter. Im Spiegel kannst Du sie entdecken.

- *Figuren mit mehreren Symmetrieachsen*

  Kann man sie auch drehen? Wer findet ein Drehmuster ohne Symmetrie-(Falt-, Spiegel-)achse? Wo ist der Drehpunkt bei allen diesen Figuren?
- *Was entsteht, wenn* man aus einem doppelt gefalteten Papier diese Muster ausschneidet?

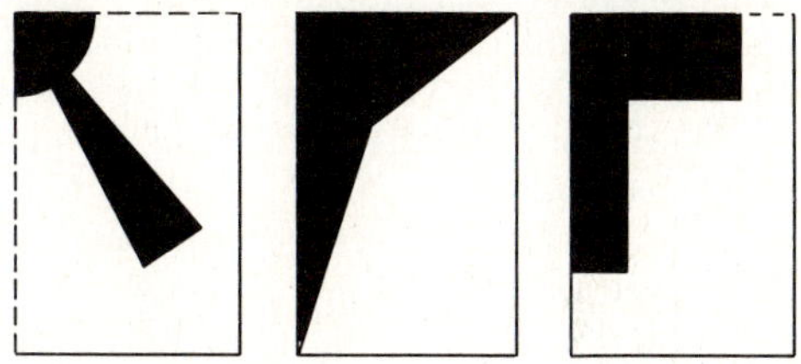

- *Was passiert, wenn*
  - o der Spiegel auf einer Figur hin und her geschoben wird?
  - o der Spiegel nicht nur senkrecht, sondern unter verschiedenen Winkeln aufgestellt wird?
  - o der Spiegel von der Figur weg, zur Figur hin bewegt wird?
  - o der Spiegel selbst gedreht wird? Stehe ich dann auf dem Kopf?
  - o 2 Spiegel im rechten Winkel aneinanderstoßend vor eine Figur gestellt werden?
  - o der Winkel zwischen den beiden Spiegeln verändert wird?
  - o 2 Spiegel parallel mit den Spiegelseiten zueinander aufgestellt werden?
  - o der Abstand dieser Spiegel vergrößert, verkleinert wird?
  - o man beim Frisör zwischen 2 Spiegeln sitzt?
- *Bandornamente und Parkette*

  Hier braucht man viele Plättchen von der gleichen Sorte. Wer kann aus ihnen „Straßen legen", mit ihnen „Plätze pflastern"? Viele Anregungen zur „Geometrie mit Winkelplättchen" findet man bei BESUDEN (1975, 1976).

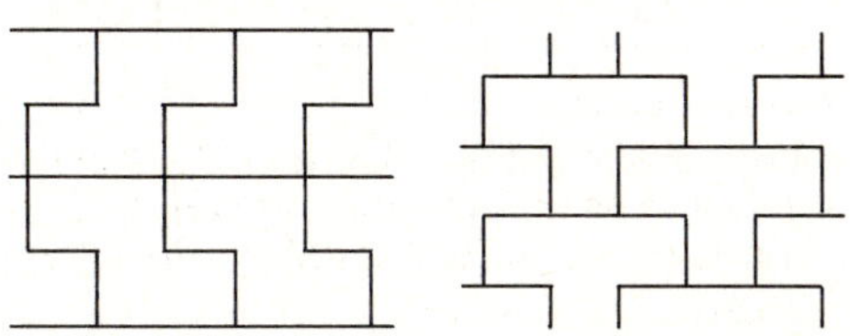

2.7.4. Messen

Messen und Rechnen mit Längen, Flächen und Volumina gehören auch heute noch zu den zentralen Themen des Geometrieunterrichts aller Schulstufen. Im Grundschulunterricht dominieren eindeutig die Längenmaße. Die Stufenfolge des Unterrichtsthemas „Längen“ ist im Kapitel „Größen und Sachrechnen“ ausführlich dargestellt worden (vgl. S. 124 ff.). Auf weitere Anregungen zur Längenmessung kann daher hier verzichtet werden.

Übungen zur Flächen- und Volumenberechnung im engeren Sinne finden in der Grundschule nicht statt. Wohl gibt es eine Reihe von Unterrichtsvorschlägen zur Propädeutik der Flächen- und Volumenberechnung, bei denen es um direkte und indirekte Vergleiche, um Ausmessen mit beliebigen Maßeinheiten und um die Invarianz von Flächen und Volumina geht. Einige Anregungen für Flächenvergleiche und erste Flächenmessungen sollen hier vorgestellt werden.

* Lassen sich alle Figuren mit denselben Plättchen auslegen?
  (Viele Aufgaben dieser Art findet man bei BAUERSFELD u. a., 1972 b).

* Lege die folgenden Figuren mit Quadraten aus? Wie viele Quadrate werden für die einzelnen Figuren gebraucht? Welche Figur ist die größte/die kleinste?

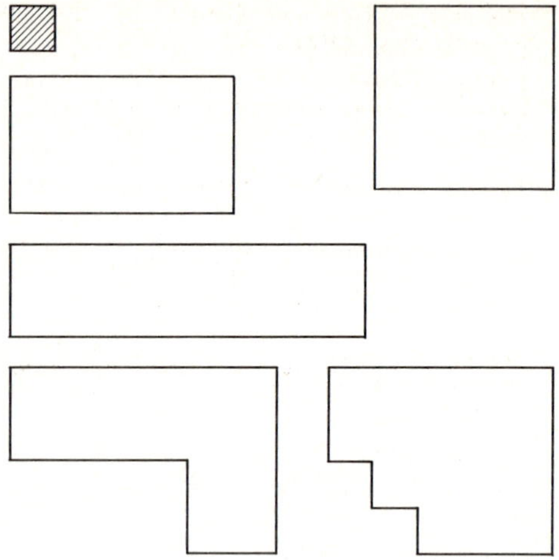

* Wieviel Dreiecke dieser Sorte braucht man, um die Figuren voll auszulegen?

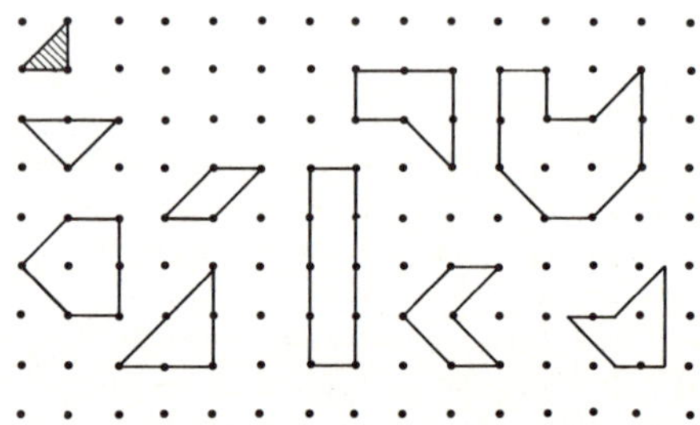

* Kannst Du alle Figuren so zerschneiden, daß die Teile in dieses Rechteck passen?

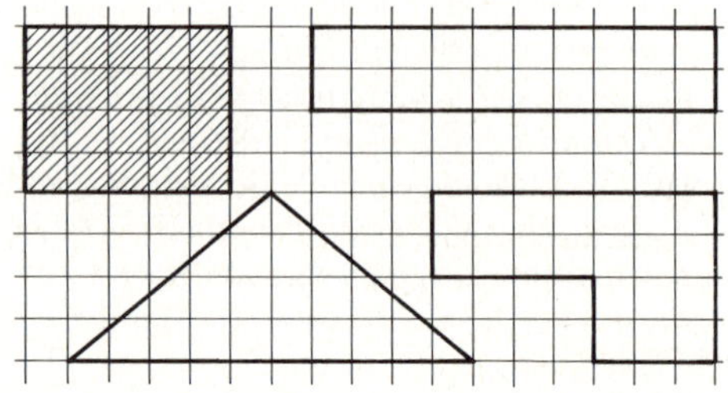

* Halbiere diese Figuren. Geht es auf verschiedene Arten? (vgl. auch S. 151).

* Figuren werden verdoppelt. Gibt es auch hier mehrere Möglichkeiten?

* Für den Rand dieser Figur braucht man 10 Streichhölzer. 4 Quadrate passen in die Figur.

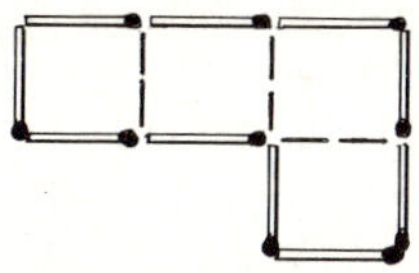

Kannst Du auch folgende Figuren legen?
8 Hölzer/4 Quadrate
12 Hölzer/8 Quadrate
12 Hölzer/5 Quadrate
12 Hölzer/9 Quadrate

* In Krummdorf ärgern sich die Bauern schon jahrelang über ihre Grundstücke. Diese sind so verwinkelt, daß sie kaum eine gerade Furche mit einem Pflug ziehen können. Wer kann aus diesen Äckern (durch Zerschneiden und Zusammenlegen) rechteckige Äcker machen?

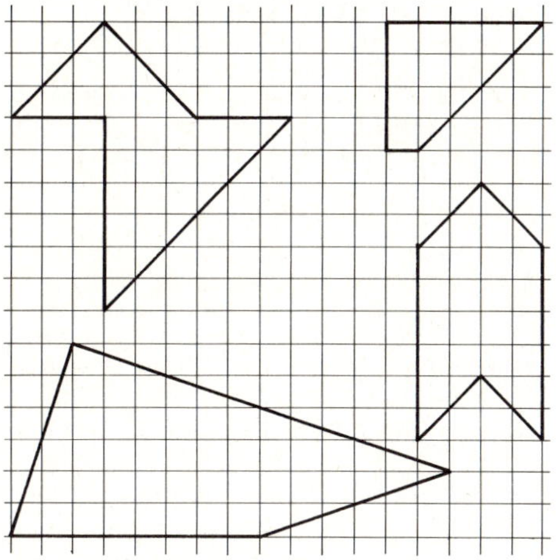

2.7.5. Geometrisches Zeichnen

Am Ende des 4. Schuljahres sollten die Schüler in der Lage sein, *Schablonen, Lineal, Zirkel* und *Geo-Dreieck* funktionsgerecht zu gebrauchen. Dies setzt einen allmählichen Ausbau des geometrischen Zeichnens im Laufe der vier Schuljahre voraus.

Die Freude der Kinder am Zeichnen überhaupt ist dabei nicht nur eine willkommene Anfangsmotivation, die einen „Kurs im geometrischen Zeichnen" in Gang setzt, der dann schnell abzielt auf das Einschleifen von Techniken, auf Sauberkeit und Präzision. Diese Freude am Zeichnen, der spielerische und kreative Aspekt durchdringt vielmehr alle zeichnerischen Aktivitäten im Geometrieunterricht der Grundschule. In einem solchen Geometrieunterricht wird genaues Zeichnen nicht deshalb notwendig, weil der Lehrer es fordert, sondern weil die Zeichnungen um so „schöner" werden, je sauberer und exakter gearbeitet wird.

Geometrisches Zeichnen ist kein eigenständiger Lehrgang innerhalb des Geometrieunterrichts. Zunehmende Vertrautheit mit den Zeichengeräten und damit die zunehmende Fähigkeit, funktionsgerecht mit ihnen umzugehen, wird nicht durch einmalige Anweisungen des Lehrers, nicht durch „Konstruktionsbeschreibungen" erreicht; wichtiger ist ein ständiger Umgang mit diesen Zeichengeräten, angefangen mit spielerischen Aktivitäten bis hin zu immer schöneren „Kunstwerken" und exakteren Konstruktionen, die dann auch geometrische Grundkonstruktionen (Kreise, senkrechte und parallele Geraden, Recktecke) als Teile enthalten.

Die folgenden Vorschläge sind daher auch nicht als sukzessiv abzuarbeitende Übungen anzusehen. Es sind vielmehr einige Anregungen für kleinere „Projekte", die die Freude der Kinder am Zeichnen erhalten und zugleich deren Fähigkeit zum geometrischen Zeichnen verbessern sollen.

* *Zeichnen mit Schablonen*
Zeichenschablonen für Kreise, Dreiecke, Quadrate gibt es heute als Beilagen zu vielen Mathematikbüchern für die erste Klasse. Darüber hinaus können als Zeichenhilfen verwendet werden: Gläser, Tassen, Untertassen, Teller, Schachteln mit rechteckigen oder dreieckigen Grundflächen, Plättchen des Formenspiels u.v.a.m.

– Tiere, Menschen, Häuser, Dörfer und Städte, Blumen u. ä. werden mit Schablonen gezeichnet und mit Farben ausgemalt (vgl. auch S. 149)

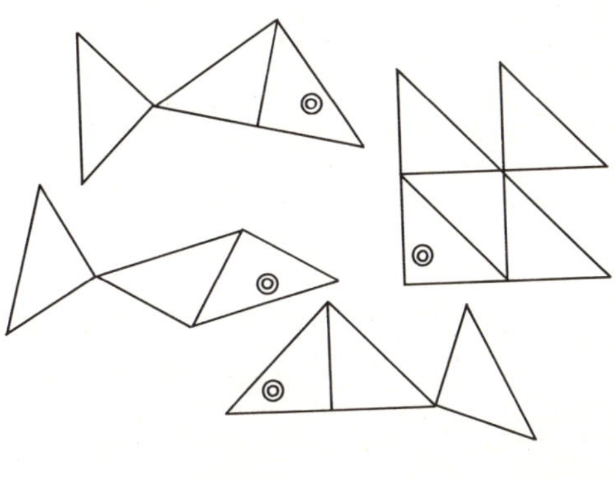

- Parkettierungen und Bandornamente (vgl. S. 153) können auch mit *einem* Plättchen hergestellt werden. Das Plättchen wird gelegt, mit dem Bleistift umfahren, neu angelegt usw. Hilfreich ist dabei Karopapier.

∗ *Zeichnen mit dem Lineal*
Ein Lineal ist ein vielgebrauchtes Hilfsmittel nicht nur beim Messen und Zeichnen von Strekken, sondern auch beim Unterstreichen und Durchstreichen von Wörtern und Sätzen im Deutsch- und Sachunterricht. Im Geometrieunterricht wird es gebraucht im Rahmen der Längenmessung, zur Herstellung von Schmuckmustern aus geraden Linien und zum Zeichnen von symmetrischen Figuren. Besonders schöne Muster sind auf Karopapier möglich, weil hier rechte Winkel und Abstände vorgegeben sind.

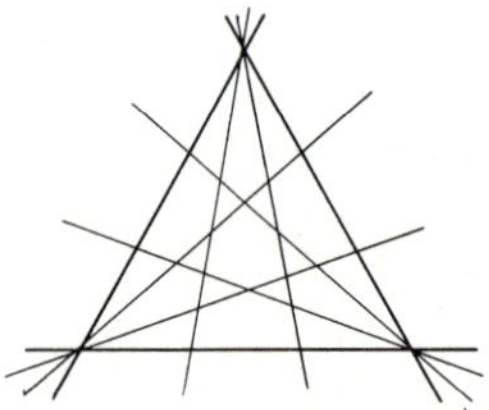

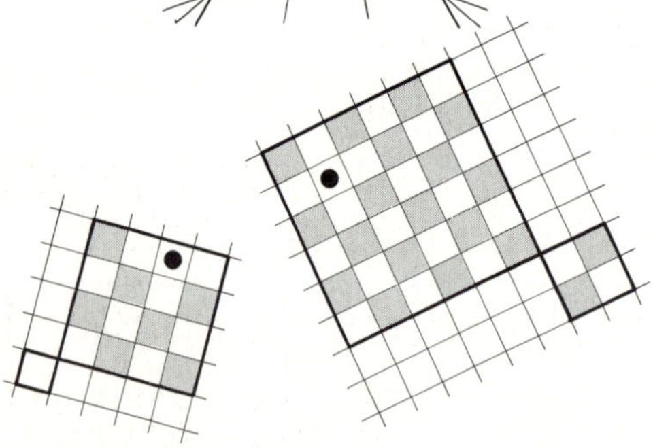

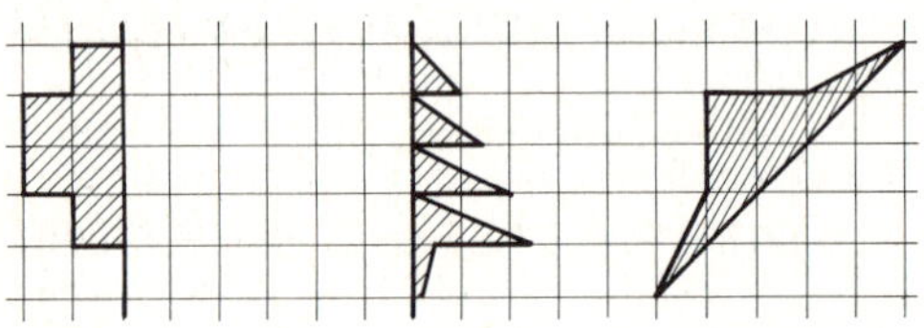

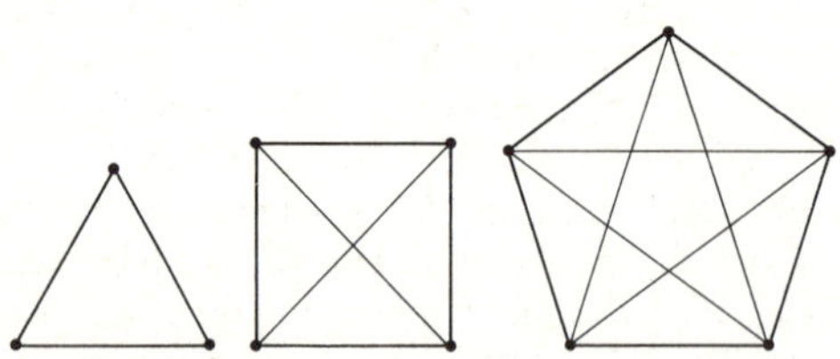

Punkte	3	4	5	6	
Verbindungslinien	3	6	10		

∗ *Kreise*
Mit Schablonen, Dosen, Tassen, Tellern, schließlich auch mit dem Zirkel können schöne Kreismuster gemalt werden. Besonders sorgfältig gearbeitete Kunstwerke werden als Lesezeichen zum kleinen Geschenk für Eltern, Freunde oder Verwandte.

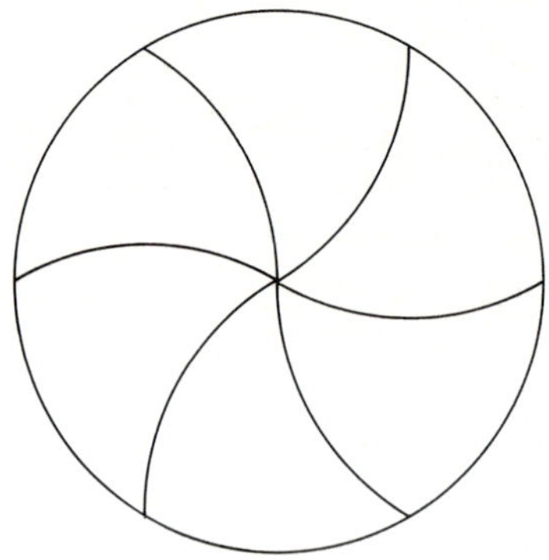

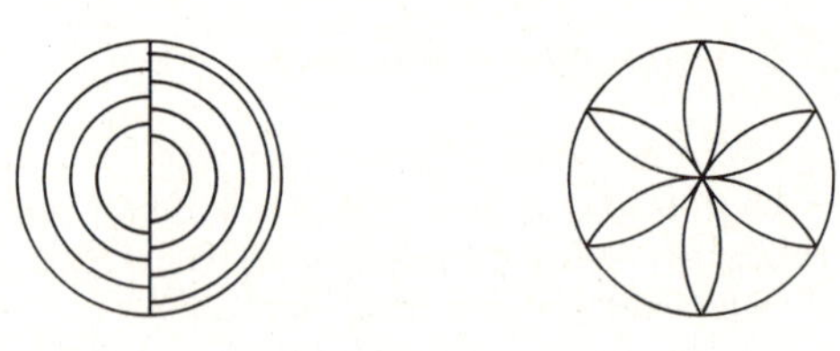

∗ *Geo-Dreieck*
Das wichtigste, leider aber auch das schwierigste Zeichengerät in der Grundschule ist das Geo-Dreieck. Hier muß die Lehrerin sicher eine Zeit lang beim richtigen Anlegen helfen, damit rechte Winkel und parallele Linien gelingen.
– rechte Winkel

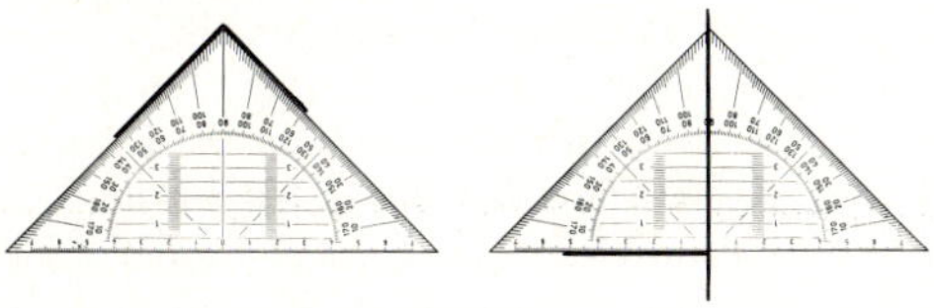

– parallele Linien

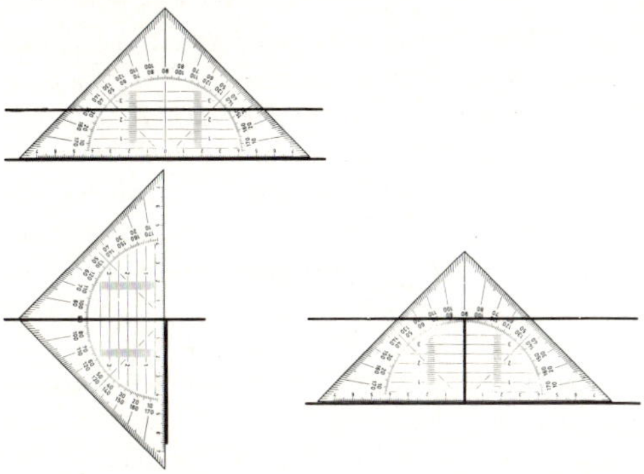

– Muster mit dem Geo-Dreieck

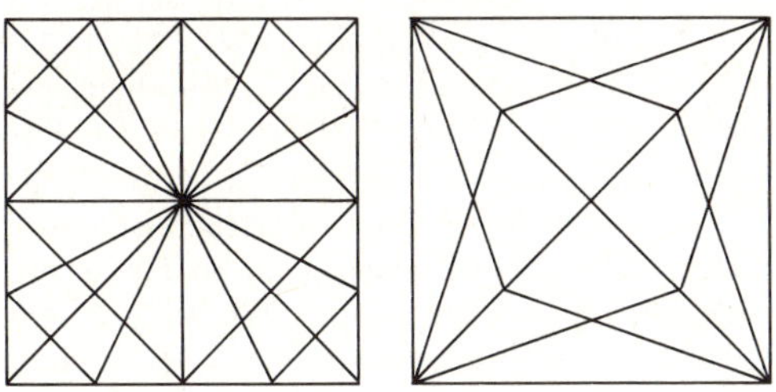

– Und schließlich ein – fast – echter Vasarely

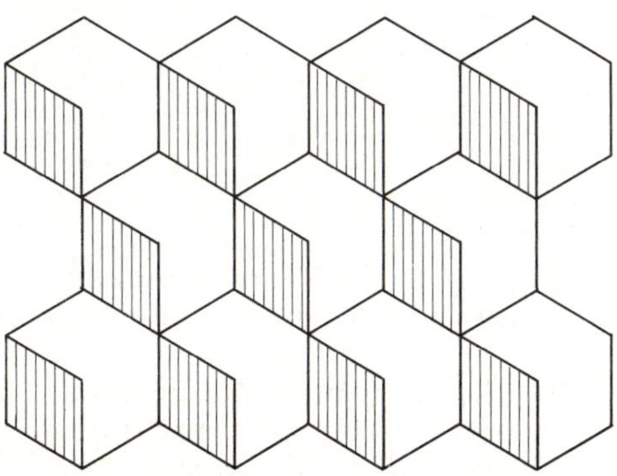

2.8. Strukturelle Leitbegriffe

© 1965 United Feature Syndicate, Inc.

New Math; Neue Mathematik; Mengen, Relationen, Abbildungen und Verknüpfungen; Reform des Mathematikunterrichts; Mengenlehre; Strukturelle Leitbegriffe: eine ganze Palette von Namen für ein nun etwa 20 Jahre währendes Bemühen, den Mathematikunterricht zu verbessern, lange Zeit aber auch Reizwörter für viele Lehrer, Eltern und „reizende" Journalisten.

Die mit den o. a. Schlagwörtern gekennzeichneten Bestrebungen waren von Anfang an keine einheitliche Bewegung, vielmehr ein nuancenreiches Spektrum von Meinungen, Überzeugungen und Einstellungen zwischen den beiden Polen der vorrangig an mathematischen Strukturen und deren frühzeitiger Vermittlung orientierten Mathematikdidaktiker mit fachlichem Interesse einerseits und den stärker pädagogisch Engagierten andererseits, die mehr das Kind, seine Interessen, sein spielerisches Lernen und die Chancengleichheit aller im Auge hatten. So war von Anfang an für die einen die Reform des Mathematikunterrichts in erster Linie eine Angelegenheit *neuer Inhalte*, deren Auswahl und „Elementarisierung" für den Grundschulunterricht, für die anderen vor allem eine Frage pädagogischer *Zielsetzungen und deren methodischen Realisierungen*, etwa mit der Absicht einer breiten Durchsetzung des Lernens in Gruppen und dem Abbau von Chancenungleichheiten.

Die Schulpraxis beeinflußt hat vorrangig – glücklicherweise nicht ausschließlich – der fachlich-inhaltliche Aspekt der Reformbemühungen. Nicht selten wurden dabei durch Operationalisierungen in Richtlinien und Schulbüchern die an sich positiven Grundideen durch Aufsplitterung in kleinste Aufgaben-Atome nicht nur im Verborgenen gehalten, sondern sogar in ihr Gegenteil verkehrt:

- „Der Wunsch, auch das Lernen von Mathematik als ein Lernen in kleinen Schritten zu organisieren und in den Griff zu bekommen, führt in der ‚Mengenlehre' zu Lernzielen, die – in ihrer Isolierung – kaum über die Fähigkeiten höherer Primaten hinausreichen." (RÖHRL, 1978, S. 200)
- Statt die Grundideen in Sachsituationen, in arithmetischen oder geometrischen Zusammenhängen ohne viel Aufhebens in Gebrauch zu nehmen, wurden diese mathematischen Werkzeuge nicht selten zum Thema langwieriger Unterrichtsstunden, ohne daß diese so auf Vorrat gelernten Werkzeuge dann auch tatsächlich in Gebrauch genommen wurde. Das Werkzeug (z. B. Mengensprache) wurde zum Selbstzweck (vgl. auch S. 47). Eine der Ursachen hierfür ist sicher die Tatsache, daß neue Inhalte viel leichter vermittelt werden können als neue Ideen, Überzeugungen, Haltungen, pädagogisches Bemühen und Engagement.

Inzwischen hat der Terminus „Strukturelle Leitbegriffe" eine zunehmende Begriffspräzisierung erfahren. Die meisten Mathematikdidaktiker sind sich heute darüber einig, daß dieser Begriff nicht für einen neuen Lernstoff (etwa „Mengenlehre") steht, sondern ein *Unterrichtsprinzip* bezeichnet, eine Art und Weise des Lernens von und Umgehens mit Mathematik, bei der positive Einstellungen und Haltungen zu diesem Unterrichtsfach vermittelt werden sollen und zugleich geistige Grundtechniken geübt und gefestigt werden, die – über Mathematik hinaus – in vielen Bereichen des täglichen Lebens eine Rolle spielen: vergleichen, ordnen und sortieren, zusammenfassen und aufgliedern, kombinieren, zuordnen, Gleichheiten und Unterschiede feststellen, Beziehungen untersuchen u.v.a.m. Diese Instrumente des allgemeinen Denkens sind nicht an bestimmte Inhalte gebunden, bestimmt nicht auf mathematische Themen beschränkt. Andererseits lassen sie sich aber nicht ohne Inhalte vermitteln, und die Grundschulmathematik bietet viele Gelegenheiten, diese geistigen Grundtechniken zu gebrauchen und dadurch ständig zu verbessern. Damit ist auch klar, daß solche Aktivitäten nicht in isolierten Einzelstunden stattfinden; sie ziehen sich als Unterrichtsprinzip durch den gesamten Mathematikunterricht von der ersten Stunde an.

Bei einem Unterricht im Sinne der strukturellen Leitbegriffe ist die Auswahl der Inhalte von sekundärer Bedeutung. Primär geht es um die Frage des Unterrichtsstils, darum also, ob es der Lehrerin gelingt, durch ihre Art des Herangehens an mathematische Fragestellungen, durch ihr methodisches Repertoire die Schüler dazu zu bringen, mit Freude Mathematik zu betreiben, an Problemen zu knobeln, mit anderen gemeinsam zu arbeiten und immer wieder „Warum?" zu fragen. Mathematik ist – wie FREUDENTHAL (1982) sagt – keine Menge von Wissen; Mathematik ist eine Tätigkeit, eine Verhaltensweise, eine Geisteshaltung. Sie vermitteln zu können, setzt voraus, sie selbst zu haben und vorzuleben. Die folgende Sammlung von Anregungen, strukturelle Leitideen in verschiedenen Inhaltsbereichen des Mathematikunterrichts der Grundschule zu berücksichtigen, soll denjenigen Lehrerinnen und Lehrern eine kleine Stütze sein, die bereit sind, einen Unterricht zu riskieren, der nicht auf schnell abprüfbares Wissen, sondern auf die langfristige Vermittlung von Haltungen und geistigen Grundtechniken abzielt.

> „Natürlich wollen Lehrer gerne so unterrichten, daß die Schüler entdeckend tätig sind, aber der Lehrplan stellt seine Forderungen. Eile, eile, um das Ziel zu erreichen! Der Unterricht ist zu schnell auf Abprüfbares ausgerichtet – ein Unterricht, der mit Mathematik kaum etwas zu tun hat."
> FREUDENTHAL, 1982, S. 142

(1) Beispiele aus dem Anfangsunterricht

Im Anfangsunterricht ist der Vorrat an mathematischem Material noch sehr begrenzt. Zahlen, Größen und geometrische Objekte stehen noch nicht in einem solchen Umfang zur Verfügung, daß strukturelle Betrachtungen möglich sind. Die ersten Dinge zum Sortieren, Ordnen, Vergleichen und Zusammenfassen sind daher *konkrete Dinge der Umwelt* oder künstliche, *strukturierte „Welten"* wie Logische Blöcke, Bunte Plättchen, Begriffsspiel u.v.a.m.

* Jedes Kind darf ein Spielzeugauto mitbringen. Wer hat ein rotes, gelbes, blaues . . . Auto, wer einen Sportwagen, einen Lastwagen, einen Bus? Die Sportwagen kommen auf's Pult, die roten Autos auf die Fensterbank. Paolo hat einen roten Sportwagen. Was nun?
* Puppen: Babypuppen, Jungen, Mädchen; mit roten, blauen, gelben, . . . Hosen; aus Plastik, aus Stoff; mit oder ohne Stimme . . . Was für eine Puppe hat der Lehrer wohl mitgebracht? Ist sie groß oder klein, mit echten Haaren, eine Babypuppe, mit einem rosa oder blauen Strampler? Viele Fragen werden gestellt und beantwortet. Wer hat aufgepaßt und kann die Puppe jetzt beschreiben?
* Die Schrauben sind durcheinander geraten, große, mittlere und kleine, Holz- und Metallschrauben, mit glattem und gewölbtem („Linsen-")Kopf. Wer kann sie sortieren? Irene sammelt die mittelgroßen, Torsten die mit glattem Kopf. Carsten weiß, warum die beiden sich streiten.
* Ein alter Versandhauskatalog ist eine wahre Fundgrube. Uhren werden ausgeschnitten, Wecker, Wand- und Armbanduhren, mit Zeigern oder mit Digitalanzeige.
  Möbel: Küchen-, Schlafzimmer-, Wohnzimmermöbel, Schränke, Tische, Stühle, Sessel.
  Spielzeug: Wer kennt dieses: Ein Kind kann es nicht mit einer Hand vom Boden heben; es ist rund, häufig in schwarz und weiß mit fünfeckigen und sechseckigen Feldern; im Fernsehen wird häufig gezeigt, wie 22 Erwachsene hinterherlaufen.

Für viele Aufgabenstellungen eignen sich strukturierte Materialien besser, weil sie ständig verfügbar sind, leichter zu handhaben und in dem Sinne vollständig sind, als es zu jeder Merkmalskombination (z. B. rot, rund, klein und dünn) genau einen Gegenstand gibt. Außerdem sind sie leicht zu zeichnen, und ihre Eigenschaften können mit Hilfe einfacher Symbole aufgeschrieben werden. Spiele, Übungen und Aufgaben mit solchen Materialien sind weitgehend bekannt (vgl. z. B. Kothe, 1968; Freund/Sorger, 1973).

* *Ratespiele*
  – Ein Plättchen wird versteckt, die anderen liegen auf dem Tisch. Welches fehlt?
  – Ein Plättchen wird im Turnbeutel versteckt. Wer findet mit möglichst wenigen Fragen heraus, welche Eigenschaften es hat?

* *Unterschiedsspiele*
  Schlangen mit 1, 2, 3 Unterschieden oder abwechselnd erst 1, dann 2, dann wieder 1 Unterschied. Ganz schwer: Unterschiedsfelder, nebeneinander 1, untereinander 2 Unterschiede.

* *Torspiele*
  Eine Straße mit 2 Toren hintereinander. Durch das erste dürfen die runden, durch das zweite die roten Plättchen. Welche kommen ans Ziel, welche bleiben auf den Parkplätzen vor den Toren?
  Um den Schloßpark kann man oben oder unten herum fahren. Beide Straßen führen zum gleichen Platz. Oben dürfen die großen Plättchen her, unten nur die Dreiecke.

* *Übungen*
  Einsortieren in Venn- und Kasten-(Karnaugh-) diagramme u.v.a.m.

Die bunten Plättchen oder ähnliche Materialien eignen sich auch für Spielformen, die bei vielen Kindern beliebt sind und bei denen sie mindestens genau so viel über die Eigenschaften der Plättchen lernen, wie bei Unterschiedsspielen oder beim Ankreuzen in Tabellen.

* *Memory*
  Alle Plättchen werden auf den Tisch gelegt und einzeln mit Bierdeckeln abgedeckt. Diese Spielvorbereitung übernimmt eine Spielgruppe jeweils für eine andere. Immer 2 Bierdeckel dürfen gleichzeitig hochgehoben werden. Passen die Plättchen zueinander? Zum *großen*, roten, runden Plättchen paßt das *kleine*, rote, runde Plättchen. Solche Paare werden abgelegt. Wer hat am Ende die meisten?

* *Schwarzer Peter*
  Ein großes Plättchen wird weggelegt, das zugehörige kleine ist der Schwarze Peter. Alle Plättchen werden (unter dem Tisch und damit unsichtbar) gerecht an die Mitspieler verteilt und sofort in Turnbeuteln versteckt. Nun wird reihum gezogen. Jeder darf in seinen eigenen Turnbeutel sehen, um zu prüfen, ob er Paare hat, die er ablegen darf. Da Größe und Form getastet werden können, wird niemand freiwillig ein kleines Quadrat ziehen, wenn das kleine, rote Quadrat der Schwarze Peter ist. Es

kann auch so gespielt werden, daß vorher unbekannt bleibt, welches Plättchen der Schwarze Peter ist.

Spielvorschläge mit einem „belebten" strukturierten Material, den 24 Eimeln (FLOER/SCHIPPER, 1977a), kleinen „Käfern" in 2 Größen, 4 Farben und 3 Mustern findet man bei FLOER (1982). Bei diesen Spielen wird besonders deutlich, was für alle Aktivitäten zum Stichwort „Strukturelle Leitbegriffe" im Anfangsunterricht gilt: Es kommt nicht auf abprüfbares Wissen, nicht auf schnelle Standardreaktionen auf Routineprobleme an, nicht auf eine festgelegte Nomenklatur („Dies ist die Menge aller . . ."). Wichtig ist einzig und allein, daß den Kindern Gelegenheit gegeben wird, ein kleines Stück Mathematik zu betreiben, Dinge zu vergleichen, Eigenschaften zu entdekken, Vermutungen anzustellen, zielgerecht zu reagieren, mit den Mitschülern Probleme und mögliche Lösungswege zu besprechen usw. Entscheidungen über den Wahrheitswert von Aussagen und die logischen Partikel *und, oder, nicht* spielen dabei *implizit* eine Rolle; sie werden aber nicht problematisiert, erst recht nicht als Symbole ($\wedge$, $\vee$, $\neg$) aufgeschrieben. Das Gleiche gilt auch für Mengenoperationen: Sie werden durchgeführt, nicht aber symbolisch ($A \cap B$, $A \cup B$) notiert.

(2) Beispiele aus der Arithmetik

Die für die Grundschulmathematik wichtigste „strukturierte Menge" sind die natürlichen Zahlen. Das Entdecken von Eigenschaften dieser Zahlen, das Ausgliedern und Untersuchen von Teilbereichen, Ordnen, Sortieren, Vergleichen, Zuordnen gehören zu den wichtigsten Aktivitäten, die helfen, diese Zahlen besser kennenzulernen, sinnvoller mit ihnen umzugehen, gleichsam ihre „Architektur" durch das Aufdecken von Strukturen zu begreifen. Immer geht es dabei um Eigenschaften von Zahlen, um Relationen, Verknüpfungen und um Abbildungen. Bei solchen Untersuchungen kann die Mengensprache ein nützliches Hilfsmittel sein. Sie in den Vordergrund zu rücken und die Zahluntersuchungen zu Anwendungen der Mengensprache zu degradieren, wäre dagegen eine genaue Verkehrung des eigentlichen Anliegens.

∗ *Zahlabschnitte*

Zahlabschnitte (Intervalle) werden auf dem Zahlenstrahl markiert, in Venn-Diagramme geschrieben oder mit Hilfe von Mengenklammern notiert. Nun sieht man sie alle vor sich und kann zu weiteren Untersuchungen ansetzen.

Markiere die Zahlen am Zahlenstrahl, von 80 bis 90 mit einem Kringel, von 87 bis 93 mit einem Kreuz.

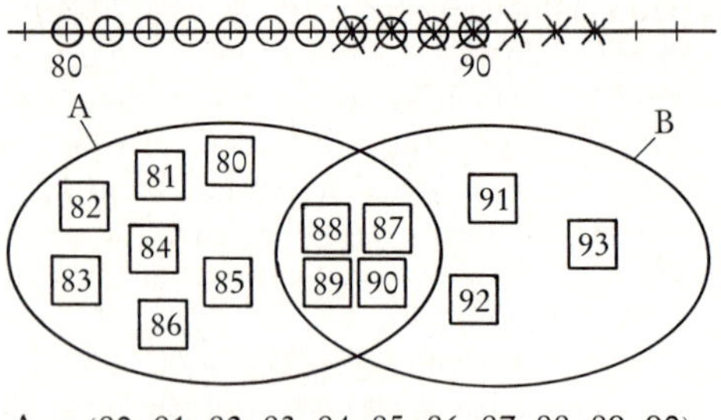

A = {80, 81, 82, 83, 84, 85, 86, 87, 88, 89, 90}
B = {87, 88, 89, 90, 91, 92, 93}

Zu A gehören die Zahlen *von* 80 *bis* 90; das sind die Zahlen *zwischen* 79 und 91, alle Zahlen, die *größer* sind *als* 79 *und kleiner als* 91. Zu B gehören . . .

- Wie viele Zahlen gehören zu A, zu B? Welche gehören zu A *und* zu B; zu A, aber *nicht* zu B; zu A *oder* B? Wie viele Zahlen sind das?
- Grundmenge ist der Zahlenraum bis 100. Wieviel Zahlen gehören nicht zu A, nicht zu B?
- Wie heißt die mittlere Zahl von A (von B)? Wie groß ist die Summe, wenn man alle Zahlen von A (von B) addiert? Wie ändert sich die Summe, wenn der ganze Zahlenabschnitt um 1 (2, 3, . . .) nach rechts, nach links verschoben wird?

∗ *Zahlen mit bestimmten Eigenschaften:*

G = {1, 2, 3, . . . , 50}

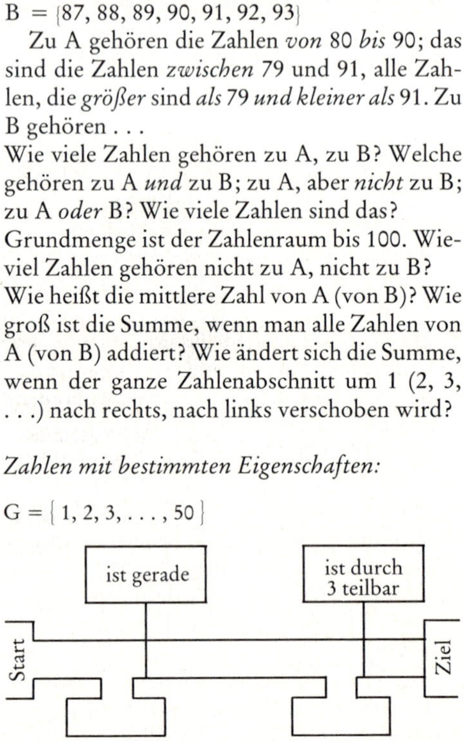

Weitere Eigenschaften:
- ist ungerade
- Zehnerzahl
- Nachbar einer Zehnerzahl
- Primzahl
- Quadratzahl
- ist Teiler von . . .
- ist Vielfaches von . . .
- hat als Quersumme . . .
- ist zweistellig
- u.v.a.m.

Was geschieht, wenn man 2 gerade Zahlen addiert/miteinander multipliziert? Wie ist es bei 2 ungeraden Zahlen, bei einer geraden und einer ungeraden Zahl? Was geschieht, wenn man 2 Vielfache von 5 (Zehnerzahlen, Quadratzahlen, . . .) addiert/miteinander multipliziert?

* *Vielfache und Teiler*
Markiere die Vielfachen von 4 mit einem Kreis, die Vielfachen von 6 mit einem Kreuz.

1	2	3	(4)	5	6 ×	7	(8)	9	10
11	(12) ×	13	14	15	(16)	17	18 ×	19	(20)
21	22	23	(24) ×	25	26	27	(28)	29	30 ×
31	(32)	33	34	35	(36) ×	37	38	39	(40)
41	42 ×	43	(44)	45	46	47	(48) ×	49	50
51	(52)	53	54 ×	55	(56)	57	58	59	(60) ×
61	62	63	(64)	65	66 ×	67	(68)	69	70
71	(72) ×	73	74	75	(76)	77	78 ×	79	(80)
81	82	83	(84) ×	85	86	87	(88)	89	90 ×
91	(92)	93	94	95	(96) ×	97	98	99	(100)

- Wenn man von einem Kreis (Kreuz) 2 Felder nach rechts und ein Feld nach unten geht, trifft man wieder einen Kreis (ein Kreuz). Woran liegt das?
  Wie ist es, wenn man 2 Felder nach links und ein Feld nach unten geht, nur 2 Felder nach unten . . .?
- Ist die Summe (das Produkt) zweier Vielfachen von 4 (von 6) wieder ein Vielfaches von 4 (von 6)? Gilt das auch für die Teiler einer Zahl?

Vergleiche beide Tabellen. Was fällt auf? Woran liegt das wohl?

ist Teiler von

	3	4	6	12	18	24
3	×		×	×	×	×
4		×		×		×
6			×	×	×	×
12				×		×
18					×	
24						×

ist Vielfaches von

	3	4	6	12	18	24
3	×					
4		×				
6	×		×			
12	×	×	×	×		
18	×		×		×	
24	×	×	×	×		×

* *Vielfachen- und Teilermengen*

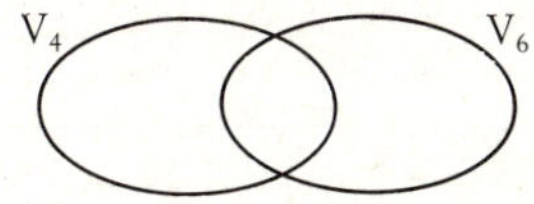

Wie ist es mit den Vielfachen von 3 und den Vielfachen von 6? Warum bleibt im Venn-Diagramm bei diesen Zahlen ein Feld leer? Wie sieht es im Kasten-(Karnaugh-)diagramm aus?

	Vielfaches von 3	kein Vielfaches von 3
Vielfaches von 6		
kein Vielfaches von 6		

- Wir stellen solche Kastendiagramme auch her für Teilermengen:
  Teiler von 12/Teiler von 30
  Teiler von 18/Teiler von 36
  Was fällt auf?

* *Anzahl der Teiler einer Zahl*
Sortiere die Zahlen von 2 bis 30 nach der Anzahl ihrer Teiler.

2 Teiler	2, 3, 5,
3 Teiler	4,
4 Teiler	6,

- Zahlen mit genau 2 Teilern heißen Primzahlen.
- Was fällt an der Tabelle sonst noch auf?

* *Zahlen mit gleichen Resten bei der Division durch . . .*
Division durch 6

Rest 0	0, 6,
Rest 1	1, 7
Rest 2	2,

- Was geschieht, wenn man zwei Zahlen derselben Sorte/verschiedener Sorten addiert/multipliziert? Von welcher Sorte ist das Ergebnis?
- Sortiere die gleichen Zahlen nach ihren Resten bei der Division durch 3. Wohin kommen jetzt die Zahlen, die bei der Division durch 6 den Rest 3 (4, 5, 0 . . .) hatten? Warum?

* *Große Zahlen und ihre Bausteine*
Wir zerlegen Zahlen in ihre Bausteine. Verschiedene Wege sind möglich.

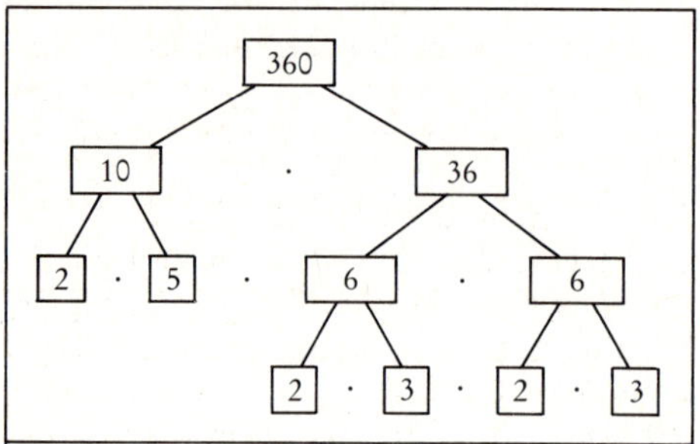

$360 = 2 \cdot 2 \cdot 2 \cdot 3 \cdot 3 \cdot 5$

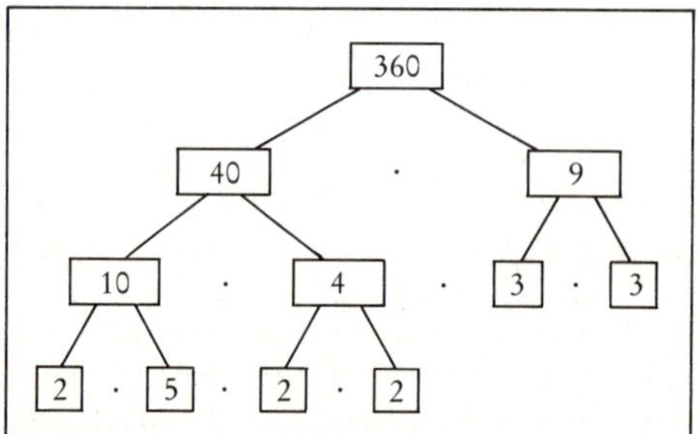

$360 = 2 \cdot 2 \cdot 2 \cdot 3 \cdot 3 \cdot 5$

Alle Wege führen am Ende zu den Bausteinen von 360.

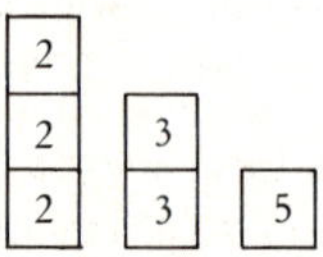

Die Bausteine sind auch Teiler von 360. Aus ihnen kann man noch weitere Teiler aufbauen.

Teiler von 360

2	3	5	2 · 3	3 · 5
2	3	5	6	15

2 · 3 · 5	3
30	

Dies sind die Bausteine von 500.

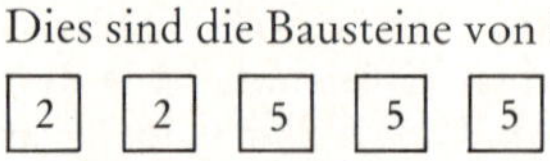

Aus diesen Bausteinen kann man die Zahl 500 wieder zusammensetzen. Es gibt viele verschiedene Wege. Alle möglichen Wege kann man übersichtlich in einem Zahlenfeld darstellen. In diesem Feld findet man alle Teiler der Zahl 500.

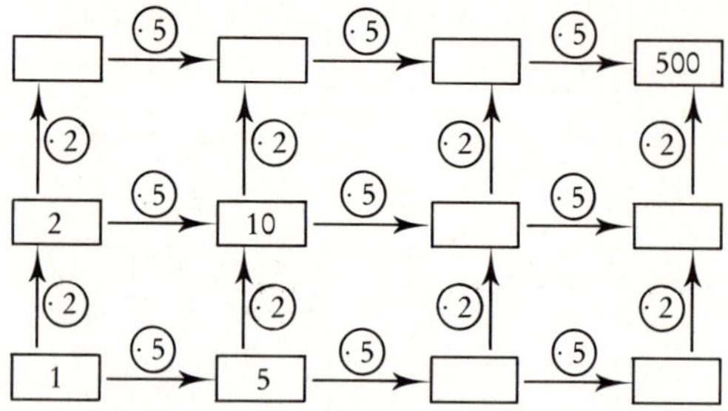

(3) Beispiele aus der Geometrie
Strukturelle Leitbegriffe als ein Unterrichtsprinzip kommt auch bei vielen geometrischen Fragestellungen zum Tragen, angefangen bei einfachsten Sortierungen nach geometrischen Eigenschaften bis hin zum genauen Studium von Symmetrien, bis zur Analyse von Bandornamenten und Parkettierungen.

* *Sortieren von Flächen und Körpern*
– Auf dem Fußboden liegen viele Gegenstände, Bälle, eine Milchdose, Kartons in verschiedenen Größen in Würfelform, als Quader oder als Dreieckssäule, eine Kerze, eine runde Holzscheibe u.v.a.m. Welche Gegenstände kann man rollen, mit welchen kann man bauen, mit welchen ist beides möglich?
Welche Gegenstände sind Würfel, Quader, Säulen mit unterschiedlichen Grundflächen, Tetraeder, . . .?
– Stücke aus Rechenpapier ausgeschnitten, immer an den Linien entlang. Welches ist das größte/das kleinste, welche sind gleich groß? Wer kann sie alle der Größe nach ordnen? Wer kann ein 16 Kästchen großes Stück ausschneiden, das den kürzesten/den längsten Rand hat, einen Rand von genau 20 Kästchenlängen, von genau 18 Kästchenlängen?
– Unsere Papierstücke sind Zimmergrundrisse. Wir stellen eine Stehlampe hinein. Wo muß die Lampe stehen, damit das ganze Zimmer (ohne Schattenbildung) ausgeleuchtet wird?

Hier geht es überall,

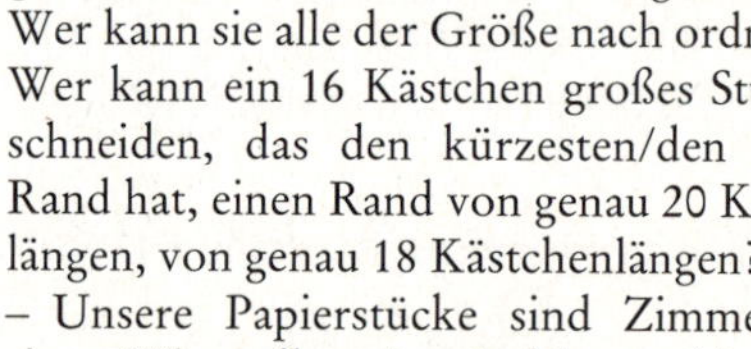
(konvex)

hier nur an einigen Stellen, (sternförmig)

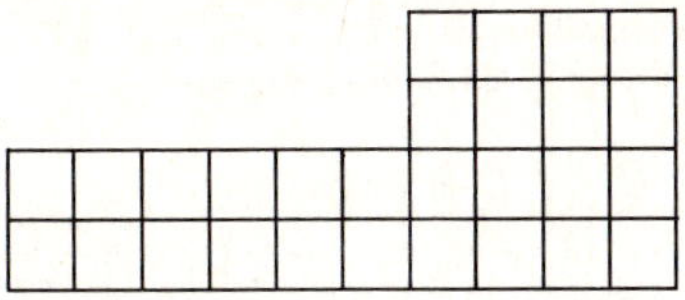

hier gar nicht (nicht sternförmig)

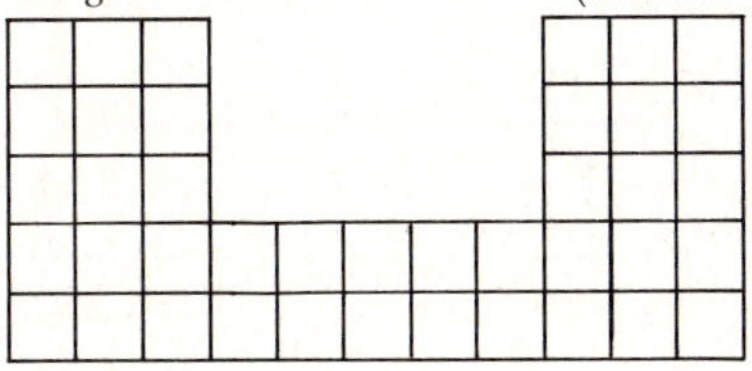

∗ *Systematisches Zählen*

– Bei diesem Hochhaus sehen die gegenüberliegenden Fassaden (vorn/hinten bzw. links/rechts) völlig gleich aus.
Wie viele Fenster hat es?

links 15, rechts 15	30
vorn 18, hinten 18	36
zusammen	66

oder

im Erdgeschoß	10
in jedem anderen Stockwerk 14	56
zusammen	66

– Wieviel Quadrate bilden die Außenfläche?

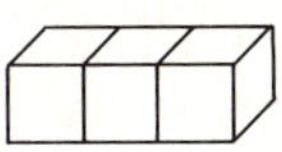

vorn	3
oben	3
hinten	3
unten	3
links	1
rechts	1
zusammen	14

oder

beim linken Würfel	5
beim mittleren Würfel	4
beim rechten Würfel	5
zusammen	14

oder
3 Würfel haben 18 Seiten, davon werden 4 Seiten verdeckt; also 14 Außenflächen!

– Wieviel Quadrate sind es bei diesen Würfelanordnungen?

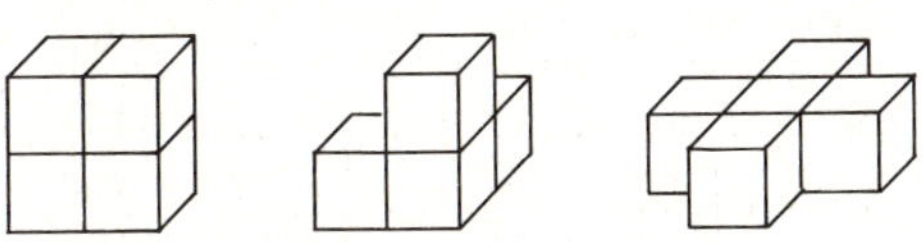

– Weitere geometrische Beispiele findet man auf den Seiten 148 ff.

(4) *Beispiele aus dem Bereich Sachaufgaben/Anwendungen*

Sachaufgaben und Anwendungen – sofern es sich nicht nur um eingekleidete Aufgaben zum Einüben der arithmetischen Inhalte handelt – bieten vielfältige Gelegenheiten für logische Überlegungen, zum Ordnen, Sortieren, Klassifizieren, Vergleichen usw. Anregungen findet man in diesem Handbuch auf den Seiten 10 ff. und 129 ff., bei Floer (1982, S. 113 ff.) zu den Themen „Klassenausflug", „Mathematik für Zeitungsleser" (Test: Gleitschuhe, ein Bundesliga-Spieltag) und „Das neue Auto" und bei Beck(1981).

Bei einer an strukturellen Leitbegriffen orientierten Behandlung von Sachaufgaben geht es nicht darum, schnell zu irgendwelchen „Lösungen" zu kommen. Im Mittelpunkt stehen vielmehr Durchdenken, Strukturieren, Verstehen, Vereinfachen, Erweitern der Sachsituation selbst. Ein solcher Unterricht fordert von der Lehrerin neben einer fundierten Kenntnis der Sache eine ganz gehörige Portion pädagogischen Geschicks, die Beiträge der Schüler in die rechten Bahnen zu lenken, ohne allzu dirigistisch aufzutreten.

Wegen der Vielzahl möglicher Sachsituationen ist eine auch nur annähernd vollständige Auflistung nicht möglich. Strukturelle Überlegungen sind fast immer möglich (vgl. Floer, 1982, S. 113 und in diesem Handbuch S. 10 ff.)

- bei Situationen aus der schulischen Umgebung (Klassenfahrt, Schulfest, Stundenplan, Bundesjugendspiele, Schulferien . . .)
- bei Situationen aus dem Alltag (zu Hause, Arbeit und Freizeit, Urlaub und Reisen, Wohnen, Essen und Trinken, . . .)
- bei Situationen aus dem Lebensraum der Kinder und der Erwachsenen (Leben in Dorf und Stadt, Berufe, auf dem Spielplatz, Hobby, Verkehr, Post, Wasserversorgung, Elektrizität, . . .)
- bei Situationen aus dem großen Bereich allgemeinerer Fragestellungen (Umwelt und Umweltschutz, Kinder bei uns und anderswo, wie man in . . . wohnt, Misereor und Adveniat, u.v.a.m.)

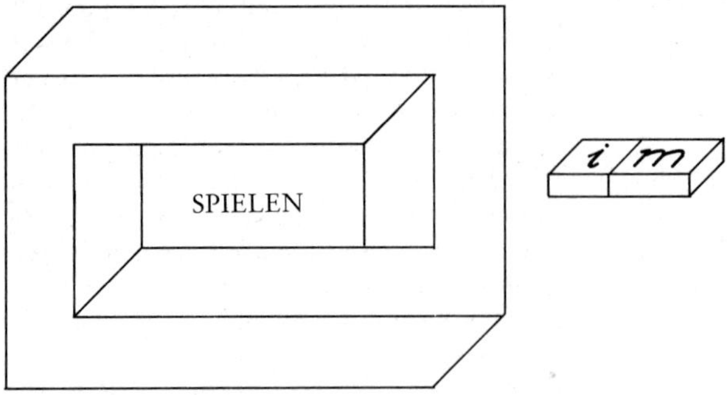

RÖSSELSPRUNG

Anfang

M	R	E	N	I
M	U	T	I	H
R	A	H	K	T
T	A	E	T	C

Ende

3. Zum Unterrichtsprozeß

3.1. Spielen im Mathematikunterricht

3.1.1. Statt einer Begriffsbestimmung

Seit den Anfängen der Pädagogik wird versucht, das Spiel des Kindes für pädagogische Zwecke zu nutzen. Die damit verbundenen Absichten und die hinter ihnen stehenden Vorstellungen über den Stellenwert von Spielen im Lehr- und Lernprozeß sind aber bei weitem nicht einheitlich:

* Spielzeug in der Hand des Kindes soll verhindern, daß andere Gegenstände zerbrochen werden (ARISTOTELES);
* das gesamte Spiel des Kindes dient dem Erlernen nützlicher Fähigkeiten, so daß Auswahl und Durchführung der Spiele genau vom Erwachsenen kontrolliert werden müssen (LOCKE);
* Spielen dient der Einübung von Kulturtechniken (MONTESSORI) u.v.a.m.

Insgesamt reicht die Palette der Überzeugungen von „nutzloser Tändelei" und „Eingebung des Teufels" bis hin zum Spiel als einzig wahrer menschlicher Selbstverwirklichung.

Entsprechend zahlreich sind die Ansätze, pädagogische, psychologische, philosophische, kulturhistorische, soziologische und viele andere Theorien des Spiels zu entwickeln. Allein die zu Papier gebrachte Diskussion darüber, was denn eigentlich „Spiel" ist, kann Bücherregale füllen.

Sicherlich wäre es wünschenswert, anhand einiger weniger Kategorien entscheiden zu können, was ein Spiel und was kein Spiel, eine „Perversion des Spiels" ist (obwohl mit einem solchen allseits anerkannten Kategoriensystem die Möglichkeit entfiele, weitere dicke Bücher *über* das Spiel – statt mit Spielvorschlägen – zu schreiben). Gäbe es derartige Kategorien, dann wäre vielleicht verhindert worden, daß so manche Aktivitäten im Mathematikunterricht der letzten Jahre als Spiel bezeichnet worden sind, die für nicht wenige Schüler eine größere Tortur und weitaus langweiligere Beschäftigung waren, als das Päckchenrechnen vergangener Zeiten. Nicht zuletzt diese „großzügige Verwendung" der Bezeichnung Spiel, dieses nicht selten falsche Etikett zum Aufpolieren langweiliger Übungsformen im Mathematikunterricht, hat dazu beigetragen, mathematische Lernspiele in Mißkredit zu bringen.

Die Frage, wann eine Aktivität im Mathematikunterricht ein Spiel ist, läßt sich nicht allgemeingültig beantworten. Ein und dieselbe Tätigkeit kann von verschiedenen Schülern völlig unterschiedlich empfunden werden. Selbst für das gleiche Kind kann eine Aktivität mal interessant und spannend sein, großen Spaß machen, kurz: ein Spiel sein, zu einem anderen Zeitpunkt aber als trist, langweilig und anstrengend empfunden werden. Ob eine Aktivität daher als Spiel angesehen wird, hängt von einem ganzen Bündel von Faktoren ab, von Faktoren, die sowohl die mehr oder weniger objektiv beschreibbare Seite der jeweiligen Tätigkeit betreffen, als auch von Faktoren, die in ganz entscheidender Weise von den subjektiven Merkmalen, Empfindungen und Vorerfahrungen des einzelnen Schülers abhängig sind.

Es gibt keine Möglichkeit, mit Hilfe objektiver Kriterien festzustellen, was ein Spiel ist. Aber man weiß, daß Tätigkeiten im Mathematikunterricht von den Schülern dann eher als Spiele angesehen werden,

* wenn diese Tätigkeiten tatsächlich freie Handlungsspielräume gewähren, insbesondere solche Handlungen ermöglichen, die nicht zum Standardrepertoire des Unterrichts gehören (Spiele mit Würfeln, schnipsen mit Flohspielplättchen, hüpfen auf einem Bein u.v.a.m.);

KITSCHEN

Wir brauchen Mühle-Spielsteine mit aufgeklebten Zahletiketten, einen Mühlestein als „Spielball", ein Lineal als Schieber oder Schnipser und einen möglichst glatten Tisch.

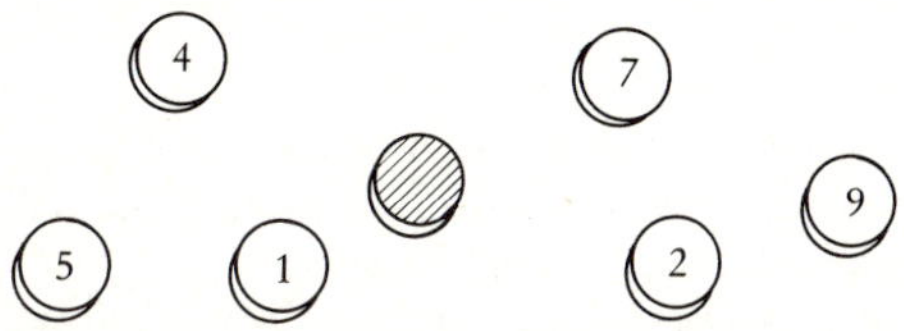

Man darf so lange weiterspielen, wie man mit dem „Spielball" einen Zahlenstein trifft. Die Zahlen werden addiert. Wer kommt genau auf 50? Man darf auch subtrahieren, wenn man über das Ziel hinaus geschossen ist.

* wenn der Spannungsbogen nicht zu groß ist. Wichtiger als ein großer (Spiel-)Erfolg nach einer langen Zeit der Anstrengung sind viele kleine Erfolgserlebnisse zwischendurch. Man denke nur an das Mensch-ärgere-Dich-nicht-Spiel, bei dem nicht nur der Sieg am Ende des Spiels Spaß macht, sondern auch die vielen kleinen Erfolgserlebnisse zwischendurch: jemanden hinauswerfen, mit Glück nicht hinausgeworfen werden, eine Sechs würfeln usw.
* wenn die zu erlernenden oder zu übenden Inhalte in eine Form gekleidet werden, die dem strukturellen Entwicklungsstand des einzelnen Schülers möglichst gut angepaßt ist.

Ein Lotto-Spiel mit Aufgaben des kleinen 1×1 ist für ein Kind sicher dann kein Spiel, wenn es die Aufgaben noch gar nicht kann. Kommt dann noch hinzu, daß die Spielgruppe sehr heterogen zusammengesetzt ist, dann verliert der schwache Schüler sofort jeden Spaß an diesem „Spiel". Ein solches „Spiel" wird für dieses Kind noch quälender als herkömmlicher Unterricht, weil mit dem Wort „Spiel" die Erwartung verknüpft wurde, auch einmal eine Chance zu haben.

Die im Spiel gestellten Aufgaben müssen von einem mittleren Erreichbarkeitsgrad sein, d. h. jeder einzelne Mitspieler muß die Chance haben, mit ein wenig Anstrengung und Nachdenken die Aufgaben zu lösen. Zu schwere und zu leichte Anforderungen zerstören jeden Spielreiz. In der Praxis wird dies zu Spieldifferenzierungen führen in der Art, daß eine Gruppe z. B. das Lotto-Spiel erst einmal nur mit den Aufgaben aus der Zweier- und Viererreihe spielt, während andere gleichzeitig sich schon mit dem schwierigen 1×1 der 7 im Spiel auseinandersetzen.

Schließlich werden Tätigkeiten im Mathematikunterricht eher als Spiele angesehen, wenn der Schüler mit Mathematik und mit Spielen im Mathematikunterricht schon positive Vorerfahrungen gemacht hat.

Wenn die Schüler Mathematik bisher als ein langweiliges und geisttötendes Aufschreiben von Rechenaufgaben, als Aufsagen von Merksätzen, nur als Anwendung strikt einzuhaltender Routinen kennen gelernt haben, dann kann nicht erwartet werden, daß sie alle ihre negativen Vorerfahrungen nur deshalb über Bord werfen, weil ihnen nun ein „Spiel" versprochen wird. Spielen im Mathematikunterricht darf sich nicht auf einige wenige Ausnahmen beschränken, die vom übrigen Unterricht isoliert sind oder – schlimmer noch – dazu im Gegensatz stehen. *Spielen ist vielmehr eine Geisteshaltung.* Es kommt darauf an, im ganzen Mathematikunterricht eine gelöste, spielerische Atmosphäre zu schaffen, auch dann, wenn nicht gerade „ein Spiel gespielt wird", sondern „normaler" Unterricht stattfindet. Dazu gehört z. B.

* die Auswahl von Problemen aus der Welt der Kinder, an denen in spannender Art und Weise Mathematik betrieben werden kann;
* ein Wechsel in den Erarbeitungs- und Übungsformen;
* das Akzeptieren von Fehlern als – wenn auch mißglückter – Versuch, eine Aufgabe selbständig zu lösen und nicht als Bestätigung dafür, daß der betreffende Schüler eben nur schlechte Leistungen zustandebringt;
* ein freundlicher, witziger, auch mit Überraschungseffekten versehener Unterrichtsstil u.v.a.m.

3.1.2. Lernspiele und Lernziele

Für nahezu alle Eltern, für die meisten Lehrer und für einen Teil der Fachdidaktiker ist es unumstritten: Die Stoffülle im Mathematikunterricht der Grundschule ist ungeheuer groß. Im Laufe der Jahre sind immer mehr Inhalte in die Richtlinien aufgenommen worden, ohne daß andere Inhalte in entsprechendem Umfang gekürzt oder gestrichen worden wären. Die Zeit für notwendige Übungen ist knapp bemessen. Zum Spielen bleibt scheinbar in dieser Situation nur in der letzten Stunde vor den Ferien Zeit.

Andererseits wissen die meisten Lehrer, daß in entspannten Situationen erfolgreicher gelernt wird, und akzeptieren, daß auch Mathematikunterricht den Schülern Spaß machen soll. Die Entscheidung für den häufigeren Einsatz von Spielen würde leichter fallen, wenn man wüßte, daß auch beim Spielen die mathematischen Inhalte (weiter-)gelernt werden.

Auf den ersten Blick enttäuschen die Forschungsergebnisse zur Frage der Effektivität von Lernspielen. Diese Enttäuschung bezieht sich auf die Anzahl solcher Untersuchungen, auf ihre Methoden und auch auf die Ergebnisse.

Im Vergleich zu vielen anderen pädagogischen Fragen gibt es zum Problemkreis Spielen und Lernen nur recht wenige empirische Untersuchungen. Es kommt hinzu, daß ein Teil der vorliegenden Untersuchungen nicht die Effektivität konkreter Spielmaßnahmen prüft, sondern Persönlichkeitsmerkmale von „Spielern“ und „Nichtspielern“ vergleicht oder Zusammenhänge zwischen häufigem Spielen und Intelligenz- und Kreativitätsfaktoren aufzudecken versucht. Dabei wird dann etwa festgestellt, daß Kinder, die gerne spielen, bei Kreativitätsaufgaben besser abschneiden als Kinder, die nicht so gerne spielen. Solche Untersuchungen sagen nur leider nichts aus über Ursache und Wirkung, erst recht nichts über die Effektivität des Einsatzes von Lernspielen mit dem Ziel der Förderung eines ganz bestimmten, fest umrissenen, inhaltlichen Lernziels. Wichtiger als solche Zustandsbeschreibungen wären Untersuchungen zu der Frage, ob ein mit didaktischen Intentionen „geladenes“ Spiel die intendierten Lernziele erreichen läßt und ob dies mindestens so gut oder gar besser möglich ist, als im herkömmlichen Unterricht.

Vorliegende Untersuchungen mit dieser Fragestellung liefern unterschiedliche Ergebnisse.

* Eine achtstündige, mit Spielen angereicherte Unterrichtseinheit zu topologischen Fragen im Mathematikunterricht der ersten Klasse führt nicht zu besseren, aber auch nicht zu deutlich schlechteren Leistungen in einem Topologietest, als eine gleichlange Unterrichtseinheit, in der statt zu spielen Arbeitsblätter bearbeitet werden (Schipper, 1981).
* Lernziele zur Achsensymmetrie lassen sich mit gutem Erfolg in einem Unterricht erreichen, in dem ein Teil der Inhalte in Spielen „erarbeitet“ und geübt wird.
* Das Zahlverständnis von Schulanfängern läßt sich mit geeignet ausgewählten und speziell dafür entwickelten Spielen besser fördern, als mit dem üblichen, am Schulbuch orientierten arithmetischen Anfangsunterricht (Floer/Schipper, 1975).
* Eine Förderung des räumlichen Vorstellungsvermögens durch entsprechende Spiele läßt sich nicht nachweisen (Rost, 1977).
* Eine Verbesserung der visuellen Wahrnehmungsfähigkeit von Vorschulkindern aufgrund einer 3 Wochen dauernden täglichen Spielzeit von 20 Minuten mit einer dafür geeignet erscheinenden „Lernspielkiste“ ist nicht nachweisbar (Vagt/Müller, 1976).

Aus diesen Untersuchungsbefunden wird deutlich, daß sich die Effektivität von Lernspielen (bzgl. inhaltlicher Lernziele) um so eher nachweisen läßt,

- je konkreter und begrenzter die mit den Spielen verfolgten Lernziele sind und
- je zielgerichteter die Lernspiele auf die jeweiligen didaktischen Intentionen zugeschnitten sind.

Raumvorstellung, visuelle Wahrnehmungsdifferenzierung und ähnliche allgemeine kognitive Fähigkeiten sind zu komplexe, eine zu große Bandbreite möglicher inhaltlicher Konkretisierungen abdeckende Intelligenzmerkmale, als daß sie sich in kurzer Zeit so nachhaltig beeinflussen ließen, daß in entsprechenden *allgemeinen Tests* deutliche Verbesserungen zu beobachten wären.

Konkrete Lernziele, Verhaltensänderungen in kleinerem Maßstab und mit bescheideneren Ansprüchen sind dagegen auch in relativ kurzer Zeit mit Hilfe von Spielen nachweisbar zu erreichen.

Allerdings sind mathematische Lernspiele keine Wundermittel, keine Arzneien, die alle möglichen Krankheiten beseitigen können. Spiele können dem Lehrer nicht die Unterrichtsvorbereitung abnehmen. Wenn mit einem Spiel ein ganz bestimmtes Lernziel erreicht werden soll, dann muß das Spiel daraufhin sehr sorgfältig ausgesucht bzw. neu konzipiert werden. Genau wie „normaler Unterricht" ist ein Unterricht mit Spielen um so effektiver, je besser die Unterrichtsplanung ist, je genauer die Ziele abgesteckt und mögliche Wege zu den Zielen geebnet sind. Das Spiel ist für den Lehrer weder in der Unterrichtsvorbereitung noch in der Unterrichtsdurchführung weniger aufwendig als „Normalunterricht"; für das Kind kann es ein Weg des leichteren und effektiveren Lernens, eines Lernens mit größerem Spaß sein. Eine Mühe, die sich lohnt, weil dem Kind Mühe abgenommen wird.

3.1.3. Lernchancen

Die empirischen Untersuchungen zur Frage der Effektivität von (mathematischen) Lernspielen lassen nur einen gedämpften Optimismus zu. Nur selten ist es bisher gelungen aufzuzeigen, daß ein mit Spielen angereicherter Mathematikunterricht ebenso effektiv oder gar effektiver ist als ein herkömmlicher, mehr am Schulbuch und an Arbeitsblättern orientierter Unterricht.

Größerer Optimismus ist allerdings gerechtfertigt, wenn man sich einige der methodologischen Probleme solcher empirischen Untersuchungen vergegenwärtigt.

* Die an dem Versuch beteiligten Schüler haben häufig schon ihre Schulerfahrungen, die vielleicht schon zu stabilen Einstellungseffekten geführt haben. In der Kürze der Zeit können diese kaum geändert werden und überlagern deshalb die Ergebnisse.
* Schon für herkömmliche Unterrichtsmethoden ist es oft schwierig, ihre Effektivität in empirischen Studien zu belegen. Der Nachweis wird um so schwieriger, je größer die Distanz zwischen Lern- und Testmaßnahme, je größer also die vom Schüler geforderte Transferleistung ist.
* Jede vergleichende Studie, die die „Buchmethode" mit einer „Spielmethode" vergleicht, benachteiligt schon vom Prüfverfahren her die „Spielmethode", weil von den Schülern dieser Gruppe größerer Transferleistungen vom Spiel zum Test gefordert werden als von den anderen Schülern, deren Lernen „testnaher" stattfindet.

Diese methodologischen Schwierigkeiten, unterschiedliche Fragehaltungen, Erwartungen, Ziel- und Wertvorstellungen von Pädagogen und Fachdidaktikern und viele Gründe mehr sind ausschlaggebend dafür, daß bisher das Lernen beim Spielen nicht systematisch-inhaltlich untersucht worden ist. Weder das Fehlen solcher Studien noch der fehlende Nachweis der Effektivität einzelner Spielmaßnahmen können aber als Belege für die Unmöglichkeit spielenden Lernens angesehen werden.

Es kann vielmehr angenommen werden, daß sich mit Lernspielen vielfältige Aspekte menschlicher Fähigkeiten und Fertigkeiten fördern lassen, auch wenn die Erfolge nicht immer unmittelbar erkennbar sind.

Lernspiele im Mathematikunterricht eröffnen inner- und außermathematische *Lernchancen.*

1) Mit mathematischen Lernspielen kann im Unterricht erworbenes Wissen geübt und gefestigt werden.
2) Mit mathematischen Lernspielen können erste Einsichten zu einem Geflecht von Beziehungen und Kenntnissen ausgebaut werden.
3) Mit mathematischen Lernspielen kann in neue Inhalte des Mathematikunterrichts der Grundschule eingeführt werden.
4) Mit mathematischen Lernspielen können Fähigkeiten gefördert werden, die nicht spezifisch sind für bestimmte Inhalte, sondern in vielen Bereichen des Mathematikunterrichts Anwendung finden.
5) Mathematische Lernspiele ermöglichen Differenzierungen und Individualisierungen des Lernens und können dadurch zum Abbau von Lernschwierigkeiten beitragen.
6) Mathematische Lernspiele können zum sozialen Lernen beitragen.

1. Lernchance
Mit mathematischen Lernspielen kann im Unterricht erworbenes Wissen geübt und gefestigt werden.

Das Spiel zum Einüben mathematischer Kenntnisse ist die wohl bekannteste und im Unterricht am häufigsten praktizierte Form des mathematischen Lernspiels. Spiele dieser Art werden nicht selten auch von Eltern gekauft, um vermeintliche oder tatsächliche Übungsdefizite der Schule auszugleichen. Inhaltlich geht es bei diesen kommerziellen Übungsspielen zur Mathematik fast immer um die beiden wichtigsten Memorierstoffe des Mathematikunterrichts der Grundschule, um das „Kleine 1 + 1“ oder um das „Kleine 1 × 1“ oder um Übungen zum Zahlbegriff. Solche Spiele werden von verschiedenen Lehrmittel- und Spieleherstellern bzw. -vertreibern angeboten. Bei der Mehrzahl der Spiele handelt es sich um Domino- oder Lottospielformen. Die weitaus größte Gruppe bilden die Dominospiele. Sie sind bereits im Kap. 2.1 beschrieben (vgl. S. 61 f.).

Lotto-Spiele

* Zählen und rechnen von 1 bis 20 (Spear-Spiele, Nürnberg)
* Wer kann rechnen? (Schmidt-Spiele, München) u.v.a.m.

Beim „*Zählen und rechnen*“ sind zu den Zahlen, die aufgerufen werden, Rechenaufgaben zu finden. Bei einem Teil der Grundkarten sind die Additions- und Subtraktionsaufgaben durch entsprechende Situationsdarstellungen graphisch unterstützt. Die Grundkarte und Zahlenplättchen sind so mit Zapfen bzw. Löchern versehen, daß nur die richtigen Ergebnisse passend abgelegt werden können.

„*Wer kann rechnen?*“ enthält das „Bilder-Domino“ (vgl. S. 62) und ein Lotto-Spiel mit 4 Aufgabentafeln und 36 Zahlenkarten. Eine Hälfte der

Domino-Karten enthält jeweils eine geschriebene Zahl (bis 10), die andere Hälfte Bilder von konkreten Objekten (Tiere, Früchte ...) bzw. strichförmige Zahlendarstellungen. Im Lotto-Spiel werden Additions- und Subtraktionsaufgaben und einfache Multiplikationen gefordert. Zu der Zahl ist die jeweilige Rechenaufgabe zu finden.

Die Vorteile dieser im Handel erhältlichen Lernspiele liegen auf der Hand.

* Die Lernspiele ermöglichen ein gezieltes Training für solche Schüler, die gerade diejenigen Inhalte einüben müssen, die im Spiel angesprochen werden.
* Die Organisation von Differenzierungs- oder gar Individualisierungsmaßnahmen ist wenig aufwendig und sogar kurzfristig, ohne langwierige Vorarbeiten möglich, wenn die entsprechenden Spiele jederzeit (z. B. im Klassenschrank) zur Verfügung stehen. Damit ist die Voraussetzung geschaffen, auf einige Probleme, die während des Unterrichts entstehen können, flexibel reagieren zu können.

Allerdings dürfen auch die Nachteile dieser Lernspiele nicht übersehen werden.

* Die Preise sind z. T. recht hoch. Insbesondere wenn Mehrfachexemplare angeschafft werden sollen, kann der Etat der Schule schnell ausgeschöpft sein.
* Die Einsatzmöglichkeiten der meisten Spiele sind stark eingeschränkt; sie sind nur brauchbar – und dann immer nur für einen begrenzten Zeitraum – für solche Kinder, die genau bei dem im Spiel geförderten Aspekt Defizite aufweisen.
* Die geringe Flexibilität der Spiele birgt die Gefahr, daß die Kinder „den Spielen angepaßt“ und nicht umgekehrt für die spezifischen Bedürfnisse der einzelnen Schüler Spiele ausgewählt werden. So hilft ein Domino-Spiel zum kleinen 1 × 1 herzlich wenig, wenn das Kind noch kein Grundverständnis für die Multiplikation hat und ihm die Einsicht in den Aufbau und den Zusammenhang von 1 × 1-Reihen fehlt. Der Einsatz eines solchen Spiels ist nur dann sinnvoll, wenn diese Kenntnisse vorhanden sind und wenn es nur noch darum geht, das kleine 1 × 1 bis zur sicheren Beherrschung auswendig lernen zu lassen. Dann aber ist dieses Spiel tatsächlich eine der vielen möglichen Spiel- und Übungsformen.

Wegen der fehlenden Flexibilität dieser Spiele und weil für viele Bedürfnisse des Mathematikunterrichts einfach keine fertigen Spiele zur Verfügung stehen (z. B. für das häufig vernachlässigte Einüben der Divisionsaufgaben des kleinen 1×1), wird es manchmal notwendig sein, Spiele selbst herzustellen. Sicherlich ist das bei weitem aufwendiger, und das Spielmaterial wird graphisch weniger anspruchsvoll und nicht so haltbar sein, aber es ist eine Mühe, die sich wegen wiederholter Einsatzmöglichkeiten der Spiele und wegen der Möglichkeit der individuellen Anpassung der Anforderungen an die Bedürfnisse und Möglichkeiten der Schüler lohnt. Hinzu kommt, daß moderne Vervielfältigungsverfahren einen Teil der Arbeiten erleichtern. Außerdem ist es sicher nicht schädlich, etwas ältere Schüler bei der Herstellung der Spiele zu beteiligen.

Das Selbermachen wird da unumgänglich, wo Spiele eingesetzt werden sollen, die nicht nur vorhandenes Wissen einüben, sondern die ersten Bausteine eines Wissensbereiches zueinander in Beziehung setzen und zu einem tragfähigen Fundament von Einsichten und Zusammenhängen ausbauen sollen.

2. Lernchance
Mit mathematischen Lernspielen können erste Einsichten zu einem Geflecht von Beziehungen und Kenntnissen ausgebaut werden.

Eine der wichtigen Aufgaben des Mathematikunterrichts ist sicher die Fertigkeitsübung: Kleines $1 + 1$ und Kleines 1×1 sind bis zur Fertigkeit einzuüben, zu automatisieren. Dies gilt auch für einige andere Bereiche des Mathematikunterrichts, z. B. für die schriftlichen Rechenverfahren. Ein möglicher Weg zur Automatisierung dieser Techniken ist die ständige Wiederholung gleicher Aufgaben so lange, bis die Zahlensätze auswendig gewußt oder bis die schriftlichen Rechenverfahren „im Schlaf beherrscht" werden. Viele der bisher genannten Spiele, vor allem die meisten der kommerziellen Lernspiele und Übungsformen (vgl. S. 192 ff.) sind solche Fertigkeitsübungen.

Ein anderer Weg, Kenntnisse zu vertiefen und sicherer beherrschen zu lassen, ist die Durchführung von Übungen, die auf eine Vertiefung der Einsicht in den Sinnzusammenhang abzielen. Solche Übungen beschränken sich nicht darauf, Aufgaben vom immer wieder gleichen Typ zu stellen. Es geht vielmehr darum, durch die Art der Aufgabenstellung Überlegungen in Gang zu setzen, die tiefer in den Kern der Materie eindringen. Dazu gehören Spiel- und Übungsformen,

* die eine gründlichere Analyse der Zahlen, ihrer Eigenschaften und ihrer Beziehungen untereinander in Gang setzen;
* die das Operationsverständnis vertiefen, z. B. dadurch, daß die Beziehungen zwischen den Operationen thematisiert oder Eigenschaften der 4 Grundrechenarten so ausgenutzt werden, daß ein möglichst gutes Spielergebnis erzielt wird;
* die Aufgaben stellen, die so offen sind, daß viele einzelne Teilaufgaben probiert, geprüft und verworfen, neu gerechnet werden müssen, bis das Ziel erreicht ist.

Einige solcher Spielformen im Sinne operativer Übungen werden hier vorgestellt. Weitere Spiele mit dem Ziel, vorhandene Einsichten zu einem Geflecht von Beziehungen und Kenntnissen auszubauen, werden im Kapitel 3.1.4 vorgestellt.

Umzingeln
Eine vorher festgelegte Zielzahl wird mittels Addition und Subtraktion so lange „umzingelt", bis ein Spieler sie genau getroffen hat. Dabei entscheidet nicht gute Rechenfertigkeit sondern das Kartenglück über den Sieg; auch weniger sichere und schnelle Rechner können mit etwas Glück gewinnen.

Spielmaterial ist ein Romme-Blatt mit Jokern (oder ein selbstgemachtes Spiel mit Zahlenkarten – mindestens je viermal die Werte 1 bis 10 – und Jokern). Das As zählt 1, die Karten 2 bis 10 zählen die jeweiligen Werte, die Bilder (Bauer, Dame, König) je 10 Punkte.

8 – 15 – 18 – 22 – 32 – 42 – 36 – 37

Treffer!

Zu Beginn des Spiels wird eine Zielzahl (möglichst zwischen 20 und 50) festgelegt und auf ein Blatt Papier geschrieben. Alle Karten werden gemischt und verdeckt aufgestapelt. Wer an der Reihe ist, zieht eine Karte, legt sie offen auf den

Stapel schon gezogener und abgelegter Karten und addiert den Kartenwert zu der letztgenannten Zahl. Es darf auch subtrahiert werden, wenn der Vorgänger schon über das Ziel hinausgeschossen ist. Wer die Zielzahl genau trifft, gewinnt einen Punkt (Rechenplättchen o. ä.). Für den Joker darf jeder beliebige Zahlenwert eingesetzt werden.

Wird eine Zielzahl in der Nähe eines vollen Zehners gewählt, dann kreisen viele Rechnungen um diese Zahl mit der Folge, daß viele Additionen und Subtraktionen einstelliger Zahlen mit Zehnerüberschreitung geübt werden.

Zahlentorspiele

Zum Spiel gehören ein Spielplan, Gewinnpunkte (Rechenplättchen o. ä.), Regelkarten, 2 verschiedenfarbige Würfel und für jeden der bis zu 3 Mitspieler eine Spielfigur.

Vor Beginn des Spiels werden die Regelkarten entweder zufällig oder ausgewählt nach didaktischen Zielsetzungen auf die „Tore“ gelegt; die Gewinnpunkte werden auf die Plätze verteilt.

Das Spielfeld ist ein Straßennetz. Die einzelnen Straßen führen durch Tore, die nur dann passiert werden dürfen, wenn man die entsprechende „Durchgangsgenehmigung“ vorweisen kann. Diese kann man mit etwas Glück erwürfeln.

Tore . . . und ihre Bedeutungen

Das Tor darf passiert werden, wenn

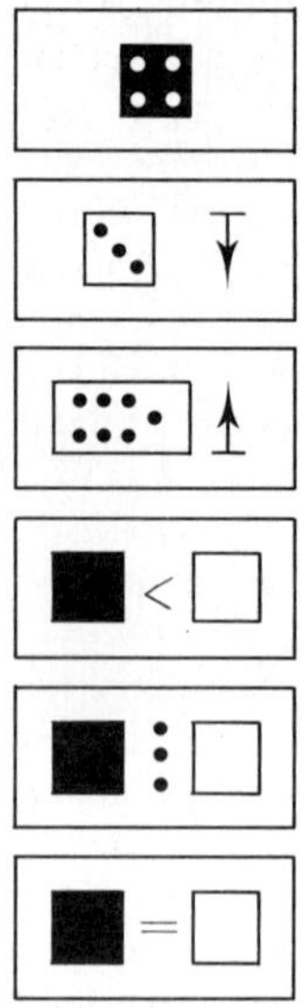

der schwarze Würfel eine 4 zeigt.

mit dem weißen Würfel eine 3 oder weniger geworfen wurde.

beide Würfel zusammen 7 oder mehr Augen haben.

der schwarze Würfel eine kleinere Zahl zeigt als der weiße.

die Augenzahlen beider Würfel sich um 3 unterscheiden.

ein Pasch gewürfelt wurde.

Nur wenn die „Durchgangsgenehmigung“ erwürfelt wurde, darf man zum nächsten Platz weitergehen und die Gewinnpunkte einsammeln, wenn niemand anders sie vorher schon gewonnen hat. Das Spiel endet, sobald der erste das Zielfeld erreicht hat. Wer hat die meisten Punkte?

Spielplan zum Zahlentorspiel:

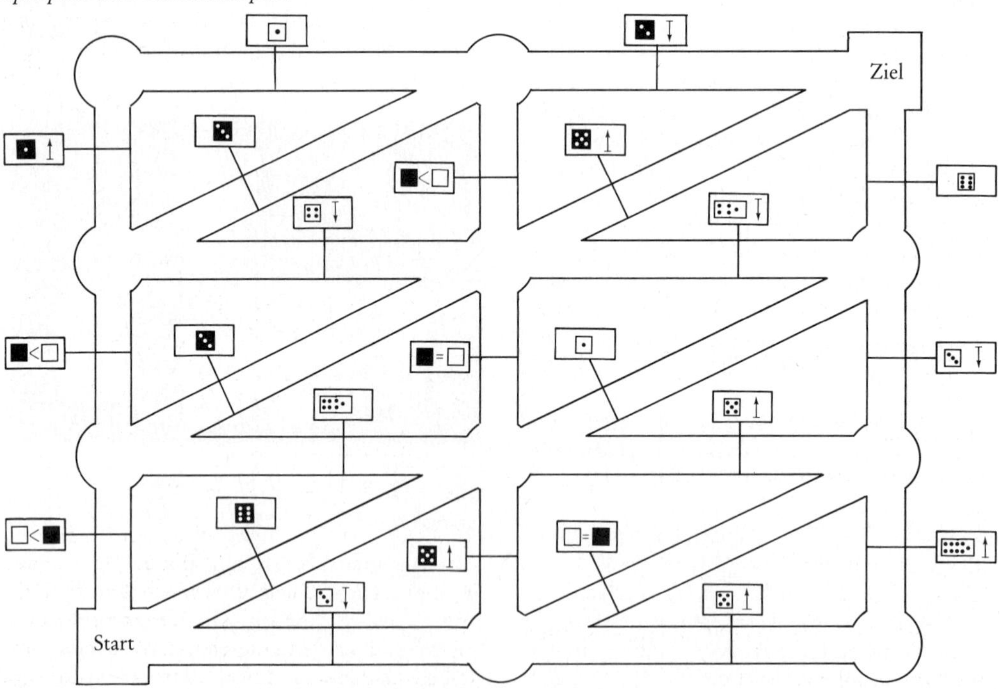

Für ältere Kinder können die Regeln variiert werden. Die Würfel dürfen zu zweistelligen Zahlen zusammengesetzt werden, 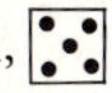 und  zu 51 oder zu 15. Neue Regelkarten werden auf die erweiterten, nun zu vertiefenden Zahlkenntnisse der Schüler abgestimmt.

☐☐	ist ein Vielfaches von 3	liegt zwischen 50 und 60
☐☐	kann man durch 5 teilen	ist kleiner als 25
☐☐	ist gerade	ist eine Primzahl

Zahlen-Scrabble
Grundidee: Zahlenkarten werden so kombiniert, daß eine zuvor festgelegte Zielzahl genau erreicht wird. Jede Rechenart ist erlaubt.

Gespielt wird mit einem Romme-Blatt ohne Joker. As zählt 1, Bilder 10 und die Zahlenkarten 2 bis 10 die entsprechenden Werte. Es geht natürlich auch mit jedem selbstgemachten Kartenspiel mit entsprechenden Zahlenkarten.

Nach dem Mischen erhält jeder 8 Karten. Wer damit die vorher festgelegte Zielzahl erreicht, erhält einen Punkt. Jeder darf so lange probieren, bis er es geschafft hat oder glaubt, es geht nicht. Dann wird neu gegeben.

Zielzahl 36
1. Beispiel:

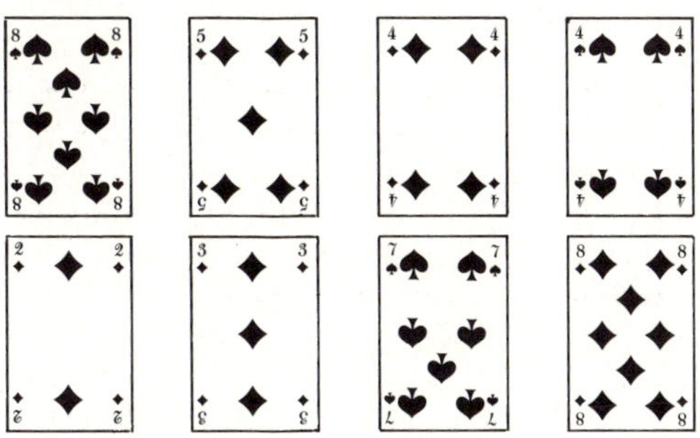

8 —(· 5)→ 40 —(− 4)→ 36

4, 2, 3, 7 und 8 werden nicht gebraucht.

oder

4 —(· 8)→ 32 —(: 8)→ 4 —(: 4)→ 1

—(· 7)→ 7 —(· 5)→ 35 —(+ 3)→ 38 —(− 2)→ 36

Alle Karten wurden gebraucht.

2. Beispiel:

6 —(· 7)→ 42 —(− 5)→ 37 —(− 1)→ 36

3, 10, 9 und 10 werden nicht gebraucht.
oder

3 —(· 10)→ 30 —(+ 6)→ 36

1, 9, 10, 5 und 7 werden nicht gebraucht.

Anspruchsvoller wird das Spiel mit dieser Bewertungsregel: Jeder erhält so viele Punkte, wie er Karten gelegt hat, mit denen die Zielzahl erreicht wurde, also 3 Punkte bei der 1. Lösung des ersten Beispiels, 8 Punkte bei der zweiten Lösung.

Superhirn
Grundidee: Mehrere Informationen (farbige Stecker auf bestimmten Plätzen, Buchstabenreihen, vier- oder fünfstellige Zahlen u.v.a.m.) sind vom Mitspieler zu ermitteln. Auf seine Fragen werden ihm Antworten „zugesteckt". Alle Fragen und Antworten müssen in eine logische Beziehung zueinander gebracht werden.

Superhirn mit Zahlen:

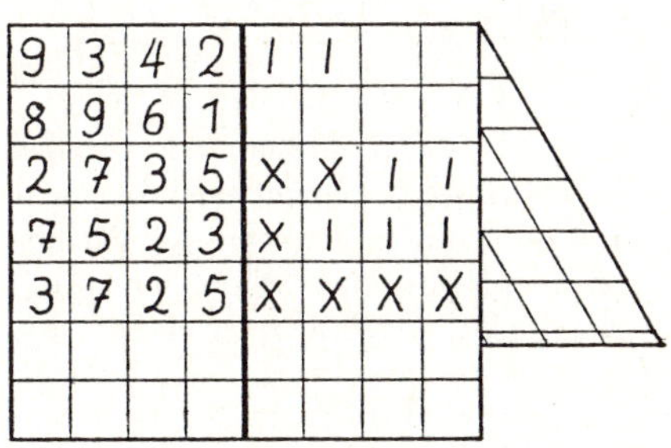

Aus Papier mit Rechenkästchen werden Streifen von 8 Kästchen Breite geschnitten. Der Streifen wird durch einen senkrechten Strich in ein Zahlen- und ein Bewertungsfeld unterteilt. Kind A schreibt versteckt in die oberste Zeile eine vierstellige Zahl und knickt das Blatt um, so daß Kind

B die Zahl nicht sehen kann. B schreibt nun vierstellige Zahlen auf, und A bewertet ihre Übereinstimmungen mit der gesuchten Zahl: Ein I für jede richtige Ziffer, die nicht am richtigen Platz steht, ein × für jede richtige Ziffer am richtigen Platz. Die Stellung der Bewertungszeichen muß nicht der Reihenfolge der Ziffern entsprechen. Für Anfänger wird das Spiel aber viel leichter, wenn die Bewertungszeichen stellengerecht geschrieben werden. Nach dieser Regel muß z. B. ein Strich in der ersten Zeile des o. a. Beispiels in das letzte Kästchen gesetzt werden: Die 2 kommt vor, aber nicht an dieser letzten Stelle.

Superhirn mit Bunten Plättchen:

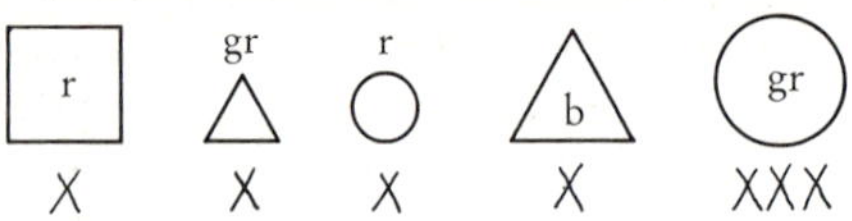

Alle Bunten Plättchen (oder ähnliche, strukturierte Materialien) liegen auf dem Tisch. Während Kind B wegsieht, markiert A ein Plättchen (z. B. dadurch, daß ein Stückchen Klebepapier an die Unterseite geheftet wird.) Dann beginnt B zu raten: Ein Plättchen wird herausgegriffen und A zur Bewertung vorgelegt. A gibt (z. B. durch Setzen einer entsprechenden Anzahl von Halmafiguren) an, in wie vielen Merkmalen dieses Plättchen mit dem gesuchten übereinstimmt. Die Befragung wird fortgesetzt, bis das richtige Plättchen gefunden ist.

Viel einfacher wird das Spiel, wenn angegeben wird, von welcher Art die Übereinstimmung ist: Fa für Farbe, Fo für Form und G für Größe.

3. Lernchance
Mit mathematischen Lernspielen kann in neue Inhalte des Mathematikunterrichts der Grundschule eingeführt werden.

Lernspiele im Mathematikunterricht haben nicht nur als Fertigkeitsübungen oder als operative Übungsformen ihren Platz. Sie können auch am Anfang einer Lerneinheit stehen, in neue mathematische Inhalte einführen oder erst die notwendige Motivation vermitteln, sich überhaupt mit den neuen Inhalten auseinanderzusetzen. Solche Lernspiele gewähren einen Spielraum für Handlungsgrundlagen, aus denen erste Vermutungen, Lösungsansätze und Strategien zur Bewältigung der neuen Fragestellungen erwachsen.

Eine der wichtigsten Voraussetzungen für Lernprozesse ist die Bereitschaft, sich mit den zu erlernenden Inhalten auseinanderzusetzen. Spiele können einen wesentlichen Beitrag zur Motivierung der Schüler leisten. Dies kann allerdings nur dann gelingen, wenn man sich vor zwei „Inflationen“ hütet, vor der „Inflation des Spielens“ und vor der „Inflation der Bezeichnung ‚Spiel‘“. Sicher lassen sich zu vielen mathematischen Lernzielen Spiele auswählen oder konstruieren. Es ist aber nicht sinnvoll, nun möglichst jeden Inhalt „erspielen“ zu lassen. Die Spielvorschläge in diesem Buch sind nur *Anregungen*, aus denen jede Lehrperson für ihre Klasse und für ganz konkrete Vorhaben *auswählen* kann. Wichtiger als jede Einführung, Erarbeitung und Übung in Spielform umzusetzen, ist die schon erwähnte „spielerische Atmosphäre“, in der auch die Arbeit Spaß machen kann, wenn sie abwechslungsreich gestaltet und mit interessanten Ideen angereichert wird. Spiele sollten ein regelmäßiger, aber nicht überstrapazierter Bestandteil des Mathematikunterrichts sein.

Negative Einstellungseffekte sind so gut wie sicher, wenn fast jede Übungsform als „Spiel“ angekündigt wird. Die Tatsache allein, daß Material verwendet wird, macht eine Übung nicht zum Spiel. Sicherlich gibt es spielerische Übungsformen, und die Grenzen zwischen Übung und Spiel sind fließend. Wenn aber das Sortieren von strukturierten Materialien als „Reifenspiele“, das schlichte Fehlersuchen in Unterschiedsschlangen als „Kettenspiel“ und das Benennen einzelner Plättchen aus einem Satz strukturierter Materialien als „Namenspiel“ propagiert werden, dann ist es nicht verwunderlich, wenn die Ankündigung eines Spiels nur kaum verhohlene Langeweile oder gar offenen Protest hervorruft. Spiele können nur dann motivierend sein und den Weg zu einem neuen mathematischen Inhalt ebnen, wenn das Spielen nicht durch inflationären Gebrauch des Wortes „Spiel“ in Mißkredit gebracht worden ist.

Die verflixte 17
Es werden Zahlenstreifen mit den Zahlen von 1 bis 17 und Spielfiguren in zwei Farben gebraucht.

Spielbeginn ist immer bei 1. Zwei Kinder setzen abwechselnd. Wer an der Reihe ist, muß mindestens eine Figur setzen, er darf auch zwei, höchstens drei Figuren setzen. Wer auf die 17 kommt, hat verloren.

Erläuterung:

Die „Verflixte 17“ ist ein Strategiespiel, das (beim Spielen bis 17) der zweite Mitspieler bei kluger Spielweise immer gewinnen kann. Natürlich wird diese Information den Schülern nicht gegeben; der Reiz des Spieles wäre weg, und die Gelegenheit verpaßt, selbst Entdekkungen zu machen, sie zu erweitern und zu generalisieren, die Hypothesen zu prüfen, die gewonnenen Erkenntnisse zu begründen, mit diesen Erkenntnissen die Spielregeln zu variieren u.v.a.m.

Die Gewinnstrategie können Kinder beim Spielen selbst entdecken. Ich muß versuchen, das vorletzte Feld zu besetzen. Dann hat mein Mitspieler nur noch ein Feld, die verflixte 17, und verliert. Feld 16 ist ein Gewinnfeld. Wie aber komme ich auf dieses Feld? Wenn ich auf 15 stehe, besetzt mein Gegner Feld 16; stehe ich auf 14, dann kann er zwei Figuren setzen, und wenn ich auf 13 stehe, setzt er drei Figuren und hat Feld 16 erobert. Ich muß das Feld 12 gewinnen! Ganz gleich, was der Gegner dann setzt, ich kann immer auf 4 Figuren ergänzen und damit das Feld 16 erreichen. 12 ist ein Gewinnfeld.

Mit der gleichen Überlegung kommt man zu den weiteren Gewinnfeldern 8 und 4.

Nun ist es einfach, die Spielregeln zu variieren.

- Es wird bis 18 gespielt. Gewinnfelder sind 17, 13, . . ., alles Zahlen, die bei der Division durch 4 den Rest 1 haben.
- Es wird bis 79 gespielt. Gewinnfelder sind 78, 74, . . ., Zahlen, die bei der Division durch 4 den Rest 2 haben. Wenn ich beginne, besetze ich sofort die 2 und kann das Spiel mit Sicherheit gewinnen.
- Es wird bis 79 gespielt; man darf bis zu 5 Figuren in einem Spielzug setzen. Gewinnfelder sind 78, 72, . . ., also Vielfache von 6.
- Wird nach dieser Regel nur bis 78 gespielt, dann haben alle Gewinnzahlen den Rest 5 bei der Division durch 6.

Diese im Spiel einfließenden Überlegungen zu Zahlen mit gleichen Resten können ausgebaut werden zu einer Einheit über „Restklassen“.

„Learning by doing“ – Lernen durch Handeln – ist ein Motto des NCTM (National Council of Teachers of Mathematics), einer amerikan. Mathematiklehrer-Organisation. Dieses Motto ist die Kurzfassung eines schon recht alten didaktischen Grundprinzips. Es gibt der Überzeugung Ausdruck, daß Lernprozesse einer Handlungsgrundlage bedürfen, daß Lernen um so leichter fällt und um so ergiebiger ist, je mehr es an ganz konkrete Handlungen anknüpft, je mehr den Kindern die Gelegenheit gegeben wird, etwas im wahrsten Sinne des Wortes zu be-greifen. Das Spielen vermittelt solche Gelegenheiten zum Begreifen, Einsehen und Verstehen, es vermittelt die für Lernprozesse notwendigen Handlungsgrundlagen. Vielfältige Anregungen dieser Art enthält das noch immer aktuelle Buch „Modelle für den Mathematikunterricht in der Grundschule“, 1970.

Spiele und Übungen zur Symmetrie

Spiele und Übungen zur Symmetrie
Spiele und Übungen zur Symmetrie
Spiele und Übungen zur Symmetrie

Klecksbilder

Spiegelbilder

Ein doppelseitiger Spiegel, richtig aufgesetzt, läßt das Mädchen ’mal weinen, ’mal lachen, läßt einen ganzen Hasen, eine ganze Katze sehen.

Randschnitte

Faltschnitte

Legeplättchen und Steckmosaike

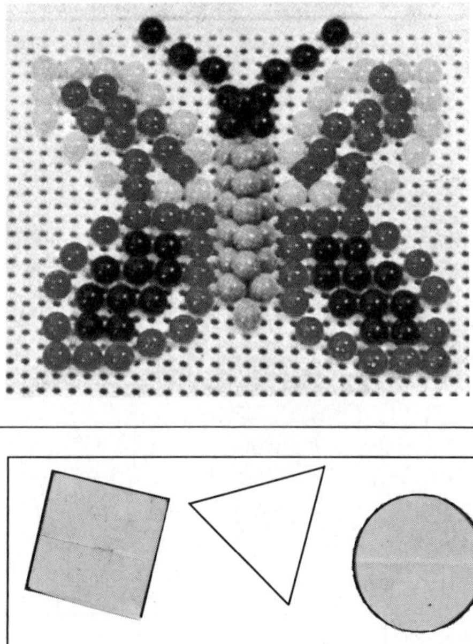

(DUSYMA, Schorndorf)

Klebebilder

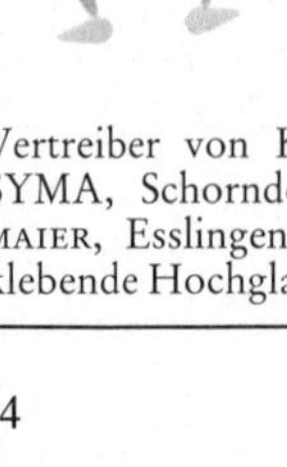

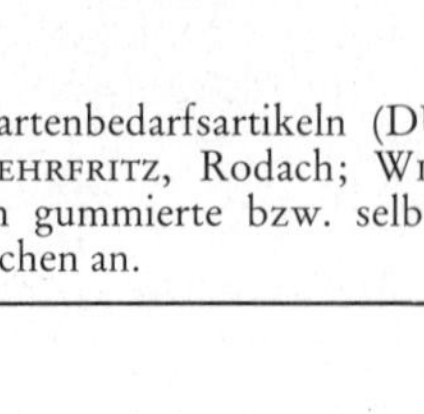

Vertreiber von Kindergartenbedarfsartikeln (DUSYMA, Schorndorf; WEHRFRITZ, Rodach; WIDMAIER, Esslingen) bieten gummierte bzw. selbstklebende Hochglanzblättchen an.

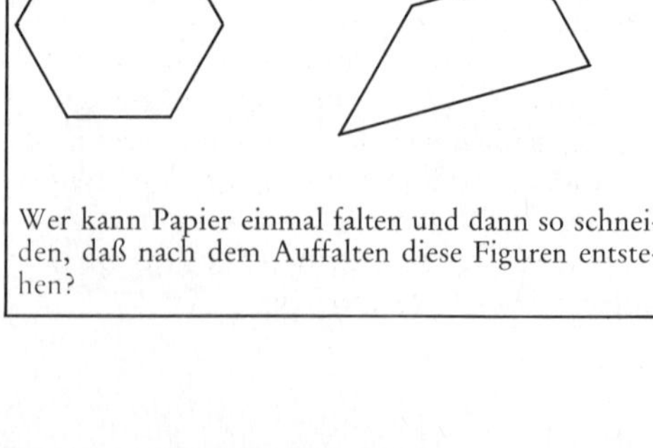

Wer kann Papier einmal falten und dann so schneiden, daß nach dem Auffalten diese Figuren entstehen?

Kartoffeldruck

Tapetenmuster
finden, ausschneiden, neu zusammenstellen

J. Floer, D. Haarmann (Hrsg.), Mathematik für Kinder; Arbeitskreis Grundschule e. V., Frankfurt, 1982

Diese Handlungsgrundlagen zum Symmetriebegriff sind aus sich heraus natürlich noch keine Spiele. Sie können aber leicht zu spielerischen Aktivitäten erweitert werden.

* Klecksbilder oder Faltschnitte werden entlang einer Symmetrieachse zerschnitten, gemischt und an die Mitspieler verteilt. Ein auf den Boden gelegter langer Bindfaden ist die Symmetrieachse („Falt-, Knick- oder Schnittlinie"). Ein Kind legt die erste Hälfte eines Bildes an. Wer die symmetrische Ergänzung hat, darf sie passend anlegen und die nächste Hälfte vorgeben.
* Fehlersuchen in Symmetrieschlangen: Bis auf Birgit halten sich alle die Augen zu. Birgit baut in die Symmetrieschlange einen Fehler ein: eine Bildhälfte wird gedreht, zwei verschiedene Hälften werden ausgetauscht oder – kaum zu entdecken, weil es kein „Fehler" ist – zwei zueinander passende Hälften werden nur seitenvertauscht. Wer als erster herausfindet, was Birgit gemacht hat, darf den alten Zustand wieder herstellen und dann selbst die Schlange verändern.

Solche spielerischen Aktivitäten können behutsam erweitert werden zu strengeren Analysen im Umfeld der Symmetrie, zu Untersuchungen über Eigenschaften symmetrischer Figuren, über unterschiedliche Typen von Symmetrien und deren Aufbaugesetzlichkeiten, kurz: zum Symmetriebegriff. Notwendige Voraussetzungen für solche Analysen sind aber die durch das Spiel vermittelten Handlungsgrundlagen.

Freudenthal hat einmal in einem Vortrag davon berichtet, wie selbst innerhalb einer Schulstunde solche Handlungsgrundlagen mathematische Erkenntnisse spontan hervorrufen können. Er war zur Hospitation in einer Grundschule. Die Lehrerin wollte den Würfel behandeln. Zu Beginn der Stunde fragte sie die Kinder, welche Zahl schwerer zu würfeln sei, die 1 oder die 6. „Natürlich" waren alle Kinder davon überzeugt, daß die 6 viel schwerer ist; schließlich hatten sie ihre einschlägigen Erfahrungen mit dem Mensch-ärgere-Dich-nicht-Spiel. Die Kinder haben dann eine Schulstunde lang Würfel aus verschiedenen Materialien hergestellt. Am Ende der Stunde die gleiche Frage: Was ist schwerer zu würfeln, 1 oder 6? Und alle Kinder wußten jetzt, daß 1 und 6 gleich schwer sind.

Will man im Mathematikunterricht der Grundschule Vorerfahrungen zum Wahrscheinlichkeitsbegriff vermitteln, dann sind Spiele, in denen die notwendigen Handlungsgrundlagen erfahren werden, kaum aus dem Unterricht wegzudenken. Erst ein entsprechend ausgewähltes Spiel läßt die mit dem Begriff „Wahrscheinlichkeit" angedeuteten Fragestellungen für die Kinder zu einem Problem, zu einem eigenen Anliegen werden: Warum gewinnt Klaus so häufig, ich nur selten? Das Spiel scheint mir nicht fair! Oder ob Klaus mogelt?? Sind die Chancen gerecht verteilt? Ob Klaus bessere Chancen hat als ich? Wie kann man das sehen, darstellen, erklären?

Bei Mathematikaufgaben weiß ich meistens genau, was rauskommt. Bei einem Aufsatz dauert es länger, bis ich weiß, was ich schreiben soll. Spielen gefällt mir aber noch besser als Mathematik.
Heiko

Aus: Die Grundschule, Heft 4/82, S. 178

Würfelsummen

Es werden Karten mit den Zahlen 2 bis 12 beschriftet. Jeder Mitspieler darf eine Karte auswählen und offen vor sich hinlegen. Die restlichen Karten werden weggelegt.

Nun wird reihum mit 2 Würfeln gleichzeitig gewürfelt. Die Augenzahlen werden addiert. Wer eine Zahlenkarte mit der Würfelsumme hat, gewinnt einen Punkt. Das Spiel wird mindestens 10 Runden lang gespielt. Wer hat am Ende die meisten Punkte?

Nach mehreren Spielen werden die Kinder merken, daß fast immer diejenigen gewinnen, die die 7, 6 oder 8 gewählt haben. 12 ist zwar eine „schön große" Zahl, kommt aber nur ganz selten. Wer die 12 wählt, hat schon von vornherein verloren.

Solche und ähnliche Feststellungen sind Anknüpfungspunkte für genauere Untersuchungen.

* Auf wie viele verschiedene Weisen kann man die Zahlen von 2 bis 12 mit zwei verschiedenen Würfeln erzielen?

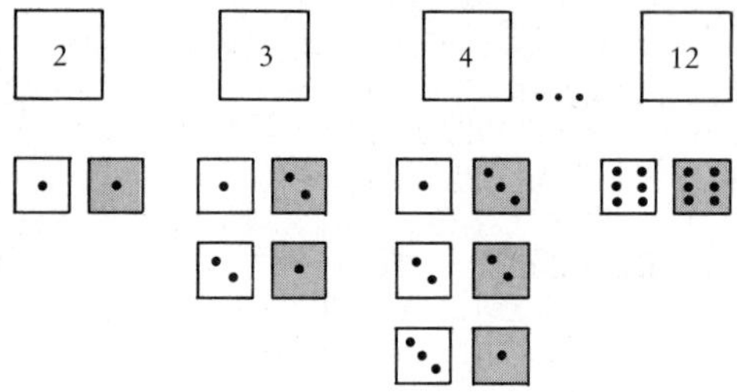

* Alle möglichen Würfe mit zwei Würfeln werden übersichtlich in einer Tabelle dargestellt.

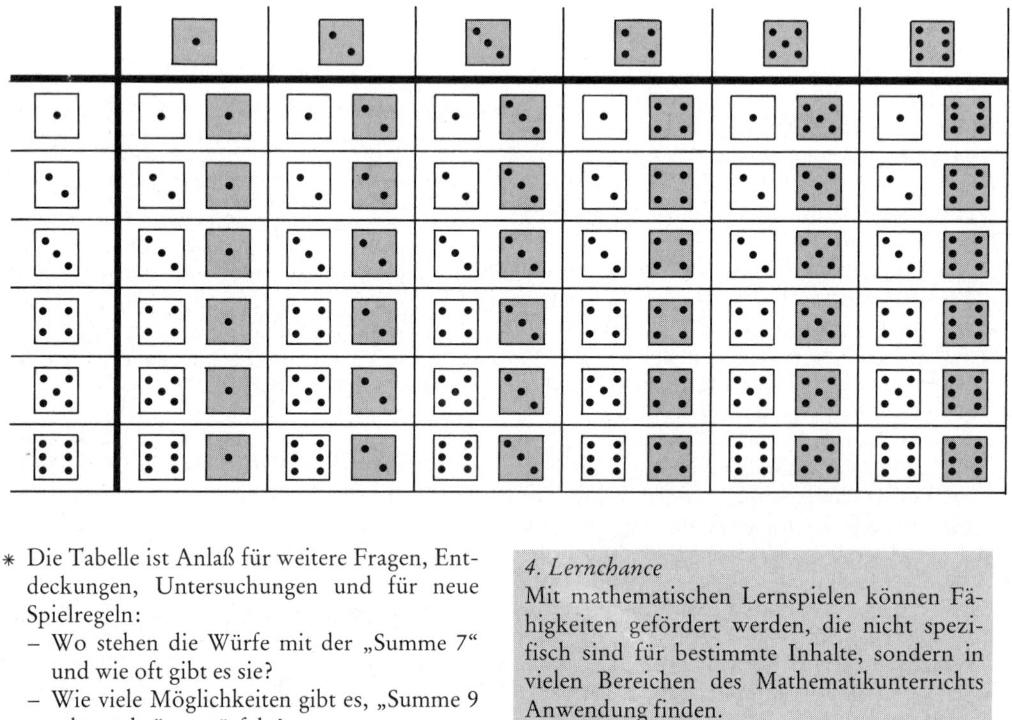

* Die Tabelle ist Anlaß für weitere Fragen, Entdeckungen, Untersuchungen und für neue Spielregeln:
  - Wo stehen die Würfe mit der „Summe 7" und wie oft gibt es sie?
  - Wie viele Möglichkeiten gibt es, „Summe 9 oder mehr" zu würfeln?
  - Klaus gewinnt bei „Pasch", Erika bei „Summe 7"; ist das ein faires Spiel?
  - Klaus möchte gewinnen bei „5 oder weniger". Kannst Du Gewinnregeln angeben, bei denen Du genau so viele Chancen hast wie Klaus (größere Chancen/geringere Chancen)?
  - Klaus gewinnt, wenn bei den Würfeln eine 3 dabei ist, Erika, wenn der rote Würfel eine 5 oder 6 zeigt. Wer hat die größeren Chancen?

4. Lernchance

Mit mathematischen Lernspielen können Fähigkeiten gefördert werden, die nicht spezifisch sind für bestimmte Inhalte, sondern in vielen Bereichen des Mathematikunterrichts Anwendung finden.

Die bisher genannten drei Funktionen (Lernchancen) des Spiels im Mathematikunterricht beziehen sich auf mathematische Inhalte. Beim Spielen können Kenntnisse eingeübt, verschiedene Sachverhalte in Beziehung zueinander gesetzt, miteinander „vernetzt" werden, und Spiele können ein Einstieg in eine Lernsequenz sein.

Darüber hinaus können mathematische Lernspiele einen Beitrag leisten zur Förderung fachbezogener Lernziele des Mathematikunterrichts (vgl. S. 20 f.). Solche „Lernziele mittlerer Hierarchie“ betreffen einerseits allgemeine Haltungen und Fähigkeiten, andererseits geistige Grundtechniken, die im Mathematikunterricht immer wieder gebraucht werden.

Es ist leicht einzusehen, daß es kaum Lernspiele gibt, die ausschließlich eines der „Lernziele mittlerer Hierarchie“ verfolgen. Dafür sind auf der einen Seite die Spiele zu komplex; neben inhaltlichen Aspekten spielen fast immer verschiedene geistige Grundtechniken und Fähigkeiten hinein. Auf der anderen Seite sind auch die Lernziele zu komplex, als daß sie nur mit einem oder einigen wenigen Spielen gefördert werden könnten. Auch hier kommt es wieder mehr auf die „spielerische Atmosphäre“ an, die es den Kindern erlaubt, tatsächlich Mathematik zu betreiben, als auf einige wenige Spielstunden.

Es können deshalb auch keine Spiele vorgestellt werden, die ganz spezifische Lernziele dieser allgemeineren Natur fördern. Deutlich gemacht werden kann aber, auf welche Weise diese geistigen Grundtechniken, allgemeinen Haltungen und Fähigkeiten „ins Spiel kommen“ und dadurch gefordert und gefördert werden.

Allgemeine Haltungen und Fähigkeiten

* *Argumentieren*
  Schüler sollen Sachverhalte sich selbst, ihren Mitschülern, dem Lehrer gegenüber begründen können; sie sollen Argumente überprüfen und Scheinargumente entlarven können, Wissen einsehen.
* *Sich kreativ verhalten*
  Mathematik wird vielfach beschrieben als eine deduktive Wissenschaft, und es gibt genug Ansätze (vor allem in späteren Schuljahren), dieses Vorgehen auch im Unterricht zu praktizieren. Übersehen wird dabei oft der kreative Aspekt der Mathematik als einer Schöpfung des menschlichen Geistes. Für den Mathematikunterricht ist dies sicher der wichtigere Aspekt der Mathematik. Es kommt darauf an, die Schüler selbständig Lösungswege finden zu lassen, Situationen fortzusetzen, zu variieren, auf andere Bereiche zu übertragen, kurz: Mathematik in kreativer Form zu betreiben und so Wissen zu entwickeln.
* *Mathematisieren*
  Die Schüler sollen (Spiel-)Situationen erfassen und beschreiben, Strukturen und Zusammenhänge erkennen und anderen mitteilen, z. B. den mathematischen Kern eines Spiels oder eines verblüffenden Tricks offenlegen und damit ihr Wissen anwenden.

Der im Kommentar zum Spiel „Die verflixte 17“ (S. 172) skizzierte Gedankengang kann etwa der Weg sein, wie Schüler die Strategie des Spiels entdecken und dann ihren Mitschülern erklären. Dieses Spiel und viele andere Strategiespiele vermitteln mannigfaltige Anlässe zum Argumentieren, zu kreativen Produktionen und zum Mathematisieren.

Weiß fängt Schwarz

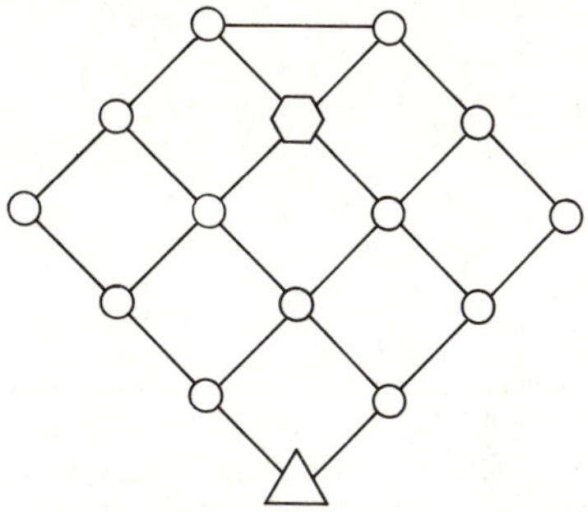

„Weiß fängt Schwarz“ wird auf diesem Plan gespielt. Startfeld für Weiß ist das Sechseck, für Schwarz das Dreieck. Weiß macht den ersten Zug, dann Schwarz usw. immer abwechselnd. Die Spielfiguren dürfen nur entlang der Linien auf ein benachbartes Feld gezogen werden.

Weiß gewinnt, wenn es vor dem siebten Zug die schwarze Spielfigur einfangen kann.
(Aus: GNIRK u. a., 1970)

Entdecken Sie die Strategie? Probieren Sie es, bevor Sie umblättern!

Spiele können ein geeignetes Medium für eigenständige, kreative Entdeckungen sein. Die „Verflixte 17“ führt zu Überlegungen über Zahlen mit gleichen Resten; ist die damit verbundene Strategie einmal entdeckt, dann ist es einfach, das Spiel zu variieren. Bei Zahlentorspielen (vgl. S. 170) beginnen die Kinder nach einiger Zeit, nicht nur dem Glück zu vertrauen, sondern über die Schwierigkeiten der einzelnen Wege – und damit intuitiv über Wahrscheinlichkeiten – nachzudenken u.v.a.m.

Ein großes Feld, auf dem in besonderer Weise kreatives Verhalten gefördert werden kann, sind „Spiele mit Hölzchen und Köpfchen“ (entnommen: Spiel und Spaß mit Hölzchen und Köpfchen, Maier, Ravensburg, 1970):

Kommentar zu „Weiß fängt Schwarz“
Während der ersten Spielversuche haben Sie gemerkt – und die Kinder werden es auch schnell merken –, daß Weiß fast immer einen Zug zu spät kommt. Immer wenn Weiß an Schwarz heranrückt, kann Schwarz im nächsten Zug ausweichen. Woran das liegt, wird deutlicher, wenn man sich die Felder des Spielplans in folgender Weise gefärbt denkt.

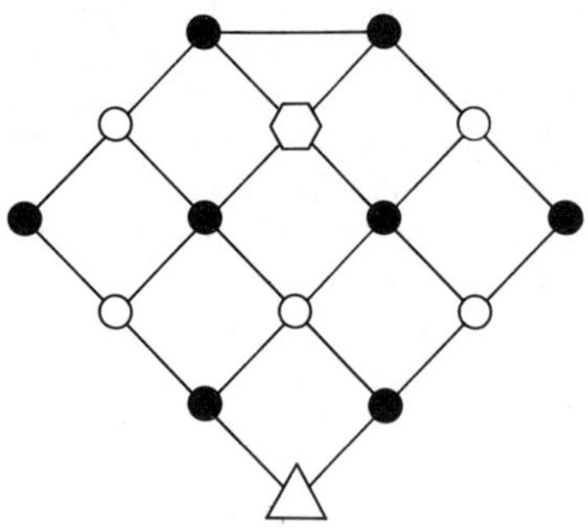

Jeder Zug im mittleren und unteren Spielfeldbereich ist mit einem Wechsel von einem schwarzen auf ein weißes oder von einem weißen auf ein schwarzes Feld verbunden. Beide Spieler starten auf einem weißen Feld. Die nachziehende schwarze Figur kommt mit jedem Zug auf ein Feld der Farbe, die der weiße Spieler gerade besetzt hat. Wieder stehen beide auf Feldern der gleichen Farbe. Daher kann die weiße Figur Schwarz im nächsten Zug nicht fangen.

Diese Serie wird erst unterbrochen, wenn einer der beiden Spieler die oberen beiden Felder passiert. Hier ist mit einem Zug kein Farbwechsel der Felder verbunden.

Damit ist die Strategie für Weiß klar: Er zieht sofort über die beiden oberen Felder und kann dann Schwarz fangen.

Hölzchenspiele
Besser als Streichhölzer eignen sich bunte Legehölzchen, wie sie in vielen Kinderzimmern (z. B. im Spiel „Packesel“) zu finden sind. Es geht auch mit Cuisenaire-Stäben von gleicher Länge.

2 Hölzer umlegen; es entstehen 5 Quadrate.

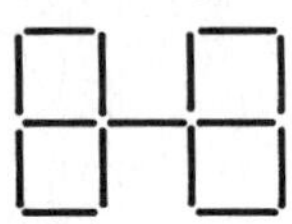

Durch Wegnehmen von 2 Hölzern 5 Quadrate in 4 Quadrate verwandeln.

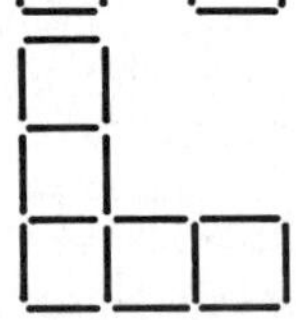

4 Hölzer umlegen. Es entstehen 2 Quadrate von unterschiedlicher Größe.

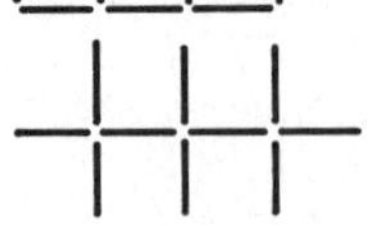

Lege 3 Hölzer dazu; es entstehen 4 gleich große Dreiecke.

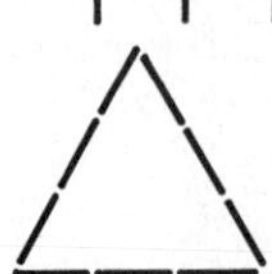

Wie kann man das Holz aus der Mitte herausbekommen, ohne es zu berühren?

Teile dieses Feld mit 8 Hölzern in 4 gleich große Teile. Jedes kleine Teil hat die Form des großen Feldes.

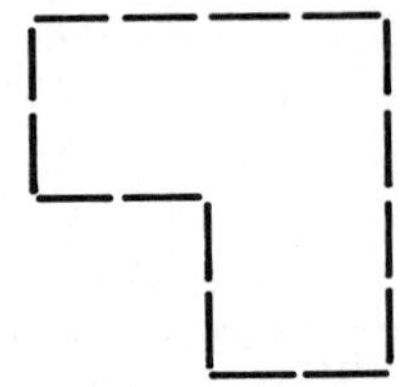

Die u. a. von Winter (1972) beschriebenen *geistigen Grundtechniken* – Klassifizieren, Ordnen, Generalisieren, Analogisieren, Formalisieren (vgl. S. 21) kommen in vielen mathematischen Lernspielen zum Tragen. In Strategiespielen werden Gesetzmäßigkeiten erkannt, Spielregeln werden erweitert oder vereinfacht, Spiele auf andere Situationen übertragen, die Grundidee eines Spiels in eine andere Spielform übersetzt. Bei Kartenspielen werden Karten nach einem gemeinsamen Merkmal sortiert oder nach bestimmten Eigenschaften geordnet. Beim „Schwarzen Peter“ und bei Memory-Spielen bilden zwei Karten Paare, bei Quartettspielen müssen vier Karten der gleichen Sorte zusammenkommen.

Im Mathematikunterricht wird man nur selten Spiele mit dem Ziel auswählen, solche geistigen Grundtechniken zu üben. Auswahlkriterien werden in den meisten Fällen inhaltliche Überlegungen sein. Die „Lernziele mittlerer Hierarchie“ werden in solchen, nach inhaltlichen Kriterien ausgewählten Spielen daher nur am Rande zum Tragen kommen.

Dennoch gibt es gerade in der Grundschulmathematik auch Fälle, in denen die zu übenden inhaltlichen Aspekte Konkretisierungen der hier genannten geistigen Grundtechniken sind. Das gilt insbesondere für das Klassifizieren und das Ordnen, zwei zentrale Ideen z. B. bei der Behandlung von Zahlen, angefangen beim Zahlenraum bis 5 bis hin zu Zahlenraumerweiterungen über eine Million hinaus, aber auch bei der Behandlung von Größen, von Geldwerten, Längen, Zeitspannen, Volumina und Gewichten.

Für das Klassifizieren von Zahlen und Größen können Spiele eingesetzt werden, bei denen es darauf ankommt, die neu gewonnenen Zahlen oder die gelernten Größen nach gemeinsamen Eigenschaften zu sortieren, z. B. bei Memory-, Quartett-, Lotto- oder Dominospielen.

Das Ordnen als zentrale Idee in Zahlen- und Größenbereichen wird mit einer Spielform thematisiert, die von Winter (1974) vorgeschlagen worden ist, mit dem Ordnungsmemory.

Ordnungsmemory

Spielmaterial sind etwa 4 bis 8 Karten, auf die diejenigen Objekte gemalt (geklebt) sind, die geordnet werden sollen, für den arithmetischen Anfangsunterricht z. B. Mengendarstellungen der Zahlen 1 bis 6.

Die Karten werden gemischt und verdeckt in eine (Zufalls-)Reihe gelegt. Ziel des Spiels ist es, die natürliche Reihenfolge, von links nach rechts die Zahlen 1 bis 6, herzustellen. Dazu dürfen paarweise immer 2 Karten aufgedeckt werden. Stimmt die Reihenfolge der Karten – links die mit der kleineren, rechts die mit der größeren Zahl – dann werden beide Karten auf ihre Plätze zurückgelegt, auch dann, wenn dies noch nicht die Plätze sind, auf denen sie am Ende des Spiels liegen sollen. Stimmt die Reihenfolge der Karten nicht, ist also links die Karte mit der größeren Zahl, rechts die mit der kleineren, dann dürfen beide Karten getauscht und verdeckt auf ihre neuen Plätze abgelegt werden. Jedes Tauschen wird mit einem Punkt belohnt. Wer zuerst sagen kann, daß nun alle Karten in der richtigen Reihenfolge liegen, erhält drei Punkte. Wer dies fälschlicherweise behauptet, muß einen Punkt abgeben, und es wird weitergespielt. Wer erzielt die meisten Punkte?

Ordnungsmemory ist auch als Einzelspiel ohne Wettbewerbscharakter reizvoll. Gutes Gedächnis, Kenntnis der Sache und Kartenglück (beim Mischen und Ablegen) entscheiden darüber, wie viele Spielzüge gebraucht werden, bis die richtige Ordnung hergestellt ist.

Ordnungsmemory kann mit vielen inhaltlichen Varianten gespielt werden. Dabei ist es möglich, gerade die schwierigen Fälle zu berücksichtigen, die der besonderen Übung bedürfen.
Quadratische Bierdeckel eignen sich gut für die Herstellung solcher Karten. Wenn Bilder gebraucht werden (z. B. zur Darstellung von Zahlen oder für Uhrzeiten), dann helfen oft Versandhauskataloge weiter. Was üben Sie mit Ihrer Klasse gerade ganz besonders? Läßt sich der Inhalt in ein Ordnungsmemory umsetzen?

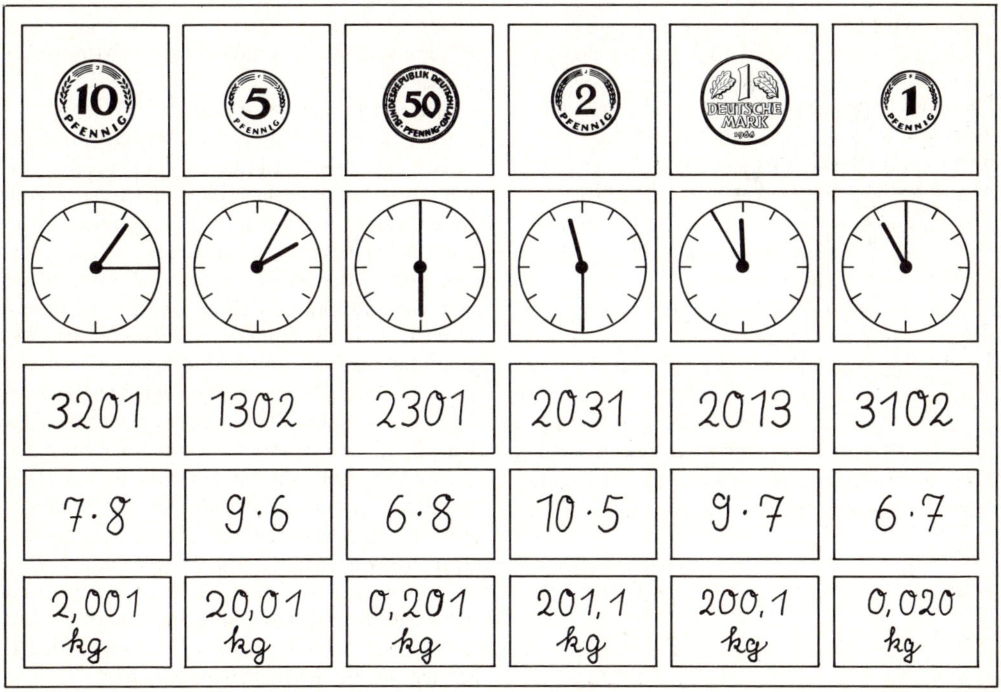

5. Lernchance
Mathematische Lernspiele ermöglichen Differenzierungen und Individualisierungen des Lernens und können dadurch zum Abbau von Lernschwierigkeiten beitragen.

Daß eine Schulklasse keine homogene Gruppe ist, deren Mitglieder alle den Unterrichtsstoff auf dem gleichen Wege und mit gleichem Zeit- und Kraftaufwand lernen, ist eine Binsenweisheit. Kinder lernen unterschiedlich schnell. In der gleichen Schulklasse finden sich langsame Lerner und „Überflieger", Kinder, die nur schwer zu motivieren sind und solche, die nahezu jedes Angebot mit Begeisterung aufnehmen, häufig abgelenkte neben aufmerksamen Schülern, solche mit ständigen Lernschwierigkeiten und andere, die bei keinem Unterrichtsstoff Probleme haben.

Auf diese Herausforderungen kann der Lehrer nicht mit ständigen Differenzierungsangeboten reagieren. Unterricht orientiert sich i. a. an dem imaginären Durchschnittsschüler. Dennoch gibt es viele Situationen, in denen Differenzierungen und Individualisierungen notwendig und machbar sind.

* Während die Ersten schon mit ihren Übungsaufgaben fertig sind, haben andere noch nicht einmal die Hälfte der Aufgaben geschafft.
* Nach einer Einführungssequenz wird deutlich, daß ein Teil der Kinder die Fragestellungen und Lösungsverfahren noch nicht verstanden hat. Während diesen Kindern alles noch einmal – ggf. auf einem anderen Wege – erklärt wird, dürfen die anderen Schüler . . . (?)
* Förderunterricht ist institutionalisierte Differenzierung mit dem Auftrag, den schwächeren Schülern zu helfen. Natürlich sind auch innerhalb einer Fördergruppe unterschiedliche Leistungsniveaus anzutreffen.

Mit mathematischen Lernspielen kann ein Teil dieser Differenzierungsanforderungen erfüllt werden. So können die Schüler, die mit ihren Aufgaben schneller fertig geworden sind, Spiele bekommen. Einschränkend muß aber dazu gesagt werden, daß dies kein Patentrezept werden darf, das nun immer oder besonders häufig angewendet wird; es besteht die Gefahr, daß die langsamen Schüler dies als Strafe empfinden und/oder nun selbst schnell (und entsprechend fehlerhaft) rechnen, damit sie selbst einmal spielen dürfen.

Wird das Spielen als zeitliche Differenzierungsmaßnahme für die schnelleren Schüler gewählt, dann wird der Lehrer darauf achten, solche Spiele auszuwählen, die die Leistungsschere nicht noch weiter auseinanderklaffen lassen. Es werden also keine Spiele angeboten, die den jeweiligen Inhalt noch weiter üben oder gar schon auf den demnächst zu behandelnden Inhalt vorbereiten. Spiele zur Differenzierung dieser Art sollten Inhalte aufgreifen, die etwas außerhalb des üblichen Kanons liegen.

Soma-Würfel
Aus kleinen Holzwürfeln sind Würfeldrillinge und -vierlinge geklebt worden. Diese sieben „Drillinge" und „Vierlinge" bilden ein Spielmaterial, das als „Soma-Würfel" bekannt ist:

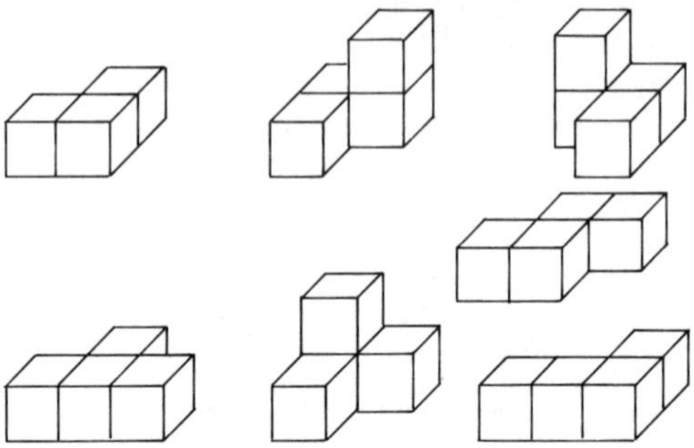

Die 7 Figuren lassen sich zu einem 3 × 3 × 3-Würfel zusammenpuzzlen und zu vielen anderen Figuren mehr.

Gerade im Förderunterricht mit lernschwächeren Schülern ist das Spiel eine Chance, Ursachen von Lernschwierigkeiten, die (auch) im affektiven Bereich liegen, abzubauen. Solche Ursachen sind häufig fehlendes Interesse, fehlende Motivation, Ängste und negative Einstellungen zum Fach und zu den eigenen Leistungsfähigkeiten. Das Spielen bietet die Chance, solche Ängste abbauen zu helfen, Motivationen zu wecken, das Selbstbewußtsein zu stärken und langfristig die durch negative Einstellungen erzeugten Blockaden aufzubrechen.

Dafür eignen sich vor allem solche Spiele, die Wettbewerbe vermeiden, die doch wieder nur den schnellsten Rechner bevorteilen. Dies kann dadurch erreicht werden, daß jedem Mitspieler hinreichend Zeit zur Bewältigung der Aufgabe gegeben wird, oder dadurch, daß ein Zufallsgenerator Verwendung findet, der auch dem lernschwächeren Kind eine Siegeschance einräumt und damit soziale Anerkennung vermittelt und das Selbstbewußtsein stärkt. Eine andere Möglichkeit ist die Auswahl von Spielen, bei denen die in Mathematik weniger Leistungsstarken ihre ggf. vorhandenen besseren manuellen Geschicklichkeiten ausspielen können, etwa beim Abschießen von Flohspielplättchen, bei Spielen vom Typ „Hüpf mein Hütchen“ oder bei vielen anderen „Spielen mit Bewegung“ (vgl. S. 188)

Zielscheiben

Eine Zielscheibe wird auf den Tisch gemalt oder ist Teil eines größeren Spielplans (auf einer kunststoffbeschichteten Spanplatte oder – einfacher – auf einem glatten Zeichenkarton). Gespielt wird mit „Kugelmännchen“, die es für ein paar Pfennige in Spielwarengeschäften gibt; es geht auch mit kleinen Scheiben (Rechenplättchen o. ä.), die vom Start weggeschnippst werden.

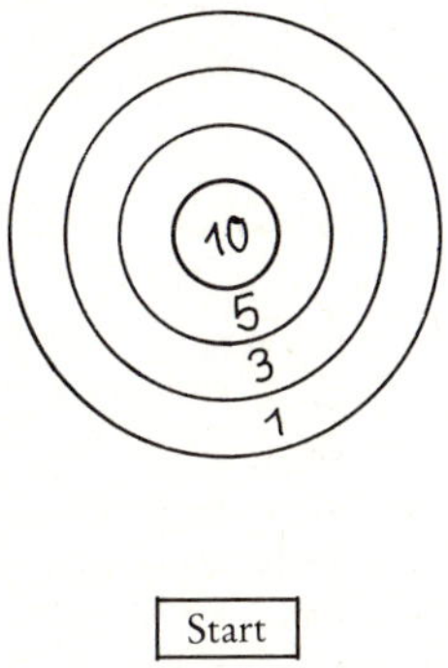

Jeder Mitspieler hat 3 Spielfiguren von gleicher Farbe. Diese werden abwechselnd vom Start ins Ziel geschossen. Wer mit seinen 3 Figuren zusammen die meisten Punkte erzielt, ist Sieger dieser Runde. Er gewinnt einen Punkt und muß die nächste Runde eröffnen.

Natürlich darf man – etwa wie beim Boccia – Figuren der Mitspieler aus guten Positionen abdrängen.

Es ist günstig, die Bewertung der einzelnen Ringe nicht fest einzutragen. Durch Verwendung von Klebeetiketten, die wieder abgezogen werden können, kann man den Spielplan variabel halten: Je nach Inhalt des Mathematikunterrichts werden die Ringe mit einstelligen Zahlen, mit Zehnerzahlen, mit beliebigen zweistelligen Zahlen oder auf andere Weise bewertet. Die getroffenen Zahlen können auch in Stellenwerttafeln eingetragen werden – die größte Zahl gewinnt – oder zu einem möglichst großen Produkt verknüpft werden oder . . .

6. Lernchance

Mathematische Lernspiele können zum sozialen Lernen beitragen.

Die Mehrzahl der mathematischen Lernspiele sind Spiele für 2, 3 oder mehr Kinder. Selbst wenn diese Spiele als Wettbewerbe angelegt sind, vermitteln sie Grundfertigkeiten des menschlichen, sozialen Lebens: Spielregeln einhalten, aufeinander Rücksicht nehmen, abwarten können, voneinander lernen, miteinander sprechen, die Mitspieler überzeugen u.v.a.m. Auf der anderen Seite kann nicht geleugnet werden, daß solche Wettspiele auch Verhaltensweisen hervorrufen können, die als unsozial oder gar als asozial gelten: sich gegenseitig übertrumpfen, den Schwächeren „in die Ecke spielen“, zum eigenen Vorteil den Gegner schädigen u. ä.

Im Sinne der Förderung des sozialen Lernens sind Spielregeln zu vermeiden, die den Wettbewerb (über-)betonen, den ohnehin schon bevorteilten Schülern noch weitere Spielvorteile einräumen und den schwächeren Schülern ihre Schwächen auch im Spiel immer wieder vor Augen führen. Das kann schon mit kleinen Spielregelvariationen erreicht werden, die stärker das „Miteinander“ (mindestens aber das konkurrenzlose „Nebeneinander“) betonen als das „Gegeneinander“. So werden Wegespiele „humaner“, wenn es – anders als beim „Mensch-ärgere-Dich-nicht“ – keine Vorschrift gibt, den Mitspieler hinauszuwerfen, wenn man sein Feld betritt, sondern statt dessen erlaubt wird, daß beide Mitspieler noch einmal würfeln, wenn ein Spieler das Feld eines anderen betritt.

Mit solchen und ähnlichen Maßnahmen können viele Wettspiele entschärft werden, ohne daß die Grundidee des Spiels verloren geht oder das Spiel an Attraktivität verliert. So kann das Zahlen-Scrabble (vgl. S. 171) ganz ohne Wettbewerb gespielt werden (Jeder, dem es gelingt, die Zielzahl zu erreichen, gewinnt einen Punkt.), mit etwas größerem Ansporn (Jeder erhält so viele Punkte, wie er Karten abgelegt hat.) oder auch als reines Wettspiel (Nur der, der als erster die Zielzahl erreicht, gewinnt einen Punkt.).

3.1.4. Spielformen

Viele bekannte Gesellschaftsspiele lassen sich „mathematisieren". Einige geschickte Änderungen im Spielmaterial, kleine Variationen der Spiel- oder Bewertungsregeln machen aus einem Spiel, das bisher „nur" der Unterhaltung diente, ein mathematisches Lernspiel zur Einführung oder Übung eines mathematischen Inhalts.

Die folgenden Spielformen sind sicher kein vollständiges Verzeichnis aller möglichen Spieltypen; es wird weitere geben, die sich mit ein wenig Überlegung und Mühe zu Lernspielen verwandeln lassen. Die vorgestellten Spielformen werden aber hoffentlich Anregungen geben, das eine oder andere Spiel zu wagen oder selbst neue zu entwickeln und auszuprobieren.

An dieser Stelle sei die Warnung vor der „Inflation der Spiele" noch einmal wiederholt. Die Fülle der Spielformen soll dem Lehrer helfen, das für seine Schüler geeignete zu finden. Sie soll ihn nicht in Versuchung führen, nun auch alle Spiele im Unterricht einzusetzen. Spiele können den Mathematikunterricht ergänzen, nicht ihn ersetzen.

Am besten ist ein kleiner Anfang. Ein Spiel wird hergestellt und (z. B. im Förderunterricht) erst einmal im kleinen Kreis erprobt. Das Spielmaterial wird natürlich im Klassenschrank aufbewahrt, so daß es auch später für kurzfristigen Einsatz zur Verfügung steht. Auf diese Weise kann nach und nach ein größerer Schatz an Spielen hergestellt werden.

Besonders reizvoll ist es, Spielpläne und notwendige Materialien (Dominosteine u. ä.) mit den Kindern zusammen herzustellen. Die Spiele können von den Kindern selbst beschriftet, bemalt, mit Collagen geschmückt werden. Schon kleine Kinder entwickeln dabei ihre eigene Ästhetik, die von den Gleichaltrigen vielleicht besser verstanden wird als die Bilder der Erwachsenen.

(1) Wegespiele
Wegespiele gehören zu den Spielformen, die auch schon von kleinen Kindern schnell erlernt und mit Begeisterung gespielt werden. Neben Pachisi, der schon Jahrtausende alten Urform solcher Spiele, gibt es eine Fülle von Variationen. Gemeinsame Grundidee aller dieser Spiele ist es, eine oder mehrere Spielfiguren mit Würfelhilfe vom Start zum Ziel zu bringen. Auf diesem Weg sind Fußangeln und Fallgruben eingebaut, die den Weg erschweren: Blockaden, die nur unter gewissen Voraussetzungen überwunden werden dürfen, Mitspieler, die die eigene Figur hinauswerfen u.v.a.m.

Um die Grundidee „Wegespiele" für den Mathematikunterricht zu nutzen, bieten sich Variationen bei drei Elementen dieser Spielform an, bei den Plänen, bei den Blockaden und bei den Zufallsgeneratoren.

∗ Variation der Spielpläne
Hier sind der Phantasie der Lehrer und der Kinder kaum Grenzen gesetzt. Der Spielplan wird zu einem Pferde- oder Autorennen, zu einer Reise durch ein Märchenland, zu „Peterchens Mondfahrt" oder zu einem Spiel, in dem der eigene Schulweg, eine Fahrt durch unsere Heimatstadt o. ä. thematisiert werden. Der Weg kann mit Umwegen verbunden sein, in Sackgassen enden oder Abkürzungen erlauben.

∗ Variation der Blockaden
Der Spielplan wird mit Sonderfeldern angereichert, die das Weiterkommen erschweren oder beschleunigen. Einige Möglichkeiten:
- eine Runde aussetzen;
- noch einmal würfeln;
- beim nächsten Mal zwei Würfel werfen und die Augensumme setzen;
- auf Feld 16 vorrücken (zurückgehen);
- darf nur weitergehen, wenn eine gerade Zahl (ungerade Zahl, eine Zahl, die kleiner/größer als 4 ist) gewürfelt wird;
- rückt doppelt so weit vor, wie der Würfel zeigt;
- gewinnt die auf dem Feld liegenden Punkte; wer hat am Ende die meisten?
- zieht eine Ereigniskarte, löst die darauf stehende Rechenaufgabe und darf bei richtiger Lösung die dem Ergebnis entsprechende Anzahl von Schritten weitergehen.

Der Einsatz von Ereigniskarten spielt bei den Vorschlägen von Saftig (1980) eine besondere Rolle. Der Spielplan (gestaltet in Anlehnung an das „Mensch-ärgere-Dich-nicht-Spiel" oder als

„Schneckenspiel“) enthält zahlreiche Sonderfelder. Gelangt ein Mitspieler auf eines dieser Sonderfelder, dann muß er eine Ereigniskarte ziehen. Die Karte enthält eine Rechenaufgabe. Wird sie richtig gelöst, darf der Spieler 3 Felder vorrücken, andernfalls muß er 3 Felder zurück. Die Lösungen stehen auf den Rückseiten der Karten, so daß die Kinder ihre Ergebnisse selbst kontrollieren können.

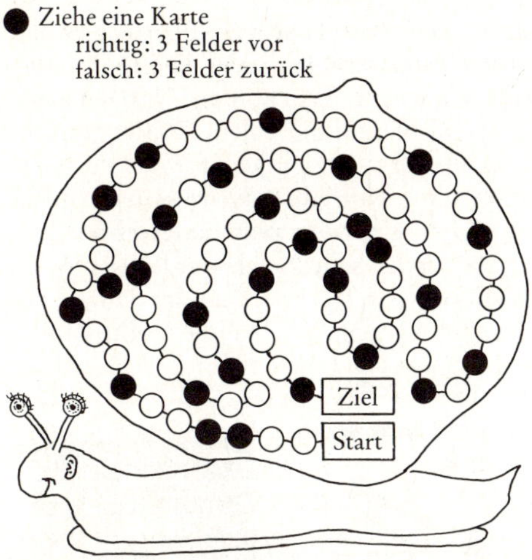

Diese Spielidee hat einen ganz praktischen Vorteil. Ohne den Spielplan ändern zu müssen, kann durch Herstellung verschiedener Sätze von Ereigniskarten der zu übende Unterrichtsstoff ganz den jeweiligen Erfordernissen angepaßt werden.

∗ Variation der Zufallsgeneratoren
Wegespiele werden in den meisten Fällen mit einem Würfel gespielt; die Anzahl der Augen bestimmt die Anzahl der Schritte. Mit einer Variation der Zufallsgeneratoren ist eine stärkere „Mathematisierung“ solcher Wegespiele möglich.

- Es wird mit 2 Würfeln gespielt; gesetzt werden darf jeweils die Summe (der Unterschied) der Augen.
- Glücksräder und Kreisel erlauben die Verwendung von Zahlen, die größer als 6 sind.

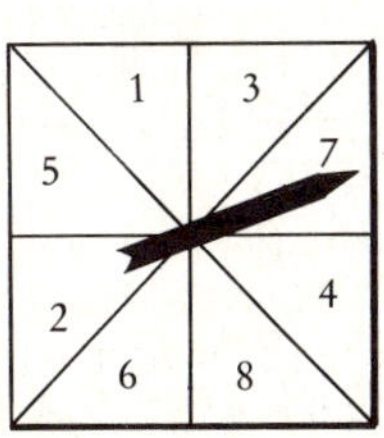

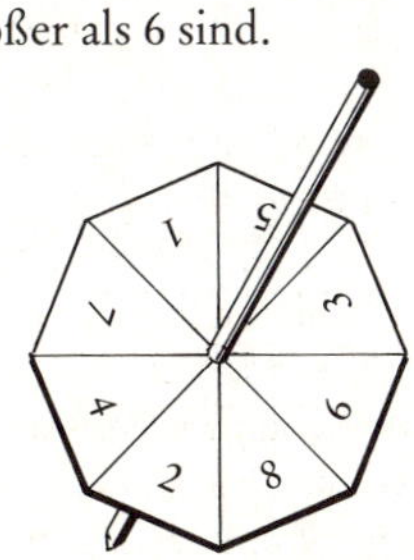

- Ein Wegespiel zu „Vielfachen“
  Rücke bis zum nächsten Feld vor, das ein Vielfaches dieser Zahl enthält.

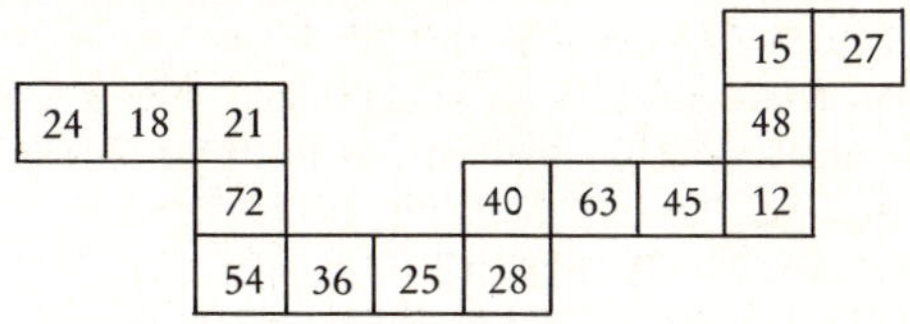

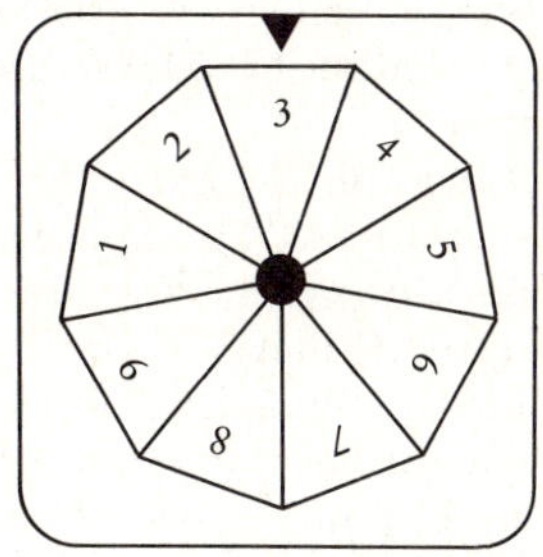

- Die Würfel werden durch Karten ersetzt. Die Karten zeigen einfache Zahldarstellungen oder Rechenaufgaben. Diese Zahlbilder bzw. die Lösungen der Aufgaben bestimmen die Anzahl der Schritte.

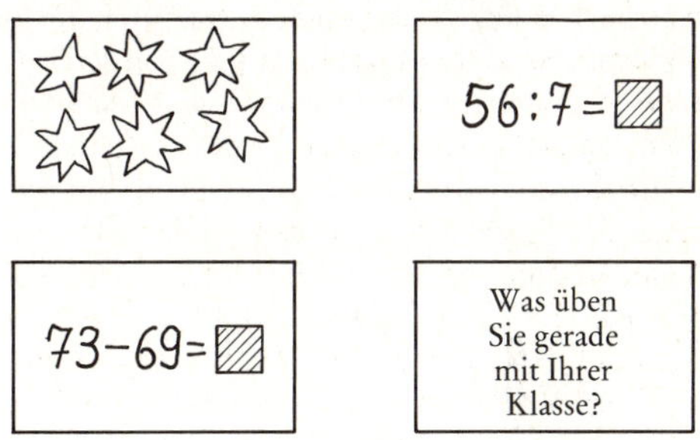

(2) Würfelspiele
Würfel sollten in keinem Klassenschrank fehlen. An vielen Stellen des Mathematikunterrichts können sie eingesetzt werden

∗ zum Erzeugen von Übungsaufgaben;
∗ für kleinere Rechenspiele, bei denen neben Rechenfertigkeit auch das Würfelglück über Sieg oder Niederlage entscheidet;
∗ als Ausgangspunkt für mathematische Analysen, z. B. zum Thema „Zufall und Wahrscheinlichkeit“ (vgl. S. 176);
∗ als Erzeuger von Zahlen, die verglichen werden, die die Kinder unter Ausnutzung von Stellenwerteigenschaften zu möglichst großen oder kleinen Zahlen zusammensetzen oder die mit Hilfe der 4 Grundrechenarten zu Zahlen oder Gleichungen verbunden werden.

Dabei ist man nicht auf die Zahlen bis 6 beschränkt. 2, 3 oder 4 Würfel liefern zwei-, drei- oder vierstellige Zahlen; kleine Klebeetiketten können den Würfeln alle Merkmale geben, die gebraucht werden: Formen-, Farben- und Größenmerkmale für Spiele mit strukturiertem Material, zweistellige Zahlen für Rechnungen im Zahlenraum bis 100 u.v.a.m.

Spiele mit Würfeln lassen sich durch einfache Regeländerungen den erweiterten mathematischen Kenntnissen der Kinder anpassen.
Einige Beispiele:

* Beide Kinder würfeln mit je einem Würfel. Wer die größere Zahl hat, gewinnt einen Punkt. Bei Gleichstand wird neu gewürfelt. Wer hat zuerst 10 Punkte?
* Jeder spielt mit 2 Würfeln gleichzeitig. Es gewinnt derjenige,
  - der die größte Summe hat.
  - dessen beide Würfel den kleinsten Unterschied aufweisen.
  - dessen beide Würfel sich zum größten Produkt zusammensetzen lassen.
  - dessen Würfel die größte (kleinste) zweistellige Zahl ergeben; ein Würfel muß (vor oder nach dem Werfen) als Zehnerwürfel, der andere als Einerwürfel bestimmt werden.
* Mit 2 Würfeln wird *„Himmel und Hölle"* gespielt: Die obenliegenden Augenzahlen („Himmel") werden als Zehner, die untenliegenden („Hölle") als Einer gezählt. „Himmel" und „Hölle" werden addiert. Hoch gewinnt.

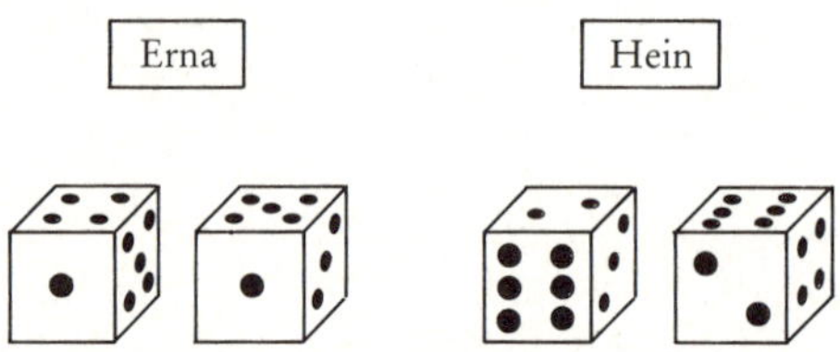

Erna	Hein	
40 + 50 = 90	20 + 60 = 80	„Himmel"
3 + 2 = 5	5 + 1 = 6	„Hölle"
43 + 52 = 95	25 + 61 = 86	

„Hohe Hausnummer" mit 3 Würfeln
Beim ersten Wurf werden alle 3 Würfel gleichzeitig geworfen. Ein Würfel „bleibt stehen"; die entsprechende Zahl wird in die Hunderterstelle einer Stellenwerttafel geschrieben. Nun geht es nur noch mit 2 Würfeln weiter; einer davon wird für die Zehnerstelle ausgewählt. Der letzte Wurf mit einem Würfel entscheidet über den Wert der Einerstelle. Der Spieler mit der größten Zahl erhält einen Punkt.

Spannender (und mehr vom Zufall abhängig) wird dieses Spiel, wenn im 1. Wurf die Einerstelle und erst im letzten Wurf der Wert der Hunderterstelle ermittelt werden.

* Gespielt wird wie *„Hohe Hausnummer*; die erwürfelten Zahlen werden aber „verrechnet", z. B. in der Art, daß die Augenzahlen der beiden ersten Würfe addiert werden und diese Summe mit der Augenzahl des dritten Wurfes multipliziert wird.
* *Setzen:* Jeder hat vor sich ein Blatt Papier und schreibt darauf untereinander die Zahlen von 1 bis 10; hinter jede Zahl kommt ein Mal-Punkt. Nun wird reihum mit einem Würfel gespielt, 10 Runden lang. Nach jedem Wurf setzt der Spieler die geworfene Augenzahl nach Belieben hinter eine der zehn aufgeschriebenen Zahlen. Am Ende des Spiels werden alle Multiplikationen ausgerechnet und die Summe der Produkte ermittelt. Wer hat die größte Zahl?

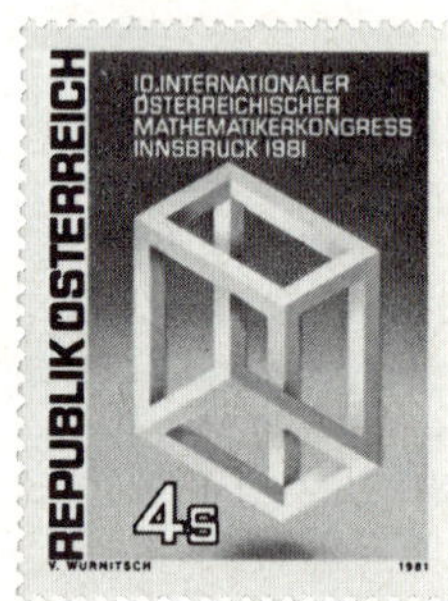

Weniger Übungs- und mehr Spielcharakter haben die folgenden Würfelspiele.

Würfel-Tischtennis
Gebraucht wird ein Spielplan mit zweimal 6 Feldern in linearer Anordnung und einem dicken Strich in der Mitte als Netz (vgl. Bild). Außerdem werden 2 Würfel und eine Spielfigur als „Ball" benötigt.

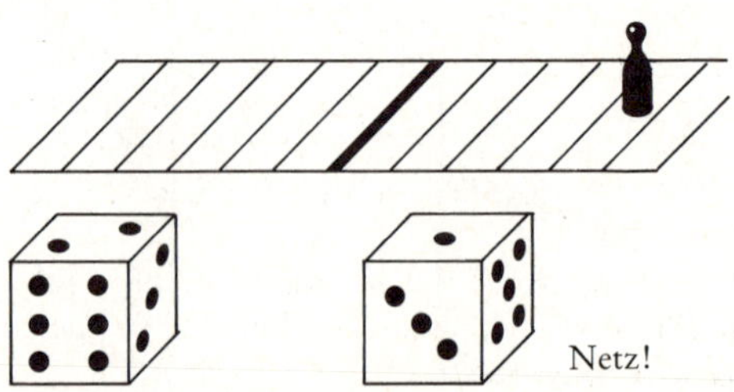

Netz!

Wie beim Tischtennis gehört jedem der beiden Mitspieler eine Spielhälfte. Es wird ausgeknobelt, wer „Aufschlag" hat. Zum „Aufschlag" wird der „Ball" auf das Außenfeld der eigenen Spielhälfte gesetzt. Dann wird mit 2 Würfeln gewürfelt. Der „Ball" wird um so viele Felder vorgesetzt, wie die Augensumme der Würfel zeigt. Ist der Ball damit über das „Netz" gekommen und im Feld des Gegners gelandet, darf dieser würfeln. Jeder darf selbst entscheiden, ob er zwei oder lieber nur einen Würfel wirft.

Es gelten die Tischtennisregeln: Wird „zu kurz" gewürfelt, landet der „Ball" also im Netz, dann erhält der Gegner einen Punkt. Wird der „Ball" zu weit geschossen, verläßt er also das Spielfeld, dann erhält der Gegner ebenfalls einen Punkt und beginnt mit einem neuen „Aufschlag".

Wer zuerst 21 Punkte hat, hat einen Satz gewonnen. Zum Gewinn des Spiels sind 2 Gewinnsätze nötig.

Zusammensetzen und zerlegen
Jeder Mitspieler braucht 2 Würfel, eine Zahlenleiste oder ein Zahlenfeld mit den Zahlen von 1 bis 9 und 9 Plättchen zum Abdecken der Zahlen.

Beide Würfel werden gleichzeitig geworfen; die erwürfelten Zahlen (z. B. 3 und 6) werden summiert. Diese Summe darf als ganze Zahl auf der Zahlenleiste abgedeckt werden (im Beispiel: Feld 9 wird bedeckt.) oder in jeder beliebigen Zerlegung (Feld 3 und 6 oder Feld 2 und 7 oder . . .). Jeder darf so lange weiterspielen, wie er die Augensumme als ganze oder zerlegt in zwei Zahlen verwerten kann. Gelingt es ihm nicht mehr, die Augensumme als ganze zu verwerten oder in zwei Zahlen zu zerlegen, die noch nicht abgedeckt sind, dann wird die Summe der unverdeckten Zahlen berechnet. Wer die kleinste Zahl hat, bekommt einen Punkt.

Sind die Felder 7, 8 und 9 schon abgedeckt, dann darf der Spieler auch mit einem Würfel weitermachen.

Die böse 1
Es wird mit einem Würfel gespielt. Jeder darf so lange würfeln und dabei die Augenzahlen addieren, bis eine 1 kommt. Sie darf noch addiert werden, *beendet* aber das Würfeln. Der nächste ist an der Reihe. Wer kommt in einer Runde am weitesten?

Zu einem Spiel, bei dem man versuchen muß, sein Glück einzuschätzen, wird die „Böse 1" bei folgender Spielregel.

Jeder darf, wenn er an der Reihe ist, so lange würfeln und die Augenzahlen addieren, wie er will. Kommt aber eine 1, dann wird die bei diesem Versuch erzielte Summe nicht gezählt; die 1 *löscht* das Ergebnis dieses Versuches. Es ist daher günstig, frühzeitig aufzuhören und das erzielte Ergebnis vom Spielleiter aufschreiben zu lassen. Wenn man wieder an der Reihe ist, wird bei der aufgeschriebenen Zahl weitergemacht. Wenn jetzt eine 1 kommt, löscht sie nur das Ergebnis dieser Runde, nicht die schon aufgeschriebene Zahl.

Wer erreicht als erster 111?

Mathe-Mix (Schmidt-Spiele, München)
Zum Spiel gehören 14 Würfel mit aufgedruckten ein- oder zweistelligen Zahlen, ein Würfelbecher, eine Spieltafel, die Gleichungen mit Leerfeldern zum Ablegen der Würfel enthält, und eine Sanduhr.

[8] + [2] = [10]

[15] − [12] = [3]

[2] × [2] = [5] ± [1]

[9] : [3] = [3] ± [ ]

[6]   20 + 30 + 10 + 15 = 75
      75 − 6 = 69

Alle Würfel kommen in den Becher, werden geschüttelt und auf den Tisch geworfen. Von diesem Augenblick an läuft die Sanduhr. Die gewürfelten Zahlen sind innerhalb des Zeitlimits auf der Spieltafel zu Gleichungen zusammenzulegen.

Bewertung: Die Zahlen aller abgelegten Würfel werden addiert; davon wird die Summe der nicht verwendeten Zahlen abgezogen. Wer hat nach einer vorher festgelegten Anzahl von Runden das beste Ergebnis?

Wichtiger Hinweis: Es empfiehlt sich, mit Grundschulkindern ohne Zeitlimit oder mit einer viel großzügigeren Zeitbegrenzung (z. B. zwei Durchläufe der Sanduhr) zu spielen.

(3) Kartenspiele

Mit Karten läßt sich im Mathematikunterricht der Grundschule eine Fülle von Spielen durchführen; sie sind noch vielseitiger verwendbar als Würfel. Spielkarten liefern einen größeren Zahlenraum und haben gegenüber den Würfeln den Vorteil, daß man sie in der Hand halten kann, um sie im geeigneten Augenblick auszuspielen. Dadurch sind Spielregeln möglich, die den reinen Glücksspielcharakter von Würfeln etwas zurückdrängen und mehr planvolles Spielen, Überlegung und Strategiebildung fordern. Selbstverständlich lassen sich aus vielen Würfelspielen auch Spiele mit Karten machen.

Die beiden bekanntesten Spielkartensätze, das Romme- und das Skat-Blatt, sind auch für mathematische Lernspiele brauchbar. Das Romme-Blatt besteht aus 52 Karten, je viermal (Kreuz, Pik, Herz, Karo) die Werte 2, 3, 4, 5, 6, 7, 8, 9, 10, Bube, Dame, König und As. Hinzu kommen noch 4 oder 6 Joker. Für viele Rechenspiele ist es günstig, das As mit 1 zu bewerten, die Zahlenkarten entsprechend ihren Werten und die Bilder entweder alle mit 10 oder fortlaufend den Buben mit 11, die Dame mit 12 und den König mit 13 Punkten. Für Spiele, bei denen die Reihenfolge eine Rolle spielt, ist es günstig, das As wahlweise vor der 2 oder hinter dem König, für zyklische Anordnungen als Bindeglied zwischen König und 2 einzuordnen. Entsprechende Bewertungen können für das Skat-Spiel festgelegt werden.

Über diese bekannten Kartensätze hinaus gibt es im Handel auch Spielkarten, die speziell für mathematische Lernspiele entwickelt worden sind.

Zahl und Anzahl (Piatnik, Wien) ist ein Spiel mit 40 Karten, bestehend aus 4 Sätzen zu je 10 Karten; 3 Kartensätze zeigen Mengendarstellungen der Zahlen von 1 bis 10 (Fische, Katzen, Hähne); ein Kartensatz enthält die geschriebenen Zahlen von 1 bis 10. Mit diesen Karten bzw. mit einem ausgewählten Teil von ihnen lassen sich bekannte Kartenspiele durchführen, bei denen Zahlaspekte einfließen: Schwarzer Peter, Mogeln u.v.a.m.

Das *Spiel 33* (Klett, Stuttgart) besteht aus 4 Sätzen von Zahlenkarten mit jeweils den Werten 0 bis 9 und 4 Jokern. Die einzelnen Sätze sind durch einfache Form- und Farbmerkmale zu unterscheiden. Im Anleitungsheft werden 15 Spielvorschläge beschrieben, darunter auch Variationen bekannter Karten- und Würfelspiele, wie z. B. Mau-Mau, hohe Hausnummer u. ä.

Speziell als Übungsspiel für die zweite und dritte Klasse ist der *Rechenpeter* (Kallmeyer, Wolfenbüttel) gedacht. Die Grundidee ist die des bekannten Spiels „Schwarzer Peter". Nur muß hier gerechnet werden, um festzustellen, welche Karten zueinander passen. Haben zwei Karten Rechenaufgaben mit gleichem Ergebnis (z. B. 31+2 und 39−6 oder 49:7 und 42:6), dann dürfen sie abgelegt werden. Derjenige Spieler, der am Ende die Einzelkarte übrigbehält, ist der „Rechenpeter". Insgesamt besteht das Spiel aus 6 Kartensätzen mit 12 Spielen (Vor- und Rückseite sind bedruckt). Die Aufgaben der einzelnen Spielsätze üben jeweils einen ganz bestimmten curricularen Aspekt, angefangen bei der Addition von ein- zu zweistelligen Zahlen ohne Zehnerüberschreitung bis hin zu den Divisionsaufgaben des kleinen 1 × 1.

Natürlich kann man Kartenspiele auch selbst herstellen oder von den Kindern herstellen lassen. Als Material eignen sich zurechtgeschnittene Pappen oder quadratische Bierdeckel mit freien Rückseiten, die bemalt, beschriftet oder mit Zahlbildern beklebt werden.

Einige Vorschläge:

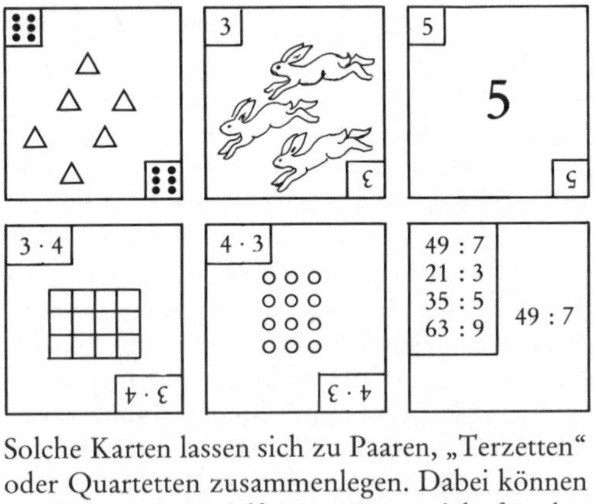

Solche Karten lassen sich zu Paaren, „Terzetten" oder Quartetten zusammenlegen. Dabei können aus bekannten Spielformen Lernspiele für den Mathematikunterricht gemacht werden. Bei Floer (1982) finden sich zahlreiche Vorschläge, Kartenspiele für den Mathematikunterricht zu nutzen: Romme, Schlafmütze, Memory-Romme, Mau-Mau, Quartett-Spiele, Schwarzer-Peter und Memory.

Mogeln
Gespielt wird mit einem Romme-Blatt oder mit selbstgemachten Zahlenkarten. Die Spielkarten werden gleichmäßig an die Mitspieler verteilt. Jeder versucht, seine Karten so schnell wie möglich abzulegen. Wer als erster keine Karten mehr hat, ist Sieger.

Der Beginner legt als erste Karte ein As (1). Die Karten werden verdeckt abgelegt. Der nächste Spieler muß eine 2, der übernächste eine 3 legen usw., immer reihum eine Karte mit einem um 1 höheren Wert; bei 10 (bzw. König) geht es wieder mit 1 weiter. Jeder muß laut sagen, welche Karte er legt bzw. zu legen vorgibt.

Bei diesem Spiel darf (und soll) gemogelt werden. Wer an der Reihe ist, z. B. eine 6 legen soll, darf auch – möglichst ohne aufzufallen – irgendeine andere Karte legen und dabei möglichst überzeugend „sechs“ sagen. Wer glaubt, daß jemand mogelt, ruft „Halt“ und deckt die Karte auf. Ist tatsächlich gemogelt worden, bekommt der Mogler den ganzen Kartenstapel und beginnt wieder mit einem As; andernfalls muß derjenige alle Karten des Stapels nehmen, der „Halt“ gerufen hat.

Schnipp-Schnapp
Gespielt wird mit Quartett-Karten; je 4 Karten haben die gleichen Werte (z. B. 16+5, 25−4; 3·7; 19+2). Der Inhalt der Karten kann dem jeweiligen Lehrstoff angepaßt werden.

Die Karten werden gemischt, verteilt und verdeckt vor jedem Mitspieler aufgestapelt. Ein Spielführer gibt das Kommando: „Schnipp“. Daraufhin decken alle ihre oberste Karte auf. Haben 2 Karten den gleichen Wert, dann darf derjenige, der dies zuerst entdeckt „Schnapp“ rufen und die Karten einsammeln. Sind alle Karten verschieden, dann sagt der Spielleiter erneut „Schnipp“, und jeder Mitspieler legt eine neue Karte offen auf die schon liegende. Bei „Schnapp“ werden nun alle offenliegendenKarten gewonnen. Wer hat am Schluß die meisten Karten?

Das Spiel „Schnipp-Schnapp“ gibt es zum Identifizieren gleicher Uhrzeiten auch im Handel: „Schnipp-Schnapp: Wie spät ist es?“ (Huesmann + Benz, Rielasingen). Es enthält 60 Spielkarten mit abgebildeten Uhrzeiten. Karten mit Darstellungen der gleichen Uhrzeit (nur volle Stunden) dürfen „geschnappt“ werden.

AdMuDiSu
Admudisu steht für **Ad**dition, **Mu**ltiplikation, **Di**vision und **Su**btraktion. Jeder Mitspieler zieht 8 Karten. Aus diesen 8 Zahlen sind 4 Rechenaufgaben zu bilden, zu jeder Grundrechenart eine Aufgabe. Ziel ist es, die Zahlen so zu Aufgaben zusammenzustellen, daß die Summe der 4 Ergebnisse möglichst groß wird. Der Gewinner jeder Runde erhält einen Punkt. Bei der Division dürfen Reste auftauchen, sie werden aber nicht mitgerechnet.
Beispiel:

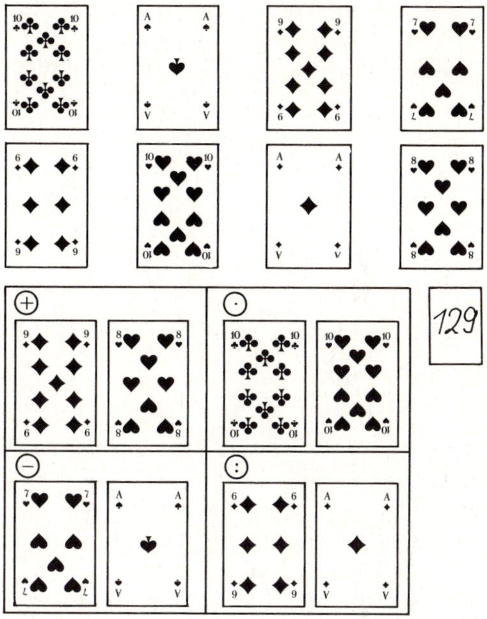

(4) Weitere Varianten von Gesellschaftsspielen
Zahlreiche mathematische Lernspiele sind Varianten bekannter Gesellschaftsspiele. Dies gilt für Wege-, Würfel- und Kartenspiele ebenso, wie für Domino-, Lotto- und Memory-Varianten (vgl. S. 61 f.). Fast jeder Inhalt des Mathematikunterrichts der Grundschule läßt sich in solche Spielformen übersetzen.

Etwas schwieriger wird es, wenn die Spiele nicht nur reine Aufgaben-/Antwortspiele sein sollen, sondern wenn im Spiel den Kindern geholfen werden soll, bisher nur mangelhaft ausgebaute Kenntnisse zu erweitern und zu vertiefen. Ein Lotto-Spiel zur Addition oder zum 1 × 1 ist gut zum Einüben dieser Rechensätze; es hilft aber wenig, wenn die Kinder mit den Termen „7+8“ oder „3 · 7“ wenig anfangen können, wenn ihnen keine Strategie zur Lösung solcher Aufgaben zur Verfügung steht.

Sollen Lernspiele solche Lehrfunktionen übernehmen, dann kommt man nicht um das Selbstanfertigen der Spiele herum, weil nur so sichergestellt werden kann, daß das Spiel unmittelbar an den Unterricht anknüpft. In diesen Fällen werden die Aufgaben so ausgewählt und so mit graphischen Hilfen unterstützt, die auch im Unterricht eingesetzt worden sind, daß eine individuelle Förderung der Kinder möglich ist. Je nach verwendetem Schulbuch und damit je nach vorherrschendem didaktischen Material wird man Additionsaufgaben mit Steckwürfel- oder Cuisenairestabdarstellungen, Multiplikationen mit Bildern von Zahlenfeldern u. ä. unterstützen.

Für Kinder, die die Aufgaben zwar im Prinzip können, d. h. über ein Grundverständnis des jeweils zu übenden Inhalts verfügen, beim Rechnen aber noch nicht ganz sicher sind, ist eine andere Art von Hilfestellung notwendig. Für diese Kinder muß die Möglichkeit geschaffen werden, ihre Ergebnisse selbst zu kontrollieren. Das ist auf verschiedene Art und Weise möglich:

- Zusammengehörende Karten werden mit einer puzzle-ähnlichen Verzapfung versehen; nur richtige Lösungen können miteinander verzahnt werden.
- Die Aufgabenkarten eines Lottospiels haben die Form von Puzzle-Teilen; nur so können sie in die Grundkarte eingepaßt oder miteinander verzahnt werden.
- Die Aufgabenkarten eines Lotto-Spiels haben auf der Rückseite Bildteile; nur wenn alle Karten mit der Rückseite nach oben auf die richtigen Plätze der Grundkarte gelegt worden sind, ergänzen sie sich zu einem Bild.

(5) Spiele mit Bewegung und Geschicklichkeit

Bewegung kommt im Mathematikunterricht der Grundschule viel zu kurz. Selbst wenn gespielt wird, beschränkt sich die Bewegung in den meisten Fällen auf das Legen von Karten oder das Werfen von Würfeln. Den motorischen Bedürfnissen der Kinder, ihrem Spaß an Bewegungen, ihrer Freude daran, ihre Geschicklichkeit ausspielen zu können, wird viel zu selten Rechnung getragen. Dabei sind vor allem Geschicklichkeitsspiele eine Möglichkeit, auch den sonst lernschwachen Schülern Erfolgserlebnisse zu vermitteln.

Die Spiele mit Bewegung und Geschicklichkeit sind Anleihen bei bekannten Kinderspielen. Durch geeignete Spielregeln kommen mathematische Aspekte (stärker) ins Spiel.

Flohspiele

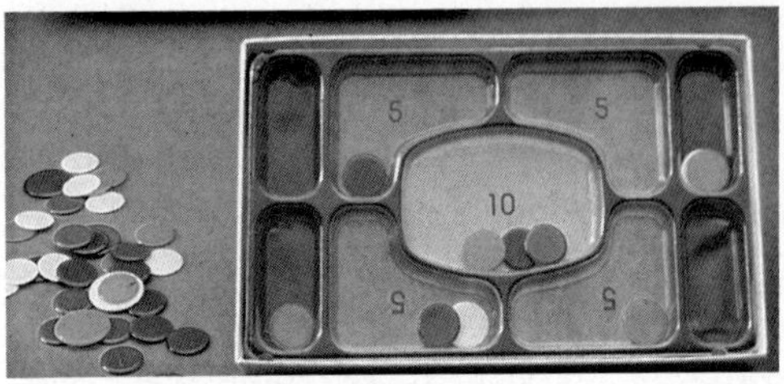

(Schmidt-Spiele, München)

Bei diesem Spiel werden kleine Chips mit etwas größeren Plättchen in einen Becher oder in ein Spielfeld geschnipst. Durch Gestaltung der Spielfelder und ihrer Bewertungen können Anlässe zum Addieren oder Multiplizieren geschaffen werden.

Hütchenspiele

(Schmidt-Spiele, München)

Durch Austausch der Grundkarten läßt sich dieses Geschicklichkeitsspiel nahezu jedem Zahlenraum anpassen. Die getroffenen Zahlen werden addiert oder multipliziert, oder es wird (wie bei „Darts") von einer vorgegebenen Zahl an rückwärts bis zur Null gespielt.

Anspruchsvoller werden Spiele dieser Art, wenn mit den getroffenen Zahlen weiter gerechnet wird:

Es wird reihum geworfen. Wer zuerst Zahlen getroffen hat, aus denen sich die 24 (oder eine andere, vorher verabredete Zielzahl) errechnen läßt, hat gewonnen.

Beispiel:

	1. Runde	2. Runde	3. Runde	4. Runde
Sepp	9	3	/	3
Frieda	5	/	1	4

Beide haben gewonnen!

Sepp: $9 \cdot 3 - 3 = 24$

Frieda: $(5 + 1) \cdot 4 = 24$

Packesel
Die Stäbe werden bewertet: verschiedene Farben bekommen unterschiedliche Werte, die Stäbe werden beschriftet oder mit Zahlenkärtchen beklebt.

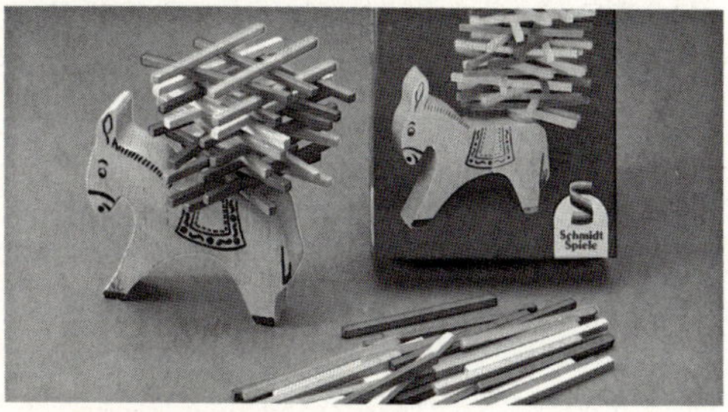

(Schmidt-Spiele, München)

Wer den Packen zum Einsturz bringt, hat verloren. Sieger ist derjenige, dessen restliche Stäbe zusammen den kleinsten Wert haben. Wer ist zweiter, dritter . . . Sieger?

Zielspiele
Auch bei diesen Spielen kommt es darauf an, mit Geschick die besten Zahlen zu gewinnen.
- Murmeln werden in ein Zielfeld geworfen oder auf eine Zielwand mit Löchern (Schuhkarton mit ausgeschnittenen Toren) gerollt.
- Spielzeugautos werden auf die Reise geschickt. Je weiter sie sich dem Ziel nähern, desto größer sind die Zahlen, die gewonnen werden. Wer aber über das Ziel hinausschießt, bekommt gar nichts.
- Gekegelt wird mit leeren Sprudel-Dosen und einem Tennisball.
- Tischtennisbälle werden in Eimer, Tennisbälle auf gelochte Wände, Ringe auf Stäbe geworfen.
- Holz- oder Plastikscheiben werden auf Spielfelder geschoben.

100
50
40
30
20
10

Start

Die mit großem Geschick und etwas Glück erbeuteten Zahlen werden „weiterverarbeitet“. Sie werden addiert oder multipliziert, Unterschiede werden berechnet, oder sie werden zu Rechenketten verknüpft mit dem Ziel, eine möglichst große (kleine) Zahl zu erreichen oder so nahe wie möglich an eine vereinbarte Zielzahl heranzukommen.

Gleichgewicht

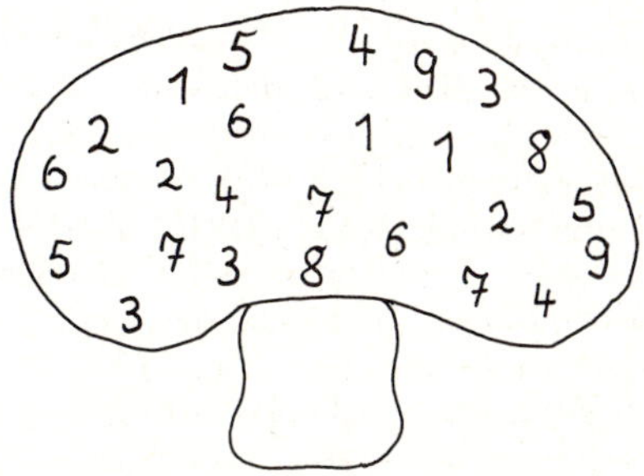

Ein „Pilz“ (oder eine andere Figur mit „Kopf“) wird ausgeschnitten und in unregelmäßiger Folge mit einstelligen Zahlen beschriftet. Dieser Pilz wird gut ausbalanciert auf einen Flaschenhals gelegt. Nun dürfen die Kinder abwechselnd Halmafiguren auf die Zahlen setzen. Die Werte werden addiert. Wer kommt bis 50, ohne daß der Pilz sein Gleichgewicht verliert?

Der Kinder-Knoten
Bei diesem Spiel ist das Rechnen eigentlich nur eine Randerscheinung. Viel wichtiger – und lustiger – ist die Akrobatik, die von den Beteiligten gefordert wird.

Auf den Fußboden wird ein 5 × 4-Feld gemalt (oder mit Schnüren gelegt), dessen einzelne quadratische Felder eine Kantenlänge von etwa 40 cm haben. Die Felder werden von 1 bis 20 durchnumeriert. Zahlenkarten von 1 bis 20 werden gemischt und verdeckt aufgestapelt. Wer an der Reihe ist, zieht eine Karte, stellt sich auf das entsprechende Feld und berührt zwei weitere Felder mit seinen Händen so, daß diese beiden Felder eine Rechenaufgabe zu seinem Standfeld bilden.

1	2	3	4	5
6	7	8	9	10
11	12	13	14	15
16	17	18	19	20

Beispiel: Klaus zieht die 11, stellt sich auf das Feld 11 und berührt mit seinen Händen die Felder 7 und 4 (oder 15 und 4 oder . . .). Nach einigen Runden entsteht so der herrlichste „Kinder-Knoten“.

3.2. Üben

„Üben im Mathematikunterricht der Grundschule“ ist ein Thema voller Widersprüche, Probleme und Ungereimtheiten – tatsächlicher und vermeintlicher.

* Die Geschichte des Rechenunterrichts ist voll von Beispielen dafür, wie der jeweils „alten Schule“ – das ist immer die gerade existierende – der Vorwurf gemacht wird, sie sei eine *Paukschule*. Fast im gleichen Atemzug wird aber über *das geringe Übungsangebot* in Schulbüchern geklagt.
* In einer 1981 durchgeführten Befragung von Grundschullehrern (Radatz u. a., 1981) nennt fast jeder zweite Lehrer die *zu große Stoffülle* als Ursache für die heute schlechteren Leistungen der Grundschüler bei einigen mathematischen Inhalten. Fast 60% der gleichen Lehrer geben an, daß *zu wenig Übungsaufgaben* die häufigste Ursache für Lernschwierigkeiten im mathematischen Anfangsunterricht ist.

* Die meisten Lehrer und wohl jeder Mathematikdidaktiker fordern vom Mathematikunterricht die Vermittlung von *Problemlösefähigkeit* und *beweglichem Denken* und verlangen, daß dieser Unterricht die Schüler in die Lage versetzt, Probleme weitgehend eigenständig zu lösen. Auf der anderen Seite klagen weit mehr als 50% der Grundschullehrer über *zu viele verschiedene Aufgaben* und fordern ein größeres Angebot gleichförmiger Übungsaufgaben für ein isoliertes Training mathematischer Techniken.
* Viele Lehrer wünschen sich praktische Hinweise auf Übungsformen im Mathematikunterricht. In der mathematikdidaktischen Literatur und in der Theorie der Mathematikdidaktik wird (wurde?) dieses Thema nicht besonders geschätzt. Üben wird als sekundär eingeschätzt; für wichtiger wird der vorher notwendige Prozeß der Erkenntnisgewinnung gehalten.
* Im Laufe des Schuljahres gibt es weit mehr *„Übungsstunden“* als *„Einführungsstunden“*. Dennoch bemühen sich viele angehende Lehrer in ihrer zweiten Ausbildungsphase bei „Schaustunden“ Einführungsstunden, keine Übungsstunden zu halten.

Wie widersprüchlich sind diese Widersprüche, wie problematisch diese Probleme und wie begründet diese Vorwürfe?

- Der Vorwurf, die „alte Schule“ sei eine Paukschule, berührt das Üben eigentlich nur am Rande. Er kritisiert vor allem die Form des Unterrichts, nicht den Inhalt. Auch Einführungen können gepaukt und Übungen auf spannende Art und Weise durchgeführt werden.
- Die Klagen über die große Stoffülle einerseits und das geringe Übungsangebot andererseits stehen nicht im Widerspruch zueinander. Gerade wegen der Stoffülle muß in anderen Bereichen eingespart werden; und dieser „andere Bereich“ ist nicht selten das Üben. So ist allein beim Thema „Addition und Subtraktion im Zahlenraum bis 20“ die Anzahl der Übungsaufgaben von durchschnittlich etwa 2500 vor der Einführung der „Neuen Mathematik“ auf etwa 1000 – in einem Extremfall sogar auf weniger als 400 – nach der Einführung gesunken. In neuerer Zeit steigt die Zahl der Übungsaufgaben in Neuauflagen und in neuen Werken aber wieder auf ca. 2000 an.
- Die isolierte Einübung mathematischer Techniken steht nicht im Widerspruch zur Vermitt-

lung eines beweglichen Denkens, wenn man die Einübung nicht beschränkt auf ein Drillen von Techniken. Mit speziellen Übungsmaßnahmen (s. u. „operative Übungen“) läßt sich gerade auch das bewegliche Denken, die Umkehrung von Aufgabenstellungen, das Einschlagen von Umwegen oder das Verkürzen von Standardlösungen einüben. Allerdings bedarf es dazu tatsächlich mehrerer *verschiedener* Aufgaben. Diese sind zweifellos schwieriger – und können Lernschwierigkeiten hervorrufen – als das Abarbeiten des immer gleichen Schemas; sie sind aber unverzichtbar, wenn Mathematikunterricht nicht abgleiten soll zu einem Einpauken unverstandener Regeln. Man wird auf beide Übungsformen – Automatisierungen von Techniken und operative Übungen – nicht verzichten können.

– Die nicht selten betonten Gegensätze zwischen „Einführungsstunde“ und „Übungsstunde“, zwischen „Vermittlung von Einsicht“ und „Üben“ sind bestenfalls idealtypische Unterscheidungen, um unterschiedliche Gewichtungen in einem komplexen Lehr- und Lernprozeß zu betonen, in dem immer „Einführen“ und „Üben“, „Verstehen“ und „Üben“ eng miteinander verzahnt sind. Sinnvolles Üben hat immer auch die Vertiefung von Einsicht zum Ziel, und gute Einführungsstunden knüpfen an vorher Geübtes an und enthalten selbst wieder neue Übungsteile.

3.2.1. Übungsformen und ihre Ziele

Ein Teil der Probleme im Zusammenhang mit dem Üben im Mathematikunterricht der Grundschule resultiert aus einer fehlenden Präzisierung des Übungsbegriffes. Es gibt nicht *die* Übung schlechthin und entsprechend gibt es nicht eine einzige Funktion des Übens; es gibt vielmehr verschiedene Übungsformen, die mit ihren je spezifischen Zielen unterschiedliche Funktionen im mathematischen Lernprozeß erfüllen.

Es ist wenig sinnvoll, diese Übungsformen in eine Rangreihe von „nicht besonders wertvoll“ bis „äußerst wichtig“ bringen zu wollen. Jede dieser Übungsformen hat mit ihren ganz spezifischen Zielen auch ihre eigene Bedeutung.

Das Lernziel, die mit dem Üben verbundene Absicht entscheidet über die Auswahl der Übungsform, nicht eine irgendwie geschaffene, durch nicht weiter begründbare Wertvorstellungen „belegte“ Bewertungsskala.

Die hier genannten Übungsformen sind nur idealtypische Unterscheidungen. In Reinform werden sie nur selten vorkommen. An automati-

Übungsformen	Ziele	theoretischer Hintergrund
(1) Automatisierendes Üben	Grundkenntnisse und elementare Techniken bis zur sicheren Beherrschung einüben	Prinzip des algorithmischen Lernens
(2) Gestuftes Üben	Schrittweiser Ausbau der Fähigkeiten durch Übungen mit sorgfältig gestufter Schwierigkeitssteigerung	Prinzip der Isolierung der Schwierigkeiten
(3) Operatives Üben	Ausbau der Beweglichkeit des Denkens durch Herstellen vielfältiger Beziehungen und Zusammenhänge	Operatives Prinzip
(4) Üben durch Anwenden	Übertragung des Gelernten auf neue Fragestellungen und Situationen	Prinzip der Anwendungsorientierung
(5) Zehn-Minuten-Rechnen	– „warming up“ – wiederholendes Üben – vorbereitendes Üben	Prinzip der Stabilisierung

sierendes Üben wird sich häufig ein Üben im Sinne des operativen Prinzips nahtlos anschließen, und umgekehrt wird man beim operativen oder gestuften Üben Phasen zwischenschalten, in denen der gleiche Aufgabentyp wiederholt wird.

(1) Automatisierendes Üben

Ziel des automatisierenden Übens ist die Festigung von Wissen und Können ausgewählter Inhalte und Routinen. Diese Übungsform wird vor allem beim Lernen der Rechensätze des „Kleinen 1 plus 1" und des „Kleinen 1 mal 1" gebraucht und beim Einüben der 4 schriftlichen Rechenverfahren. Bei diesen Inhalten, vor allem beim „1 plus 1", ist es mit Blick auf die späteren Anforderungen im Mathematikunterricht notwendig, daß Antworten automatisch, ohne bewußtes Überlegen, erfolgen. Nach einer längeren Phase der Vermittlung der Bedeutung dieser Begriffe und Prozeduren ist deshalb hier auch ein automatisierendes Üben bis hin zur Ausbildung von Reiz-Reaktions-Ketten notwendig.

Sicher kann automatisierendes Üben nicht das Verständnis ersetzen, und es wäre verhängnisvoll, solche Übungen schon dann durchzuführen, wenn die Schüler die entsprechenden Inhalte noch nicht verstanden haben. Bei *verfrühten automatisierenden Übungen* besteht die Gefahr, daß die Schüler ihre eigenen Regeln – und damit häufig fehlerhafte Regeln – bilden und sie beim weiteren Üben verfestigen. Dies kann zu sehr resistenten, nur mühsam wieder zu korrigierenden Fehlerstrategien führen (vgl. Kap. 3.3.: Lernschwierigkeiten). Gerade in den ersten Phasen automatisierenden Übens wird daher der Lehrer ganz besonders aufmerksam die Lösungsstrategien der einzelnen Schüler beobachten und ggf. frühzeitig mit weiteren Verständnishilfen solche Fehlstrategien der Schüler abwenden (s. u.).

Das erklärte Ziel der automatisierenden Übung, das Über-Lernen eines mathematischen Inhalts so weit, daß Reaktionen als automatische Prozesse auf entsprechende Reize erfolgen, macht diese Übungsform gerade wegen der (angestrebten) Ausschaltung des Bewußtseins für viele so dubios. Der Mensch wird gleichsam zum Automaten degradiert. Dabei wird übersehen, daß ein Üben bis zur Automatisierung durchaus auch *Vorteile* hat.

Fehlerhafte Lösungen von Aufgaben zur schriftlichen Addition

Lösung	Fehlerursache	mögliche Maßnahmen
326 + 258 585	Fehler beim kleinen 1 plus 1	Wiederholung des „Kleinen 1 plus 1"; Prüfen: Wie rechnet das Kind Aufgaben des „Kleinen 1 plus 1", etwa durch Zählen? Welche Aufgaben kann es noch nicht auswendig? Notieren, lernen lassen.
804 + 153 907	Fehler mit der Null	Unterschiedliche Bedeutung der Null bei Addition und Multiplikation klären. Kommt das Rechnen mit Null im Unterricht (z. B. 5-Minuten-Rechnen) auch nicht zu kurz?
623 + 278 891	Übertrag nicht berücksichtigt	Verfahren der schriftl. Add. erneut klären. Aufgabe mit Plättchen in der Stellentafel legen; auf die Bündelung (10 Einer = 1 Zehner) hinweisen, sie konkret durchführen lassen.
394 + 261 556	Addition von vorn	Auf die unterschiedlichen Lösungsverfahren beim Kopfrechnen und schriftlichen Rechnen eingehen. Bündelungsprinzip (von rechts nach links zur höheren Einheit hin) klären.
394 + 26 654	Nicht stellengerechte Schreibweise des zweiten Summanden	Schreibweise von Zahlen in Stellenwerttafeln üben; Stellenwertprinzip klären; notfalls die Leerstelle durch Schreiben einer Null besetzen lassen (26 → 026)
327 + 258 5715	Falsche Behandlung des Übertrags	Lösung ist „im Prinzip richtig", muß aber noch zu Ende geführt werden: 15 E = 1 Z + 5 E. 5 Einer werden notiert, 1 Zehner ist der Übertrag.

* Kenntnisse und Algorithmen werden so gefestigt, daß sie ohne Einschaltung von Bewußtsein als Reiz-Reaktions-Ketten reproduziert werden können. Dadurch wird das *Gedächtnis entlastet*. Das ist besonders wichtig z. B. bei der Lösung komplizierter Sachaufgaben mit längeren Gedankenketten, bei der jede bewußt zu vollziehende Zwischenlösung den Schüler der Gefahr aussetzt, „den roten Faden" zu verlieren.
* Bis zur Automatisierung geübte Inhalte können als feste *Subroutinen* bei der Vermittlung neuer Inhalte eingebaut werden. So kann ein Schüler, der das „Kleine 1 plus 1" sicher beherrscht, sich bei der Einführung der schriftlichen Addition ganz auf diesen neuen Inhalt konzentrieren, während sein Mitschüler mit Wissenslücken aufgrund der Notwendigkeit, jede Aufgabe bewußt – etwa durch Weiterzählen – zu lösen, große Schwierigkeiten mit diesem neuen Algorithmus haben wird. Ein ganz erheblicher Anteil der Lernschwierigkeiten bei den schriftlichen Rechenverfahren resultiert aus der nur unsicheren Beherrschung der Grundaufgaben. Das gilt nicht nur für Fehler, die direkt als Fehler beim „Kleinen 1 plus 1" identifiziert werden können, sondern auch für Verfahrensfehler als Folge des Nichtverstehens des Algorithmus aufgrund ständiger Konzentration auf Nebenrechnungen.

Allerdings dürfen auch die *Gefahren* dieser Übungsformen nicht übersehen werden.

* Gerade beim Über-Lernen eines an sich schon gekonnten Inhalts besteht die Gefahr der *Langeweile*, besonders dann, wenn automatisierendes Üben gehäuft und in immer wieder gleicher Form auftritt. Hier ist eine richtige Mischung aller Übungsformen und eine Variation der Aufgabendarbietung innerhalb des automatisierenden Übens dringend notwendig.
* Auf die *Gefahr falscher Regelbildungen* als Folge eines verfrühten Beginns mit automatisierenden Übungen ist schon hingewiesen.
* Wird diese Übungsform über einen längeren Zeitraum als einzige eingesetzt, dann besteht die Gefahr, daß die Schüler die *Bedeutung* und damit den *Zusammenhang zu anderen Inhalten vergessen* mit der Folge, daß sie sich z. B. die vergessene Lösung zu $9 \cdot 8$ nicht mehr über $10 \cdot 8 - 8$ erschließen können. Automatisierendes Üben wird deshalb nie über einen längeren Zeitraum, nie in Reinform und nie mit der immer wieder gleichen Aufgabendarbietung stattfinden.
* Auf die *Gefahr der Herausbildung starrer Lösungsschemata* auch dort, wo einfachere und elegantere Lösungen möglich sind, hat vor allem LUCHINS hingewiesen. Werden mehrere Aufgaben des gleichen Typs hintereinander bearbeitet, dann besteht die Gefahr, daß sich ein starres Lösungsschema herausbildet, das auch auf die nächsten Aufgaben angewendet wird, die eigentlich mit einem anderen Verfahren leichter gelöst werden können.

Lösen Sie bitte die folgenden Aufgaben

(1)	(2)	(3)
$9 \cdot 103$	$7 \cdot 53$	$4 \cdot 310$

(4)	(5)
$8 \cdot 512$	$4 \cdot 392$

Sie sind sicher dem LUCHINS-Effekt nicht erlegen. Oder haben Sie die Aufgabe 5 tatsächlich als $4 \cdot 300 + 4 \cdot 90 + 4 \cdot 2$ gelöst? Eleganter (und leichter) ist folgendes: $4 \cdot 400 - 4 \cdot 8$. Gerade wenn beim automatisierenden Üben viele Aufgaben vom gleichen Typ nacheinander gestellt werden, besteht die Gefahr des LUCHINS-Effekts, also der Ausbildung starrer Lösungsschemata und ihrer Anwendung auch auf solche Fälle, die mit anderen Verfahren einfacher gelöst werden könnten.

Automatisierendes Üben steht in dem Ruf, geisttötend und langweilig zu sein, Unverstandenes einzudrillen, und damit die von Lehrern und Schülern bestgehaßte Übungsform zu sein. Es gibt aber vielfältige Formen, auch diese Art des Übens zu variieren, interessanter, vielleicht sogar spannend zu machen. Die folgenden Anregungen für Übungen zum „Kleinen 1 mal 1" sind in nahezu der gleichen Form (und Vielfalt) auch für das „1 plus 1" brauchbar.

Kopfrechnen

- Das Kind, das die Aufgabe richtig löst, darf selbst eine neue Aufgabe stellen und das nächste Kind aufrufen.
- Das Aufrufen wird ersetzt durch Zuwerfen mit einem (Soft-)Ball.
- Die Aufgaben werden erwürfelt. Zwei Schaumstoffwürfel mit den Augenzahlen 1 bis 6 oder zwei selbstgemachte Würfel mit den Zahlen 5 bis 9 bestimmen, welche Summe, welches Produkt gerechnet wird. Wer die Aufgabe löst, darf neu würfeln und aufrufen.
- Statt Würfel werden „Glücksräder" mit den Zahlen 0 bis 10 genommen.

- Auf einem Blatt Papier oder auf dem Fußboden wird ein Rechteck in kleine Felder aufgeteilt. Jedes Feld wird mit einer Zahl versehen.

6	3	0	5
1	8	4	7
4	2	3	9

Die Kinder werfen 2 Spielmarken auf das Feld. Ihre Lagen bestimmen die Zahlen, mit denen gerechnet wird.
- Nahezu ganz auf eigenes Sprechen kann der Lehrer verzichten, wenn er einige Zahlen und einen Operator an die Tafel schreibt.

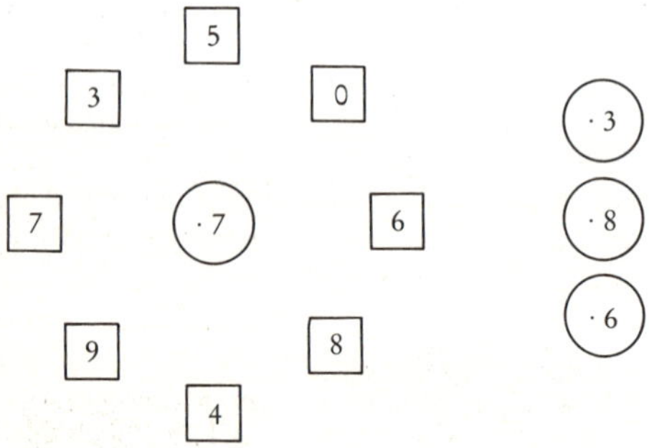

Er braucht nur noch auf eine Zahl zu zeigen, und die Kinder wissen, welche Aufgabe sie rechnen sollen. Dann wird der Operator geändert; die nächste Einmaleins-Reihe wird geübt.
- Bingo
Jeder Schüler malt ein 3 × 3-Quadrat und füllt es mit einstelligen Zahlen seiner Wahl. Die Lehrerin stellt Aufgaben zum kleinen „1 durch 1“, die Schüler kreuzen die Lösung auf ihrer Tafel an. Wer hat zuerst 3 Kreuze in einer Reihe, waagerecht, senkrecht oder diagonal?

9	3	4
5	8	5
2	2	6

- Eckenrechnen
4 Kinder stehen in den 4 Ecken des Klassenzimmers; ein Schüler (oder anfangs die Lehrerin) stellt die Aufgaben, ein weiterer Schüler ist Schiedsrichter. Wer die Aufgabe zuerst richtig löst, rückt (im Uhrzeigersinn) eine Ecke weiter. Wer sie falsch löst, geht eine Ecke zurück. Sieger ist, wer zuerst wieder in seiner Ecke ist.
- Königsrechnen
Mehrere Schüler stehen nebeneinander am Start. Wer die Aufgabe zuerst löst, darf ein Schritt (ein Feld des mit Platten ausgelegten Fußbodens) vorrücken. Der erste am Ziel wird Rechenkönig.

Alle Formen des Wettrechnens sollten nicht überstrapaziert und mit viel Fingerspitzengefühl eingesetzt werden. Früher weit verbreitet war ein Verfahren, bei dem alle Schüler aufstanden und der jeweils schnellste sich setzen durfte. Dabei waren nahezu immer die gleichen Kinder „die Dummen“, die am Ende noch standen. Dieses Wettrechnen ist ein sicheres Verfahren, um zu den kognitiven Lernschwierigkeiten auch noch zusätzlich affektive Blockaden aufzubauen. Deshalb sollte beim Wettrechnen immer nur mit kleinen, möglichst leistungshomogenen Gruppen gearbeitet werden und immer nur ein Sieger, nicht der Verlierer ermittelt werden.

Spiele
- Domino-, Lotto- und Memoryspiele zum „Kleinen 1 + 1“ und zum „Kleinen 1 · 1“ kann man kaufen oder selbst herstellen (vgl. S. 61 f.)
- Beim „Schwarzen Peter“ bilden Aufgabe und Tauschaufgabe (3 · 4 = 12 / 4 · 3 = 12) ein Paar.
- Beim Multiplikations-„Terzett“ bilden Multiplikationsaufgabe und beide Umkehrungen (3 · 4 = 12 / 12 : 3 = 4 / 12 : 4 = 3) ein „Terzett“; beim Multiplikationsquartett bilden Aufgabe, Tauschaufgabe und beide Umkehrungen (3 · 4 = 12 / 4 · 3 = 12 / 12 : 3 = 4 / 12 : 4 = 3) ein Quartett.
- Beim „Schneckenspiel“ (vgl. S. 183) können durch entsprechende Auswahl der Ereigniskarten gezielt Teile des „Kleinen 1 mal 1“ geübt werden.

Übungsgeräte
- LÜK – Lernen, Üben, Kontrollieren (Heinz Vogel Verlag, Braunschweig)

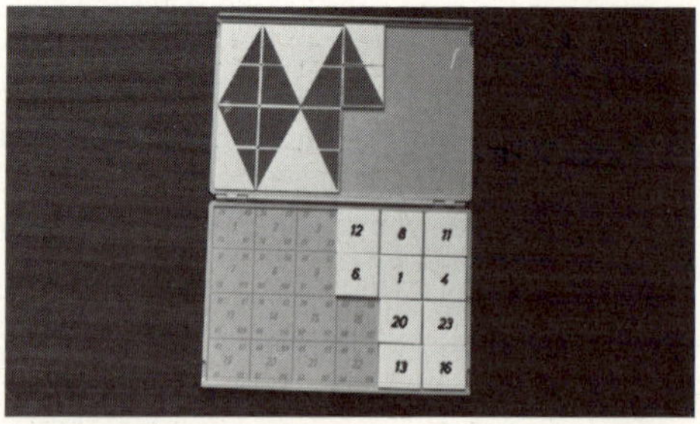

Zur Grundausstattung gehören ein Ablagekasten und quadratische Kunststoffplättchen, die auf der einen Seite mit Zahlen, auf der anderen Seite mit geometrischen Mustern bedruckt sind. Entsprechend den Aufgabenstellungen in den Übungsheften sind die Kunststoffplättchen mit der Zahlenseite nach oben abzulegen. Sind alle Aufgaben richtig gelöst, zeigt die Rückseite ein geometrisches Muster. Fehler sind als Fehler im geometrischen Muster erkennbar.

- Heinevetters 1 × 1-Trainer (Verlag Otto Heinevetter, Hamburg)
  Zur Grundausstattung gehört ein Zapfentablett, in das Aufgabenblätter gelegt werden können, und wellenförmig profilierte Lösungsplättchen, die nur an den jeweils richtigen Platz gelegt werden können. Die Anordnung der Lösungsplättchen variiert von Aufgabenblatt zu Aufgabenblatt.

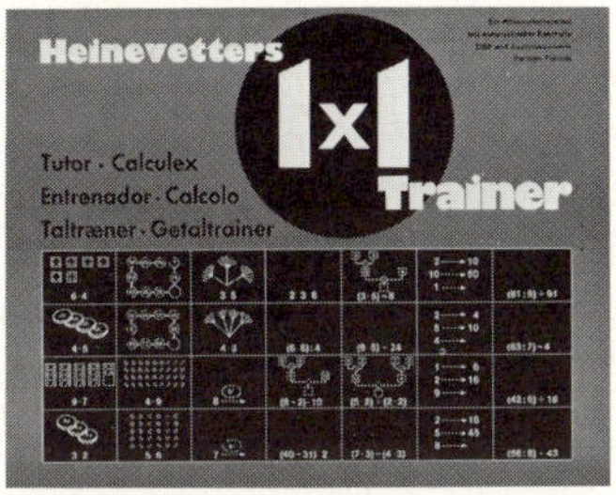

- Rechenkarteien (Georg Kallmeyer-Verlag, Wolfenbüttel)
  Die Rechenaufgaben stehen auf Karteikarten (DIN A5). Je 2 Aufgaben eines Päckchens haben das gleiche Ergebnis (Selbstkontrollmöglichkeit). Geschrieben wird auf eine Klarsichtfolie.

Elektrische und elektronische Übungsgeräte

- Lernquick (Pelikan, Hannover)

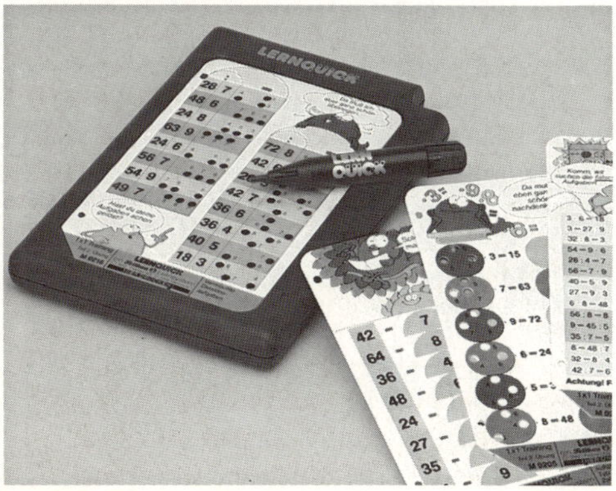

  Auf das Übungsgerät werden sog. Lernkarten (nicht nur für den Mathematikunterricht) gelegt. Neben jeder Frage stehen mehrere Antworten zur Wahl. Der Kontrollstift leuchtet nur dann auf, wenn er in das Loch neben der richtigen Antwort gesteckt wird.
- Little Professor (Texas Instruments, Freising)
  Dieses Übungsgerät stellt Aufgaben zu den 4 Grundrechenarten in 4 verschiedenen Schwierigkeitsgraden. Das Kind tippt die Lösung ein. Bei falschen Lösungen wird bis zu dreimal die gleiche Aufgabe wiederholt. Nach 10 Aufgaben gibt das Gerät an, wie viele Augaben das Kind richtig gelöst hat.
- Dataman (Texas Instruments, Freising)
  Dataman stellt Aufgaben zu den 4 Grundrechenarten in 2 verschiedenen Schwierigkeitsstufen. Die Stellung der Leerstelle (3 + 4 = x / 3 + x = 7 / x + 4 = 7) kann gewählt werden. Nach einer Serie von 10 Aufgaben gibt das Gerät an, wieviel Aufgaben in welcher Zeit richtig gelöst wurden. Ein „Memory" erlaubt die Eingabe von bis zu 10 Aufgaben nach Wahl des Lehrers, um z. B. speziell Zehnerübergänge, Rechnen mit Null o. ä. zu üben.

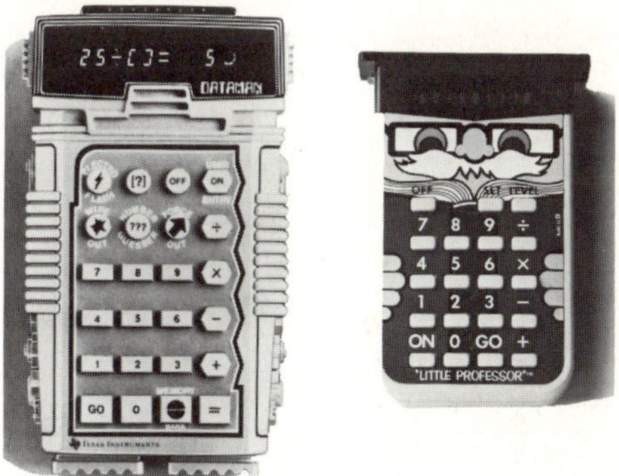

Zusätzliche Funktionen:

- o Rechenkontrolle: Rechenaufgaben können mit Lösungen eingetippt werden; das Gerät zeigt an, ob die Lösung richtig war. Bei Divisionsaufgaben wird ggf. der Rest angezeigt.
- o Reihenaufgaben: nach Aufruf stellt das Gerät Reihenaufgaben:
  1 + 0 = , 1 + 1 = , 1 + 2 = , . . ., 1 + 9 = , 2 + 0 = , . . .
- o Zahlenraten: Es ist eine Zahl zwischen 9 und 100 zu raten.
- o Strategiespiel: 2 Kinder können eine Variante der „Verflixten 17" (vgl. S. 172) spielen.

(2) Gestuftes Üben

Der theoretische Hintergrund des gestuften Übens ist das Prinzip der Isolierung der Schwierigkeiten. Komplexe mathematische Anforderungen werden in viele kleine Teilschritte zerlegt. Die einzelnen Abschnitte werden hinsichtlich ihrer Schwierigkeit in eine Reihenfolge gebracht und in dieser Reihenfolge nach und nach im Unterricht behandelt. In diesem vom Lehrer stark vorstrukturierten Unterrichtsverfahren wird dem Schüler immer nur ein kleiner Lernfortschritt, nur eine kleine Schwierigkeitssteigerung zugemutet.

Lernen im Sinne des Prinzips der Isolierung der Schwierigkeiten ist zu vergleichen mit dem Hochgehen einer Treppe. Gerade für kleine Kinder dürfen die Treppenstufen nicht zu hoch sein. Hat das Kind aber erst einmal gelernt, Treppen zu steigen, dann können die Treppenstufen allmählich größer werden. Überspringen von Stufen birgt die Gefahr des Stolperns in sich.

Jede einzelne Stufe dieser „Lerntreppe" soll für das Kind durch ausgiebige Übungen zu einem sicheren Fundament für das weitere Vorgehen werden. Der nächste Lernschritt, der Übergang von einer Stufe zur nächsten, wird mit Aufgabenreihen vorbereitet, die im Idealfall aus der Treppenstufe einen sanft ansteigenden Weg machen. Dabei helfen besonders Reihenaufgaben und Analogieaufgaben.

Reihenaufgaben		Analogieaufgaben		
5+1	5+1	8+3	8+ 3	8+ 3
6+1	5+2	18+3	8+13	80+ 30
7+1	5+3	28+3	8+23	800+300
8+1	5+4	:	:	
9+1	5+5	.	.	
10+1	5+6	88+3	8+83	
11+1	5+7	98+3	8+93	

Gestuftes Üben ist mit einer Reihe von *Schwierigkeiten und Problemen* verbunden.

* Mit dem Permanenzprinzip, das den Reihenaufgaben zugrunde liegt, und mit den Analogien wird das Kind gleichsam zur Lösung von Aufgaben „verführt", die auf einem höheren als dem bisher erreichten Niveau liegen. Die Tatsache aber, daß das Kind in Reihen- und Analogieaufgaben Probleme von höherem Ni-

Beispiel: „Kleines 1 plus 1" mit Zehnerüberschreitung

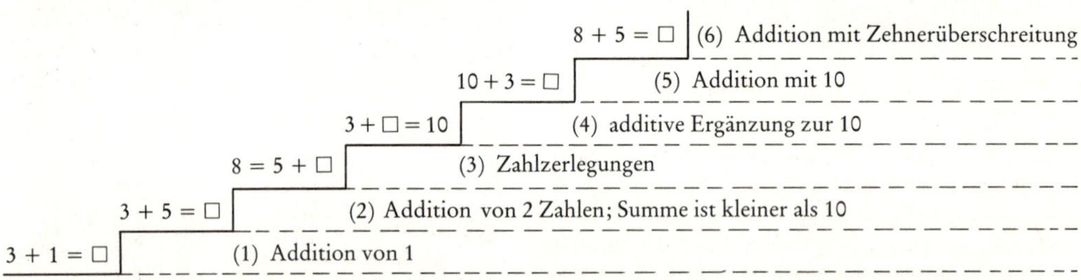

veau lösen kann, besagt nicht, daß diese Fähigkeit nun generell ausgeprägt ist. Häufig gelingen solche Lösungen eben nur in dem von Reihenbildungen und Analogien getragenen Kontext. Fehlen diese Hilfen, dann fällt das Kind wieder auf das nächstniedrige Niveau zurück. Lernfortschritte im Rahmen des gestuften Übens sind also nicht selten auf diese Übungsform beschränkt. Dadurch wird ein Leistungsstand vorgetäuscht, der als generelle Fähigkeit noch nicht ausgeprägt ist. Reihenbildungen und Analogien dürfen daher nie die einzigen Wege sein, auf denen die Kinder zu einem höheren Niveau geführt werden.

* Beim gestuften Üben wird eine komplexe Fähigkeit in viele kleine Teilschritte zerlegt. Die Gefahr ist, daß nur noch der Lehrer überblickt, wie diese vielen Puzzleteilchen zusammenhängen, daß das Kind also nicht in der Lage ist, die einzelnen gelernten Teilfähigkeiten wieder zu einer komplexen Leistung zusammenzusetzen.
* Gestuftes Üben fordert vom Lehrer die Zerlegung einer komplexen Anforderung in kleine Teilschritte und deren Hierarchisierung hinsichtlich ihrer Schwierigkeit. Dabei tauchen 2 Probleme auf.
  - Manchmal sind keine linearen Stufungen möglich, weil gleichzeitig mehrere verschiedene Aspekte Einfluß nehmen auf die Schwierigkeit der Aufgaben. So ist die o. a. Lerntreppe zur Addition mit Zehnerüberschreitung sicher nicht der einzig mögliche Weg. Die Reihenfolge von Zahlzerlegungen und von additiven Ergänzungen bis 10 kann ausgetauscht werden. Möglich (und für viele Kinder natürlicher) ist auch ein Weg, der nicht über 10 als feste Zwischenstation geht, sondern solche Aufgaben über Verdoppeln und Weiterzählen löst (7 + 9; 7 + 7 = 14, 15, 16; vgl. auch S. 63 f.).
  - Die vom Lehrer geforderte Schwierigkeitsabschätzung orientiert sich häufig an einer fachlichen Analyse, die mitbeeinflußt wird von seiner eigenen Strategie, die Aufgaben zu lösen. Nicht selten ist aber diese Strategie eine andere als die vom Kind entwickelte. Dadurch wird das Kind in ein Lösungsschema gepreßt, das nicht mit seinem eigenen übereinstimmt, ohne daß es die Möglichkeit hat, sein eigenes Verfahren vorzustellen und *einzusehen*, daß das vom Lehrer geforderte vielleicht ökonomischer ist. Die Folge kann sein, daß sich beide Lösungsstrategien, die des Lehrers und die des Kindes, zu einer neuen, fehlerhaften Strategie vermengen.

Solche Lerntreppen, wie sie oben vorgestellt worden sind, haben einen entscheidenden *Vorteil*, wenn sie eingesetzt werden zur Überprüfung des Kenntnisstandes der Schüler. Sie ermöglichen dem Lehrer zu Beginn eines neuen Schuljahres oder wenn er eine neue Klasse übernommen hat einen recht gut differenzierten Überblick über den Stand der einzelnen Schüler.

Wie weit kannst du noch im Kopf rechnen?
Schreibe zu jeder Stufe 3 weitere Aufgaben.

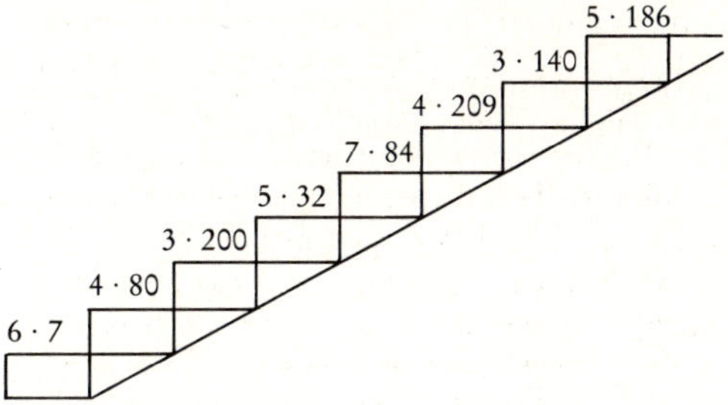

(3) Operatives Üben

Operatives Üben ist eine Übungsform, die dem Sinn nach, nicht dem Namen nach, auch schon in guten traditionellen Rechenwerken ihren festen Platz hatte. So findet man z. B. schon bei KEMPINSKY Tauschaufgaben, Umkehr- und Nachbaraufgaben, Aufgabentypen also, die heute als charakteristisch für operatives Üben angesehen werden.

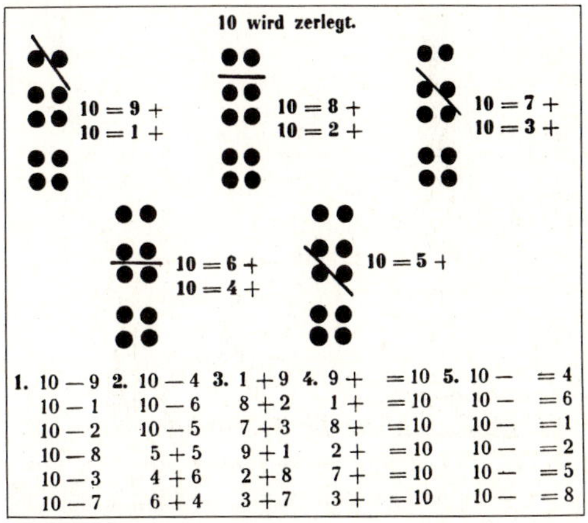

1. 10 − 9	2. 10 − 4	3. 1 + 9	4. 9 + = 10	5. 10 − = 4
10 − 1	10 − 6	8 + 2	1 + = 10	10 − = 6
10 − 2	10 − 5	7 + 3	8 + = 10	10 − = 1
10 − 8	5 + 5	9 + 1	2 + = 10	10 − = 2
10 − 3	4 + 6	2 + 8	7 + = 10	10 − = 5
10 − 7	6 + 4	3 + 7	3 + = 10	10 − = 8

Aus: H. KEMPINSKY, So lernen wir rechnen, Heft 1, Westermann, Braunschweig, 1948

Der Begriff der „operativen“ bzw. „operatorischen“ Übung geht zurück auf AEBLI (1963) und FRICKE (1959). Operatives Üben wird von diesen Autoren abgeleitet aus der Psychologie bzw. der genetischen Erkenntnistheorie PIAGETS. „Operatives Üben“ und „Operative Gesamtbehandlung“ machen den Kern des „operativen Prinzips“ als eine didaktische Konsequenz der Theorie PIAGETS aus.

In der Theorie PIAGETS basiert Erkenntnisfortschritt auf Wechselwirkungsprozessen („Äquilibration“) zwischen Individuum und Umwelt. Das durch solche Äquilibrationen erworbene Wissen wird im Individuum intern als „kognitive Struktur“, als „kognitives Schema“ gespeichert. Solche kognitiven Schemata sind relativ stabile – „relativ“, weil sie ausbaufähig sind zu komplexeren Schemata – und generalisierbare Handlungs- oder Denkstrategien („Pläne“), die auf ganze Klassen analoger Situationen oder Probleme angewendet werden können. (Wer einmal das Verfahren, den „Plan“ der schriftlichen Addition beherrscht, kann Additionen durchführen unabhängig davon, welche Ziffern im einzelnen vorkommen und unabhängig von der Größe und Anzahl der Summanden.)

Solches intern gespeicherte Wissen kann abgerufen und auf ein zu ihm passendes Problem angewendet, „assimiliert“ werden. Diese Assimilationen festigen zugleich das Wissen.

Gelingt die Assimilation, die Anwendung vorhandener Lösungsschemata aber nicht, dann muß das Individuum sein Wissen erweitern. (Für den Schüler, der bei der schriftlichen Addition bisher immer nur „Übertrags*einsen*“ erlebt hat, ist eine Zwischensumme über 20 oder 30 ein neues Problem, das zu lösen er erst einmal neu lernen muß.) Es muß eine neue Lösung finden und sie als eine Erweiterung der bisherigen Erkenntnis in die kognitive Struktur integrieren. (Weiß der Schüler erst einmal, wie er „Übertragszweien“ oder „-dreien“ behandeln muß, dann ist die Aufgabe kein Problem mehr; es geht ja „wie sonst auch“.) Dieser Prozeß der Wissenserweiterung, des Ausbaus der vorhandenen „Pläne“, heißt bei PIAGET Akkomodation.

Jedes Lernen in der konkret-operativen Phase der Entwicklung – in dieser Phase befinden sich nach PIAGET unsere Grundschulkinder – nimmt seinen Ausgangspunkt von ganz konkreten Handlungen. Diese Handlungen werden verinnerlicht zu (geistigen) *Operationen*, Formen von „Plänen“ oder „kognitiven Schemata“, die sich vor allem durch 3 Eigenschaften auszeichnen:

1) Reversibilität

   Operationen existieren nie isoliert, sondern immer nur im Zusammenhang mit ihren Umkehroperationen.

   Hinsichtlich der Reversibilität unterscheiden sich Operationen häufig von den ihnen zugrundeliegenden physikalischen Handlungen. In Gedanken kann die „Blaue Mauritius“ durchaus halbiert und wieder zusammengesetzt werden, ohne daß sie an Wert verliert. Ihr tatsächliches Zerschneiden und wieder Zusammenkleben würde aber von jedem Briefmarkensammler als schlimmstes Verbrechen angesehen.

2) Kompositionsfähigkeit

   Operationen können zu größeren Komplexen zusammengesetzt werden.

   Diese Kompositionsfähigkeit wird bei allen solchen Aufgaben gebraucht, deren Lösung mehrere Teilschritte erfordern. Die isolierte Kenntnis der 3 Gleichungen „$4 \cdot 30 = 120$; $4 \cdot 7 = 28$; $120 + 28 = 148$“ allein reicht nicht aus, $4 \cdot 37$ zu berechnen; es kommt vielmehr darauf an, diese 3 Teilschritte als miteinander zu verknüpfende Zwischenschritte auf dem Weg von $4 \cdot 37$ nach 148 zu verstehen.

3) Assoziativität

   Bei der Verknüpfung („Komposition“) von Operationen ist das Ergebnis der Gesamtoperation unabhängig von der Reihenfolge, in der die einzelnen Operationen ausgeführt werden.

   Die Multiplikation $3 \cdot 186$ kann auf vielen verschiedenen Wegen gelöst werden – das Resultat ist immer das gleiche:

   ∗ $3 \cdot 100 = 300$; $3 \cdot 80 = 240$; $3 \cdot 6 = 18$; $300 + 240 = 540$; $540 + 18 = 558$

   ∗ $3 \cdot 100 = 300$; $3 \cdot 80 = 240$; $3 \cdot 6 = 18$; $240 + 18 = 258$; $300 + 258 = 558$

   ∗ $3 \cdot 200 = 600$; $3 \cdot 14 = 42$; $600 - 42 = 558$

   u.v.a.m.

Das *„operative Prinzip“* fordert einen Unterricht, der geeignet ist, anknüpfend an konkrete Handlungen geistige Operationen herauszubilden, die reversibel, kompositionsfähig und assoziativ sind. Dies soll erreicht werden bei Einführungen mit *„operativen Gesamtbehandlungen“* und bei der weiteren Behandlung des Themas mit „operativen Übungen“

Operative Gesamtbehandlung meint die Einführung einer Operation zusammen mit der Gegenoperation (Lernen in Zusammenhängen), die Verknüpfung vorhandener Teilfähigkeiten zu einem größeren Fähigkeitskomplex und die schon frühzeitige Beachtung möglicher alternativer Lösungsverfahren.

Reversibilität, Kompositionsfähigkeit und Assoziativität sind auch für operatives Üben die zentralen Begriffe. Statt isolierter Kenntnisse (Prinzip von der Isolierung der Schwierigkeiten) ist es das *Ziel* des operativen Übens, bewegliches Denken herauszubilden, den Schüler Zusammenhänge erkennen zu lassen und ihn damit in die Lage zu versetzen, auch komplexere Ganzheiten bewältigen zu können.

Grundtypen des operativen Übens sind *Tauschaufgaben*, *Probe- oder Umkehraufgaben*, *Nachbaraufgaben* und *Zerlegungsaufgaben*.

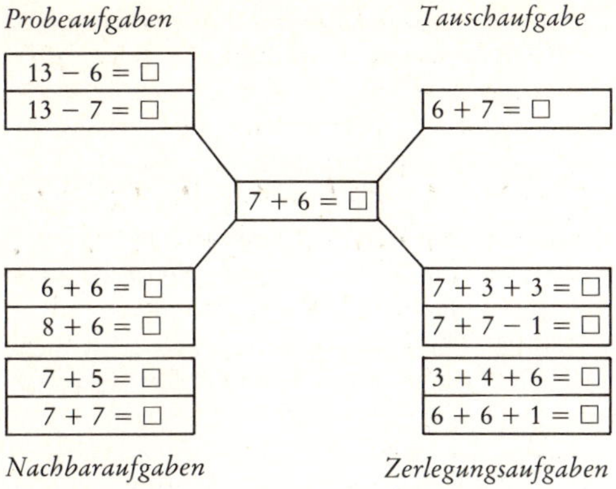

Darüber hinaus können als operative Übungsformen alle solche Übungen angesehen werden, die Standardformen vermeiden und statt dessen die Aufgabenstellung so darbieten, daß flexible Lösungsprozesse in Gang gesetzt werden. Die auf S. 207 f. vorgestellten operativen Übungsformen sind nur eine kleine Auswahl. Viele weitere findet man im Anschluß an die Darstellungen der Unterrichtsinhalte (Kap. 2). Außerdem sind viele der in 3.1 genannten Spiele operative Übungen.

Operatives Üben vermeidet das routinierte Abfahren eingeschliffener Wege und ersetzt es durch ein überlegtes, planvolles Bewältigen relativ neuer Aufgaben, solcher Aufgaben also, die in einem Zusammenhang (Umkehrung, Nachbarschaft etc.) stehen zu dem bisher Gelernten. Damit stellt operatives Üben an den Schüler deutlich höhere Anforderungen als automatisierendes und gestuftes Üben. Solche Anforderungen entsprechen aber auch eher den Anforderungen des wirklichen Lebens und sind keine Scheinprobleme, wie sie aus einer künstlichen, didaktisch aufbereiteten Welt der Schulmathematik resultieren. Wenn Mathematikunterricht die Schüler in die Lage versetzen soll, nicht nur sorgfältig abgestufte Aufgaben zu lösen, sondern auch der Realität eher entsprechende komplexere Probleme zu bewältigen, dann müssen dem Schüler auch frühzeitig solche Probleme gestellt werden. Nur auf diesem Wege ist die vielzitierte „Beweglichkeit des Denkens“ erreichbar.

Operatives Üben bedeutet dagegen nicht, das Kind am tiefen Ende in's Wasser zu werfen und es dann allein zu lassen. Auch die Fähigkeit, Aufgabenstellungen im Sinne des operativen Übens zu bewältigen, muß behutsam entwickelt und stetig ausgebaut werden. Operatives Üben ist kein Prinzip, das plötzlich im 3. Schuljahr greifen kann, wenn in den 2 Jahren zuvor nur Standardaufgaben gestellt worden sind oder die im Schulbuch vorhandenen operativen Aufgabenstellungen immer ausgelassen wurden. Werden dagegen vom 1. Schuljahr an neben den Standardaufgaben auch Umkehrungen, Tausch- und Nachbaraufgaben behandelt, vielfältige Zerlegungen und Zusammensetzungen geübt, dann gehört diese Art des Angehens an Probleme bald zum Standardrepertoire der Schüler. Die beim operativen Üben hergestellten Beziehungen – umkehren, vertauschen, benachbarte Aufgaben bilden, zerlegen, zusammensetzen, Umwege gehen, Wege verkürzen – werden zu Lösungsstrategien internalisiert, die im Laufe der Jahre immer selbständiger auf immer komplexere Probleme angewendet werden können. Operatives Üben leistet damit einen wichtigen Beitrag zur Vermittlung heuristischer Strategien beim Problemlösen.

(4) Üben durch Anwenden

Die Problematik der Anwendung von Wissen wird besonders offenkundig, wenn man Schülern unlösbare Sachaufgaben oder Aufgaben vom Typ „Wie alt ist der Kapitän?“ stellt.

Aufgabe:
Familie Muhr fährt von Hannover nach München. Das sind 627 km. Sie fahren um 7.30 Uhr los.

Ingo:
Frage: Wann sind sie in München?
Rechnung:

$$\begin{array}{r} 730 \\ \underline{627} \\ 1357 \end{array}$$

Antwort: Sie sind um 13.57 Uhr in München.

Eine solche gar nicht seltene „Anwendung“ eines gelernten Mechanismus auf eine dafür nicht geeignete Situation ist ein nahezu klassisches Beispiel für eine mißlungene Anwendung. Offensichtlich wird hier ein im Unterricht gelerntes Werkzeug, die schriftliche Addition, nicht funktionsgerecht gebraucht. Das Werkzeug hat sich bei einer realitätsnahen Aufgabe nicht bewährt.

Im Sinne einer kognitiven Theorie des Wissens sind Schemata (vgl. S. 198) die psychologische Basis von Anwendungsleistungen. Anwenden bedeutet das „Ziehen“ eines solchen kognitiven Schemas und die Prüfung, ob das gezogene Schema für diese Situation geeignet ist. (Dieser zweite Teil der Anwendungsleistung fehlt bei der Lösung von Ingo.)

Es ist hier nicht der Platz, verschiedene Anwendungstheorien, verschiedene Theorien der Übertragung („Transfer") des Gelernten auf neue Situationen zu diskutieren (vgl. etwa MESSNER 1978).

Wichtig für die Gestaltung des Mathematikunterrichts in der Grundschule ist dagegen die Frage, welche Faktoren günstige Voraussetzungen dafür sind, daß der Schüler das Gelernte auch anwenden kann.

Folgende Faktoren scheinen *günstige Voraussetzungen für Anwendungen* zu sein und sollten daher im Unterricht berücksichtigt werden:

∗ *Einsichtiges Lernen anstreben*
Schon bei der Unterrichtsvorbereitung soll der Lehrer sich selbst klar werden über die *zentralen Ideen und Anwendungsbereiche* der Unterrichtsinhalte. (Beispiel: Zur Subtraktion gehören nicht nur solche – dynamischen – Anwendungsfälle, bei denen etwas weggeht, abgetrennt wird, sondern auch solche – statischen –, bei denen Vergleiche durchgeführt, Differenzen ermittelt werden.) Unterrichtsinhalte sind dann nicht nur die jeweiligen Techniken, sondern auch die Ideen selbst, d. h. schon bei der Einführung muß den Schülern gezeigt werden, auf welche Anwendungsbereiche das Verfahren zutrifft. So wird man beispielsweise bei der Behandlung der Multiplikation im 2. Schuljahr nicht nur Beispiele zeitlich-sukzessiver und räumlich-simultaner wiederholter Addition behandeln, sondern auch schon recht frühzeitig (wenn auch nicht gerade zur „Einführung") Beispiele für den kombinatorischen Aspekt.

Neben dem frühzeitigen Aufzeigen von Anwendungsbereichen gehört zum einsichtigen Lernen auch das bewußte *Anknüpfen an das Vorwissen* der Schüler; die neuen Inhalte und Verfahren sollen mit der vorhandenen kognitiven Struktur vernetzt, nicht als isolierte neue Lerninhalte eingeführt werden. (Beispiel: Rückführung der Multiplikation auf die Addition) Ein Verfahren, das die Integration neuer Inhalte in die Vorkenntnisse der Schüler günstig beeinflußt, ist die *Angabe vorstrukturierender Lernhilfen* („advance organizer"): Dem Schüler wird zu Beginn der Unterrichtseinheit erklärt, was das Ziel des Unterrichts ist, wie das Thema mit dem bisherigen Unterrichtsstoff zusammenhängt und inwiefern das neue Thema einen Fortschritt darstellt. (Beispiel: Schriftliche Addition als „Erwachsenen-Verfahren", das gegenüber der bisherigen halbschriftlichen Addition wesentlich ökonomischer ist.)

∗ *Operative Gesamtbehandlung und operative Übung anstreben*
(vgl. dazu S. 198)

∗ *Den Unterricht exemplarisch aufbauen*
Für den Einstieg in ein neues Thema sind *besonders typische Beispiele* auszuwählen, solche Beispiele also, die besonders gute Repräsentanten der zu unterrichtenden Struktur sind.

Beispiel: Für die Einführung in die schriftliche Subtraktion sind solche Sachkontexte wenig geeignet, die die Idee des Abziehens betonen.

Wegen des vorgeschriebenen Ergänzungsverfahrens – Subtraktion durch additive Ergänzung „von unten nach oben" – sind statt dessen zur Einführung Situationen besser geeignet, die die Idee des Ergänzens enthalten, etwa: Firma Time stellt Armbanduhren und Wecker her. Heute sind 678 Uhren hergestellt worden. Davon sind 516 Armbanduhren.

Grundsätzlich sollten Einstiege in neue Inhalte und Verfahren immer mit einem konkreten Sachproblem beginnen. Nur wenn von Anfang an neue Begriffe und Verfahren in exemplarischer Weise aus Umweltbezügen herausgelöst werden, besteht auch die Chance, daß sie sich auch wieder in Umweltsituationen bewähren können *(Prinzip von der Herauslösung eines Begriffs aus Umweltbezügen).*

∗ *In einer Arbeitsrückschau die zentralen Ideen herausstellen*
Einführungen in neue Inhalte bestehen häufig aus einer recht langen Gedankenkette, die an das Vorwissen anknüpft und in vielen Teilschritten zum gewünschten Ergebnis führt. Selbst bei einer guten Einführung kann es vorkommen, daß einige Schüler zwar jeden einzelnen Teilschritt verfolgen konnten, dabei aber die Übersicht über den Gesamtkomplex verloren haben. Zu jeder Einführung gehört daher eine Arbeitsrückschau, in der unter Vernachlässigung der Details die Gedankenkette, der „rote Faden" wiederholt wird. So wird man z. B. nach der Einführung der schriftlichen Addition an einem ausgewählten Beispiel noch einmal die zentralen Ideen herausstellen:
- kein Rechnen mit den ganzen Zahlen, sondern ziffernweises Rechnen;
- Zahlen werden nicht neben-, sondern untereinander geschrieben;
- Rechnen stellenweise von rechts nach links usw.

* *Vielseitige Anwendungsgelegenheiten geben*
Niemand, der einem anderen beibringen will, wie man mit einem Schraubenzieher umgeht, wird auf die Idee kommen, einen Vortrag über die Hauptbestandteile von Schraubenziehern und Schrauben zu halten. Vielmehr wird man seinem Schüler einen Schraubenzieher in die Hand geben, beim ersten Auf- und Zuschrauben ihm vielleicht die Hand führen und dabei etwas über „rechts herum“ und „links herum“ sagen, ihm dann aber vor allem Gelegenheit geben, seine Fähigkeit in vielen, auch variierten Situationen anzuwenden: Schrauben von oben, links, rechts, von vorn, von hinten, auf dem Rücken liegend, mit der rechten Hand aufschrauben, mit der linken zuschrauben u.v.a.m.

Auch mathematische Werkzeuge müssen in Gebrauch genommen werden. Ein einmaliges Lernen eines neuen Verfahrens macht dieses Verfahren noch nicht zu einer universell verwendbaren Strategie. Es muß vielmehr in vielen, auch variierten Situationen angewendet werden. Erst solche vielfältigen Anwendungen machen dem Schüler deutlich, auf welche Fälle dieses Verfahren generalisiert werden kann. Zur Vermeidung von Übergeneralisierungen sollte dabei auch mit Gegenbeispielen gearbeitet werden, also Aufgaben gestellt werden, die mit dem Verfahren nicht gelöst werden können. Es versteht sich von selbst, daß der Schüler dabei nicht allein gelassen wird.

(5) Zehn-Minuten-Rechnen
Anders als die bisherigen Formen des Übens bezeichnet das Zehn-Minuten-Rechnen keine einheitliche Übungsform. „Zehn-Minuten-Rechnen“ ist vielmehr eine Form fest im Unterricht verankerter täglicher Übung zu *unterschiedlichen Zeitpunkten*, mit *unterschiedlichen Zielsetzungen* und mit *unterschiedlichen Übungsformen*.

In den meisten Fällen wird das Zehn-Minuten-Rechnen an den *Anfang der Unterrichtsstunde* gesetzt. Bekannte Inhalte werden wiederholend gefestigt, Rechenverfahren automatisiert, die für den heute vorgesehenen neuen Inhalt notwendigen Teilfähigkeiten aktualisiert. Wird das Zehn-Minuten-Rechnen an dieser Stelle des Unterrichts durchgeführt, dann sollen möglichst alle Schüler sich „warmlaufen“ können. Dazu gehört, daß auch relativ einfache Aufgaben gestellt werden, so daß jeder die Gelegenheit für erste Erfolgserlebnisse hat und dadurch vielleicht mit Freude den weiteren Gang des Unterrichts erwartet.

Zehn-Minuten-Rechnen *am Ende der Unterrichtsstunde* wird dagegen nur selten praktiziert, obgleich es durchaus auch dort seine Berechtigung hat, und nicht nur dann, wenn der Lehrer wider Erwarten früher mit dem Thema der Stunde fertig geworden ist.

Am Ende einer Stunde kann diese Übungsform jedem Schüler noch einmal zeigen, welche Lernfortschritte er gemacht hat. Zugleich kann dieses Üben eine willkommene Entspannung nach einer längeren Phase angestrengter schriftlicher Arbeiten sein.

Diese unterbrechende und entspannende Funktion hat das Zehn-Minuten-Rechnen auch dann, wenn es *im Laufe der Unterrichtsstunde* eingesetzt wird. Jeder erfahrene Lehrer hat ein Gespür dafür, wann es im Unterricht mit dem behandelten Thema plötzlich nicht mehr weitergeht. Einführungen mit zu langen Gedankenketten, Monotonie bei Übungen, zu große Anstrengung mit anschließender Erschöpfung u. ä. führen zu solchen Bruchstellen, die eine spontane Änderung des Lehrverfahrens notwendig machen. Das Zehn-Minuten-Rechnen ist dann eine willkommene Unterbrechung des bisherigen Unterrichts.

Es gibt keine eindeutig festgelegte *Funktion* des Zehn-Minuten-Rechnens. Diese Form des Übens ist offen für viele verschiedene Zielsetzungen, für Wiederholungen und Festigungen solcher Unterrichtsstoffe, die mit dem jeweils aktuellen Unterrichtsthema nichts zu tun haben, aber auch für das Üben aktueller Themen und für die Bereitstellung von Wissen, das bei der folgenden Einführung gebraucht wird. Für die folgenden 3 Aufgabenbereiche ist das Zehn-Minuten-Rechnen besonders geeignet.

* *Vorbereitung auf Einführungen durch Aktualisierung der notwendigen Vorkenntnisse*
Weit mehr als andere Unterrichtsfächer ist der Mathematikunterricht hierarchisch aufgebaut. Im Laufe der Zeit werden die Anforderungen zunehmend komplexer. Alte Unterrichtsinhalte dürfen dabei nicht vergessen werden; sie sind vielmehr konstituierende Bestandteile der komplexeren Anforderungen. Diese zu bewältigen ist nur dann möglich, wenn der Schüler über die notwendigen, früher gelernten Teilfähigkeiten noch verfügt.

Nicht selten liegt die Behandlung der für die Einführungen notwendigen Vor-Kenntnisse schon eine geraume Zeit zurück. So wird das „Kleine 1 plus 1“ im ersten, die schriftliche Addition und Subtraktion im 3. Schuljahr behandelt; Ergänzung zum vollen Hunderter ist Thema des zweiten Schuljahres, wird aber wieder gebraucht bei den Zahlenraumerweiterungen im dritten und vierten Schuljahr u.v.a.m. In solchen Fällen können in Form des Zehn-Minuten-Rechnens die notwendigen Vorkenntnisse aktualisiert werden. Zugleich gibt dieses Üben dem Lehrer wichtige Informationen darüber, wie sicher seine Schüler noch über die notwendigen Vorkenntnisse verfügen. Hier wird in Form dieser Übung ein ganz wichtiger Unterrichtsabschnitt jeder Einführung behandelt, nämlich die Prüfung der Vorkenntnisse.

∗ *Festigung des gerade Gelernten*
Autofahrer kennen diese Situation: Der Motor ist kalt. Einmaliges Starten hilft nicht. Erst nach mehrmaligen Versuchen kommt der Motor tuckernd in Gang. Niemand würde ihn zu diesem Zeitpunkt abstellen, um etwas anderes zu machen, im Gegenteil: Es wird langsam angefahren, zunehmend die Drehzahl des Motors erhöht, bis er seine Betriebstemperatur erreicht hat.

Unsere Schüler sind durchaus vergleichbar mit solchen kalten Motoren mit dem einzigen Unterschied, daß wir sie viel zu häufig „abstellen“, wenn sie gerade „tuckernd in Gang gekommen“ sind. Das einmalige, mühsame Vollbringen einer Leistung heißt nicht, daß das Kind diese Leistung nun immer erbringen kann. Sie muß geübt werden. Das Zehn-Minuten-Rechnen ist bei vielen Unterrichtsinhalten gut geeignet, in kurzer Zeit recht viele Übungsaufgaben zu behandeln, bis alle sich „warmgelaufen“ haben. Damit einher geht sicher auch die Freude und der Stolz der Kinder darüber, daß sie ihre gerade gelernten Fähigkeiten bei einer großen Zahl verwandter Aufgaben beweisen können.

Beispiele:

gerade gelernt	Übungsaufgaben
Addition mit Zehnerzahlen in Analogie zur Addition einstelliger Zahlen	3 + 5, 30 + 50 6 + 3, 60 + 30 4 + 6, 40 + 60 etc.
Ergänzung zum vollen Hunderter L: 356 S: 356 + **44** = 400	(a) L: 297 S: 297 + **3** = 300 L: 824 S: 824 + **76** = 900 usw. (b) L: 663 S: **37** usw.
Umwandlungen cm – dm – m – km	L: 37,25 m S_1: 3725 cm S_2: 372,5 dm S_3: 0,03725 km L: 1,3 km S_1: 1300 m usw.

∗ *Langfristige Wiederholung von Grundbeständen des Mathematikunterrichts der Grundschule*
Es gibt viele Stoffe im Mathematikunterricht der Grundschule, die von zentraler Bedeutung für das Bestehen im weiteren Unterrichtsgang sind, Unterrichtsstoffe, die sich als zentrale Ideen durch den Mathematikunterricht aller vier Schuljahre (und darüber hinaus) durchziehen, und Unterrichtsstoffe, die wichtige Grundbestandteile komplexerer Verfahren sind.

Einige Beispiele:
– „Kleines 1 + 1“ und „Kleines 1 mal 1“
– Zahlzerlegungen und -zusammensetzungen
– Zahlvergleiche
– Bündelung und Stellenwert
– Stellentafeln und Zahlenstrahl
– Schätzen, Runden, Überschlag
– Größen, Größenvorstellung, -umwandlung und Kommaschreibweise
– geometrische Grundformen und Lagebeziehungen („Wer entdeckt im Klassenraum ein Quadrat, eine Kugel, zwei aufeinander senkrechte Geraden, Parallelen, . . .?“)

Unabhängig vom aktuellen Unterrichtsinhalt können und sollen diese zentralen Themen immer wieder geübt und gefestigt werden. In Form des Zehn-Minuten-Rechnens kann dies ohne großen Zeitaufwand und damit ohne großen Zeitverlust für die aktuellen Inhalte geschehen.

Für das Zehn-Minuten-Rechnen gibt es keine spezifischen, nur für dieses Üben geeignete Formen. Häufig wird Zehn-Minuten-Rechnen als Kopfrechnen oder mündliches Rechnen stattfinden. Möglich sind aber auch schriftliche Formen und Mischformen. Solche Übungsformen sind z. T. schon beschrieben worden. Eine gesonderte, ausführliche Auflistung von Übungsformen für das Zehn-Minuten-Rechnen kann daher hier entfallen. Dennoch sollen einige Übungsformen mit spielerischem Charakter hier erwähnt werden, weil sie sich besonders für das Zehn-Minuten-Rechnen eignen und weil sie auch bei mehrfachen Wiederholungen kaum Langeweile hervorrufen, so daß sie geeignet sind, zu einem festen Grundbestand des Zehn-Minuten-Rechnens zu werden.

Anregungen für das Zehn-Minuten-Rechnen

1) *Riesen und Zwerge*

Ziel dieser Übungsform ist es immer, möglichst große („Riesen“) oder möglichst kleine Zahlen („Zwerge“) herzustellen. Ausgangsmaterial sind einstellige Zahlen, die vom Lehrer vorgegeben oder mittels eines Zufallsgenerators (Zahlenkarten ziehen, würfeln, Glücksräder drehen) erzeugt werden. Diese Zahlen dürfen nach einem zuvor festgelegten System von Regeln miteinander verknüpft werden. Wer erzielt den größten Riesen, wer den kleinsten Zwerg?

Einige Varianten dieser Grundidee seien hier vorgestellt. Mit etwas Einfallsreichtum gelingt die Herstellung weiterer Spielregeln, solcher Spielregeln vor allem, die der einzelne Lehrer den Bedürfnissen seiner Schüler anpassen kann.

– 5 Zahlen werden gezogen. Alle 4 Grundrechenarten müssen gebraucht werden.
Beispiel:

7	3	1	8	5

Riesen:

(a) 7 · 8 = 56
56 : 1 = 56
56 + 5 = 61
61 − 3 = **58**

(b) (7 + 5) · 8 = 96
96 : 1 = 96
96 − 3 = **93**

Zwerge:

(a) 7 + 5 = 12
12 − 8 = 4
4 · 1 = 4
4 : 3 = **1R1**

(b) 8 − 7 = 1
1 + 5 = 6
6 : 3 = 2
2 − 1 = **1**

(c) 3 · 5 : (7 + 8) − 1 = 0

– 6 Zahlenkarten werden gezogen. Aus ihnen werden 2 zweistellige und 2 einstellige Zahlen gebildet. Aus je einer zwei- und einstelligen Zahl ist ein Produkt und ein Quotient zu berechnen. Anschließend wird die Differenz gebildet. Wer hat die größte, die kleinste Differenz? Reste beim Dividieren dürfen vernachlässigt werden.
Beispiel:

3	9	7	2	5	6

Riesen:

(a) 97 · 6 = 582
52 : 3 ≈ 17
582 − 17 = **565**

(b) 96 · 7 = 672
25 : 3 ≈ 8
672 − 8 = **664**

(c) 76 · 9 = 684
23 : 5 ≈ 4
684 − 4 = **680**

Zwerge:

(a) 57 · 3 = 171
96 : 2 = 48
171 − 48 = **123**

(b) 57 · 2 = 114
96 : 3 = 32
114 − 32 = **82**

(c) 35 · 2 = 70
97 : 6 ≈ 16
70 − 16 = **54**

2) *Rechnen im Kreis*

Die Ausgangszahlen werden kreisförmig angeordnet. Nun wird mit diesen Zahlen nach einem festen Regelsystem reihum gerechnet.

– Die Kette bricht

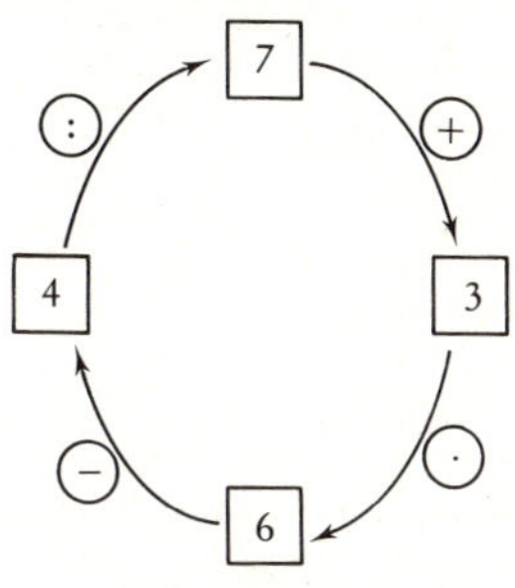

7 + 3 = 10
10 · 6 = 60
60 − 4 = 56
56 : 7 = 8
8 + 3 = 11
11 · 6 = 66
66 − 4 = 62
62 : 7 = Knacks
(62 kann man nicht ohne Rest durch 7 teilen.)

– Brummkreisel
Die Rechenart darf gewählt werden. Wer trifft die 78?

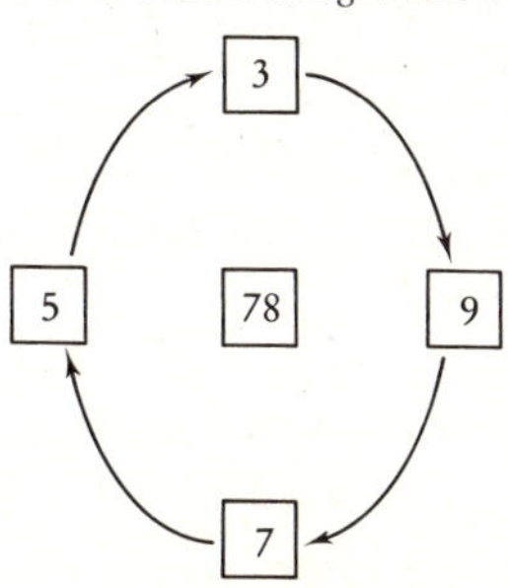

3 + 9 = 12
12 · 7 = 84
84 − 5 = 79
79 − 3 = 76
76 + 9 = 85
85 − 7 = **78**
„Der Kreisel brummt“

- Kette ohne Ende

  Wer an der Reihe ist, darf eine beliebige Rechnung mit der nächsten Zahl durchführen. Divisionsaufgaben (ohne Rest) werden mit einem Punkt belohnt.

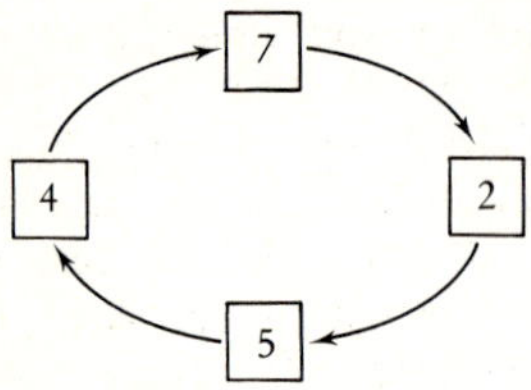

7 + 2 = 9
9 · 5 = 45
45 + 4 = 49
49 : 7 = 7!
7 · 2 = 14
usw.

3) *Zahlen treffen*

Bei diesen Übungsformen geht es darum, den gegebenen Vorrat an Zahlen so miteinander zu verknüpfen, daß eine vorgegebene Zielzahl, mehrere Zielzahlen oder ein ganzer Zielbereich getroffen werden.

- Zahlenfußball

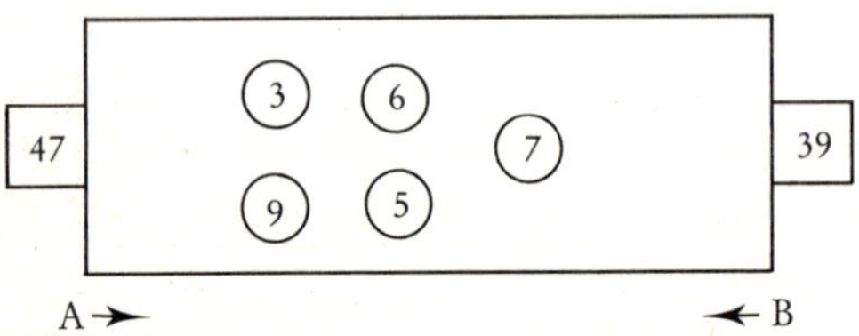

Zwei „Mannschaften" spielen gegeneinander. Wie beim Fußball beginnt auch dieses Spiel mit der Seitenwahl; die andere Mannschaft hat „Anstoß". Die Zahlen im Spielfeld sind „Bälle", mit denen jeder versucht, das gegnerische Tor zu treffen.

Mannschaft A		Mannschaft B
7 · 5 = 35		35 + 9 = 44
44 − 5 = 39	Tor! 1 : 0!	
		6 · 9 = 54
54 − 5 = 49		49 − 6 = 43
43 − 6 = 37		37 + 9 = 46
46 − 7 = 39	2 : 0!	

- Zielen auf einzelne Zahlen

  Zuerst wird ein Ziel festgelegt, dann 4 Zahlenkarten gezogen. Wer kommt mit ihnen am nächsten ans Ziel. Alle Rechenoperationen sind erlaubt; alle Karten müssen verbraucht werden.

Zielzahl: [45]

Zahlenkarten [6] [7] [3] [2]

1. Versuch 6 · 7 = 42, 42 + 3 = 45, 45 + 2 = 47
2. Versuch 6 · 3 = 18, 18 · 2 = 36, 36 + 7 = 43
3. Versuch 7 − 3 = 4, 4 · 6 = 24, 24 · 2 = 48
4. Versuch (6 + 3) · (7 − 2) = 45

- Zielen auf Zahlbereiche

  „Zielen" kann auch so gespielt werden, daß derjenige gewinnt, der möglichst viele Zahlen in einem festgelegten Bereich trifft. Nicht alle Karten müssen für jede Rechnung gebraucht werden.

Zielbereich: 31, 32, . . . 39

Zahlenkarten: [5] [8] [3] [7]

5 · 7 = 35
5 · 8 − 3 = 37
5 · 8 − 7 = 33
3 · 8 + 5 + 7 = 36

Wer erzielt noch mehr Treffer?

31
32
~~33~~
34
~~35~~
~~36~~
~~37~~
38
39

3.2.2. Üben in der Unterrichtspraxis

Es kann nicht Aufgabe dieses Kapitels sein, einen vollständigen Überblick über alle möglichen Aspekte des Übens im Mathematikunterricht der Grundschule zu vermitteln. Dafür sind diese Aspekte zu sehr abhängig von den jeweils zu übenden Inhalten und die Übungsformen zu vielfältig für einen kurzen Überblick in diesem Handbuch. Wer ausführlichere Informationen benötigt, kann in der Spezialliteratur über Übungsformen nachschlagen (LEUTENBAUER, 1980).

Deshalb beschränkt sich diese Darstellung auf drei wichtige Aspekte. Im ersten Abschnitt werden *Auswahlkriterien für Übungen* angesprochen. Im zweiten Abschnitt werden *Übungsformen und Formen der Aufgabendarbietung* vorgestellt, die in vielen inhaltlichen Bereichen des Mathematikunterrichts der Grundschule gebraucht werden können. Der letzte Abschnitt schließlich behandelt Fragen der *Fremd- und Selbstkontrolle* und gibt dabei einige Anregungen für Selbstkontrollmöglichkeiten beim Üben.

(1) Auswahlkriterien für Übungen

∗ *Übungsziel*

Es ist selbstverständlich, daß nicht um des Üben willens geübt wird. Mit jedem Üben wird ein bestimmtes Ziel verfolgt: Festigung von Wissen oder von Rechentechniken, schrittweiser Ausbau von Fähigkeiten, Anwenden gerade gelernter Lösungsverfahren u.v.a.m. Das jeweilige Ziel der Übung entscheidet über Form und Inhalt.

∗ *Verhältnis von Üben und Erklären*

In der Schulpraxis hat sich – nahegelegt durch einen entsprechenden Aufbau in Schulbüchern – nicht selten ein Unterrichtsaufbau durchgesetzt, der Verständnisvermittlung und Üben weitgehend voneinander trennt. Am Anfang einer Unterrichtseinheit stehen vielfältige Erklärungen zu den neu zu lernenden Inhalten, später werden diese Inhalte nur noch geübt und angewendet. Es gibt aber Kinder, die die Erklärungen in der Einführungsphase nicht verstehen und als einziges die „Regel“, das Schema am Ende der Einführung behalten. Es kann vorkommen, daß solche Kinder das Verfahren richtig anwenden können ohne je verstanden zu haben, warum es funktioniert. Wird das Verfahren dann einige Zeit nicht geübt, stehen sie völlig hilflos da, weil sie es vergessen haben und es sich nicht selbst aufgrund der inhaltlichen Zusammenhänge neu erschließen können.

In einem guten Unterricht werden sich daher Phasen des Übens und des Erklärens immer wieder abwechseln, gegenseitig ergänzen. Häufig reicht es schon aus, wenn der Schüler die Aufgabe an der Tafel nicht nur löst, sondern zugleich erklärt oder von seinen Mitschülern erklären läßt, *warum* er es so gemacht hat.

∗ *Schwierigkeitsanalyse*
Eine der wichtigsten Voraussetzungen für Unterrichtsplanung insgesamt und für die Planung von Übungen und Übungssequenzen ist die Durchführung einer Schwierigkeitsanalyse. Sie hilft dem Lehrer, eine sinnvolle Reihenfolge der Übungen einzuhalten, macht ihn zugleich frühzeitig sensibel für mögliche Klippen im Unterricht und hilft ihm dadurch, sich schon früh genug auf mögliche Fehler seiner Schüler einzustellen und Gegenmaßnahmen zu überlegen.

Einen ersten groben Überblick über die Anforderungen bei der schriftlichen Multiplikation vermittelt die folgende Tabelle.

Schwierigkeitsmerkmale bei der schriftlichen Multiplikation

	Multiplikator einstellig		Multiplikator zweistellig		Multiplikator dreistellig	
ohne Null	232 · 3	316 · 7	232 · 23	856 · 34	232 · 123	678 · 538
mit Null	304 · 2	8205 · 8	304 · 12	4070 · 58	304 · 102	1037 · 470
	ohne	mit	ohne	mit	ohne	mit
	Übertrag		Übertrag		Übertrag	

Diese Tabelle vermittelt insofern nur einen groben Überblick über die Schwierigkeitsmerkmale bei der schriftlichen Multiplikation, als noch nicht berücksichtigt ist,

- wo die Null steht, im ersten oder im zweiten Faktor, und wie viele Nullen insgesamt vorkommen;
- wie viele Überträge insgesamt vorkommen und damit jeweils im Gedächtnis behalten werden müssen;
- welche Schwierigkeiten durch Sonderfälle auftreten können, z. B. durch Addieren einer im Gedächtnis behaltenen (Übertrags-)Zahl zur Null, durch gleiche Ziffern mit der Gefahr der Perseveration u.v.a.m.;

Außerdem sind in dieser Tabelle noch nicht berücksichtigt die ganzen Fehlerquellen, die sich aus der abschließenden schriftlichen Addition der Zwischenprodukte ergeben.

Ein weiteres Beispiel für eine Schwierigkeitsanalyse ist im Kap. „Lernschwierigkeiten“ (S. 216) zu finden. Ausführliche Schwierigkeitsanalysen aller 4 schriftlichen Rechenverfahren beschreibt Gerster (1982 b).

∗ *Eignung für Fehleranalysen*
Bei der Auswahl von Übungen sollte deren Eignung für Fehleranalysen mitberücksichtigt werden. Dies steht in engem Zusammenhang mit der Schwierigkeitsanalyse. Dort identifizierte Schwierigkeitsmerkmale sollten ganz bewußt in die Übungsaufgaben eingebaut werden. Dabei ist wegen der besseren Analysemöglichkeit darauf zu achten, daß jeweils nur ein Schwierigkeitsmerkmal in eine Aufgabe eingebaut wird. Aufgaben, die eine Vielzahl verschiedener Schwierigkeitsmerkmale gleichzeitig enthalten, eignen sich nicht gut zur Analyse von Einzelschwierigkeiten, sollten aber auch nicht gänzlich vernachlässigt werden. Ihr Einsatz ist dann möglich, wenn sich zuvor gezeigt hat, daß für die Schüler die einzelnen Schwierigkeitsmerkmale keine Klippen mehr sind. In diesem Fall wird man prüfen, ob auch die Häufung von Schwierigkeiten in einer Aufgabe von den Schülern bewältigt wird. (Vgl. dazu auch den Abschnitt „Diagnostische Aufgabensätze“ in 3.3.1 und die diagnostischen Tests bei Gerster, 1982 b).

∗ *Prüfen der Leistungsvoraussetzungen*
Häufig scheitern Schüler nicht an den gerade gelernten Inhalten, sondern daran, daß sie über die jeweiligen, als selbstverständlich vorausgesetzten Vorkenntnisse nicht verfügen bzw. nicht in der Lage sind, sie ohne äußere Anreize selbständig zu aktualisieren. Deshalb ist es wichtig, auch die jeweiligen Leistungsvoraussetzungen erneut zu prüfen, nicht nur, weil der Lehrer damit erfährt, ob der Schüler (noch) über die Vorkenntnisse verfügt, sondern auch, weil den Kindern damit die Gelegenheit zur Auffrischung des Wissens gegeben wird. Ein Übungsblatt zur schriftlichen Multiplikation wird daher hin und wieder mit Aufgaben des kleinen 1 mal 1 beginnen, Aufgaben mit der Null besonders berücksichtigen u. ä.

∗ *Ausreichende Berücksichtigung von nicht-Standard-Aufgaben*
Zum Beherrschen des „Kleinen 1 plus 1" gehört nicht nur die Fähigkeit, Aufgaben in Standardform (7 + 8 = □) lösen zu können. Ebenso geübt werden müssen Aufgaben mit Variationen der Leerstelle (7 + □ = 15; □ + 8 = 15) und die Umkehroperationen (15 − 7 = □ ; 15 − 8 = □ ; 15 − □ = 7; □ − 8 = 7 usw.). Variation der Leerstelle und Berücksichtigung von Umkehraufgaben sind Übungsformen, die bei vielen inhaltlichen Bereichen des Mathematikunterrichts der Grundschule eine Rolle spielen und die allzu leicht vergessen werden.

386	3 H + 8 Z + 6 E
297	
43	
205	
	6 H + 2 Z + 8 E
	4 Z
3 □ 7	□ H + 4 Z + □ E

Hier muß vorher umgewandelt werden:

	6 H + 14 Z + 3 E	7 H + 4 Z + 3 E
	5 H + 23 E	
643	Hier gibt es viele Möglichkeiten	

Weitere zu berücksichtigende Sonderfälle
- Rechnen mit Null und mit Eins bei Addition/Subtraktion und Multiplikation/Division
- Zahlen mit Null beim Rechnen mit großen Zahlen
- Zahlen in der Nähe voller Zehner, Hunderter, Tausender . . . beim Zählen, bei Zahldarstellungen (z. B. am Zahlenstrahl) und beim Kopfrechnen (z. B. 100 001 − 3 = □)
- Divisionen mit Dividenden mit einer Null oder gar mit mehreren am Ende u.v.a.m.

∗ *Fehler suchen und begründen lassen*
Es gilt als eherner Grundsatz, keinen Fehler an der Tafel stehen zu lassen. Das ist sicher richtig für den Fall, daß Fehler unkommentiert an der Tafel stehen bleiben.

Auf der anderen Seite wird ein Lehrer, der einen Schüler beim Vorrechnen einen Fehler machen sieht, nicht sofort einschreiten. Er würde sich dadurch einer guten Gelegenheit berauben, andere Schüler den Fehler entdecken zu lassen und gleichzeitig das Verfahren noch einmal zu wiederholen.

Dieses Fehlersuchen kann als eigenständige Aufgabenstellung beim Üben berücksichtigt werden. Dabei ist dann aber von den Schülern nicht nur „richtig" oder „falsch" zu fordern, sondern eine genaue Identifikation des Fehlers (z. B. in einer komplexen Rechnung wie der schriftlichen Multiplikation) und in einer notwendigen Besprechung dann auch die Beschreibung, was falsch gemacht worden ist und wie es richtig gerechnet wird.

(2) Übungsformen und Formen der Aufgabendarbietung
Es ist kaum möglich, eine allgemein gültige Empfehlung zur Variation der Übungsformen und der Formen der Aufgabendarbietung auszusprechen. Einerseits ist unbestritten, daß niemand mehr die immer gleiche Aufgabendarbietung in Päckchenform möchte. Andererseits sind auch die Gefahren zu reichhaltiger Variationen nicht zu leugnen. Bedacht werden muß nämlich, daß auch die Übungsform als solche erst gelernt werden muß. Das Lesen-Können solcher Aufgabendarbietungen (Tabellen, „Rechenblumen" und -„mauern" u.v.a.m.) ist eine notwendige Voraussetzung, diese Aufgaben überhaupt bearbeiten zu können. Günstig scheint es, die Variation der Übungsformen nur allmählich auszubauen, mit einigen wenigen Grundtypen zu beginnen und dann das Repertoire der Aufgabendarbietung zu erweitern.

Ein großer Teil der Variationsmöglichkeiten ist in diesem Handbuch schon vorgestellt worden. Anregungen findet man in den einzelnen Kapiteln zu den Unterrichtsinhalten, im Kapitel 3.1. „Spiele" und auch in diesem Kapitel „Üben". Hier sollen nur noch einmal wichtige Grundtypen vorgestellt werden.

∗ *Tabellen*

–	18	12	39
63			
72			
65			

3	6	5		3
9	8		7	
27		35	49	24

	12	24	19	18	30	36	42
Vielfaches von 6	x						
Vielfaches von 3	x						
Vielfaches von 9	–						

⊙ ⊖

3	9	12	15
6	8	22	
7	4		20
6		14	34

verdoppeln →

← halbieren

25 min 15 s	
8 min 30 s	
12 min 38 s	
	20 min 18 s
	45 min 20 s

Perlen insgesamt	28	28	56	54		
Perlen in jeder Kette	7	9	8		7	8
Anzahl der Ketten	4			9	6	9
restliche Perlen	0	1			0	2

Welche Zahlen fehlen?

20	25	45
		55
41	59	100

150		
	68	
245		360

∗ *Bäume*

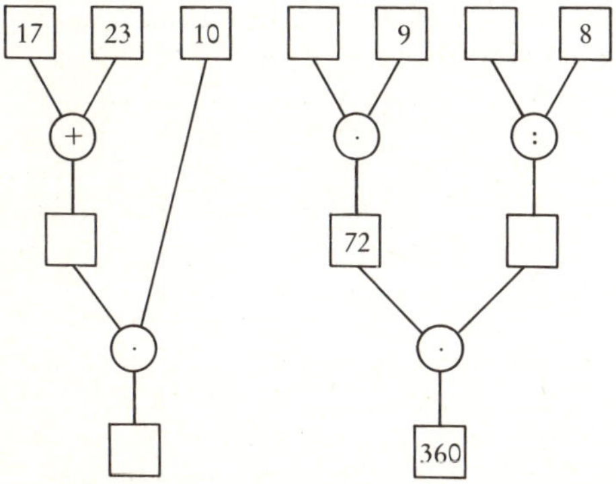

∗ *Zahlenvierecke*
Die Zahl auf einer Grenze ist immer die Summe der Zahlen in den Nachbarfeldern.

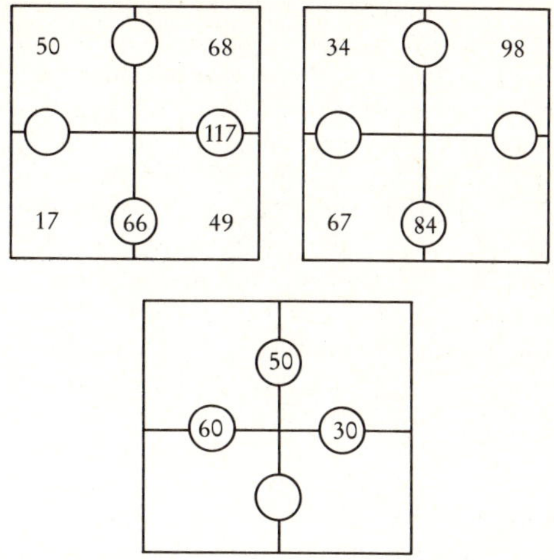

∗ *Rechensterne, -blumen, -mauern, . . .* (vgl. S. 60)

∗ *Kreuzzahlrätsel* (vgl. S. 87)

∗ *Pfeilbilder und Pfeilketten*

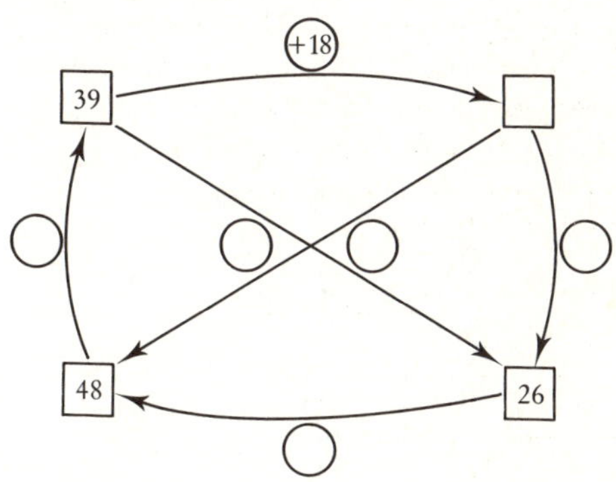

Ich denke mir eine Zahl, teile sie durch 9, multipliziere das Ergebnis mit 6, addiere 52 und erhalte 100. Wie heißt die Zahl?

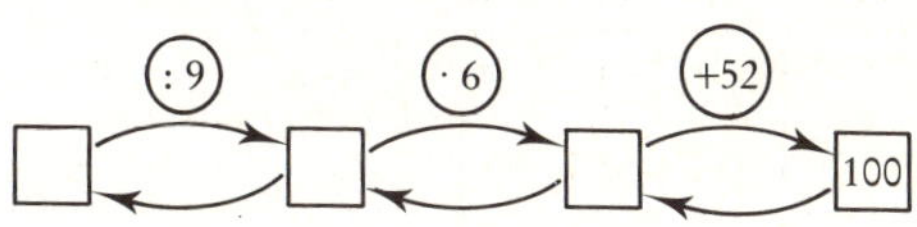

∗ *Hier wird mehr gerechnet, als man auf Anhieb sieht.*
– Rechenstreifen

6	9	3	5	·	2	8	4	7

– Wege vom Start zum Ziel . . .

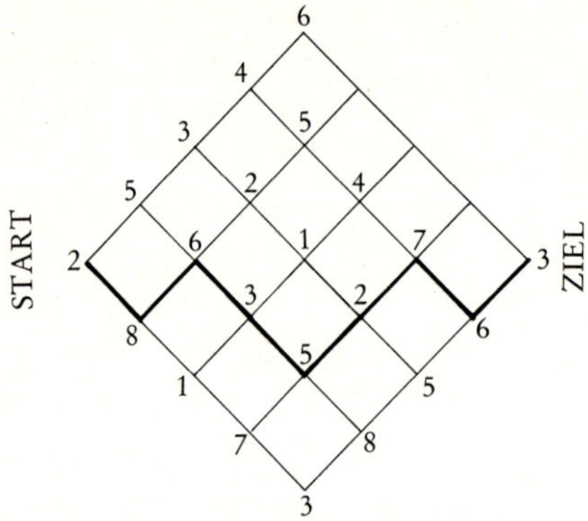

2 + 8 + 6 + 3 + 5 + 2 + 7 + 6 + 3 = 42
2 + 5 + 3 + . . .
2 + . . .

. . . oder über ein Feld

START

3	7	8	2	5
4	1	9	6	3
2	1	5	7	3
8	6	5	8	4
7	3	9	2	4

ZIEL

3 + 7 + 1 +1 + 5 + 7 + 3 + 4 + 4 = 35

– Zahlenfelder
Im linken Feld stehen die Zahlen, rechts die Ergebnisse, über dem Zahlenfeld steht, welche Rechenarten erlaubt sind.

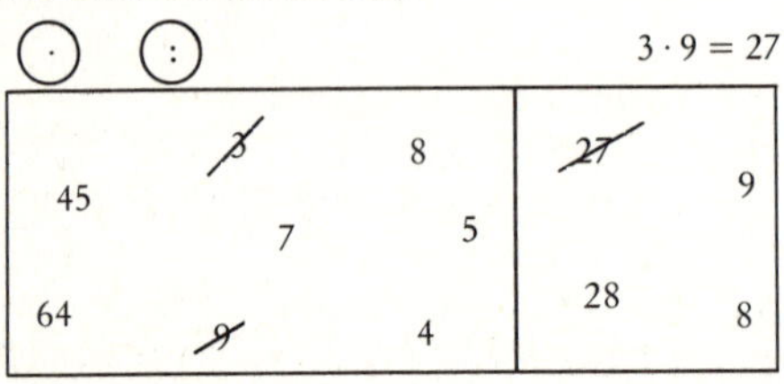

– Drei über Eck
In 3 Feldern über Eck versteckt sich eine Aufgabe. Wer findet die meisten?

6	~~7~~	9	18	60	5
~~28~~	~~4~~	63	12	30	2
8	3	19	4	3	9
9	72	31	40	8	24
9	81	4	10	5	19
7	63	18	40	7	35

28 : 4 = 7
7 · 9 = 63
18 + 12 = 30

(3) Selbstkontrollmöglichkeiten
Ein technisches und ökonomisches Problem ist häufig die Überprüfung der Arbeitsblätter. Auf der einen Seite ist eine solche Kontrolle im Sinne einer Rückmeldung für den Schüler dringend notwendig. Auf der anderen Seite ist eine Aufgabenkontrolle im Klassenverband durch Vorlesen oder gar Anschreiben meistens zu zeitaufwendig. Hier helfen verschiedene Selbstkontrollmöglichkeiten:

* Zum Arbeitsblatt wird vom Lehrer eine Folie vorbereitet, auf der an den richtigen Stellen die Lösungen stehen. Wer alle Aufgaben gelöst hat, darf die Folie nehmen und seine Lösungen selbst überprüfen.
* Über jedem Satz von Aufgaben stehen die Lösungen in bunter Reihenfolge, ggf. ein oder zwei Zahlen mehr als Lösungen da sind.
* Es wird immer die Quersumme der Lösung verraten.
* In jedem Rechenpäckchen stehen zwei Aufgaben mit der gleichen Lösung.
* Die Lösungen stehen auf der Rückseite von Aufgabenkärtchen. Nur das als Gruppenleiter eingesetzte Kind kann die Lösung lesen, während es den anderen die Karte mit der Aufgabe vorzeigt.
* Rechenketten: Die Lösung einer Aufgabe ist zugleich die erste Zahl der nächsten Aufgabe.

30 + 48 =

78 – 32 =

60 – 30 =

29 + 31 =

17 + 12 = 29

54 + 25 =

46 + 15 =

79 – 62 =

11 + 43 =

32 – 21 =

61 + 29 =

84 – 52 =

66 + 18 =

90 – 34 =

100 – 34 =

71 + 29 =

56 + 12 =

47 + 24 =

68 – 47 =

21 + 26 =

* Eine Reihe von graphisch anspruchsvollen, in der Vorbereitung aber auch aufwendigeren Selbstkontrollformen schlägt KRAMPE (1982 a) vor:
  - *Aufgaben zum Ausmalen von Bildern*
    Ein möglichst ansprechendes Bild wird so gezeichnet, daß sich einzelne Felder ergeben. In diese Felder werden die Lösungen der Aufgaben eingetragen. Auf dem Aufgabenblatt steht neben jeder Aufgabe eine Farbangabe. Das zu der Lösung gehörende Feld des vorgegebenen Bildes ist in dieser Farbe auszumalen.

Ausmalen von Bildern

1. 407·140 = dunkelbraun
2. 423·152 = hellbraun
3. 104·134 = gelb
4. 823·704 = grau (Bleistift)
5. 235·142 = hellbraun
6. 425·316 = orange
7. 123·867 = hellbraun
8. 232·114 = dunkelgrün
9. 221·315 = orange
10. 432·521 = hellbraun
11. 542·302 = rot
12. 123·456 = hellgrün
13. 287·653 = hellbraun
14. 302·130 = gelb
15. 410·340 = hellgrün
16. 661·158 = hellbraun
17. 301·207 = dunkelgrün
18. 322·611 = hellgrün
19. 203·233 = gelb
20. 380·241 = dunkelbraun
21. 435·218 = blau
22. 908·607 = hellgrün
23. 314·231 = hellbraun
24. 114·378 = hellgrün
25. 123·133 = hellbraun

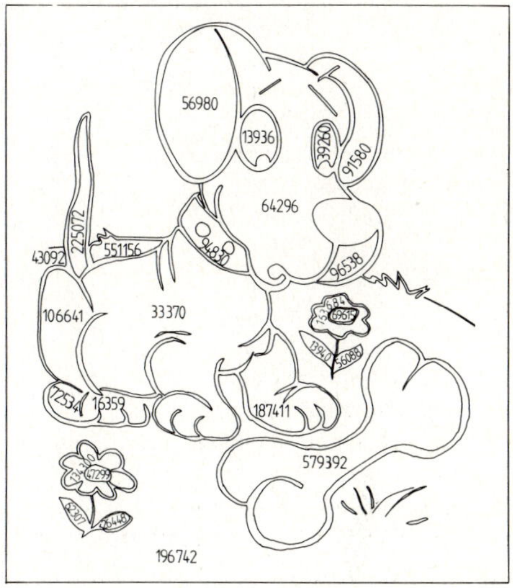

  - *Bilder aus Punkten*
    Das Bild wird in einer Vielzahl von Punkten versteckt. Zu jedem Punkt gehört eine Zahl. Welche Punkte tatsächlich gebraucht werden, legt das Arbeitsblatt fest. In der Reihenfolge der Aufgaben sind die Punkte mit den entsprechenden Lösungszahlen zu verbinden.

Aufgaben zu Bildern aus Punkten

1. 407·140 = ________
2. 423·152 = ________
3. 104·134 = ________
4. 235·142 = ________
5. 123·867 = ________
6. 704·823 = ________
7. 425·316 = ________
8. 232·114 = ________
9. 303·131 = ________
10. 432·521 = ________
11. 287·653 = ________
12. 542·302 = ________
13. 123·456 = ________
14. 410·340 = ________
15. 302·130 = ________
16. 203·233 = ________
17. 301·207 = ________
18. 611·158 = ________
19. 322·611 = ________
20. 380·241 = ________
21. 435·218 = ________
22. 908·607 = ________
23. 807·190 = ________
24. 314·231 = ________
25. 378·114 = ________
26. 123·133 = ________
27. 221·315 = ________
28. 879·926 = ________
29. 555·444 = ________
30. 850·740 = ________
31. 666·555 = ________

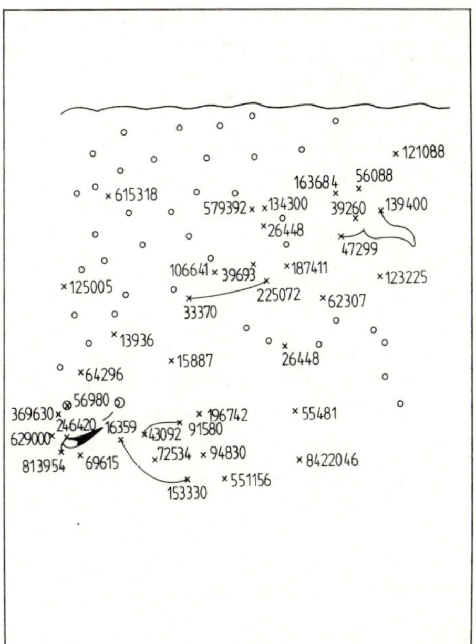

3.3. Lernschwierigkeiten und Differenzieren im Mathematikunterricht

SABINE; 9 Jahre alt

L.: Kannst du das lesen?
S.: Knut hat acht Katzen; er gibt Peter zwei Katzen.
L.: Was kommt dann?
S.: Wie viele hat Knut?
L.: Was glaubst du, wie viele er noch hat?
S.: Fünf.
L.: Wie kommst du darauf?
S.: Er hat 8 und 2 und eine.
L.: Wie hast du das ausgerechnet? Er hatte 8 Katzen und gab 2 an Peter. Wie viele hat er übrig?
S.: Fünf. Er hat 5 und 2 andere gingen weg.
L.: So, wie viele behielt er zurück?
S.: Acht Katzen, ich habe zurückgezählt.
L.: Wie hast du zurückgezählt?
S.: 8 und ich erhielt 3 mehr und dann nahm ich 2 weg.
L.: Was meinst du mit ‚3 mehr'? Laß uns von vorn anfangen. Zeig mir, wie du zurückzählst.
S.: 8, 7, 6, 5, 4. – Er hat 4 zurückbehalten.
L.: Wie kommst du darauf, bei der 4 zu stoppen? Du zählst 8, 7, 6, 5, 4. Warum stoppst Du bei der 4?
S.: Weil da die 7 ist.
...

Die Erfolge bildungspolitischer und methodisch-didaktischer Reformen der letzten Jahrzehnte scheinen überzeugend, betrachtet man zwei äußere Kriterien der schulischen Laufbahn: Untersuchungen zeigen, daß sowohl die Anzahl der Schüler mit erfolgreichem Abschluß der besuchten Schule stetig steigt als auch die Anzahl der Übergänge nach dem 4. bzw. 6. Schuljahr in weiterführende Schulen beträchtlich zugenommen hat. Die Klagen vieler Lehrer über Lernschwierigkeiten und Schulleistungsversagen sind dennoch nicht geringer geworden. Gerade für die Grundschule sind zwei Aspekte besonders bedeutsam (vgl. TIEDEMANN, 1978):

* Schulleistungsversagen ist in hohem Maße ein Grundschulphänomen. Schüler haben besondere Schwierigkeiten in den ersten vier Schuljahren, die relative Versagensquote nimmt mit den Jahren des Schulbesuchs über die verschiedenen Schulformen monoton ab.
* Lernschwierigkeiten zeigen sich in einem sehr unterschiedlichen Ausmaß in den verschiedenen Unterrichtsfächern. Versagensentscheidende Leistungsbereiche sind in der Grundschule insbesondere die Rechtschreibung und das Rechnen. In den weiterführenden Schulen übernehmen oft die Fremdsprachen die Rolle der entscheidenden Selektionsfächer.

Während es zur Lese-Rechtschreibschwäche eine Fülle von Forschungsbeiträgen und unterrichtlichen Anregungen gibt, sind konkrete Beiträge zu Lernschwächen im Mathematikunterricht sehr selten, insbesondere für Schüler in Grund- und Hauptschulen ohne sonderpädagogische Betreuung. Vielleicht spielt die Einschätzung von Mathematik dafür eine gewisse Rolle: Für Leistungserklärungen in Mathematik wird sehr viel eher ein globaler Begabungsbegriff benutzt, man ‚hat's oder man hat's nicht'. Zum anderen gelten insbesondere in Akademikerkreisen mathematische Leistungsschwächen als Kavaliersdelikt: Daß man die Rechtschreibung nicht beherrscht, keine Fremdsprache richtig gelernt hat oder gar die Frage nach einer Oper nicht beantworten kann wird nur ungern eingestanden, jedoch es stört nicht, mangelnde Kenntnisse und Fähigkeiten in Mathematik zuzugeben. Diese Einstellung ist sicher schichtspezifisch; für sehr viele Schüler hat die Schulmathematik einen entscheidenden Einfluß auf die schulische und somit auch berufliche Laufbahn.

Eine 5 in Mathematik ist besser als gar keine persönliche Note.
(Volksmund)

In diesem Handbuchabschnitt werden Möglichkeiten für den Lehrer beschrieben, Lernschwierigkeiten im Mathematikunterricht zu erkennen, es werden Ursachenfelder für Leistungsversagen diskutiert und Anregungen für eine innere Differenzierung des Unterrichts gegeben.

3.3.1. Was kann man als Lehrer im täglichen Mathematikunterricht tun?

Eine psychologische Diagnostik mit Hilfe psychometrischer Tests ist für die tägliche Unterrichtspraxis unrealistisch, nicht zuletzt deshalb, weil ein direkter Bezug zu den schulmathematischen Themenkreisen mit Hinweisen auf mögliche unterrichtliche Maßnahmen kaum hergestellt werden kann. Theoretische Modelle der Diagnose und Behandlung von Lernschwierigkeiten in der Pädagogischen Psychologie sind durchweg zu allgemein, wie das folgende Beispiel von ZIELINSKI (1980):

Diagnose	*Behandlung*
1) Überprüfen der Vorkenntnisse (Fertigkeits- oder Symptomdiagnose)	Verlängerung der Lernzeit; remedialer Unterricht
2) Überprüfen der Unterrichtsbedingungen (Unterrichtsdiagnose)	Veränderung der Unterrichtsmethode
3) Überprüfen des Lernverhaltens (Verhaltensdiagnose)	Modifikation des Schülerverhaltens
4) Überprüfen der kognitiven Fähigkeiten (Fähigkeitsdiagnose)	Modifikation singulärer Fähigkeitsdefizite; Verringerung der unterrichtlichen Anforderungen
5) Überprüfen der Kontextbedingungen (Kontextdiagnose)	Modifikation von Kontextbedingungen

Auch lernzielorientierte Tests sind wenig hilfreich, geben sie doch höchstens Auskunft über das ‚Was' erreicht worden ist, nicht aber über das „Warum nicht" am Ende einer Unterrichtseinheit.

Für Kinder mit Lernschwierigkeiten sollte der Mathematikunterricht nicht begrenzt werden auf das Einüben elemenarer Fertigkeiten beim Rechnen. Die Fähigkeiten und somit auch die Schwierigkeiten der Schüler sind sehr inhaltsspezifisch. Schüler mit großen Schwierigkeiten in der Arithmetik zeigen oft überraschende Leistungen in geometrischen Problemstellungen. Insofern kommt gerade der Geometrie in der Grundschule – leider wird sie zu oft vernachlässigt – im Hinblick auf Differenzierungen oder Erfolgserlebnisse eine besondere Bedeutung zu. Die unterschiedlichen Fähigkeiten der Schüler auf den verschiedenen Handlungs- und Begriffsbildungsebenen, individuelle Vorerfahrungen und Motivationen, Lernspiele und fachübergreifende Problemstellungen lassen sich nutzen, um bei allen Kindern im Mathematikunterricht der Grundschule kognitive Grundqualifikationen zu fördern.

Anregend und fächerübergreifend wird das Problem schulschwacher Kinder in der Grundschule diskutiert in REINARTZ & SANDER (1982).

(1) Analysen von Schülerfehlern

Schülerfehlern im Mathematikunterricht liegt (fast) immer eine Strategie oder Regelhaftigkeit zugrunde, die nachvollziehbar und für den Schüler selbst sinnvoll sind (vgl. GERSTER, 82; LORENZ, 82; RADATZ, 80). Diese Erkenntnis widerspricht der häufigen Auffassung, wonach sehr viele Schülerfehler im Mathematikunterricht als Zufalls- oder Flüchtigkeitsfehler erklärt werden, für eine intensive Analyse somit uninteressant. Schülerfehler sind die Bilder individueller Schwierigkeiten; sie zeigen, daß der Schüler bestimmte mathematische Begriffe, Techniken oder Zusammenhänge nicht ‚wissenschaftlich' oder ‚erwachsenengemäß' verstanden hat. Eigene Lösungs- bzw. Fehlstrategien werden entwickelt, da in Mathematik zu einer Aufgabe immer etwas „herauskommt". Mathematik wird von vielen Grundschülern als eine Art Regelspiel aufgefaßt: Ein Problem wird gestellt – man muß eine Regel kennen und anwenden – das Problem ist irgendwie lösbar. Dabei auftretende Unvereinbarkeiten bestimmter Lösungen mit den inneren Bedingungen einer Aufgabe oder den Erfahrungen in der Realität werden von vielen Grundschülern noch nicht empfunden, bleiben sie doch nach PIAGET

VOLKER (2. Schuljahr)

Volker rechnete in der letzten Mathe-Arbeit:
90 − 36 = 66
70 − 53 = 23 u. a.

Gelernt hatte er, Aufgaben wie 93 − 60 folgendermaßen zu rechnen:

93 − 60
90 − 60 = 30
30 + 3 = 33
93 − 60 = 33

Dieses Verfahren hat er dann übertragen und z. B. gerechnet:

90 − 36
90 − 30 = 60
60 + 6 = 66
90 − 36 = 66

bis zu einem Alter von 9/10 Jahren oft gegenüber logischen Widersprüchen unempfindlich.

Zahlreiche Fehlerstrategien der Schüler sind zu den einzelnen mathematischen Inhaltsbereichen bekannt (vgl. GERSTER, 1982 b; RADATZ, 1980). Einige besonders häufig beobachtbare Fehllösungen sind in diesem Handbuch in den einzelnen curricularen Kapiteln aufgelistet.

Da viele Schülerfehler vom Lehrer nachvollziehbar und analysierbar sind, stellt die Fehleranalyse eine hilfreiche Möglichkeit dar, Lernschwierigkeiten zu erkennen und Hinweise auf Hilfsmaßnahmen zu gewinnen. Nicht immer wird es möglich (und notwendig) sein, über die Analyse der Fehlertechniken hinaus auch die zugrundeliegenden Fehlerursachen eindeutig zu erkennen. Mögliche Fehlerursachen sind im Einzelfall schwer voneinander trennbar, sie können grob eingeteilt werden in:

© Field Synd./Bulls

* Entwicklungsbedingte Fehler durch Überforderung des kognitiven Entwicklungsstandes des Schülers; diese Fehlerursache ist relativ selten (vgl. LORENZ, 1982).
* Fehler bei der Aufnahme und Verarbeitung mathematischer Informationen, z. B. (vgl. RADATZ, 1980)
  - im Bereich des Sprach- und Textverständnisses,
  - im Verständnis von Darstellungen und Veranschaulichungen,
  - auf Grund falscher Assoziationen und Einstellungen,
  - durch Nichtberücksichtigungen wichtiger Informationen,
  - im vorzeitigen Abbrechen einer Aufgabenbearbeitung,
  - durch Gedächtnisschwächen,
  - durch ein falsches oder auch zu einseitiges Verständnis eines mathematischen Begriffs.
* Fehler auf Grund von Teilleistungsschwächen im auditiven oder im visuellen Bereich (vgl. GRISSEMANN, 1982; LORENZ, 1982).

Die allermeisten Fehlertechniken besitzen eine gewisse innere Logik und sind bei den einzelnen Schülern oft dauerhaft über einen langen Zeitraum in vergleichbaren inhaltlichen Aufgabenbereichen, sofern sie nicht erkannt und dem Schüler bewußt gemacht werden. Der individuelle Lerneffekt durch das Erkennen und Überwinden eigener Fehler ist sicher sehr groß.

Für die Fehleranalyse im Mathematikunterricht bieten sich vier methodische Möglichkeiten an, die sich gegenseitig ergänzen.

1) Die *Analyse* von Schülerfehlern *aus schriftlich vorliegenden Aufgabenlösungen* (Hausaufgaben, Klassenarbeiten, Übungen u. a.)

Schriftlich fixierte Schülerlösungen erlauben in vielen Fällen das Erkennen der Fehlertechnik, sie ist z. B. eindeutig bestimmbar aus Aufgabenlösungen wie

96038	96038	96038
+ 17353	+ 17353	+ 17353
78685	116811	113381
falsche Operation	Addition von links nach rechts	Übertragsfehler

Oft ist die Fehlstrategie nicht erkennbar, das Produkt des Lösungsprozesses bzw. das schriftlich fixierte Ergebnis erlauben keine Rückschlüsse auf die Fehlstrategie.

Beispiel:

333	388	444
+ 88	+ 33	+ 77
2621	421	2721

(Schülerin in einem 3. Schuljahr)

Hier kann als Ergänzung helfen ein

2) *„lautes Denken"* durch den Schüler während der Aufgabenlösung

Zum obigen Additionsbeispiel: „Drei plus acht geht nicht, weil acht größer ist als drei. Also borge ich einen Zehner (schreibt eine 1 an die Zehnerspalte). Dreizehn plus acht ist einundzwanzig (schreibt 1 hin und überträgt 2 in die Hunderterspalte). Drei plus acht geht wieder nicht. Ich borge wieder eine Zehn (aus der Hunderterspalte). Dreizehn plus acht plus eins ist zweiundzwanzig (schreibt 2 hin, überträgt 2 in die Tausenderspalte). Drei plus zwei plus eins ist sechs (vorne erscheint dann die 2)."

Jetzt wird die Interferenz zum Subtraktionsalgorithmus erkennbar. Die Grenzen des „lauten Denkens" sind sicher zu setzen bei der Sprachgewandtheit einiger Schüler, bei der Schwierigkeit des gleichzeitigen Denkens, Schreibens und lauten Sprechens sowie des Bewußtmachens des eigenen Denkprozesses. Diese Schwierigkeiten treffen auch zu für

3) *diagnostische Gespräche* zwischen dem Lehrer und dem einzelnen Schüler.

BJÖRN:

L.: „Rechne doch bitte 18−2"
B.: „Ist 15!"
L.: „Wie rechnest du das?
B.: „Von 18 nehm' ich zwei weg, dann bleiben 15 übrig, weil ich von der 18 zwei weggenommen hab'.
L.: Welche zwei hast du denn weggenommen?
B.: Das waren die 17 und die 16, bleibt noch 15 übrig.
L.: 15−3
B.: Da nehm' ich die 14 und die 13 und die 12 weg, dann bleibt nur noch 11 übrig.
L.: 17−4
B.: 17 hab' ich. Die 16 und die 15 und die 14 und die 13 weg.
L.: Hm, und was kommt 'raus?
B.: 12 bleiben noch übrig, weil ich die 13 noch weggenommen habe.
...

Diagnostische Gespräche bilden ein wichtiges Komplement zu den bereits angesprochenen Methoden der Fehleranalyse; sie sind über die Fehleranalyse hinaus eine Möglichkeit der Diagnose von Lernschwierigkeiten überhaupt (vgl. S. 214f.)

4) *Beobachten des Schülers* während der Bearbeitung einer mathematischen Aufgabe im Unterricht ist für die meisten Lehrer ein alltägliches und gebräuchliches Verfahren, um bestimmte Fehltechniken oder fehlerhafte Zwischenlösungen des schriftlich fixierten Lösungsweges zu erkennen und um daraufhin dem einzelnen Schüler direkt helfen zu können.

Alle vier vorgestellten Verfahren der Fehleranalyse haben sicher bestimmte Grenzen der Aussagekraft, sie sind jedoch ohne großen Aufwand in den einzelnen Unterrichtssituationen oder in Förderstunden realisierbar und liefern als ein Fächer von Diagnosemöglichkeiten wichtige Hinweise.

Die nachfolgenden Rechnungen nach Besuch eines Weinfestes mögen als Beispiele dafür dienen, daß die Analyse von Rechenfehlern auch bei Erwachsenen zu interessanten und hilfreichen Einsichten führen kann.

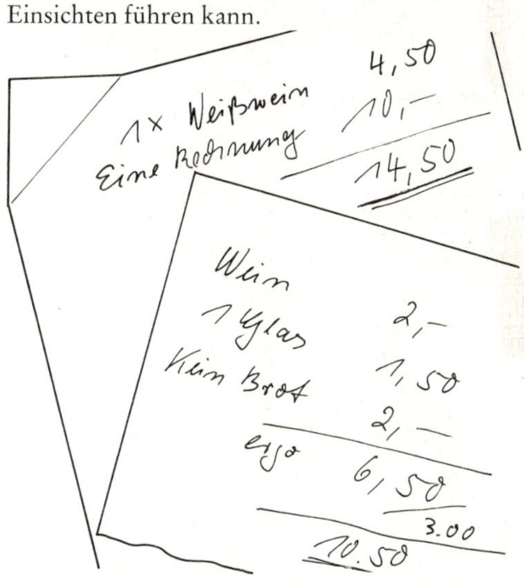

(2) Diagnostische Gespräche

Diagnostische Einzel- und Gruppengespräche können dem Lehrer wichtige Informationen und Hinweise liefern zu Fehlerursachen, Leistungsschwächen und begrifflichen Mißverständnissen, aber auch zur Motivation, der Einstellung gegenüber Mathematik, möglichen Hemmungsfaktoren oder der Selbsteinschätzung des Schülers. Darüber hinaus werden in Einzelgesprächen oft die außerschulischen Einflußbereiche auf die Schulleistung erkennbar. Eine diagnostische Gesprächsführung ist nicht einfach, da man sich als Lehrer mehr oder minder unbewußt darum bemüht, den Schüler und das Gespräch in eine Richtung zu lenken, eine erste Hypothese durch Schüleräußerungen bestätigt zu bekommen oder das Gespräch zu schnell in ein Lehr-Lerngespräch zu verändern. Nachfolgend einige hilfreiche Gesprächsregeln (übersetzt nach SCHEER, 1980):

* Akzeptiere zunächst die falschen Antworten des Schülers ebenso wie die richtigen durch Kontrolle der eigenen sprachlichen Äußerungen wie auch der Mimik und Gestik.
* Unterbrich das Kind nicht, wenn es einen Fehler macht. Beim diagnostischen Gespräch kommt es darauf an, herauszufinden, welche Fehler der Schüler macht und warum.
* Fertige eine Bandaufnahme des Gesprächs an. Sie erlaubt eine Nachanalyse in Ruhe.
* Treibe den Schüler im Gespräch nicht zur Eile an, nicht die Schnelligkeit einer Aufgabenlösung steht im Vordergrund.
* Vermeide es, auf Schülerausführungen mit direkten Fragen zu reagieren (z. B. „War das richtig?"), besser sind neutrale Kommentare oder Verstärkungen.
* Führe ein Kind nicht durch eine Reihe von Fragen dahin, daß es schließlich so antwortet, wie man es erwartet. „Kannst Du mir das an dieser Aufgabe ... noch einmal zeigen." oder „Warum hast du das so gemacht?" sind Anregungen, um die verdeckten Gedankenstrukturen erkennbarer zu machen.
* Fordere das Kind auf, aber zwinge es nicht, „laut zu denken".
* Wiederhole manchmal die Antworten des Schülers. Das kann zu einer wechselseitigen Kontrolle des Verständnisses führen.
* Beobachte während des Gesprächs auch das Verhalten des Schülers (Mimik, Gestik, Motorik) und vergleiche dieses mit dem Verhalten während des Klassenunterrichts.
* Lobe oder belohne den Schüler nach einem diagnostischen Gespräch.

(3) Diagnostische Aufgabensätze

Beispiel: Diagnostische Aufgaben zum Thema „Zahlenstrahl" im 1./2. Schuljahr

Aufgabe — *mögliche Schwierigkeit* — *Was kann man tun?*

1. Schreibe die Zahlen an den Zahlenstrahl.

mögliche Schwierigkeit:

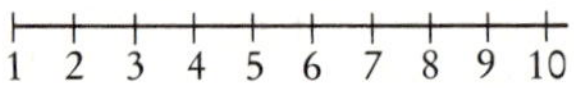

Was kann man tun? Die 0 als Start am Zahlenstrahl herausarbeiten.

2. Zeichne einen Zahlenstrahl von 0 bis 8.

mögliche Schwierigkeit:

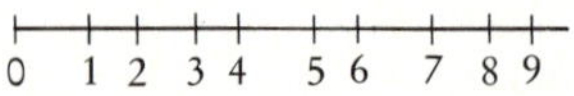

Was kann man tun? Den Maßzahlaspekt deutlich machen.

Zahlenstrahl von den S. selbst herstellen lassen.

3. Zeichne auf den Zahlenstrahl die Aufgabe 3 + 5.

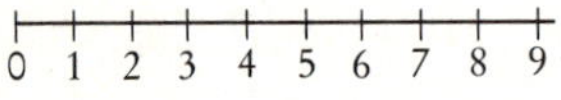

mögliche Schwierigkeit:

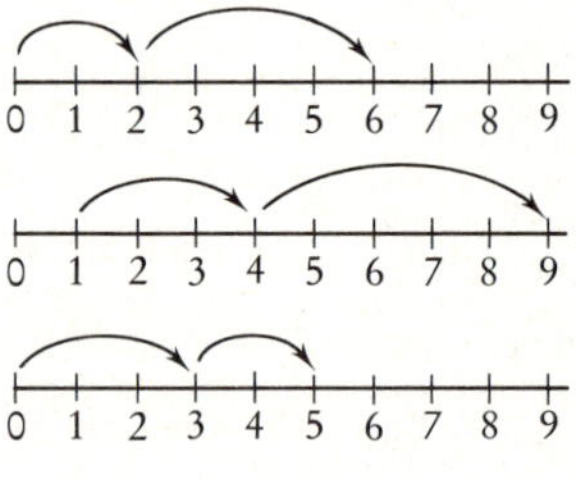

Was kann man tun? Addition als Zusammensetzen von Längen erarbeiten.

Entsprechende Stäbe an den Zahlenstrahl legen.

Rechengeschichten mit Lösungen am Zahlenstrahl bearbeiten.

4. Welche Aufgabe ist hier dargestellt?

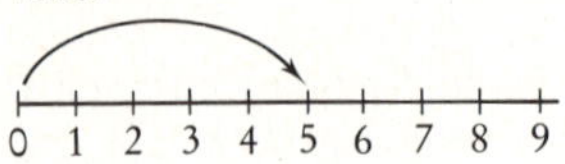

mögliche Schwierigkeit: 1 + 5

Was kann man tun? Bedeutung der Platznummer am Zahlenstrahl besprechen.

Gleiche Aufgaben an verschiedenen Zahlenstrahlen mit unterschiedlichen Abständen zwischen benachbarten Platznummern bearbeiten.

5. u. a. — u. a.

Insbesondere in den Vereinigten Staaten gewinnt seit einiger Zeit das diagnostische Lehren von Mathematik (diagnostic teaching) zunehmend Einfluß auf die mathematikdidaktische Diskussion und auf die Gestaltung der Unterrichtspraxis selbst (vgl. Johnson, 1979; Reisman, 1978; Underhill, 1980). Eine wesentliche Grundlage bilden dabei die diagnostischen Aufgaben zu den einzelnen Themen der Schulmathematik. Während es bei der Fehleranalyse wichtig ist, den Schülern eine Aufgabenfolge mit relativ gleicher Schwierigkeit bzw. vergleichbarem Aufgabentyp anzubieten, um so einfacher eine mögliche Fehlerstrategie erkennen zu können, sind diagnostische Aufgabensätze gekennzeichnet durch eine Steigerung der Anforderungen und Schwierigkeiten. So läßt sich Auskunft gewinnen über Lücken im notwendigen Vorwissen, über Schwierigkeiten im Verständnis von Begriffen und Operationen sowie über Brüche im inhaltlichen Lernprozeß.

Oft können nur vom Lehrer selbst entwickelte diagnostische Aufgaben die spezifische Situation einer Klasse oder einer Schülergruppe, die Art und Weise der Behandlung eines Themas im vorangegangenen Mathematikunterricht, die eingesetzten Arbeitsmittel und Veranschaulichungsformen sowie die individuelle Stoffplanung berücksichtigen. Diagnostische Aufgabensätze werden im allgemeinen in schriftlicher Form angeboten und bearbeitet, es gibt aber auch Inhalte der Schulmathematik, zu denen diagnostische Aufgaben in nicht-schriftlicher Form sinnvoller sind (z. B. arithmetische Grundaufgaben, Kopfgeometrie oder Arbeiten mit strukturierten Materialien).

Einige Leitfragen zur Gestaltung diagnostischer Aufgaben:

* Welche Vorkenntnisse sind zum Verständnis und zur Lösung einer mathematischen Aufgabe notwendige Voraussetzungen?
* In welche Teilschritte läßt sich die Lösung der Aufgabe zerlegen?
* Welche (didaktische, mathematische o. a.) Schwierigkeitsstufung liegt vor?
* Welche häufig beobachteten Fehlerstrategien und Begriffsmißverständnisse sind bekannt?
* Welche didaktische Stufung und welche methodischen Hilfsmittel bieten andere Lehrbücher als das gerade eingeführte an?
* Welche Symbole, Zeichen und sprachlichen Ausdrücke können besondere Schwierigkeiten bereiten?
* Welche außerschulischen Erfahrungen der Schüler zum speziellen Thema können Einfluß haben?

Wichtige Gliederungspunkte für die Gestaltung diagnostischer Augabensätze bietet die Aufgabenanalyse (vgl. Bromme et al., 1979 und im vorliegenden Handbuch S. 218). Die Bedeutung der Aufgabenanalyse geht über die einer Hilfsfunktion bei der Unterrichtsplanung hinaus. Indem sich der Lehrer in die Rolle des Schülers versetzt und repräsentative Aufgaben eines mathematischen Themas löst und gleichzeitig analysiert, gewinnt er hilfreiche Erkenntnisse über die notwendigen Voraussetzungen und aufgabenspezifischen Teilschwierigkeiten, aber auch über verschiedene, mögliche Lösungswege. Die Aufgabenanalyse orientiert sich an der Tätigkeit und dem Wissen der Schüler. Sie setzt somit im Rahmen einer didaktischen Analyse „von unten" an und nicht – wie allgemein üblich – „von oben", d. h. bei der fachmathematischen Struktur des Problems und dem Wissen des Lehrers. Gerade deshalb liefert sie dem Lehrer eher Aufschlüsse über das vorauszusetzende Wissen, die notwendigen Fähigkeiten und die möglichen Lernschwierigkeiten beim Schüler.

Ergänzend zur Bedeutung der Aufgabenanalyse läßt sich feststellen, daß man als Lehrerin bei

Beispiel: Diagnostische Aufgaben zum Thema „Schriftliche Addition" im 3.–5. Schuljahr (vgl. S. 105)

Vorauszusetzende Grundaufgaben:

3 + 5	7 + 6	9 + 0	3 + 8 + 1
6 + 2	8 + 5	7 + 0	5 + 7 + 2
1 + 7	4 + 9	0 + 4	3 + 0 + 9
. . .			

Bündeln und Stellenwertbegriff:

* Welche Zahlen sind dargestellt?

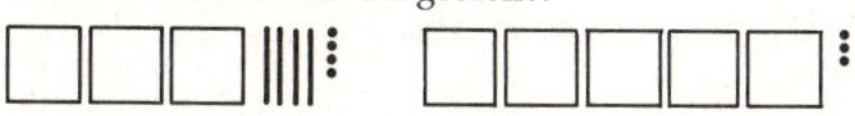

* Lege oder zeichne dazu. 718 , 566 , 1096 . . .
* Wandle um.

791 = __ H + __ Z + __ E
908 = __ H + __ Z + __ E
6 H + 5 Z + 4 E = ___
0 H + 9 Z + 0 E = ___

* Schreibe in eine Stellentafel.

1598

	T	H	Z	E

* Schreibe richtig untereinander.

528 + 677 , 28 + 809 , 954 + 70 ,
23 + 1088 + 270 . . .

Diagnostischer Test zur schriftlichen Addition

Aus: H.-D. Gerster, Schülerfehler bei schriftlichen Rechenverfahren – Diagnose und Therapie, Herder, Freiburg, 1982

2.1 ERLÄUTERUNGEN ZUM DIAGNOSTISCHEN TEST A 1

Dieser Test kann ab dem 3. Schuljahr eingesetzt werden. Eine Vorlage des Aufgabenblattes für die Schüler befindet sich im Anhang. Eine tabellarische Übersicht über Schwierigkeitsmerkmale der Aufgaben folgt auf der nächsten Seite.

Einige Schwierigkeitsmerkmale sollen hier kurz erläutert werden.

Erfahrungsgemäß sind etwa die Hälfte der Schülerfehler beim schriftlichen Addieren *Übertragsfehler*. Der Schwierigkeitsgrad einer Additionsaufgabe steigt also mit der Anzahl der erforderlichen Überträge. In der Tabelle der Schwierigkeitsmerkmale nimmt die Anzahl der Überträge in den Aufgaben von oben nach unten zu.

Die Analyse der Übertragsfehler in Schülerlösungen zeigt, daß auch diese Fehler häufig nicht Flüchtigkeitsfehler sind. Bei vielen Schülern sind es ganz bestimmte Schwierigkeitsmerkmale, welche Übertragsfehler auslösen. Solche Merkmale sind im unteren Teil der Tabelle genannt.

Bei Aufgaben mit dem Schwierigkeitsmerkmal (1) ergibt sich ein Übertrag in eine Stellenwertspalte, in welcher die untere Zahl keine Ziffer hat. Dies ist der Fall in den Aufgaben Nr. 9, 12, 14, 17, 19, 22, 24, 25. Wir nennen dieses Merkmal „Übertrag in eine leere Stelle". Aber auch innerhalb dieses Schwierigkeitsmerkmals gibt es verschiedene Abstufungen:

- Aufgabe 9, 12: Übertrag in leere Stelle,
- Aufgabe 14: Übertrag in leere Stelle; oben Null,
- Aufgabe 17: Übertrags-Eins in leere Stelle; oben Eins,
- Aufgabe 19: Übertrags-Eins in leere Stelle; oben 9, dadurch weiterer Übertrag in leere Stelle,
- Aufgabe 24, 25: Übertrags-Eins in leere Stelle, oben 9, dadurch weiterer Übertrag in *zusätzliche* leere Stelle.

Ein weiteres Schwierigkeitsmerkmal ist das Auftreten von Nullen in Summanden oder im Ergebnis. Auch für dieses Merkmal gibt es wieder verschiedene Schwierigkeitsabstufungen, welche in den Aufgaben in der Schwierigkeitstabelle abgelesen werden können.

Anregung für den Leser: Vergleichen Sie die unterschiedlichen Schwierigkeitsgrade des Rechnens mit der Null in den Aufgaben 3, 4, 5; 8, 9, 10; 13, 14, 15.

Auch die unterschiedliche Stellenanzahl der beiden Summanden hat sich als eine Schwierigkeit erwiesen.

Anregung für den Leser: Vergleichen Sie die Aufgaben in den Spalten mit dem Merkmal „mit Stellenunterschied" hinsichtlich dieser Schwierigkeit.

Tabelle der Schwierigkeitsmerkmale beim diagnostischen Test A 1

A 1	– Zahlenraum bis 1000 – zwei Summanden				
	ohne Null		Null in Summanden oder Ergebnis		
	ohne Stellenunterschied	mit Stellenunterschied	ohne Stellenunterschied	mit Stellenunterschied	
kein Übertrag	1 32 + 46	2 423 + 73 (9)(7)	3 276 + 202 (2)	4 905 + 64 (9)	5 70 + 528 (9)
ein Übertrag	6 54 + 27 1	7 825 + 48 1	8 663 + 245 1 (10)	9 450 + 90 1 (1)(7)	10 26 + 409 1 (4)
ein Übertrag	11 24 + 94 1 (2)(7)	12 384 + 95 1 (1)(9)	13 407 + 203 1 (4)(7)(10)	14 704 + 8 1 (1)	15 53 + 107 1 (4)(10)
zwei Überträge	16 488 + 277 11 (8)	17 138 + 93 11 (8)(1)(5)	18 485 + 315 11 (8)(6)(10)	19 693 + 9 11 (6)(10)(1)	20 24 + 876 11 (9)(6)(10)
zwei Überträge	21 496 + 496 11 (9)(5)(7)	22 756 + 97 11 (1)(5)	23 98 + 45 11 (2)	24 98 + 7 11 (3)(6)(10)(1)	25 918 + 91 11 (3)(6)(1)(10)

Zusätzliche Schwierigkeitsmerkmale	in Aufgabe Nr.
(1) Übertrag in leere Stelle (obere Ziffer 0 oder 9 oder sonstige) Vgl. (2) und (3)	9, 12, 14, 17, 19, 22, 24, 25
(2) Übertrag in zusätzliche leere Stelle (Summanden stellengleich)	11, 23
(3) Übertrag in zusätzliche leere Stelle (Summanden stellenverschieden)	24, 25
(4) Übertrag zur Null	10, 13, 15
(5) Übertrag zur 9	17, 21, 22
(6) zweiter Übertrag resultiert aus erstem Übertrag	18, 19, 20, 24, 25
(7) gleiche Ziffern übereinander	2, 3, 9, 11, 13, 21
(8) gleiche Ziffern übereinander (nach Berücksichtigung des Übertrags)	16, 17, 18
(9) Summenziffer 9	2, 4, 5, 12, 20, 21
(10) „Summenziffer" 10	8, 13, 15, 18, 19, 20, 24, 2

der Planung einer Unterrichtsstunde oder Unterrichtseinheit nur selten ausgeht von allgemeinen Lernzielen, inhaltsübergreifenden Zielen des Mathematikunterrichts oder anzustrebenden Verhaltensweisen der Schüler (z. B. Gruppenunterricht), sondern von den konkreten Aufgaben und inhaltsspezifischen Zielen des anstehenden Unterrichtsthemas.

Während derartige Aufgaben Hinweise zu den notwendigen Vorkenntnissen liefern, erlaubt der auf S. 216 abgedruckte *diagnostische Test* nach GERSTER (1980, S. 25) Aussagen über begriffliche Mißverständnisse, fehlerhafte Algorithmen und Teilleistungsschwächen bei diesem speziellen Unterrichtsthema. Die dabei festgestellten Fehlermuster ermöglichen die Auswahl und Planung von unterrichtlichen Hilfs- bzw. Differenzierungsmaßnahmen.

3.3.2. Ursachen für Lernschwierigkeiten im Mathematikunterricht

In der pädagogisch-psychologischen Literatur gibt es zahlreiche Listen über mögliche Ursachen für allgemeine Leistungsschwächen in der Schule. Viele dieser Ansätze sind z. Z. noch wenig hilfreich für den Lehrer in der täglichen Schulpraxis, da die meisten Untersuchungen nur selten auf anwendbare Aussagen oder Empfehlungen eines Unterrichtsfaches angelegt sind. Wenn im folgenden die möglichen Ursachen für Lernschwierigkeiten im Mathematikunterricht in eine Grobstruktur gebracht werden, so sind wir uns der Grenzen des derzeitigen Wissens und der Übertragbarkeit auf den Schulalltag bewußt. Eine Ursachendiskussion ist aber insofern hilfreich, als deutlich gemacht werden kann, daß

* zur Erklärung von Lernschwierigkeiten und Leistungsunterschieden im Mathematikunterricht allgemeine Faktoren wie Begabung oder Anstrengung allein nicht ausreichen. Es gibt eine Vielzahl von möglichen Ursachenfeldern, die oft in enger Wechselbeziehung zueinander stehen und nicht allein auf Seiten des Schülers anzusiedeln sind.
* oberflächliche Hilfs- und Differenzierungsmaßnahmen im Unterricht (mehr Übungsaufgaben, Minimalkurs-Zusatzstoff u. a.) in ihrer Effektivität nur selten wirksam sind. Die Lehrerin sollte gegenüber den Voraussetzungen und Einstellungen des einzelnen Schülers, den curriculumspezifischen Bedingungen sowie auch gegenüber der eigenen Unterrichtstätigkeit sehr sensibel sein.

Was durch eine Auflistung möglicher Ursachen für Lernschwierigkeiten hoffentlich nicht erreicht wird ist eine Resignation im Sinne „Es ist alles viel zu komplex“ oder „In den vier Wochenstunden Mathe kann ich doch nichts ändern“.

(1) Kognitive Bedingungen und Unterschiede auf seiten der Schüler

Erb- und umweltdeterminierte *kognitive Fähigkeiten* der Schüler sind wichtige Bedingungsfaktoren für beobachtbare Leistungsunterschiede im Mathematikunterricht der Grundschule. Auf das Lernen von Mathematik bezogene Analysen (z. B. TREUMANN, 1974) weisen darauf hin, daß einige Intelligenzfaktoren das Lernen von Mathematik besonders beeinflussen können:

* die Fähigkeit des räumlichen Vorstellungsvermögens und des räumlichen Denkens,
* die Fähigkeit des schlußfolgernden Denkens,
* die Fähigheit des Sprachverständnisses und des Erfassens sprachlicher Beziehungen,
* die Fähigkeit, Zahlbeziehungen zu erkennen usw.

Dabei überrascht die Bedeutung des Sprachfaktors beim Mathematiklernen besonders.

Konkretisierung am Beispiel „Sprache im MU“
Sprachliche Probleme im Mathematikunterricht der Grundschule können aus verschiedenen Gründen auftreten (vgl. die Beiträge in der SCHRIFTENREIHE des IDM, 18/1978):

1) Mathematikunterricht in der Grundschule hat oft einen *fremdsprachlichen* Charakter. Je nach Lehrbuch werden in den ersten Grundschuljahren oft mehrere hundert neue Begriffe pro Schuljahr kennengelernt. Insbesondere seit der inhaltlichen Reform des MU sind viele Lehrbuchthemen durch eine enorme Dichte fachlicher Termini und Symbole gekennzeichnet, deren Verständnis vielen Schülern Schwierigkeiten bereitet.
2) Mathematische Begriffe entstammen einer *Fachsprache*; die Umgangssprache und die mathematische Fachsprache benutzen Termini in sehr unterschiedlicher Weise, wodurch für Schüler leicht Begriffsmißverständnisse entstehen können. Beispiele: Menge, Ecke, Bruch, Halbgerade, ähnlich, oder . . .

„schlechte“ Umgangssprache
„ich gehe *zu* Oma“
mathematische Fachsprache
„Senkrechte *zu* g durch P“

Fehllösung:

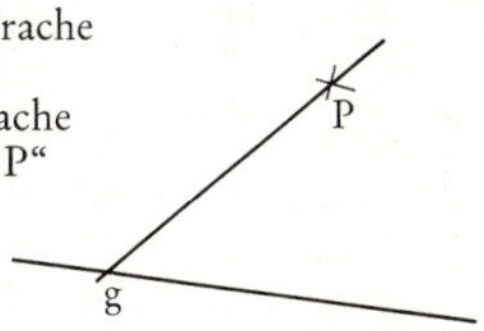

3) Linguistische und grammatikalische Variablen wie etwa die Satzverschachtelung, Satztypen, Länge der Sätze u. a. bilden für Grundschulkinder im Mathematikunterricht entscheidende Hemmnisse. Beispiele aus Lehrbüchern:
1. Schlj.: „Lege die Menge mit einer Teilmenge und bestimme die Eigenschaften.“
3. Schlj.: „Wird in einem Produkt eine Zahl verdoppelt und die andere dafür halbiert, so ändert sich nicht der Wert des Produkts.“
4) Aus Gründen der sozialen oder aber kulturellen Herkunft der Schüler können sich Sprachbarrieren bilden, Lernschwierigkeiten im MU können *soziolinguistische* Ursachen haben.

5) Nicht zuletzt kommt der Sprache im MU eine besonders wichtige *Vermittlungs- und Kommunikationsfunktion* zu; die Sprache des Lehrers, des Schülers und des Lehrbuchs klaffen bzgl. des jeweils Gemeinten oft weit auseinander.

Aufgabe:
```
  87 537
– 15 414
–  6 719
–    927
```

OLIVER

L.: Wer kommt denn mal nach vorne und rechnet diese hier vor. Oliver! Und bitte laut vorrechnen.
O.: 7 und 9 sind 16 . . .
L.: Plus, plus sagen wir, nicht?
O.: . . . plus 4 sind 20, bis 7 das geht nicht, . . . das muß hier 20 sein, . . .
L.: Moment, stimmt das denn? – Du mußt also die untersten drei zusammenzählen und von den obersten subtrahieren. Zähl noch mal die untersten drei zusammen. Da hast du dich bestimmt vertan. – Zähl noch mal zusammen, wie viele das sind.
S.: (Sabine leise zu Oliver) 20
O.: 16
L.: Bitte
O.: 20
L.: 20! Und jetzt mußt du 20 plus wieviel gleich?
O.: 27
L.: 27! Und das sind?
O.: 7
L.: 7. Nicht. Ja!
. . .

Gerade im Mathematikunterricht mit seinem spiraligen Aufbau, der Hierarchie des Wissens und der sukzessiven Behandlung einzelner Themen mit zunehmender Komplexität und Schwierigkeit bilden inhaltsspezifische *Kenntnisse und das Vorwissen* eine wichtige Voraussetzung für das erfolgreiche Erarbeiten neuer Begriffe und Fertigkeiten. Unterschiedliche Vorkenntnisse als Ursachen für Leistungsunterschiede und Lernschwierigkeiten werden bereits zum Schuleintritt wirksam, nicht nur bei der Erweiterung des Zahlbegriffs und den Rechenoperationen. Die Hoffnungen bezüglich einer kompensatorischen Erziehung durch Bearbeitung nichtarithmetischer Themen zu Beginn des 1. Schuljahres (Mengenspiele, Geometrie u. a.) haben sich nur selten erfüllt. Vielfältig ist das Angebot mathematikdidaktischer Spiele für Vorschulkinder.

Für den Mathematiklehrer ist es wichtig, zumindest für die zentralen Themen des Unterrichts die jeweils notwendigen Vorkenntnisse selbst festzustellen, um vor der Erarbeitung eines neuen Themas das notwendige Vorwissen zu wiederholen und zu festigen.

Konkretisierung am Beispiel der „Aufgabenanalyse"
Die Analyse des mathematischen Stoffes liefert eine hierarchische Struktur des inhaltlichen Sachverhaltes, die in den Einzelheiten nicht mit der pädagogisch-didaktischen Struktur der Unterrichtseinheit oder einer Unterrichtsstunde identisch ist. Die Aufgabenanalyse (vgl. Bromme et al., 1979) kann aber inhaltlich bedingte Schwierigkeitsstufen deutlich machen und auf notwendige Lernvoraussetzungen und mögliche Lernprobleme hinweisen. Bei einer Aufgabenanalyse versetzt sich der Lehrer in die Rolle des Schülers, indem er eine (für ihn selbst evtl. triviale) Aufgabe Schritt für Schritt löst und sich der einzelnen Teilschritte und notwendigen Voraussetzungen bewußt wird.

Beispielsaufgabe: 3471 DM : 19

1. Schritt:
   Überschlagsrechnung 3400 : 20 = 170
2. Schritt:
   Schätzen der ersten Ziffer des Quotienten
   3471 : 19 = 1
3. Schritt:
   Multiplikation des Divisors mit der geschätzten Zahl und linksbündiges Notieren des Produkts
   3471 : 19 = 1
   19
4. Schritt:
   Subtraktion und Ausschreiben der Differenz an die richtige Stelle
   3471 : 19 = 1
   19
   15
5. Schritt:
   Einschätzen der Zwischenlösung; ist die Differenz größer oder kleiner als der Divisor?
6. Schritt:
   „Herunterholen" der nächsten Ziffer
   3471 : 19 = 1
   19
   157
7. Schritt: vgl. 2. Schritt usw.

Da menschliches Problemlösen nicht nur als eine zeitliche Sequenz beschreibbar ist, lassen sich nach Bromme mehrere Wissensebenen unterscheiden:

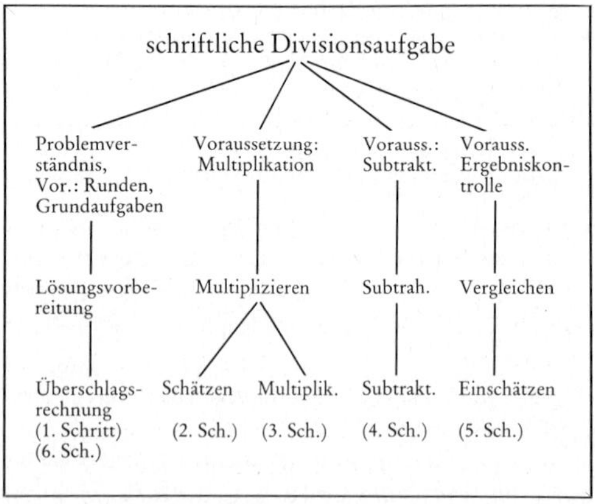

Im Zusammenhang mit der *Aufnahme und Verarbeitung von Informationen* müssen wir uns auf wenige Faktoren beschränken, die für den Erfolg bzw. Mißerfolg im Mathematikunterricht bedeutsam sein können. Beim *Gedächtnis* kann man grob unterscheiden in Langzeitgedächtnis und Kurzzeitgedächtnis. Das erstere hat die Funktion, dem mit einer bestimmten mathematischen Aufgabensituation konfrontierten Schüler das nötige Vorwissen zur Verfügung zu stellen, z. B. im Wiedererkennen von mathematischen Zeichen, Beherrschen arithmetischer Grundaufgaben oder Erinnern an bereits gelernte Rechentechniken. Im Langzeitgedächtnis können auch Analogien zu bereits Bekanntem hergestellt werden. Das Kurzzeitgedächtnis erfüllt in aktuellen Problemsituationen die Funktion eines Arbeitsspeichers und ist so mitentscheidend beim Lösen komplexerer Aufgaben, die eine simultane Verfügbarkeit zahlreicher Informationen und Zwischenlösungen erfordern. Die Anzahl derart gleichzeitig verfügbarer Operationen bzw. Elemente im Kurzzeitgedächtnis ist im Grundschulalter sehr begrenzt.

ANDY (2. Schlj.)
Aufgabe: 92 − 48
„Erstmal ziehe ich zwei Einer ab, sind 90, und dann noch 6, sind 84. Dann muß ich noch 30 abziehen, sind 54."

Jedem Grundschullehrer sind die großen Unterschiede bzgl. der *Konzentration und Aufmerksamkeit* im Mathematikunterricht bekannt, die Klagen über konzentrationsgestörte Schüler haben in den letzten Jahren stark zugenommen. – Ein anderes informationstheoretisches Modell der Erklärung von Leistungsunterschieden im Mathematikunterricht stellen bestimmte *kognitive Stile* dar, z. B. das Stilpaar Impulsivität vs. Reflektivität. Darunter versteht man individuelle Unterschiede in der Geschwindigkeit, mit der Informationen aufgenommen, verarbeitet, Lösungshypothesen entwickelt und dann angeboten werden. Impulsivität vs. Reflektiertheit beschreibt das Maß des Reflektierens beim Schüler (und auch Erwachsenen) über die unterschiedliche Gültigkeit von Lösungshypothesen in Problemsituationen. Impulsive zeigen schnelle Antwortzeiten und bieten oft die erstbeste Lösungshypothese an, ohne diese zuvor intensiv auf ihre Angemessenheit und Gültigkeit hin geprüft zu haben. Das geht einher mit einer großen Fehlerwahrscheinlichkeit in komplexeren Situationen bzw. mathematischen Problemen. Dagegen sind Reflektierende dadurch charakterisiert, daß sie zögern ehe sie die erste Lösung anbieten; sie bemühen sich um ein Abwägen mehrerer Lösungswege, sie benötigen mehr Zeit, aber machen auch weniger Fehler. Untersuchungen zur Bedeutung im Mathematikunterricht zeigen, daß reflektierende Schüler wesentlich bessere Schulleistungen zeigen als impulsive.

Ein in jüngerer Zeit diskutiertes Ursachenfeld für Lernschwierigkeiten stellen die mathematikspezifischen *Teilleistungsschwächen* dar (vgl. GRISSEMANN, 1982; LORENZ, 1982; BLEY, 1982). Den Begriff der Teilleistungsschwäche kann man unterschiedlich definieren:

* Curricular versteht man unter Teilleistungsschwäche ein Versagen in einem Teilbereich der Mathematik (z. B. Rechenversagen oder Dyskalkulie) bzw. in einem noch spezifischeren Themenkreis bei zum andern zumindest befriedigenden Leistungen in den anderen Unterrichtsinhalten.
* Kognitiv läßt sich Teilleistungsschwäche auffassen als eine minderentwickelte Fähigkeit aus dem Bereich der Wahrnehmung, Speicherung und Verarbeitung von mathematischen Informationen, zurückgeblieben im Vergleich zur sonstigen intellektuellen Entwicklung und bei mindestens durchschnittlichen Gesamtintelligenzleistungen. Teilleistungsschwächen im visuellen Bereich können im Mathematikunterricht der Grundschule, bei dem Darstellungen, Ikonisierungen und Veranschaulichungsabsichten eine besondere Rolle spielen, zu Verständnis- und Lernschwierigkeiten führen. Sogenannte Veranschaulichungen sind für manche Schüler keine Hilfen, sondern ein zusätzlich zu lösendes Problem.

Beispiel 1 (4. Schuljahr):

Bestimme die Anzahl der Punkte in folgenden Mengen: A, A ∪ B, . . .

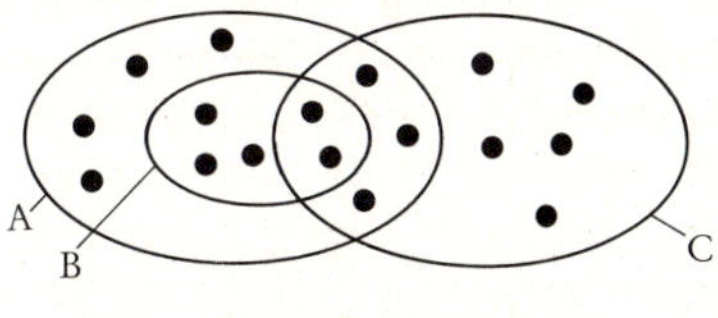

Dargestellt sind die Bereiche, aus denen häufig falsche Anzahlen bestimmt wurden:

zu Menge A:

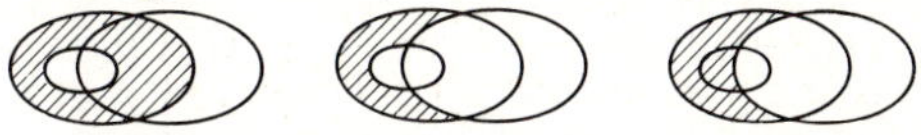

zu Menge B ∪ C:

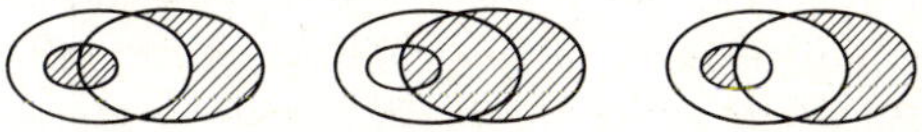

Beispiel 2 (2. Schuljahr):

Bündele zur Basis 3:

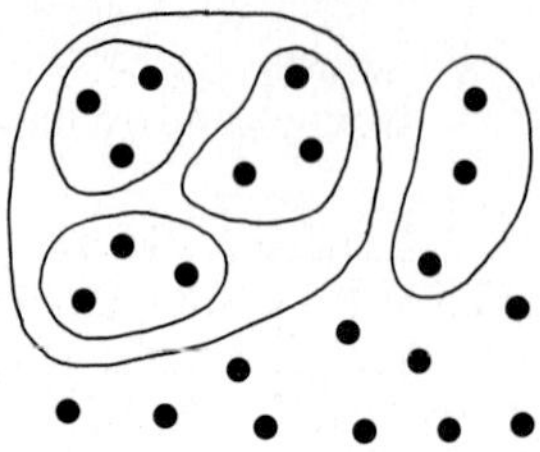

B 3	B 2	B 1	E

Deutlich wird, daß Teilleistungsschwächen im visuellen Wahrnehmen, Erkennen und Gliedern sich nicht auf Geometrie beschränken. Sie sind allein abhängig von der Art der Darstellung eines schulmathematischen Problems und können durchaus wirksam werden in der Arithmetik (z. B. beim „Veranschaulichen" von Rechenoperationen).

(2) Lernschwierigkeiten aus dem affektiven Bereich

Kognitive Fähigkeiten reichen nicht aus, Schulleistungsversagen zu erklären, hinzu kommt die Bedeutung sog. affektiver Variablen wie Motivation, Anstrengungsbereitschaft, Angst, Selbsteinschätzung oder die Ursachenerklärung für eigene Leistungen im Mathematikunterricht. Die Bedeutung der *Angst* für schulische Leistungen ist durch zahlreiche Untersuchungen nachgewiesen, wobei z. B. unterschieden werden kann zwischen der Prüfungsangst, die wirksam wird in spezifischen Test- und Stressituationen, und der sog. manifesten Angst vor einem Schulfach, einem Lehrer o. a. Angst in der Schule wird im Mathematikunterricht sehr viel häufiger beobachtet als in den meisten anderen Schulfächern. Ein Grund mag darin zu sehen sein, daß den Schülern – auch schon in der Grundschulzeit – die Bedeutung der Mathematik als wichtigstes Selektionsfach in der schulischen Laufbahn bewußt ist. Zum andern muß man bedenken, daß nicht alle Schüler auf Grund ihrer Fähigkeiten, Interessen und Erfahrungen eine „Liebe zur Mathematik" entwickeln werden. Nicht immer ist Angst leistungshemmend, z. B. werden einfache, von den Schülern gut beherrschte Aufgaben unter gewissen Angstbedingungen besser gelöst. Mit zunehmender Aufgabenschwierigkeit bzw. unter Leistungsdruck wirkt sich Angst aber negativer aus. Aus einer Reihe von Untersuchungen wird erkennbar, daß weder die sehr guten noch die sehr schlechten Schüler die größte Angst in einem Schulfach haben – die einen trauen sich gute Erfolge zu, die anderen haben sich oft bereits abgeschrieben – sondern die Mehrheit der Schüler im mittleren Leistungsbereich.

Die *Motivierung* des Schülers zum Lernen wird im allgemeinen als eine wichtige Bedingung des schulischen Erfolgs angesehen, obwohl in vielen Forschungsbeiträgen die Beziehungen zwischen Motivation und etwa mathematischer Leistung nicht übermäßig groß sind. HECKHAUSEN (1973) unterscheidet zwischen Motiven und Motivation. Motive sind überdauernde Antriebskräfte, die einem aktuellen Verhalten zugrundeliegen können, z. B. das

Leistungsmotiv, um die persönlichen Fähigkeiten zu steigern,
Aggressionsmotiv, um aggressiv zu handeln,
Anschlußmotiv, um soziale Beziehungen einzugehen,
Machtmotiv, um auf andere Einfluß auszuüben u. a.

Das in einer konkreten Situation aktualisierte Motiv nennt man Motivation:

Aufforderung → Motiv → Motivation → Ausführung

Es ist deutlich, daß mehrere Motive in bestimmten Situationen gleichzeitig angesprochen werden können. Für das Lernen in der Schule muß das Leistungsmotiv mit den beiden unterscheidbaren Tendenzen „Hoffnung auf Erfolg" bzw. „Furcht vor Mißerfolg" als am einflußreichsten angesehen werden. Im Hinblick auf die unterschiedlichen Ursachen und Ausprägungen der Motiviertheit einzelner Schüler im Mathematikunterricht sollte man sich bewußt sein,

* daß Aufforderungen bzw. Anregungen nicht alle Schüler einer Klasse gleichermaßen motivieren,
* daß es unterrichtliche Situationen gibt (wie später oft alltäglich in der Arbeitswelt), in denen bewußt auch ohne große Motivation gelernt und gearbeitet werden muß,
* daß oberflächliche Motivierungen nach einer gewissen Zeit auch Probleme mit sich bringen können, wenn die anfänglich so schönen Darstellungen, interessanten Geschichten oder spannenden Spiele dann doch zu nichts anderem als dem kleinen Einmaleins o. a. führen.

Wichtig ist der Hinweis von WITTMANN (1976), daß die Schüler im Mathematikunterricht nicht nur zu Beginn sondern insbesondere während der Lerntätigkeit motiviert werden müssen durch

* den Aufbau von Erwartungshaltungen,

* kognitive Anreize (Neugier, Zusammenhänge aufzeigen, Anschluß an Bekanntes herstellen ...),
* soziale Anreize (Klassenklima und Lernatmosphäre, Abbau von Hemmungen und Ängsten ...),
* auf einzelne oder Gruppen bezogene Erfolgsbestätigungen.

Jede Art von Motivierung oder Aktivierung der Schüler im Mathematikunterricht wird auf Dauer an Wirkung verlieren, wenn die ausreichenden Erfolge ausbleiben.

Eng mit den bereits angesprochenen Aspekten zusammen hängt die *Einstellung* zur Mathematik bzw. zum Mathematikunterricht. Für die meisten Grundschüler ist Mathematik (noch) eines der beliebtesten Fächer. Diese Beliebtheit nimmt mit zunehmender schulischer bzw. mathematik-unterrichtlicher Erfahrung stark ab, und die Anzahl der „Mathematikgeschädigten" nimmt rapide zu. Als Beispiel für die Bedeutung der Einstellung zur Mathematik läßt sich das Problem der geschlechtsspezifischen Leistungsunterschiede im mathematischen Lernprozeß diskutieren. Gerade hier zeigt sich besonders kraß, daß unterrichtliche Prozesse und Erfahrungen – hier im Mathematikunterricht – oft Effekte individueller Unterschiede im affektiven Bereich sowie im kognitiven Leistungsbereich erzeugen.

Konkretisierung am Beispiel Mädchen im Mathematikunterricht
Aus einer Reihe von Untersuchungen (vgl. Nie, Schildkamp-Kündiger u. a.) wird deutlich, daß geschlechtsspezifische Unterschiede beim Mathematiklernen im Vorschulalter und im Laufe der Grundschulzeit noch nicht erkennbar sind zuungunsten der Mädchen; diese sind oft erfolgreicher und leistungsstärker als die Jungen in der Grundschule. Ein für viele Mädchen verhängnisvoller Umschwung erfolgt im Alter von 12–14 Jahren. Leistungen und Interesse der Jungen werden jetzt oft wesentlich besser bzw. größer. Die Hauptursache für diese Entwicklung liegt wohl in der Einschätzung der Mathematik als eine vorwiegend maskuline Disziplin. Daraus resultiert als Folge nicht nur ein geschlechtsspezifisches Erziehungsverhalten vieler Eltern (Auswahl der Spielsachen, Bücher; aber auch unterschiedliche Erwartungshaltungen und Interessen bzgl. der Leistungen eines Mädchens in den einzelnen Schulfächern) sondern auch geschlechtsspezifische Einflüsse aus schulmathematischen Curricula (z. B. sind beim Sachrechnen der Lehrbücher die Jungen/Männer i. d. R. die Sporttreibenden, Handelnden, Berufstätigen während Mädchen/Frauen nur einkaufen, kochen u. a.). Viele Mädchen sehen mit zunehmendem Alter die Mathematik als ein für sie nicht angemessenes und unbedingt notwendiges Fach an. Diese negative Einstellung gegenüber mathematischen Inhalten verändert oft die Motivation, die Leistungsbereitschaft sowie dic Leistungen im Mathematikunterricht generell. Lehrer und Curriculummaterialien können die Effekte individueller Untnerschiede wesentlich beeinflussen und bestimmen. Vielleicht liegt ein Grund für die guten Leistungen der Mädchen im Mathematikunterricht der Grundschule (und die oft nicht so guten der Jungen) in der großen Überzahl von Lehrerinnen gegenüber Lehrern in der Grundschule.

Im Zusammenhang mit Interesse und Einstellung gegenüber Mathematik ist das sog. *Selbstkonzept* zu sehen, d. h. die Einschätzung der eigenen Leistungsfähigkeit in einem Schulfach durch den Schüler selbst (vgl. Lorenz, 1979). Jeder Schüler hat eine Vorstellung, wie wahrscheinlich er bei einer Mathematikaufgabe die richtige Lösung finden wird, wie gut oder schlecht er bei der nächsten Klassenarbeit abschneiden wird, wie seine mathematische Begabung ist. Diese Einschätzung kann durchaus verschieden sein vom Bild eigener Begabung in anderen Unterrichtsfächern. Der Ausbildung des mathematischen Selbstkonzeptes liegen im wesentlichen drei Bedingungsfelder zugrunde:

1) die eigene Erfolgs- bzw. Mißerfolgsbiographie in der Schule, wobei Erfolg und Mißerfolg durch eine Bezugsgruppe (Klasse) bestimmt werden;
2) die Einschätzung eigener Fähigkeiten im Mathematikunterricht durch die Mitschüler (wie im Sport selbstverständlich bilden die Schüler auch in anderen Schulfächern klasseninterne Rangordnungen der Leistungsfähigkeit, die nicht immer mit der Beurteilung des Lehrers übereinzustimmen brauchen);
3) die Beurteilung durch den Mathematiklehrer als Experten für die Inhalte des Schulfachs.

Es gilt als sicher, daß ein enger Zusammenhang zwischen dem Selbstkonzept und der Mathematikleistung des Schülers besteht. Die Bedeutung des Selbstkonzeptes und vor allem die Veränderbarkeit durch die unterrichtlichen Erfahrungen lassen sich z. B. feststellen beim Wechsel eines Schülers in eine andere Klassengemeinschaft oder Schulform. Besonders folgenreich ist der Schulwechsel nach dem 4. Grundschuljahr in die Klasse 5 des Gymnasiums (bzw. auch nach dem 6. Schuljahr einer Orientierungsstufe in die Klasse 7 des Gymnasiums). Dabei kommen zu Beginn des neuen Schuljahrs Schüler mit überdurchschnittlich guten Mathematiknoten und einem durchaus positiven mathematischen Selbstkonzept zusammen, eine relativ homogene Gruppe. Nach wenigen Wochen oder Monaten stellen manche Fachlehrer wieder eine annähernde Normalverteilung der Leistungsbenotung her: wenige gute, viele durchschnittliche und einige schlechte Schüler. Die Auswirkungen dieser neuen Rangverteilung auf das fachspezifische Selbstkonzept – und die Leistungen – liegen auf der Hand.

Erkenntnisse über das Selbstkonzept eines Schülers können für den Lehrer von besonderem Interesse sein, liegen doch Lehrerurteil und das Urteil des Schülers über sich selbst nicht selten weit auseinander. Vielleicht bietet sich im Unterricht eine Möglichkeit, die Schüler schriftlich zu befragen:

Kreuze an!

* Für wie gut hältst du dich im Mathematikunterricht?
  o Ich halte mich für einen sehr guten Schüler.
  o Ich halte mich für einen guten Schüler.
  (entspr.) o durchschnittlichen, o weniger guten, o gar nicht guten Schüler.
* Wie beteiligst du dich im Mathematikunterricht?
  o Ich beteilige mich sehr oft.
  o Ich beteilige mich oft.
  (entspr.) o manchmal, o wenig, o gar nicht.
* Wieviel Spaß macht dir Mathematik?
  o Mathematik macht mir sehr viel Spaß.
  (entspr.) o viel, o etwas, o kaum, o gar kein Spaß.

Während Lehrer als Ursachen für Erfolg und Mißerfolg von Schülern fast durchweg allgemeine Faktoren wie Begabung oder Anstrengung der Schüler ansehen, nennen die Schüler selbst häufig Ursachen, die nicht in ihnen selbst begründet liegen: Aufgabenschwierigkeit („Die Aufgaben waren zu schwer") oder Zufallsvariablen („Bei der Arbeit habe ich Glück/Pech gehabt").

> „Wenn man immer in Mathe aufpaßt, wird's langweilig"
> Bernhard Leeb, 16 J., Silbermedaillen-Gewinner beim Internationalen Mathematik-Wettbewerb für Schüler.

Im Rahmen dieses Handbuchabschnitts kann keine vollständige Auflistung aller möglichen Ursachen für Lernschwierigkeiten erfolgen. Im Zusammenhang mit dem Schüler im Mathematikunterricht soll aber auch auf medizinisch bedingte Probleme beim Mathematiklernen hingewiesen werden, z. B. Schwierigkeiten bedingt durch Schilddrüsenunterfunktion.

(3) Verursachung durch den Lehrer und den Unterricht

Wenn der Schulunterricht für sich in Anspruch nimmt, schulische Leistungen zu erbringen bzw. zu fördern, so kann zu Recht hinterfragt werden, inwieweit schulische Faktoren auch für Leistungsschwächen und Lernschwierigkeiten verantwortlich sind. Die bereits angesprochenen kognitiven und affektiven Schülermerkmale stehen sicher in einer engen Wechselwirkung mit den Bedingungen des Unterrichts, des Curriculums und dem Verhalten des Lehrers. Eltern und Schüler erfahren im Laufe einer Schulzeit oft, wie sich durch Lehrerwechsel die Schülerleistungen in die eine oder andere Richtung verändern oder wie unterschiedlich die Leistungen zweier vergleichbarer Schulklassen bei verschiedenen Lehrern sein können. Neben vielen trivialen und seit eh bekannten Allgemeinplätzen wie

- ein Lehrer muß Kinder mögen,
- ein Lehrer muß sensibel sein,
- ein Lehrer muß flexibel sein zwischen Strenge und Freiheiten u. a.

gibt es nur wenige hilfreiche Kategorien, um einen erfolgreichen Lehrer oder Unterrichtsstil zu beschreiben. Wir sind uns der Rolle des *Lehrers*, seines *Unterrichtsstils* sowie seiner Interaktion mit dem einzelnen Schüler im Hinblick auf Lernschwierigkeiten im Mathematikunterricht bewußt, es fehlt uns das Wissen einer vertretbaren Konkretisierung.

Vermittelt durch den Lehrer kommt sicher dem *Curriculum* bzw. dem Lehrbuch eine verursachende Rolle für Lernschwierigkeiten zu. Curricular bedingte Lernschwierigkeiten lassen sich beobachten beim Wechsel des Lehrers, des Schulbuchs oder gar der Schule von einem Bundesland in ein anderes. Das Problem der Stoffülle und damit der Stoffauswahl ergibt sich für jeden Grundschullehrer, zumal gerade in Gefolge der inhaltlichen Reform des Mathematikunterrichts die Unterrichtsinhalte und Themen des Mathematikunterrichts um ein Vielfaches erweitert wurden, bei – im günstigen Fall – gleichbleibender Anzahl der Fachstunden. Jeder Lehrer wird notwendigerweise die Quantität des Stoffes zugunsten der Qualität seines Unterrichts reduzieren müssen. Die Auswahl kann mehr oder minder bewußt getroffen werden nach

* einer „von Seite zu Seite"-Strategie des unterrichtlichen Vorangehens mit der Folge, daß die Schlußteile des Lehrbuchs (oft die Geometrie) nicht behandelt werden können;
* einer ‚Vertrautheits'-Strategie, indem man vorwiegend und oft ausschließlich die mathematisch und von der unterrichtlichen Erfahrung her vertrauten Themen (i. d. R. Arithmetik) behandelt;

* einer „Ziel“-Strategie durch bewußtes Anstreben der Lehr-Lernziele einer Klasse, wobei abgewogen werden muß zwischen der Bedeutung eines Inhalts für den weiteren Mathematikunterricht und den Möglichkeiten des Anstrebens inhalts-übergreifender Ziele des Mathematikunterrichts.

Eine Entscheidung über die Stoffauswahl trifft der einzelne Lehrer odere die Fachkonferenz einer Schule, sie kann von Lehrbuch zu Lehrbuch, von Schule zu Schule sehr unterschiedlich ausfallen, sieht man einmal ganz ab von den oft sehr unterschiedlichen Lehrplanforderungen in den verschiedenen Bundesländern.

Man kann davon ausgehen, daß es kein Lehrbuch, kein methodisch-didaktisches Modell, keine Unterrichtsplanung, keine Stoffanordnung, keine Darstellungsform oder gar ein didaktisches Prinzip gibt, das gleichermaßen für alle Schüler optimal ist bzw. „paßt“. Um so wichtiger ist es, neben dem einen „eingeführten“ Lehrbuch mit seinen Beschränkungen viele andere Curriculumentwürfe und Materialien zu den einzelnen Themenkreisen des Mathematikunterrichts in der Grundschule zu kennen, um flexibel auf mögliche Lernschwierigkeiten reagieren zu können.

Konkretisierung am Beispiel Veranschaulichungen
Als Bindeglied zwischen Handlungen und symbolischem Operieren sowie zwischen dem Vorwissen und dem neu zu Lernenden dienen im Mathematikunterricht der Grundschule oft Veranschaulichungen. Veranschaulichungen sind um so besser, je enger sie an das Vorwissen der Schüler anknüpfen und je eindeutiger sie das neu zu Lernende repräsentieren. Zur Addition und Subtraktion im Zahlenraum bis 10 gibt es eine Vielzahl von Veranschaulichungsversuchen, wobei sich in Beziehung auf mögliche Lernschwierigkeiten zwei Fragen ergeben:

1) Welche Veranschaulichungen sind für Schüler „anschaulich“?
2) Soll man im Unterricht Veranschaulichungen bzw. Darstellungen variieren?

Untersuchungen (vgl. SCHIPPER, 1982) geben einige Hinweise und Antworten. Zunächst eine Auswahl von Veranschaulichungen zur Addition und Subtraktion für Schüler des 1. Schuljahrs, wie sie in Schulbüchern vorfindbar sind:

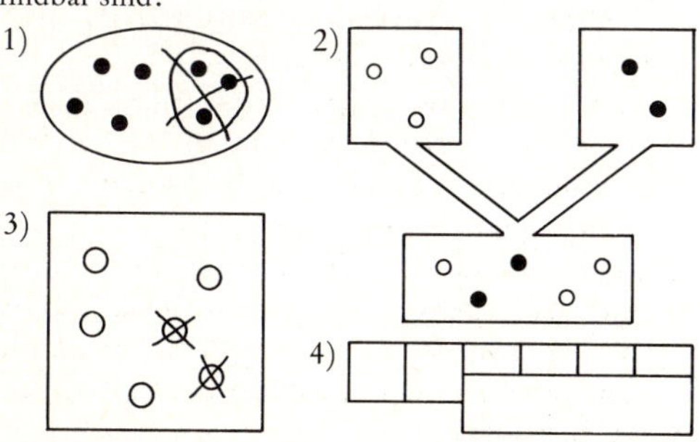

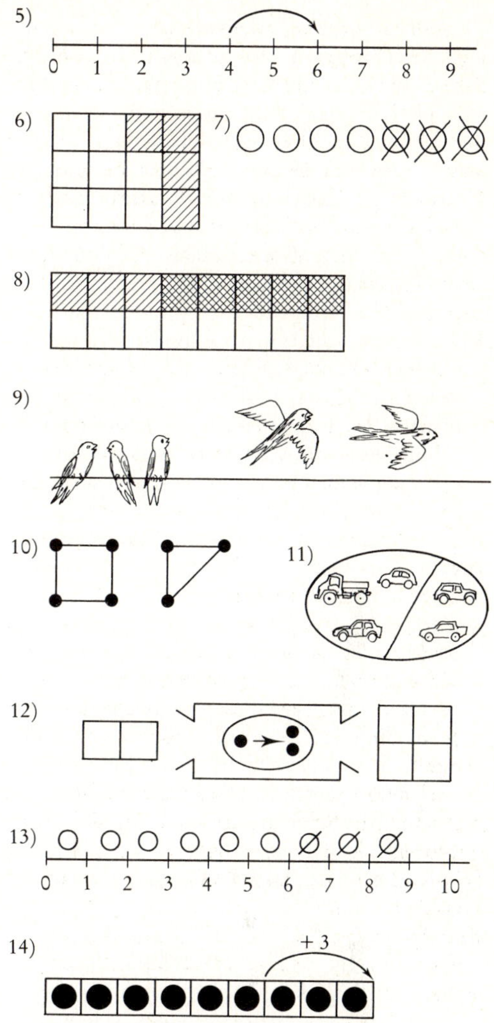

Verschiedene Veranschaulichungen des gleichen Sachverhalts sind für Kinder unterschiedlich schwierig. Von den meisten Kindern richtig interpretiert werden die Darstellungen 1, 4, 7, 9, 10, 11 und 13, allerdings werden nicht im Unterricht behandelte Veranschaulichungen nur von wenigen Schülern richtig interpretiert. Das bedeutet, daß Veranschaulichungshilfen für die Mehrzahl der Kinder keine aus sich heraus sprechenden Bilder sind, keine Anschauungsmittel im engeren Sinn, sondern gelernt werden müssen. Sog. Veranschaulichungen im Mathematikunterricht sind somit oft zusätzlicher Unterrichtsstoff, der nur von wenigen Kindern ohne zusätzliche Hinweise verstanden wird. Der Lehrer muß sehr genau auswählen, welche Veranschaulichungen er allen Schülern anbieten will und welche er ggf. dem einzelnen Schüler mit Lernschwierigkeiten als zusätzliche Hilfe gibt. Eine Variation der Veranschaulichungen nach einem entsprechenden didaktischen Prinzip scheint für viele Schüler eher eine Erschwerung, da zusätzliche Stoffülle, als eine Erleichterung und Vertiefung des Lernprozesses.

(4) Außerschulische Bedingungen

Jeglicher Unterricht, also auch der Mathematikunterricht in der Grundschule , wird mehr oder weniger stark beeinflußt durch außerschulische Bedingungen und Faktoren, wie z. B.

* die organisatorischen Rahmenbedingungen (Schultyp, Klassengröße, Räumlichkeiten, Ausstattung, Arbeitsmittel u. a.)
* die administrativen Rahmenbedingungen (Richtlinien, Rahmenpläne, Erlasse, Abschluß- und Übergangsbestimmungen u. a.)
* die sozio-kulturellen Rahmenbedingungen (soziales Einzugsgebiet, ethnischer Hintergrund, religiöse Einflüsse, Elterninitiativen u. a.).

Schulleistungsversagen steht in einem sehr engen Zusammenhang mit Bedingungen der familiären Umwelt (vgl. TIEDEMANN). Bereits bei der Einschulung lassen sich elternhausbedingte Leistungsunterschiede nachweisen. Die Eltern können nachhaltig beeinflussen

* die Fähigkeiten, das Vorwissen, die Motiventwicklung, die Sprache, die Schulangst, die Einstellung einem Fach gegenüber u. a.

Wir wollen uns an dieser Stelle exemplarisch nur auf die nähere Betrachtung eines in vielen Schulen sehr akuten Problemfeldes beschränken: Lernschwierigkeiten von Gastarbeiterkindern im Mathematikunterricht

Konkretisierung am Beispiel Gastarbeiterkinder

Der Anteil der Gastarbeiterkinder in vielen Grund- und Hauptschulklassen ist überaus groß.

Zum Mathematikunterricht zeigt sich deutlich, daß die Mißerfolgsquote ausländischer Kinder sehr hoch ist, die Schulnotenverteilung fällt gegenüber den deutschen Grundschülern stark ab. Dabei gibt es von der Nationalität her wesentliche Unterschiede: Die größten Lernschwierigkeiten haben türkische Schüler. Als Ursachen für dieses Problem werden angesehen (vgl. LÖRCHER, OTTMANN):

* Mathematik ist eine weitere Fremdsprache. Sprache dient nicht nur als Kommunikationsmittel (kaum ein Lehrer spricht eine Gastarbeitersprache), sie ist auch Bedeutungsträger und Fachsprache (Textaufgaben, Begriffe, Regeln u. a.).
* Viele Gastarbeiterkinder haben bedingt durch Umzug bzw. Ausfall von Mathematikunterricht große stoffliche Lücken.
* Lernschwierigkeiten entstehen auch durch Unterschiede zum Mathematikunterricht in den Heimatländern, z. B. bei den Symbolen oder den schriftlichen Rechenverfahren.
* Mangelnde Motivation und häusliche Unterstützung. Die berufliche und private Zukunft ist ungewiß.
* Aus kulturell-religiösen Gründen müssen türkische Kinder oft zusätzlich Koranschulen besuchen, die Wertschätzung der deutschen Pflichtschule durch die Eltern ist nicht sehr groß.

Im Vergleich mit deutschen Kindern haben ausländische Schüler besondere Schwierigkeiten beim Zahlbegriff (Zahlenstrahl, Zahlwörter u. a.), bei der Multiplikation und Division, beim Rechnen mit Größen und Sachrechnen und in Themenkreisen der sog. modernen

Schriftliche Rechenverfahren in einzelnen Ländern:
(Aus: OTTMANN, 1982)

	Deutschland	Spanien Portugal	Italien	Türkei	Griechenland	Jugoslawien
Add.	375 +846 1221	375 846 1221	375 + 846 = 1221	375 +846 1221	375 +846 1221	375 846 1221
Subtr.	462 −178 284	462 −178 284	462 − 178 = 284	462 −178 284	462 −178 254	462 −178 284
Sprechweise	8E + ? = 12E (7+1)Z + ? = 16Z (1+1) + ? = 4H	wie Italien	12E − 8E = 4E 15Z − 7Z = 8Z 3H − 1H = 2H	wie Italien	12E − 8E = 4E 16Z − 8Z = 8Z 4H − 2H = 2H	wie Deutschland oder Italien
Mult.	318 · 42 1272 636 13356	318 × 42 636 1272 13356	318 × 42 = 636 1272 13356	wie Spanien	wie Spanien	318 · 42 1272 636 13356
Div.	318 : 15 = □ 318 = 12 · 21 + 3 −30 18 −15 3 traditionell: wie in Jugoslawien in Bayern: 318 : 15 = 21 + 3 : 18	318 : 15 318 | 15 018 21 03	318 : 15 318 | 15 30 | 21 18 15 3 oder wie in Spanien	318 | 15 −30 | 21 018 −15 03	318 | 15 −30 | 21 018 −15 03	318 : 15 = 21 R 3 30 18 15 3

Mathematik. LÖRCHER, OTTMANN u. a. schlagen als Fördermaßnahmen vor:

* Konzentration auf einen stofflichen Minimalkatalog,
* Beachtung sprachfreier Möglichkeiten im Mathematikunterricht,
* Nutzung fremdsprachiger Möglichkeiten (z. B. zweisprachige Wortlisten, zweisprachige Kinder übersetzen Erklärungen, Nachschlagen in ausländischen Rechenbüchern),
* Einsatz sprachfreier Hilfsmittel (z. B. LÜK-Kästen),
* Ausnutzen der Stärken, z. B. in bestimmten Sachgebieten oder auch bei geometrischen Problemen.

3.3.3. Differenzieren im Mathematikunterricht der Grundschule

Differenzierung des Unterrichts ist eine relativ junge Bezeichnung eines sehr alten pädagogischen Sachverhalts: Man kann nicht von jedem Schüler einer Lerngruppe das gleiche Vorwissen, den gleichen Zeitaufwand, den gleichen Arbeitsstil oder die gleichen Fähigkeiten erwarten. Gerade in Grundschulklassen ist die Leistungsspanne sehr groß. Obwohl seit Ende der 60er Jahre in nahezu allen Rahmenrichtlinien gefordert, findet eine innere Differenzierung des Mathematikunterrichts in der Grundschulpraxis offensichtlich nur sehr selten statt. Das Problemfeld der Differenzierung wurde von BAUERSFELD (1978 a) wie folgt beschrieben:

1) Ziel-Problem:
   Welchen Zielen soll die Differenzierung dienen? – Der optimalen Förderung des einzelnen, also auch der begabten Schüler? Der Einheitlichkeit der Bildung? Der Durchlässigkeit im Schulsystem? . . .
2) Relevanz-Problem:
   Welchen Kriterien kommt eine überragende Bedeutung für Differenzierungsmaßnahmen zu? – Einem Test, der Zensur, der Beteiligung, dem Interesse, dem Alter . . .
3) Diagnose-Problem:
   Wie können die individuellen Unterschiede, die Lernschwächen und Lernstärken, die dem Differenzierungskriterium zugrunde liegen, verläßlich, gültig und praktikabel im Unterricht diagnostiziert werden?
4) Passungs-Problem:
   Gibt es geeignete Lernhilfen, methodisch-didaktische Modelle oder Lehrverfahren, die den individuellen Unterschieden zuzuordnen sind?
5) Realisierungs-Problem:
   Lassen sich die unter .1 bis .4 genannten Vorbedingungen und Einsichten im Mathematikunterricht und unter den schulischen Rahmenbedingungen realisieren? – Welche Theorie von schulischen Leistungsunterschieden hat der Lehrer, haben die Eltern . . .?

Als allgemeines Ziel differenzierender Maßnahmen im Mathematikunterricht der Grundschule kann die *Förderung aller Schüler* angesehen werden.

Förderunterricht darf nicht einseitig interpretiert werden; sicher bedürfen Kinder mit Lernschwächen einer besonders intensiven Zuwendung und Hilfe, aber auch begabte Schüler haben ein Recht auf Förderung. Neben der Behebung von Lerndefiziten und der Förderung individueller Fähigkeiten und Interessen erlaubt ein differenzierender Unterricht eher die Förderung der Selbsttätigkeit und die Stärkung der sozialen Kooperation in einer Klassengemeinschaft. Auf Möglichkeiten der Diagnose und Passung sind wir bereits eingegangen. Neben den inhaltsbezogenen Abschnitten dieses Handbuchs bieten insbesondere die Kapitel zum „Spielen“ und zum „Üben“ zahlreiche unterrichtliche Anregungen zur Differenzierung. Aus der sehr umfangreichen Literatur zum Thema sei u. a. verwiesen auf BÖNSCH (1972), DRUNKEMÜHLE & POLLERT (1980), REINARTZ & SANDER (1982) und GEPPERT & PREUSS (1981).

Die Lösung des Realisierungsproblems hängt wesentlich vom einzelnen Lehrer ab. Differenzierung des Mathematikunterrichts setzt die Bereitschaft zur flexiblen Unterrichtsgestaltung voraus, einer Flexibilität bei der Auswahl von Lerninhalten und Lernzielen, bei der Planung von Lernschritten und Sozialformen, bei der Bereitstellung von Arbeitsmaterialien und verschiedenen didaktischen Modellen, bei der Gestaltung von Leistungskontrollen und Hausaufgaben. Differenzierender Unterricht ist sicher arbeitsaufwendiger und mit mehr Arbeitsgeräuschen verbunden als ein nivellierender Unterricht, orientiert an der Schülermehrheit im durchschnittlichen Leistungsbereich.

Gerade für Schüler mit Lernschwierigkeiten sollte Mathematik beziehungshaltig sein, d. h. nicht die innermathematischen Beziehungen stehen im Vordergrund, sondern Beziehungen zu den anderen Unterrichtsfächern, zu den außerschulischen Anwendungsmöglichkeiten und Bedürfnissen. Durch Erfahren derart vielfältiger Bezüge kann es gelingen, die oft negativen Einstellungen zum Schulfach Mathematik etwas abzubauen und die Einsicht in die Notwendigkeit und Wichtigkeit mathematischen Wissens zu erhöhen.

Aus der Diskussion zur Differenzierung lassen sich drei Felder für unterrichtliche Möglichkeiten ableiten (vgl. GRIESEL et al., 1978; GEPPERT, 1981), die nicht voneinander trennbar und isolierbar sind, sondern als eine integrierte Palette den Lehrer anregen können, bei der Planung seines Unterrichts Differenzierungsaspekte zu berücksichtigen.

I. *Differenzierung in den Arbeits- und Sozialformen des MU*
   Einzelarbeit
   Partnerarbeit
   Abteilungsunterricht
   Gruppenarbeit
   Helfereinsatz
   Sitz-/Raumgestaltung

II. *Qualitativ-inhaltliche Differenzierung des MU*
   Fundamentum für alle Schüler,
   Additum für einige Schüler,
   Anzahl der Aufgaben,
   Zeitaufwand, zeitlicher Umfang,
   Variation der inhaltlichen Lernziele

III. *Methodisch-didaktische Differenzierung des MU*
   Komplexität und Schwierigkeitsgrad einer mathematischen Aufgabe, Abstraktionsniveau eines Themas,
   Anforderungen an das Vorwissen, an Beziehungen und logische Strukturen,
   Grad der Formalisierung mathematischer Aussagen und Probleme,
   Grad der Reflektion über mathematische Inhalte und Erkenntnisse;

   Variation der Hausaufgabengestaltung,
   Variation der einzelnen Lernschritte,
   unterschiedliche Lehrerhilfen, Partnerhilfen,
   Differenzierung der Arbeitsmittel und Medien,
   verschiedene Unterrichtsverfahren,
   Lernen auf verschiedenen Ebenen (Handlungen, Material, Spiele – Bilder, Darstellungen, Veranschaulichungen – Sprache, Symbole, Zeichen)
   Differenzierung nach Art der Anregung,
   Variation der Anzahl der methodischen Durchgänge,
   Art des methodischen Zugangs und des didaktischen Modells,
   Art und Form der Verbalisierung im Unterricht.

Vermutlich aus bildungs- oder gesellschaftspolitischen Gründen wurde in den letzten Jahrzehnten oft der Aspekt vernachlässigt, daß Differenzierung des Unterrichts eigentlich in zwei Richtungen erfolgen muß, also auch für die begabten Schüler im Mathematikunterricht. Gerade dem Grundschulunterricht kommt die Aufgabe zu, besonders begabte Schüler frühzeitig zu erkennen und zu fördern, nicht im Sinne einer elitären Bildung sondern verstanden als optimale Förderung des einzelnen durch ein gezieltes, individuelles Eingehen des Lehrers auf einzelne Schüler mit bestimmten Neigungen, Stärken oder Fähigkeiten. Untersuchungen zeigen, daß sich sehr viele begabte Schüler im Mathematikunterricht unterfordert fühlen und durch das schnellere Verständnis sowie die kürzere Bearbeitungszeit viel ungenutzte Leerlaufzeit im Laufe einer Unterrichtsstunde haben, durchschnittlich 10–15 Minuten. Eine dauernde Unterforderung führt sicher oft dazu, daß das anfängliche Interesse an einem Schulfach nachläßt und die Begabung allmählich ‚einschläft'.

Begabte Schüler im Mathematikunterricht sind nicht allein erkennbar durch den geringeren Zeitaufwand beim Erarbeiten von Begriffen und mathematischen Techniken sowie deren Übung, hinzu kommt die Fähigkeit, begrifflich anspruchsvollere und komplexere mathematische Probleme bearbeiten zu können, eine größere Breite der Übertragbarkeit des Wissens auf neue Bereiche und Anwendungen sowie eine überdurchschnittliche Leistungsfähigkeit im kreativproduktiven Bereich.

Was kann man als Lehrer in der Grundschule tun, um den sog. ‚schnellen Lernern' oder mathematisch Begabten zu helfen, ihre individuellen Fähigkeiten zu entwickeln, solange Begabtenförderung bei uns nicht organisiert ist, wie es in vielen Ländern seit langem der Fall ist in Form spezieller Leistungskurse, Arbeitsgemeinschaften oder der Durchlässigkeit in ältere Jahrgangsklassen.

© Field Synd./Bulls

Pratscher et al. (1982) unterscheiden auf der inhaltlich-curricularen Ebene des Mathematikunterrichts vier Modelle, um begabte Schüler zu fördern:

1) Das *Beschleunigungsmodell* wird u. a. in den Vereinigten Staaten gern praktiziert, sind hier die Schüler innerhalb des Schulsystems doch nicht so eng an die Jahrgangsklassen gebunden. Nach dem Beschleunigungsmodell können hochbegabte Kinder die Inhalte der Schulmathematik wesentlich schneller bearbeiten und durchlaufen als ihre gleichaltrigen Klassenkameraden. Die Realisierung setzt allerdings ein sehr differenziertes Kurssystem, die fachspezifische Duchlässigkeit zwischen den Jahrgangsklassen und die Tätigkeit spezieller Förderlehrer voraus. So ist es in den USA nicht selten, daß Schüler im Grundschulalter im Mathematikunterricht der High School mitarbeiten oder Schüler gar Universitätsseminare besuchen. Eine Übertragung dieses Modells auf unseren Schulalltag scheint unrealistisch, selbst wenn man als Lehrer die Intentionen und Ziele unterstützt.
2) Das *Breite/Tiefen-Modell* wurde z. B. vom Lehrgang „alef" angestrebt.

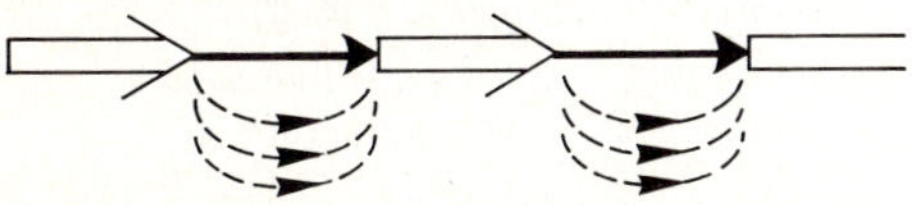

Das Modell ist gekennzeichnet durch einen Minimalkursus (⟹) zu einer Unterrichtseinheit, den alle Schüler einer Klasse durchlaufen, verschränkt mit den Angeboten zur Differenzierung. Hierbei lassen sich der Förderkurs (⟶) für Schüler mit Lernschwierigkeiten und der individuelle Erweiterungskurs (---→) für schnelle Lerner unterscheiden. Ein derartiger Aufbau bewahrt die Interaktion zwischen den Schülern einer heterogenen Klasse, er verhindert das gänzliche Auseinanderfallen des Klassenverbandes im Fach Mathematik und ermöglicht gleichzeitig die Vertiefung der Kenntnisse und Fähigkeiten in einem mathematischen Themenkreis.
3) das *Fundamentum-Additum Modell* liegt manchen Rahmenrichtlinien und Lehrbüchern zugrunde. Festgelegt werden dann mathematische Inhalte (Fundamentum), die von allen Schülern bearbeitet werden sollen und andere Themenkreise (Additum), die nicht für alle Schüler verbindlich sind (z. B. Umgang mit Wahrscheinlichkeiten, Statistik, mathematischen Strukturen).
4) Nach dem *Ergänzungsmodell* könnten sich begabte Schüler im Mathematikunterricht der Grundschule mit Problemen und Inhalten beschäftigen, die außerhalb des mathematischen Grundschulcurriculums liegen. Möglichkeiten dazu bieten programmierbare Taschenrechner oder Kleincomputer.

Innerhalb unseres derzeitigen Schulsystems scheint uns die Förderung begabter Mathematikschüler nach den Modellen 2) oder 3) am ehesten möglich. In nahezu allen Schulbüchern zur Grundschulmathematik werden Problemaufgaben, komplexe Sachaufgaben, offene Aufgaben und nicht für alle Schüler verbindliche additive Themen angeboten. Für den Lehrer käme es darauf an, sich zu Beginn eines Schuljahrs darüber einen Überblick zu verschaffen und eine Sammlung derartiger Förderaufgaben und Förderthemen zu erstellen. Es ist klar, daß eine derartige Förderung einzelner Schüler nicht eine reine Schülerbeschäftigung darstellen kann, sondern auch der intensiven Zuwendung und Hilfe des Lehrers bedarf.

Inhaltliches und soziales Lernen können vielfältig gefördert werden, wenn begabte Schüler als Helfer eingesetzt werden in leistungsheterogenen Gruppen oder als helfender und erklärender Partner bei Übungen.

Möglichkeiten einer methodisch-didaktischen Differenzierung am
Beispiel: „Erweiterung des Zahlenraums bis 100" (2. Schuljahr)

❶ Diff. nach Komplexität/Schwierigkeitsstufung;
❷ Diff. nach unterschiedlichem Vorwissen;
❸ Diff. der Arbeitsmittel und Medien;
❹ Diff. der Lernschritte auf verschiedenen Repräsentationsebenen;
❺ Diff. nach der Art der Anregung;
❻ Diff. nach der Anzahl der methodischen Durchgänge;
❼ Diff. nach der Art des Zugangs (z. B. konstruktiv–analytisch);
❽ Diff. nach der Art der Verbalisierung.

1. Schritt: Anknüpfen an Vorkenntnisse

* Zahl- und Größenvorstellungen ❷❺❽

  – Zeige die Zahl 17 (9. . .) am Zahlenstrahl.
  – Stelle die Zahlen . . . mit Steckwürfeln (Cuisenaire-Stäben, Rechenplättchen u. a.) dar.

- Wie weit sind 10 (5, 20) Meter? Wieviele Meter weit kannst du springen? Wie hoch ist das Klassenzimmer?
- Was kann man sich für 15 DM ... kaufen?
- Wie viele Mädchen (Jungen) sind in unserer Klasse? Schätze erst und zähle dann!

∗ Orientierung und Ordnung ❷❸❹

-

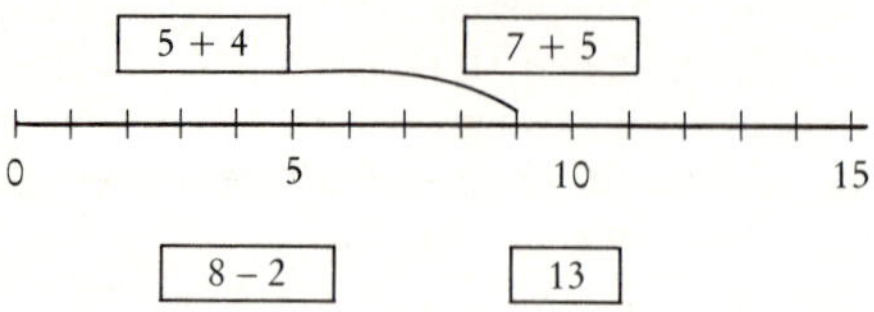

-

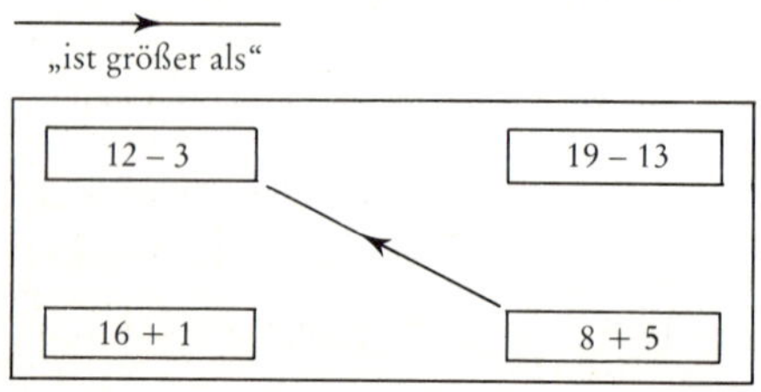

- Zähle in 2er (3er ...)-Schritten ab 3 vorwärts.
- Zähle rückwärts ab 19. Zähle rückwärts in 2er-Schritten.
-

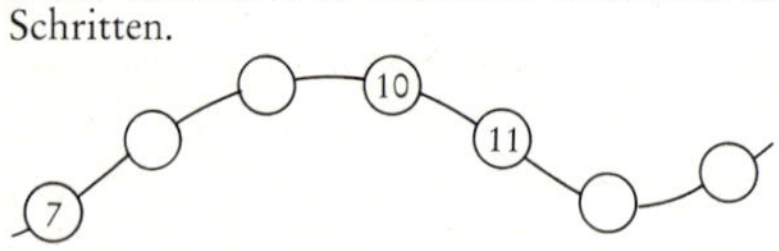

- Bestimme Vorgänger/Nachfolger von 15 (7 ...).
- Welche Zahlen liegen zwischen 11 und 14 ....

∗ Bündeln, Stellenwert und Schreibweise ❷❸❹

-

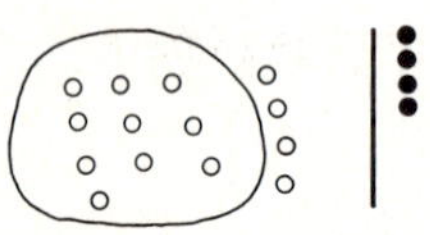

14 = 1 Z + 4 E

- Mach eine Strichliste für 13.
- Zähle mit Rechengeld verschieden ab: 8 Pf, 20 Pf, ...
- Mit welchen Zahlen lassen sich Türme z. B.

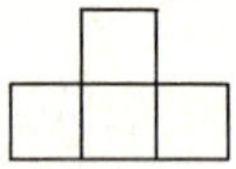

4

Treppen z. B.

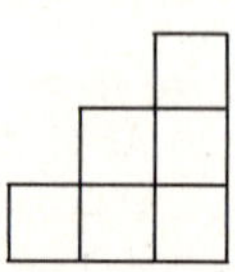

6

bauen?

∗ Rechnen ❷

- Grundaufgaben zur Addition/Subtraktion in verschiedenen Einkleidungen, z. B.:

13 + 5 = □
12 + □ = 19
18 − 7 = □
15 − □ = 11

8 + 5 =
8 + 2 = 10
10 + 3 = 13
8 + 5 = 13

- ○-○-○ immer 16

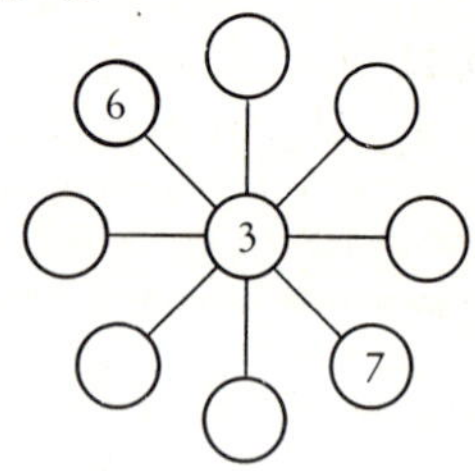

- 5 + 2 = □ 7 − 5 = □
  15 + 2 = □ 17 − 5 = □
- Verdoppeln und Halbieren
- Rechengeschichten ❶

2. *Schritt:* Ankerpunkte schaffen

∗ Zahl- und Größenvorstellung ❷❺

- Lege 3 (5 ...) Zehnerstäbe zusammen. Wie viele werden für 70 (100) gebraucht?
- Zeige 20 (40 ...) an der Zahlenlatte. Zeige und umfahre 20 (50 ...) Karos auf einer Seite deines Schulheftes.
- Auf dem Schulhof messen wir 10 m (50 m ...) aus. Wir laufen eine Staffel über jeweils 20 m.
- Wir zählen mit Rechengeld 30 Pf (50 Pf ...) ab. Lege mit Groschen. Geht es auch mit Pfennigen?

∗ Orientierung und Ordnung ❷❹❼

- Zähle in 10er-Schritten vorwärts bis 100 und auch rückwärts ab 100.
- Wir zeichnen einen 10er-Zahlenstrahl (eine 10er Kette) bis 100.
- Lege mit Stäben und vergleiche.
  10 < 30
  20 □ 10
  50 □ 70
- Zeichne alle Pfeile.

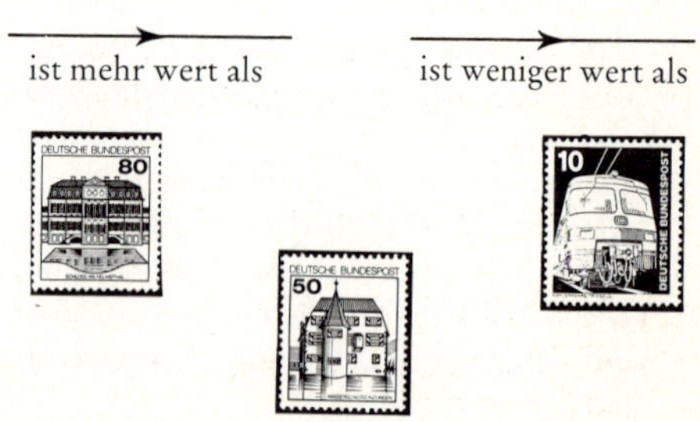

∗ Bündeln, Stellenwert ❸❹❻❼❽
und Schreibweise

–

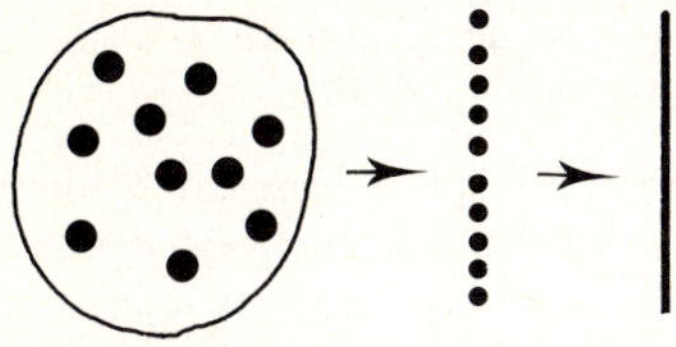

–

–

Z	E	Zahlwort	Zahl
2	0	zwanzig	20
		fünfzig	
4	0		
			100

–

6 Z   0 E = 60

- Wie viele Plättchen sind in 3 (5 . . .) Zehnerbündeln? Wie viele Zehnerbündel geben 30 (80 . . .) Plättchen.
- Bündeln zur Basis 4 (2 . . .). ❶

∗ Rechnen ❶❺

- 20 + 30 = ☐   1 + 3 = ☐
  30 + 40 = ☐   10 + 30 = ☐

  70 − 10 = ☐   8 − 4 = ☐
  100 − 60 = ☐   80 − 40 = ☐

–

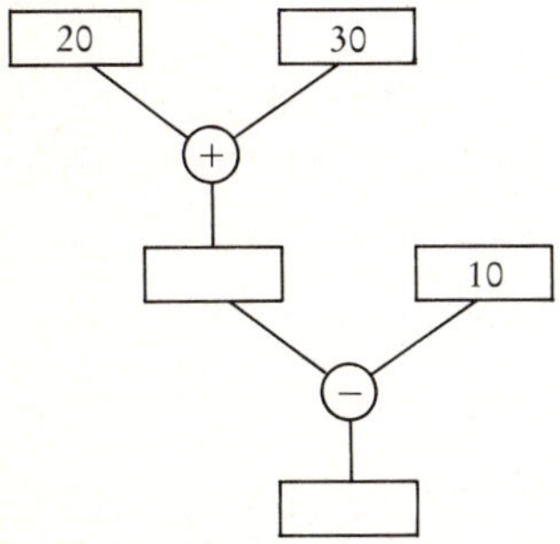

- „Anke hat 90 Pf. Für 40 Pf kauft sie sich eine Kugel Eis und für 20 Pf eine Kaugummikugel ❶

3. Schritt: Ausfüllen des neuen Zahlbereichs

∗ Zahl- und
Größenvorstellung ❷

- Wie viele Kinder sind in unserer Klasse? – In der anderen 2. Klasse?
- Wieviel cm ist das Rechenbuch (der Tisch . . .) lang? Schätze erst und miß dann nach. Meßt Länge und Breite des Schulhofs in Schritten.
- Was kann man sich für 25 DM (45 DM . . .) kaufen?
- Wieviel kg kannst du heben? – Seid einmal 5 (25 . . .) Sekunden lang still!

∗ Orientierung ❷❹
und Ordnung

–

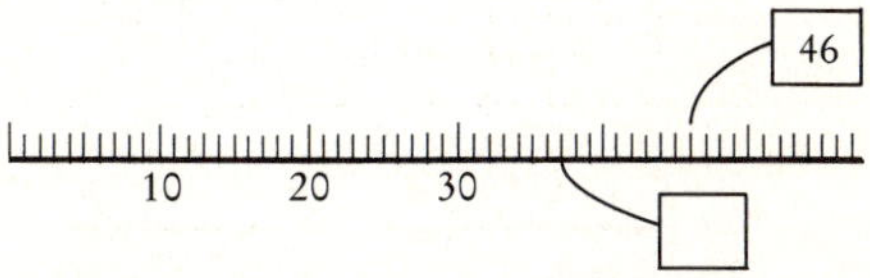

–

1	2	3	4	5	6	7	8	9	10
11	12	13	14	15	16	17	18	19	20
21	22	23	24	25					30
31				35					40

- Zähle ab 25 weiter. Kannst du auch ab 50 rückwärts zählen?

- Setze fort:
  20, 25, 30 . . . 70
  80, 75, 70 . . . 50 ❶
  40, 43, 46 . . . 70

- Hier fehlen Zahlen:

38	39	40
25		27
	80	
93		

∗ Bündeln, Stellenwert ❷❸❹❻❼
und Schreibweise

–

Z	E
7	4

70 + 4 = 74
vierundsiebzig

- Wieviel Zehner, wieviel Einer?   48 = _ Z _ E
- Wie heißt die Zahl?   7 Z 9 E =
  68 E =
- Wir wechseln und ordnen mit 10-Pf-Stücken und 1 Pf-Stücken. – Ordne nach Wert 65 Pf, 23 Pf, 71 Pf, 59 Pf.
- Bündele 27 (51 . . .) Karos in deinem Matheheft.
- Bündeln zur Basis 5. ❶

∗ Rechnen/Anwendungen ❸❹❺❻

- 8 − 3 = ☐   29 = 27 + ☐
  48 − 3 = ☐   32 = 30 + ☐
  78 − 3 = ☐   64 = 55 + ☐

- $44 + 37$
  $= 44 - 4 + 30 + 7 + 4$
  $= 44 + 6 + 30 + 1$
  $= 44 + 30 + 6 + 1$
  $= 44 + 7 + 30$
- verdoppeln →

24	
32	
	66
	48

halbieren →

42	
96	
	50
	41

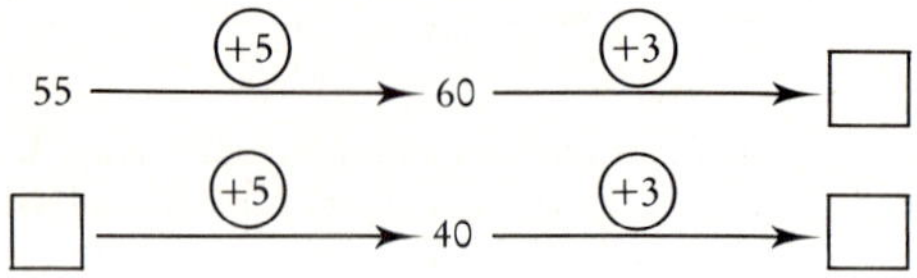

- $19 + 22 + 12 - \square = 45$ ❶
- „Im Sommerschlußverkauf ist ein Pulli 12 DM billiger geworden. Er kostet jetzt noch 19 DM."
- „Ina sagt: Meine Zahl ist um 43 kleiner als das Doppelte von 38." ❶ ❽

Bei erzieherischen Problemen im Mathematikunterricht der Grundschule wie bei der Diagnose und dem Beheben von Lernschwierigkeiten, der Förderung spezieller Begabungen oder der Differenzierung des Unterrichts kann es keine einfach anwendbaren Rezepte geben. Im Handbuch wird versucht, Anregungen zu geben, die ausgefüllt und ergänzt werden müssen durch die Kreativität und das Engagement der einzelnen Lehrerin. Entscheidend sind dabei die Ziele des eigenen Unterrichts, das „Bild von Schule".

AUS SCHÜLERZEITSCHRIFTEN

Eine 5 in Mathematik ist besser als gar keine persönliche Note.
Volksmund

"Wieder habe ich im Lotto keine einzige Zahl richtig!" schimpft der Vater. "Mach dir nichts daraus", tröstet ihn Julia, "mir ging's gestern in der Mathearbeit genauso."

"Keiner in der Schule kann mich ausstehen", jammert der Sohn,"die Lehrer nicht und die Kinder auch nicht. Der Busfahrer haßt mich, der Hausmeister macht mir die Hölle heiß. Ich will nicht mehr hingehen." - "Aber du mußt hingehen", sagt seine Mutter, "du bist gesund, und du mußt noch viel lernen. Außerdem bist du jetzt 45 Jahre alt und der Rektor. Du mußt einfach in die Schule gehen."

Bonbonrechnung

Marita und Karl zählen ihre Bonbons. Marita sagt: "Wenn du mir ein Bonbon abgibst, haben wir gleich viele." Karl sagt daraufhin: "Wenn du mir eins abgibst, habe ich doppelt so viele wie du."
Wie viele Bonbons hat jeder?

"Ich schlafe abends immer sehr schlecht ein."
"Das kenne ich. Dann zähle ich bis drei, und schon geht's"
"Was, nur bis drei?"
"Na ja, manchmal dauert's auch bis halb vier."

"Ich verstehe nicht, daß du in Mathematik eine so schlechte Note hast. Rechnen ist doch ganz einfach." - "Hast du eine Ahnung. Ich muß jedesmal bei Otto anrufen, damit er im Nebenhaus bei Bruno nachfragt, ob Michael schon die Matheaufgaben von Peter abgeschrieben hat, und dann muß ich Toni bitten, mit dem Fahrrad von Alfreds Schwester die Aufgaben zu mir zu bringen."

Als Ablenkung vom Sexuellen genießt die Mathematik den größten Ruf.
S. FREUD, 1907

Zwei Väter und zwei Söhne schafften es, drei Heringe so unter sich aufzuteilen, daß jeder einen ganzen Fisch bekam. - Wie geht das?

Die stolze Mutter zu einer Freundin: "Meine Tochter ist für ihr Alter wirklich schon erstaunlich gebildet. Komm mal her, mein Liebling, und sage, wieviel zwei mal drei ist." Die Kleine überlegt nur ganz kurz und sagt: "Acht."-"Siehst du!" triumphiert die stolze Mutter. "Nur um eins verrechnet."

Literatur

Aebli, H.: Psychologische Didaktik. Stuttgart (Klett) 1963

Aebli, H.: Denken: Das Ordnen des Tuns, Bd. I und II. Stuttgart (Klett) 1980/81

Bärmann, F.: Tägliche Übungen am Beispiel des „Zehnminuten-Rechnens". In: Die Grundschule 1981 (13), S. 24–28

Baireuther, P.: Rechnen mit den Fingern. In: Mathematische Unterrichtspraxis 1980 (1), 2, S. 43–44 u. 4, S. 41–43

Barsig, W./Berkmüller, H./Sauter, H. (Hrsg.): Mathematik in der Grundschule. Donauwörth (Auer) 1978

Bauersfeld, H., u. a.: alef – Wege zur Mathematik. Arbeitshefte und Handbücher zum Lehrgang 1–4. Hannover (Schroedel) 1970 f.

Bauersfeld, H. u. a.: Einführung in das Formenspiel. Hannover (Schroedel) 1972 a

Bauersfeld, H. u. a.: Arbeitsblätter zum Formenspiel. Hannover (Schroedel) 1972 b

Bauersfeld, H. u. a.: matema-Formenspiel. Hannover (Schroedel) 1972 c

Bauersfeld, H. u. a.: Begleitschrift zum matema-Körperspiel. Hannover (Schroedel) 1973

Bauersfeld, H. u. a.: Begleitmaterial zum Film MINOS. Hannover (Schroedel) 1976

Bauersfeld, H.: Probleme der Differenzierung im Mathematikunterricht. In: Schriftenreihe des IDM 1978 (18), Bielefeld 1978 a

Bauersfeld, H.: Metagnose mit Problemaufgaben. In: Schriftenreihe des IDM 1978 (18), Bielefeld 1978 b

Bauersfeld, H. u. a. (Hrsg.): Untersuchungen zum Mathematikunterricht, Band 5. Köln (Aulis) 1982

Beck, U.: Mathematisierender Unterricht in der Grundschule. In: Sachunterricht und Mathematik in der Primarstufe 1981 (9) 10, S. 388–399

Beckstein, M.: Die Erarbeitung des Einmaleins im 2. Schuljahr. In: Blätter für Lehrerfortbildung 1982, 1

Beetz, K. O.: Typenlehre auf psychologischer Grundlage. Halle/Saale (Schroedel) 1889

Bell, A. et al.: A calculator experiment in a primary school. Nottingham (Shell Centre) 1978

Bender, P.: Analyse der Ergebnisse eines Sachrechentests am Ende des. 4. Schuljahrs, Teil 1–3. In: Sachunterricht und Mathematik in der Primarstufe 1980 (8), 4–6

Berkmüller, H./Klopfer, M.: Sachrechnen im Mathematikunterricht der Grundschule. In: *Barsig* u. a. 1978

Besuden, H.: Topologie statt geometrischer Propädeutik. In: Westermanns pädagogische Beiträge 1969 (21), 3, S. 163–169

Besuden, H.: Die Aufgabe der Geometrie in der Grundschule. In: Lebendige Schule 1973 (28) 6, S. 217–224 a

Besuden, H.: Die Förderung des räumlichen Vorstellungsvermögens in der Grundschule. In: Beiträge zum Mathematikunterricht 1973, Hannover (Schroedel) 1974, S. 45–49 b

Besuden, H.: Geometrie mit Winkelplättchen. Stuttgart (Klett), Bd. 1, 1975, Bd. 2, 1976 a

Besuden, H.: Geometrie in der Grundschule. In: Zentralblatt für Didaktik der Mathematik 1976 (8) 2, S. 49–51 b

Bley, N. S./Thorton, C. A.: Help for Learning Disabled Students in the Mainstream. In: NCTM Yearbook 1982. Reston (NCTM) 1982, p. 20–34

Bönsch, M.: Differenzierung des Unterrichts – methodische Aspekte. München 1972

Bracht/Pietschner: Bildaufgaben für Mathematik 2–4. Offenburg (Mildenberger) 1979

Breidenbach, W.: Rechnen in der Volksschule. Wolfenbüttel/Hannover (Wolfenbüttler Verlag) 1947

Breidenbach, W.: Rechnen in der Volksschule. Hannover (Schroedel) 1963 (10. Auflage)

Brenner, A.: Schwierigkeiten mit dem kleinen Einmaleins – Bericht über Erfahrungen mit Grundschülern zu Beginn des 3. Schuljahrs. In: Mathematische Unterrichtspraxis 1980 (1) 3, S. 11–14

Bremer, U./Dahlke, E.: Schwierigkeiten im Prozeß des Lösens von Sachaufgaben. In: *Vollrath, H. J.* (Hrsg.) 1980 aaO.

Bromme, R./Seeger, F.: Unterrichtsplanung als Handlungsplanung. Königstein (Scriptor) 1979

Carpenter, T./Moser, J./Romberg, T. (Eds.): Addition and Subtraktion: A Developmental Perspective. Hillsdale (Erlbaum) 1982

Dahlke, E: Zum Stellenwert didaktischer Prinzipien im Mathematikunterricht. In: *Bauersfeld, H.* (Hrsg.): Untersuchungen zum Mathematikunterricht. Köln (Aulis) 1981

Dahlke, E.: Übung im Mathematikunterricht. In: Sachunterricht und Mathematik in der Grundschule 1976 4, S. 188–195 u. 226–237

Damerow, P.: Vorläufige Bemerkungen über das Verhältnis rechendidaktischer Prinzipien zur Frühgeschichte der Arithmetik. In: mathematica didacta 1981 (4) 3, S. 131–153

Diederich, J.: Vom Fluch der Liebe zur Mathematik. In: Journal für Mathematikdidaktik 1980 (1) 4

Dienes, Z. P./Golding, E. W.: Die Entdeckung des Raumes und praktische Meßübungen. Freiburg (Herder) 1967

Diesterweg, F. W. A./Heuser, P.: Methodisches Handbuch für den Gesamtunterricht im Rechnen. Elberfeld (Büscher'sche Verlagsbuchhandlung) 1844

DIFF Mappen E 1 – E 19: Mathematikkurs für Grundschullehrer. Deutsches Institut für Fernstudien, Tübingen 1973 f.

Drunkemühle, L./Pollert, M.: Differenzieren läßt sich lernen. Frankfurt (Diesterweg) 1980

Eidt, H.: Mathe-Lehrpläne – kindgerecht? In: Die Grundschule 1981 (13) 3, S. 118–121

Epping, J. (Hrsg.): Praxis des Mathematikunterrichts Bd. I, II. Braunschweig (Westermann) 1978

Fährmann, K. E.: Das rhythmische Zählen, der Konzentrationspunkt des elementaren Rechnens. Eine psychologisch-pädagogische Studie. Plauen (Kell) 1896

Floer, J./Schipper, W.: Kann man spielend lernen? Eine Untersuchung mit Vor- und Grundschulkindern zur Entwicklung des Zahlenverständnisses. In: Sachunterricht und Mathematik in der Grundschule 1975 (3), S. 241–252

Floer, J./Schipper, W.: Eimel – Merkmalspiel zur Vertiefung logischer Grunderfahrungen. Hannover (Schroedel) 1977 a

Floer, J./Schipper, W.: Muster, Formen und Figuren. Hannover (Schroedel) 1977 b

Floer, J./Schipper, W.: Stachelspiel – Ein Vierer-Domino zum Denkenlernen mit Zahlen. Hannover (Schroedel) 1977 c

Floer, J./Garstka, G./Jakobi, F./Schipper, W.: Mach mit. Schulbücher und Begleithefte 1–4. München (List) 1978 f.

Floer, J.: Mit Zahlen spielen, denken und rechnen. In: Sachunterricht und Mathematik in der Primarstufe 1979 (7), S. 176–184

Floer, J.: Möglichkeiten zur Förderung lernschwacher Kinder im (und durch) Mathematikunterricht. In: *Reinartz, A./Sander, A.* (Hrsg.): Schulschwache Kinder in der Grundschule. Weinheim (Beltz) 1982

Floer, J./Haarmann, D.: Mathematik für Kinder, Arbeitskreis Grundschule (Bd. 50). Frankfurt (Beltz) 1982

Floer, J.: Fördernder Mathematikunterricht in der Grundschule. In: *Floer, J./Haarmann, D.:* Mathematik für Kinder. Frankfurt (Arbeitskreis Grundschule e. V.) 1982, S. 35–150

Fox, L. H./Fennema, E./Sherman, J.: Woman and Mathematics. Washington (NIE) 1977

Freudenthal, H.: Geometrie in der Grundschule. In: *Bauersfeld, H.* u. a. (Hrsg.): Schriftenreihe des IDM, Bd. 3/1974. Bielefeld (IDM) 1974, S. 147–163

Freudenthal, H.: Mathematik – eine Geisteshaltung. In: Die Grundschule 1982 (14) 4, S. 140–142

Freund, H./Sorger, P.: Denkspiele mit Pfiff. Freiburg (Herder) 1973

Freund, H.: Verantwortung der Schule. In: Mathematiklehrer 1982 (2) 2

Fricke, A.: Denken im Rechenunterricht als Anwendung der Psychologie von Piaget. In: WpB 1959 (99)

Fricke, A./Besuden, H.: Mathematik in der Grundschule, Bd. I. Stuttgart (Klett) 1967

Fuson, K. C./Hall, J. W.: The Acquisition of Early Numberword Meaning – A Conceptual Analysis and Review. In: *Ginsburg, H. P.* (Ed.), 1982

Fuys, D. A./Tischler, R. W.: Teaching Mathematics in the Elementary School. Boston/Toronto (Little, Brown & Co.) 1979

Gagné, R. M.: Die Bedingungen des menschlichen Lernens. Hannover (Schroedel) 1980

Gardner, M.: Mathematische Knobeleien, Braunschweig (Vieweg) 1973

Geißler, E.: Sachaufgaben in den unteren Klassen. Berlin (VuW) 1978

Gelman, R./Gallistel, C. R.: The Child's Understanding of Number, Cambridge (Harvard University Press) 1978

Genkins, E. F.: Der Begriff der Achsensymmetrie bei Kindern. In: Der Mathematikunterricht 1978 (24) 2, S. 20–43

Geppert, K./Preuß, E.: Differenzierender Unterricht. Bad Heilbrunn (Klinkhardt) 1981

Gerlach, A.: Von schönen Rechenstunden. Vorschläge für eine Reform des Rechenunterrichts. Leipzig (Quelle/Meyer) 1907

Gerlach, A.: Lebensvoller Rechenunterricht. Vorschläge und Beispiele für eine Fortentwicklung des Rechenunterrichts im Sinne der Arbeitsschule. Leipzig (Voigtländer) 1914

Gerster, H.-D.: Schwierigkeiten von Schülern mit der Schreibweise bei der schriftlichen Division. In: Mathematische Unterrichtspraxis 1980 (1), 3, S. 1–14

Gerster, H.-D.: Diagnose von Schülerfehlern beim schriftlichen Subtrahieren. In: Die Grundschule 1982 (14) 4, S. 163–164 a

Gerster, H.-D.: Schülerfehler bei schriftlichen Rechenverfahren – Diagnose und Therapie. Freiburg (Herder) 1982 b

Ginsburg, H. P.: Children's Arithmetic. New York (Van Nostrand) 1977

Ginsburg, H. P. (Ed.): The Development of Mathematical Thinking. New York (Academic Press) 1983

Glatfeld, M.: Geometrische Themen im Mathematikunterricht der Grundschule. In: *Meschkowski, H.* (Hrsg.): Didaktik der Mathematik, Bd. 1, Stuttgart (Klett) 1972, S. 263–325

Glatfeld, M.: Geometrisches Zeichnen in der Primarstufe. In: Sachunterricht und Mathematik in der Grundschule 1975 (3), S. 399–411

Gnirk, H./Homann, G./Lubeseder, U.: Strategiespiele für die Grundschule. Hannover (Schroedel) 1970

Goffre, F.: Wiskunde & Didactiek. Groningen (Wolters-Nordhoff) 1982

Golomb, S. W.: Polyminoese. New York (Scribner's Sons) 1966

Grell, J./Grell, M.: Unterrichtsrezepte. München (Urban & Schwarzenberg) 1979

Griesel, H.: Zu den unterschiedlichen Arten von Termini und deren Verwendung im Mathematikunterricht. In: Schriftenreihe des IDM (18), a. a. O.

Griesel, H./Postel, H.: Curriculare und methodische Möglichkeiten der Differenzierung im Mathematikunterricht. In: Schriftenreihe der IDM 1978 (17) a. a. O.

Grissemann, H./Weber, A.: Spezielle Rechenstörungen – Ursachen und Therapie. Bern (Huber) 1982

Grube, A. W.: Leitfaden für das Rechnen in der Elementarschule, nach den Grundsätzen einer heuristischen Methode – Ein pädagogischer Versuch zur Lösung der Frage: „Wie wirkt der Unterricht sittliche Bildung?" Berlin (Enslin) 1856

Haase, H.: Zur Methodik des ersten Rechenunterrichts. Langensalza (Beyer & Söhne) [2]1906

Haber, H.: Das mathematische Kabinett. Folge 2. München (dtv) 1974

Heckhausen, H.: Motive und ihre Entstehung. In: *Weinert* u. a. (Hrsg.): Funkkolleg Pädagogische Psychologie. Weinheim (Beltz) 1973

Hefendehl-Hebeker, L.: Zur Behandlung der Zahl Null im Unterricht, insbesondere in der Primarstufe. In: mathematica didactica 1981 (4) 4

Henze/Roschemann/Otten/Runzheimer: Rechenbuch für die Grundschule. Frankfurt (Diesterweg) 1922

Hessisches Institut für Lehrerfortbildung: Probleme des Mathematikunterrichts in der Grundschule (versch. Teile). Fuldatal (Reinhardswaldschule) 1980 f.

Homann, G.: Lernorientierte Spiele im Mathematikunterricht. In: Die Grundschule 1974 (6), S. 459–462

Homann, G.: Lernspiele im Mathematikunterricht. In: Die Grundschule 1980 (12), S. 106–110

Huster, L.: Dokumentation zur Entwicklung der Mathematik – Didaktik im 19. Jahrhundert, Elementarbereich. In: Schriftenreihe des IDM. Bd. 28/1981, Bielefeld (IDM) 1981

Jänicke, E.: Geschichte des Rechenunterrichts. In: *Kehr, C.:* Geschichte der Methodik des deutschen Volksschulunterrichts, Bd. 1, Gotha (Thienemann) 1877

Johnson, S. W.: Arithmetic and Learning Disabilities. Boston (Allyn and Bacon) 1979

Judd, W.: Instructional games with calculators. In: The Arithmetic Teacher 1976 (23) 11

Karaschewski, H.: Wesen und Weg des ganzheitlichen Rechenunterrichts. Stuttgart (Klett), Bd. I 1966, Bd. II 1970

Kempinski, H.: Der Rechenlehrer der Kleinen, Leipzig (Dürr) 1911

Kempinski, H.: Ein frohes Rechenjahr. Leipzig (Dürr) [4/5]1922

Kirsche, P.: Falten und Wenden – Ein Unterrichtsversuch zur Achsensymmetrie. In: Der Mathematikunterricht 1978 (24) 2, S. 44–59

Kirsche, P.: Symmetrien und Abbildungen im Geometrieunterricht der Primarstufe. In: Sachunterricht und Mathematik in der Primarstufe 1983 (11) 1, S. 27–34

Klafki, W.: Zum Verhältnis von Didaktik und Methodik. In: *Klafki, W./Otto, G./Schulz, W.:* Didaktik und Praxis. Weinheim (Beltz) 1977

Klose, K-D./Krauter, S.: Geometrie in der Grundschule. In: Zentralblatt für Didaktik der Mathematik 1976 (8) 2, S. 54–68

Knilling, R.: Zur Reform des Rechenunterrichts in den Volksschulen. München (Ackermann), Bd. I 1884, Bd. II 1886

Knoche, H.: Über das Wesen und die Entstehung der Zahlen, Zahlvorstellungen und Zahlbegriffe. Arnsberg (Stahl) 1888

Koller, E.: Der neue Weg im ersten Rechenunterricht. München (Ehrenwirth) 1941

Koller, E.: Das Rechnen mit Kühnels Hilfsmitteln. München (Ehrenwirth) [3]1948

Koops, H.: Zur Medienabhängigkeit des räumlichen Vorstellungsvermögens bei Schülern der Eingangsstufe. Münster (Diss.) 1979

Kothe, S.: Denken macht Spaß. Freiburg (Herder) 1968

Kramp, W.: Didaktik als Prozeß. In: *Born, W./Otto, G.* (Hrsg.): Didaktische Trends. München (Urban & Schwarzenberg) 1978

Krampe, J.: Übungs- und Kontrollformen, die Spaß machen – am Beispiel der schriftlichen Multiplikation im 4. Schuljahr. In: SMP 1982 (10), S. 416–427 und 441–450 a

Krampe, J.: Übungen zur Steigerung der Rechenfertigkeit im Bereich der schriftlichen Addition im 4. Schuljahr. In: MUP 1982 (3) 3, S. 1–17 b

Kriegelstein, A.: Übung im Mathematikunterricht. In: Westermanns Pädagogische Beiträge 1975 (27) 9

Kriegelstein, A.: Die schulpraktische Umsetzung des operativen Prinzips bei der Bearbeitung von Sachaufgaben. In: BfL 1979 (31) S. 4–90

Kruckenberg, A.: Handbuch für den Rechenunterricht der Volksschule. Halle/Saale (Schroedel) 1935

Kruckenberg, A.: Die Welt der Zahl im Unterricht. Halle/Saale (Schroedel) [2]1940

Kruckenberg, A.: Die Welt der Zahl im Unterricht. Hannover (Schroedel) [8]1950

Kühnel, J.: Neubau des Rechenunterrichts, Bd. 1 und 2. Leipzig (Klinkhardt) 1916

Lauter, J. (Hrsg.): Der Mathematikunterricht in der Grundschule. Donauwörth (Auer) 1976

Lauter, J.: Methodik der Grundschulmathematik. Donauwörth (Auer) 1979

Lauter, J.: Didaktische Aspekte zum Rechnen mit natürlichen Zahlen. In: Blätter für Lehrerfortbildung 1982, 1

Lay, W. A.: Führer durch den ersten Rechenunterricht – naturgemäßes Lehrverfahren gegründet auf psychologische Versuche und angeschlossen an die Entwicklungsgeschichte des Rechenunterrichts. Karlsruhe (Nemnich) 1898

Lefrancois, G. R.: Psychologie des Lernens. Berlin (Springer) 1976

Lesh, R./Mierkiewicz, D. (Hrsg.): Recent Research Concerning the Development of Spatial and Geometric Concepts, Columbus. Ohio (ERIC) 1978

Leutenbauer, H.: Das praktische Übungsbuch für den Mathematikunterricht an Grundschulen. Donauwörth (Auer) 1980

Leutenbauer, H.: Die Übung – ein Schwerpunkt im Mathematikunterricht der Grund- und Hauptschule. In: Pädagogische Welt 1981 S. 603–619

Lietzmann, W.: Lustiges und Merkwürdiges von Zahlen und Formen. Göttingen (Vandenhoeck & Ruprecht) 1922

Lompscher, J.: Theoretische und experimentelle Untersuchungen zur Entwicklung geistiger Tätigkeiten. Berlin (VuW.) 1975

Lörcher, G. A.: Ausländische Kinder im Mathematikunterricht – Lernschwierigkeiten und Fördermaßnahmen. In: *Sandfuchs* (Hrsg.): Leben und Lernen mit Ausländerkindern. Bad Heilbrunn (Klinkhardt) 1981

Lorenz, J. H.: Auswirkungen von Selbstkonzept und Attriebuierungen im Mathematikunterricht. Stuttgart (Hochschulverlag) 1979

Lorenz, J. H.: Lernschwierigkeiten im Mathematikunterricht der Grundschule und Orientierungsstufe. In: *Bauersfeld* u. a. (Hrsg.): Untersuchungen zum Mathematikunterricht. Köln (Aulis) 1982

Lorenz, J. H./Radatz, H.: Psychologische Aspekte des Mathematikunterrichts. In: *Rost, D.* (Hrsg.): Unterrichtspsychologie für die Grundschule. Bad Heilbrunn (Klinkhardt) 1980

Maier, H./Bauer, L.: Zum Problem der Fachsprache im Mathematikunterricht. In: Schriftenreihe des IDM 1978 (18) a. a. O.

Maier, H./Schubert, A.: Sachrechnen. München (Ehrenwirth) 1978

Martin, J. L./Bradbard, D. A. (Hrsg.): Space and Geometry. Columbus Ohio (Eric) 1976

Menninger, K.: Zahlwort und Ziffer. Eine Kulturgeschichte der Zahl. Göttingen (Vandenhoeck & Ruprecht) 1979 (3. Auflage)

Messner, H.: Wissen und Anwenden. Zur Problematik des Transfers im Unterricht. Stuttgart (Klett) 1978

Meyer, H.: Leitfaden zur Unterrichtsplanung. Königstein (Scriptor) 1980

Müller, G./Wittmann, E.: Der Mathematikunterricht in der Primarstufe. Braunschweig (Vieweg) 1977

Müller, K. P./Wölper, H.: Anschauliche Topologie. Stuttgart (Teubner) 1976

NCTM Yearbook 1980: Problem Solving. Reston (NCTM) 1980

Neunzig, W.: Mathematikunterricht 1–4. München (Urban & Schwarzenberg) 1981

NIE: Woman and Mathematics. Washington (NIE) 1977

Oehl, W.: Der Rechenunterricht in der Grundschule. Hannover (Schroedel) 1962 (10. Aufl.)

Ottmann, A.: Mathematik für Ausländerkinder. Donauwörth (Auer) 1979

Ottmann, A.: Probleme im Mathematikunterricht bei Ausländerkindern in der Hauptschule und Hinweise zu deren Lösung. In: Mathematische Unterrichtspraxis 1982 (3) 1

Papy, F.: Math Play Therapy, vol. 1, 2. St. Louis (CSMP) 1977

Pestalozzi, H.: Anschauungslehre der Zahlverhältnisse. Zürich/Bern (H. Gessner) und Tübingen (Cotta'sche Buchhandlung) 1803

Piaget, J./Inhelder, B.: Die Entwicklung des räumlichen Denkens beim Kinde. Stuttgart (Klett) 1971

Piaget, J./Inhelder, B./Szeminska, A.: Die natürliche Geometrie des Kindes. Stuttgart (Klett) 1975

Polster, J.: Fallstudien zu Mathematisierungsprozessen beim Lösen von Textaufgaben. Universität Frankfurt (Dissertation) 1983

Polya, G.: Schule des Denkens. Bern (Francke) 1949

Pratscher, S. K./Jones, K. L./Lamb, C. E.: Differentiating Instruction in Mathematics for Talented and Gifted Youngsters. In: School Science and Mathematics 1982 (32) 5, S. 365–372

Radatz, H.: Fehleranalyse im Mathematikunterricht. Braunschweig (Vieweg) 1980

Radatz, H./Schipper, W./Oltmanns, K./Wille, V.: Zum Mathematikunterricht an Grundschulen – Ergebnisse einer Lehrerbefragung –. Göttingen: Fachbereich Erziehungswissenschaften 1981

Räther, H.: Theorie und Praxis des Rechenunterrichts Teile I, II und III. Breslau (Morgenstern) 1909

Regelein, S.: Addition und Subtraktion im 1. Schuljahr. In: Blätter für Lehrerfortbildung 1982 H. 1

Reinartz, A./Sander, A. (Hrsg.): Schulschwache Kinder in der Grundschule. Weinheim (Beltz) 1982

Reisman, F. K.: A Guide to the Diagnostic Teaching of Arithmetic. Columbus (Mervill) 1978

Resnick, L. R./Ford, W. W.: The Psychologie of Mathematics for Instruction. Hillsdale (Erlbaum) 1981

Retter, H./Hemmerlein, H.: Spielmittel in der Grundschule. Bamberg (nostheide) 1983

Rickmeyer, K.: Zur Begründung der Multiplikation in der Grundschule. In: Westermanns Pädagogische Beiträge 1971 (23) 2

Riley, M. S./Greeno, J. G./Heller, J. I.: Development of Children's Problem Solving Ability in Arithmetic. In: *Ginsburg, H.* (Ed.), 1983 a. a. O.

Ritthaler, A.: Volksschulrechnen in der Grundschule, 1. Teil: Das Rechnen im ersten Zehner. Seine Übertragung auf die übrigen Zehnerstufen, Überschreiten des ersten Zehners. Bamberg (Buchner) 1939 (4. Aufl.)

Röhrl, E.: Schleswig-Holstein – Der Lehrplan für Mathematik, Grundschule. In: Zentralblatt für Didaktik der Mathematik 1978 (10) 4, S. 199–204

Rose, G.: Die Schulung des Geistes durch den Mathematik- und Rechenunterricht. Leipzig (Teubner) 1928

Rose, G.: Organisches Bildungssystem für den Unterricht im Rechnen und Raumlehre. Osterwieck/Harz (Zickfeldt) ²1941

Rost, D. H.: Raumvorstellung. Weinheim/Basel (Beltz) 1977

Sabel, M. A./Maletzky, E. M.: Teaching Mathematics: A Sourcebook of Aids. Activities and Strategies. Englewood Cliffs. N. J. (Prentince-Hall) 1975

Saftig, P.: Arithmetische Spiele zur Steigerung der Rechenfertigkeit. In: Sachunterricht und Mathematik in der Primarstufe 1980 (8), S. 359–364

Salberg, A.: Die Sachrechen-Methode oder methodische Behandlung des Zahlraums von 1 bis 30 nach den Grundsätzen der Realmethode für Lehrer und gebildete Eltern, mit Zugrundelegung der neuen Münz-, Maß- und Gewichtssysteme. München (Oldenbourg) 1874

Scheer, J. K.: The Etiquette of Diagnosis. In: Arithmetic Teacher 1980 (27) 9, pp. 18–19

Schildkamp-Kündiger, E.: Frauenrolle und Mathematikleistung. Düsseldorf 1974

Schipper, W.: Untersuchungen zur Stellung der Topologie im geometrischen Anfangsunterricht. Bad Salzdetfurth (Franzbecker) 1981

Schipper, W.: Stoffauswahl und Stoffanordnung im mathematischen Anfangsunterricht. In: Journal für Mathematikdidaktik 1982 (3) 2

Schmidt, P.-G.: Entstehung und Durchdringung des Rechenunterrichts an Deutschen Volksschulen von den Anfängen bis heute. Bonn (Diss.) 1966

Schmidt, R.: Zahlkenntnisse von Schulanfängern. Wiesbaden (Hess. Institut für Bildungsplanung und Schulentwicklung) 1982

Schmidt, S./Weiser, W.: Zählen und Zahlverständnis von Schulanfängern. In: Journal Mathematikdidaktik 1983 (3) 3/4

Schräder, W.: Zur Einführung in das Ergänzungsverfahren der schriftlichen Subtraktion. In: Zeitschrift für Naturlehre und Naturkunde 1962 (10) 10

Schräder, W.: Zur Einführung in das Ergänzungsverfahren der schriftlichen Subtraktion. In: Sachunterricht und Mathematik in der Primarstufe 1976 (4), S. 88–91

Sieber, u. a.: Unterrichtshilfen Mathematik 1., 2., 3., 4. Klasse. Berlin (Volk und Wissen) 1976

Steiner, G.: Mathematik als Denkerziehung. Stuttgart (Klett) 1972

Strehl, R.: Grundprobleme des Sachrechnens. Freiburg (Herder) 1979

Tanck, W.: Das Rechnen auf der Unterstufe nebst Beitrag zur Frage nach der Entstehung der Zahlbegriffe. Meldorf (Bremer) 1884

Tiedemann, J.: Leistungsversagen in der Schule. München (Reinhardt) 1978

Tietz, I.: Zur Didaktik der Mathematik. In: Zentralblatt Didaktik der Mathematik 1974 (6) 3

Training Grundrechenarten Deutsch/Türkisch. Stuttgart (Klett) 1981

Trausch, G.: Grundrechenarten im Mathematikunterricht. In: Blätter für Lehrerfortbildung 1982 2

Trauerstein, H.: Anregungen und Beispiele zur Gruppenarbeit im Mathematikunterricht. In: *Klafki, W./Meyer, E./Weber, A.* (Hrsg.): Gruppenarbeit im Grundschulunterricht. Paderborn/München (Schöningh/Fink) 1981

Travers, K. J./Pikaart, L./Suydam, M. N./Runion, G. E.: Mathematics Teaching. New York (Harper & Row) 1977

Treffers, A.: Mathematikunterricht Klasse 1 bis 6. Paderborn (Schöningh) 1982

Treumann, K.: Leistungsdimensionen im Mathematikunterricht. Stuttgart (Klett) 1974

Uhr, H.: Geometrie in der Grundschule. In: *Lauter, J.* (Hrsg.): Der Mathematikunterricht in der Grundschule. Donauwörth (Auer) 1976

Uhr, H.: Grundrechenarten in der Grundschule. In: Pädagogische Welt 1982 (36) 2

Underhill, R. G. (Ed.): Diagnosing Mathematical Difficulties. Columbus (Mervill) 1980

Vagt, G./Müller, E.: Erfolgskontrolle eines Lehrspielzeugs. In: Zeitschrift für Entwicklungspsychologie und Pädagogische Psychologie 1976 (8) S. 44–50

Vollrath, H. J.: Lernschwierigkeiten, die sich aus dem umgangssprachlichen Verständnis geometrischer Begriffe ergeben. In: Schriftenreihe des IDM 1978 (18) a. a. O.

Vollrath, H. J.: Sachrechnen. Stuttgart (Klett) 1980

Vortmann, H.: Die Bedeutung der Übung für den Lernerfolg im Mathematikunterricht der Grund- und Hauptschule. In: BfL 1981 (33) S. 350–355

Vortmann, H./Schmidt, H.: Die Übung im Mathematikunterricht der Grund- und Hauptschulen in Unterrichtsbeispielen. Ratingen (Henn) 1975

Wallace, G./Loughlin, J. A.: Learning Disabilities: Concepts and Characteristics. Columbus (Mervill) 1980

Walsch, W./Weber, K. (Hrsg.): Methodik Mathematikunterricht. Berlin (Volk und Wissen) 1975

Walter, M. I.: Boxes, Squares and Other Things. Reston (NCTM) 1970

Wasmuth, K.-H.: Der Mathematikunterricht in der Grundschule – Eine empirische Untersuchung über verschiedene Modelle zur Grundlegung des mathematischen Denkens in den ersten Schuljahren. Köln (Diss.) 1974

Weinert, F. E. (Hrsg.): Funkkolleg Pädagogische Psychologie. Weinheim (Beltz) 1973 f.

Weis, V./Bauersfeld, H.: Neue Mathematik und Rechenfertigkeit. In: Westermanns Pädagogische Beiträge 1973 (25), S. 127–135

Wheeler, D. H. (Hrsg.): Modelle für den Mathematikunterricht in der Grundschule. Stuttgart (Klett) 1970

Wilk, E.: Das Werden von Zahlen im Menschen und in der Menschheit auf Grund von Psychologie und Geschichte. Leipzig (Hirt & Sohn) 1922 (2. Aufl.)

Winter, H.: Geometrisches Vorspiel im Mathematikunterricht der Grundschule. In: Der Mathematikunterricht 1971 (17) 5, S. 40–60

Winter, H.: Vorstellungen zur Entwicklung von Curricula für den Mathematikunterricht in der Gesamtschule. In: Beiträge zum Lernzielprogramm. Schriftenreihe des Kultusministeriums Nordrhein-Westfalen, Ratingen (Henn) 1972

Winter, H.: Über den Nutzen der Mengenlehre für den Arithmetikunterricht in der Grundschule. In: Beiträge zum Mathematikunterricht 1972, Hannover (Schroedel) 1973, S. 161–192

Winter, H.: Steigerung arithmetischer Fähigkeiten im neuen Mathematikunterricht. In: Die Grundschule 1974 (6), S. 416–427 und 470–477

Winter, H.: Was soll Geometrie in der Grundschule? In: Zentralblatt für Didaktik der Mathematik 1976 (8) 1, S. 14–18 a

Winter, H.: Die Erschließung der Umwelt im Mathematikunterricht der Grundschule. In: Sachunterricht und Mathematik in der Primarstufe 1976 (4) 7 b

Winter, H.: Kreatives Denken im Sachrechnen. In: Grundschule 1977 (9) 3

Winter, H.: Umgangssprache – Fachsprache im Mathematikunterricht. In: Schriftenreihe des IDM 1978 (18) a. a. O. a

Winter, H.: Zur Division mit Rest. In: Der Mathematikunterricht 1978 (24) 4, S. 38–65 b

Winter, H.: Der Beitrag des modernen Mathematikunterrichts der Grundschule zur Welterschließung. In: *Epping, J.* (Hrsg.) 1978 a. a. O. c

Winter, H.: Fächerübergreifender Mathematikunterricht – warum? In: Grundschule 1980 (12) 3

Winter, H.: Der didaktische Stellenwert des Sachrechnens im Mathematikunterricht der Grund- und Hauptschule. In: Pädagogische Welt 1981 (35) 11 a

Winter, H.: Mathematik. In: *Bartnitzky/Christiani* (Hrsg.): Handbuch der Grundschulpraxis und Grundschuldidaktik, Bad Heilbrunn (Kohlhammer) 1981 b

Wiskobas Bulletin (Jahrgänge 1–9). Utrecht (IOWO) 1972–1980

Wittmann, E.: Grundfragen des Mathematikunterrichts. Braunschweig (Vieweg) 1976

Wittmann, J.: Theorie und Praxis eines analytischen Unterrichts in der Grundschule, Hilfsmittel und Volksschule. 1. Aufl. 1929, Theorie und Praxis eines ganzheitlichen Unterrichts, 4. Aufl., Dortmund (Crüwell) 1967

Wittmann, J.: Wir wollen Rechen- und Zahlengeschichten machen, 1. Rechenbuch für ganzheitliches Rechnen (1. Schuljahr). Dortmund (Crüwell) 1955

Zech, F.: Grundkurs Mathematikdidaktik. Weinheim (Beltz) 1980

Zielinski, W.: Lernschwierigkeiten. Stuttgart (Kohlhammer) 1980

Zitterbart, E.: Das Text- und Sachrechnen in der Grundschule. In: *Lauter, J.* (Hrsg.) 1976 a. a. O.

Zum Weiterlesen und für zusätzliche Anregungen

zu 0.1. (Rätselhaftes mit Zahlen)
Baireuther (1980), *Floer* (1979), *Sabel/Maletzky* (1975)

zu 0.2. (Sachrechnen)
Floer/Haarmann (1982), *Winter* (1976 b), *Wiskobas-Bulletin* (1972–80)

zu 0.3. (Seltsame Tiere)
Bauersfeld u. a. (1976), *Gardner* (1973), *Walter* (1970)

zu 0.4. (Taschenrechner)
Bell et al. (1978)

zu 1.1. (Aufgaben und Ziele)
Klafki (1977), *Kramp* (1978), *Treffers* (1982), *Winter* (versch. J.), *Wittmann* (1976)

zu 1.2. (Modelle des Mathematikunterrichts)
Resnick (1981), *Travers* et al. (1977), *Treffers* (1982), *Wittmann* (1976)

zu 1.3. (mathematikdidaktische Prinzipien)
Aebli (1963), *Dahlke* (1981), *Fricke* (1959), *Grell/Grell* (1979), *Leutenbauer* (1981), *Müller/Wittmann* (1977), *Wittmann* (1976), *Zech* (1980)

zu 1.4. (Geschichte des Mathematikunterrichts)
Breidenbach (1947), *Gerlach* (1907), *Karaschewski* (1966, 1970), *Kruckenberg* (1940), *Kühnel* (1916), *Huster* (1981), *Jänicke* (1877), *Schmidt* (1966), *Wittmann* (1967)

zu 2.1. (Zahlbegriff)
Carpenter/Moser/Romberg (1981), *Fuson/Hall* (1982), *Gelman/Gallistel* (1978), *Ginsburg* (1977, 1983), *Menninger* (1979), *Müller/Wittmann* (1977), *Schmidt* (1982), *Schmidt/Weiser* (1983), *Winter* (1981 b)

zu 2.2. (Addition/Subtraktion)
Barsig/Berkmüller/Sauter (1978), *Carpenter/Moser/Romberg* (1981), *Lauter* (1979), *Müller/Wittmann* (1977), *Regelein* (1980), *Uhr* (1981), *Winter* (1981 b)

zu 2.3. (Multiplikation/Division)
Barsig/Berkmüller/Sauter (1978), *Bauersfeld* u. a. (1970), *Beckstein* (1982), *Epping* (1978), *Müller/Wittmann* (1977), *Uhr* (1982), *Winter* (1981 a)

zu 2.4. (Zahlbereichserweiterungen)
Gerlach (1907), *Lauter* (1979), *Treffers* (1982), *Winter* (1981 a)

zu 2.5. (schriftliche Rechenverfahren)
Breidenbach (1963), *Eidt* (1981), *Gerster* (1982), *Kruckenberg* (1940), *Oehl* (1962), *Winter* (1978 b)

zu 2.6. (Größen/Sachrechnen)
Barsig/Berkmüller/Sauter (1978), *Bauersfeld* u. a. (1970), *Beck* (1981), *Bender* (1980), *Bracht/Pietschner* (1979), *Epping* (1978), *Floer/Haarmann* (1982), *Floer* u. a. (1978), *Geißler* (1978), *Lauter* (1976, 1979), *Maier/Schubert* (1978), *Strehl* (1979), *Winter* (1976 b, 1977, 1978 c)

zu 2.7. (Geometrie)
Bauersfeld u. a. (1972, 1973), *Besuden* (1969, 1976 a, 1976 b), *Floer* (1982), *Freudenthal* (1974), *Glatfeld* (1972), *Kirsche* (1983), *Klose/Krauter* (1976), *Schipper* (1981), *Uhr* (1976), *Wheeler* (1970), *Winter* (1971, 1976 a)

zu 2.8. (strukturelle Leitbegriffe)
Floer (1982), *Winter* (1973)

zu 3.1. (Spielen)
Floer (1979, 1982), *Homann* (1974, 1980), *Retter/Hemmerlein* (1983)

zu 3.2. (Üben)
Bärmann (1981), *Dahlke* (1976), *Krampe* (1982 a, 1982 b), *Leutenbauer* (1980, 1981), *Trauerstein* (1981), *Vortmann* (1981), *Vortmann/Schmid* (1975)

zu 3.3. (Lernschwierigkeiten/Differenzierung)
Bauersfeld u. a. (1978), *Bley/Thorton* (1982), *Bönsch* (1972), *Bremer/Dahlke* (1980), *Drunkemühle/Pollert* (1980), *Floer* (1982), *Geppert/Preuß* (1981), *Gerster* (1982), *Griesel/Postel* (1978), *Grissemann/Weber* (1982), *Lörcher* (1981), *Radatz* (1980), *Reinartz/Sander* (1982), *Tiedemann* (1978)

Sachwortverzeichnis